计算机基础与实训教材系列

中文版Word 2013文档处理实用教程

柴靖 编著

清华大学出版社
北 京

内 容 简 介

本书由浅入深、循序渐进地介绍了Microsoft公司推出的文档处理软件——中文版Word 2013的操作方法和使用技巧。全书共分11章，分别介绍Word 2013入门基础，Word文本的输入和编辑，Word文本格式设置，插入修饰对象，制作和编辑表格，文档页面设置和打印，使用高级排版功能，长文档的编排策略，使用公式、宏和域，Word网络应用和保护等内容。最后一章还介绍了综合应用各种功能制作Word 2013文档的案例。

本书内容丰富、结构清晰、语言简练、图文并茂，具有很强的实用性和可操作性，是一本适合于高等院校、职业学校及各类社会培训学校的优秀教材，也是广大初、中级电脑用户的自学参考书。

本书对应的电子教案、实例源文件和习题答案可以到http://www.tupwk.com.cn/edu网站下载。

图书在版编目(CIP)数据

中文版Word 2013文档处理实用教程 / 柴靖 编著. —北京：清华大学出版社，2015（2019.11重印）
(计算机基础与实训教材系列)
ISBN 978-7-302-41959-4

Ⅰ. ①中… Ⅱ. ①柴… Ⅲ. ①文字处理系统－教材 Ⅳ. ①TP391.1

中国版本图书馆CIP数据核字(2015)第257180号

责任编辑：胡辰浩　袁建华
装帧设计：牛艳敏
责任校对：成凤进
责任印制：沈　露

出版发行：清华大学出版社
　　网　　址：http://www.tup.com.cn，http://www.wqbook.com
　　地　　址：北京清华大学学研大厦A座　　**邮　　编：**100084
　　社 总 机：010-62770175　　**邮　　购：**010-62786544
　　投稿与读者服务：010-62776969，c-service@tup.tsinghua.edu.cn
　　质 量 反 馈：010-62772015，zhiliang@tup.tsinghua.edu.cn
　　课 件 下 载：http://www.tup.com.cn，010-62794504
印 装 者：涿州市京南印刷厂
经　　销：全国新华书店
开　　本：190mm×260mm　　**印　　张：**19.25　　**字　　数：**505千字
版　　次：2015年11月第1版　　**印　　次：**2019年11月第2次印刷
定　　价：59.00元

产品编号：051860-02

编审委员会

计算机基础与实训教材系列

丛书序

计算机已经广泛应用于现代社会的各个领域，熟练使用计算机已经成为人们必备的技能之一。因此，如何快速地掌握计算机知识和使用技术，并应用于现实生活和实际工作中，已成为新世纪人才迫切需要解决的问题。

为适应这种需求，各类高等院校、高职高专、中职中专、培训学校都开设了计算机专业的课程，同时也将非计算机专业学生的计算机知识和技能教育纳入教学计划，并陆续出台了相应的教学大纲。基于以上因素，清华大学出版社组织一线教学精英编写了这套“计算机基础与实训教材系列”丛书，以满足大中专院校、职业院校及各类社会培训学校的教学需要。

一、丛书书目

本套教材涵盖了计算机各个应用领域，包括计算机硬件知识、操作系统、数据库、编程语言、文字录入和排版、办公软件、计算机网络、图形图像、三维动画、网页制作以及多媒体制作等。众多的图书品种可以满足各类院校相关课程设置的需要。

⊙ 已出版的图书书目

《计算机基础实用教程（第三版）》	《Excel 财务会计实战应用（第四版）》
《计算机基础实用教程(Windows 7+Office 2010 版)》	《C＃程序设计实用教程》
《电脑入门实用教程（第三版）》	《中文版 Office 2007 实用教程》
《电脑入门实用教程（Windows 7+Office 2010）》	《中文版 Word 2007 文档处理实用教程》
《电脑办公自动化实用教程（第三版）》	《中文版 Excel 2007 电子表格实用教程》
《计算机组装与维护实用教程（第三版）》	《中文版 PowerPoint 2007 幻灯片制作实用教程》
《中文版 Word 2003 文档处理实用教程》	《中文版 Access 2007 数据库应用实例教程》
《中文版 PowerPoint 2003 幻灯片制作实用教程》	《中文版 Project 2007 实用教程》
《中文版 Excel 2003 电子表格实用教程》	《中文版 Office 2010 实用教程》
《中文版 Access 2003 数据库应用实用教程》	《Word+Excel+PowerPoint 2010 实用教程》
《中文版 Project 2003 实用教程》	《中文版 Word 2010 文档处理实用教程》
《中文版 Office 2003 实用教程》	《中文版 Excel 2010 电子表格实用教程》
《网页设计与制作(Dreamweaver+Flash+Photoshop)》	《中文版 PowerPoint 2010 幻灯片制作实用教程》
《ASP.NET 4.0 动态网站开发实用教程》	《Access 2010 数据库应用基础教程》
《ASP.NET 4.5 动态网站开发实用教程》	《中文版 Access 2010 数据库应用实用教程》
《Excel 财务会计实战应用（第三版）》	《中文版 Project 2010 实用教程》

(续表)

《AutoCAD 2014 中文版基础教程》	《中文版 Photoshop CC 图像处理实用教程》
《中文版 AutoCAD 2014 实用教程》	《中文版 Flash CC 动画制作实用教程》
《AutoCAD 2015 中文版基础教程》	《中文版 Dreamweaver CC 网页制作实用教程》
《中文版 AutoCAD 2015 实用教程》	《中文版 InDesign CC 实用教程》
《AutoCAD 2016 中文版基础教程》	《中文版 CorelDRAW X7 平面设计实用教程》
《中文版 AutoCAD 2016 实用教程》	《中文版 Office 2013 实用教程》
《中文版 Photoshop CS6 图像处理实用教程》	《Office 2013 办公软件实用教程》
《中文版 Dreamweaver CS6 网页制作实用教程》	《中文版 Word 2013 文档处理实用教程》
《中文版 Flash CS6 动画制作实用教程》	《中文版 Excel 2013 电子表格实用教程》
《中文版 Illustrator CS6 平面设计实用教程》	《中文版 PowerPoint 2013 幻灯片制作实用教程》
《中文版 InDesign CS6 实用教程》	《Access 2013 数据库应用基础教程》
《中文版 CorelDRAW X6 平面设计实用教程》	《中文版 Access 2013 数据库应用实用教程》
《中文版 Premiere Pro CS6 多媒体制作实用教程》	《SQL Server 2008 数据库应用实用教程》
《中文版 Premiere Pro CC 视频编辑实例教程》	《Windows 8 实用教程》
《Mastercam X6 实用教程》	《计算机网络技术实用教程》
《多媒体技术及应用》	

二、丛书特色

1. 选题新颖，策划周全——为计算机教学量身打造

本套丛书注重理论知识与实践操作的紧密结合，同时突出上机操作环节。丛书作者均为各大院校的教学专家和业界精英，他们熟悉教学内容的编排，深谙学生的需求和接受能力，并将这种教学理念充分融入本套教材的编写中。

本套丛书全面贯彻“理论→实例→上机→习题”4 阶段教学模式，在内容选择、结构安排上更加符合读者的认知习惯，从而达到老师易教、学生易学的目的。

2. 教学结构科学合理、循序渐进——完全掌握“教学”与“自学”两种模式

本套丛书完全以大中专院校、职业院校及各类社会培训学校的教学需要为出发点，紧密结合学科的教学特点，由浅入深地安排章节内容，循序渐进地完成各种复杂知识的讲解，使学生能够一学就会、即学即用。

对教师而言，本套丛书根据实际教学情况安排好课时，提前组织好课前备课内容，使课堂

教学过程更加条理化，同时方便学生学习，让学生在学习完后有例可学、有题可练；对自学者而言，可以按照本书的章节安排逐步学习。

3. 内容丰富，学习目标明确——全面提升“知识”与“能力”

本套丛书内容丰富，信息量大，章节结构完全按照教学大纲的要求来安排，并细化了每一章内容，符合教学需要和计算机用户的学习习惯。在每章的开始，列出了学习目标和本章重点，便于教师和学生提纲挈领地掌握本章知识点，每章的最后还附带有上机练习和习题两部分内容，教师可以参照上机练习，实时指导学生进行上机操作，使学生及时巩固所学的知识。自学者也可以按照上机练习内容进行自我训练，快速掌握相关知识。

4. 实例精彩实用，讲解细致透彻——全方位解决实际遇到的问题

本套丛书精心安排了大量实例讲解，每个实例解决一个问题或是介绍一项技巧，以便读者在最短的时间内掌握计算机应用的操作方法，从而能够顺利解决实践工作中的问题。

范例讲解语言通俗易懂，通过添加大量的“提示”和“知识点”的方式突出重要知识点，以便加深读者对关键技术和理论知识的印象，使读者轻松领悟每一个范例的精髓所在，提高读者的思考能力和分析能力，同时也加强了读者的综合应用能力。

5. 版式简洁大方，排版紧凑，标注清晰明确——打造一个轻松阅读的环境

本套丛书的版式简洁、大方，合理安排图与文字的占用空间，对于标题、正文、提示和知识点等都设计了醒目的字体符号，读者阅读起来会感到轻松愉快。

三、读者定位

本丛书为所有从事计算机教学的老师和自学人员而编写，是一套适合于大中专院校、职业院校及各类社会培训学校的优秀教材，也可作为计算机初、中级用户和计算机爱好者学习计算机知识的自学参考书。

四、周到体贴的售后服务

为了方便教学，本套丛书提供精心制作的 PowerPoint 教学课件(即电子教案)、素材、源文件、习题答案等相关内容，可在网站上免费下载，也可发送电子邮件至 wkservice@vip.163.com 索取。

此外，如果读者在使用本系列图书的过程中遇到疑惑或困难，可以在丛书支持网站(http://www.tupwk.com.cn/edu)的互动论坛上留言，本丛书的作者或技术编辑会及时提供相应的技术支持。咨询电话：010-62796045。

前言

中文版 Word 2013 是 Office 系列办公软件中一个非常优秀的文字处理组件，是被广泛应用的软件之一。其既能够制作各种简单的办公商务和个人文档，又能满足专业人员制作印刷版式复杂的文档的需要。

本书从教学实际需求出发，合理安排知识结构，从零开始、由浅入深、循序渐进地讲解 Word 2013 的基本知识和使用方法。本书共分为 11 章，主要内容如下。

第 1 章介绍 Word 2013 入门基础知识，包括 Word 2013 的操作界面、视图模式和 Word 文档的基本操作等。

第 2 章介绍 Word 文本输入和编辑的相关操作内容。

第 3 章介绍设置 Word 文本格式，段落格式，使用项目符号和编号等操作内容。

第 4 章介绍在 Word 文档中进行图文混排、插入修饰元素的操作方法和技巧。

第 5 章介绍在 Word 文档中插入和编辑表格的操作方法。

第 6 章介绍 Word 文档页面版式的设计方法，包括设置页面、页眉和页脚、页码、背景等内容。

第 7 章介绍 Word 高级排版操作，包括使用模板和样式、特殊排版方式等内容。

第 8 章介绍长文档的编辑技巧，包括大纲视图的基本操作、脚注和尾注的应用、插入目录和索引、插入批注和题注等内容。

第 9 章介绍宏、域和公式的使用方法。

第 10 章介绍 Word 网络应用和保护的操作方法。

第 11 章介绍几个实用的综合案例，包括使用 Word 编辑文档、使用表格、图文混排、布局页面等内容。

本书图文并茂，条理清晰，通俗易懂，内容丰富，在讲解每个知识点时都配有相应的实例，方便读者上机实践。同时在难于理解和掌握的部分内容上给出相关提示，让读者能够快速地提高操作技能。此外，本书配有大量综合实例和练习，让读者在不断的实际操作中更加牢固地掌握书中讲解的内容。

为了方便老师教学，我们免费提供本书对应的电子教案、实例源文件和习题答案，您可以到 http://www.tupwk.com.cn/edu 网站的相关页面上进行下载。

除封面署名的作者外，参加本书编写的人员还有陈笑、曹小震、高娟妮、李亮辉、洪妍、孔祥亮、陈跃华、杜思明、熊晓磊、曹汉鸣、陶晓云、王通、方峻、李小凤、曹晓松、蒋晓冬、邱培强等人。由于作者水平所限，本书难免有不足之处，欢迎广大读者批评指正。我们的邮箱是 huchenhao@263.net，电话是 010-62796045。

作　者

2015 年 8 月

推荐课时安排

章 名	重 点 掌 握 内 容	教 学 课 时
第 1 章　Word 2013 入门基础	1. Word 2013 的工作界面 2. Word 2013 文档操作	2 学时
第 2 章　Word 文本的输入和编辑	1. 中文输入法 2. 输入文本 3. 编辑文本 4. 自动更正文本 5. 检查语法和拼写	2 学时
第 3 章　Word 文本格式设置	1. 设置文本格式 2. 设置段落格式 3. 使用项目符号和编号 4. 添加边框和底纹 5. 使用格式刷和制表位	3 学时
第 4 章　插入修饰对象	1. 插入图片 2. 插入艺术字 3. 插入 SmartArt 图形 4. 插入自选图形 5. 插入文本框 6. 插入图表	3 学时
第 5 章　制作和编辑表格	1. 创建表格 2. 编辑表格 3. 在表格中输入文本 4. 设置表格格式 5. 表格的其他功能	2 学时
第 6 章　文档页面设置和打印	1. 设置页面格式 2. 插入页眉和页脚 3. 插入页码 4. 插入分页符和分节符 5. 添加页面背景和主题 6. 文档打印设置	3 学时

(续表)

章 名	重 点 掌 握 内 容	教 学 课 时
第 7 章　使用高级排版功能	1. 使用模板 2. 使用样式 3. 特殊排版方式 4. 使用中文版式	2 学时
第 8 章　长文档的编排策略	1. 查看和组织长文档 2. 编制目录 3. 使用索引和书签 4. 插入批注和题注 5. 插入脚注和尾注 6. 修订长文档	3 学时
第 9 章　使用公式、宏和域	1. 使用宏 2. 使用域 3. 使用公式	2 学时
第 10 章　Word 网络应用和保护	1. 添加超链接 2. 处理电子邮件 3. 制作中文信封 4. Word 文档的保护 5. Word 文档的转换	3 学时
第 11 章　Word 2013 综合实例应用	1. 制作旅游小报 2. 输入公式 3. 制作工资表 4. 制作公司简介 5. 编排长文档 6. 制作宣传单	3 学时

注：1. 教学课时安排仅供参考，授课教师可根据情况作调整。

2. 建议每章安排与教学课时相同时间的上机练习。

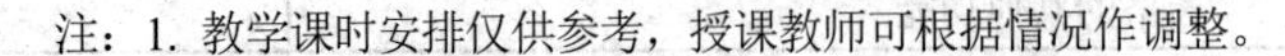

目录

CONTENTS

计算机基础与实训教材系列

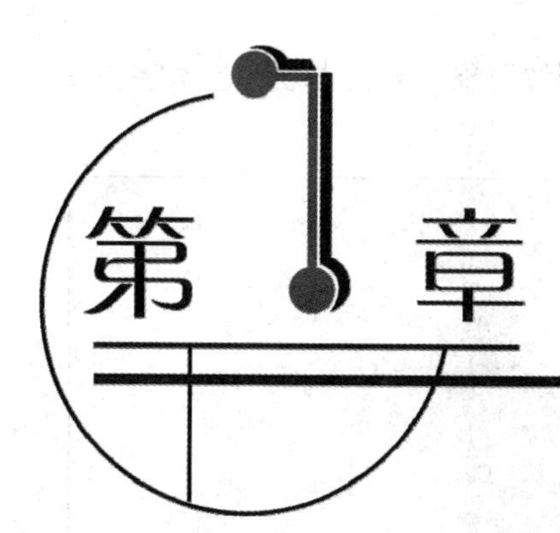

第1章 Word 2013 入门基础

学习目标

Word 2013 是 Office 2013 系列软件中的专业文字处理软件，可以方便地进行文字、图形、图像和数据处理，是最常使用的文档处理软件之一。本章将介绍安装和运行 Word 2013 的操作方法，以及软件的工作界面和基本文档操作。

本章重点

- 启动和退出 Word 2013
- Word 2013 的工作界面
- Word 2013 文档操作

1.1 Word 2013 简介

Word 2013 是一款功能强大的文本处理工具。利用该软件，可以帮助用户更好地处理日常生活中的信息，如资料、信函、通知或者个人简历等。

1.1.1 Word 2013 的应用领域

Word 2013 软件功能强大，它既能够制作各种简单的办公商务和个人文档，又能满足专业人员制作用于印刷的版式复杂的文档。使用 Word 2013 来处理文件，可以大大提高企业办公自动化的效率。

Word 2013 主要有以下几种办公应用。

- 文字处理功能：Word 2013 是一个功能强大的文字处理软件，利用它可以输入文字，并可设置不同的字体样式和大小。
- 表格制作功能：Word 2013 不仅能处理文字，还能制作各种表格，使文字内容更加分类清晰，如图 1-1 所示。

◉ 图形图像处理功能：在 Word 2013 中可以插入图形图像对象，如文本框、艺术字和图表等，制作出图文并茂的文档，如图 1-2 所示。

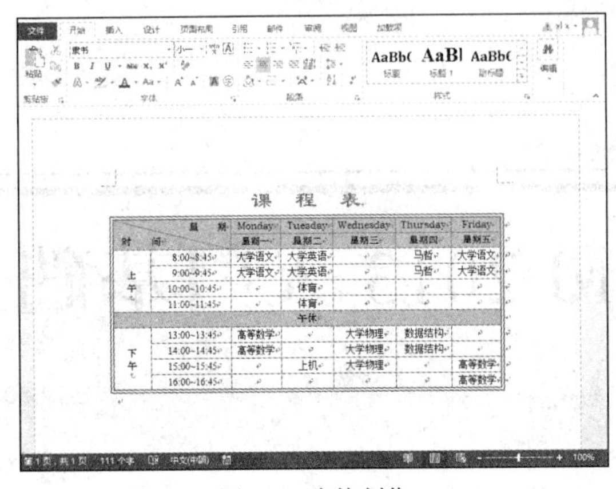

图 1-1　表格制作

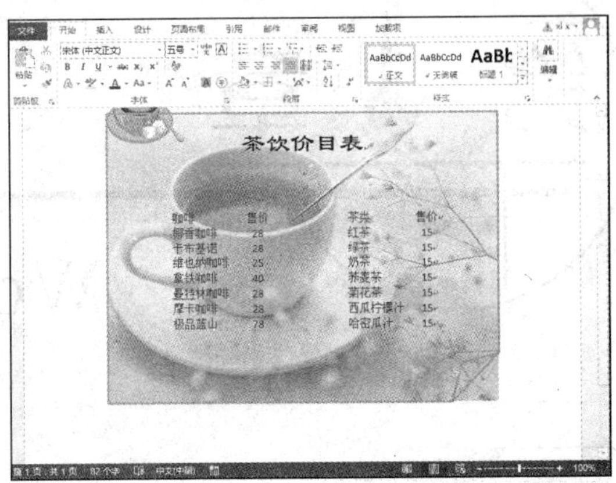

图 1-2　插入图像

◉ 文档组织功能：在 Word 2013 中可以建立任意长度的文档，还能对长文档进行各种编辑管理。如图 1-3 所示为长文档的目录部分。

◉ 页面设置及打印功能：在 Word 2013 中可以设置出各种大小不一的版式，以满足不同用户的需求。使用打印功能可轻松地将电子文本转换到纸上，如图 1-4 所示。

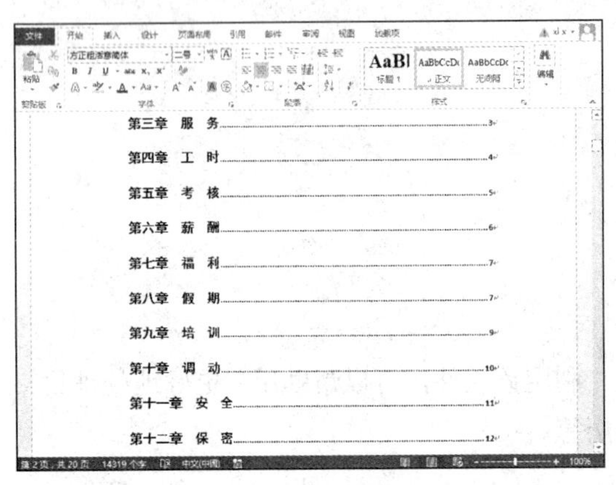

图 1-3　长文档目录

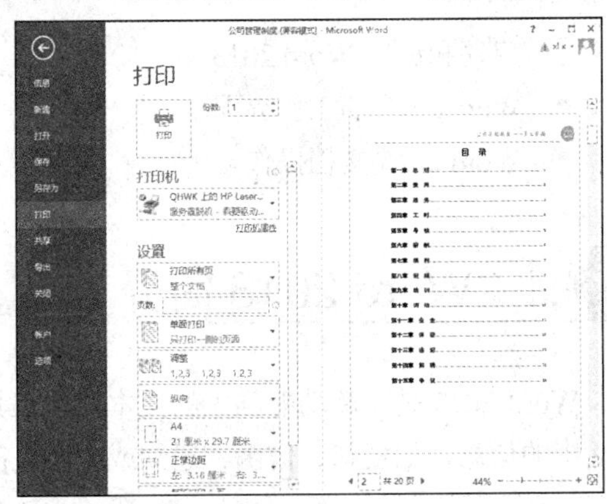

图 1-4　打印设置

1.1.2　安装 Word 2013

Word 2013 属于 Office 软件的主要组件之一，所以要安装 Word 2013 只需在安装 Office 2013 软件时选择安装这个组件即可。

安装 Word 2013 时，首先需要获取相关的安装程序。以 Office 2013 为例，用户可以通过在网上下载或者购买安装光盘的方法获取安装程序。下面将以实例来介绍安装 Word 2013 的方法。

【例 1-1】 通过安装 Office 2013 软件来添加 Word 2013 组件。

(1) 在【计算机】窗口中，找到 Office 2013 安装文件所在目录，双击其中的 Setup.exe 文件，开始进行安装，如图 1-5 所示。

图 1-5　双击安装文件

(2) 在打开的对话框中选择安装类型，这里单击【自定义】按钮，如图 1-6 所示。

(3) 在打开的对话框的【升级】选项卡中，选中【保留所有早期版本】单选按钮，如图 1-7 所示。

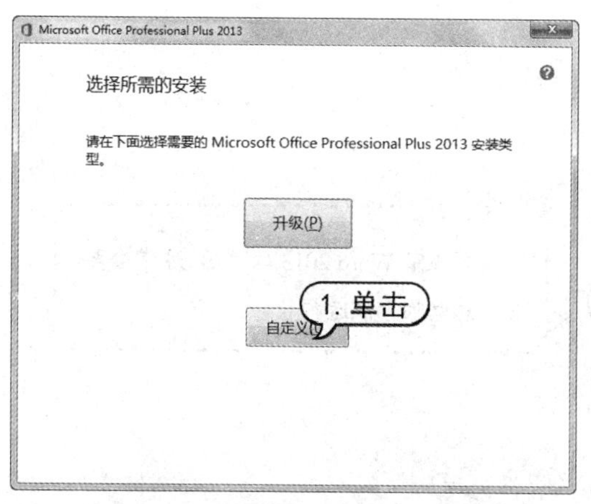

图 1-6　单击【自定义】按钮

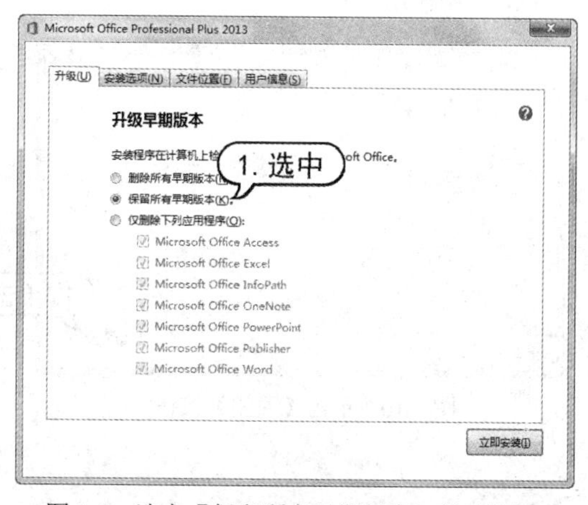

图 1-7　选中【保留所有早期版本】单选按钮

(4) 选择【安装选项】选项卡，自定义程序的运行方式，这里选择运行 Word 2013 组件，单击【立即安装】按钮，如图 1-8 所示。

(5) 开始安装软件，并在弹出的对话框中显示目前安装的进度，如图 1-9 所示。

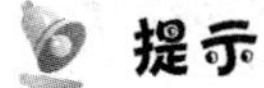

提示

Office 2013 包含多个组件，而不仅是 Word，一些组件并不常用，所以不需要全部安装。在选择组件时，如需安装组件，则单击该组件左侧的下拉按钮，从弹出的下拉列表框中选择【从本机运行】选项；若不需要安装，则选择【不可用】选项。

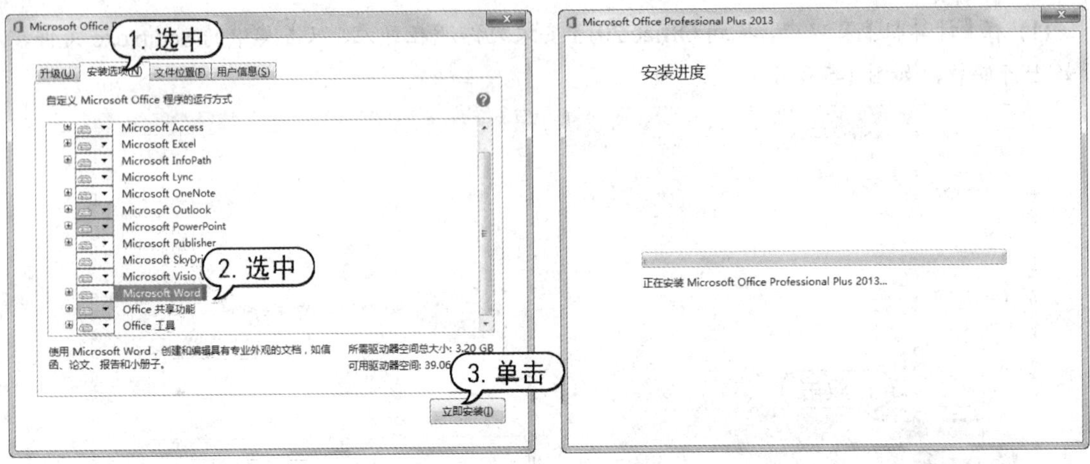

图 1-8　选择安装选项　　　　图 1-9　显示安装进度

(6) 安装完成后，系统自动弹出安装完成对话框，单击【关闭】按钮，关闭对话框，完成 Word 2013 的安装，如图 1-10 所示。

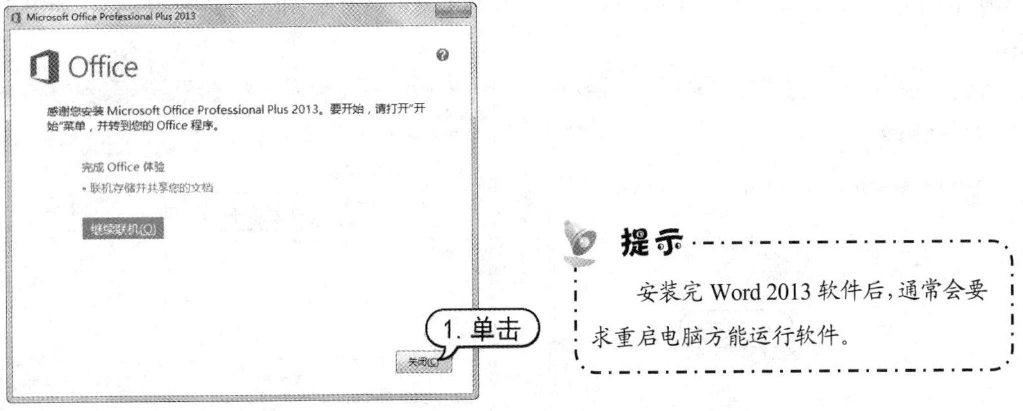

图 1-10　单击【关闭】按钮

提示

安装完 Word 2013 软件后，通常会要求重启电脑方能运行软件。

1.1.3　启动和退出 Word 2013

当用户安装完 Office 2013 之后，Word 2013 也将自动安装到系统中，这时用户就可以正常启动和退出 Word 2013。

1. 启动 Word 2013

启动是使用 Word 2013 最基本的操作。下面将介绍启动 Word 2013 的几种常用方法。

- 从【开始】菜单启动：启动 Windows 后，选择【开始】|【所有程序】| Microsoft Office 2013 | Word 2013 命令，启动 Word 2013，如图 1-11 所示。
- 通过桌面快捷方式启动：当 Word 2013 安装完后，桌面上将自动创建 Word 2013 快捷图标。双击该快捷图标，就可以启动 Word 2013，如图 1-12 所示。

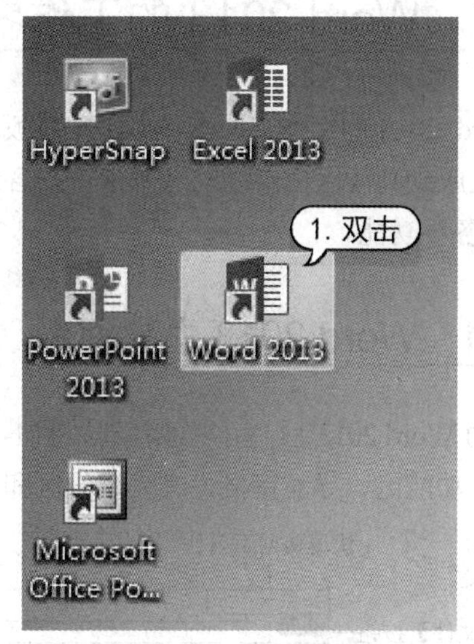

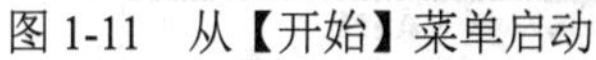
图 1-11　从【开始】菜单启动

图 1-12　桌面快捷方式启动

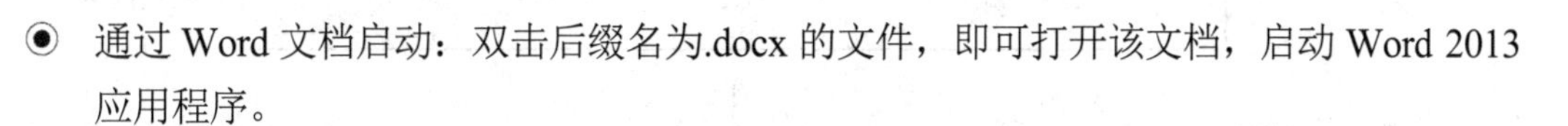

- 通过 Word 文档启动：双击后缀名为.docx 的文件，即可打开该文档，启动 Word 2013 应用程序。

2. 退出 Word 2013

退出 Word 2013 有很多方法，常用的主要有以下几种。

- 单击 Word 2013 窗口右上角的【关闭】按钮×。
- 单击【文件】按钮，从弹出的菜单中选择【关闭】命令，如图 1-13 所示。
- 双击快速访问工具栏左侧的【程序图标】按钮。
- 单击【程序图标】按钮，从弹出的快捷菜单中选择【关闭】命令，如图 1-14 所示。
- 按 Alt+F4 快捷键。

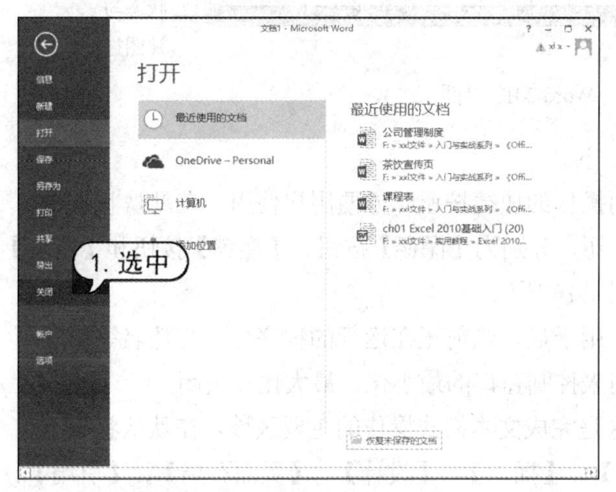

图 1-13　使用【文件】按钮退出程序

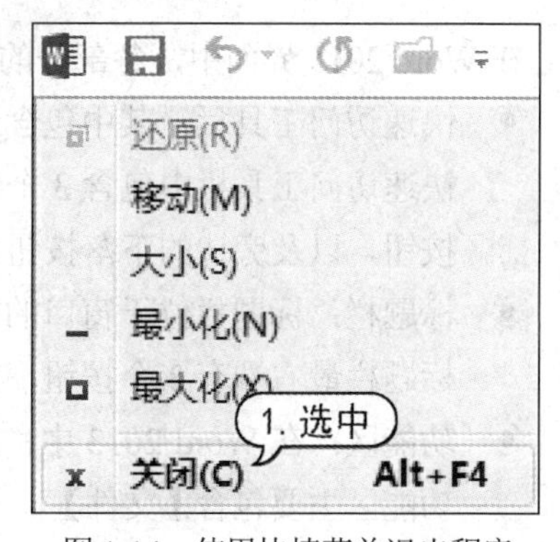

图 1-14　使用快捷菜单退出程序

1.2 Word 2013 的工作界面

Word 2013 的工作界面在 Word 之前版本的基础上，又进行了一些优化。它将所有的操作命令都集成到功能区中不同的选项卡下，各选项卡又分成若干组。用户在功能区中可方便使用 Word 的各种功能。

1.2.1 Word 2013 主界面

启动 Word 2013 后，用户可看到如图 1-15 所示的主界面。该界面主要由标题栏、快速访问工具栏、功能区、导航窗格、文档编辑区和状态与视图栏组成。

图 1-15 Word 2013 界面

在 Word 2013 界面中，各部分的功能如下。

- 快速访问工具栏：其中包含最常用操作的快捷按钮，方便用户使用。在默认状态中，快速访问工具栏中包含 3 个快捷按钮，分别为【保存】按钮、【撤销】按钮和【恢复】按钮，以及旁边的下落按钮，如图 1-16 所示。
- 标题栏：标题栏位于窗口的顶端，用于显示当前正在运行的程序名及文件名等信息。标题栏最右端有 3 个按钮，分别用来控制窗口的最小化、最大化和关闭。
- 功能区：在 Word 2013 中，功能区是完成文本格式操作的主要区域。在默认状态下，功能区主要包含【文件】、【开始】、【插入】、【设计】、【页面布局】、【引用】、【邮件】、【审阅】、【视图】和【加载项】10 个基本选项卡。
- 导航窗格：导航窗格主要显示文档的标题文字，以便用户快速查看文档。单击其中的

标题，可快速跳转到相应的位置，如图 1-17 所示。

图 1-16 快速访问工具栏

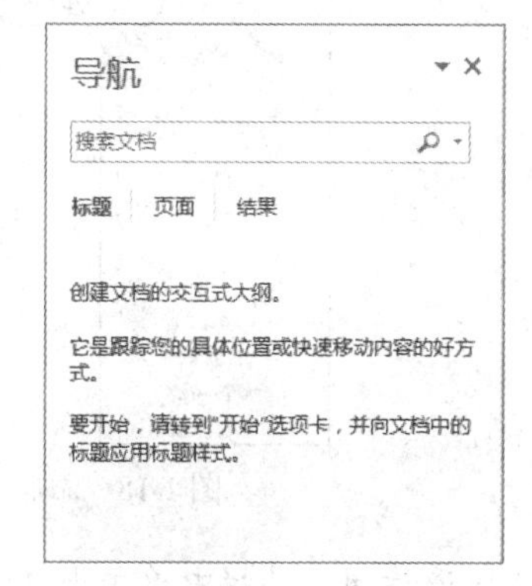

图 1-17 导航窗格

- 文档编辑区：这是输入文本、添加图形、图像以及编辑文档的区域。用户对文本进行的操作结果都将显示在该区域。
- 状态与视图栏：其位于 Word 窗口的底部，显示了当前文档的信息，如当前显示的文档是第几页、第几节和当前文档的字数等。在状态栏中，还可以显示一些特定命令的工作状态。另外，在视图栏中通过拖动【显示比例滑杆】中的滑块，可以直观地改变文档编辑区的大小。

1.2.2 自定义工作环境

Word 2013 具有统一风格的界面。但为了方便用户操作，Word 2013 允许用户进行自定义设置，如自定义快速访问工具栏、更改界面背景和主题、自定义功能区等。

1. 自定义快速访问工具栏

快速访问工具栏包含一组独立于当前所显示选项卡的命令，是一个可自定义的工具栏。用户可以快速地自定义常用的命令按钮，单击【自定义快速访问工具栏】下拉按钮，从弹出的下拉菜单中选择一种命令，即可将按钮添加到快速访问工具栏中。

提示

如果用户不希望快速访问工具栏出现在当前位置，可以单击【自定义快速访问工具栏】下拉按钮，从弹出的下拉菜单中选择【在功能区下方显示】命令，即可将快速访问工具栏移动到功能区下方。

【例 1-2】自定义 Word 2013 快速访问工具栏中的按钮。

(1) 启动 Word 2013，在快速访问工具栏中单击【自定义快速工具栏】按钮，在弹出的菜单中选择【打开】命令，将【打开】按钮添加到快速访问工具栏中，如图 1-18 所示。

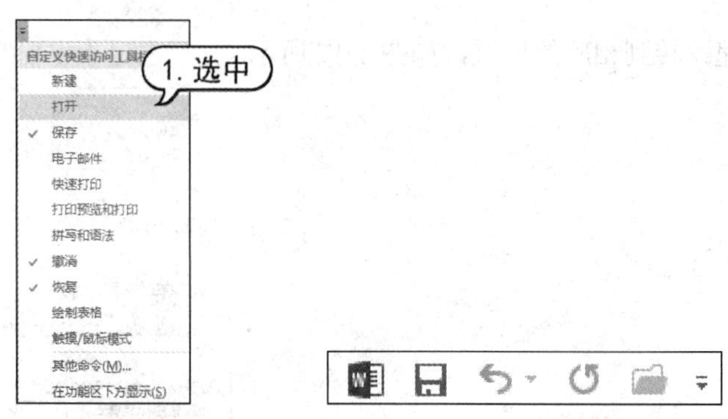

图 1-18　添加【打开】按钮到快速访问工具栏中

(2) 在快速访问工具栏中单击【自定义快速工具栏】按钮，在弹出的菜单中选择【其他命令】命令，打开【Word 选项】对话框。打开【快速访问工具栏】选项卡，在【从下列位置选择命令】下拉列表框中选择【常用命令】选项，并且在下面的列表框中选择【查找】选项，然后单击【添加】按钮，将【查找】按钮添加到【自定义快速访问工具栏】列表框中，单击【确定】按钮，如图 1-19 所示。

(3) 完成快速工具栏的设置。此时，快速访问工具栏的效果如图 1-20 所示。

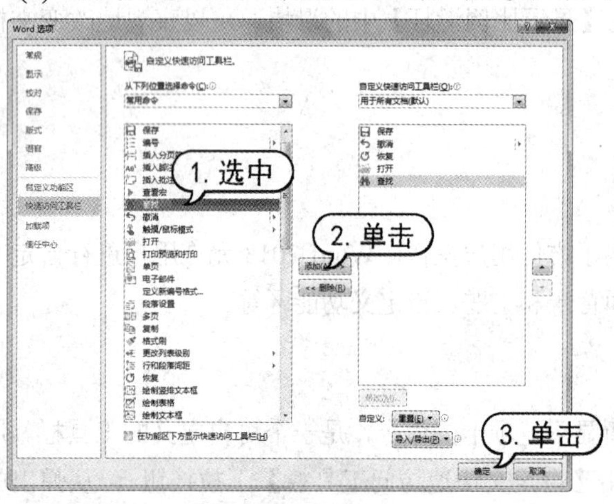

图 1-19　添加【查找】按钮

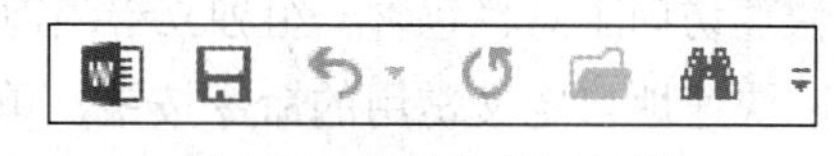

图 1-20　快速访问工具栏

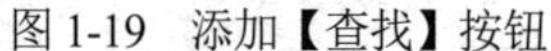

提示

在快速访问工具栏中右击某个按钮，在弹出的快捷菜单中选择【从快速访问工具栏删除】命令，即可将该按钮从快速访问工具栏中删除。

2. 更改界面主题和背景

默认情况下，Word 2013 工作界面的颜色为白色。用户可以通过更改界面主题和背景，定制符合自己需求的软件窗口。

首先单击【文件】按钮，从弹出的菜单中选择【选项】选项，如图 1-21 所示。打开【Word 选项】对话框的【常规】选项卡，在【Office 背景】下拉列表中选择【春天】选项，在【Office

主题】下拉列表中选择【深灰色】选项，单击【确定】按钮，如图 1-22 所示。

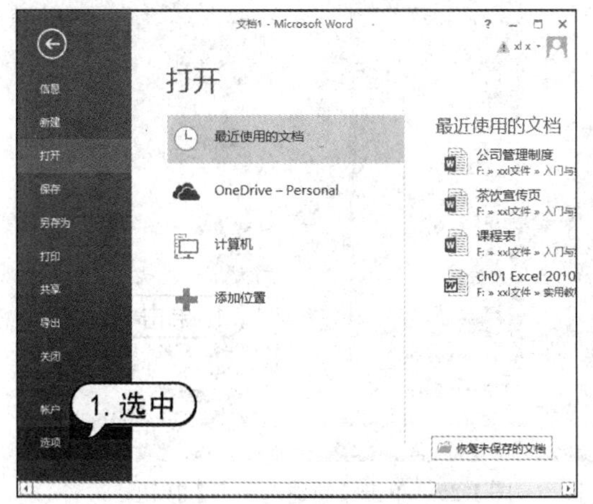

图 1-21　选择【选项】命令

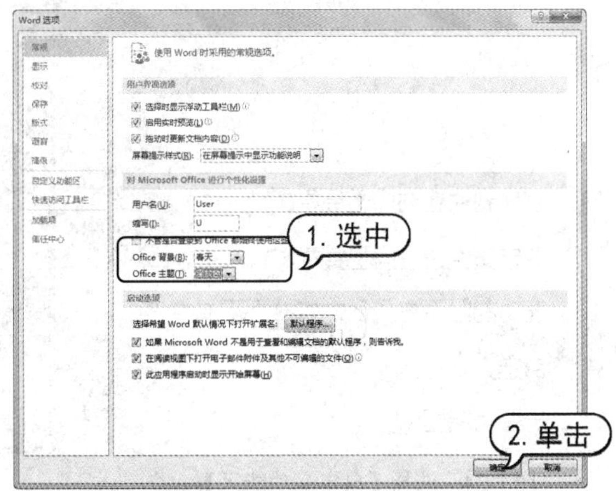

图 1-22　选择界面背景和主题

此时，Word 2013 工作界面的颜色将由原先的白色变为深灰色，且加入了【春天】花纹，如图 1-23 所示。

图 1-23　界面更改效果

3. 自定义功能区

功能区将 Word 2013 中的所有选项巧妙地集中在一起，以便于用户查找与使用。根据用户需要，可以在功能区中添加新选项和新组，并增加新组中的按钮。

【例 1-3】在 Word 2013 中添加新选项卡、新组和新按钮。

(1) 启动 Word 2013，在功能区的任意位置右击，从弹出的快捷菜单中选择【自定义功能区】命令，如图 1-24 所示。

(2) 打开【Word 选项】对话框，打开【自定义功能区】选项卡，单击右下方的【新建选项卡】按钮，如图 1-25 所示。

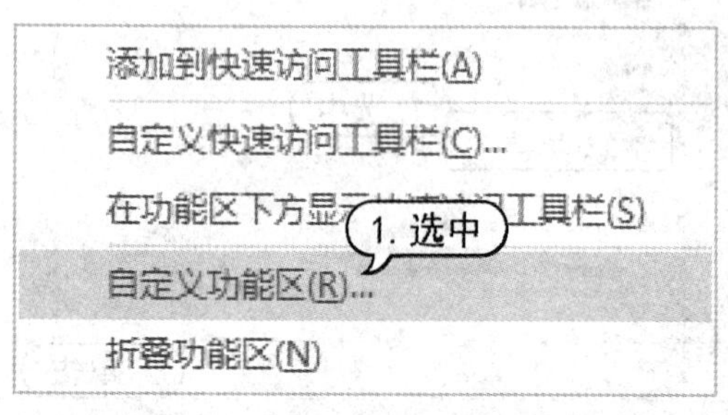

图 1-24 选择【自定义功能区】命令

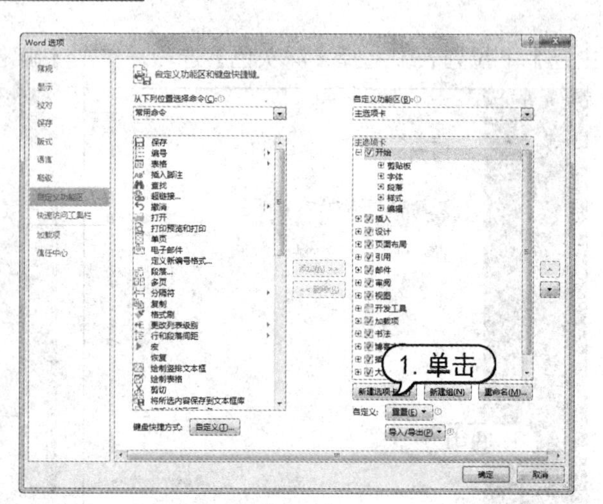

图 1-25 单击【新建选项卡】按钮

(3) 此时，在【自定义功能区】选项组的【主选项卡】列表框中显示【新建选项卡(自定义)】和【新建组(自定义)】选项卡，选中【新建选项卡(自定义)】选项，单击【重命名】按钮，如图 1-26 所示。

(4) 打开【重命名】对话框，在【显示名称】文本框中输入“新功能”，单击【确定】按钮，如图 1-27 所示。

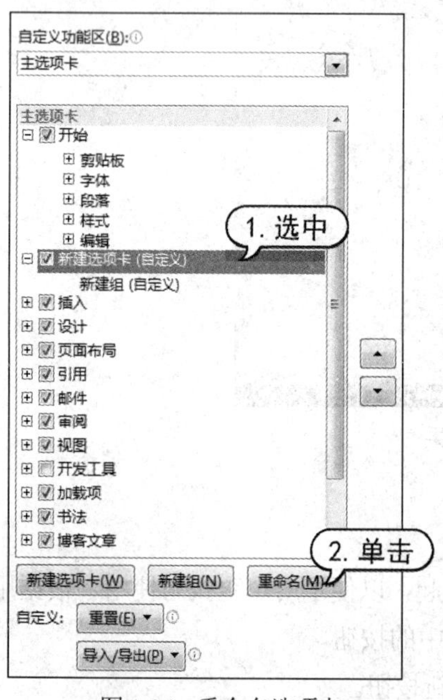

图 1-26 重命名选项卡

图 1-27 输入选项卡名称

(5) 在【自定义功能区】选项组的【主选项卡】列表框中选中【新建组(自定义)】选项卡，选中【新建选项卡(自定义)】选项，单击【重命名】按钮，如图 1-28 所示。

(6) 打开【重命名】对话框，在【符号】列表框中选择一种符号，在【显示名称】文本框中输入“执行”，然后单击【确定】按钮，如图 1-29 所示。

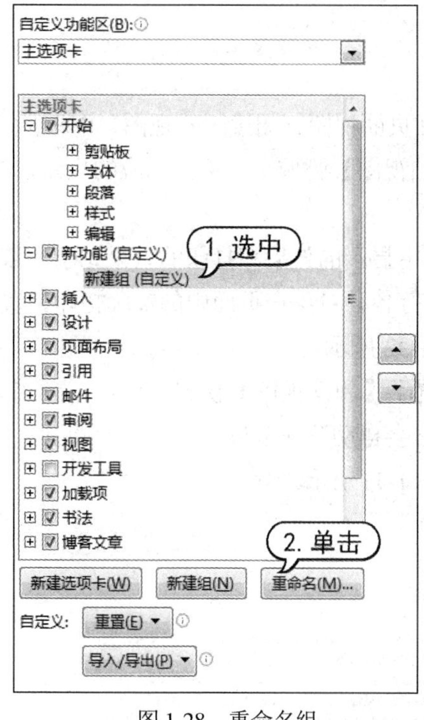

图 1-28　重命名组

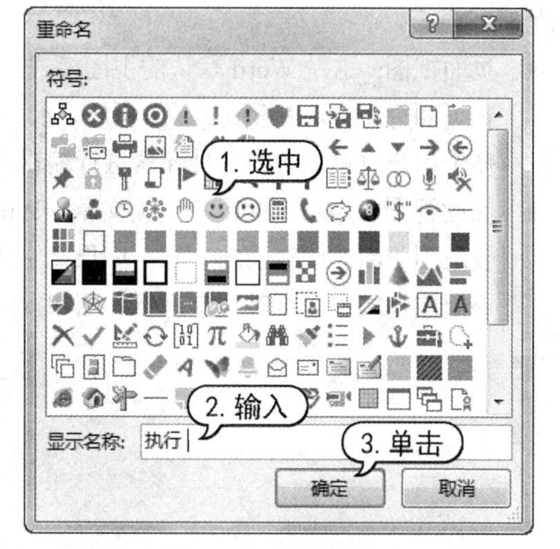

图 1-29　输入组名

(7) 返回至【Word 选项】对话框，在【主选项卡】列表框中显示重命名后的选项卡和组，在【从下列位置选择命令】下拉列表框中选择【不在功能区中的命令】选项，并在下方的列表框中选择需要添加到的按钮，这里选择【帮助】选项，单击【添加】按钮，即可将其添加到新建的【执行】组中，单击【确定】按钮，完成自定义设置，如图 1-30 所示。

(8) 返回至 Word 2013 工作界面，此时显示【新功能】选项卡，打开该选项卡，即可看到【执行】组中的【帮助】按钮，如图 1-31 所示。

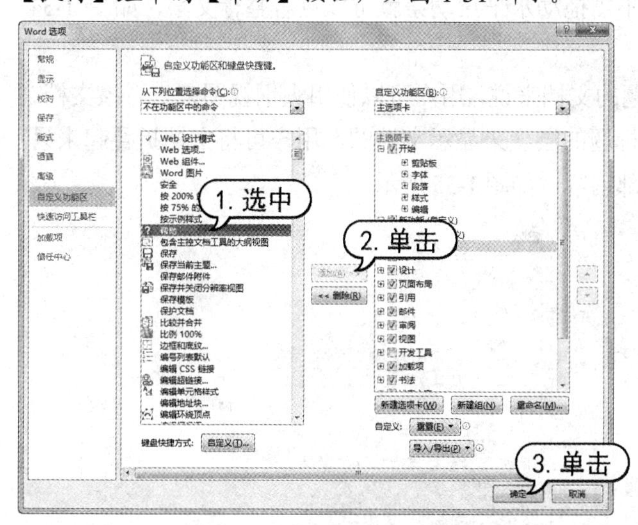

图 1-30　添加【帮助】按钮

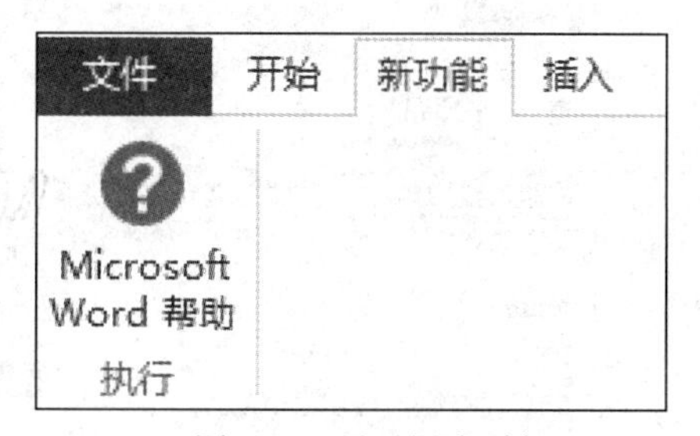

图 1-31　显示新选项卡

1.2.3 Word 2013 的视图模式

Word 2013 为用户提供了多种浏览文档的方式，包括页面视图、阅读版式视图、Web 版式视图、大纲视图和草稿视图。在【视图】选项卡的【文档视图】区域中，单击相应的按钮，即可切换视图模式。

- 页面视图：这是 Word 默认的视图模式。该视图中显示的效果和打印的效果完全一致。在页面视图中，可看到页眉、页脚、水印和图形等各种对象在页面中的实际打印位置，便于用户对页面中的各种元素进行编辑，如图 1-32 所示。
- 阅读视图：为了方便用户阅读文章，Word 设置了【阅读视图】模式。该视图模式比较适用于阅读比较长的文档。如果文字较多，它会自动分成多屏以方便用户阅读。在该视图模式中，可对文字进行勾画和批注，如图 1-33 所示。

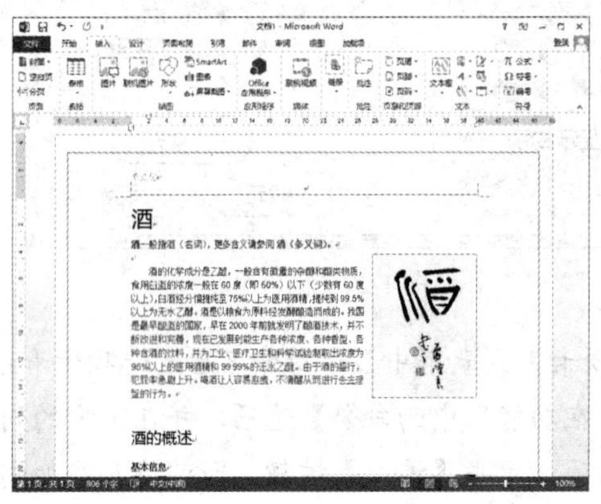

图 1-32　页面视图

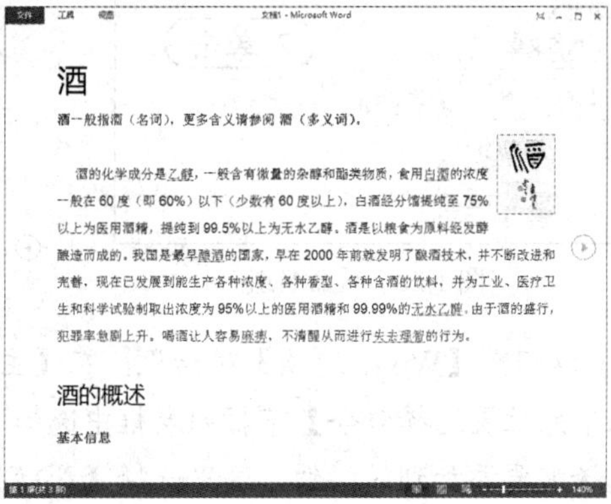

图 1-33　阅读视图

- Web 版式视图：这是几种视图方式中唯一的一个按照窗口的大小来显示文本的视图，使用这种视图模式查看文档时，不需拖动水平滚动条就可以查看整行文字，如图 1-34 所示。
- 大纲视图：对于一个具有多重标题的文档来说，用户可以使用大纲视图来查看该文档。这是因为大纲视图是按照文档中标题的层次来显示文档的，用户可将文档折叠起来只看主标题，也可展开文档查看全部内容，如图 1-35 所示。

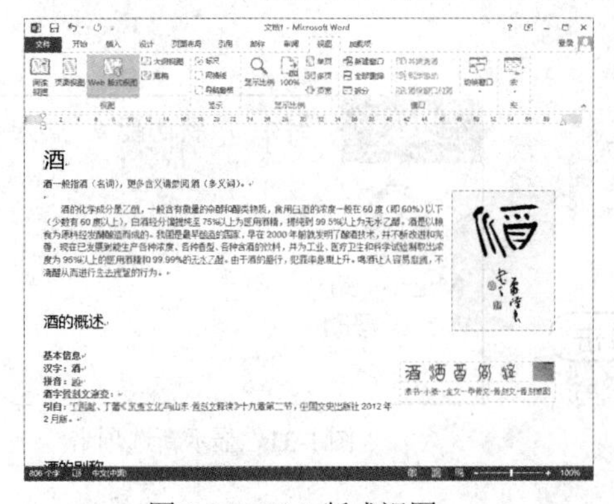

图 1-34　Web 版式视图

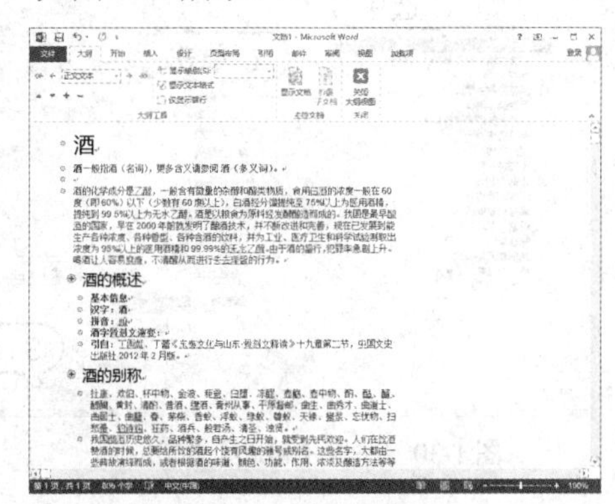

图 1-35　大纲视图

◉ 草稿视图：这是 Word 中最简化的视图模式。在该视图中，不显示页边距、页眉和页脚、背景、图形图像以及没有设置为“嵌入型”环绕方式的图片。因此，这种视图模式仅适合编辑内容和格式都比较简单的文档，如图 1-36 所示。

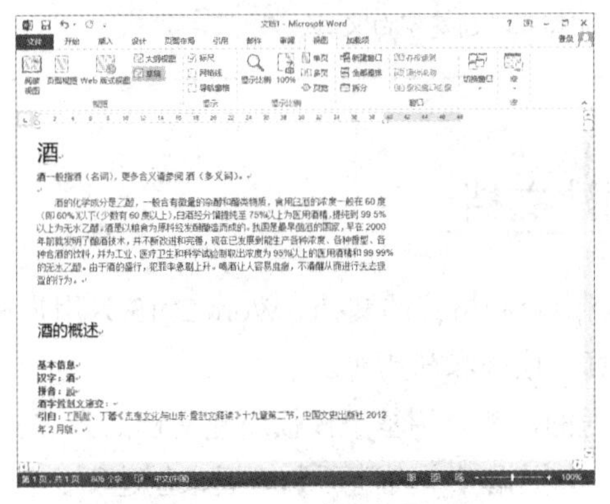

图 1-36　草稿视图

1.3　Word 2013 文档操作

要使用 Word 2013 编辑文档，必须先创建文档。本节主要介绍文档的基本操作，包括创建和保存文档、打开和关闭文档等操作。

1.3.1　新建空白文档

Word 文档是文本、图片等对象的载体，要在文档中进行输入或编辑等操作，首先必须创建新的文档。

空白文档是指文档中没有任何内容的文档。要创建空白文档，可以选择【文件】按钮，在打开的界面中选择【新建】选项，打开【新建文档】选项区域，然后在该选项区域中单击【空白文档】选项即可创建一个空白文档，如图 1-37 所示。

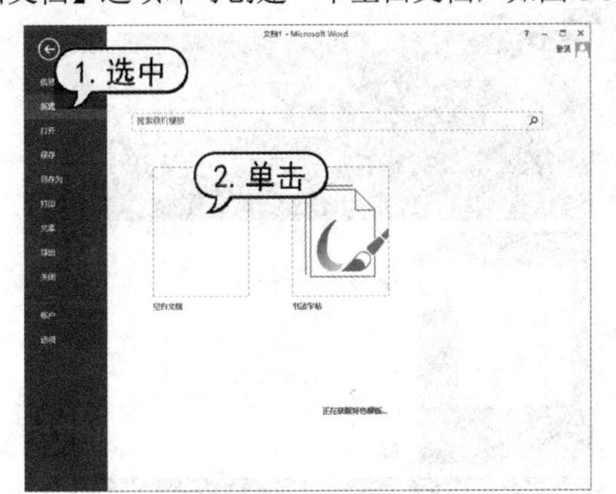

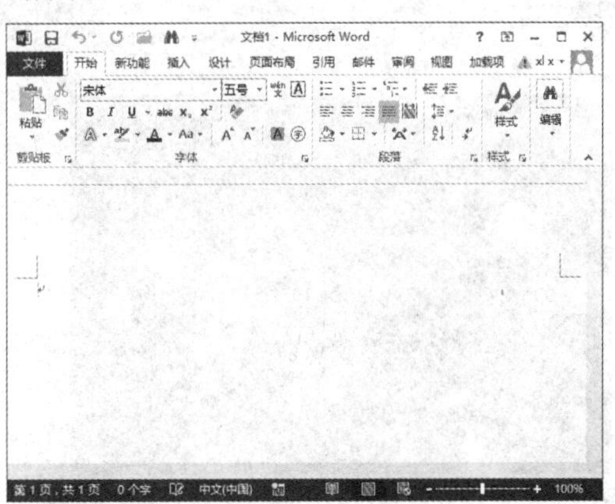

图 1-37　新建空白文档

提示

除此以外，启动 Word 2013 后系统会自动创建一篇空白文档，在快速访问工具栏中单击新添加的【新建】按钮，或者按 Ctrl+N 组合键都可以创建空白文档。

1.3.2 基于模板创建文档

模板是 Word 预先设置好内容和格式的文档。Word 2013 为用户提供了多种具有统一规格、统一框架的文档模板，如传真、信函和简历等。

下面将以个人简历文档为例，来介绍基于模板新建文档的方法。

【例 1-4】在 Word 2013 中根据【个人简历】模板来创建新文档。

(1) 启动 Word 2013，单击【文件】按钮，从弹出的菜单中选择【新建】命令，在列表框中单击【个人简历】选项，如图 1-38 所示。

(2) 在打开的对话框中单击【创建】按钮，此时会进行联网下载该模板，如图 1-39 所示。

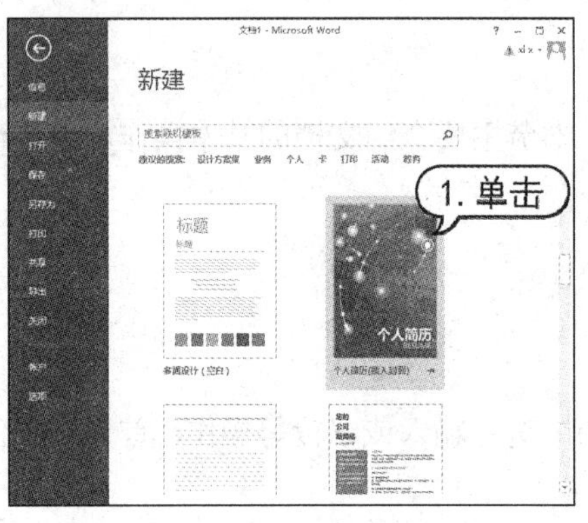

图 1-38 单击【个人简历】选项

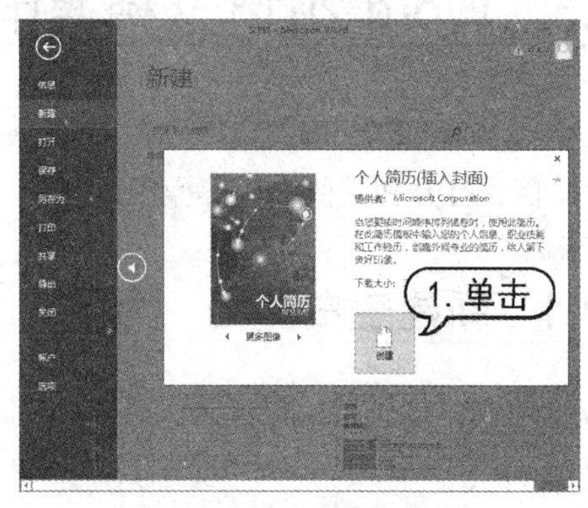

图 1-39 单击【创建】按钮

(3) 模板成功下载后，将创建如图 1-40 所示的新文档。

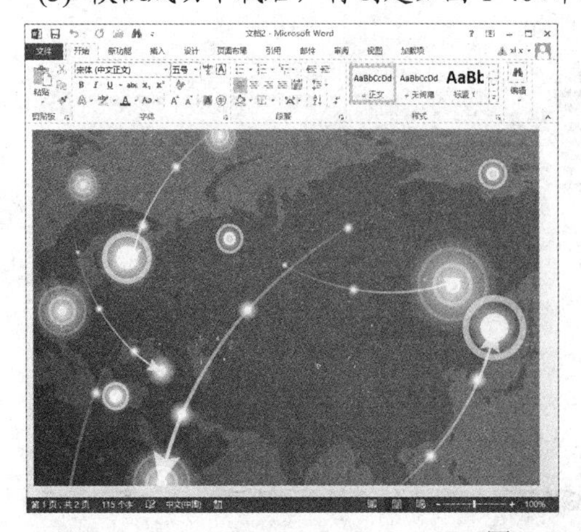

图 1-40 新建文档

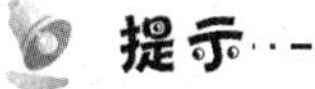

用户还可以在打开的【新建】选项区域中的文本框内输入关键字并按下 Enter 键联网搜索更多模板选项。

1.3.3　打开和关闭文档

打开文档是 Word 的一项基本操作。对于任何文档来说，都需要先将其打开，然后才能对其进行编辑。编辑完成后，可将文档关闭。

1. 打开文档

找到文档所在的位置后，双击 Word 文档，或者右击 Word 文档，从弹出的快捷菜单中选择【打开】命令，直接打开该文档。

用户还可在一个已打开的文档中打开另外一个文档。单击【文件】按钮，选择【打开】命令，然后在打开的选项区域中选择打开文件的位置(如选择【计算机】选项)，并单击【浏览】按钮，如图 1-41 所示。打开【打开】对话框，选中需要打开的 Word 文档，并单击【打开】按钮，即可将其打开，如图 1-42 所示。

图 1-41　单击【浏览】按钮

图 1-42　【打开】对话框

【例 1-5】使用【打开】对话框以只读方式打开【学会感恩】文档。

(1) 启动 Word 2013，单击【打开其他文档】链接，打开【打开】窗口，如图 1-43 所示。

提示

一般在启动 Word 2013 后的窗口中，会显示以前打开过的 Word 文档，用户可以单击其链接打开该文档。

(2) 在该窗口中选择【计算机】选项，单击【浏览】按钮，如图 1-44 所示。

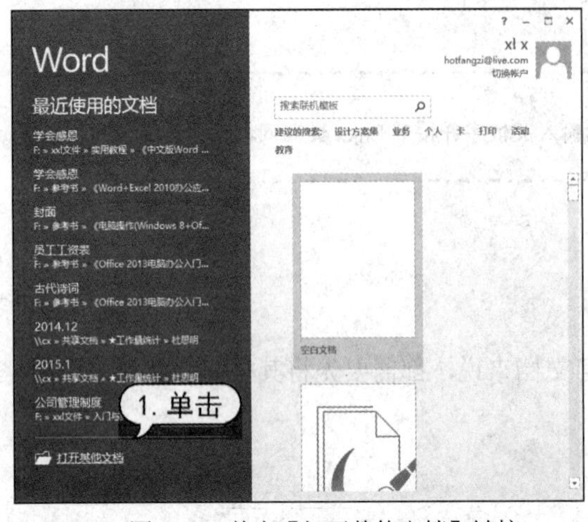

图 1-43　单击【打开其他文档】链接

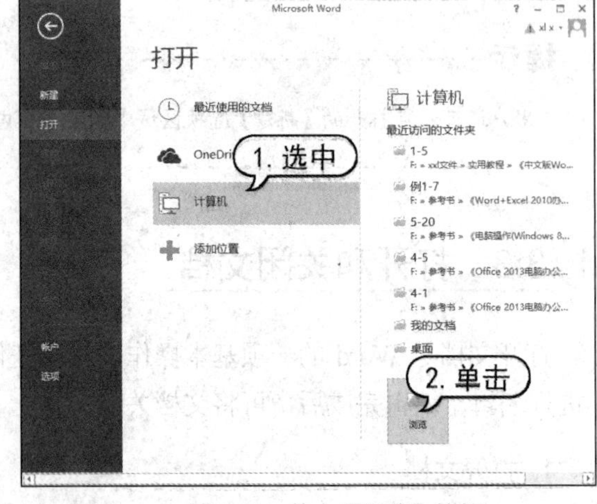

图 1-44　单击【浏览】按钮

(3) 打开【打开】对话框，选择文件路径，选中【学会感恩】文档，单击【打开】下拉按钮，从下拉菜单中选择【以只读方式打开】命令，如图 1-45 所示。

(4) 此时即可以只读方式打开【学会感恩】文档，并在标题栏的文件名后显示【只读】二字，如图 1-46 所示。

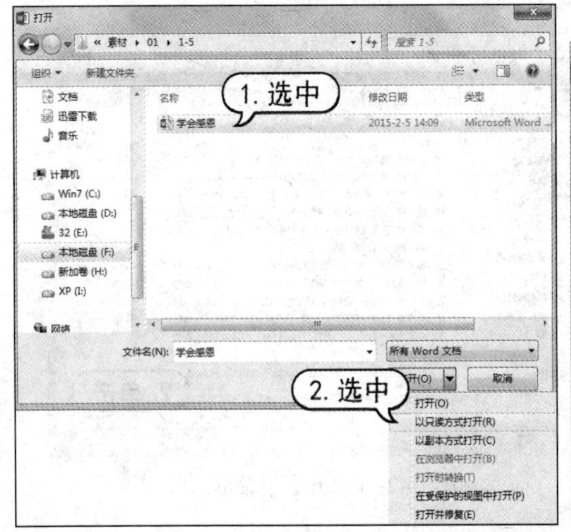

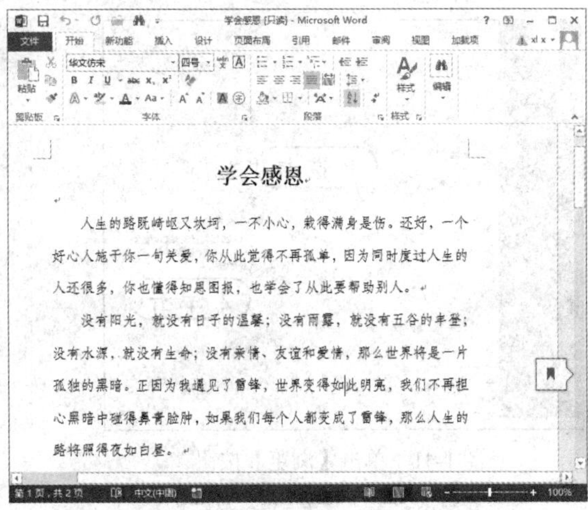

图 1-45　选择【以只读方式打开】命令　　图 1-46　只读方式打开文档

2. 关闭文档

当用户不需要再使用文档时，应将其关闭，常用的关闭文档的方法如下。

◉ 单击标题栏右侧的【关闭】按钮 ×。
◉ 按 Alt+F4 组合键，结束任务。
◉ 单击【文件】按钮，从弹出的界面中选择【关闭】命令，关闭当前文档。
◉ 右击标题栏，从弹出的快捷菜单中选择【关闭】命令。

知识点

如果文档经过了修改，但没有保存，那么在进行关闭文档操作时，将会自动弹出信息提示框提示用户进行保存。

1.3.4　保存文档

新建好文档后，可通过 Word 的保存功能将其存储到电脑中，便于以后打开和编辑使用。对于新建的 Word 文档或正在编辑某个文档时，如果出现了计算机突然死机、停电等非正常关闭的情况，文档中的信息就会丢失。因此，为了保护劳动成果，做好文档的保存工作是十分重要的。

保存文档分为保存新建的文档、保存已存档过的文档、保存经过修改的文档和自动保存 4 种方式。

1. 保存新建的文档

在第一次保存编辑好的文档时，需要指定文件名、文件的保存位置和保存格式等信息。

如果要对新建的文档进行保存，可选择【文件】选项卡，在打开的界面中选择【保存】选项，或单击快速访问工具栏上的【保存】按钮🖫，打开【另存为】窗口，选择【计算机】选项，单击【浏览】按钮，如图 1-47 所示。打开【另存为】对话框，设置保存路径、名称及保存格式，然后单击【保存】按钮即可。

在保存新建的文档时，如果在文档中已输入了一些内容，Word 2013 自动将输入的第一行内容作为文件名，如图 1-48 所示。

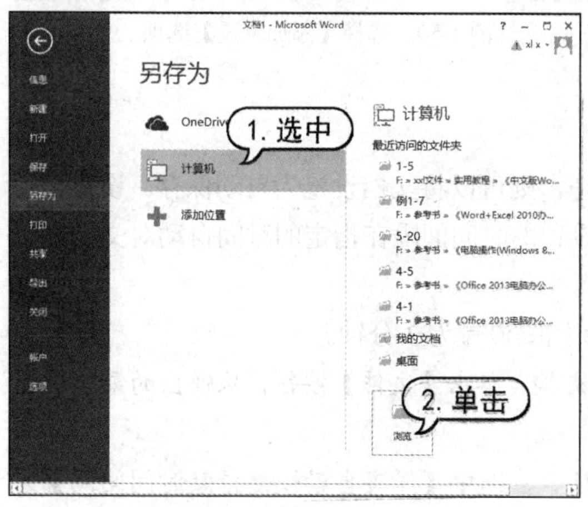

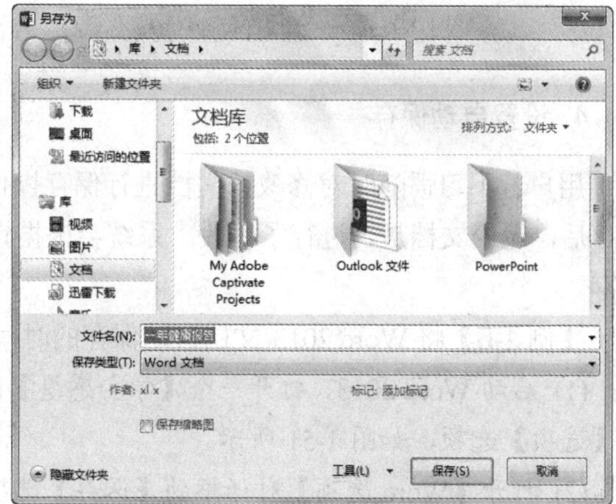

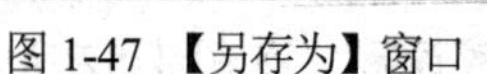

图 1-47 【另存为】窗口　　图 1-48 【另存为】对话框

2. 保存已存档过的文档

要对已存档过的文档进行保存，可选择【文件】选项卡，在打开的界面中选择【保存】选

项，或单击快速访问工具栏上的【保存】按钮，就可以按照原有的路径、名称以及格式进行保存。

3. 保存经过修改的文档

如果文档已保存过，但在进行了一些编辑操作后，需要将其保存下来，并且希望仍能保存以前的文档，这时就需要对文档进行另存为操作。

要将当前文档另存为其他文档，可以选择【文件】选项卡，在打开的界面中选择【另存为】选项，然后在打开的选项区域中设定文档另存为的位置(如选中【计算机】选项，设定将 Word 文档保存在本地计算机中)，并单击【浏览】按钮打开【另存为】对话框指定文件保存的具体路径，如图 1-49 所示。

另外，用户还可以在【另存为】对话框中选择【添加位置】选项，在打开的页面中设定新文档保存位置在 Office 官方网络云上，如图 1-50 所示。

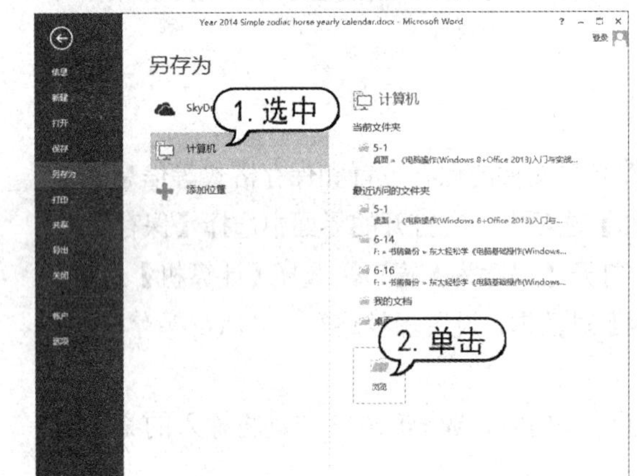

图 1-49 【另存为】窗口

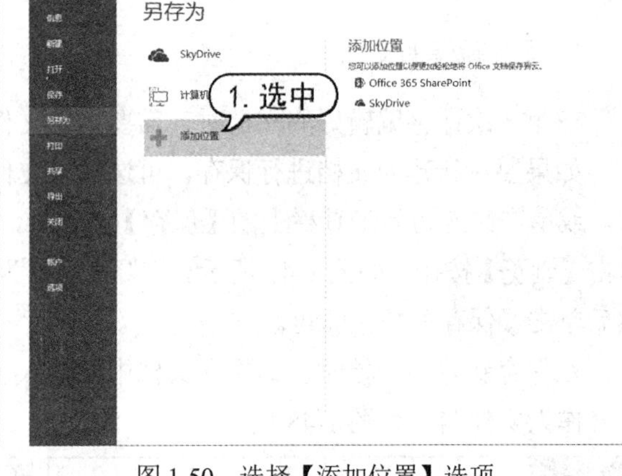

图 1-50 选择【添加位置】选项

4. 设置自动保存

用户若不习惯随时对修改的文档进行保存操作，则可以将文档设置为自动保存。设置自动保存后，无论文档是否进行了修改，系统会根据设置的时间间隔在指定的时间自动对文档进行保存。

【例 1-6】将 Word 2013 文档自动保存的时间间隔设置为 3 分钟。

(1) 启动 Word 2013，打开一个【学会感恩】文档，单击【文件】按钮，从弹出的菜单中选择【选项】选项，如图 1-51 所示。

(2) 打开【Word 选项】对话框的【保存】选项卡，选中【保存自动恢复信息时间间隔】复选框，在其右侧的微调框中输入 3，单击【确定】按钮即可完成设置，如图 1-52 所示。

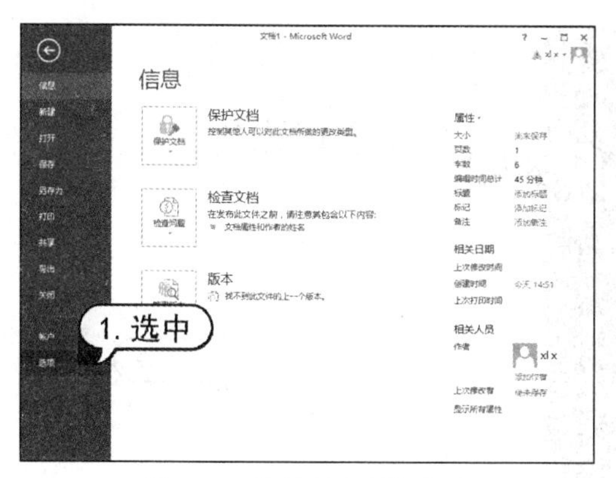

图 1-51　选择【选项】选项

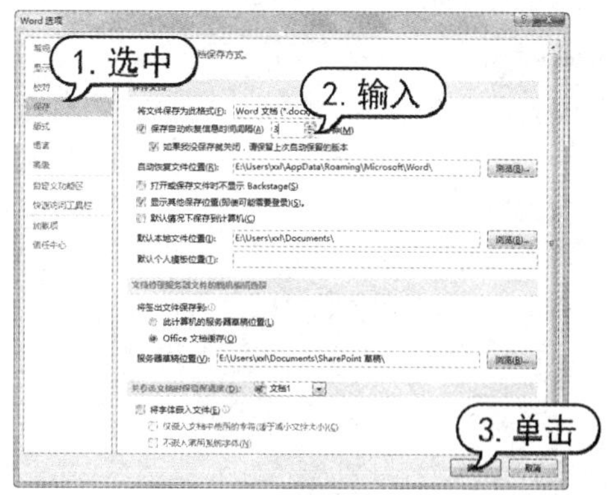

图 1-52　设置保存时间

1.4　上机练习

本章的上机练习主要练习新建并保存字帖文档，使用户更好地掌握 Word 文档的基本操作方法。

(1) 启动 Word 2013，单击【文件】按钮，从弹出的菜单中选择【新建】命令，选择【书法字帖】模板，如图 1-53 所示。

(2) 打开【增减字符】对话框，在【可用字符】列表框中按住 Ctrl 键的同时，选择多个书法字符，单击【添加】按钮，将字符添加到【已用字符】列表框中，然后单击【关闭】按钮，如图 1-54 所示。

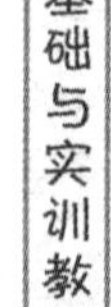

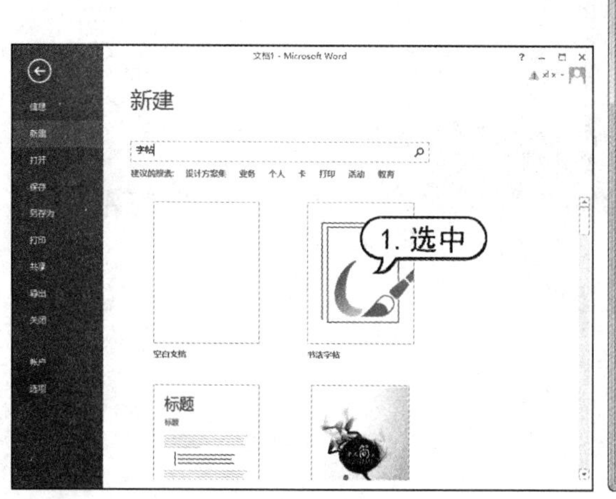

图 1-53　选择【书法字帖】模板

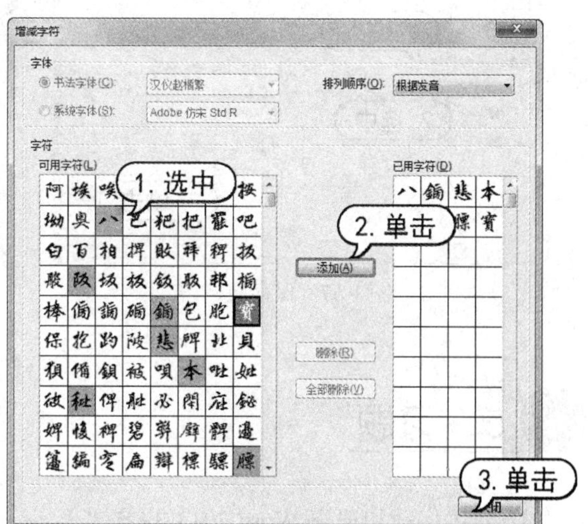

图 1-54　【增减字符】对话框

(3) 关闭【增减字符】对话框，此时在创建的字帖文档中显示添加的书法字符，如图 1-55 所示。

(4) 单击【文件】按钮，从弹出的【文件】菜单中选择【另存为】命令，打开【另存为】窗口，选择【计算机】选项，单击【浏览】按钮，如图 1-56 所示。

计算机基础与实训教材系列

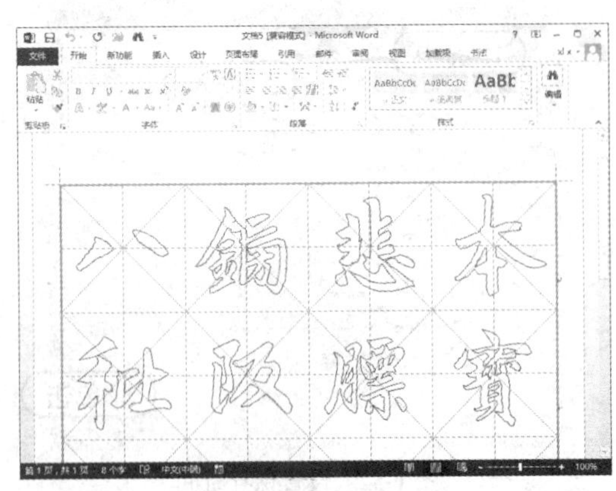

图 1-55　创建文档

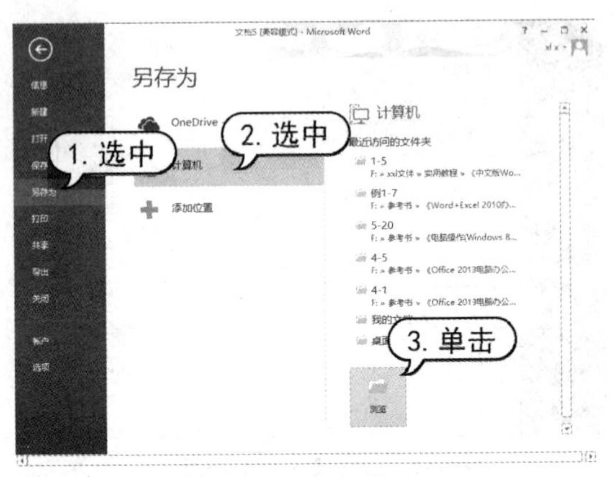

图 1-56　单击【浏览】按钮

(5) 打开【另存为】对话框，选择文档的保存路径，在【文件名】文本框中输入“我的字帖”，在【保存类型】下拉列表框中选择 PDF 选项，单击【保存】按钮，如图 1-57 所示。

(6) 此时文档将以“我的字帖”为名另存为 PDF 格式的文档。完成上述操作之后，返回文档保存路径查看 PDF 文档，如图 1-58 所示。

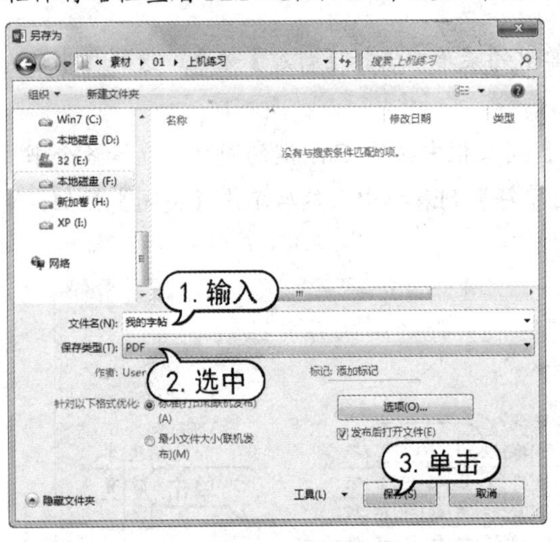

图 1-57　保存文档

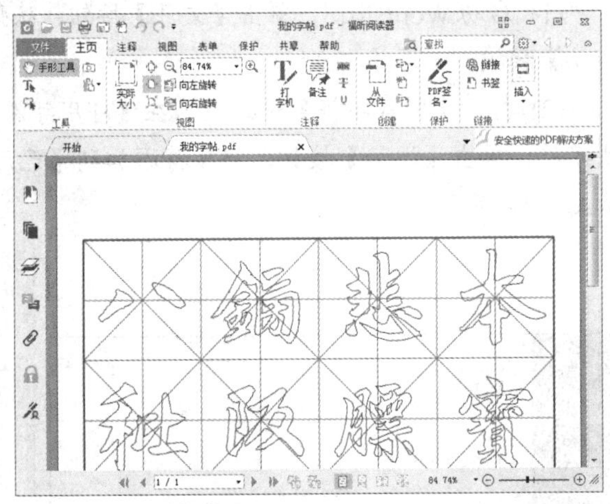

图 1-58　查看文档

1.5　习题

1. 简述启动和退出 Word 2013 的方法。
2. 简述 Word 2013 工作界面的组成部分。
3. 以个人简历模板新建一个 Word 文档，保存后以只读方式打开。
4. 将上面创建的文档以 Web 版式视图模式进行查看。

Word 文本的输入和编辑

学习目标

在 Word 2013 中，建立文档的目的是为了输入文本内容。输入文本后，还需要对文本进行选取、复制、移动、删除、查找和替换、拼写与语法检查等编辑操作。本章将介绍在 Word 2013 输入和编辑文本的相关基本操作，为用户进一步学习制作文档打下坚实的基础。

本章重点

- 选择中文输入法
- 文本输入
- 编辑文本
- 查找和替换文本
- 自动更正文本
- 检查语法和拼写

2.1 使用中文输入法

在 Word 文档中，用户经常需要输入汉字，选择合适的中文输入法可以极大地提高用户的办公效率。

2.1.1 添加中文输入法

常用的中文输入法总体上来说可以分为两大类：拼音输入法和五笔字型输入法。

- 拼音输入法：这是以汉语拼音为基础的输入法，用户只要会用汉语拼音，就可以使用拼音输入法轻松地输入汉字。目前常见的拼音输入法有紫光拼音输入法、微软拼音输入法和搜狗拼音输入法等。
- 五笔字型输入法：这是一种以汉字的构字结构为基础的输入法。它将汉字拆分成为一

些基本结构，并称其为“字根”，每个字根都与键盘上的某个字母键相对应。要在电脑上输入汉字，就要先找到构成这个汉字的基本字根，然后按下相应的按键，即可输入。常见的五笔字型输入法有智能五笔输入法、万能五笔输入法、王码五笔输入法和极品五笔输入法等。

提示

拼音输入法上手容易，只要会用汉语拼音就能使用拼音输入法输入汉字。但是，由于汉字的同音字比较多，因此使用拼音输入法输入汉字时，重码率会比较高。五笔字型输入法是根据汉字结构来输入的，因此重码率比较低，输入汉字比较快。但是要想熟练地使用五笔字型输入法，必须要花大量的时间来记忆繁琐的字根和键位分布，还要学习汉字的拆分方法，因此这种输入法一般为专业打字工作者使用，不太适合新手使用。

中文版 Windows 7 操作系统自带了几种输入法供用户选用，如果用户想要使用其他类型的输入法，可使用添加输入法的功能，将所需的输入法添加到输入法循环列表中。

【例 2-1】在 Windows 7 操作系统中添加【简体中文全拼】输入法。

(1) 在任务栏的语言栏上右击，在弹出的快捷菜单中选择【设置】命令，如图 2-1 所示。

(2) 打开【文本服务和输入语言】对话框，单击右侧的【添加】按钮，如图 2-2 所示。

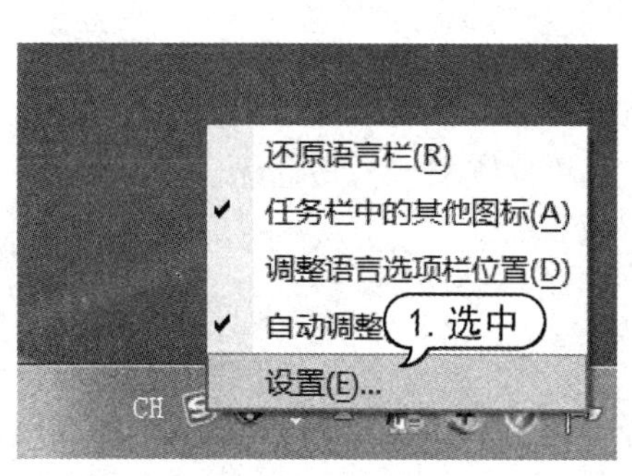

图 2-1 选择【设置】命令

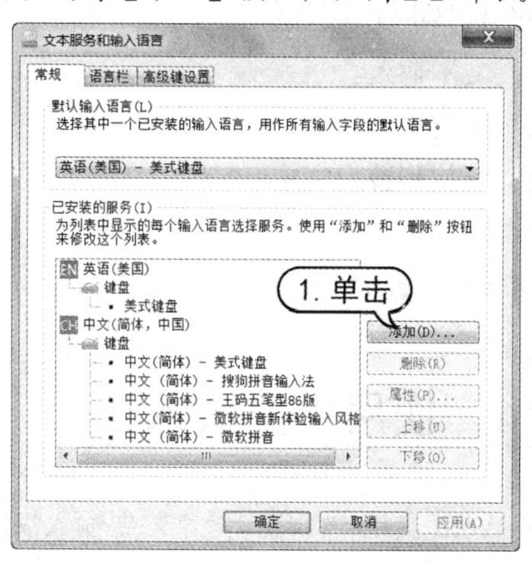

图 2-2 单击【添加】按钮

(3) 打开【添加输入语言】对话框，在该对话框中选中【简体中文全拼】复选框，然后单击【确定】按钮，如图 2-3 所示。

(4) 返回【文本服务和输入语言】对话框，此时可在【已安装的服务】选项组中的输入法列表中，看到刚刚添加的输入法，单击【确定】按钮，完成设置，如图 2-4 所示。

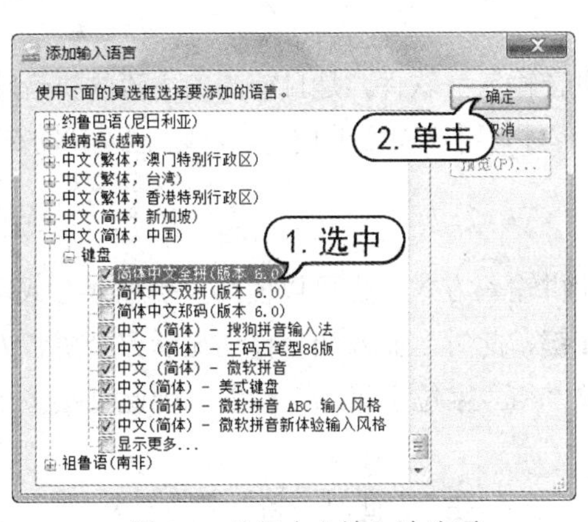

图 2-3　选择中文输入法选项

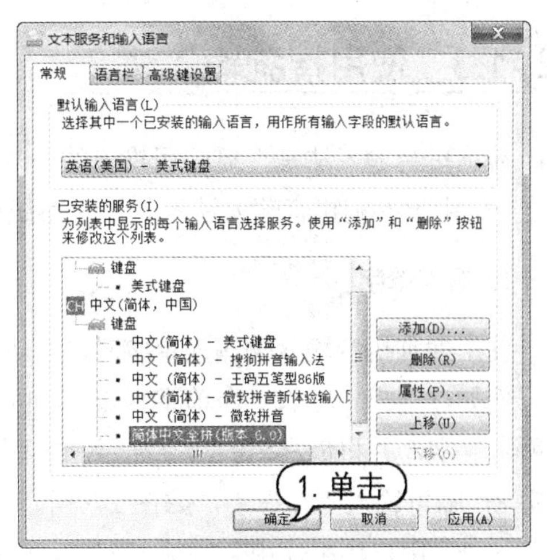

图 2-4　单击【确定】按钮

2.1.2　切换和删除输入法

在 Windows 操作系统中，默认状态下，用户可以使用 Ctrl+空格键在中文输入法和英文输入法之间进行切换，使用 Ctrl+Shift 组合键来切换输入法。Ctrl+Shift 组合键采用循环切换的形式，在各个输入法和英文输入方式之间依次进行转换。

选择中文输入法也可以通过单击任务栏上的输入法指示图标来完成，这种方法比较直接。在 Windows 的任务栏中，单击代表输入法的图标，在弹出的输入法列表单击要使用的输入法即可。当前使用的输入法名称前面将显示“√”标记，如图 2-5 所示。

用户如果习惯于使用某种输入法，可将其他输入法全部删除，减少切换输入法的时间。删除系统自带输入法同样在【文本服务和输入语言】对话框中进行。例如要删除【简体中文全拼】输入法，只需打开【文本服务和输入语言】对话框，在【已安装的服务】列表框里选择【简体中文全拼】选项，然后单击【删除】按钮，最后单击【确定】按钮即可，如图 2-6 所示。

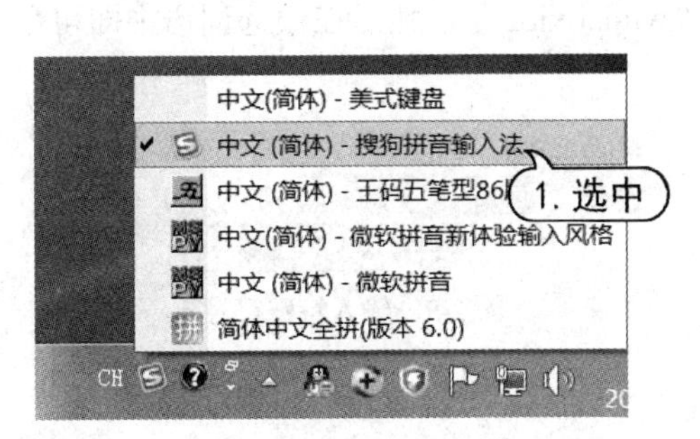

图 2-5　切换中文输入法

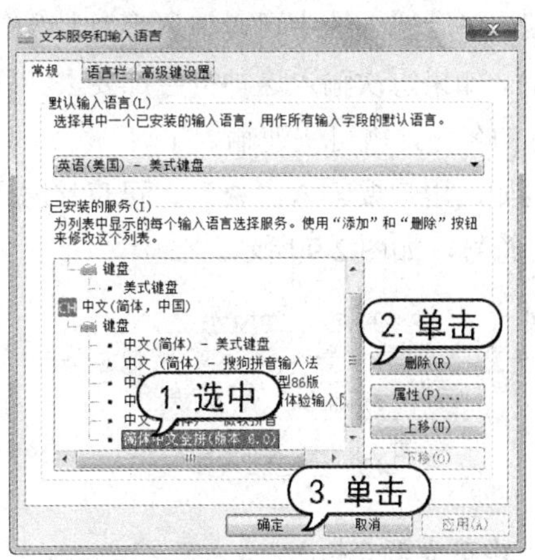

图 2-6　删除输入法

2.1.3 使用搜狗输入法

搜狗拼音输入法是搜狐公司推出的一款汉字拼音输入法软件，是目前国内主流的拼音输入法之一。由于搜狗拼音输入法不是操作系统自带的程序，用户需要使用它，可以上网下载安装。

1. 输入单字

使用搜狗拼音输入法输入单字时，可以使用简拼输入方式，也可以使用全拼输入方式。

例如，用户要输入一个单字“和”，可按下 H 键，此时，输入法会自动显示首个拼音为 H 的所有汉字，并将最常用的汉字显示在前面，此时“和”字位于第二个位置，因此直接按下数字键 2，即可输入“和”字，如图 2-7 所示。

另外，用户还可使用全拼输入方式，直接输入拼音“HE”，此时“和”字位于第一个位置，直接按下空格键即可完成输入。

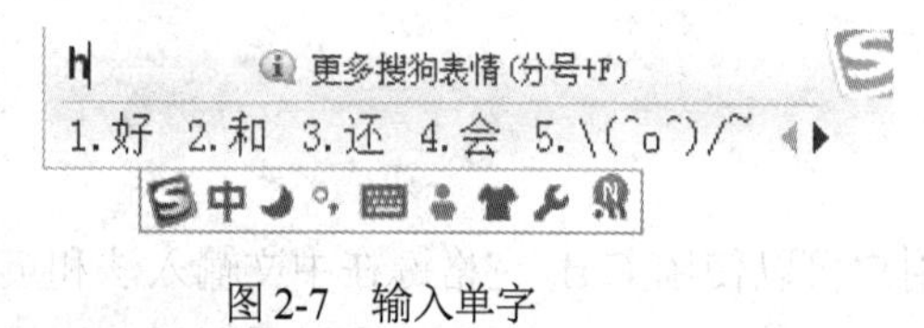

图 2-7　输入单字

知识点

如果用户要输入英文，在输入拼音后直接按下 Enter 键即可输入相应的英文。

2. 输入词组

搜狗拼音输入法具有丰富的专业词库，并能根据最新的网络流行语，更新词库，极大方便了用户的输入。

例如，用户要输入一个词组“天空”，可按下 T、K 两个字母键，此时，输入法会自动显示首个拼音为 T 和 K 的所有词组，并将最常用的汉字显示在前面，此时用户直接按下空格键，即可完成输入，如图 2-8 所示。

3. 输入特殊符号

搜狗拼音输入法中可以输入多种特殊符号，像三角形(△▲)、五角形(☆★)、对勾(√)、叉号(×)等。如果每次输入这种符号都要去特殊符号库中寻找未免过于麻烦，其实用户只要这些特殊符号的名称，就可快速输入了。

例如，用户要输入“★”，可直接输入拼音“wujiaoxing”，然后在候选词语中即可显示“★”符号，如图 2-9 所示。

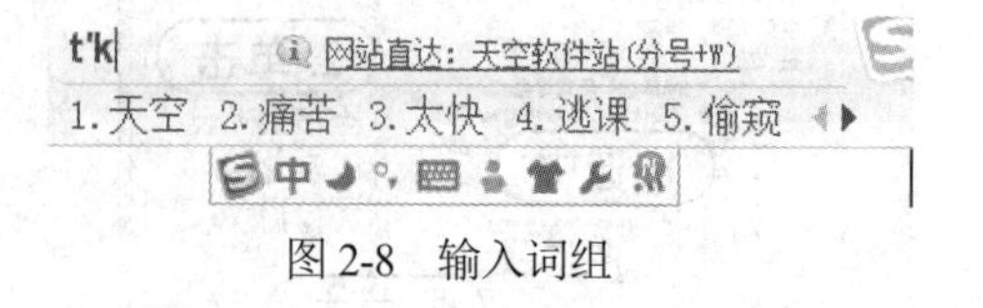

图 2-8　输入词组

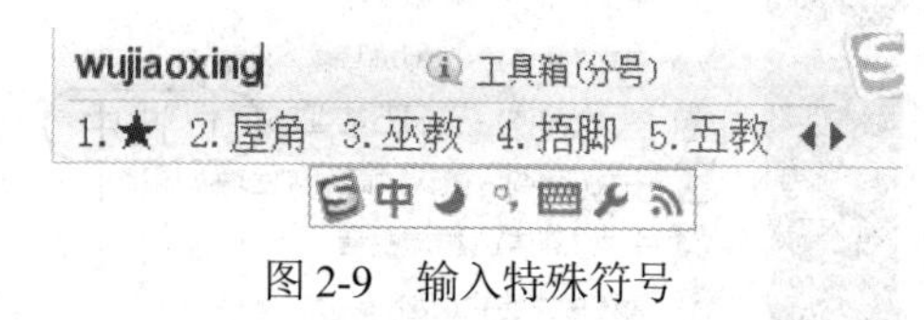

图 2-9　输入特殊符号

4. 中英文混合输入

在输入法默认情况下，按下 Shift 键就切换到英文输入状态，再按一下 Shift 键就会返回中

文状态。另外用鼠标单击状态栏上面的“中”字图标也可以进行切换，如图 2-10 所示。

图 2-10　单击图标更换中英文输入

2.2　Word 文本输入

在 Word 2013 中，建立文档的目的是为了输入文本内容。本节将介绍普通文本、特殊符号、日期和时间的输入方法。

2.2.1　输入普通文本

当新建一个文档后，在文档的开始位置将出现一个闪烁的光标，称之为“插入点”。在 Word 文档中输入的文本，都将在插入点处出现。定位了插入点的位置后，选择一种输入法，即可开始输入普通文本。

在文本的输入过程中，Word 2013 将遵循以下原则。

- 按下 Enter 键，将在插入点的下一行处重新创建一个新的段落，并在上一个段落的结束处显示【↵】符号。
- 按下空格键，将在插入点的左侧插入一个空格符号，它的大小将根据当前输入法的全半角状态而定。
- 按下 Backspace 键，将删除插入点左侧的一个字符。
- 按下 Delete 键，将删除插入点右侧的一个字符。

输入普通文本的方法很简单，只需要在闪烁的插入点中使用输入法输入即可。下面使用一个实例介绍输入文本的方法。

【例 2-2】新建一个名为“海报”的文档，在其中输入普通文本。

(1) 启动 Word 2013 程序，新建一个空白文档，单击【文件】按钮，从弹出的菜单中选择【保存】选项，如图 2-11 所示。

(2) 选择【计算机】选项，单击【浏览】按钮，如图 2-12 所示。

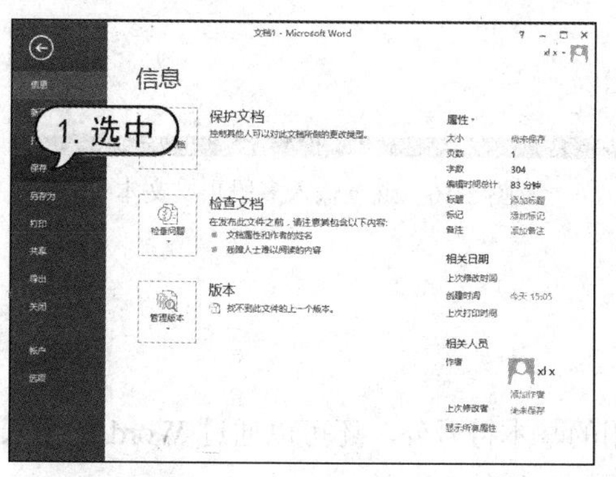

图 2-11　选择【保存】选项

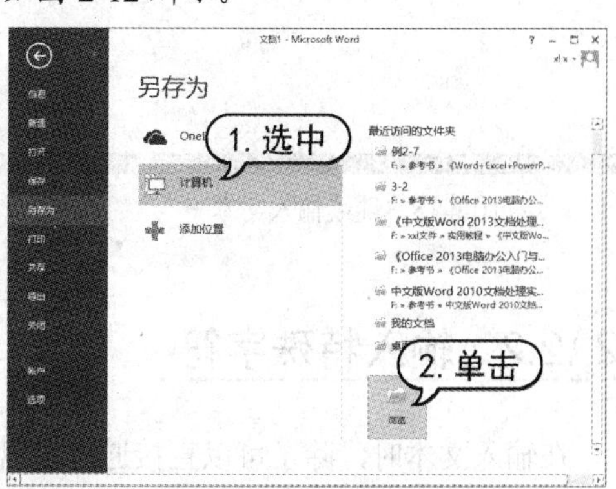

图 2-12　单击【浏览】按钮

(3) 打开【另存为】对话框，选择文档保存路径，在【文件名】文本框中输入“海报”，单击【保存】按钮，保存文档，如图 2-13 所示。

(4) 按空格键，将插入点移至页面中央位置。输入标题“管理学院篮球比赛”，如图 2-14 所示。

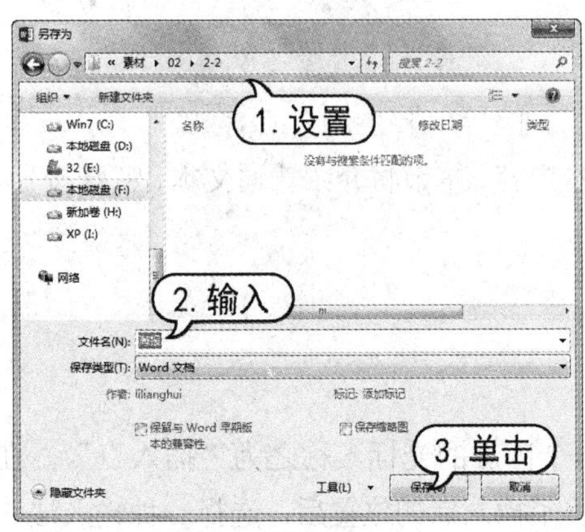

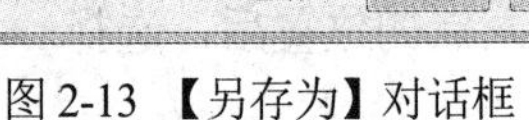

图 2-13 【另存为】对话框

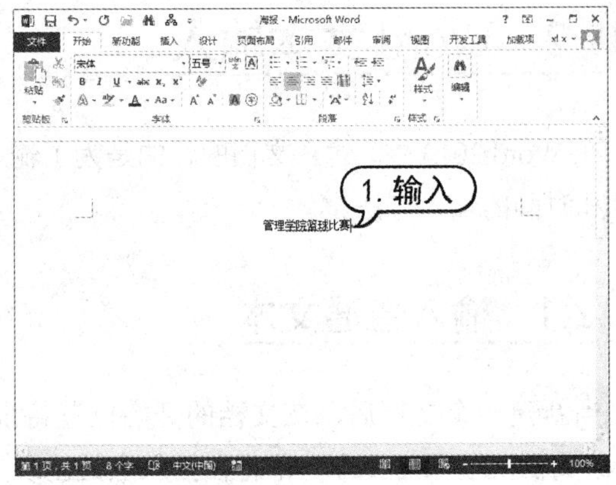

图 2-14 输入文本

(5) 按 Enter 键，将插入点跳转至下一行的行首，继续输入文本“工大全体师生：”，如图 2-15 所示。

(6) 按 Enter 键，将插入点跳转至下一行的行首，再按下 Tab 键，首行缩进 2 个字符，继续输入多段正文文本，最后将插入点定位到文本最右侧，输入文本“管理学院学生会”，如图 2-16 所示。

(7) 按 Ctrl+S 快捷键，保存创建的“海报”文档。

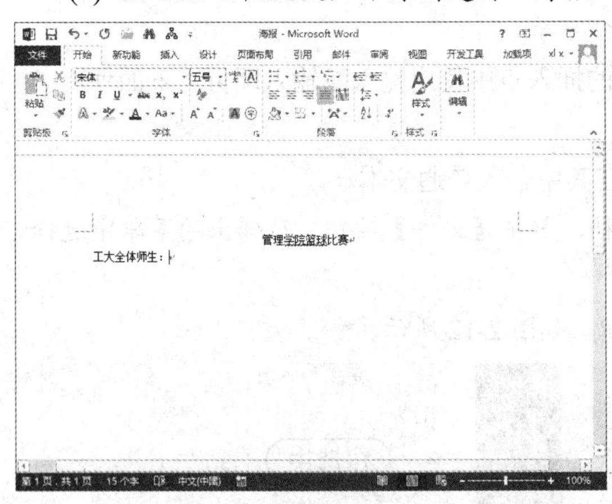

图 2-15 继续输入文本

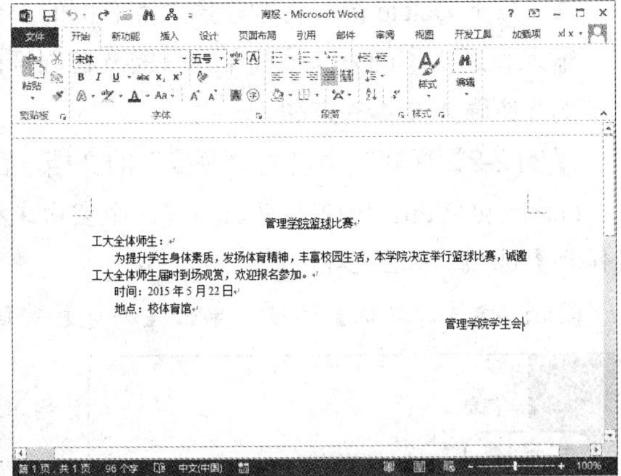

图 2-16 继续输入多段正文文本

2.2.2 输入特殊字符

在输入文本时，除了可以直接通过键盘输入常用的基本符号外，还可以通过 Word 的插入符号功能输入一些诸如☆、¤、®(注册符)以及™(商标符)等特殊字符。

1. 插入符号

打开【插入】选项卡，单击【符号】组中的【符号】下拉按钮，从弹出的下拉菜单中选择相应的符号，如图 2-17 所示。或者选择【其他符号】命令，将打开【符号】对话框，选择要插入的符号，单击【插入】按钮，即可插入符号，如图 2-18 所示。

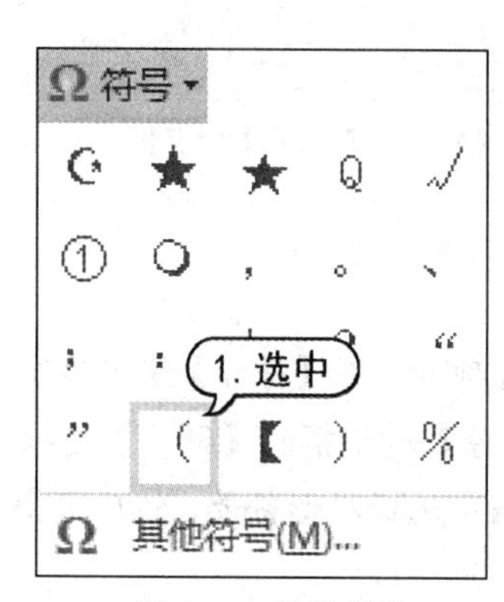

图 2-17　选择符号

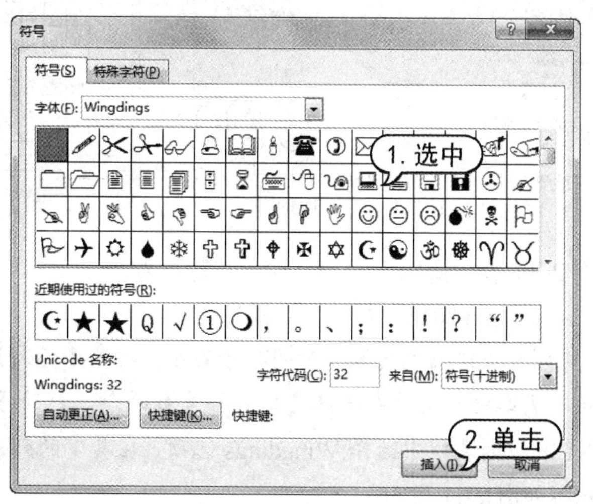

图 2-18 【符号】对话框

在【符号】对话框的【符号】选项卡中，各选项的功能如下所示。

- 【字体】列表框：可以从中选择不同的字体集，以输入不同的字符。
- 【子集】列表框：显示各种不同的符号。
- 【近期使用过的符号】选项区域：显示了用户最近使用过的 16 个符号，以方便用户快速查找符号。
- 【字符代码】下拉列表框：显示所选的符号的代码。
- 【来自】下拉列表框：显示符号的进制，如符号十进制。
- 【自动更正】按钮：单击该按钮，可打开【自动更正】对话框，可以对一些经常使用的符号使用自动更正功能。
- 【快捷键】按钮：单击该按钮，将打开【自定义键盘】对话框，将光标置于【请按快捷键】文本框中，在键盘上按下用户设置的快捷键，单击【指定】按钮就可以将快捷键指定给该符号。这样用户就可以在不打开【符号】对话框的情况下，直接按快捷键插入符号。

此外，打开【特殊字符】选项卡，在其中可以选择®(注册符)以及™(商标符)等特殊字符，单击【插入】按钮，即可将其插入到文档中，如图 2-19 所示。

2. 插入特殊符号

要插入特殊符号，可以打开【加载项】选项卡，在【菜单命令】组中单击【特殊符号】按钮，打开【插入特殊符号】对话框。在该对话框中选择相应的符号后，单击【确定】按钮即可，如图 2-20 所示。

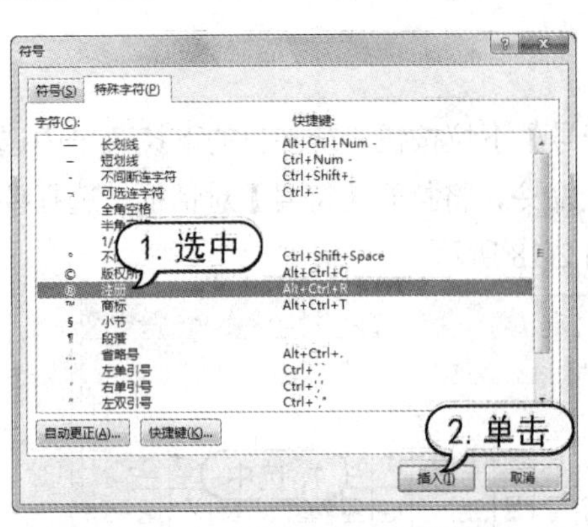

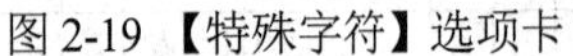
图 2-19 【特殊字符】选项卡

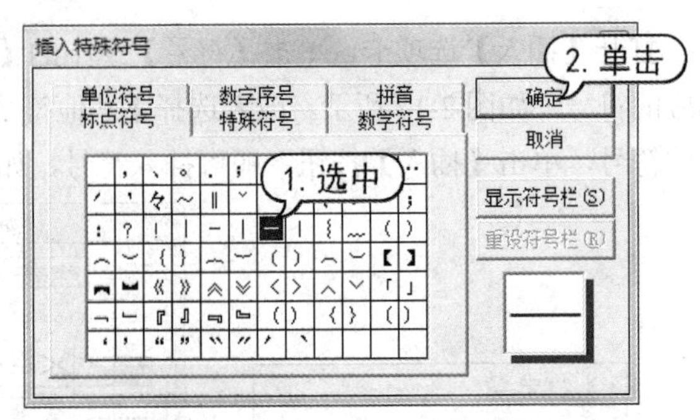

图 2-20 【插入特殊符号】对话框

【例 2-3】在“海报”文档中输入特殊符号。

(1) 启动 Word 2013，打开“海报”文档。

(2) 将插入点定位到文本“时间”开头处，打开【插入】选项卡，在【符号】组中单击【符号】按钮，从弹出的菜单中选择【其他符号】命令，打开【符号】对话框的【符号】选项卡，在【字体】下拉列表框中选择 Wingdings 选项，在其下的列表框中选择星形符号，然后单击【插入】按钮，如图 2-21 所示。

(3) 将插入点定位到文本“地点”开头处，返回到【符号】对话框，单击【插入】按钮，继续插入星形符号，单击【关闭】按钮，关闭【符号】对话框，此时在文档中显示所插入的符号，如图 2-22 所示。

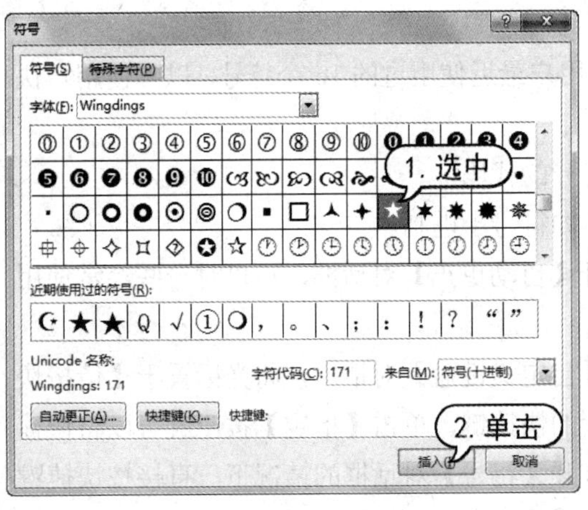

图 2-21 【符号】对话框

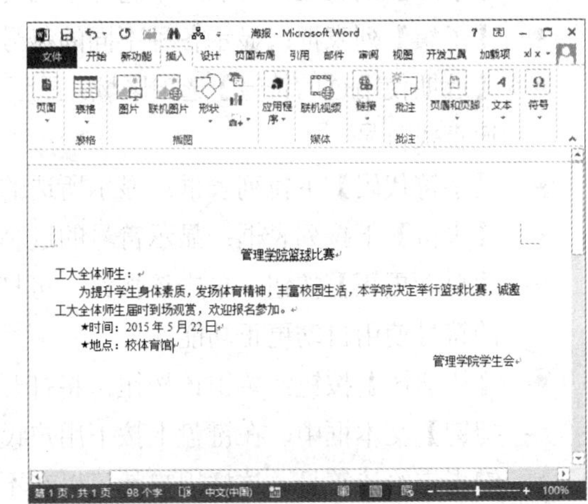

图 2-22 显示符号

2.2.3 输入日期和时间

使用 Word 2013 编辑文档时，可以使用插入日期和时间功能来输入当前日期和时间。

输入日期类的格式的文本时，Word 会自动显示默认格式的当前日期，按 Enter 键即可完成当前日期的输入。如果要输入其他格式的日期，除了可以手动输入外，还可以通过【日期和时

间】对话框进行插入。打开【插入】选项卡，在【文本】组中单击【日期和时间】按钮，打开【日期和时间】对话框，如图 2-23 所示。

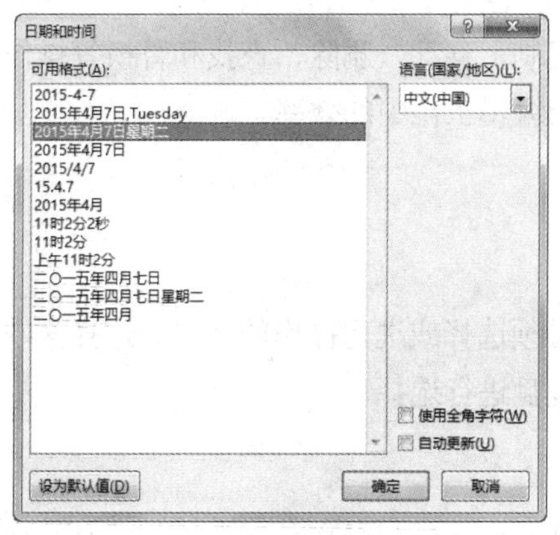

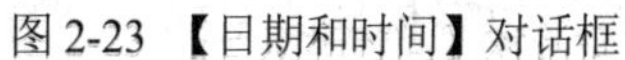
图 2-23　【日期和时间】对话框

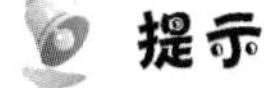
提示

在【日期和时间】对话框的【可用格式】列表框中显示的日期和时间是系统当前的日期和时间，因此每次打开该对话框，显示的数据都会不同。

在【日期和时间】对话框中，各选项的功能如下所示。

- 【可用格式】列表框：用来选择日期和时间的显示格式。
- 【语言】下拉列表框：用来选择日期和时间应用的语言，如中文或英文。
- 【使用全角字符】复选框：选中该复选框可以用全角方式显示插入的日期和时间。
- 【自动更新】复选框：选中该复选框可对插入的日期和时间格式进行自动更新。
- 【设为默认值】按钮：单击该按钮可将当前设置的日期和时间格式保存为默认的格式。

【例 2-4】在“海报”文档中输入日期和时间。

(1) 启动 Word 2013，打开“海报”文档。将插入点定位在文档末尾，按 Enter 键换行。

(2) 打开【插入】选项卡，在【文本】组中单击【日期和时间】按钮。打开【日期和时间】对话框，在【语言(国家/地区)】下拉列表框中选择【中文(中国)】选项，在【可用格式】列表框中选择第 3 种日期格式，单击【确定】按钮，插入该日期，如图 2-24 所示。

(3) 此时在文档插入该日期，按空格键将该日期文本移动至结尾处，如图 2-25 所示。

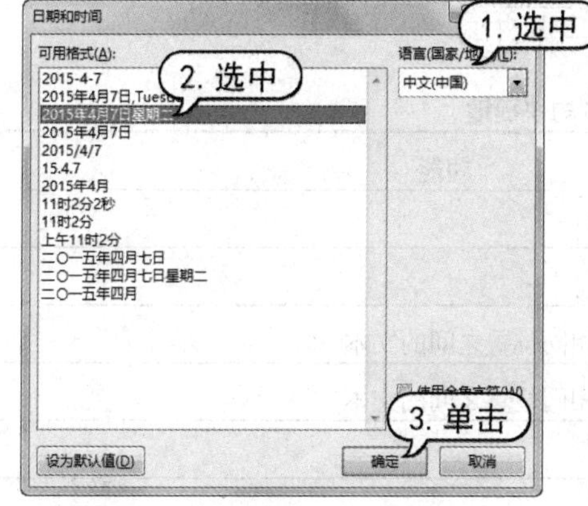

图 2-24　【日期和时间】对话框

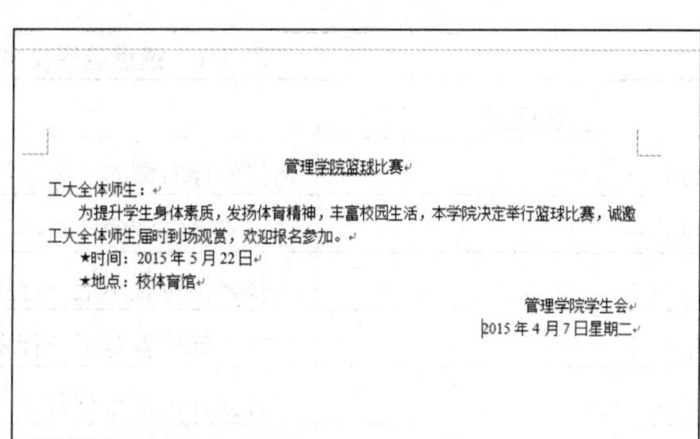

图 2-25　显示日期文本

2.3 编辑文本

文档录入过程中，通常需要对文本进行选取、复制、移动、删除、查找和替换等操作。熟练地掌握这些操作，可以节省大量的时间，提高文档编辑工作中的效率。

2.3.1 选择文本

在 Word 2013 中，用户在进行文本编辑之前，必须选择或选定操作的文本。选择文本既可以使用鼠标，也可以使用键盘，还可以结合鼠标和键盘进行选择。

1. 使用鼠标选择文本

使用鼠标选择文本是最基本、最常用的方法。使用鼠标可以轻松地改变插入点的位置，因此使用鼠标选择文本十分方便。

- 拖动选择：将鼠标指针定位在起始位置，按住鼠标左键不放，向目的位置拖动鼠标以选择文本。
- 单击选择：将鼠标光标移到要选定行的左侧空白处，当鼠标光标变成↗形状时，单击鼠标选择该行文本内容。
- 双击选择：将鼠标光标移到文本编辑区左侧，当鼠标光标变成↗形状时，双击鼠标左键，即可选择该段的文本内容；将鼠标光标定位到词组中间或左侧，双击鼠标选择该单字或词。
- 三击选择：将鼠标光标定位到要选择的段落，三击鼠标选中该段的所有文本；将鼠标光标移到文档左侧空白处，当光标变成↗形状时，三击鼠标选中整篇文档。

2. 使用键盘选择文本

使用键盘选择文本时，需先将插入点移动到要选择的文本的开始位置，然后按键盘上相应的快捷键即可。利用快捷键选择文本内容的功能如表 2-1 所示。

表 2-1　键盘选择文本的快捷键

快捷键	功能
Shift+→	选择光标右侧的一个字符
Shift+←	选择光标左侧的一个字符
Shift+↑	选择光标位置至上一行相同位置之间的文本
Shift+↓	选择光标位置至下一行相同位置之间的文本
Shift+Home	选择光标位置至行首
Shift+End	选择光标位置至行尾
Shift+PageDown	选择光标位置至下一屏之间的文本
Shift+PageUp	选择光标位置至上一屏之间的文本

(续表)

快捷键	功能
Ctrl+Shift+Home	选择光标位置至文档开始之间的文本
Ctrl+Shift+End	选择光标位置至文档结尾之间的文本
Ctrl+A	选中整篇文档

3. 结合键盘+鼠标选择文本

使用鼠标和键盘结合的方式，不仅可以选择连续的文本，还可以选择不连续的文本。

- 选择连续的较长文本：将插入点定位到要选择区域的开始位置，按住 Shift 键不放，再移动光标至要选择区域的结尾处，单击鼠标左键即可选择该区域之间的所有文本内容。
- 选择不连续的文本：选择任意一段文本，按住 Ctrl 键，再拖动鼠标选择其他文本，即可同时选择多段不连续的文本。
- 选择整篇文档：按住 Ctrl 键不放，将光标移到文本编辑区左侧空白处，当光标变成↗形状时，单击鼠标左键即可选择整篇文档。
- 选择矩形文本：将插入点定位到开始位置，按住 Alt 键并拖动鼠标，即可选择矩形文本。

2.3.2 移动和复制文本

在 Word 文档中经常需要重复输入文本时，可以使用移动或复制文本的方法进行操作，以节省时间，加快输入和编辑的速度。

1. 移动文本

移动文本是指将当前位置的文本移到另外的位置，在移动的同时，会删除原来位置上的原版文本。移动文本后，原位置的文本消失。

移动文本有以下几种方法。

- 选择需要移动的文本，按 Shift+X 组合键；在目标位置处按 Ctrl+V 组合键来实现。
- 选择需要移动的文本，在【开始】选项卡的【剪贴板】组中，单击【剪切】按钮，在目标位置处，单击【粘贴】按钮。
- 选择需要移动的文本，按下鼠标右键拖动至目标位置，松开鼠标后弹出一个快捷菜单，在其中选择【移动到此位置】命令。
- 选择需要移动的文本后，右击，在弹出的快捷菜单中选择【剪切】命令；在目标位置处右击，在弹出的快捷菜单中选择【粘贴】命令。
- 选择需要移动的文本后，按下鼠标左键不放，此时鼠标光标变为形状，并出现一条虚线，移动鼠标光标，当虚线移动到目标位置时，释放鼠标即可将选取的文本移动到该处。

2. 复制文本

Word 文本的复制，是指将要复制的文本移动到其他的位置，而原版文本仍然保留在原来的位置。

复制文本有以下几种方法。

- 选取需要复制的文本，按 Ctrl+C 组合键，把插入点移到目标位置，再按 Ctrl+V 组合键。
- 选择需要复制的文本，在【开始】选项卡的【剪贴板】组中，单击【复制】按钮，将插入点移到目标位置处，单击【粘贴】按钮。
- 选取需要复制的文本，按下鼠标右键拖动到目标位置，松开鼠标会弹出一个快捷菜单，在其中选择【复制到此位置】命令。
- 选取需要复制的文本，右击，从弹出的快捷菜单中选择【复制】命令，把插入点移到目标位置，右击，从弹出的快捷菜单中选择【粘贴】命令。

2.3.3 删除和撤销文本

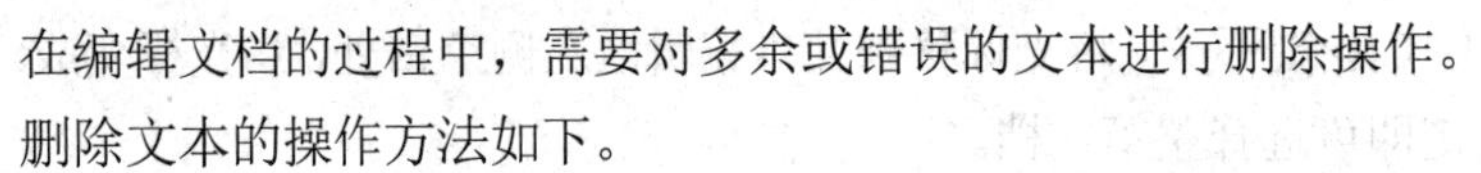

在编辑文档的过程中，需要对多余或错误的文本进行删除操作。

删除文本的操作方法如下。

- 按 Backspace 键，删除光标左侧的文本；按 Delete 键，删除光标右侧的文本。
- 选择需要删除的文本，在【开始】选项卡的【剪贴板】组中，单击【剪切】按钮即可。
- 选择文本，按 Backspace 键或 Delete 键均可删除所选文本。

提示

Word 2013 状态栏中有【改写】和【插入】两种状态。在改写状态下，输入的文本将会覆盖其后的文本，而在插入状态下，会自动将插入位置后的文本向后移动。Word 默认的状态是插入，若要更改状态，可以在状态栏中单击【插入】按钮，此时将显示【改写】按钮，单击该按钮，返回至插入状态。按 Insert 键，同样可以在这两种状态下切换。

编辑文档时，Word 2013 会自动记录最近执行的操作，因此当操作错误时，可以通过撤销功能将错误操作撤销。如果误撤销了某些操作，还可以使用恢复操作将其恢复。

1. 撤销操作

常用的撤销操作主要有以下两种。

- 在快速访问工具栏中单击【撤销】按钮，撤销上一次的操作。单击按钮右侧的下拉按钮，可以在弹出列表中选择要撤销的操作。
- 按 Ctrl+Z 组合键，撤销最近的操作。

2. 恢复操作

恢复操作用来还原撤销操作，恢复撤销以前的文档。

常用的恢复操作主要有以下两种。

- 在快速访问工具栏中单击【恢复】按钮，恢复操作。

◉ 按 Ctrl+Y 组合键，恢复最近的撤销操作，这是 Ctrl+Z 的逆操作。

2.3.4 查找和替换文本

在篇幅比较长的文档中，使用 Word 2013 提供的查找与替换功能可以快速地找到文档中的某个信息或更改全文中多次出现的词语，从而无须反复地查找文本，使操作变得较为简单并提高效率。

1. 使用查找和替换功能

在编辑一篇长文档过程中，要查找和替换一个文本，使用 Word 2013 提供的查找和替换功能，将会达到事半功倍的效果。

【例 2-5】在“海报”文档中查找文本“工大”，并将其替换为“南大”。

(1) 启动 Word 2013，打开“海报”文档。在【开始】选项卡的【编辑】组中单击【查找】按钮，打开导航窗格。

(2) 在【导航】文本框中输入文本“工大”，此时 Word 2013 自动在文档编辑区中以黄色高亮显示所查找到的文本，如图 2-26 所示。

(3) 在【开始】选项卡的【编辑】组中，单击【替换】按钮，打开【查找和替换】对话框，打开【替换】选项卡，此时【查找内容】文本框中显示文本“工大”，在【替换为】文本框中输入文本“南大”，单击【全部替换】按钮，如图 2-27 所示。

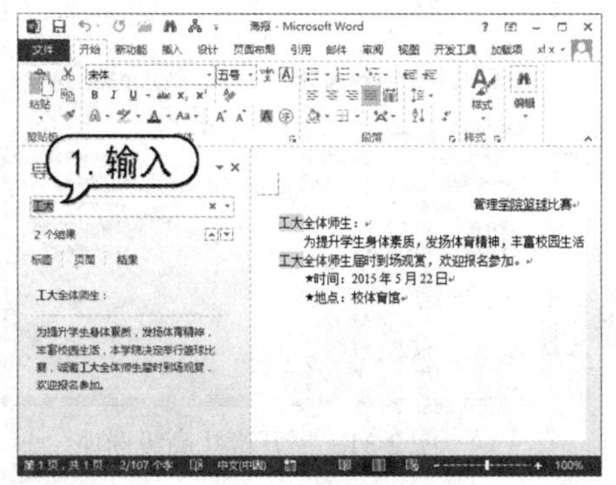

图 2-26　输入文本

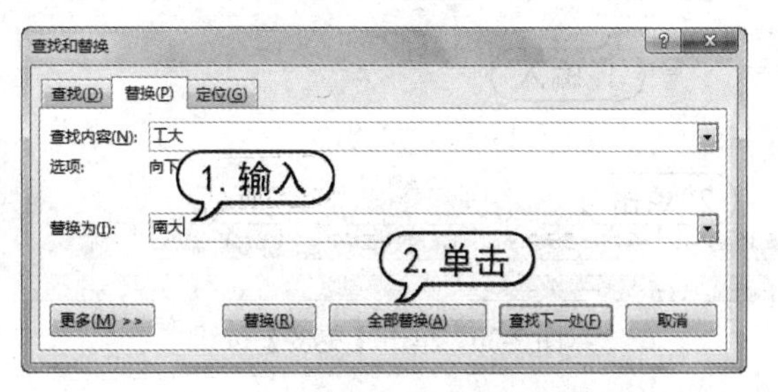

图 2-27　替换文本

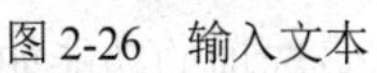

提示

在【替换】选项卡中单击【更多】按钮，展开更多选项，在其中设置区分大小写、区分全角/半角、忽略空格和忽略标点符号等。

(4) 替换完成后，打开完成替换提示框，单击【确定】按钮，如图 2-28 所示。

(5) 返回至【查找和替换】对话框，单击【关闭】按钮，返回文档窗口，查看替换的文本，如图 2-29 所示。

图 2-28　单击【确定】按钮

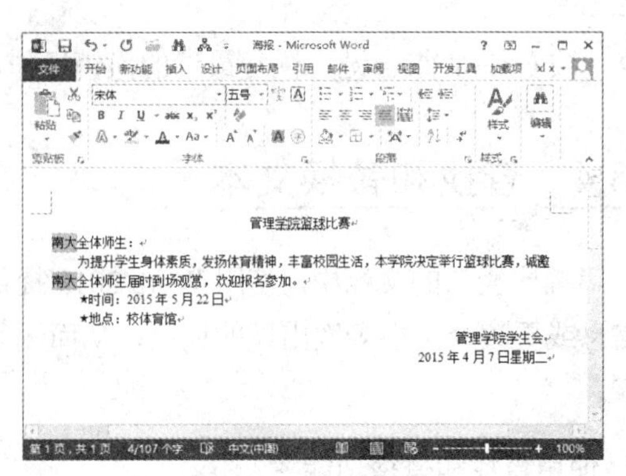

图 2-29　查看替换文本

2. 使用高级查找功能

在 Word 2013 中使用高级查找功能不仅可以在文档中查找普通文本，还可以对特殊格式的文本、符号等进行查找。

打开【开始】选项卡，在【编辑】组中单击【查找】下拉按钮，从弹出的下拉菜单中选择【高级查找】命令，打开【查找和替换】对话框中的【查找】选项卡，输入查找文本，单击【更多】按钮，如图 2-30 所示，可展开该对话框用来设置文档的查找高级选项，如图 2-31 所示。

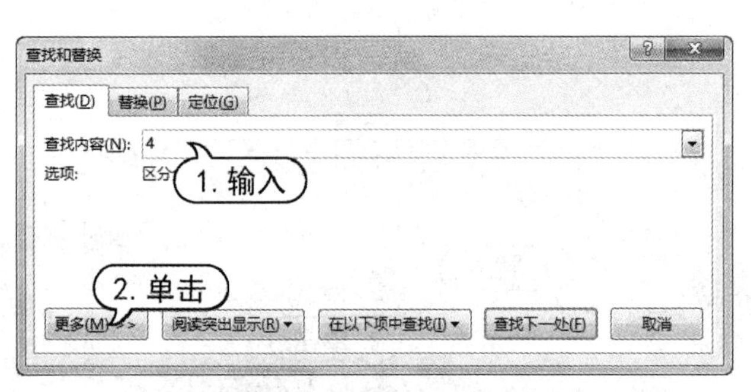

图 2-30　单击【更多】按钮

图 2-31　展开查找高级选项

在如图 2-31 所示的【查找和替换】对话框中，各个查找高级选项的功能如下。

- 【搜索】下拉列表框：用来选择文档的搜索范围。选择【全部】选项，将在整个文本中进行搜索；选择【向下】选项，可从插入点处向下进行搜索；选择【向上】选项，可从插入点处向上进行搜索。
- 【区分大小写】复选框：选中该复选框，可在搜索时区分大小写。
- 【全字匹配】复选框：选中该复选框，可在文档中搜索符合条件的完整单词，而不搜索长单词中的一部分。
- 【使用通配符】复选框：选中该复选框，可搜索输入【查找内容】文本框中的通配符、特殊字符或特殊搜索操作符。

- 【同音(英文)】复选框：选中该复选框，可搜索与【查找内容】文本框中文字发音相同但拼写不同的英文单词。
- 【查找单词的所有形式(英文)】复选框：选中该复选框，可搜索与【查找内容】文本框中的英文单词相同的所有形式。
- 【区分全/半角】复选框：选中该复选框，可在查找时区分全角与半角。
- 【格式】按钮：单击该按钮，将在弹出的下一级子菜单中设置查找文本的格式，如字体、段落、制表位等。
- 【特殊格式】按钮：单击该按钮，在弹出的下一级子菜单中可选择要查找的特殊格式，如段落标记、省略号、制表符等。

2.4 自动更正文本

在文本的输入过程中，有时会出现一些输入错误，诸如将“其他”写成“其它”等。在 Word 2013 中提供了自动更正功能，可以通过其自带的更正字库对一些常见的拼写错误进行自动更正。

2.4.1 设置自动更正

在使用 Word 的自动更正功能时，可根据需要设置自动更正选项。

单击【文件】按钮，在弹出的菜单中选择【选项】选项，打开【Word 选项】对话框。打开【校对】选项卡，在右侧的【自动更正选项】选项区域中，单击【自动更正选项】按钮，如图 2-32 所示，打开【自动更正】对话框，系统默认打开【自动更正】选项卡，如图 2-33 所示。在该对话框中可以设置自动更正选项。

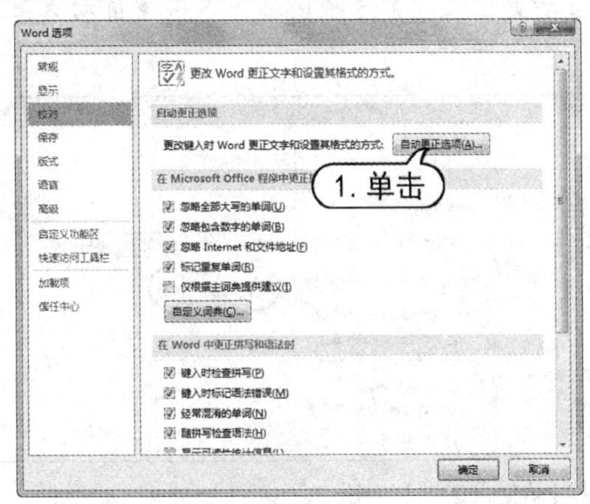

图 2-32 单击【自动更正选项】按钮

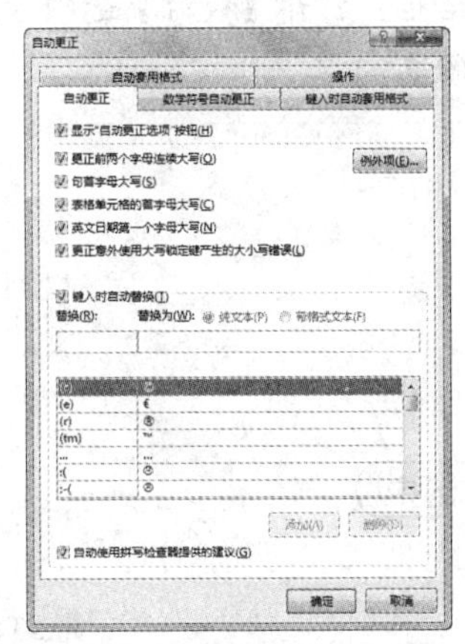

图 2-33 【自动更正】对话框

在【自动更正】选项卡中，各选项的功能如下。

- 【显示“自动更正选项”按钮】复选框：选中该复选框后可显示【自动更正选项】按钮。

- 【更正前两个字母连续大写】复选框：选中该复选框后可将前两个字母连续大写的单词更正为首字母大写。
- 【句首字母大写】复选框：选中该复选框后可将句首字母没有大写的单词更正为句首字母大写。
- 【例外项】按钮：单击该按钮后可打开【“自动更正”例外项】对话框，在对话框中可设置不需要 Word 进行自动更正的缩略语。
- 【表格单元格的首字母大写】复选框：选中该复选框后可将表格单元格中的单词设置为首字母大写。
- 【英文日期第一个字母大写】复选框：选中该复选框后可以将英文日期的首字母设置为大写。
- 【更正意外使用大写锁定键产生的大小写错误】复选框：选中该复选框后可对由于误按 CapsLock 键产生的大小写错误进行更正。
- 【键入时自动替换】复选框：选中该复选框后可打开自动更正和替换功能，并在文档中显示【自动更正】图标。
- 【自动使用拼写检查器提供的建议】复选框：选中该复选框后可在键入时自动用拼写检查功能词典中的单词替换拼写有误的单词。

2.4.2 创建自动更正词条

创建或更改自动更正词条后，当输入某种常见的错误词条时，系统会给予更正提示，并用正确的词条加以替代。

【例 2-6】创建自动更正词条，将“它们”更正为“他们”。

(1) 启动 Word 2013，单击【文件】按钮，在弹出的菜单中选择【选项】选项，打开【Word 选项】对话框，打开【校对】选项卡，在【自动更正选项】选项区域中单击【自动更正选项】按钮，如图 2-34 所示。

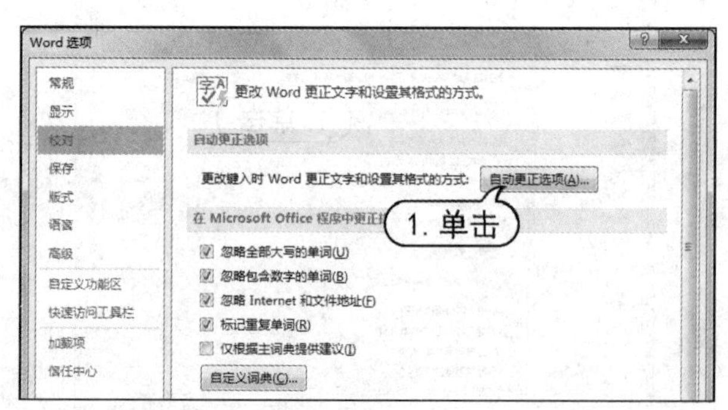

图 2-34　单击【自动更正选项】按钮

(2) 打开【校对】选项卡，在【自动更正选项】选项区域中单击【自动更正选项】按钮，打开【自动更正】对话框的【自动更正】选项卡，选中【键入时自动替换】复选框，并在【替换】文本框中输入“它们”，在【替换为】文本框中输入单词“他们”，单击【添加】按钮，如图 2-35 所示。

(3) 此时将其添加到自动更正词条中并显示在列表框中，单击【确定】按钮，关闭【自动更正】对话框，如图 2-36 所示。

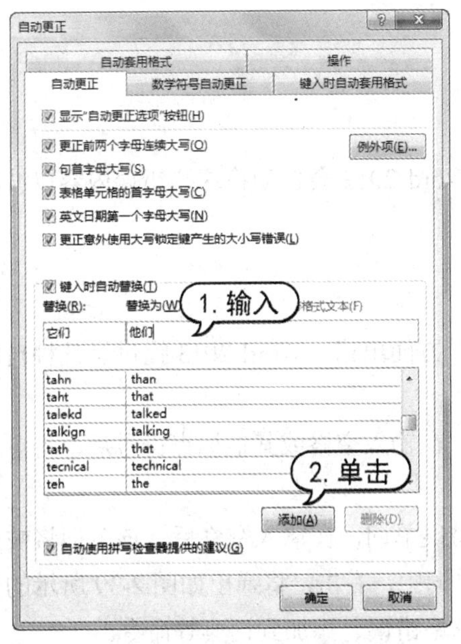

图 2-35　创建自动更正词条

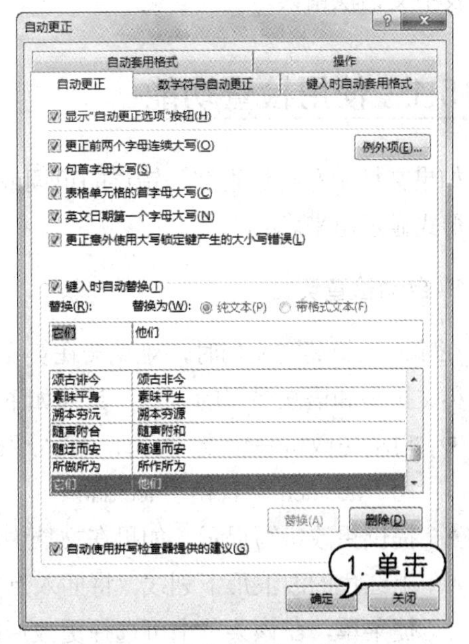

图 2-36　单击【确定】按钮

(4) 打开 Word 文档，并在文档编辑窗口中输入“其它”，然后按 Enter 键或空格键，即可看到输入的词组“它们”被替换为“他们”，如图 2-37 所示。

(5) 如果要撤销自动更正的效果，将鼠标指针移动到更正的词条左下角出现一个小蓝框，当其变为【自动更正选项】按钮时，单击该按钮，从弹出的如图 2-38 所示的下拉列表中选择【改回至“它们”】或【停止自动更正“它们”】命令。选择【停止自动更正“它们”】命令相当于在自动更正中删除该词条，如图 2-38 所示。

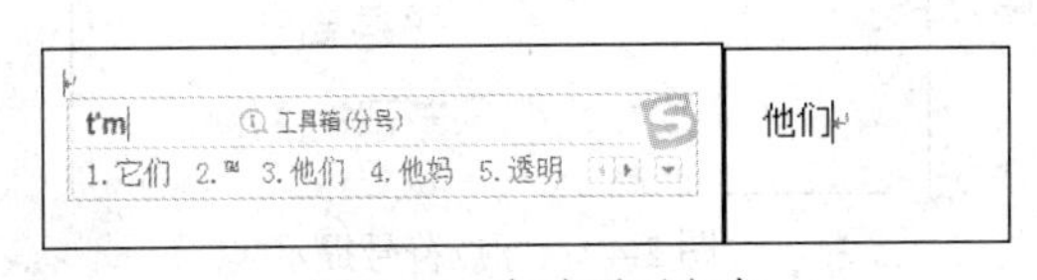

图 2-37　自动更正文本

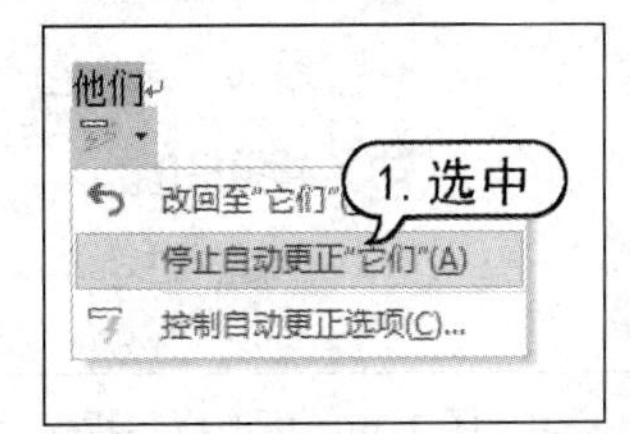

图 2-38　撤销自动更正

知识点

Word 自动更正功能自带的更正词条列表框有 3 种更正类型：汉字到汉字的自动更正、英文到英文的更正、特殊符号的更正。

2.5 检查语法和拼写

Word 2013 提供了拼写和语法检查功能，用户使用该功能，可以减少文档中的单词拼写错误以及中文语法错误。

2.5.1 使用检查功能

如果文档中存在错别字、错误的单词或者语法，Word 2013 会自动将这些错误内容以波浪线的形式显示出来。

1. 自动检查英文

在输入长篇英文文档时，难免会在英文拼写与语法方面出错。Word 2013 提供了几种自动检查英文拼写和语法错误的方法，具体如下所述。

- 自动更改拼写错误。例如，输入“accidant”，在输入空格或其他标点符号后，将自动用“accident”替换“accidant”。
- 提供更改拼写提示。如果在文档中输入一个错误单词，在输入空格后，该单词将被加上红色的波浪形下划线。将插入点定位在该单词中，右击，将弹出如图 2-39 所示的快捷菜单，在该菜单中可选择更改后的单词、忽略错误、添加到词典等命令。
- 提供标点符号提示。如果在文档中使用了错误的标点符号，例如，连续输入逗号和句号，将会出现蓝色波浪形下划线。将插入点定位在其中，右击，将弹出如图 2-40 所示的快捷菜单，在该菜单中将显示语法建议等信息。

图 2-39　更改拼写提示

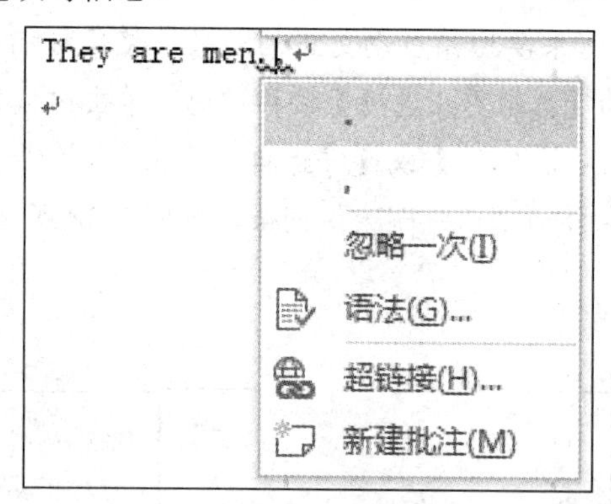

图 2-40　标点符号提示

- 在行首自动大写。在行首无论输入什么单词，在输入空格或其他标点符号后，该单词将自动把第一个字母改为大写。例如，在行首输入单词“they”，再输入空格后，该单词就变为“They”。
- 自动添加空格。如果在输入单词时，忘记用空格隔开，Word 将会自动添加空格。例如，在输入“forthe”后，继续输入，系统自动变成“for the”。

2. 检查中文拼写语法

中文语法检查主要通过【语法】窗格和标记下划线两种方式来实现。

【例 2-7】使用【语法】窗格检查中文语法错误。

(1) 启动 Word 2013，新建空白文档，输入一行文本，其中有 2 个语法错误，打开【审阅】选项卡，在【校对】组中单击【拼写和语法】按钮，如图 2-41 所示。

(2) 打开【语法】窗格，在该窗格中列出了第一个输入错误，并将“符号符号”用红色波浪线划出来，如图 2-42 所示。

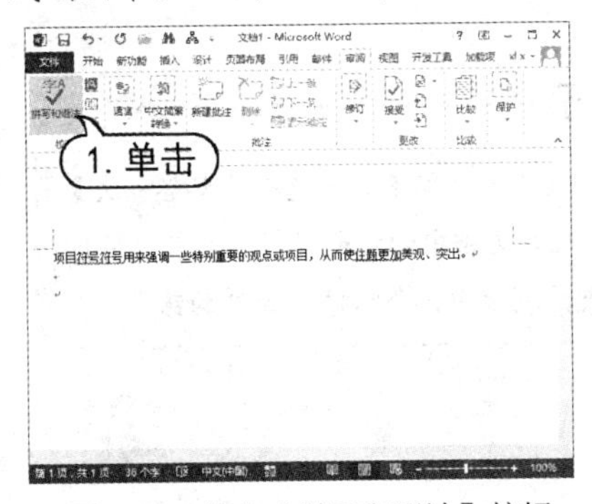

图 2-41　单击【拼写和语法】按钮

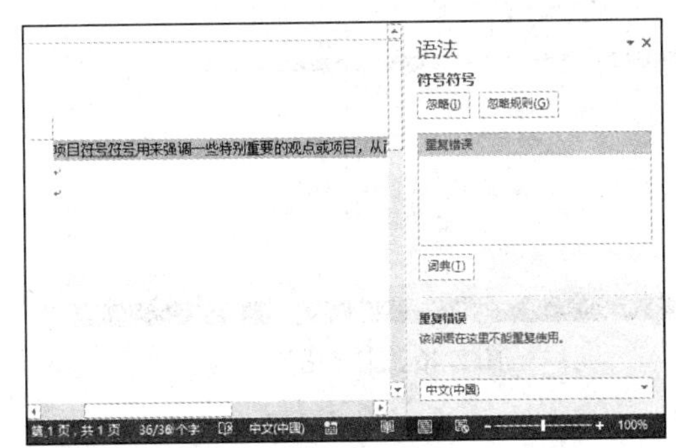

图 2-42 【语法】窗格

(3) 将插入点定位在“符号符号”字右侧，删除文本“符号”，单击【恢复】按钮，如图 2-43 所示。

(4) 继续查找第 2 个错误，将插入点定位在“住题”字中，删除“住”字，输入“主”字，单击【恢复】按钮，如图 2-44 所示。

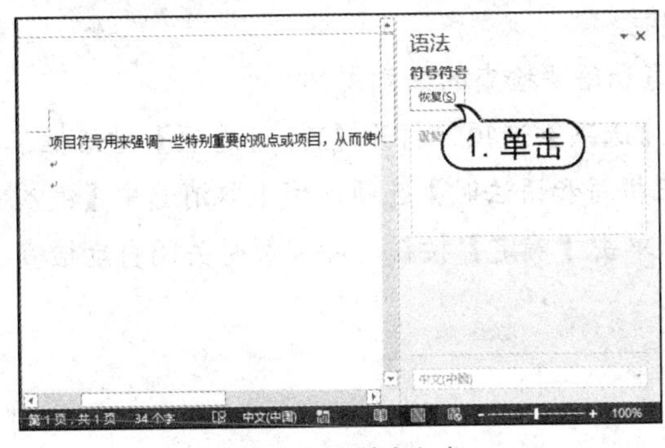

图 2-43　删除文本

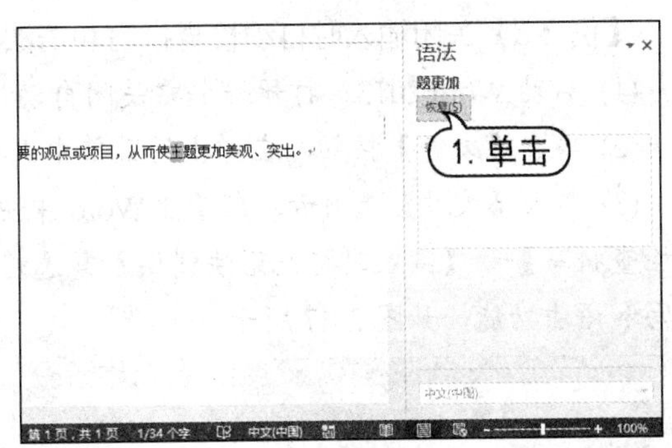

图 2-44　修改文本

(5) 查找错误完毕后，将打开提示对话框，提示文本中的拼写和语法错误检查已完，单击【确定】按钮，即可完成检查工作，文本里的波浪下划线也消失了，如图 2-45 所示。

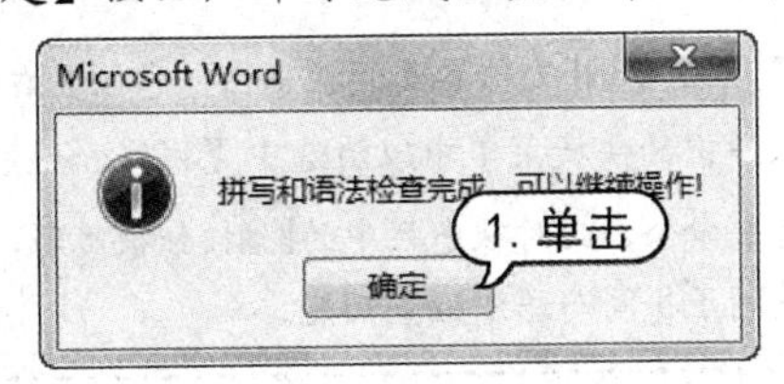

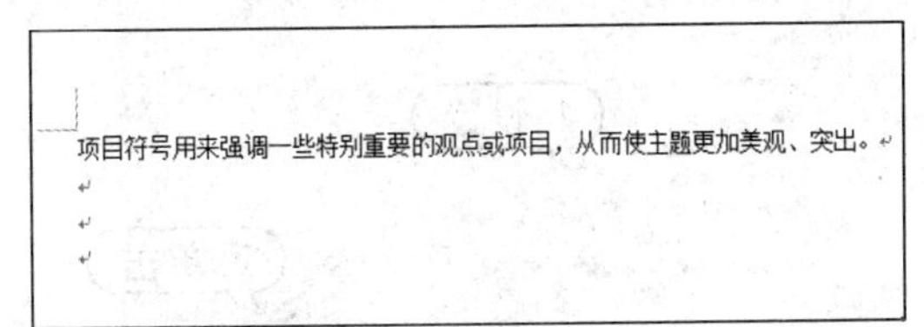

图 2-45　单击【确定】按钮

此外还可以使用标记下划线这种方式来实现中文拼写与语法检查，右击以红色波浪线显示的文本“项目符号符号”，在弹出的快捷菜单中显示提示信息【重复错误】命令，如图 2-46 所示。然后根据提示，手动将文本“符号”删除。

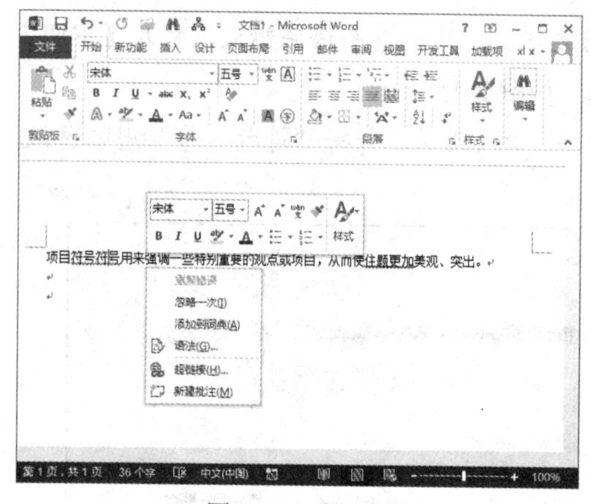

图 2-46　重复错误

提示

在该快捷菜单中，若选择【忽略一次】命令，此时文档中的红色或绿色波浪线将自动消失，表示用户忽略修改此处的错误。

2.5.2　设置检查选项

在输入文本时自动进行拼写和语法检查是 Word 2013 默认的操作，但若是文档中包含有较多特殊拼写或特殊语法时，启用键入时自动检查拼写和语法功能，就会对编辑文档产生一些不便。因此在编辑一些专业性较强的文档时，可暂时将输入时自动检查拼写和语法功能关闭。

【例 2-8】关闭输入时自动检查拼写和语法功能。

(1) 启动 Word 2013，打开一个要关闭自动拼写和语法检查的任意文档。

(2) 单击【文件】按钮，在弹出的菜单中选择【选项】选项，打开【Word 选项】对话框。

(3) 打开【校对】选项卡，在【在 Word 中更正拼写和语法时】选项区域中取消选中【键入时检查拼写】和【键入时标记语法错误】复选框，单击【确定】按钮，即可暂时关闭自动检查拼写和语法功能，如图 2-47 所示。

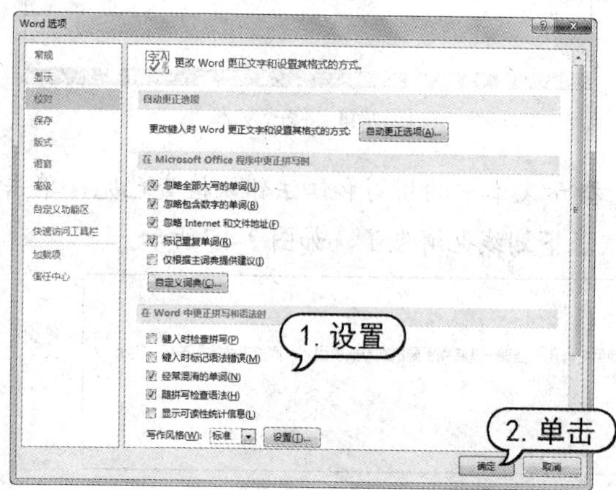

图 2-47　【在 Word 中更正拼写和语法时】选项区域

在 Word 工作界面的状态栏任意位置右击，从弹出的快捷菜单中取消选中【拼写和语法检查】命令，此时状态栏中的按钮被隐藏，即关闭了拼写与语法检查功能。

2.6 上机练习

本章的上机练习主要是制作邀请函文档这个具体实例，使用户更好地掌握输入文本的操作技巧。

(1) 启动 Word 2013，新建一个空白文档，单击【文件】按钮，从弹出的菜单中选择【保存】选项，如图 2-48 所示。

(2) 选择【计算机】选项，单击【浏览】按钮，如图 2-49 所示。

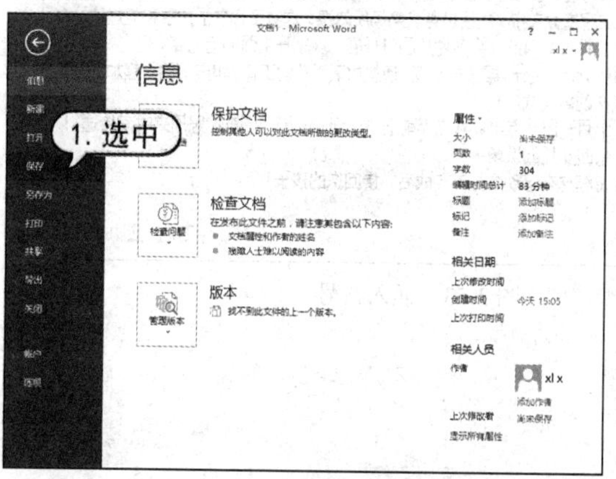

图 2-48 选择【保存】选项

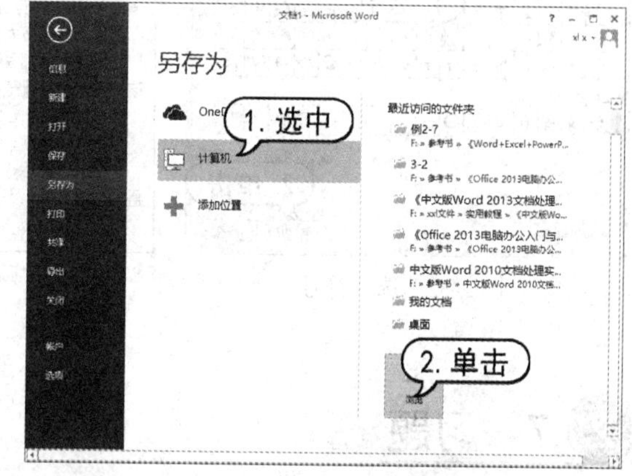

图 2-49 单击【浏览】按钮

(3) 打开【另存为】对话框，选择文档保存路径，在【文件名】文本框中输入“邀请函”，单击【保存】按钮，保存文档，如图 2-50 所示。

(4) 按空格键，将插入点移至页面中央位置，输入标题“邀请函”，按 Enter 键换行，继续输入多段正文文本，如图 2-51 所示。

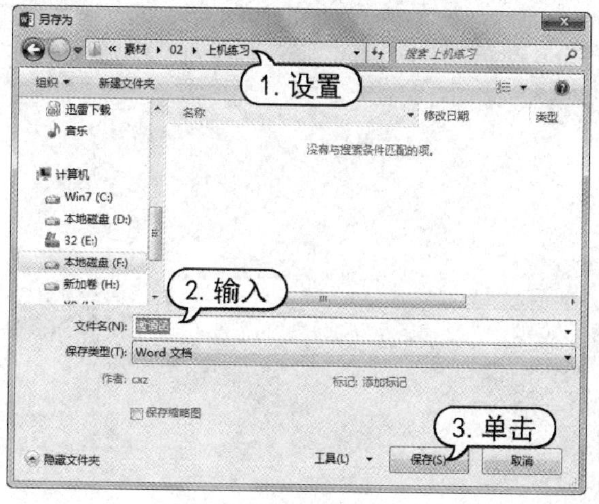

图 2-50 【另存为】对话框

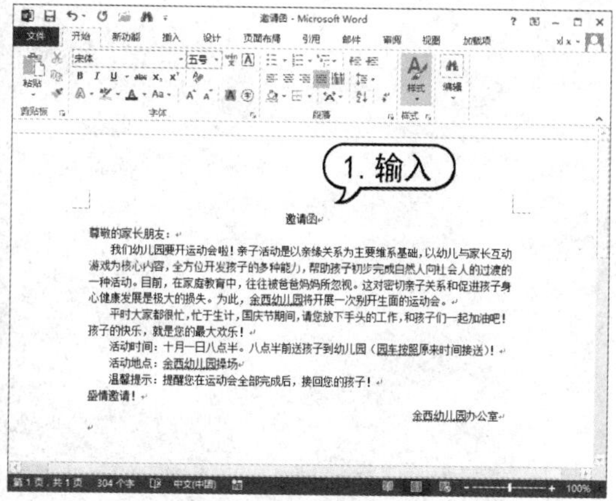

图 2-51 输入文本

(5) 将插入点定位到文本“活动时间”开头处，打开【插入】选项卡，在【符号】组中单击【符号】按钮，从弹出的菜单中选择【其他符号】命令，打开【符号】对话框的【符号】选

项卡，在【字体】下拉列表框中选择 Wingdings 选项，在其下的列表框中选择手指形状符号，然后单击【插入】按钮，如图 2-52 所示。

(6) 将插入点定位到文本“活动地点”开头处和“温馨提示”开头处，返回到【符号】对话框，单击【插入】按钮，继续插入手指形状符号和星形符号，单击【关闭】按钮，关闭【符号】对话框，此时在文档中显示所插入的符号，如图 2-53 所示。

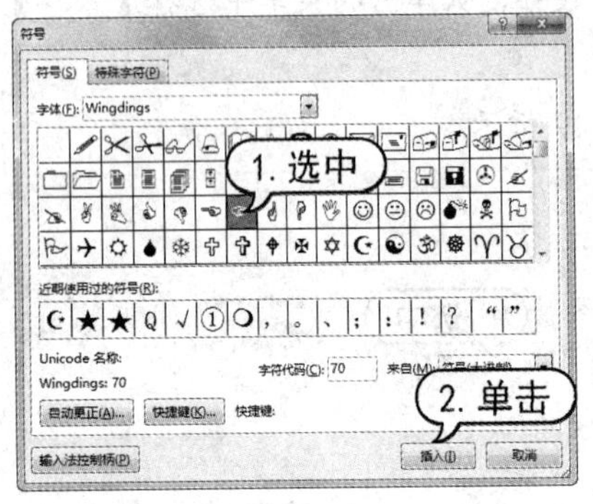

图 2-52　选择符号

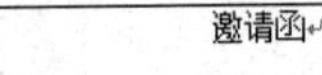

邀请函

尊敬的家长朋友：

我们幼儿园要开运动会啦！亲子活动是以亲缘关系为主要维系基础，以幼儿与家长互动游戏为核心内容，全方位开发孩子的多种能力，帮助孩子初步完成自然人向社会人的过渡的一种活动。目前，在家庭教育中，往往被爸爸妈妈所忽视。这对密切亲子关系和促进孩子身心健康发展是极大的损失。为此，余西幼儿园将开展一次别开生面的运动会。

平时大家都很忙，忙于生计，国庆节期间，请您放下手头的工作，和孩子们一起加油吧！孩子的快乐，就是您的最大欢乐！

☞活动时间：十月一日八点半。八点半前送孩子到幼儿园（园车按照原来时间接送）！

☞活动地点：余西幼儿园操场

☆温馨提示：提醒您在运动会全部完成后，接回您的孩子！

盛情邀请！

余西幼儿园办公室

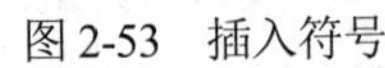

图 2-53　插入符号

2.7　习题

1. 简述使用鼠标和键盘相结合来选择文本的方法。
2. 简述在 Word 中移动和复制文本的方法。
3. 简述在 Word 中查找和替换文本的方法。
4. 启用拼写和语法检查功能，并增加自动更正词条 Ho，当在文档中输入 Ho 时，系统自动将其转换为 Hallo。

Word 文本格式设置

学习目标

在 Word 2013 中，文字是组成段落的最基本内容，任何一个文档都是从段落文本开始进行编辑的。当编辑完文本内容后，即可对相应的段落文本进行格式化操作。本章将介绍在 Word 2013 中文本和段落格式设置的相关操作内容。

本章重点

- 设置文本格式
- 设置段落格式
- 使用项目符号和编号
- 设置边框和底纹

3.1 设置文本格式

在 Word 2013 文档中输入的文本默认字体为宋体，默认字号为五号。为了使文档更加美观、条理更加清晰，通常需要对文本进行格式化操作，如设置字体、字号、字体颜色、字形、字体效果和字符间距等。

3.1.1 设置文本的方式

设置文本格式，可以使用以下几种方式进行操作。

1. 使用【字体】组设置

选中要设置格式的文本，在功能区中打开【开始】选项卡，使用【字体】组中提供的按钮即可设置文本格式，如图 3-1 所示。

其中各字符格式按钮的功能分别如下。

- 字体：指文字的外观，Word 2013 提供了多种字体，默认字体为宋体。
- 字形：指文字的一些特殊外观，如加粗、倾斜、下划线、上标和下标等，单击【删除线】按钮 abc ，可以为文本添加删除线效果。
- 字号：指文字的大小，Word 2013 提供了多种字号。
- 字符边框：为文本添加边框，带圈字符按钮，可为字符添加圆圈效果。
- 文本效果：为文本添加特殊效果，单击该按钮，从弹出的菜单中可以为文本设置轮廓、阴影、映像和发光等效果。
- 字体颜色：指文字的颜色，单击【字体颜色】按钮右侧的下拉箭头，在弹出的菜单中选择需要的颜色命令。
- 字符缩放：增大或者缩小字符。
- 字符底纹：为文本添加底纹效果。

2. 使用浮动工具栏设置

选中要设置格式的文本，此时选中文本区域的右上角将出现浮动工具栏，使用工具栏提供的命令按钮可以进行文本格式的设置，如图 3-2 所示。

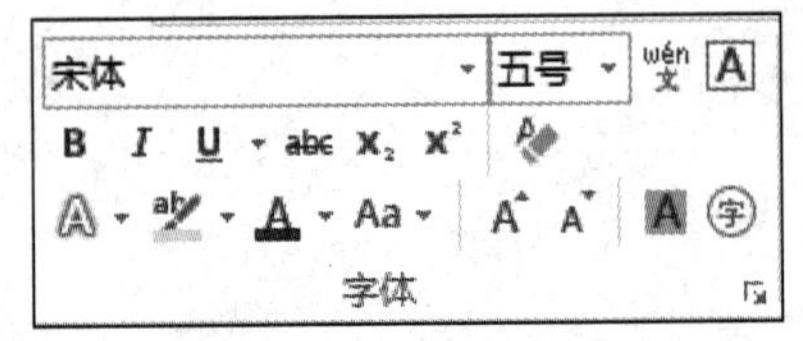

图 3-1 【字体】组

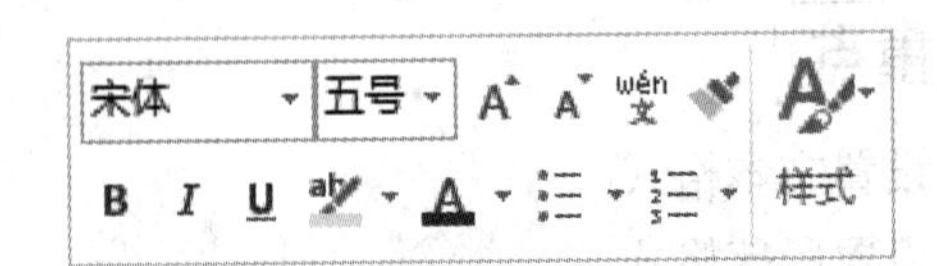

图 3-2 浮动工具栏

3. 使用【字体】对话框设置

打开【开始】选项卡，单击【字体】对话框启动器按钮，打开【字体】对话框，即可进行文本格式的相关设置。其中，【字体】选项卡可以设置字体、字形、字号、字体颜色和效果等，如图 3-3 所示。【高级】选项卡可以设置文本之间的间隔距离和位置，如图 3-4 所示。

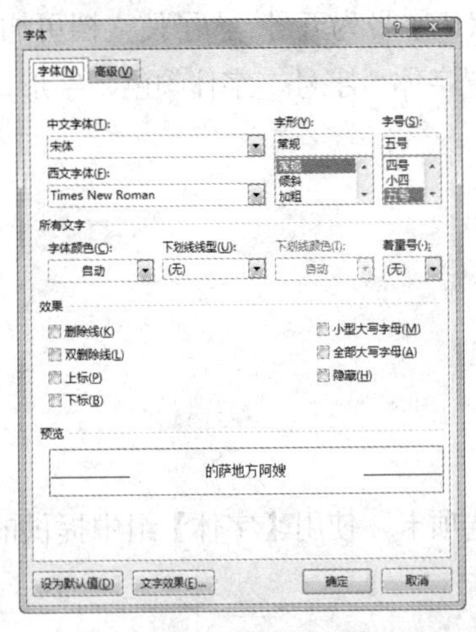

图 3-3 【字体】选项卡

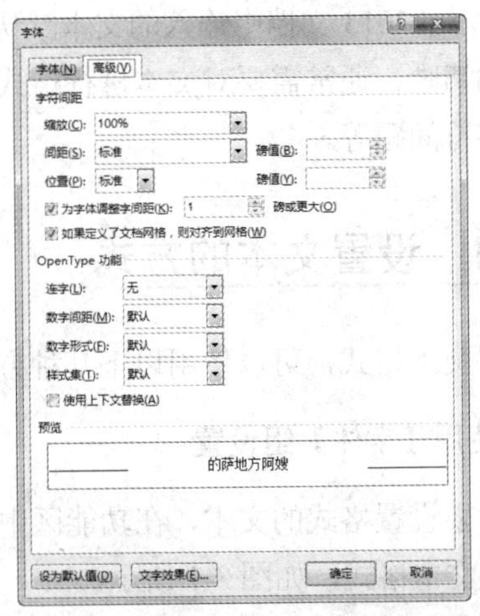

图 3-4 【高级】选项卡

3.1.2　文本格式的设置

下面使用一个具体实例介绍文本格式的设置方法。

【例 3-1】创建“我和大奖有个约会”文档，输入文本并设置文本格式。

(1) 启动 Word 2013，新建一个空白文档，将其以“我和大奖有个约会”为名保存，并在其中输入文本内容，如图 3-5 所示。

(2) 选中正标题文本“我和大奖有个约会”，打开【开始】选项卡，在【字体】组中单击【字体】下拉按钮，在弹出的下拉列表框中选择【方正粗倩简体】选项；单击【字号】下拉按钮，在弹出的下拉列表框中，选择【二号】选项；单击【字体颜色】下拉按钮，从弹出的颜色面板中选择【红色】色块，然后单击【加粗】按钮，效果如图 3-6 所示。

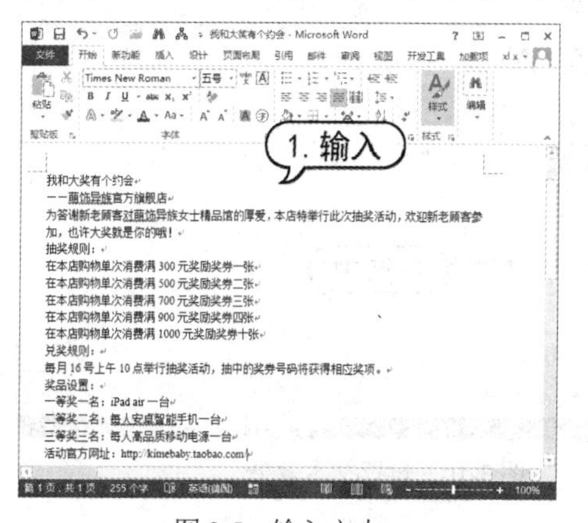

图 3-5　输入文本

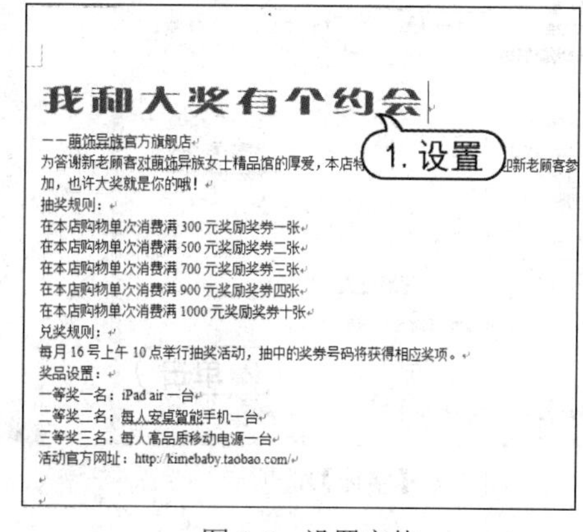

图 3-6　设置字体

(3) 选中副标题文本“——萌饰异族官方旗舰店”，打开浮动工具栏，在【字体】下拉列表框中选择【汉仪中圆简】选项，在【字号】下拉列表框中选择【三号】选项，然后单击【加粗】和【倾斜】按钮，如图 3-7 所示。

(4) 选中第 10 段正文文本，打开【开始】选项卡，在【字体】组中单击对话框启动器按钮 ，如图 3-8 所示，打开【字体】对话框。

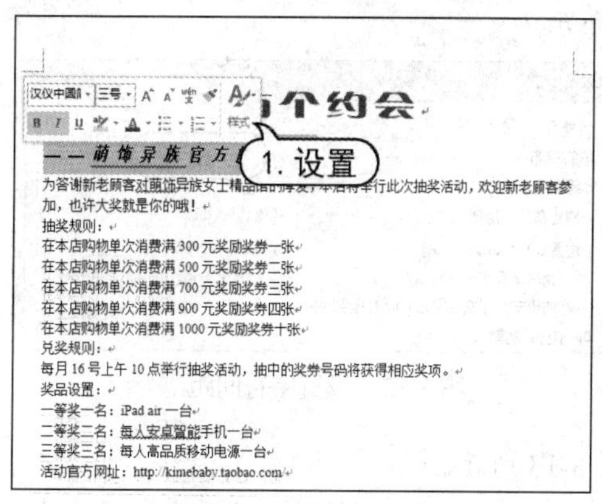

图 3-7　设置字体

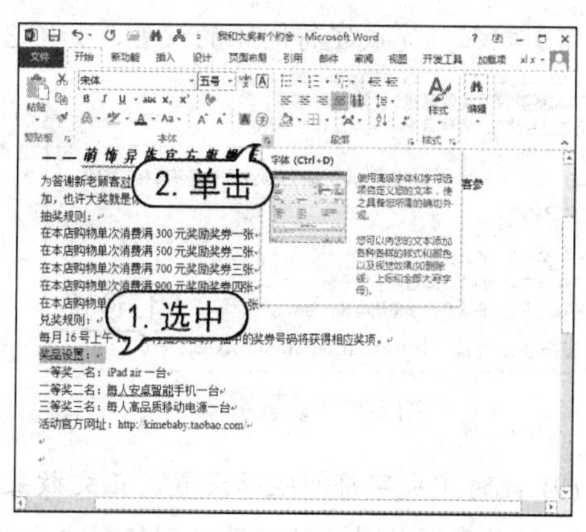

图 3-8　单击对话框启动器按钮

(5) 打开【字体】选项卡，单击【中文字体】下拉按钮，从弹出的列表框中选择【微软雅黑】选项；在【字形】列表框中选择【加粗】选项；在【字号】列表框中选择【四号】选项；单击【字体颜色】下拉按钮，在弹出的颜色面板中选择【深红】色块，单击【确定】按钮，如图 3-9 所示。

(6) 在【字体】组中单击【文本效果】按钮，从弹出的菜单中选择【映像】|【紧密映像，4pt 偏移量】选项，为文本应用效果，如图 3-10 所示。

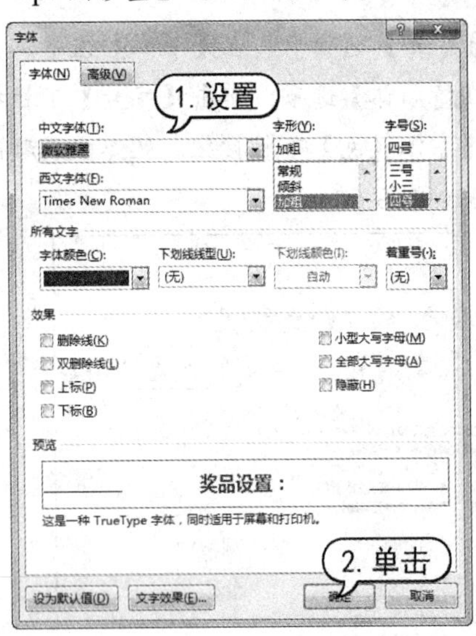

图 3-9 【字体】选项卡

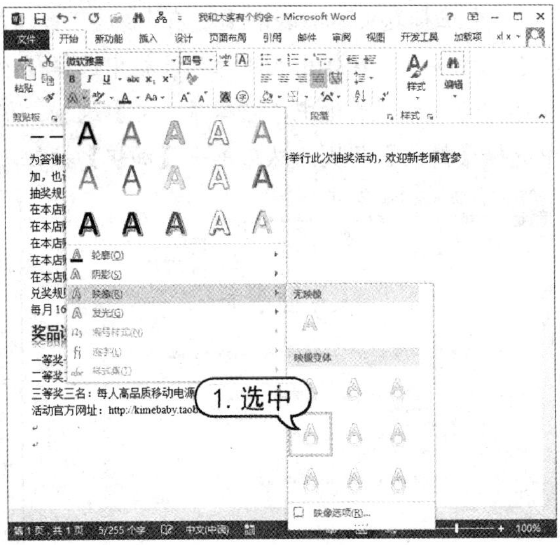

图 3-10 设置文本效果

(7) 使用同样的方法，设置最后一段文本字体为【华文新魏】，字号为【四号】，字体颜色为【深蓝】，如图 3-11 所示。

(8) 选中正标题文本“我和大奖有个约会”，在【开始】选项卡中单击【字体】对话框启动器按钮，打开【字体】对话框，打开【高级】选项卡，在【缩放】下拉列表框中选择 150% 选项，在【间距】下拉列表框中选择【加宽】选项，并在其后的【磅值】微调框中输入“2 磅”；在【位置】下拉列表中选择【降低】选项，并在其后的【磅值】微调框中输入“2 磅”，单击【确定】按钮，完成字符间距的设置，如图 3-12 所示。

在本店购物单次消费满 900 元奖励奖券四张
在本店购物单次消费满 1000 元奖励奖券十张
兑奖规则：
每月 16 号上午 10 点举行抽奖活动，抽中的奖券号码将获得相应奖项。
奖品设置：
一等奖一名：iPad mini 一台
二等奖二名：每人安卓智能手机一台
三等奖三名：每人高品质移动电源一台
活动官方网址：http://kimebaby.taobao.com/

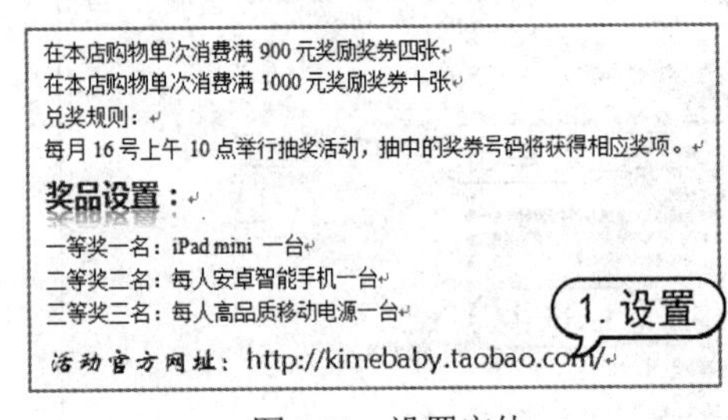

图 3-11 设置字体

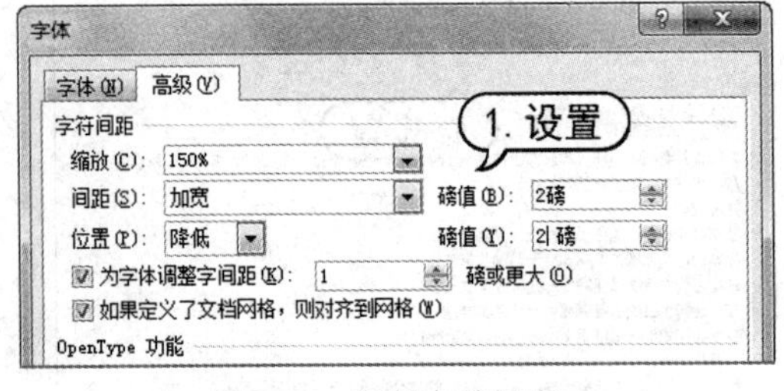

图 3-12 设置字符间距

(9) 此时完成字符间距的设置，正文效果如图 3-13 所示。

(10) 使用同样的方法，设置副标题文本的缩放比例为 80%，字符间距为加宽 3 磅，然后调整副标题文本的位置，最终效果如图 3-14 所示。

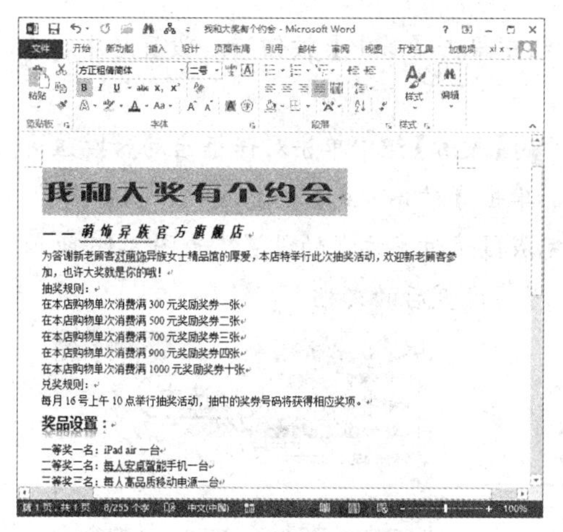

图 3-13　显示文本效果

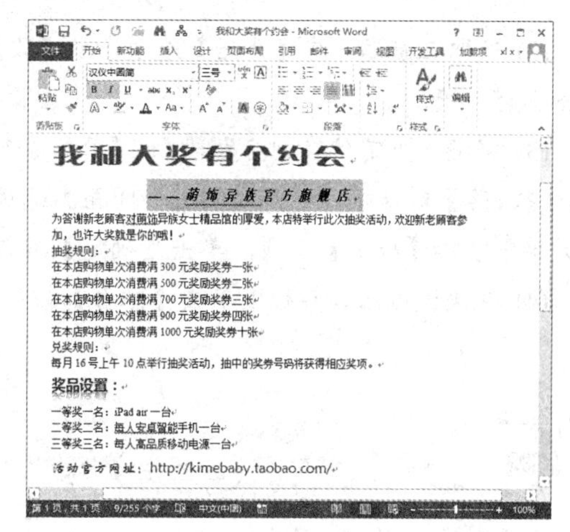

图 3-14　显示文本效果

3.2　设置段落格式

段落是构成整个文档的骨架，它由正文、图表和图形等加上一个段落标记构成。为了使文档的结构更清晰、层次更分明，Word 2013 提供了段落格式设置功能，包括段落对齐方式、段落缩进、段落间距等。

3.2.1　设置段落对齐方式

段落对齐指文档边缘的对齐方式，包括两端对齐、左对齐、右对齐、居中对齐和分散对齐。这 5 种对齐方式的说明如下。

- 两端对齐：默认设置，两端对齐时文本左右两端均对齐，但是段落最后不满一行的文字右边是不对齐的。
- 左对齐：文本的左边对齐，右边参差不齐。
- 右对齐：文本的右边对齐，左边参差不齐。
- 居中对齐：文本居中排列。
- 分散对齐：文本左右两边均对齐，而且每个段落的最后一行不满一行时，将拉开字符间距使该行均匀分布。

设置段落对齐方式时，先选定要对齐的段落，然后可以通过单击【开始】选项卡的【段落】组(或浮动工具栏)中的相应按钮来实现，也可以通过【段落】对话框来实现。使用【段落】组是最快捷方便的，也是最常使用的方法。

【例 3-2】在“我和大奖有个约会”文档中，设置段落对齐方式。

(1) 启动 Word 2013 程序，打开“我和大奖有个约会”文档。

(2) 选取正标题，在【开始】选项卡的【段落】组中单击【居中】按钮，设置居中对齐，如图 3-15 所示。

(3) 将插入点定位在副标题段，在【开始】选项卡的【段落】组中单击对话框启动器按钮，打开【段落】对话框。打开【缩进和间距】选项卡，单击【对齐方式】下拉按钮，从弹出的下拉菜单中选择【居中】选项，单击【确定】按钮，完成段落对齐方式的设置，如图 3-16 所示。

(4) 在快速访问工具栏中单击【保存】按钮，保存设置后的文档。

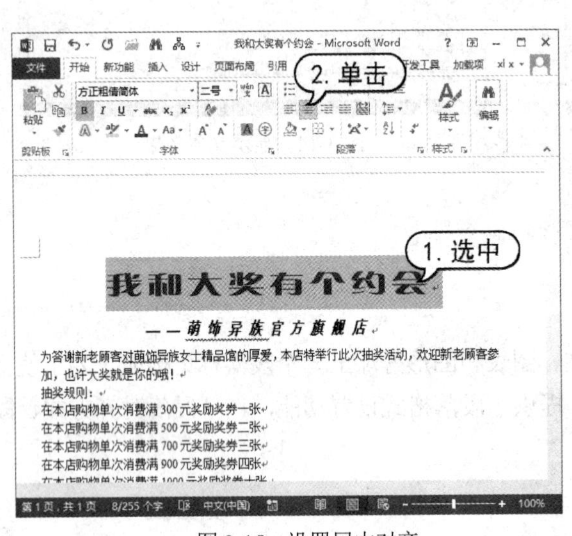

图 3-15 设置居中对齐

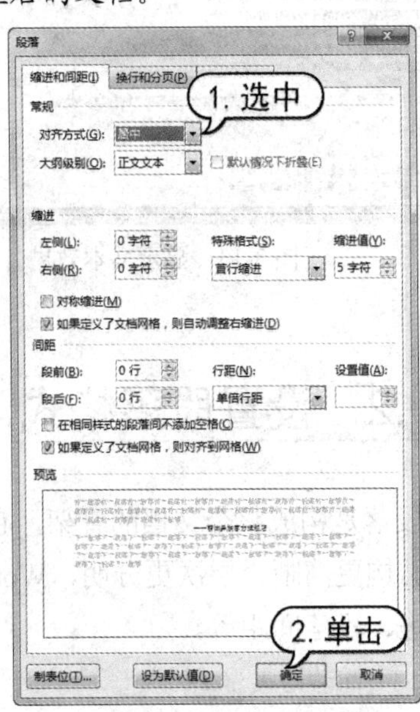

图 3-16 【段落】对话框

知识点

按 Ctrl+E 组合键，可以设置段落居中对齐；按 Ctrl+Shift+J 组合键，可以设置段落分散对齐；按 Ctrl+L 组合键，可以设置段落左对齐；按 Ctrl+R 组合键，可以设置段落右对齐；按 Ctrl+J 组合键，可以设置段落两端对齐。

3.2.2 设置段落缩进

段落缩进是指设置段落中的文本与页边距之间的距离。Word 2013 提供了以下 4 种段落缩进的方式。

- 左缩进：设置整个段落左边界的缩进位置。
- 右缩进：设置整个段落右边界的缩进位置。
- 悬挂缩进：设置段落中除首行以外的其他行的起始位置。
- 首行缩进：设置段落中首行的起始位置。

1. 使用标尺设置缩进量

通过水平标尺可以快速设置段落的缩进方式及缩进量。水平标尺中包括首行缩进、悬挂缩进、左缩进和右缩进 4 个标记，如图 3-17 所示。拖动各标记就可以设置相应的段落缩进方式。

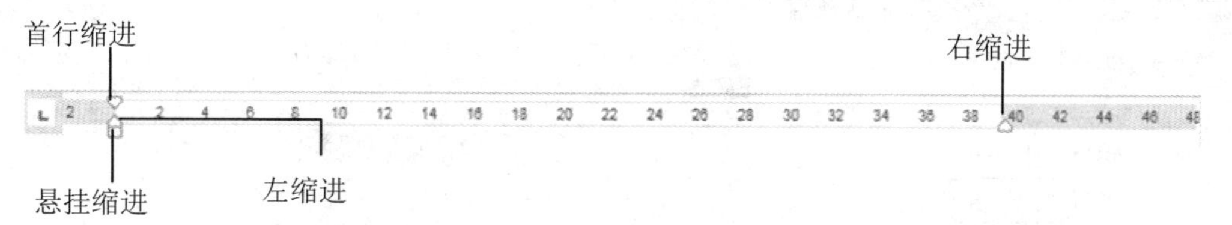

图 3-17　水平标尺

使用标尺设置段落缩进时，在文档中选择要改变缩进的段落，然后拖动缩进标记到缩进位置，可以使某些行缩进。在拖动鼠标时，整个页面上出现一条垂直虚线，以显示新边距的位置。

提示

在使用水平标尺格式化段落时，按住 Alt 键不放，使用鼠标拖动标记，水平标尺上将显示具体的度量值。拖动首行缩进标记到缩进位置，将以左边界为基准缩进第一行。拖动左缩进标记的正三角至缩进位置，可以设置除首行外的所有行的缩进。拖动左缩进标记下方的小矩形至缩进位置，可以使所有行均左缩进。

2. 使用【段落】对话框设置缩进量

使用【段落】对话框可以准确地设置缩进尺寸。打开【开始】选项卡，单击【段落】组对话框启动器按钮，打开【段落】对话框的【缩进和间距】选项卡，在该选择卡中进行相关设置即可设置段落缩进，如图 3-18 所示。

图 3-18　【缩进和间距】选项卡

提示

在【段落】对话框的【缩进】选项区域的【左】文本框中输入左缩进值，则所有行从左边缩进相应值；在【右】文本框中输入右缩进值，则所有行从右边缩进相应值。

【例 3-3】 在“我和大奖有个约会”文档中，设置文本段落的首行缩进 2 个字符。

(1) 启动 Word 2013，打开“我和大奖有个约会”文档。

(2) 选取正文第一段文本，打开【开始】选项卡，在【段落】组中单击对话框启动器按钮，打开【段落】对话框。

(3) 打开【缩进和间距】选项卡，在【段落】选项区域的【特殊格式】下拉列表中选择【首行缩进】选项，并在【缩进值】微调框中输入“2 字符”，单击【确定】按钮，如图 3-19 所示。

(4) 此时文本段落的首行缩进 2 个字符，效果如图 3-20 所示。

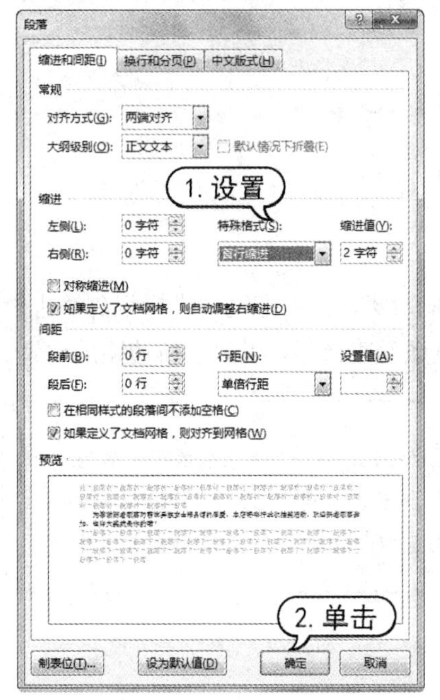

图 3-19 设置首行缩进

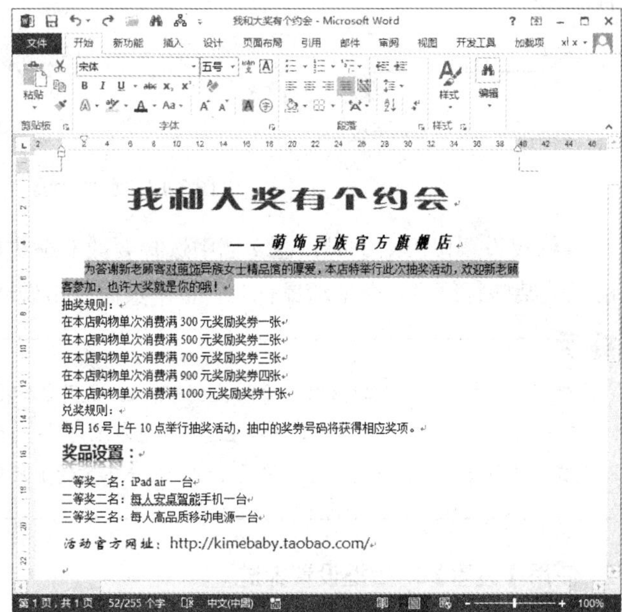

图 3-20 显示效果

知识点

在【段落】组中，单击【减少缩进量】按钮或【增加缩进量】按钮可以减少或增加缩进量。

3.2.3 设置段落间距

段落间距的设置包括对文档行间距与段间距的设置。其中，行间距是指段落中行与行之间的距离；段间距是指前后相邻的段落之间的距离。

1. 设置行间距

行间距决定段落中各行文本之间的垂直距离。Word 2013 默认的行间距值是单倍行距，用户可以根据需要重新对其进行设置。在【段落】对话框中，打开【缩进和间距】选项卡，在【行距】下拉列表框中选择相应选项，并在【设置值】微调框中输入数值即可，如图 3-21 所示。

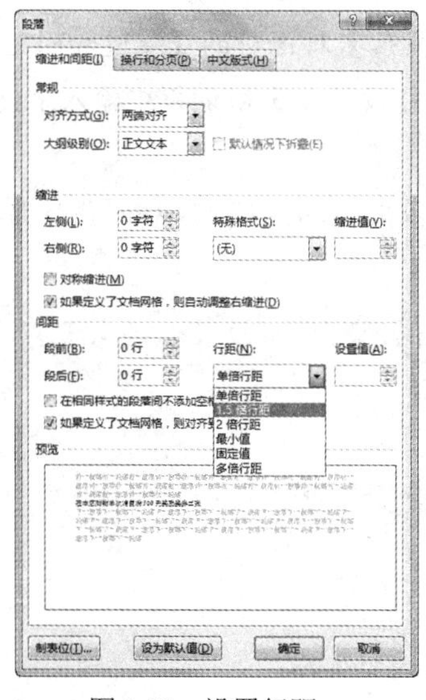

图 3-21　设置行距

提示

用户在排版文档时，为了使段落更加紧凑，经常会把段落的行距设置为【固定值】，这样做可能会导致一些高度大于此固定值的图片或文字只能显示一部分。因此，建议设置行距时慎用固定值。

2. 设置段间距

段间距决定段落前后空白距离的大小。在【段落】对话框中，打开【缩进和间距】选项卡，在【段前】和【段后】微调框中输入值，就可以设置段间距。

【例 3-4】在“我和大奖有个约会”文档中，设置段落间距。

(1) 启动 Word 2013，打开“我和大奖有个约会”文档。

(2) 将插入点定位在副标题段落，打开【开始】选项卡，在【段落】组中单击对话框启动器按钮，打开【段落】对话框。打开【缩进和间距】选项卡，在【间距】选项区域中的【段前】和【段后】微调框中输入“0.5 行”，单击【确定】按钮，设置副标题的段间距，如图 3-22 所示。

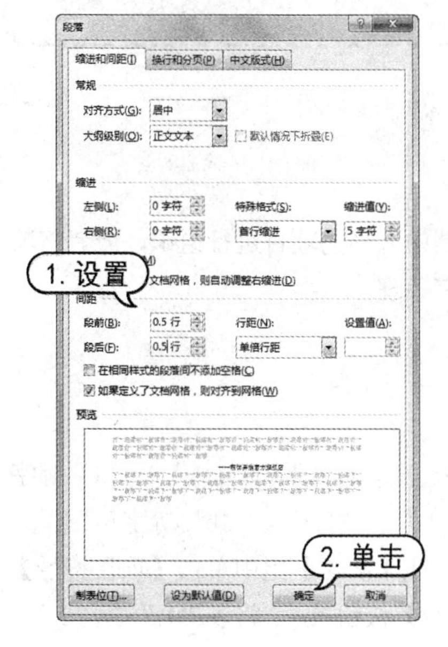

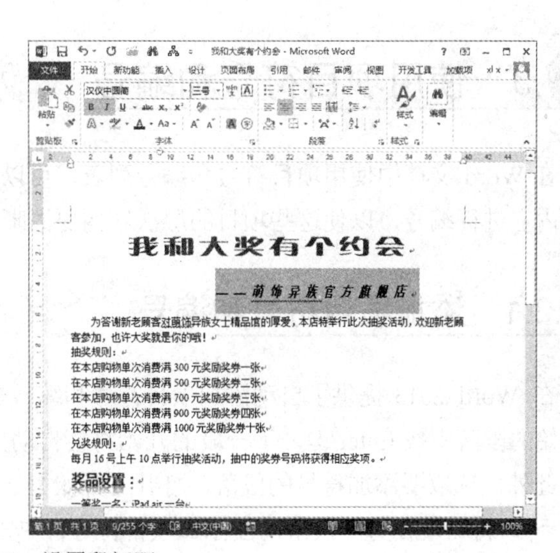

图 3-22　设置段间距

(3) 选取所有正文文本，使用同样的方法，打开【段落】对话框的【缩进和间距】选项卡，在【行距】下拉列表中选择【固定值】选项，在其后的【设置值】微调框中输入“18 磅”，单击【确定】按钮，完成行距的设置，如图 3-23 所示。

(4) 使用同样的方法，设置第 2 段、第 8 段和第 10 段文本的段前、段后间距均为【0.5 行】，效果如图 3-24 所示。

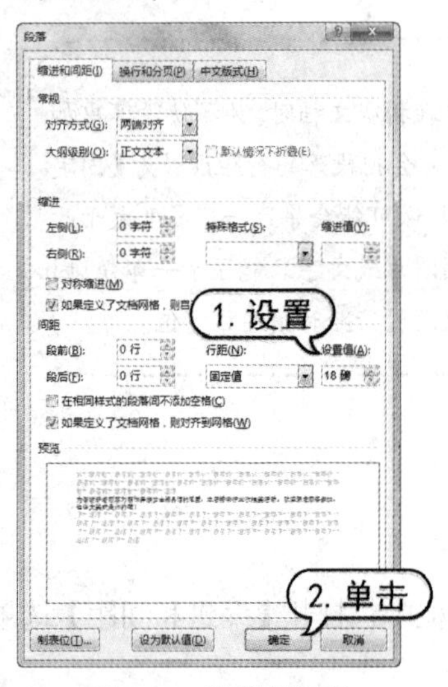

图 3-23　设置行间距

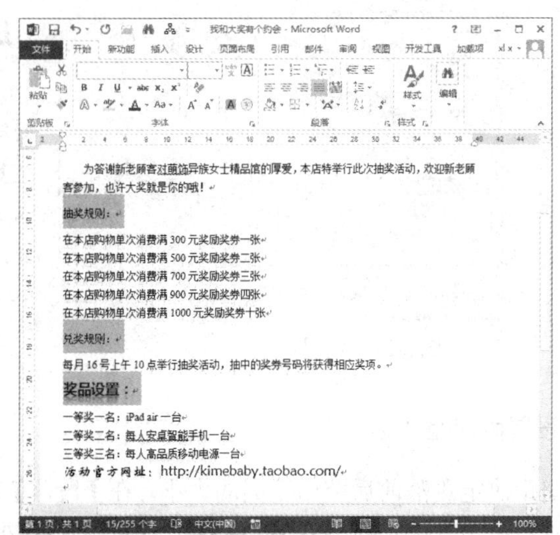

图 3-24　设置段间距

知识点

按 Ctrl+l 组合键，可以快速设置单倍行距；按 Ctrl+2 组合键，可以快速设置双倍行距；按 Ctrl+5 组合键，可以快速设置 1.5 倍行距。

3.3　使用项目符号和编号

在 Word 文档中使用项目符号和编号列表，可以对文档中并列的项目进行组织，或者将顺序的内容进行编号，以使这些项目的层次结构更清晰、更有条理。

3.3.1　添加项目符号和编号

在 Word 2013 提供了自动添加项目符号和编号的功能。在以“1.”、“(1)”、“a”等字符开始的段落中按 Enter 键，下一段的开始将会自动出现“2.”、“(2)”、“b”等字符。

此外，选取要添加符号的段落，打开【开始】选项卡，在【段落】组中单击【项目符号】按钮，将自动在每一段落前面添加项目符号；单击【编号】按钮，将以“1.”、“2.”、“3.”的形式编号。

若用户要添加其他样式的项目符号和编号，可以打开【开始】选项卡，在【段落】组中，单击【项目符号】下拉按钮，从弹出的如图 3-25 所示的下拉菜单中选择项目符号的样式；单击【编号】下拉按钮，从弹出的如图 3-26 所示的下拉菜单中选择编号的样式。

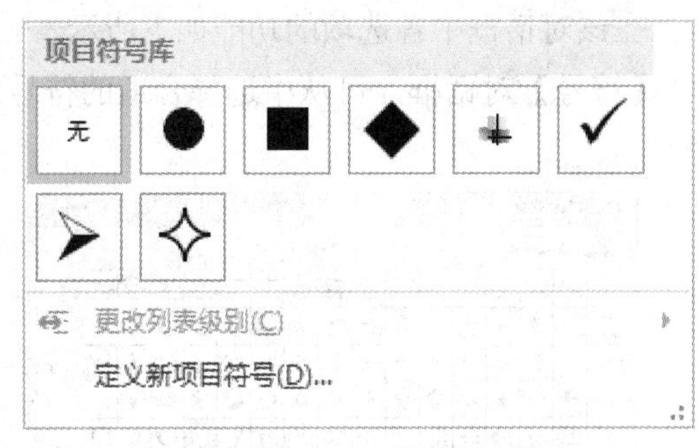

图 3-25　项目符号样式

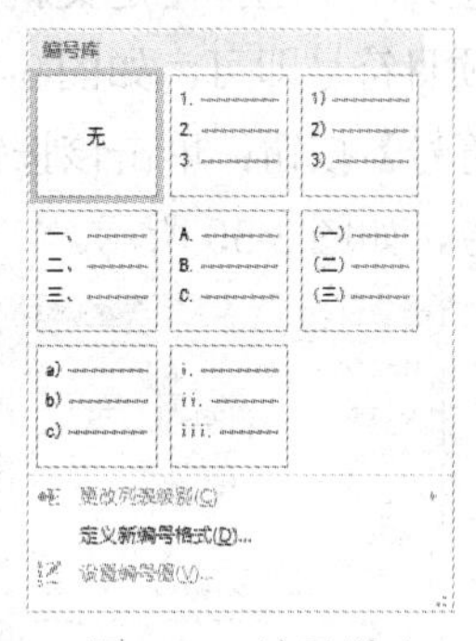

图 3-26　编号样式

【例 3-5】在“我和大奖有个约会”文档中，添加项目符号和编号。

(1) 启动 Word 2013，打开“我和大奖有个约会”文档。

(2) 选取第 3~7 段文本，打开【开始】选项卡，在【段落】组中单击【编号】下拉按钮，从弹出的列表框中选择一种编号样式，如图 3-27 所示。

(3) 选取第 11~13 段文本，在【段落】组中单击【项目符号】下拉按钮，从弹出的列表框中选择一种项目符号样式，为段落自动添加项目符号，如图 3-28 所示。

(4) 在快速访问工具栏中单击【保存】按钮，保存设置后的文档。

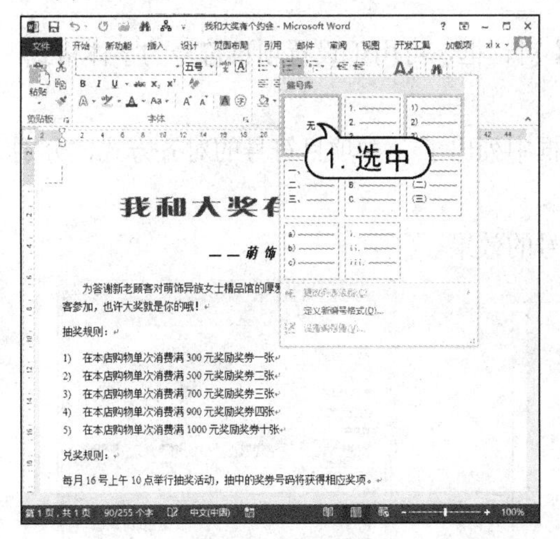

图 3-27　选择编号

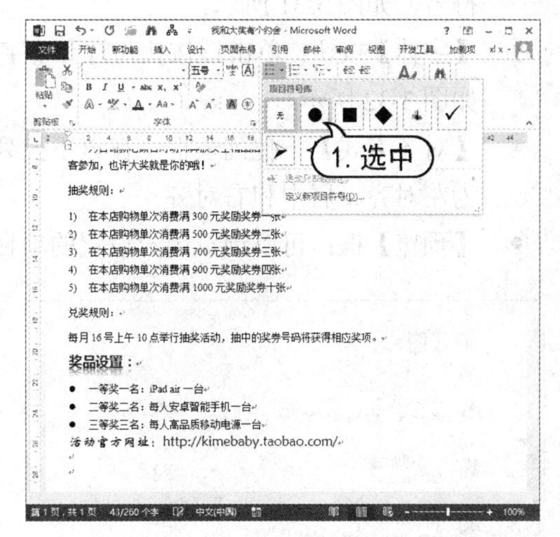

图 3-28　选择项目符号

3.3.2　设置项目符号和编号

在使用项目符号和编号功能时，用户除了可以使用系统自带的项目符号和编号样式外，还可以对项目符号和编号进行自定义设置。

1. 自定义项目符号

选取项目符号段落，打开【开始】选项卡，在【段落】组中单击【项目符号】下拉按钮，在弹出的下拉菜单中选择【定义新项目符号】命令，打开【定义新项目符号】对话框，在其中自定义一种项目符号即可，如图 3-29 所示。在该对话框中各选项的功能如下所示。

- 【符号】按钮：单击该按钮，打开【符号】对话框，可从中选择合适的符号作为项目符号，如图 3-30 所示。

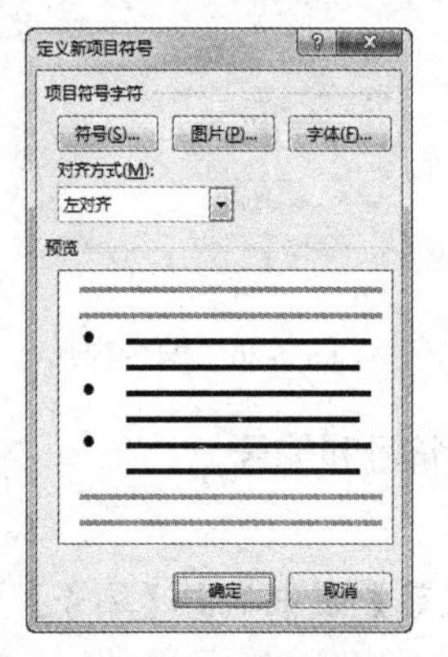

图 3-29 【定义新项目符号】对话框

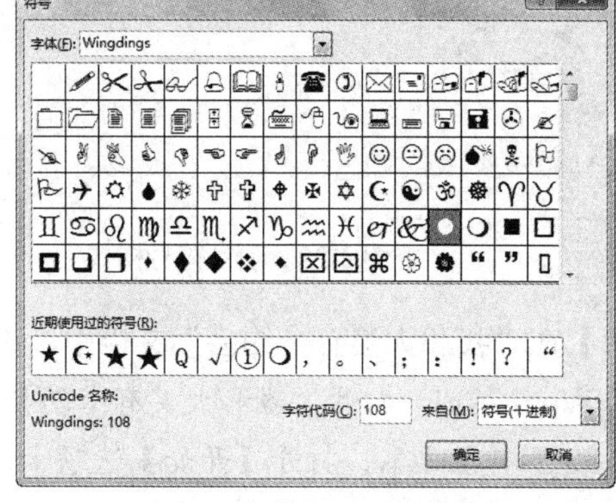

图 3-30 【符号】对话框

- 【图片】按钮：单击该按钮，打开【插入图片】窗口，可联网搜索选择合适的图片作为项目符号，也可以单击【来自文件】区域的【浏览】按钮，导入一个图片作为项目符号，如图 3-31 所示。
- 【字体】按钮：单击该按钮，打开【字体】对话框，可用于设置项目符号的字体格式，如图 3-32 所示。
- 【对齐方式】下拉列表框：在该下拉列表框中列出了 3 种项目符号的对齐方式，分别为左对齐、居中和右对齐。
- 【预览】框：可以预览用户设置的项目符号的效果。

图 3-31 【插入图片】窗口

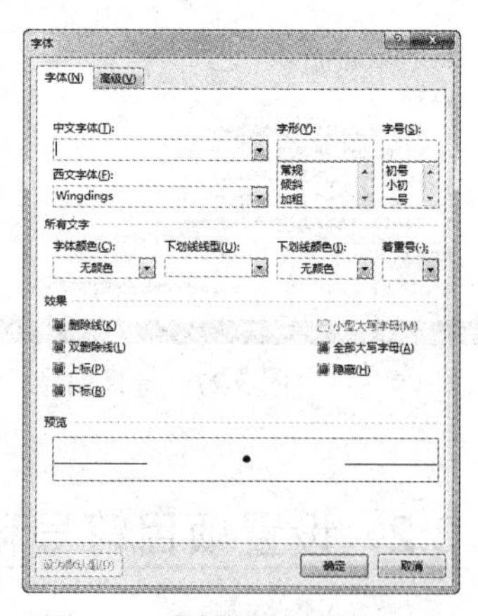

图 3-32 【字体】对话框

【例 3-6】 在“我和大奖有个约会”文档中，自定义项目符号。

(1) 启动 Word 2013，打开“我和大奖有个约会”文档。

(2) 选取项目符号的段落，打开【开始】选项卡，在【段落】组中单击【项目符号】下拉按钮，从弹出的下拉菜单中选择【定义新项目符号】命令，如图 3-33 所示。

(3) 打开【定义新项目符号】对话框，单击【图片】按钮，如图 3-34 所示。

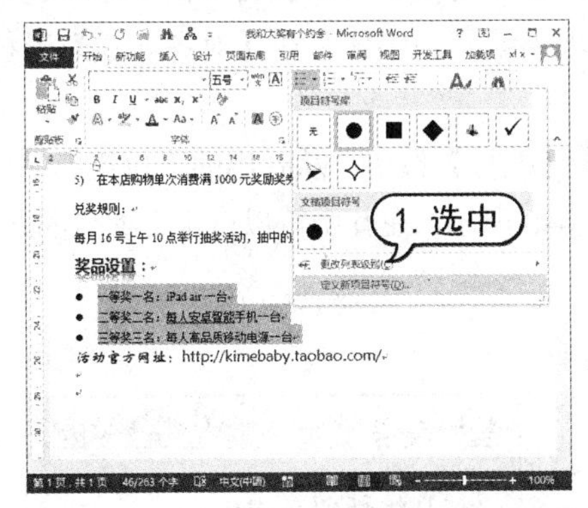

图 3-33　选择【定义新项目符号】命令

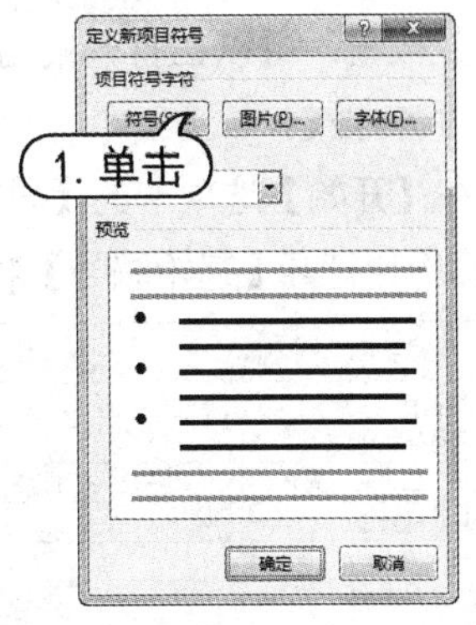

图 3-34　单击【图片】按钮

(4) 打开【插入图片】窗口，单击【来自文件】区域的【浏览】按钮，如图 3-35 所示。

(5) 打开【插入图片】对话框，选择一张图片，单击【插入】按钮，如图 3-36 所示。

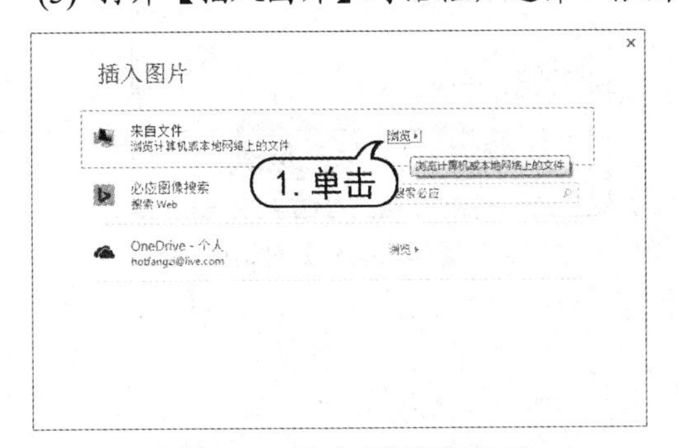

图 3-35　单击【浏览】按钮

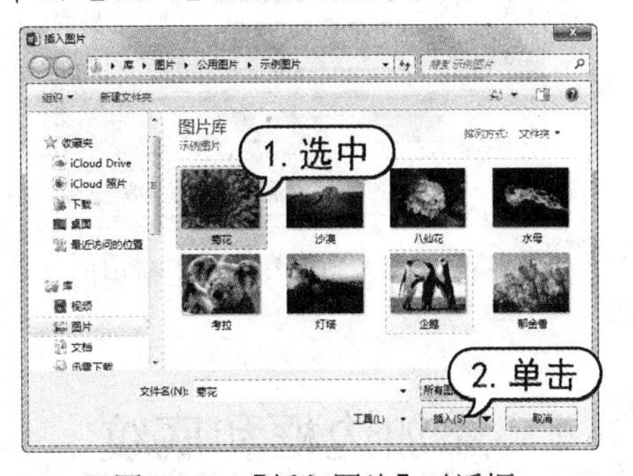

图 3-36　【插入图片】对话框

(6) 返回至【定义新项目符号】对话框，在【预览】选项区域中查看项目符号的效果，单击【确定】按钮，如图 3-37 所示。

(7) 返回至 Word 窗口，此时在文档中将显示自定义的图片项目符号，如图 3-38 所示。

图 3-37　单击【确定】按钮

兑奖规则：

每月 16 号上午 10 点举行抽奖活动，抽中的奖券号码将获得相应奖项。

奖品设置：

- 一等奖一名：iPad air 一台
- 二等奖二名：每人安卓智能手机一台
- 三等奖三名：每人高品质移动电源一台

活动官方网址：http://kimebaby.taobao.com/

图 3-38　显示项目符号

2. 自定义编号

选取编号段落，打开【开始】选项卡，在【段落】组中单击【编号】下拉按钮，从弹出的下拉菜单中选择【定义新编号格式】命令，打开【定义新编号格式】对话框，如图 3-39 所示。在【编号样式】下拉列表中选择其他编号的样式，并在【编号格式】文本框中输入起始编号；单击【字体】按钮，可以在打开的对话框中设置项目编号的字体；在【对齐方式】下拉列表中选择编号的对齐方式。

另外，在【开始】选项卡的【段落】组中单击【编号】按钮，从弹出的下拉菜单中选择【设置编号值】命令，打开【起始编号】对话框，如图 3-40 所示，在其中可以自定义编号的起始数值。

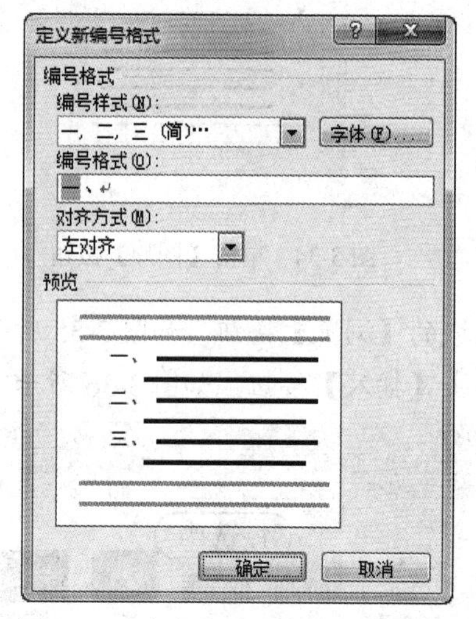

图 3-39 【定义新编号格式】对话框

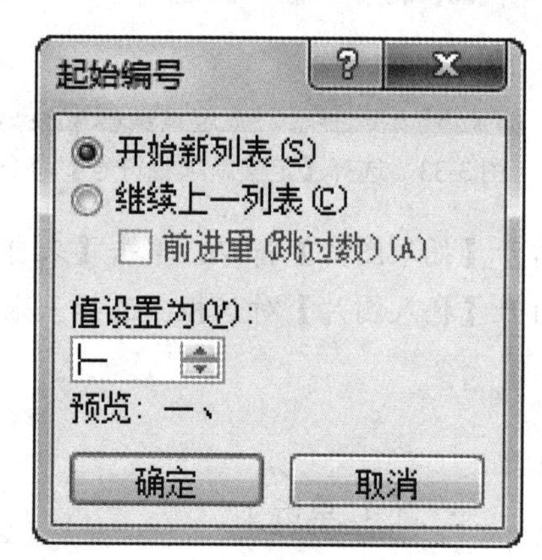

图 3-40 【起始编号】对话框

3.4 添加边框和底纹

在使用 Word 2013 进行文字处理时，为了使文档更加引人注目，可根据需要为文字和段落添加各种各样的边框和底纹，以增加文档的生动性和实用性。

3.4.1 添加文字边框

Word 提供了多种边框供用户选择，用来强调或美化文档内容。在 Word 中可以为字符、段落以及整个页面设置边框。

要为文字或段落设置边框，选择要添加边框的文本或段落，选择【开始】选项卡，在【段落】组中单击【下框线】下拉按钮，在弹出的菜单中选择【边框和底纹】命令，打开【边框和底纹】对话框的【边框】选项卡，如图 3-41 所示。

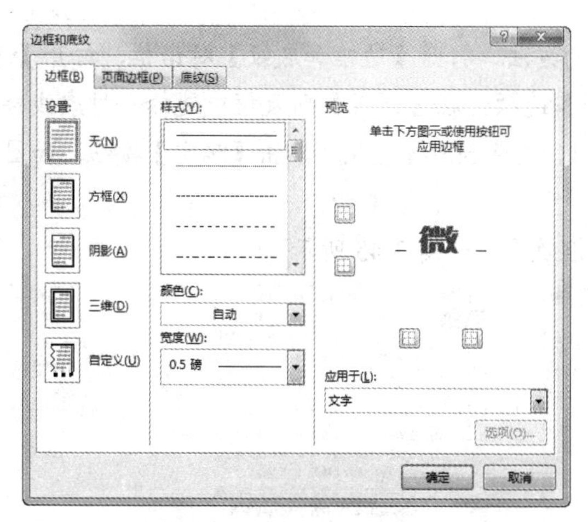

图 3-41　【边框】选项卡

> **提示**
>
> 打开【开始】选项卡，在【字体】组中单击【字符边框】按钮，可以快速为文字添加简单的边框。

在【边框】对话框中各选项的功能如下所示。

- 【设置】选项区域：提供了 5 种边框样式，从中可选择所需的样式。
- 【样式】列表框：在该列表框中列出了各种不同的线条样式，从中可选择所需的线型。
- 【颜色】下拉列表框：可以为边框设置所需的颜色。
- 【宽度】下拉列表框：可以为边框设置相应的宽度。
- 【应用于】下拉列表框：可以设定边框应用的对象是文字或段落。

【例 3-7】在“我和大奖有个约会”文档中，为文本和段落设置边框。

(1) 启动 Word 2013，打开“我和大奖有个约会”文档。

(2) 选取所有的文本，打开【开始】选项卡，在【段落】组中单击【下框线】下拉按钮，在弹出的菜单中选择【边框和底纹】命令，打开【边框和底纹】对话框，打开【边框】选项卡，在【设置】选项区域中选择【三维】选项；在【样式】列表框中选择一种线型样式；在【颜色】下拉列表框中选择【橙色】色块，单击【确定】按钮，如图 3-42 所示。

(3) 此时，即可为文档中所有段落添加一个边框效果，如图 3-43 所示。

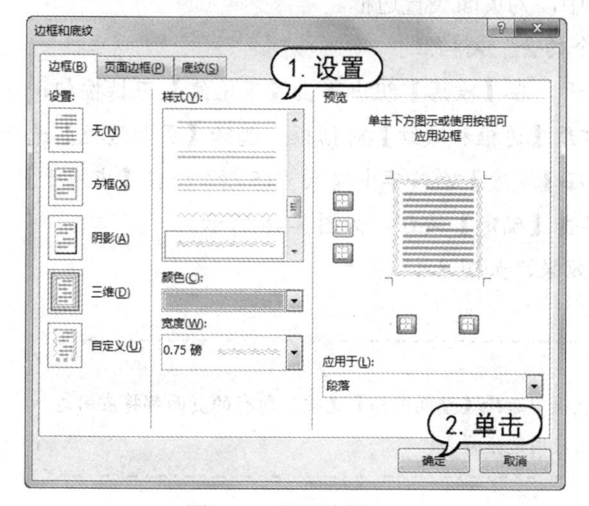

图 3-42　设置边框

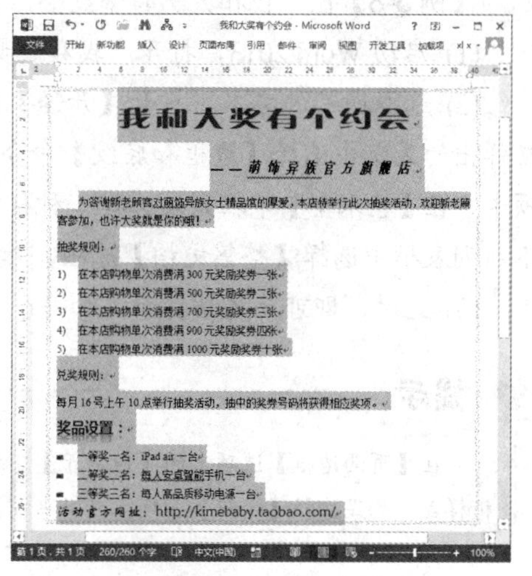

图 3-43　显示效果

(4) 选取最后一段中的网址，使用同样的方法，打开【边框和底纹】对话框，打开【边框】选项卡，在【设置】选项区域中选择【阴影】选项；在【样式】列表框中选择一种虚线样式；在【颜色】下拉列表框中选择【黑色，文字 1，淡色 50%】色块，单击【确定】按钮，如图 3-44 所示。

(5) 此时，即可为这个段落添加一个边框效果，如图 3-45 所示。

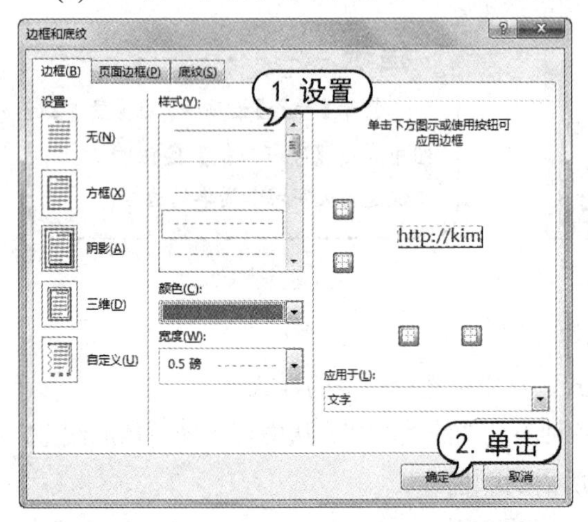

图 3-44　设置底纹

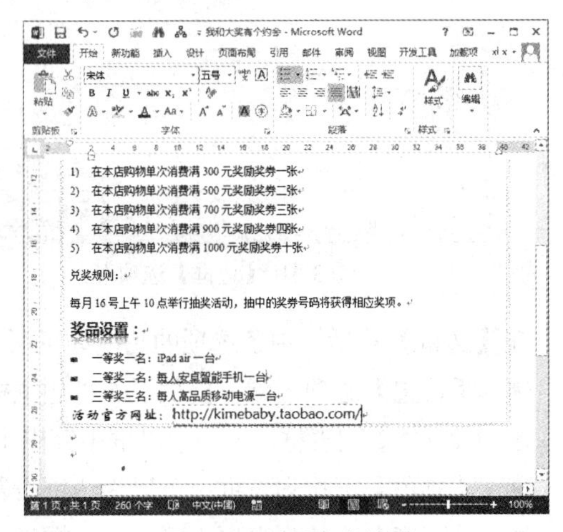

图 3-45　显示底纹效果

3.4.2　添加页面边框

设置页面边框可以使打印出的文档更加美观。特别是要设置一篇精美的文档时，添加页面边框是一个很好的办法。

打开【边框和底纹】对话框的【页面边框】选项卡，在【艺术型】选项区域或者【样式】选项区域里选择一种样式，即可为页面应用该样式边框。

【例 3-8】在“我和大奖有个约会”文档中，为页面设置边框。

(1) 启动 Word 2013，打开“我和大奖有个约会”文档。

(2) 选取所有的文本，打开【开始】选项卡，在【段落】组中单击【下框线】下拉按钮，在弹出的菜单中选择【边框和底纹】命令，打开【边框和底纹】对话框。选择【页面边框】选项卡，在【艺术型】下拉列表选择一种样式；在【宽度】输入框中输入“15 磅”；在【应用于】下拉列表框中选择【整篇文档】选项，然后单击【确定】按钮，如图 3-46 所示。

(3) 此时，即可为文档页面添加一个边框效果，如图 3-47 所示。

提示

在【页面边框】选项卡的【应用于】下拉列表框中选择【整篇文档】选项，所有的页面都将应用边框样式；如果选择【本节】选项，只对当前的页面应用边框样式。

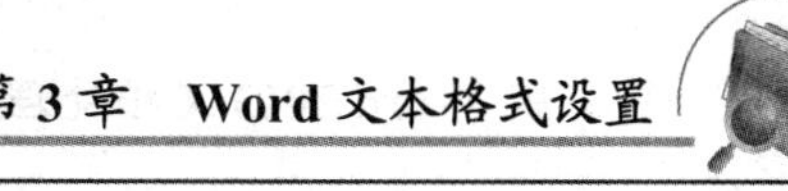

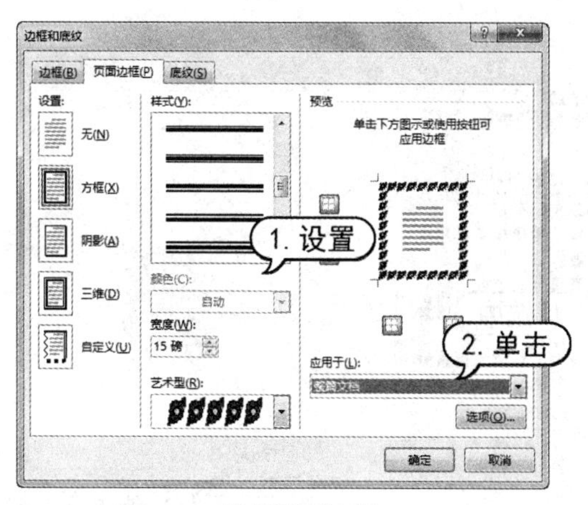

图 3-46　设置页面边框

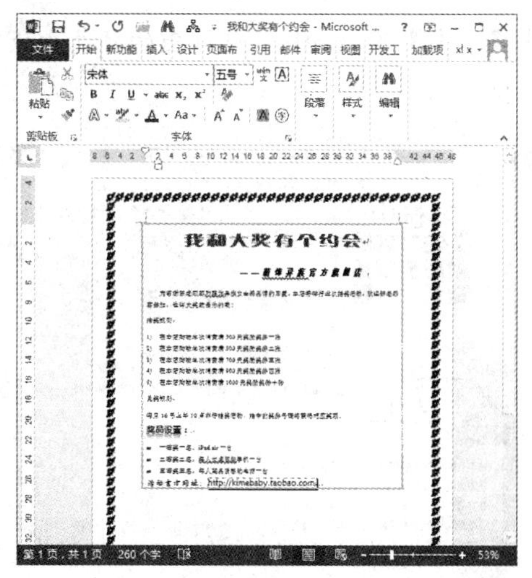

图 3-47　显示页面边框效果

3.4.3　添加底纹

设置底纹不同于设置边框，底纹只能对文字、段落添加，不能对页面添加。

打开【边框和底纹】对话框的【底纹】选项卡，如图 3-48 所示，在其中对填充的颜色和图案等进行设置。

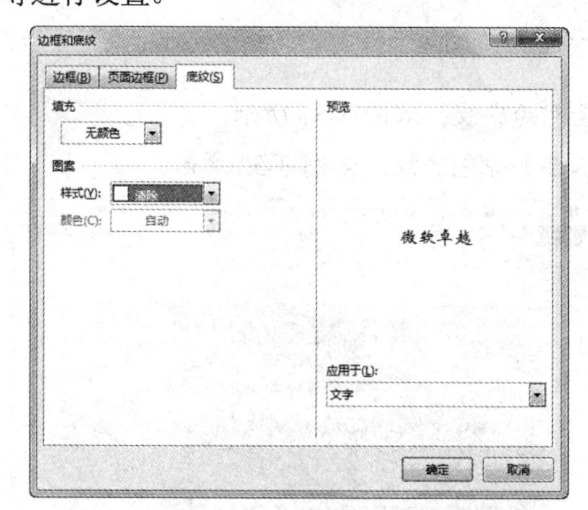

图 3-48　【底纹】选项卡

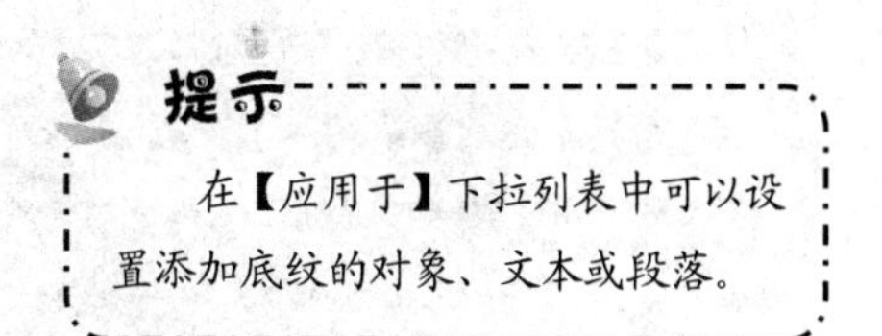

提示

在【应用于】下拉列表中可以设置添加底纹的对象、文本或段落。

【例 3-9】在“我和大奖有个约会”文档中，为文本和段落设置底纹。

(1) 启动 Word 2013，打开“我和大奖有个约会”文档。

(2) 选取第 2 段和第 8 段文本，打开【开始】选项卡，在【字体】组中单击【以不同颜色突出显示文本】下拉按钮，选择【红色】选项，即可快速为文本添加红色底纹，如图 3-49 所示。

(3) 选取所有的文本，打开【开始】选项卡，在【段落】组中单击【下框线】下拉按钮，在弹出的菜单中选择【边框和底纹】命令，打开【边框和底纹】对话框，打开【底纹】选项卡，

单击【填充】下拉按钮，从弹出的颜色面板中选择【橙色】色块，然后单击【确定】按钮，如图 3-50 所示。

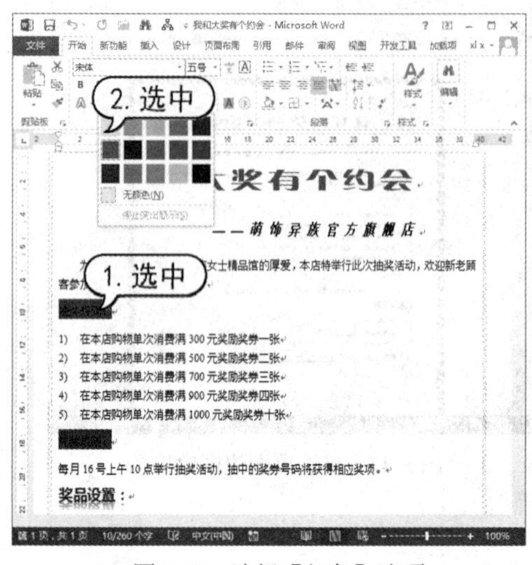

图 3-49　选择【红色】选项

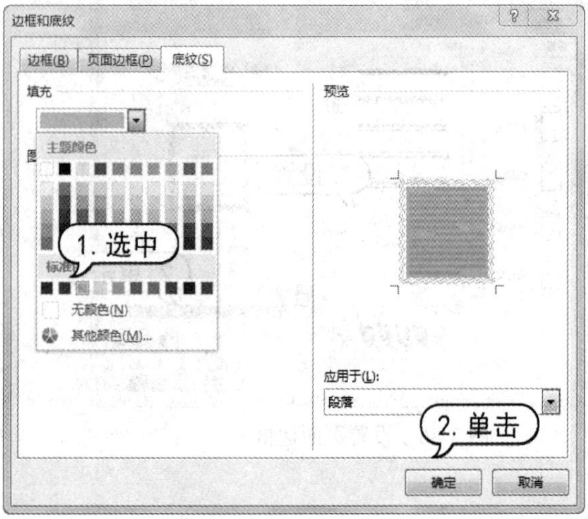

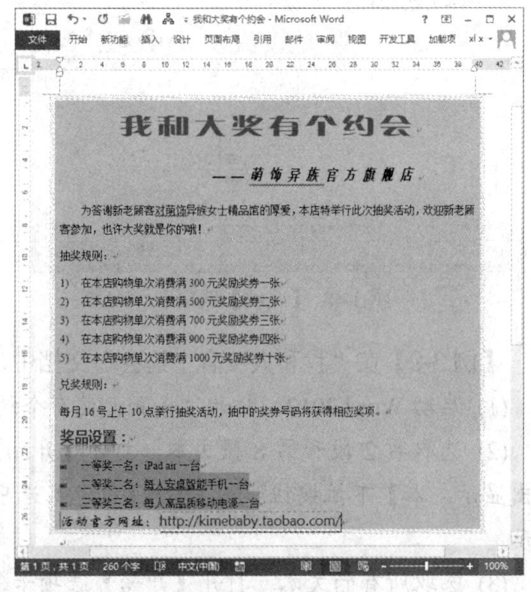

图 3-50　设置底纹

提示

在【底纹】选项卡中的【颜色】下拉列表中选择【其他颜色】选项，打开【颜色】对话框，在其中可自定义所需的颜色。

(4) 此时，即可为文档中所有段落添加一种橙色的底纹。如图 3-51 所示。

(5) 使用同样的方法，为第 11~13 段括号文本添加绿色底纹。如图 3-52 所示。

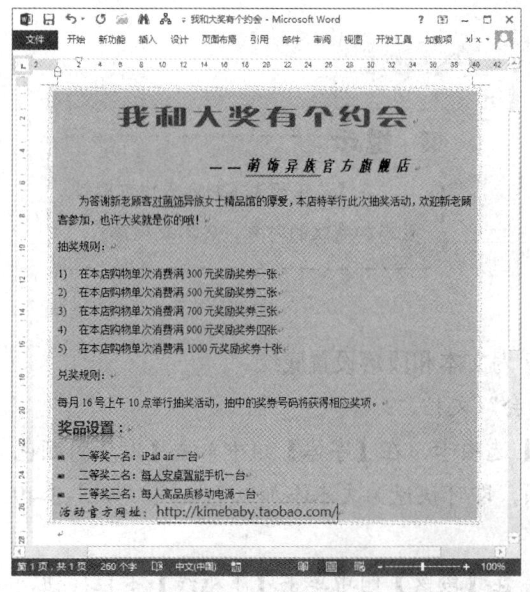

图 3-51　添加底纹

图 3-52　添加底纹

3.5 使用格式刷和制表位

Word 2013 提供了格式刷和制表位工具，用户使用这些功能，可以精确并快速地设定文字和段落的格式。

3.5.1 使用格式刷

使用【格式刷】功能，可以快速地将制定的文本、段落格式复制到目标文本、段落上，可以大大提高工作效率。

1. 应用文本格式

要在文档中不同的位置应用相同的文本格式，可以使用【格式刷】工具快速复制格式，方法很简单，选中要复制其格式的文本，在【开始】选项卡的【剪切板】组中单击【格式刷】按钮，当鼠标指针变为【】形状时，拖动鼠标选中目标文本即可。

2. 应用段落格式

要在文档中不同的位置应用相同的段落格式，同样可以使用【格式刷】工具快速复制格式，方法很简单，将光标定位在某个将要复制其格式的段落任意位置，在【开始】选项卡的【剪切板】组中单击【格式刷】按钮，当鼠标指针变为【】形状时，拖动鼠标选中更改目标段落即可。移动鼠标指针到目标段落所在的左边距区域内，当鼠标指定变成【】形状时按下鼠标左键不放，在垂直方向上进行拖动，即可将格式复制给选中的若干个段落。

知识点

单击【格式刷】按钮复制一次格式后，系统会自动退出复制状态。如果是双击而不是单击时，则可以多次复制格式。要退出格式复制状态，可以再次单击【格式刷】按钮或按 Esc 键。另外，复制格式的快捷键是 Ctrl+Shift+C(即格式刷的快捷键)，粘贴格式的快捷键是 Ctrl+Shift+V。

3.5.2 设置制表位

制表位是段落格式的一部分，它决定了每当按下 Tab 键时插入符移动的距离，并且影响使用缩进按钮时的缩进位置。

在默认状态下，Word 每隔 0.75 厘米设置一个制表位。在没有设置制表位的情况下，只能通过插入空格来实现不同行上同一项目间的上下对齐。如果在每一个项目间设置了适当的制表位，那么在输入一个项目后只需要按一次 Tab 键，光标就可以立即移动到下一个项目位置。

制表位是文字对齐的位置，制表符能标示文字在制表位置上的排练方式。

- 【左对齐式制表符】：从制表位开始向右扩展文字。

- 【居中式制表符】：使文字在制表位处居中。
- 【右对齐式制表符】：从制表位开始向左扩展文字，文字填满制表位左边的空白后，会向右扩展。
- 【小数点对齐式制表符】：在制表位处对齐小数点，文字或没有小数点的数字会向制表位左侧扩展。
- 【竖线对齐式制表符】：此符号并不是真正的制表符，其作用是在段落中该位置的各行中插入一条竖线，以构成表格的分隔线。

用户如果要设置制表位，可以使用标尺或【制表位】对话框进行操作。

1. 使用标尺设置制表位

水平标尺的最左端有一个制表位按钮，默认情况下的制表符为【左对齐式制表符】，单击制表位按钮可以在制表符间进行切换，如图 3-53 所示。选中需要的制表符类型后，在水平标尺上单击一个位置即可设置一个制表位。

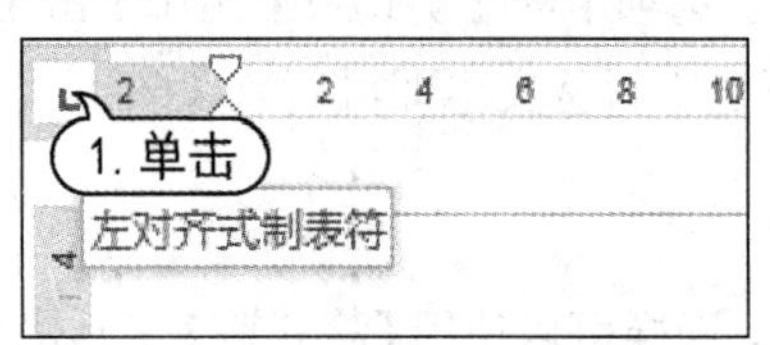

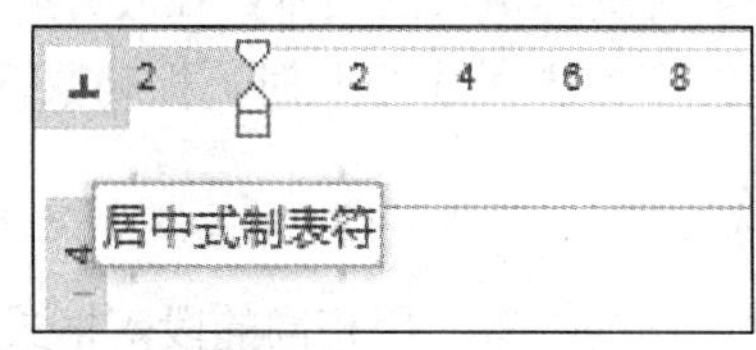

图 3-53　单击制表位按钮

2. 使用对话框设置制表位

用户如果需要精确设置制表位，可以使用【制表位】对话框来完成操作。

选择【开始】选项卡，在【段落】组中单击对话框启动器按钮，打开【段落】对话框，在该对话框中单击【制表位】按钮，如图 3-54 所示。打开【制表位】对话框，可以在【制表位位置】文本框中输入一个制表位位置，在【对齐方式】区域下设置制表位的文本对齐方式，在【前导符】区域下选择制表位的前导字符，如图 3-55 所示。

图 3-54　单击【制表位】按钮

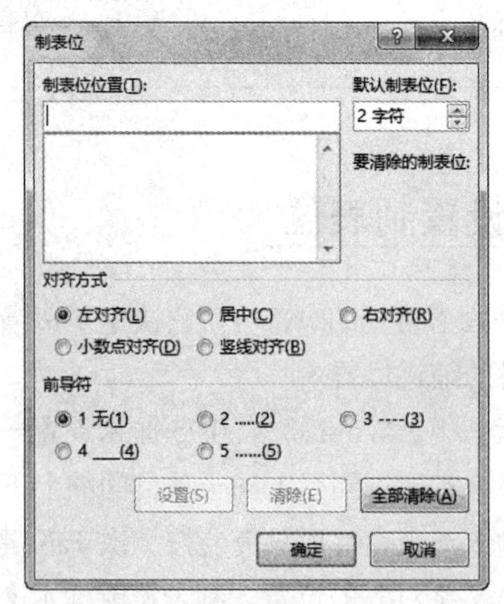

图 3-55　【制表位】对话框

3.6　上机练习

本章的上机练习主要是制作招聘启事和增加底纹两个具体实例，使用户更好地掌握 Word 2013 编辑文本格式的基本操作。

3.6.1　制作招聘启事

新建“招聘启事”文档，输入文本，并对文本和段落格式进行设置。

(1) 启动 Word 2013，新建一个空白演示文稿文档，并将其以“招聘启事”为名保存，如图 3-56 所示。

(2) 在文档的默认文本插入点处输入文本“招聘启事”，然后按下 Enter 键，如图 3-57 所示。

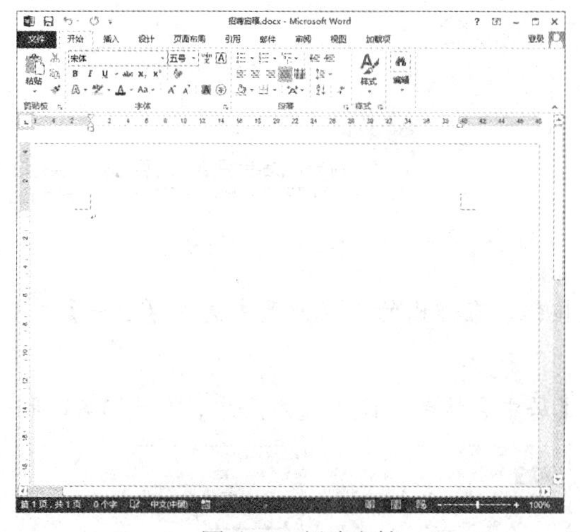

图 3-56　新建文档

图 3-57　输入文本

(3) 连续按 4 下空格键，使首行缩进两个字符，然后输入文档第 1 段内容，如图 3-58 所示。

(4) 完成文档第 1 段内容的输入后，按下 Enter 键，输入第 2 段文档内容，如图 3-59 所示。

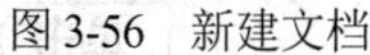

图 3-58　输入文本

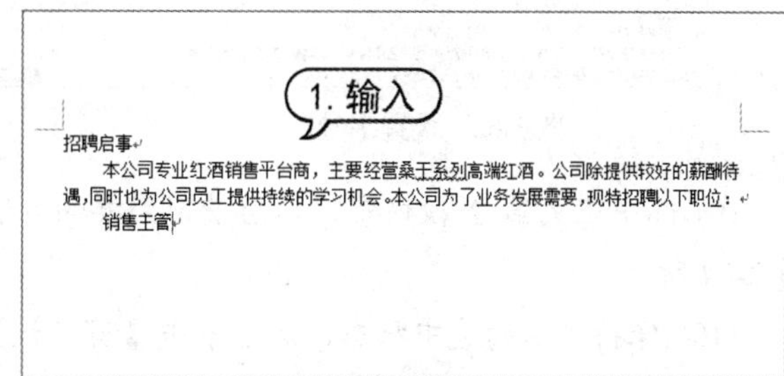

图 3-59　输入文本

(5) 使用相同的方法，在文档中输入更多内容，如图 3-60 所示。

(6) 选中文档第一行文本“招聘启事”，然后选择【开始】选项卡，在【字体】组中单击【字体】下拉列表按钮，在弹出的下拉列表中选中【微软雅黑】选项，设置文本的字体，如图 3-61 所示。

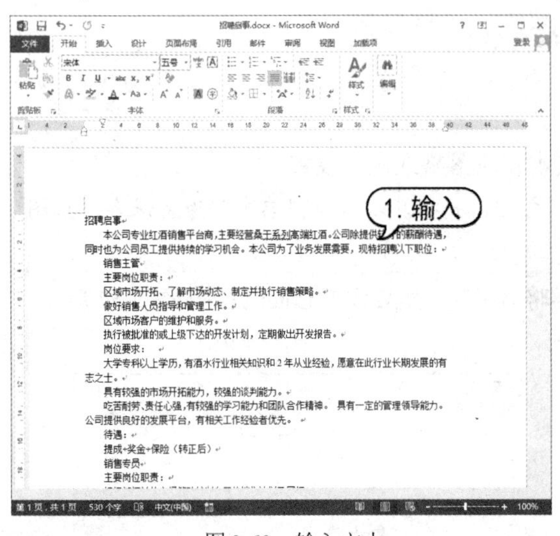

图 3-60　输入文本

图 3-61　设置字体

(7) 在【字体】组中单击【字号】下拉列表按钮，在弹出的下拉列表中选中【小一】选项，设置文本的字号，如图 3-62 所示。

(8) 在【开始】选项卡的【段落】组中单击【居中】按钮，设置文本居中，如图 3-63 所示。

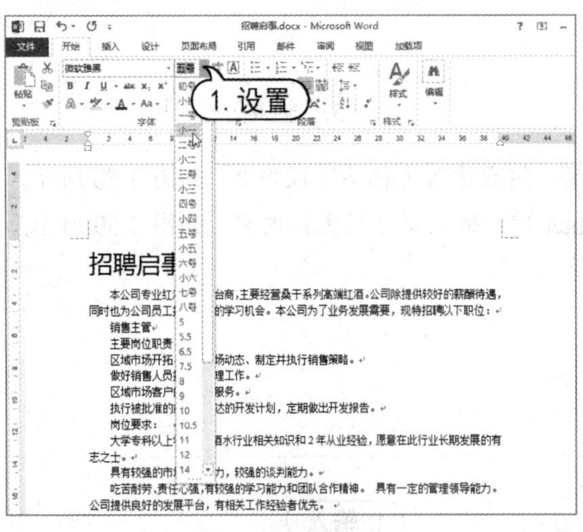

图 3-62　设置字号

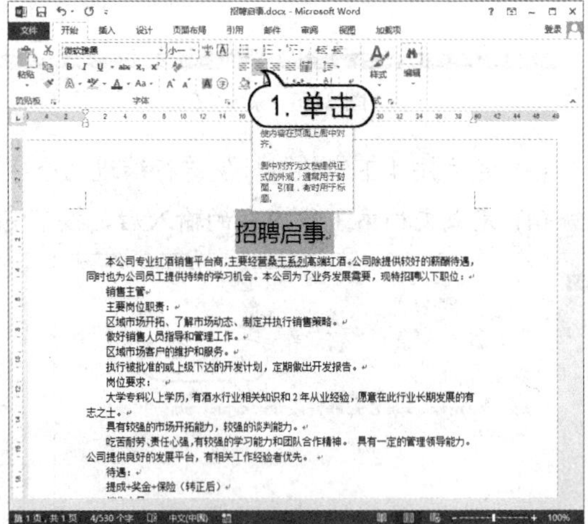

图 3-63　设置文本居中

(9) 选中正文第 2 段内容，然后使用同样的方法，设置文本的字体、字号和对齐方式，如图 3-64 所示。

(10) 保持文本的选中状态，然后单击【剪贴板】组中的【格式刷】按钮，如图 3-65 所示。

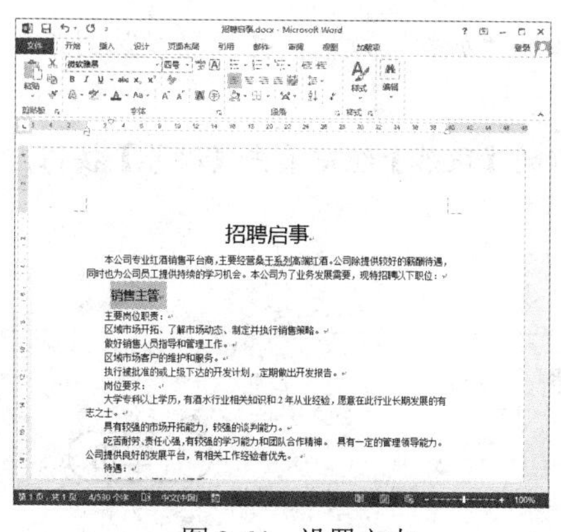

图 3-64　设置文本

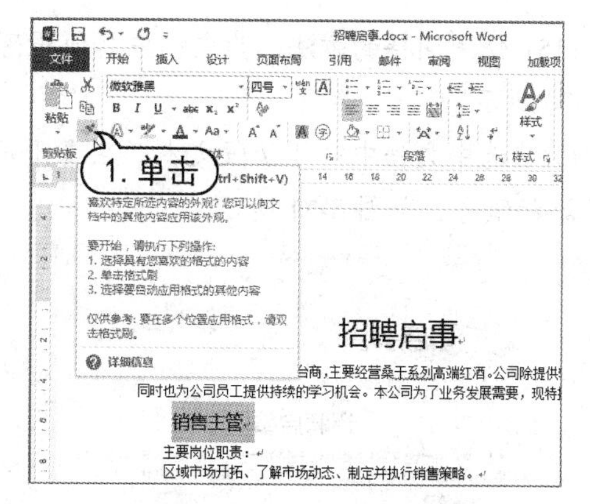

图 3-65　单击【格式刷】按钮

(11) 在需要套用格式的文本上单击并按住鼠标左键拖动，套用文本格式，如图 3-66 所示。

(12) 选中文档中的文本“主要岗位职责：”，然后在【开始】选项卡的【字体】组中单击【加粗】按钮，如图 3-67 所示。

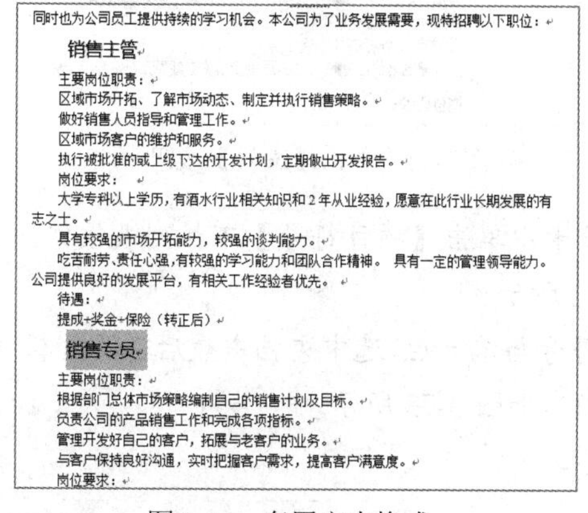

图 3-66　套用文本格式

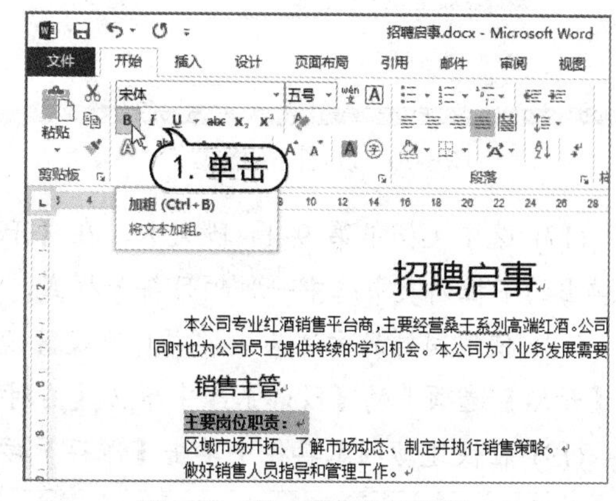

图 3-67　单击【加粗】按钮

(13) 在【开始】选项卡的【段落】组中单击按钮，如图 3-68 所示。

(14) 打开【段落】对话框，在【段前】和【段后】文本框中输入“0.5”后，单击【确定】按钮，如图 3-69 所示。

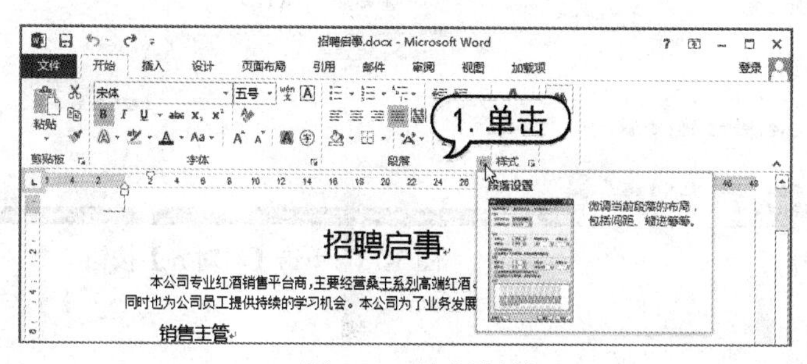

图 3-68　单击该按钮

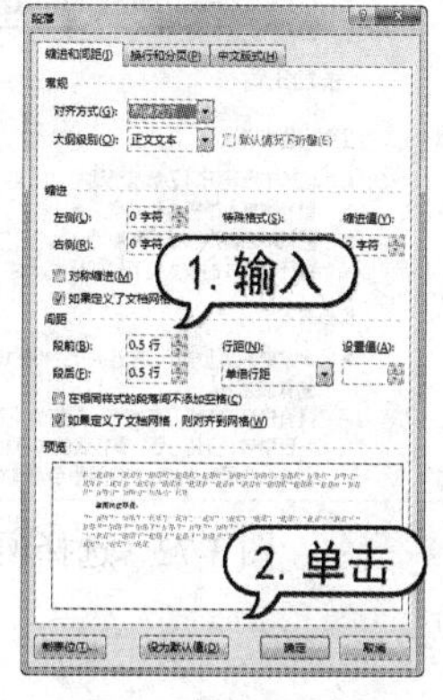

图 3-69　设置段落间距

(15) 使用同样的方法，为文档中其他段落的字体添加“加粗”效果，并设置段落间距，如图 3-70 所示。

(16) 选中文档中第 4~7 段文本，在【开始】选项卡的【段落】组中单击【编号】按钮，为段落添加编号，如图 3-71 所示。

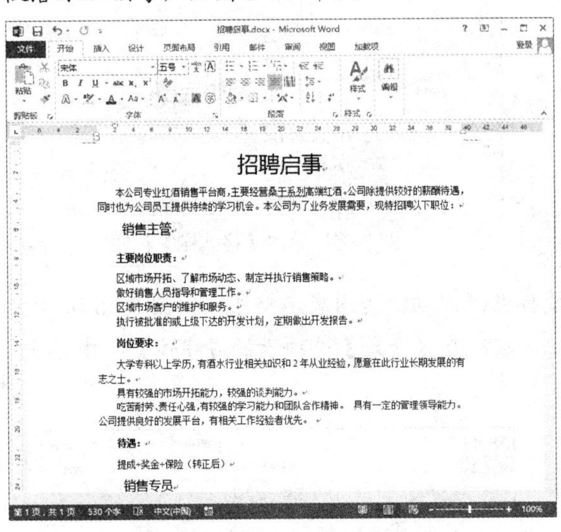

图 3-70 设置段落格式

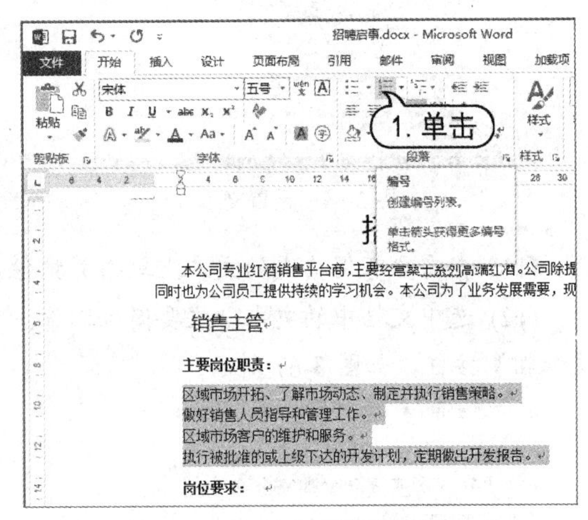

图 3-71 单击【编号】按钮

(17) 选中文档中第 9~11 段文本，在【开始】选项卡中单击【项目符号】下拉列表按钮，在弹出的下拉列表中选中一种项目符号样式，如图 3-72 所示。

(18) 使用同样的方法为文档中其他段落设置项目符号与编号后，选中文档中最后 2 段文本，在【开始】选项卡的【段落】组中单击【右对齐】按钮，如图 3-73 所示。

(19) 在快速访问工具栏中单击【保存】按钮保存文档。

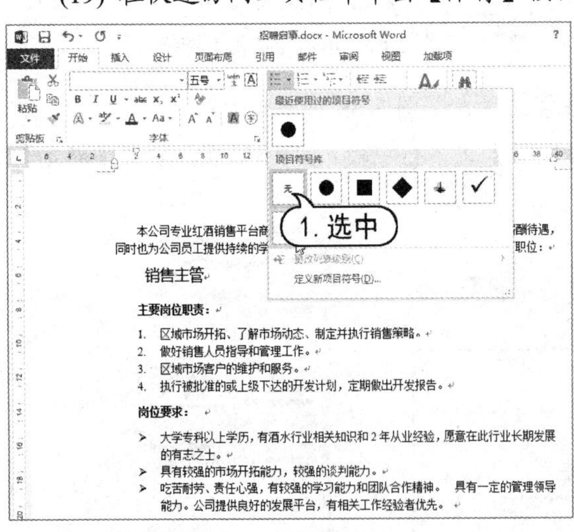

图 3-72 选择项目符号

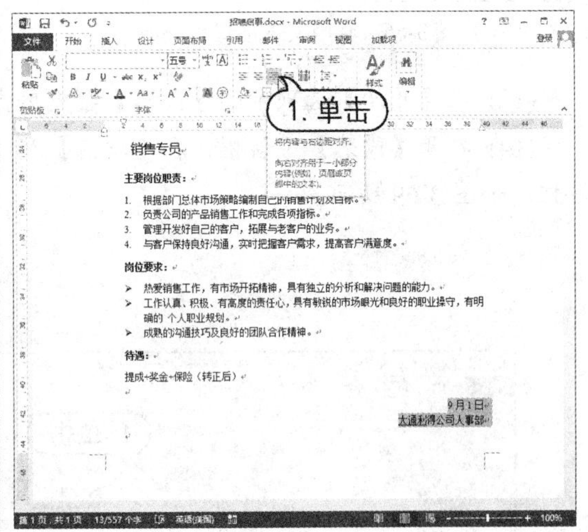

图 3-73 单击【右对齐】按钮

计算机 基础与实训教材系列

3.6.2　添加底纹

为“酒”文档中所有段落和一段文字分别进行添加底纹的操作。

(1) 启动 Word 2013，打开“酒”文档后，选取第 3 段文本，打开【开始】选项卡，在【字体】组中单击【以不同颜色突出显示文本】按钮，即可快速为文本添加黄色底纹，如图 3-74 所示。

(2) 选取所有的文本，打开【开始】选项卡，在【段落】组中单击【下框线】下拉按钮，在下拉菜单中选择【边框和底纹】命令，打开【边框和底纹】对话框，打开【底纹】选项卡，单击【填充】下拉按钮，选择淡橙色块，在【应用于】下拉列表中选择【段落】选项，单击【确定】按钮，如图 3-75 所示。

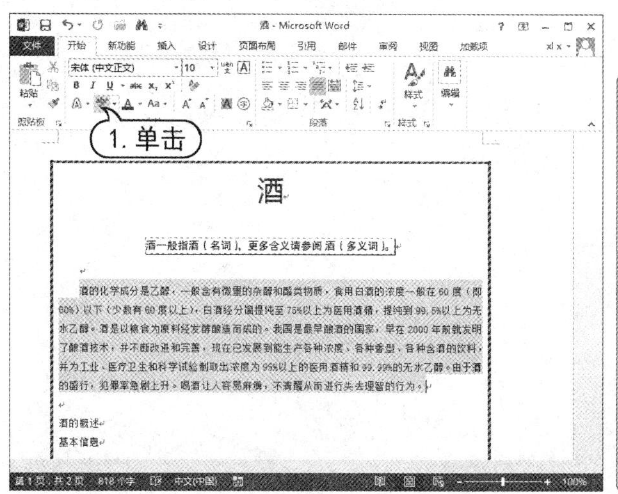

图 3-74　为文本添加黄色底纹

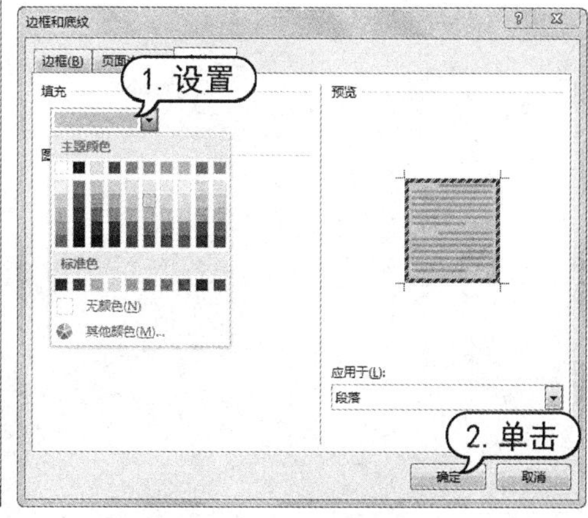

图 3-75　设置段落底纹

(3) 此时将为文档中所有段落添加了一种淡橙色的底纹，如图 3-76 所示。

(4) 使用同样的方法，为最后 3 段文本添加蓝色底纹(在【底纹】选项卡的【应用于】下拉列表中选择【文字】选项)，如图 3-77 所示。

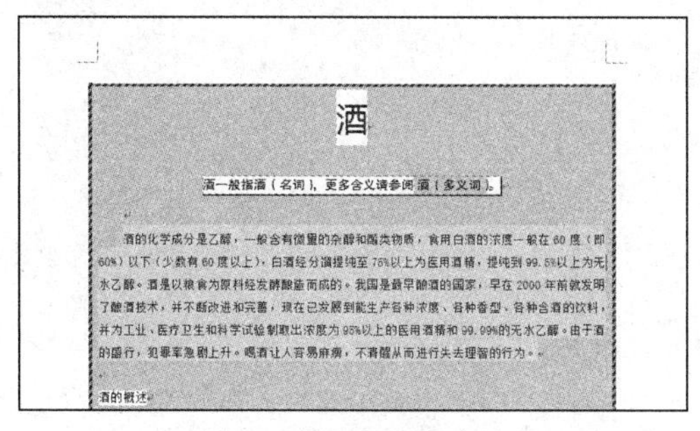

图 3-76　显示段落底纹

图 3-77　显示文字底纹

3.7 习题

1. 设置文本格式有哪几种方式？

2. 简述添加文字边框和页面边框的方法。

3. 简述添加底纹的方法。

4. 如何设置制表位？

5. 新建一个 Word 文档并输入文本，给段落添加宽度为 5 磅的三维边框，给段落添加蓝色的底纹，给文字添加红色的底纹，添加页面边框，并设置文字的颜色为绿色。

第4章 插入修饰对象

学习目标

在 Word 文档中适当地插入一些图形、图片等对象，不仅会使文章显得生动有趣，还能帮助读者更快地理解文档内容。本章将介绍在 Word 2013 中使用图文混排功能，插入修饰对象的方法与技巧。

本章重点

- 插入图片
- 插入艺术字
- 插入文本框
- 插入自选图形
- 插入 SmartArt 图形
- 插入图表

4.1 插入图片

为了使文档更加美观、生动，可以在其中插入图片对象。在 Word 2013 中，不仅可以插入系统提供的图片，还可以从其他程序或位置导入图片，甚至可以使用屏幕截图功能直接从屏幕中截取画面。

4.1.1 插入电脑中的图片

用户可以直接将保存在电脑中的图片插入 Word 文档中，也可以将扫描仪或其他图形软件插入图片到 Word 文档中。

【例 4-1】在“酒”文档中插入电脑中的图片。

(1) 启动 Word 2013，打开“酒”文档，将插入点定位在文档中合适的位置上，然后打开【插入】选项卡，在【插图】组中单击【图片】按钮，如图 4-1 所示。

(2) 在打开的【插入图片】对话框中选中图片，单击【插入】按钮即可，如图 4-2 所示。

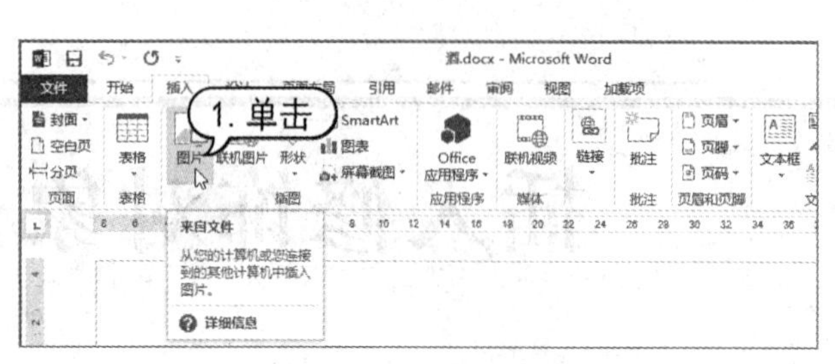

图 4-1　单击【图片】按钮

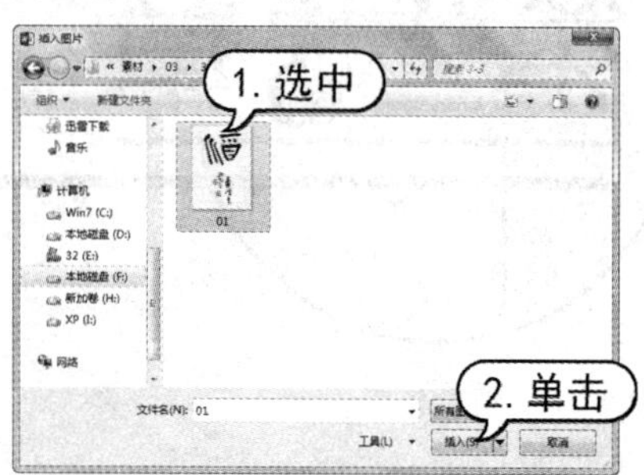

图 4-2　选中图片插入

(3) 选中文档中插入的图片，然后单击图片右侧显示的【布局选项】按钮，在弹出的选项区域中选择【紧密型环绕】选项，如图 4-3 所示。

(4) 用鼠标单击图片并按住不放调整其位置，使其效果如图 4-4 所示。

图 4-3　选择【紧密型环绕】选项

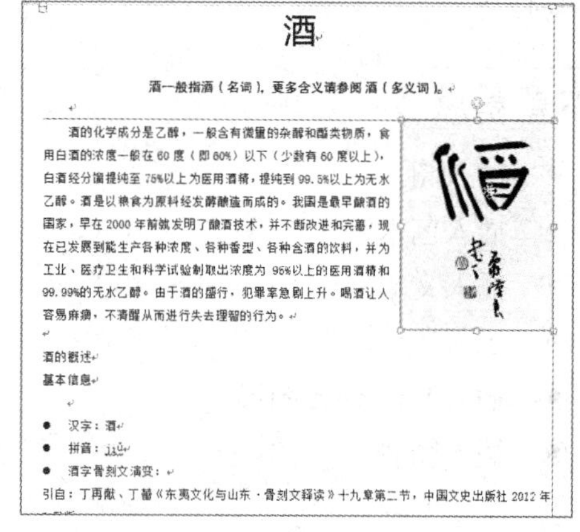

图 4-4　调整位置

4.1.2　插入剪贴画

Word 所提供的剪贴画库内容非常丰富，设计精美、构思巧妙，能够表达不同的主题，适合于制作各种文档。

【例 4-2】在“酒”文档中插入剪贴画。

(1) 启动 Word 2013，打开“酒”文档，将插入点定位在文中需要插入剪切画的位置，如图 4-5 所示。

(2) 打开【插入】选项卡，然后在【插图】组中单击【联机图片】按钮，打开【插入图片】对话框，如图 4-6 所示。

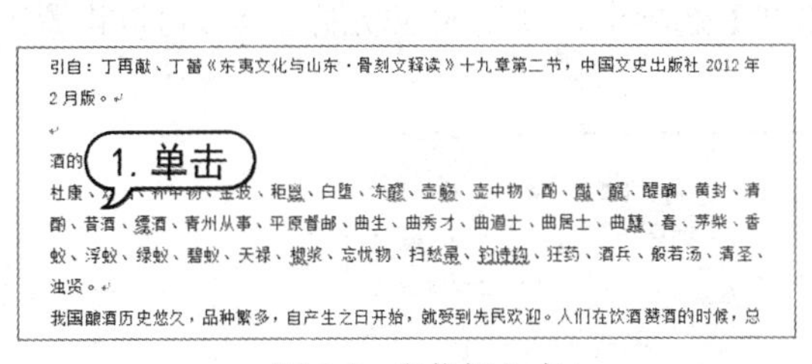

图 4-5 定位插入点

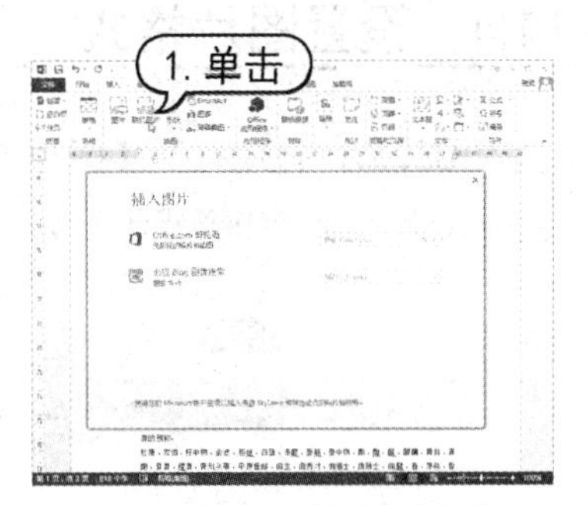

图 4-6 单击【联机图片】按钮

(3) 在【插入图片】对话框的【Office 剪贴画】文本框中输入“酒”后，按下【回车】键，并在自动查找电脑与网络上剪贴画文件的结果中选中所需的剪贴画图片，然后单击【插入】按钮，如图 4-7 所示。

(4) 此时即可将剪贴画插入 Word 文档中，如图 4-8 所示。

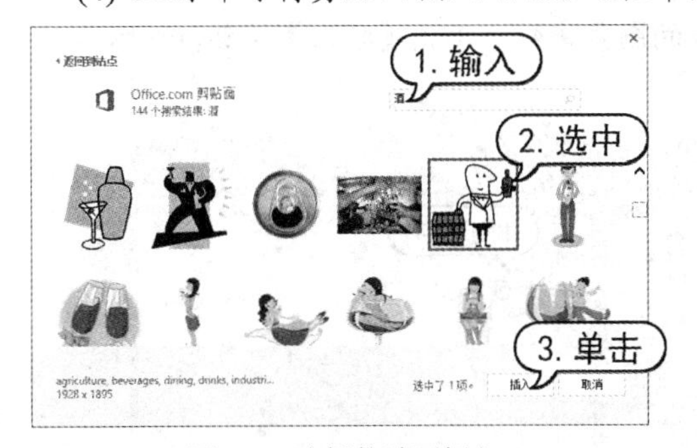

图 4-7 选择剪贴画插入

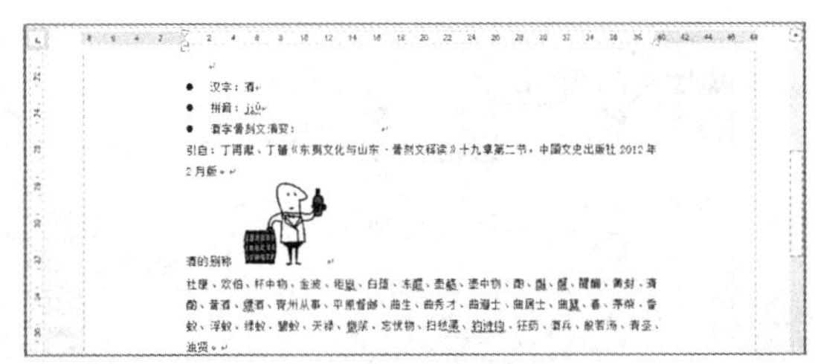

图 4-8 插入效果

4.1.3 插入截图图片

如果需要在 Word 文档中使用网页中的某个图片或者图片的一部分，则可以使用 Word 提供的【屏幕截图】功能来实现。

打开【插入】选项卡，在【插图】组中单击【屏幕截图】按钮，在弹出的菜单中选择一个需要截图的窗口，即可将该窗口截取，并显示在文档中，如图 4-9 所示。

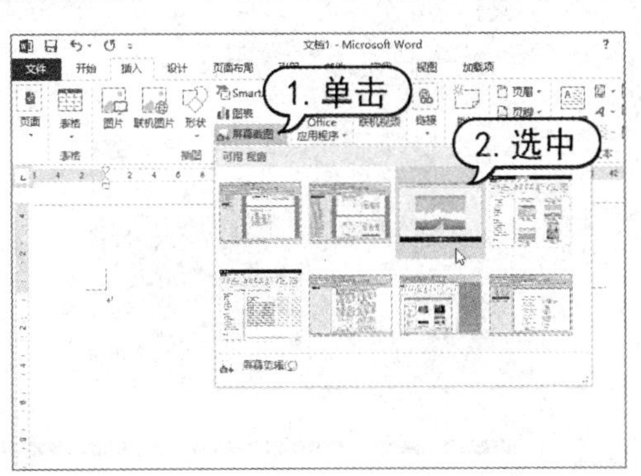

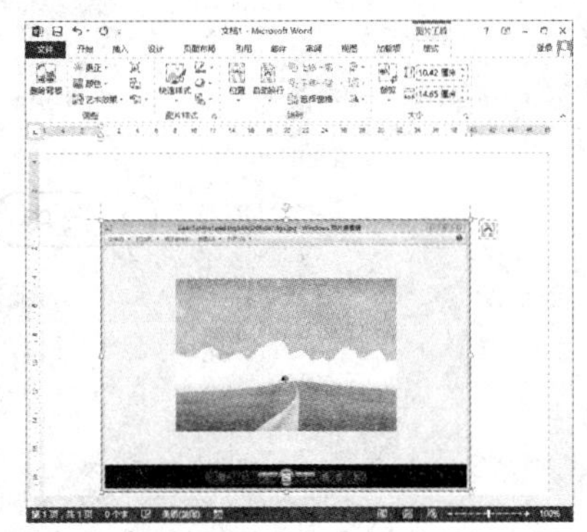

图 4-9 插入截图

4.1.4 设置图片格式

插入图片后，自动打开【图片工具】的【格式】选项卡，使用相应功能工具，可以设置图片颜色、大小、版式和样式等，如图 4-10 所示。

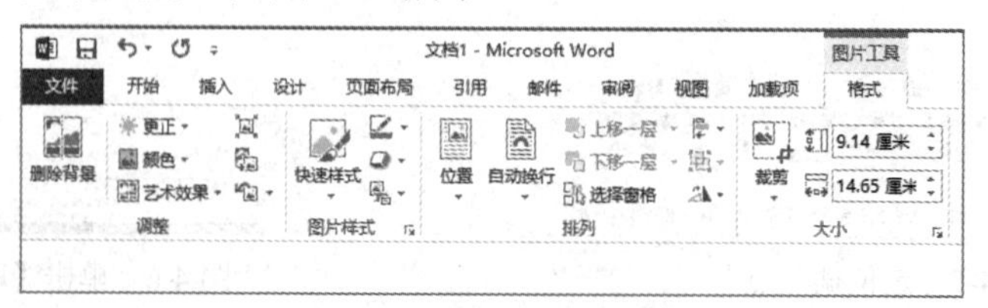

图 4-10 设置图片格式

【例 4-3】创建“出差路线”文档，在其中插入图片，并设置图片格式。

(1) 启动 Word 2013，新建一个名为“出差路线”的文档，然后打开【插入】选项卡，在【插图】组中单击【图片】按钮，如图 4-11 所示。

(2) 打开【插入图片】对话框，选中要插入文档的图片文件，单击【插入】按钮，如图 4-12 所示。

图 4-11 单击【图片】按钮

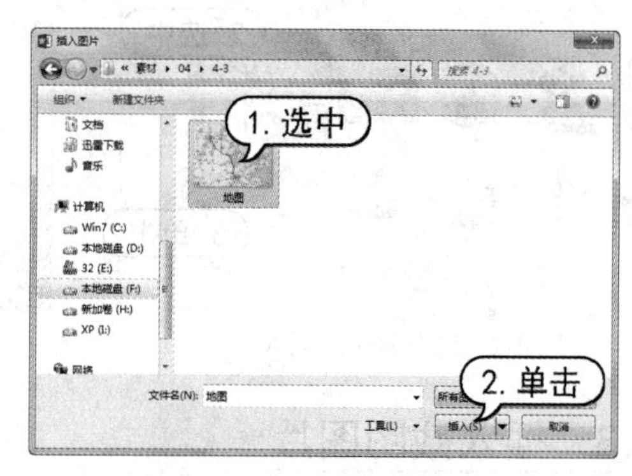

图 4-12 【插入图片】对话框

(3) 选择【格式】选项卡，在【排列】组中单击【自动换行】按钮，从弹出的菜单中选择【衬于文字下方】命令，为图片设置环绕方式，如图 4-13 所示。

(4) 拖动鼠标调整图片的大小并调整其在文档中的位置，如图 4-14 所示。

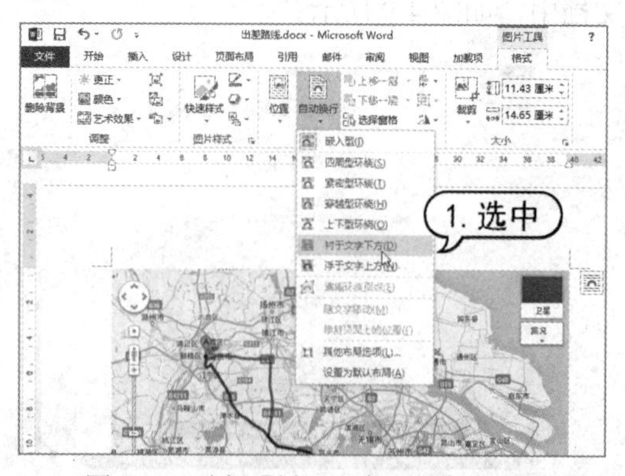

图 4-13 选择【衬于文字下方】命令

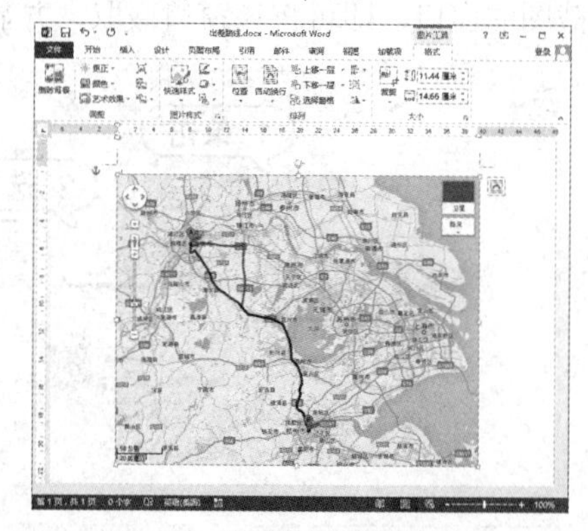

图 4-14 调整图片位置和大小

(5) 启动浏览器，打开一个网页，然后在 Word 中选择【插入】选项卡，在【插图】组中单击【屏幕截图】下拉列表按钮，在弹出的下拉列表中选中打开的浏览器窗口缩略图，如图 4-15 所示。

(6) 此时，将在文档中插入浏览器窗口截图，如图 4-16 所示。

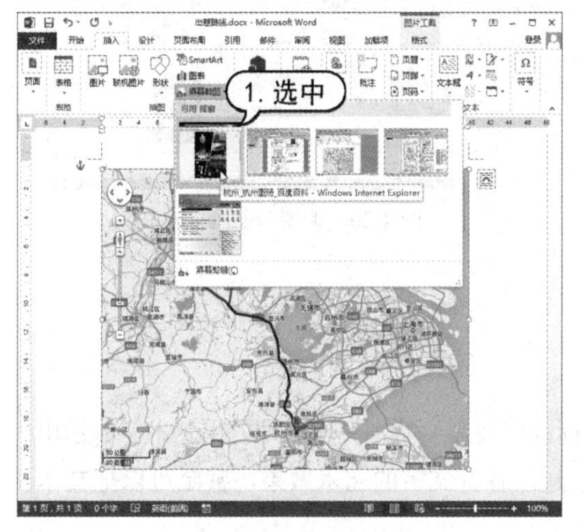

图 4-15　选中缩略图

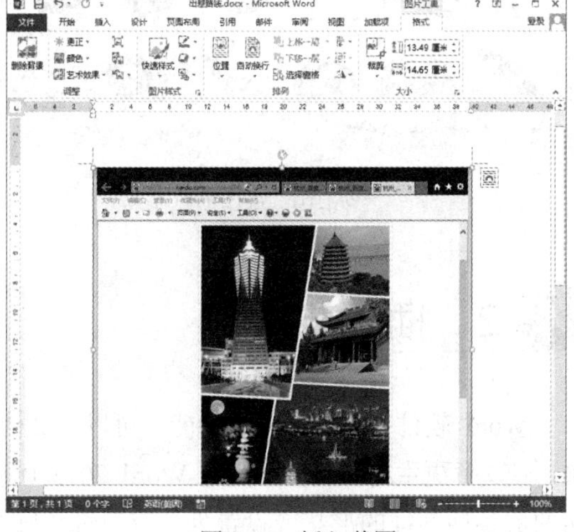

图 4-16　插入截图

(7) 参考步骤(3)和步骤(4)的操作，调整图片的大小和位置，并将图片设置为“衬于文字下方”，如图 4-17 所示。

(8) 选择【插入】选项卡，在【插入】组中单击【联机图片】按钮，然后在打开的【插入图片】对话框的【Office.com 剪贴画】文本框中输入“汽车”，如图 4-18 所示。

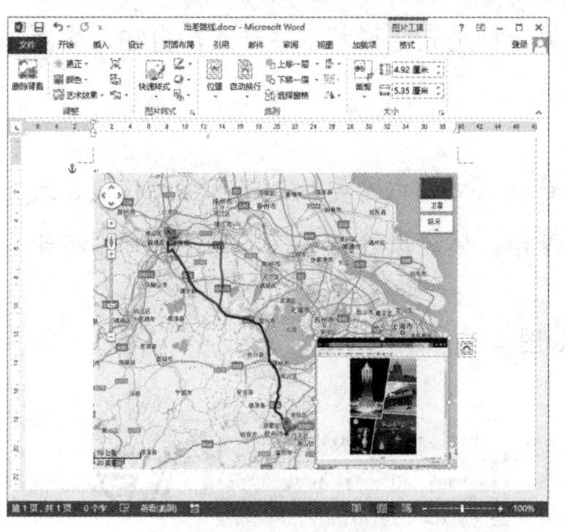

图 4-17　设置图片

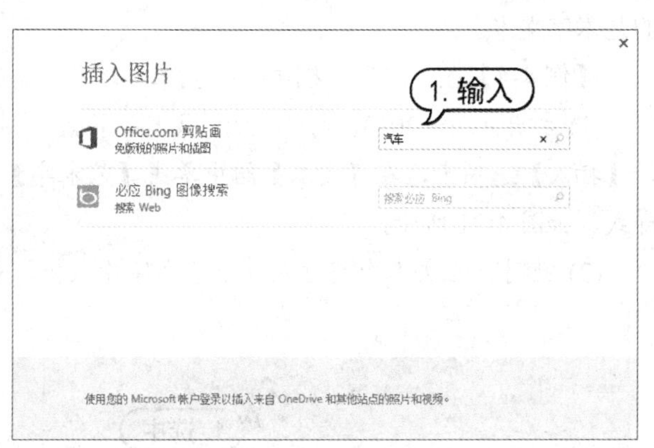

图 4-18　输入“汽车”

(9) 在【插入图片】对话框中按下 Enter 键后，在打开的搜索结果对话框内选中一个剪贴画，并单击【插入】按钮，如图 4-19 所示。

(10) 参考步骤(3)和步骤(4)的操作，调整文档中剪贴画的大小和位置，完成后效果如图 4-20 所示。

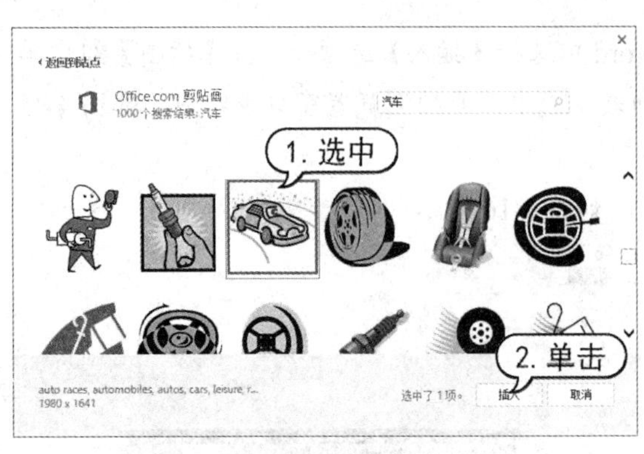

图 4-19　选中剪贴画

图 4-20　调整剪贴画位置和大小

4.2　插入艺术字

Word 软件提供了艺术字功能，可以把文档的标题以及需要特别突出的地方用艺术字显示出来，使文章更生动、醒目。使用 Word 2013 可以创建出各种文字的艺术效果，甚至可以把文本扭曲成各种各样的形状或设置为具有三维轮廓的效果。

4.2.1　添加艺术字

打开【插入】选项卡，在【文本】组中单击【插入艺术字】按钮，打开艺术字列表框，在其中选择艺术字的样式，即可在 Word 文档中插入艺术字。插入艺术字的方法有两种：一种是先输入文本，再将输入的文本应用为艺术字样式；另一种是先选择艺术字样式，再输入需要的艺术字文本。

【例 4-4】在“酒”文档中插入艺术字。

(1) 打开 Word 2013，打开“酒”文档，将鼠标指针插入文档中需要插入艺术字的位置，选择【插入】选项卡，在【文本】组中单击【艺术字】按钮，从弹出的列表框中选择一种艺术字样式，如图 4-21 所示。

(2) 此时，在文本中将插入一个艺术字输入框，如图 4-22 所示。

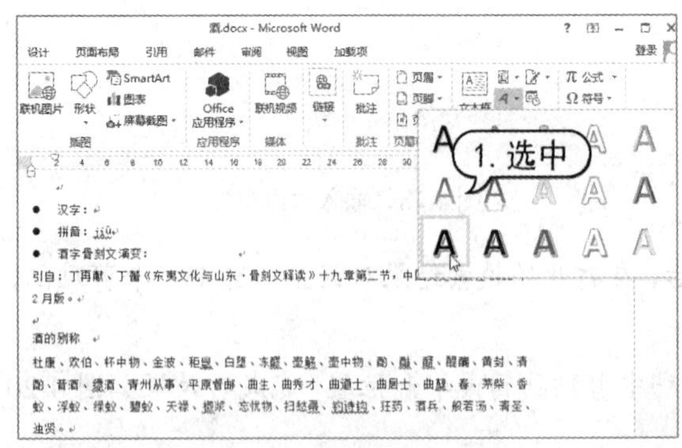

图 4-21　选择艺术字样式

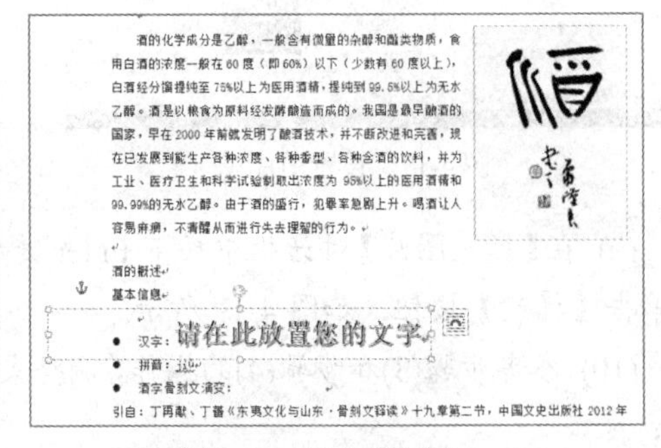

图 4-22　插入输入框

(3) 切换中文输入法，在艺术字输入框内的提示文本“请在此放置您的文字”处输入文本“酒”，然后拖动鼠标调节艺术字的位置和大小，如图 4-23 所示。

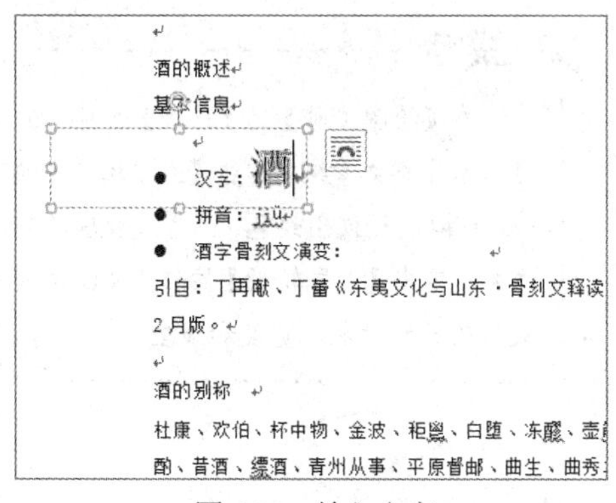

图 4-23　输入文字

提示

艺术字是一种图形格式，并不能用设置文字的方式来设置格式。

4.2.2　编辑艺术字

选中艺术字，系统会自动打开【绘图工具】的【格式】选项卡。使用该选项卡内相应功能组中的工具按钮，可以设置艺术字的样式、填充效果等属性，还可以对艺术字进行大小调整、旋转或添加阴影、三维效果等操作，如图 4-24 所示。

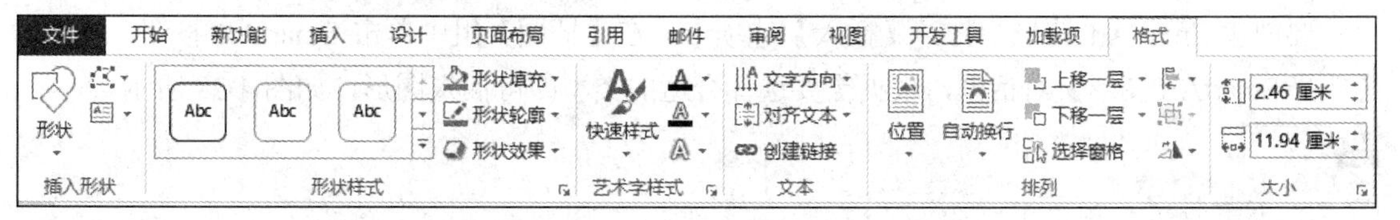

图 4-24 【绘图工具】的【格式】选项卡

【例 4-5】在“酒”文档中编辑插入的艺术字。

(1) 打开“酒”文档后，选中文档中插入的艺术字，在【开始】选项卡的【字体】组中设置艺术字的字体为【方正舒体】，如图 4-25 所示。

(2) 打开【格式】选项卡，在【艺术字样式】组中单击【文字效果】按钮，从弹出的下拉菜单中选择【映像】|【紧密映像，4pt 偏移量】选项，如图 4-26 所示。

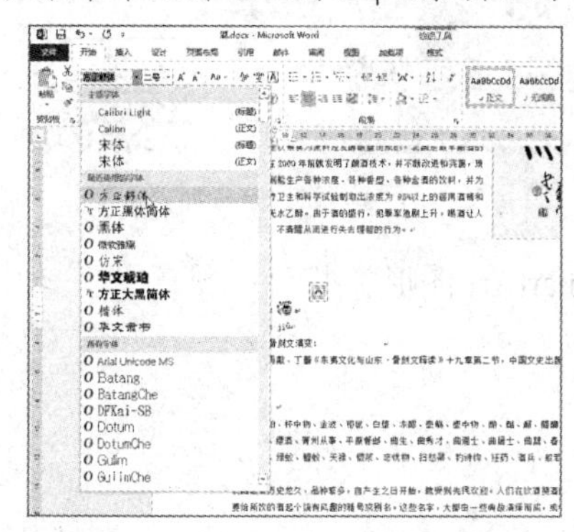

图 4-25　选择字体

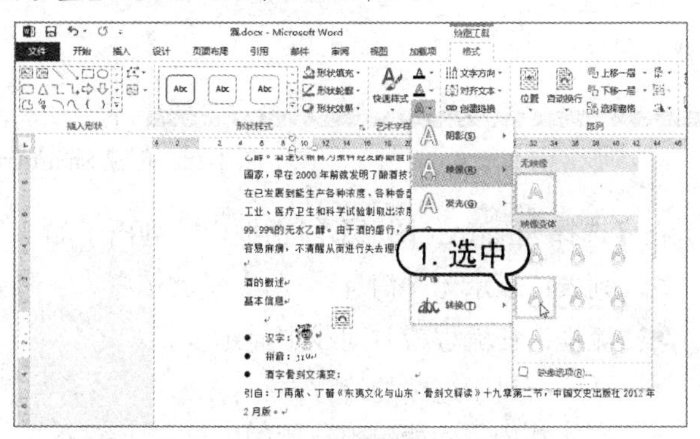

图 4-26　选择文本效果选项

(3) 完成艺术字格式的设置操作后，文档中艺术字的最终效果如图 4-27 所示。

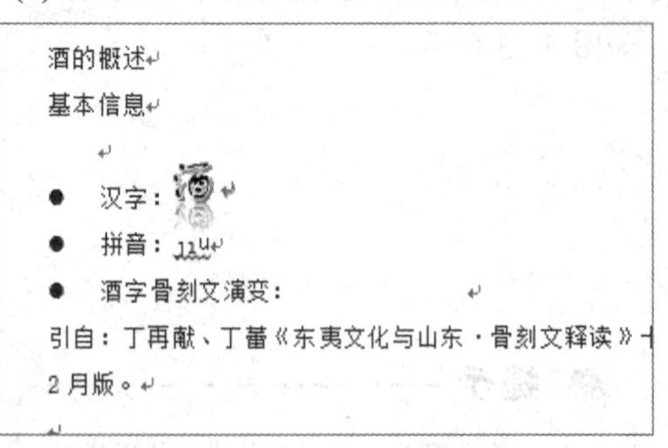

图 4-27　显示设置效果

提示

在【绘图工具】的【格式】选项卡的【艺术字样式】组中单击【文本填充】按钮，可以选择使用纯色、图片或纹理填充文本；单击【文本轮廓】按钮，可以设置文本轮廓的颜色、宽度和线型。

4.3　插入 SmartArt 图形

Word 2013 提供了 SmartArt 图形的功能，用来说明各种概念性的内容。使用该功能，可以轻松制作各种流程图，如层次结构图、矩阵图、关系图等，从而使文档更加形象生动。

4.3.1　创建 SmartArt 图形

要创建 SmartArt 图形，打开【插入】选项卡，在【插图】组中单击 SmartArt 按钮，打开【选择 SmartArt 图形】对话框，根据需要选择合适的类型即可插入图形，如图 4-28 所示。

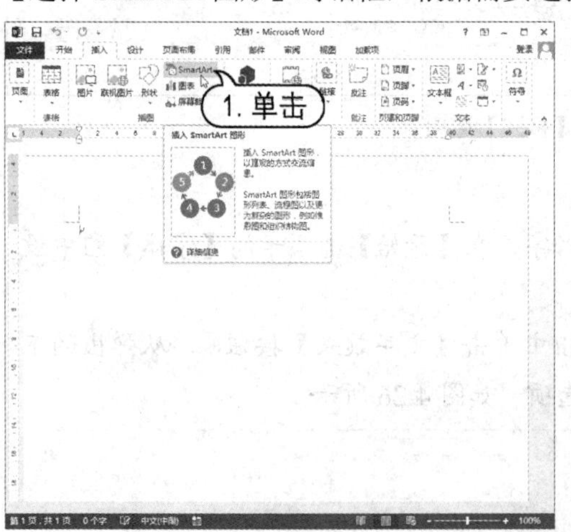

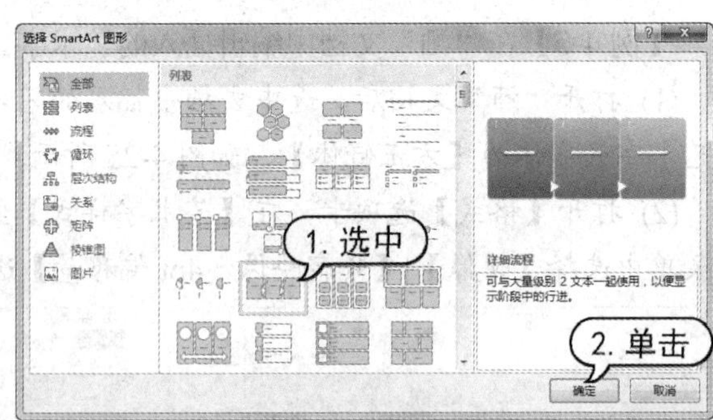

图 4-28　创建 SmartArt 图形

在【选择 SmartArt 图形】对话框中，列出了如下几种 SmartArt 图形类型。

- 列表：显示无序信息。
- 流程：在流程或时间线中显示步骤。
- 循环：显示连续的流程。
- 层次结构：创建组织结构图，显示决策树。

◉ 关系：对连接进行图解。
◉ 矩阵：显示各部分如何与整体关联。
◉ 棱锥图：显示与顶部或底部最大一部分之间的比例关系。

4.3.2 设置 SmartArt 图形

在文档中插入 SmartArt 图形后，如果对预设的效果不满意，则可以在 SmartArt 工具的【设计】和【格式】选项卡中对其进行编辑操作，如添加和删除形状、套用形状样式等。

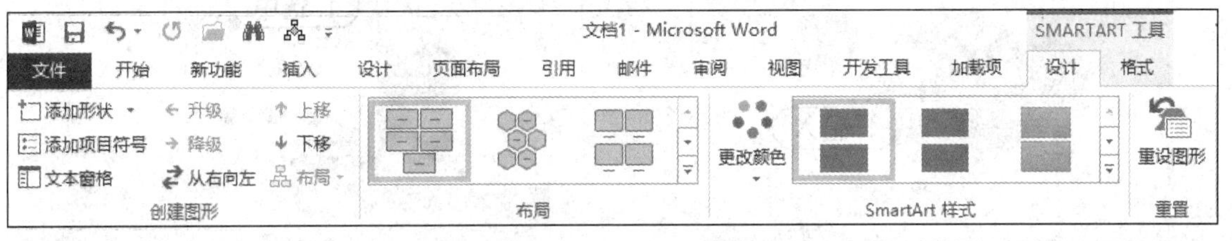

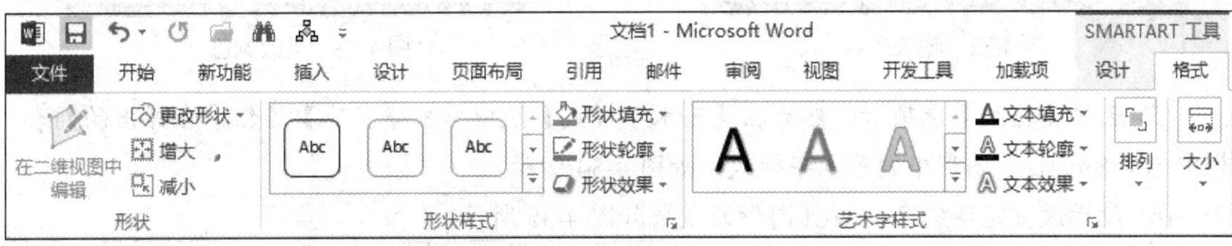

图 4-29 【SmartArt 工具】的【设计】和【格式】选项卡

【例 4-6】在“元宵灯会”文档中，插入并设置 SmartArt 图形。

(1) 启动 Word 2013，打开“元宵灯会”文档，将鼠标指针插入文档中需要插入 SmartArt 图形的位置，如图 4-30 所示。

(2) 打开【插入】选项卡，在【插图】组中单击 SmartArt 按钮，打开【选择 SmartArt 图形】对话框，然后在该对话框右侧的列表框中选择【关系】选项，选中【循环关系】选项，单击【确定】按钮，如图 4-31 所示。

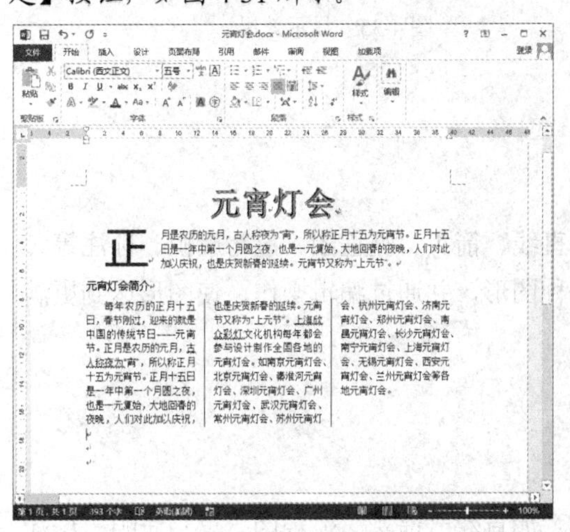

图 4-30 定位插入点

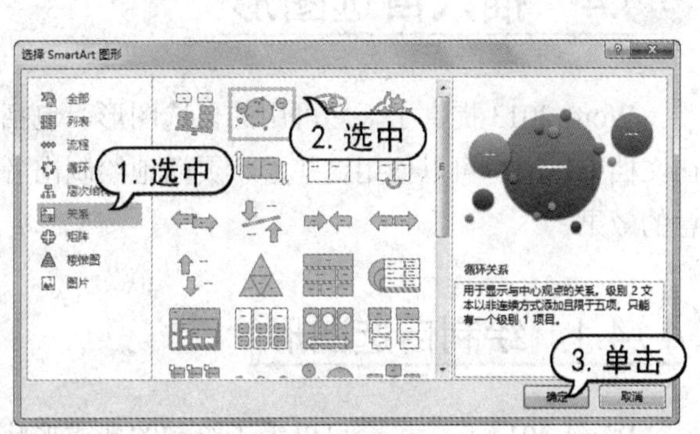

图 4-31 【选择 SmartArt 图形】对话框

(3) 将鼠标指针插入 SmartArt 图形中的文本框，然后在其中输入文本，并设置文本的字号大小，如图 4-32 所示。

(4) 选择【设计】选项卡，然后在【SmartArt 样式】组中单击【更改颜色】下拉列表按钮，在弹出的下拉列表中选中【色彩范围-着色 4 至 5】选项，如图 4-33 所示。

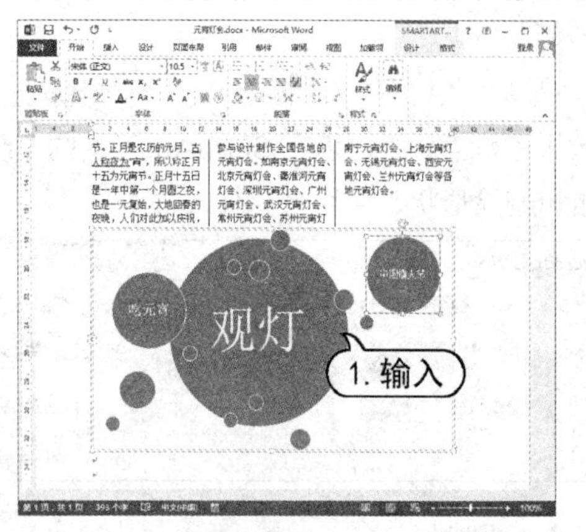

图 4-32　输入文本

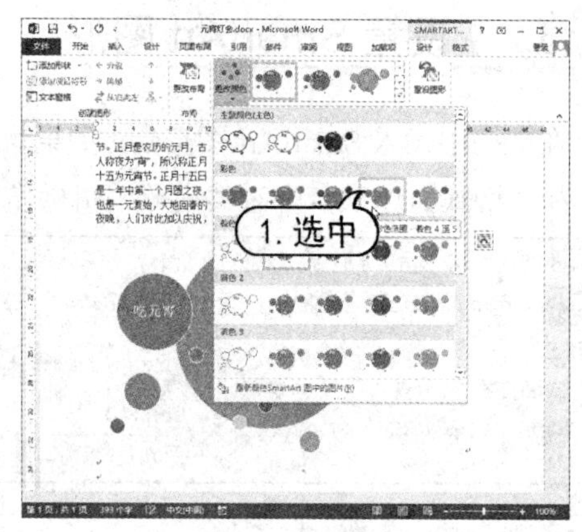

图 4-33　更改颜色

(5) 选择【格式】选项卡，然后在【艺术字样式】组中单击【其他】按钮，在弹出的列表框中选择 SmartArt 图形中的艺术字样式，如图 4-34 所示。

(6) 最后设置完毕的 SmartArt 图形的效果如图 4-35 所示。

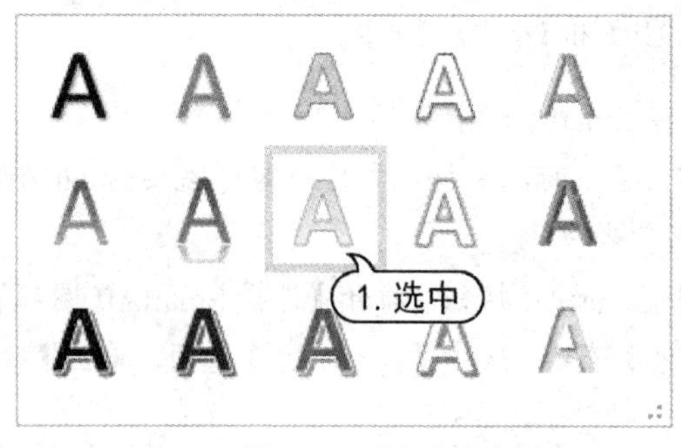

图 4-34　选择艺术字样式

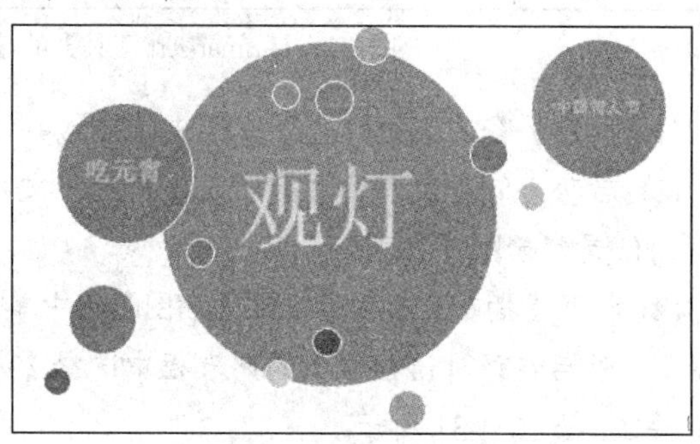

图 4-35　显示效果

4.4　插入自选图形

Word 2013 提供了一套可用的自选图形，包括直线、箭头、流程图、星与旗帜、标注等。在文档中，用户可以使用这些形状灵活地绘制出各种图形，并通过编辑操作，使图形达到更满意的效果。

4.4.1　绘制自选图形

Word 2013 包含一套可以手工绘制的现成形状，如直线、箭头、流程图、星与旗帜、标注

等，这些图形称为自选图形。使用 Word 所提供的功能强大的绘图工具，就可以在文档中绘制这些自选图形。在文档中，用户可以使用这些图形添加一个形状，或合并多个形状可生成一个绘图或一个更为复杂的形状。

打开【插入】选项卡，在【插图】组中单击【形状】按钮，从弹出的菜单中选择图形按钮，如图 4-36 所示，在文档中拖动鼠标绘制对应的图形，如图 4-37 所示。

图 4-36　选择图形按钮

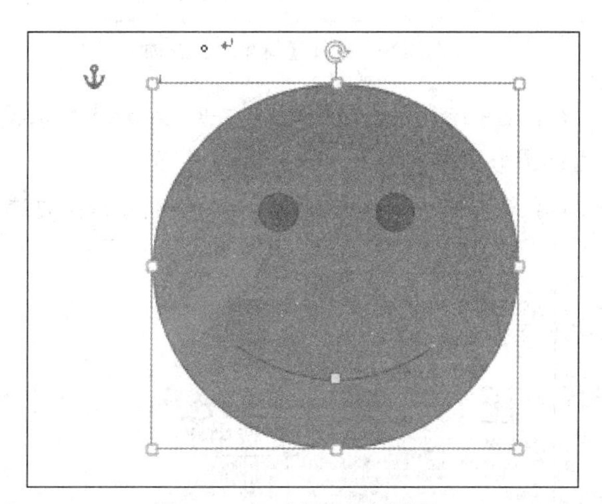

图 4-37　拖动鼠标绘制图形

4.4.2　设置自选图形

绘制完自选图形后，系统自动打开【绘图工具】的【格式】选项卡，使用该功能区中相应的命令按钮可以设置自选图形的格式，如图 4-38 所示。例如，设置自选图形的大小、形状样式和位置等。

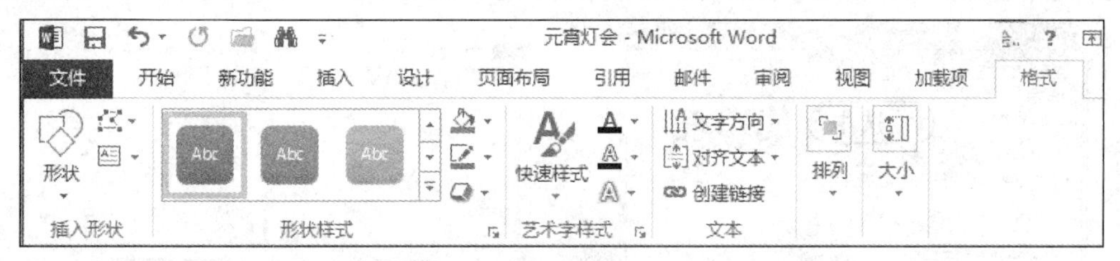

图 4-38　【设置单元格格式】对话框

【例 4-7】在“元宵灯会”文档中，绘制自选图形，并设置其格式。

(1) 启动 Word 2013，打开“元宵灯会”文档，将鼠标指针插入文档中需要绘制自选图形的位置，然后打开【插入】选项卡，在【插图】组中单击【形状】下拉列表按钮，在弹出的列表框中【基本形状】区域中选择【折角形】选项，如图 4-39 所示。

(2) 将鼠标指针移至文档中，按住左键并拖动鼠标绘制自选图形，如图 4-40 所示。

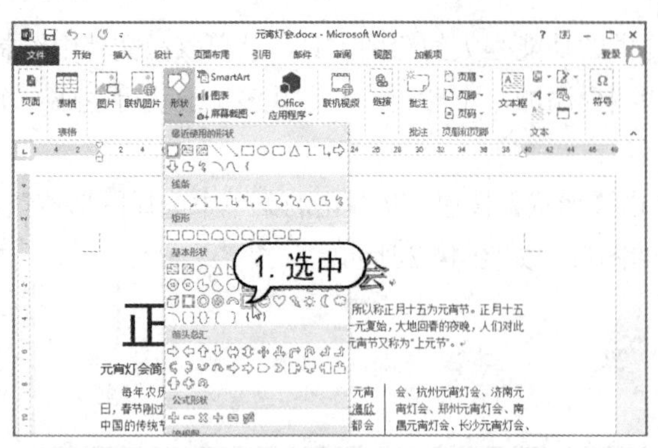

图 4-39　选择【折角形】选项

图 4-40　绘制自选图形

(3) 选中绘制的自选图形，右击，从弹出的快捷菜单中选择【添加文字】命令，此时即可在自选图形中输入文字，如图 4-41 所示。

(4) 单击并按住自选图形边框的控制点调整自选图形的大小，如图 4-42 所示。

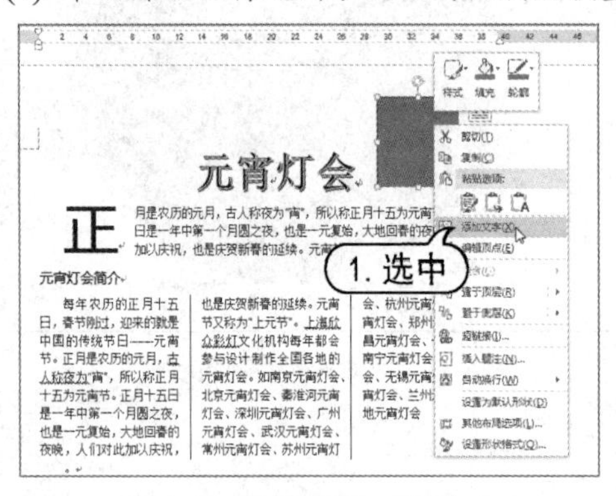

图 4-41　选择【添加文字】命令

图 4-42　调整自选图形的大小

(5) 右击自选图形，在弹出的菜单中选中【其他布局选项】命令，打开【布局】对话框，选中【文字环绕】选项卡，选中【四周型】选项后，单击【确定】按钮，如图 4-43 所示。

(6) 选中自选图形，并按住拖动其在文档中的位置，效果如图 4-44 所示。

图 4-43　选择文字环绕方式

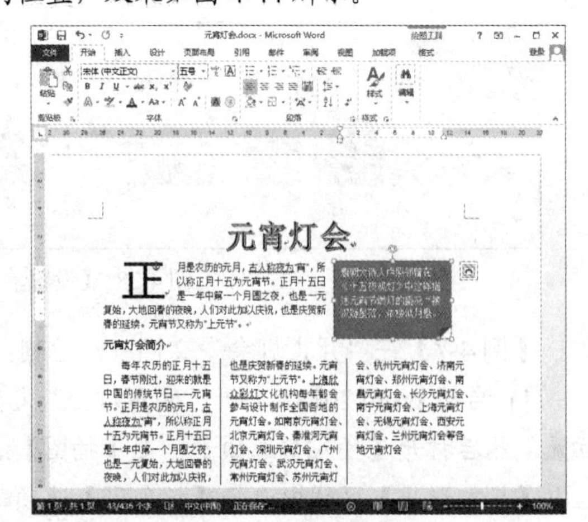

图 4-44　更改位置

(7) 选中【格式】选项卡，然后在【形状样式】组中单击【其他】按钮，如图 4-45 所示。

(8) 在弹出的下拉列表中选择一种样式，修改自选图形的样式，如图 4-46 所示。

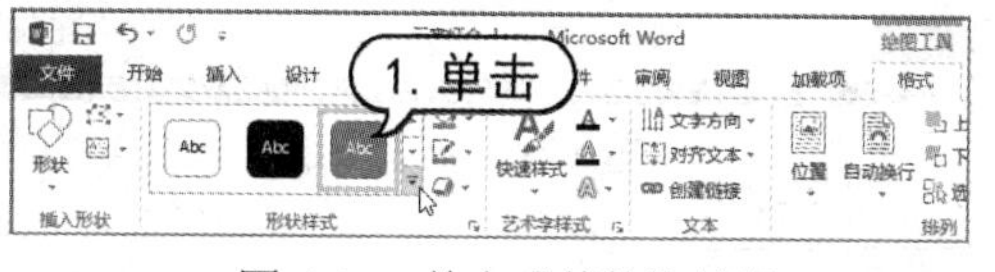

图 4-45　单击【其他】按钮

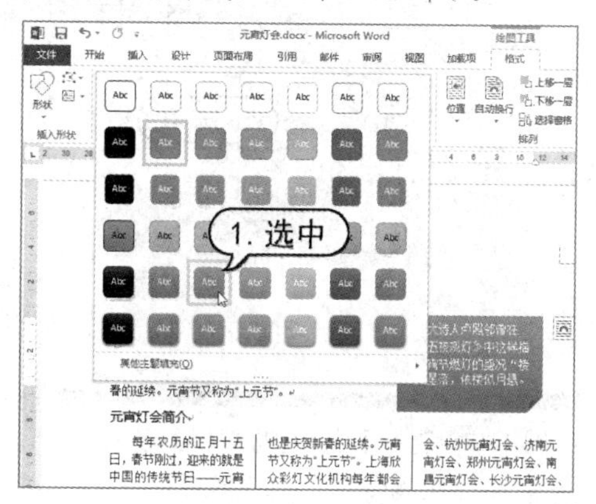

图 4-46　选择样式

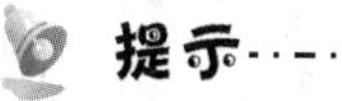

选择要组合的图形对象，在任意对象上右击，从弹出的快捷菜单中选择【组合】|【组合】命令，或者在【绘图工具】的【格式】选项卡的【排列】组中，单击【组合】按钮，从弹出的下拉菜单中选择【组合】命令，即可将选择的多个对象组合为一个对象。

4.5　插入文本框

文本框是一种图形对象，它作为存放文本或图形的容器，可置于页面中的任何位置，并可随意地调整其大小。在 Word 软件中，文本框用来建立特殊的文本，并且可以对其进行一些特殊的处理，如设置边框、颜色、版式格式。

4.5.1　插入内置文本框

Word 2013 提供了 44 种内置文本框，如简单文本框、边线型提要栏和大括号型引述等。通过插入这些内置文本框，可快速制作出优秀的文档。

【例 4-8】在“元宵灯会”文档中，插入文本框。

(1) 启动 Word 2013，打开“元宵灯会”文档，将鼠标指针插入文档中需要的位置，然后打开【插入】选项卡，在【文本】组中单击【文本框】下拉按钮，在弹出的下拉列表里选中【边线型提要栏】选项，如图 4-47 所示。

(2) 此时，将在文档中插入文本框，将鼠标指针插入文本框中，即可在其中输入文本内容，如图 4-48 所示。

图 4-47 选中【边线型提要栏】选项

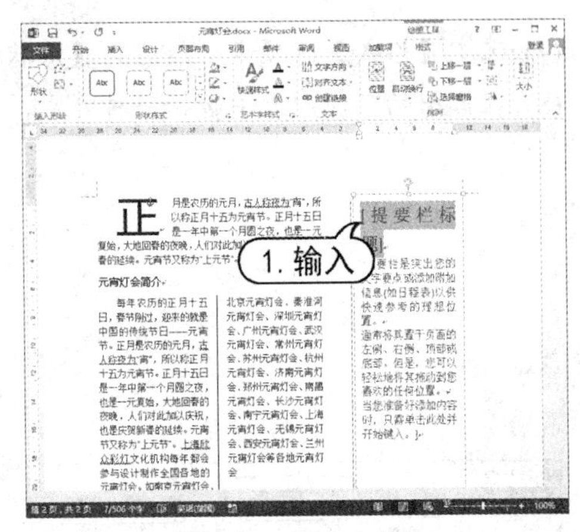

图 4-48 输入文本

提示

插入内置文本框后，程序会自动选中文本框中的文本，此时通过直接输入文本的方法来修改文本框中的内容，无须用户手动去选取文本。

4.5.2 绘制文本框

除插入文本框外，还可以根据需要手动绘制横排或竖排文本框，该文本框主要用于插入图片和文本等。

【例 4-9】在“元宵灯会”文档中，绘制文本框。

(1) 启动 Word 2013，打开“元宵灯会”文档，选择【插入】选项卡，在【文本】组中单击【文本框】按钮，从弹出的下拉菜单中选择【绘制文本框】命令，如图 4-49 所示。

(2) 将鼠标移动到合适的位置，此时鼠标指针变成“十”字形时，拖动鼠标指针绘制横排文本框，如图 4-50 所示。

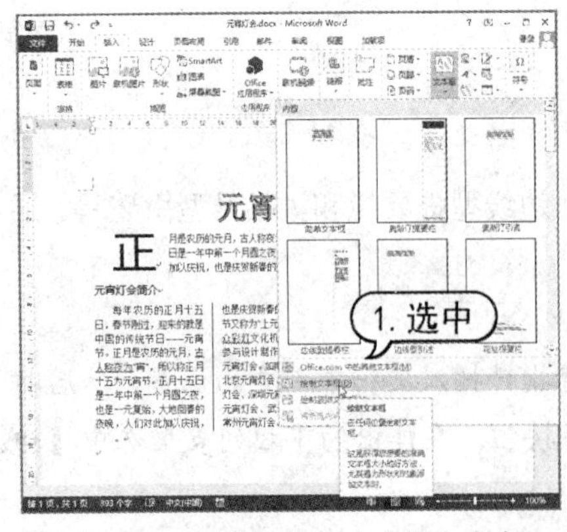

图 4-49 选择【绘制文本框】命令

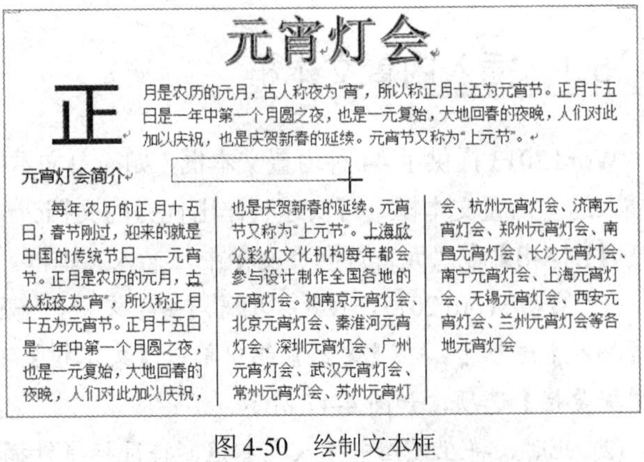

元宵灯会

正月是农历的元月，古人称夜为"宵"，所以称正月十五为元宵节。正月十五日是一年中第一个月圆之夜，也是一元复始，大地回春的夜晚，人们对此加以庆祝，也是庆贺新春的延续。元宵节又称为"上元节"。

元宵灯会简介

每年农历的正月十五日，春节刚过，迎来的就是中国的传统节日——元宵节。正月是农历的元月，古人称夜为"宵"，所以称正月十五为元宵节。正月十五日是一年中第一个月圆之夜，也是一元复始，大地回春的夜晚，人们对此加以庆祝，也是庆贺新春的延续。元宵节又称为"上元节"。上海欣众彩灯文化机构每年都会参与设计制作全国各地的元宵灯会。如南京元宵灯会、北京元宵灯会、秦淮河元宵灯会、深圳元宵灯会、广州元宵灯会、武汉元宵灯会、常州元宵灯会、苏州元宵灯会、杭州元宵灯会、济南元宵灯会、郑州元宵灯会、南昌元宵灯会、长沙元宵灯会、南宁元宵灯会、上海元宵灯会、无锡元宵灯会、西安元宵灯会、兰州元宵灯会等各地元宵灯会

图 4-50 绘制文本框

(3) 释放鼠标指针，完成绘制操作，此时在文本框中将出现闪烁的插入点，如图 4-51 所示。

(4) 切换输入法，在文本框的插入点处输入文本，如图 4-52 所示。

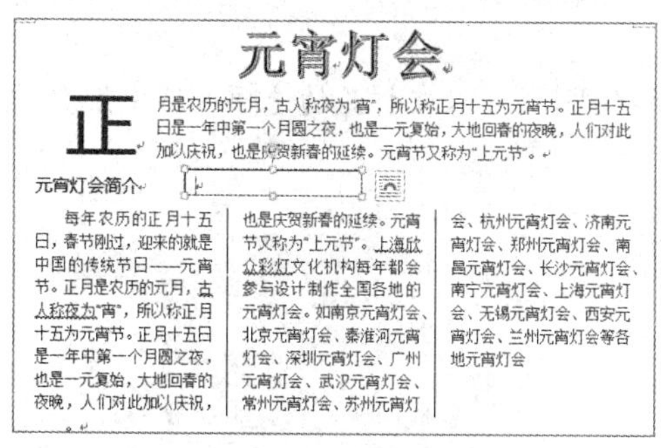

图 4-51　出现插入点

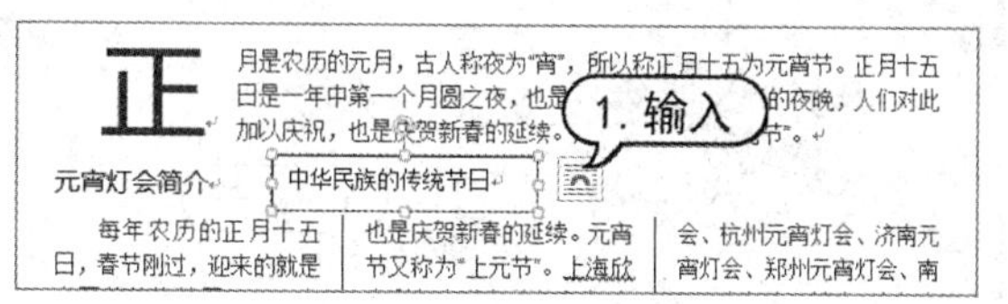

图 4-52　输入文本

4.5.3　设置文本框

绘制文本框后，【绘图工具】的【格式】选项卡自动被激活，在该选项卡中可以设置文本框的各种效果。如图 4-53 所示。

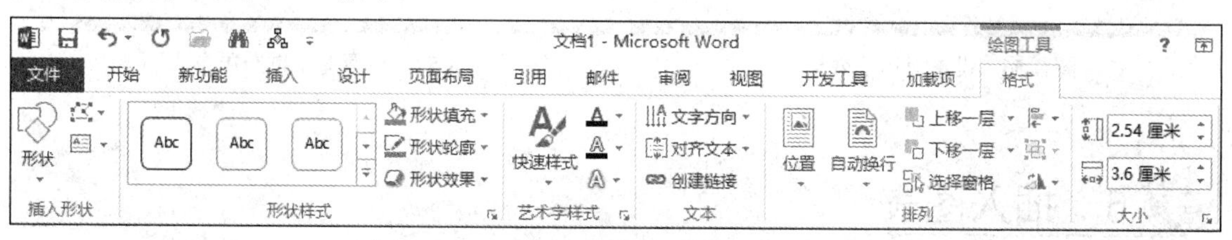

图 4-53　文本框工具中的【格式】选项卡

【例 4-10】在“元宵灯会”文档中设置文本框格式。

(1) 启动 Word 2013，打开“元宵灯会”文档，右击绘制的横排文本框，从弹出的快捷菜单中选择【设置形状格式】命令，如图 4-54 所示。

(2) 在打开的【设置形状格式】窗格中选择【形状选项】选项卡，然后在该选项卡中单击【填充线条】按钮，可以在显示的选项区域中设置文本框的填充效果，如图 4-55 所示。

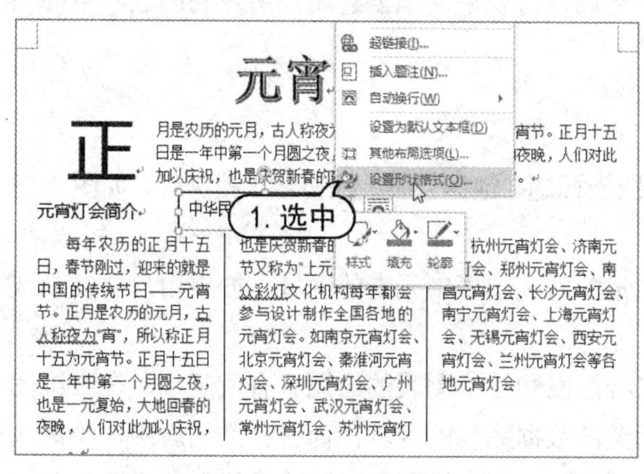

图 4-54　选择【设置形状格式】命令

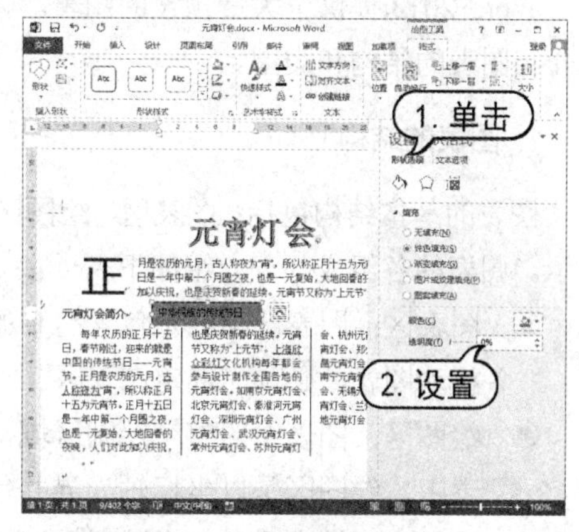

图 4-55　设置填充效果

(3) 在【形状选项】选项卡中单击【效果】按钮，可在打开选项区域中设置对话框的特殊效果，如阴影、发光等，如图 4-56 所示。

(4) 在【形状选项】选项卡中单击【布局属性】按钮，可以在打开的选项区域中设置对话框的布局方式，如图 4-57 所示。

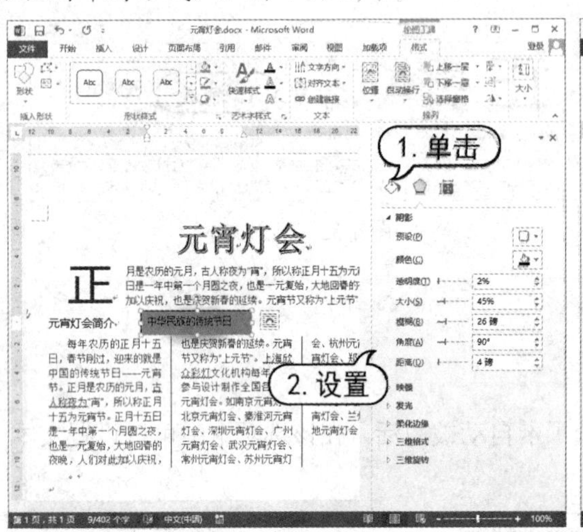

图 4-56　设置对话框效果

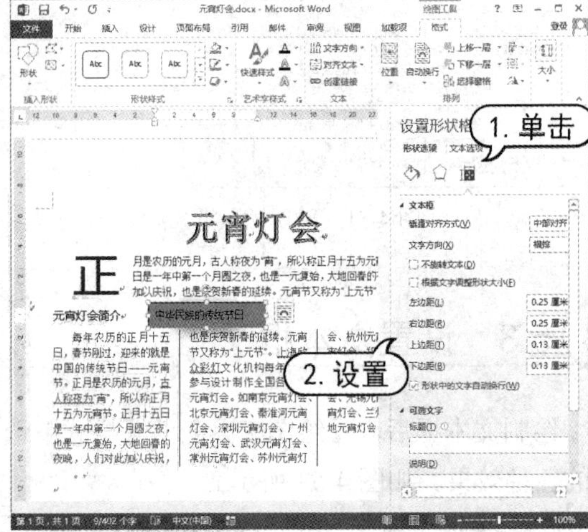

图 4-57　设置对话框布局方式

4.6　插入图表

Word 2013 提供了建立图表的功能，用来组织和显示信息。在文档中适当插入图表可使文本更加直观、生动、形象。

4.6.1　图表的结构和类型

Word 2013 提供了大量预设的图表。使用它们，可以快速地创建用户所需的图表。下面简单介绍图表的结构和类型。

1. 图表的结构

图表的基本结构包括：图表区、绘图区、图表标题、数据系列、网格线、图例等，如图 4-58 所示。图表的各组成部分介绍如下。

- 图表区：图表区指的是包含绘制的整张图表及图表中元素的区域。如果用户要复制或移动图表，必须先选定图表区。
- 绘图区：图表中的整个绘制区域。二维图表和三维图表的绘图区有所区别。在二维图表中，绘图区是以坐标轴为界并包括全部数据系列的区域；而在三维图表中，绘图区是以坐标轴为界并包含数据系列、分类名称、刻度线和坐标轴标题的区域。
- 图表标题：图表标题在图表中起到说明性的作用，是图表性质的大致概括和内容总结，

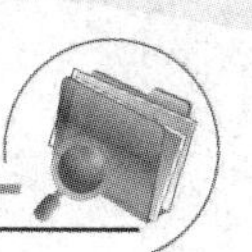

它相当于一篇文章的标题并可用来定义图表的名称。它可以自动地与坐标轴对齐或居中排列于图表坐标轴的外侧。

- 数据系列：数据系列又称为分类，它指的是图表上的一组相关数据点。在图表中，每个数据系列都用不同的颜色和图案加以区别。每一个数据系列分别来自于工作表的某一行或某一列。在同一张图表中(除了饼图外)，用户可以绘制多个数据系列。
- 网格线：和坐标纸类似，网格线是图表中从坐标轴刻度线延伸并贯穿整个绘图区的可选线条系列。网格线的形式有多种(水平的、垂直的、主要的、次要的)，还可以对它们进行组合。网格线使得对图表中的数据进行观察和估计更为准确和方便。
- 图例：在图表中，图例是包围图例项和图例项标示的方框，每个图例项左边的图例项标示和图表中相应数据系列的颜色与图案相一致。
- 数轴标题：用于标记分类轴和数值轴的名称，在默认设置下其位于图表的下面和左面。
- 图表标签：用于在工作簿中切换图表工作表与其他工作表，可以根据需要修改图表标签的名称。

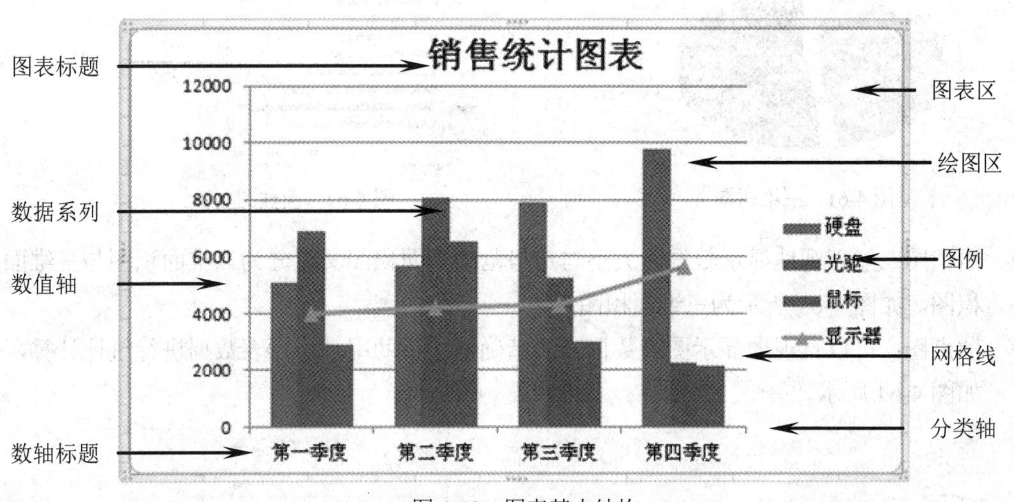

图 4-58　图表基本结构

2. 图表的类型

Word 提供了多种图表，如柱形图、折线图、饼图、条形图、面积图和散点图等。各种图表各有优点，适用于不同的场合。

- 柱形图：可直观地对数据进行对比分析以得出结果，柱形图又可细分为二维柱形图、三维柱形图、圆柱图、圆锥图以及棱锥图。如图 4-59 所示为三维柱形图。
- 折线图：可直观地显示数据的走势情况。折线图又分为二维折线图与三维折线图。如图 4-60 所示为二维折线图。

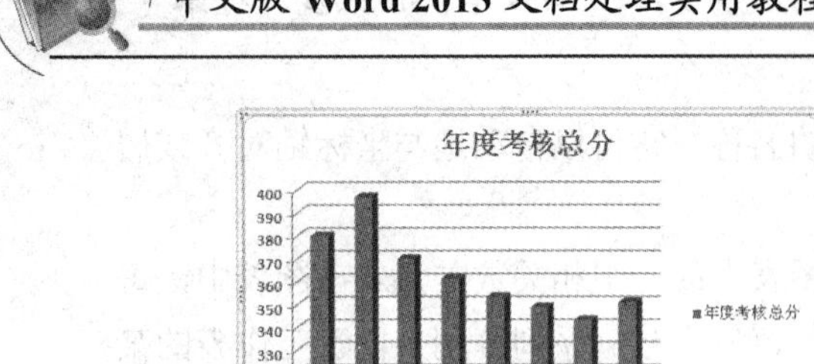

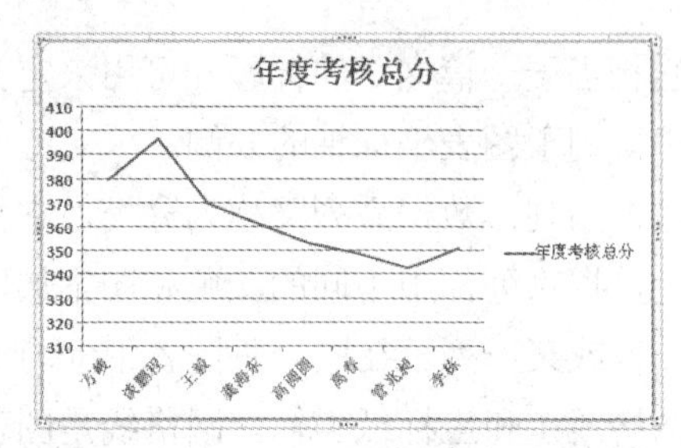

图 4-59　三维柱形图　　　　图 4-60　二维折线图

- 饼图：能直观地显示数据占有比例，而且比较美观。饼图又可细分为二维饼图与三维饼图。如图 4-61 所示为三维饼图。
- 条形图：就是横向的柱形图，其作用也与柱形图相同，可直观地对数据进行对比分析。条形图又可细分为二维条形图、三维条形图、圆柱图、圆锥图以及棱锥图。如图 4-62 所示为圆柱图。

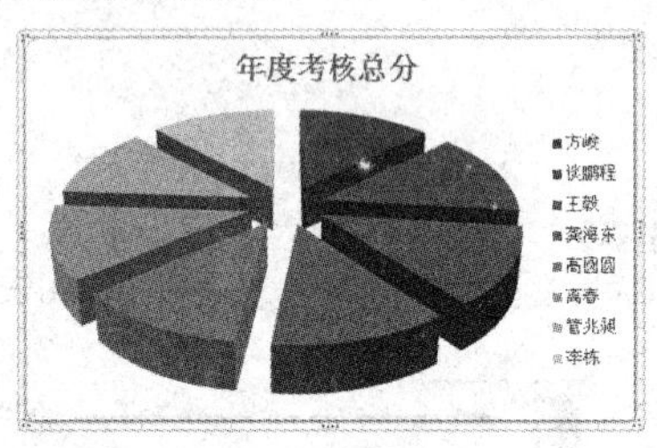

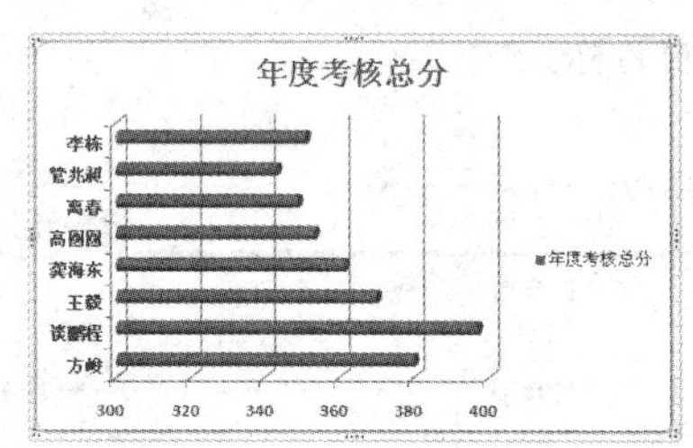

图 4-61　三维饼图　　　　图 4-62　圆柱图

- 面积图：能直观地显示数据的大小与走势范围。面积图又可分为二维面积图与三维面积图。如图 4-63 所示为三维面积图。
- 散点图：可以直观地显示图表数据点的精确值，帮助用户对图表数据进行统计计算，如图 4-64 所示。

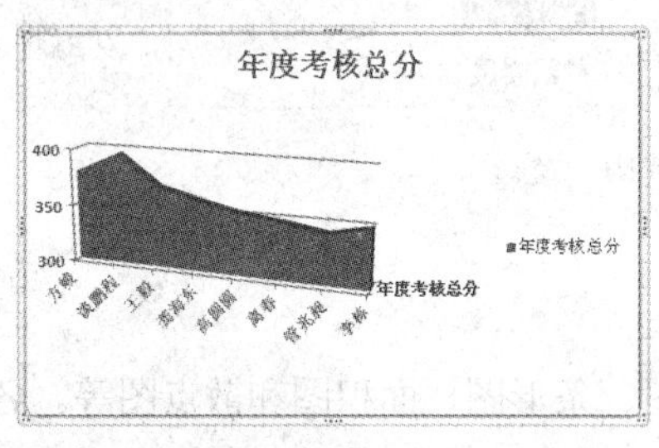

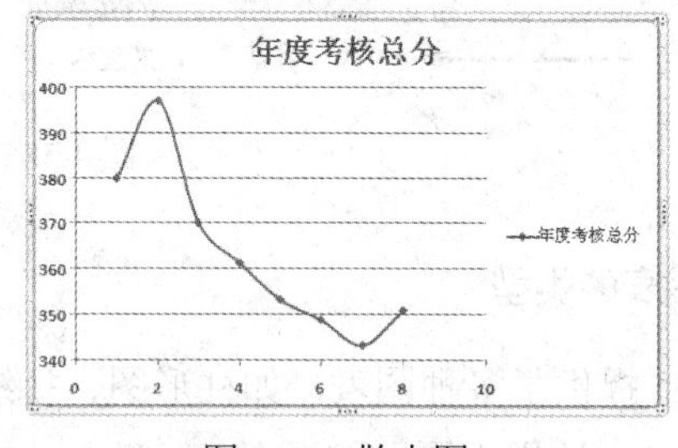

图 4-63　三维面积图　　　　图 4-64　散点图

4.6.2　创建图表

要插入图表，可以打开【插入】选项卡，在【插图】组中单击【图表】按钮，打开【插入图表】对话框。在该对话框中选择一种图表类型后，单击【确定】按钮，如图 4-65 所示，即可在文档中插入图表，同时会启动 Excel 2013 应用程序，用于编辑图表中的数据，该操作和 Excel 类似，如图 4-66 所示。

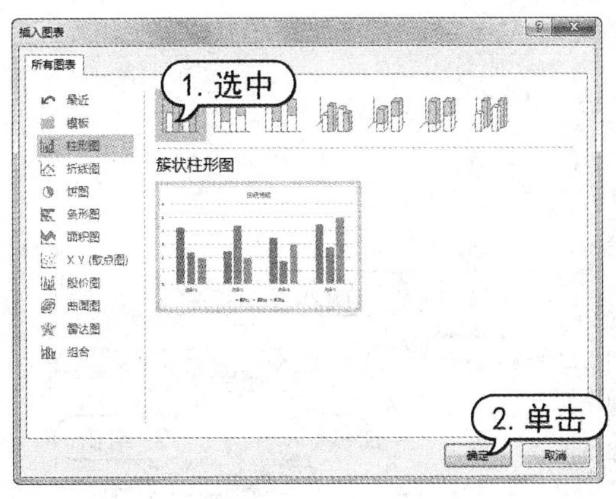

图 4-65　【插入图表】对话框

图 4-66　插入图表

【例 4-11】新建一个名为“文具销售统计”文档，并在其中插入图表。

(1) 启动 Word 2013，新建一个文档，选择【插入】选项卡，在【插图】组中单击【图表】按钮，如图 4-67 所示。

(2) 打开【插入图表】对话框，选择【柱状图】选项卡中的【三维簇状柱形图】选项，然后单击【确定】按钮，如图 4-68 所示。

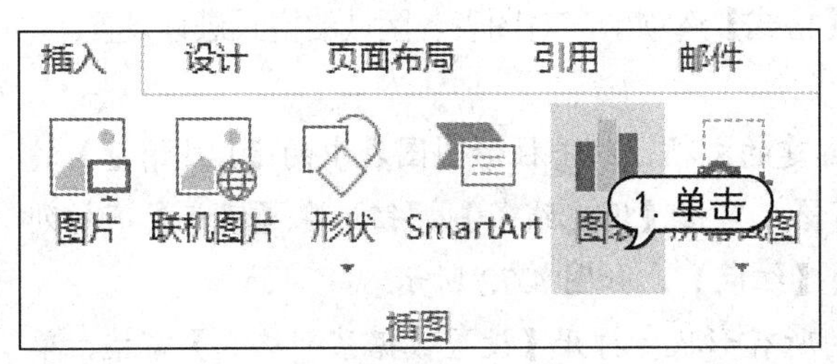

图 4-67　单击【图表】按钮

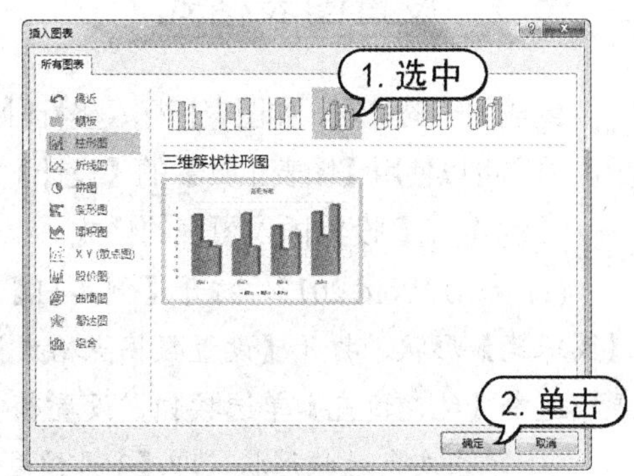

图 4-68　【插入图表】对话框

(3) 弹出【Microsoft Word 中的图表】窗口，此表格是为图表的默认数据显示。这里可以修改表格中的数据，如将“系列 1”改为“1 月销量”，“类别 1”等数据也可以任意更改，如图 4-69 所示。

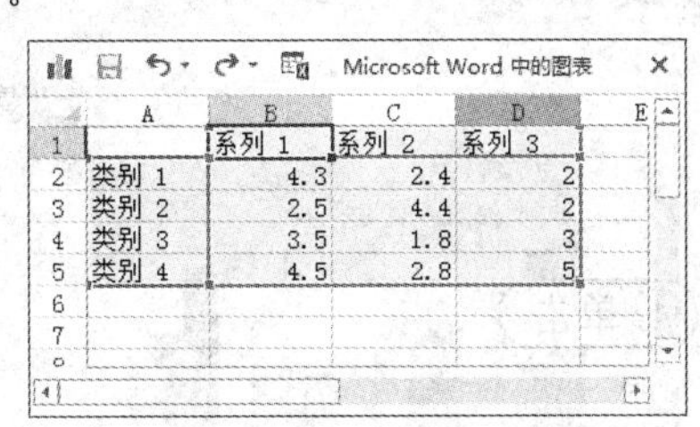

Microsoft Word 中的图表

	A	B	C	D
1		系列 1	系列 2	系列 3
2	类别 1	4.3	2.4	2
3	类别 2	2.5	4.4	2
4	类别 3	3.5	1.8	3
5	类别 4	4.5	2.8	5

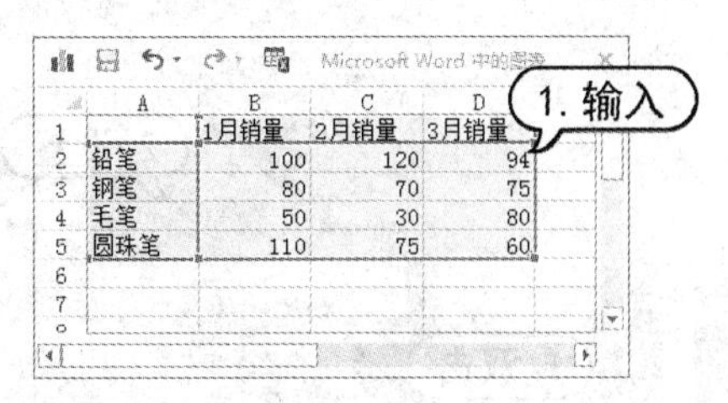

	A	B	C	D
1		1月销量	2月销量	3月销量
2	铅笔	100	120	94
3	钢笔	80	70	75
4	毛笔	50	30	80
5	圆珠笔	110	75	60

图 4-69　修改表格数据

(4) 单击表格窗口的【关闭】按钮，在 Word 中显示更改数据后的图表，如图 4-70 所示。

(5) 选择【文件】|【保存】命令，打开【另存为】对话框，将文档命名为“文具销售统计”加以保存，如图 4-71 所示。

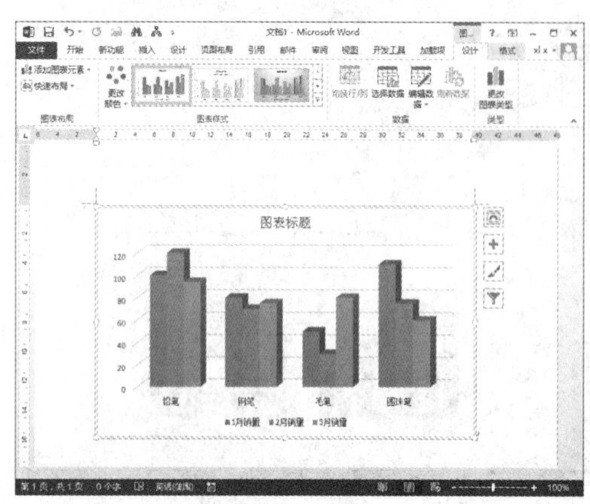

图 4-70　显示图表

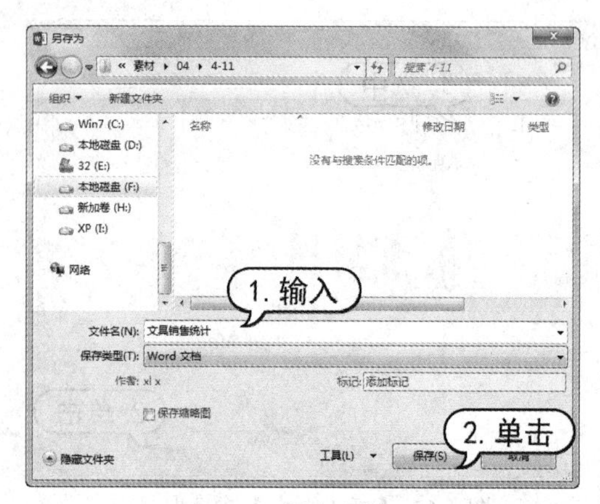

图 4-71　保存文档

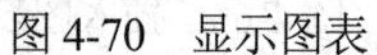

知识点

在图表右边的 4 个按钮分别是【布局选项】按钮、【图表元素】按钮、【图表样式】按钮、【图表筛选器】按钮，分别单击可以弹出菜单对图表进行快捷设置。

4.6.3　设置图表格式

组成图表的选项，如图表标题、坐标轴、网格线、图例、数据标签等，均可重新添加或重新设置。用户可以使用【图表工具】的【设计】和【格式】选项卡，对图表各区域的格式进行设置。

【例 4-12】设置插入图表的格式。

(1) 启动 Word 2013，打开【例 4-11】中创建的文档，双击柱形图图表中的【1 月销量】的【圆珠笔】形状，打开【设置数据点格式】窗格，单击【填充线条】按钮，在【填充】下拉列表中选中【纯色填充】单选按钮，设置颜色为【红色】，如图 4-72 所示。

(2) 单击灰色柱状形状，即【3 月销量】的所有形状，打开【设置数据系列格式】窗格，单击【填充线条】按钮，在【填充】下拉列表中选中【渐变填充】单选按钮，设置渐变颜色，如图 4-73 所示。

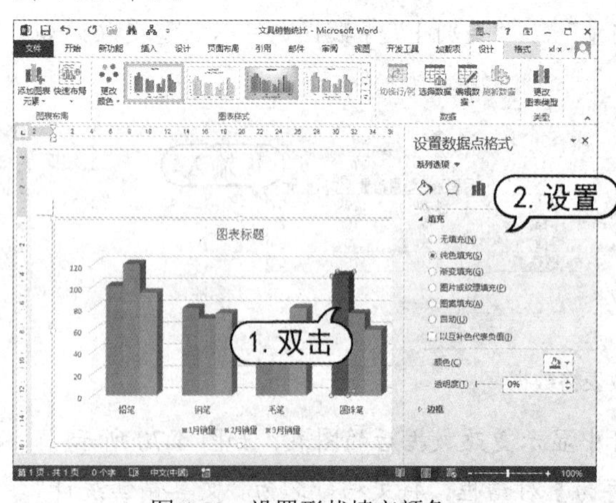

图 4-72　设置形状填充颜色

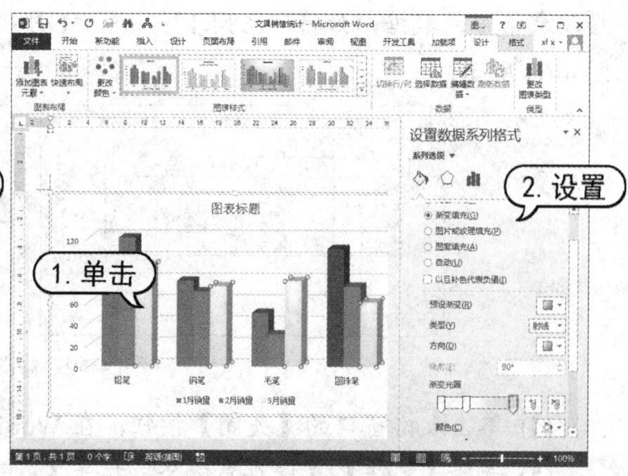

图 4-73　设置形状填充颜色

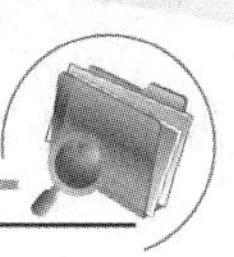

(3) 选择图表，打开【设计】选项卡，单击【添加图表元素】按钮，在弹出下拉菜单中选择【数据标签】|【数据标注】选项，将数据标注添加在图表中，如图 4-74 所示。

(4) 选择图表中的【图表标题】文本框，输入“文具销量”，设置文本为华文琥珀，字体为 16，加粗，字体颜色为蓝色，如图 4-75 所示。

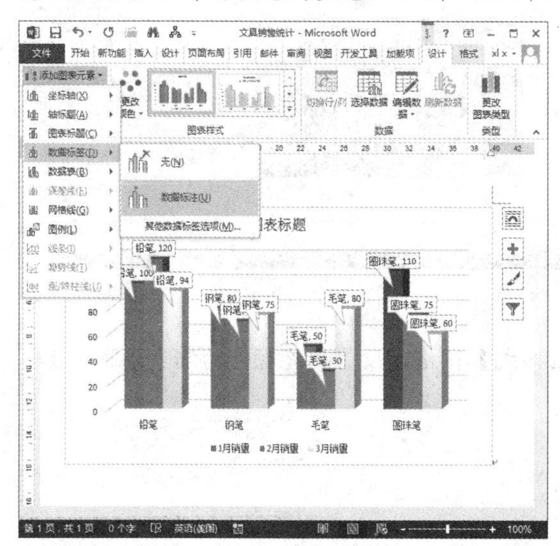

图 4-74 选择【数据标注】选项

图 4-75 输入并设置文本

(5) 选择图表下方的【图例】文本框，打开【格式】选项卡，单击【形状样式】组中的【其他】按钮，选择一种样式，如图 4-76 所示。

(6) 选择图表，打开【设计】选项卡，单击【添加图表元素】按钮，在弹出下拉菜单中选择【图例】|【右侧】选项，此时图例文本框将显示在图表右侧，如图 4-77 所示。

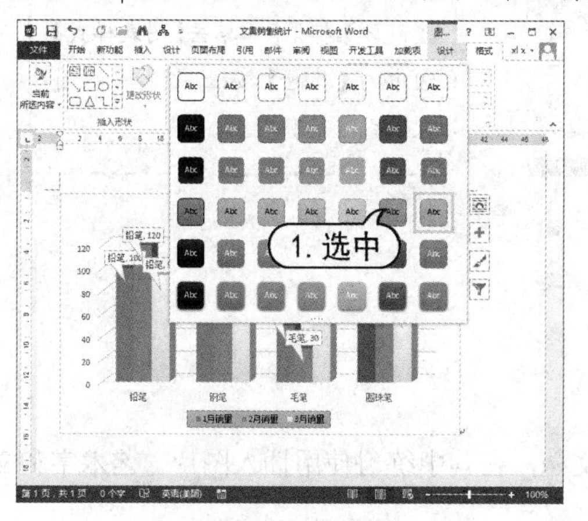

图 4-76 选择样式

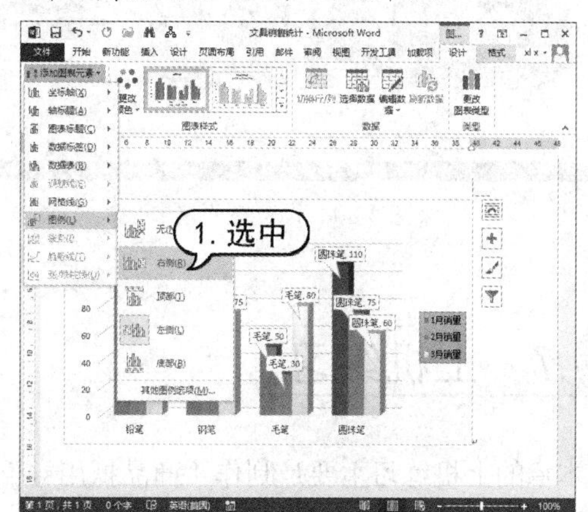

图 4-77 设置图例

(7) 单击图表中的背景墙，打开【设置背景墙格式】窗格，设置填充颜色为橘色，如图 4-78 所示。

(8) 单击图表中的基底，打开【设置基底格式】窗格，同样设置填充颜色为橘色，如图 4-79 所示。

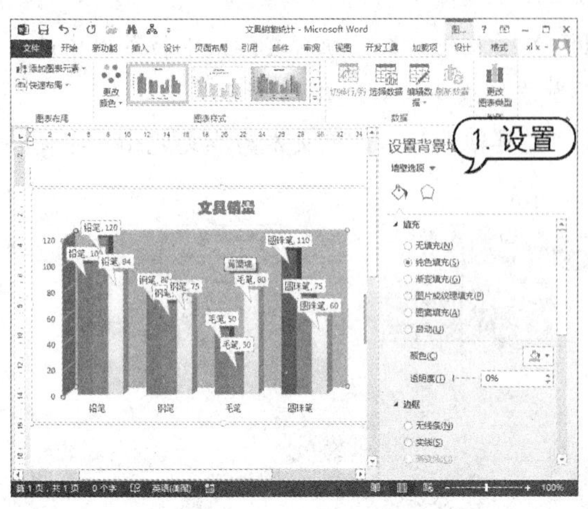

图 4-78　设置背景墙

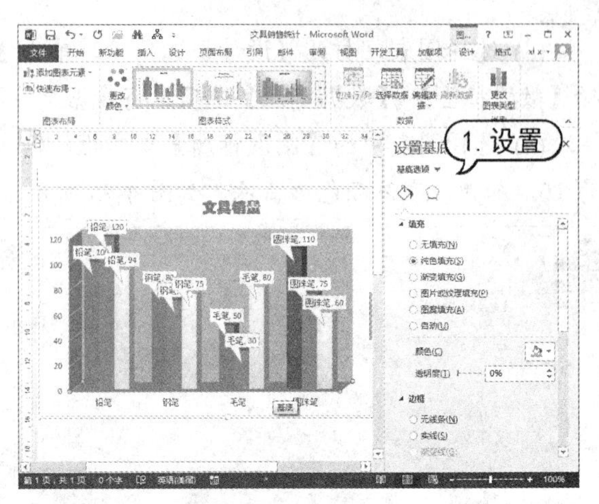

图 4-79　设置基底

(9) 单击图表中的图表区，打开【设置图表区格式】窗格，设置填充颜色为渐变颜色，如图 4-80 所示。

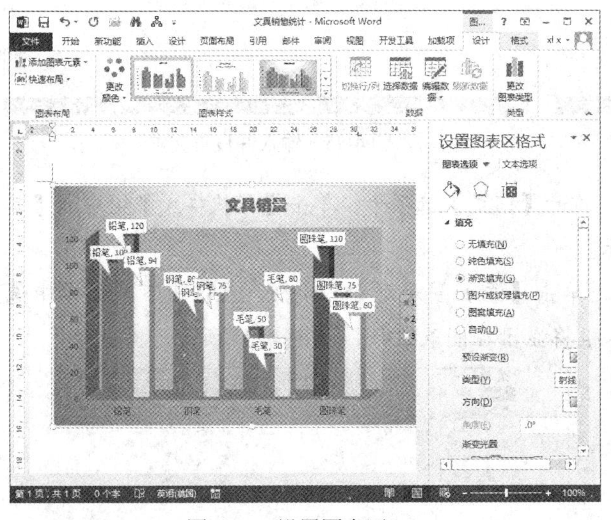

图 4-80　设置图表区

提示

选中图表后，用户还可以在【设计】选项卡中单击【图表样式】组中的【其他】按钮，选择一种图表样式进行套用。

4.7　上机练习

本章的上机练习主要是制作“商品抵用券”文档，在其中练习使用插入图片、艺术字和文本框的操作。

(1) 启动 Word 2013 应用程序，新建一个空白文档，并将其以“商品抵用券”为名保存，如图 4-81 所示。

(2) 打开【插入】选项卡，在【插图】组中单击【形状】按钮，从弹出的菜单的【矩形】选项区域中单击【矩形】按钮，如图 4-82 所示。

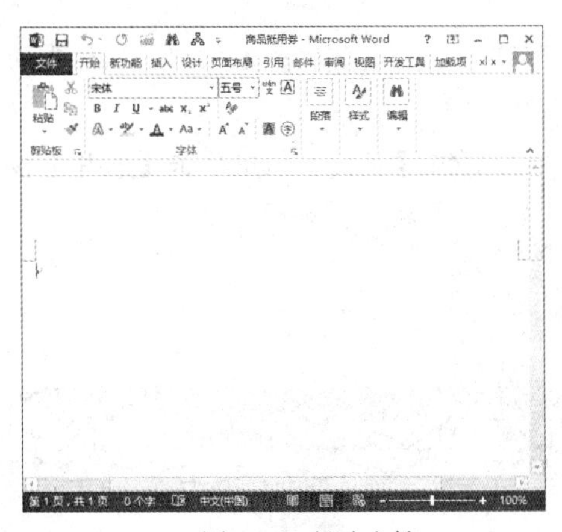
图 4-81　新建文档

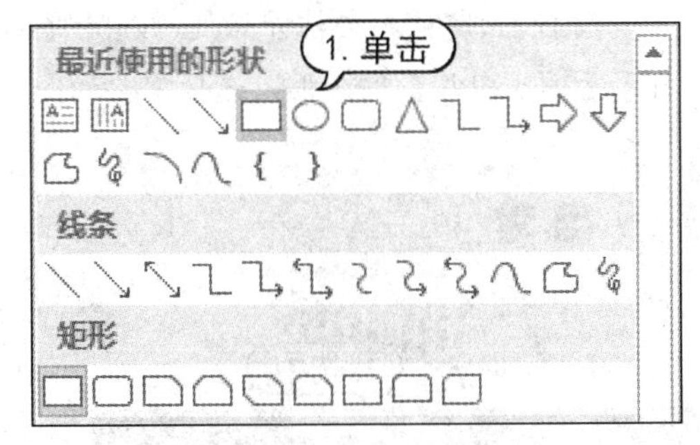

图 4-82　单击【矩形】按钮

(3) 将鼠标指针移至文档中，待鼠标指针变为【十】字形，开始绘制矩形，如图 4-83 所示。

(4) 打开【绘图工具】的【格式】选项卡，在【大小】组中设置形状的【高度】为“7 厘米”，【宽度】为“16 厘米”，如图 4-84 所示。

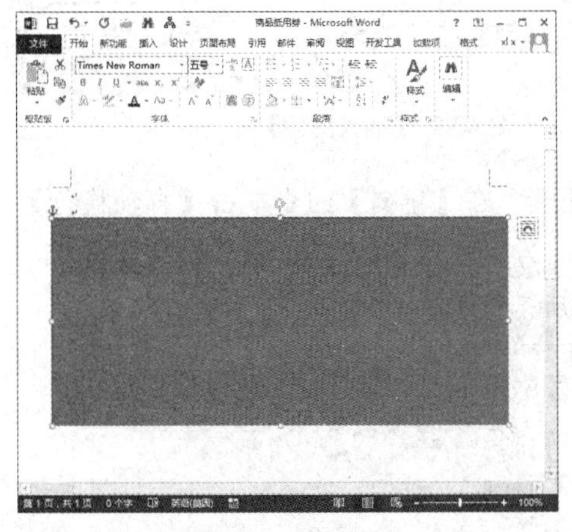
图 4-83　绘制矩形

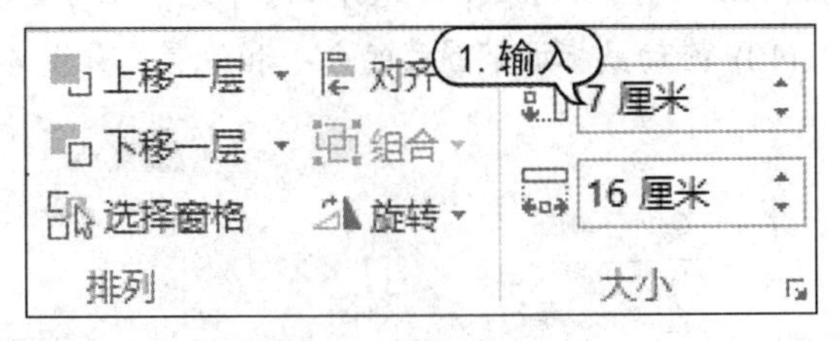

图 4-84　输入大小

(5) 在【形状样式】组中单击【形状填充】按钮，从弹出的菜单中选择【图片】命令，打开【插入图片】窗格，在【来自文件】栏中单击【浏览】按钮，如图 4-85 所示。

(6) 打开【插入图片】对话框，选择需要的图片，单击【插入】按钮，如图 4-86 所示。

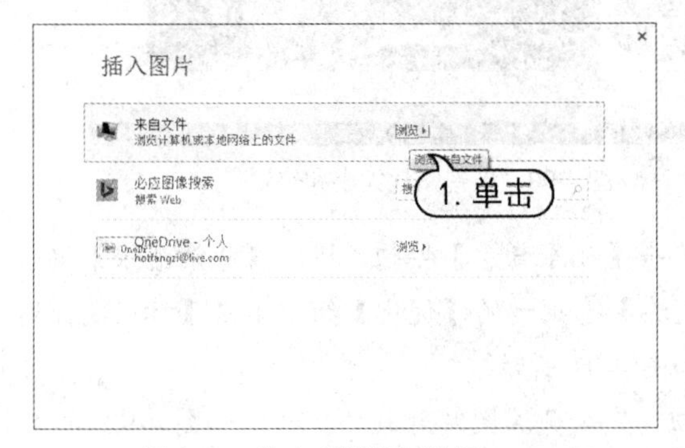

图 4-85　单击【浏览】按钮

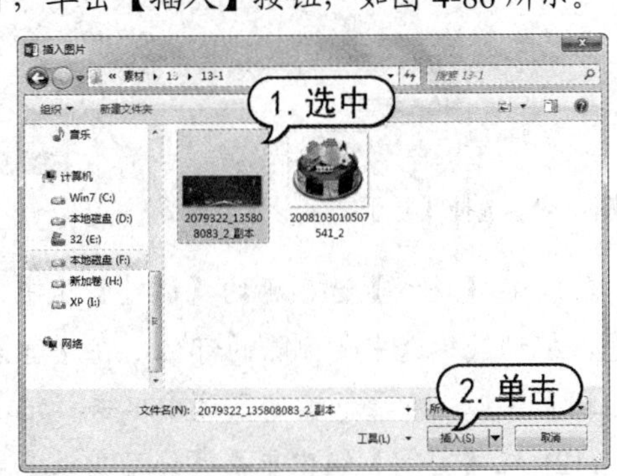

图 4-86　【插入图片】对话框

(7) 将选中的图片填充到矩形中，在【形状样式】组中单击【形状轮廓】按钮，从弹出的菜单中选择【无轮廓】命令，如图 4-87 所示。

(8) 将插入点定位在文档开始处，打开【插入】选项卡，在【插图】组中单击【图片】按钮，打开【插入图片】对话框，选择需要的图片，单击【插入】按钮，如图 4-88 所示。

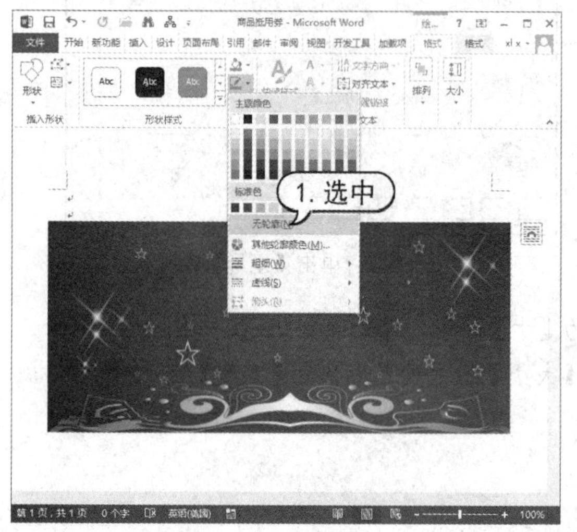

图 4-87　选择【无轮廓】命令

图 4-88　【插入图片】对话框

(9) 选中图片，打开【图片工具】的【格式】选项卡，在【排列】组中单击【自动换行】下拉按钮，从弹出的菜单中选择【浮于文字上方】命令，为图片设置环绕方式，如图 4-89 所示。

(10) 拖动鼠标调节图片的大小和位置，如图 4-90 所示。

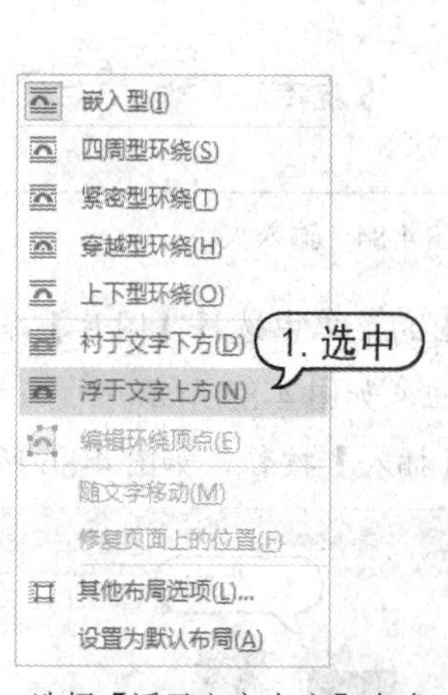

图 4-89　选择【浮于文字上方】命令

图 4-90　设置图片大小和位置

(11) 在【格式】选项卡的【调整】组中，单击【删除背景】按钮，进入【背景消除】编辑状态，拖动鼠标选中要删除的部位，在【背景消除】选项卡的【优化】组中单击【标记要保留的区域】按钮，在要保留的区域中单击标记，如图 4-91 所示。

(12) 在【关闭】组中单击【保留更改】按钮，完成删除图片背景的操作，如图 4-92 所示。

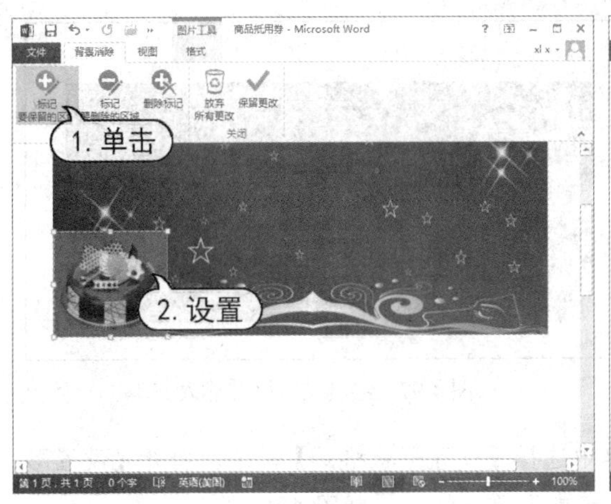

图 4-91　删除背景

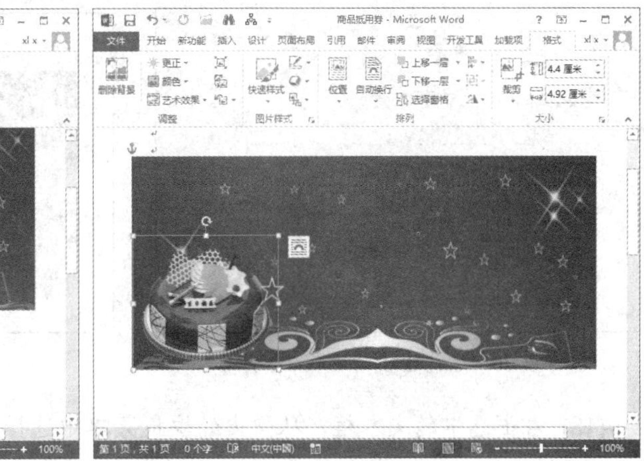

图 4-92　显示效果

(13) 打开【插入】选项卡，在【文本】组中单击【艺术字】按钮，从弹出的列表框中选择第 3 行第 3 列的艺术字样式，即可在文档中插入艺术字，如图 4-93 所示。

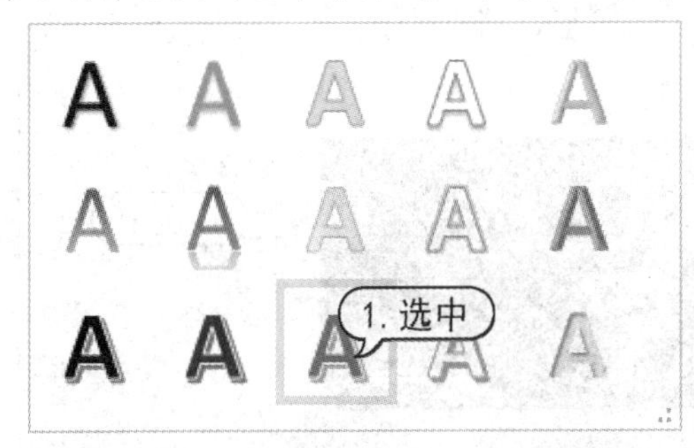

图 4-93　选择艺术字样式

(14) 在艺术字文本框中输入文本，设置字体为【华文琥珀】，字号为【小初】，字形为【加粗】，然后拖动鼠标调节其位置，如图 4-94 所示。

(15) 使用同样的方法，插入另一个艺术字，设置字体为【华文楷体】，设置字号为 80，文本字号为【小初】，并将其移动到合适的位置，如图 4-95 所示。

图 4-94　输入文本

图 4-95　输入艺术字

(16) 打开【插入】选项卡，在【文本】组中单击【文本框】按钮，从弹出的快捷菜单中选择【绘制文本框】命令，如图 4-96 所示。

(17) 拖动鼠标在矩形中绘制横排文本框，并输入文本内容，如图 4-97 所示。

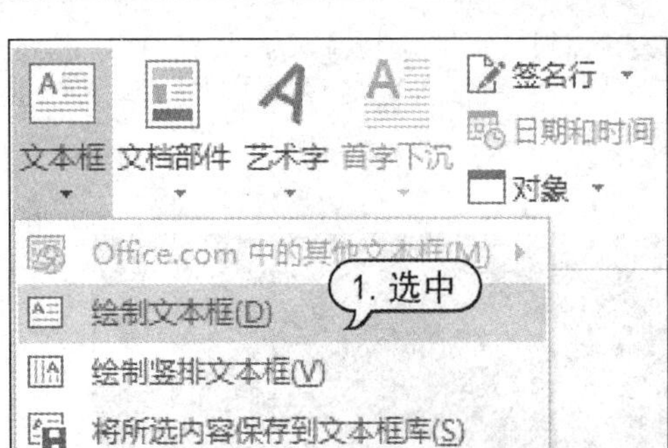

图 4-96　选择【绘制文本框】命令

图 4-97　绘制文本框并输入文本

(18) 右击选中的文本框，从弹出的快捷菜单中选择【设置形状格式】命令，打开【设置形状格式】窗格，打开【填充】选项卡，选中【无填充】单选按钮，如图 4-98 所示。

(19) 打开【线条】选项卡，选中【无线条】单选按钮，如图 4-99 所示。

图 4-98　选中【无填充】单选按钮

图 4-99　选中【无线条】单选按钮

(20) 选中文本框中的文本，设置其字体为【华文楷体】，字号为【五号】，字体颜色为【白色，背景 1】，如图 4-100 所示。

(21) 在【开始】选项卡的【段落】组中单击【项目符号】下拉按钮，从弹出的列表框中选择一种星形，为文本框中的文本添加项目符号，如图 4-101 所示。

图 4-100　设置文本

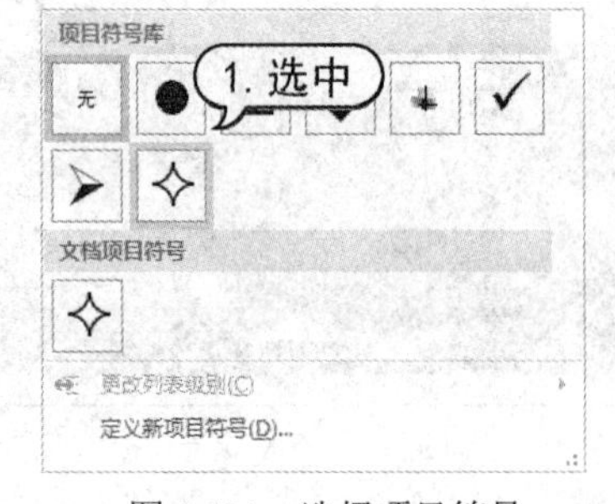

图 4-101　选择项目符号

(22) 此时该文本框内中的文本添加项目符号，如图 4-102 所示。

(23) 打开【插入】选项卡，在【文本】组中单击【文本框】按钮，从弹出的快捷菜单中选择【绘制竖排文本框】命令，如图 4-103 所示。

图 4-102　添加项目符号

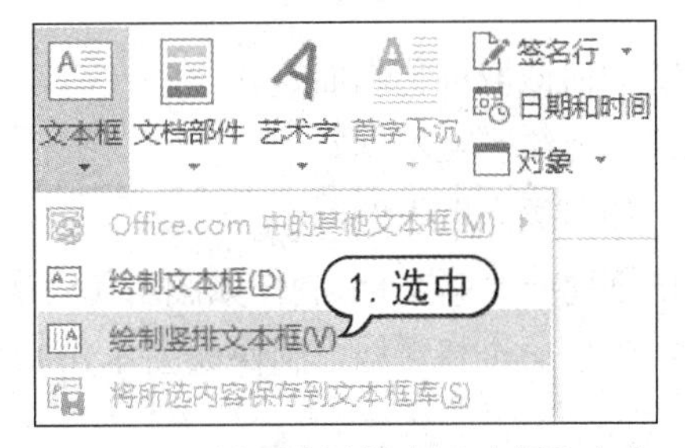

图 4-103　选择【绘制竖排文本框】命令

(24) 拖动鼠标在矩形中绘制竖排文本框，在文本框中输入文本内容，并设置文本字体为 Times New Roman，字号为【小三】，如图 4-104 所示。

(25) 选中竖排文本框，打开【绘图工具】的【格式】选项卡，在【形状样式】组中单击【形状填充】按钮，从弹出的菜单中选择【无填充颜色】命令，如图 4-105 所示。

图 4-104　输入文本

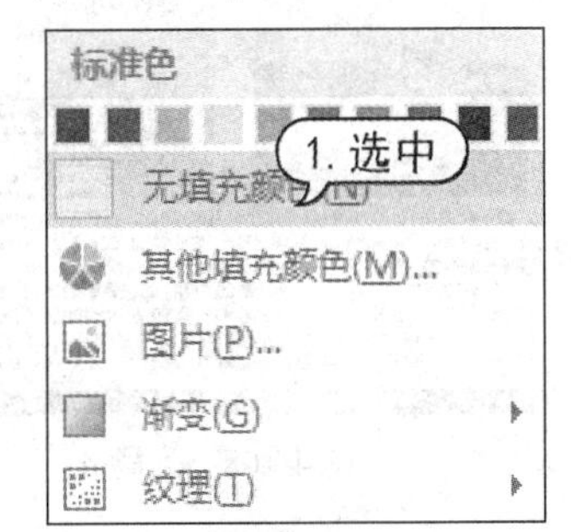

图 4-105　选择【无填充颜色】命令

(26) 在【形状样式】组中单击【形状轮廓】按钮，从弹出的菜单中选择【无轮廓】命令，为其应用无填充色和无轮廓效果，如图 4-106 所示。

(27) 使用同样的方法，在文档中插入另一个横排文本框，如图 4-107 所示。

图 4-106　设置文本框效果

图 4-107　插入文本框

(28) 单击快速访问工具栏中的【保存】按钮，保存“商品抵用券”文档。

4.8 习题

1. 如何截取屏幕画面？
2. 如何绘制文本框？
3. 如何插入图表？
4. 创建一个新文档，制作如图 4-108 所示的插入 SmartArt 图形和普通图片的图文混排文档。
5. 创建一个新文档，制作如图 4-109 所示的图表文档。

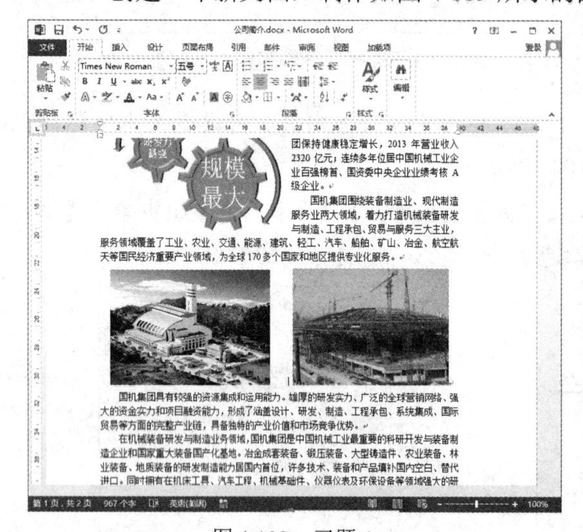

图 4-108　习题 4

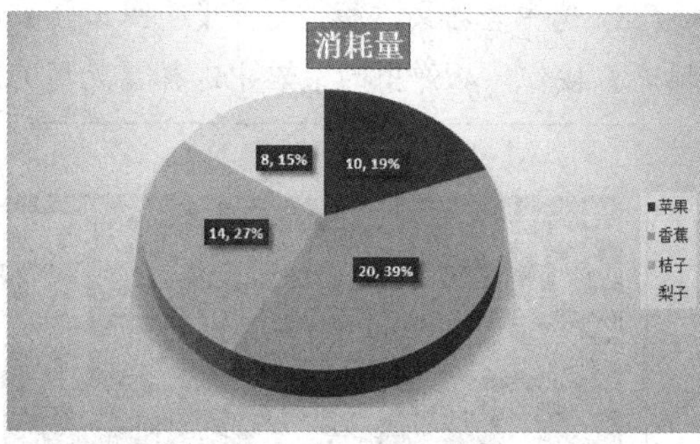

图 4-109　习题 5

第5章 制作和编辑表格

学习目标

在编辑文档时，为了更形象地说明问题，常常需要在文档中制作各种各样的表格，如课程表、学生成绩表、个人简历表、商品数据表和财务报表等。Word 2013 提供了强大的表格功能，可以快速创建与编辑表格。本章将主要介绍 Word 2013 的表格制作、编辑等功能。

本章重点

- 插入表格
- 编辑表格
- 表格中输入文本
- 设置表格格式
- 使用表格其他功能

5.1 创建表格

Word 2013 中提供了多种创建表格的方法，不仅可以通过按钮或对话框完成对表格的创建，还可以根据内置样式快速插入表格。如果表格比较简单，还可以直接拖动鼠标来绘制表格。

5.1.1 插入表格

表格的基本单元称为单元格，它由许多行和列的单元格组成一个综合体。在 Word 中可以使用多种方法来创建表格。比如使用按钮或对话框完成对表格的创建，还可以根据内置样式快速插入表格。

1. 使用功能区的命令按钮创建表格

使用【插入】选项卡的【表格】组，可以直接在文档中插入表格，这也是最快捷的方法。

首先将光标定位在需要插入表格的位置，然后打开【插入】选项卡，在【表格】组中单击【表格】按钮，将弹出如图 5-1 所示的网格框。

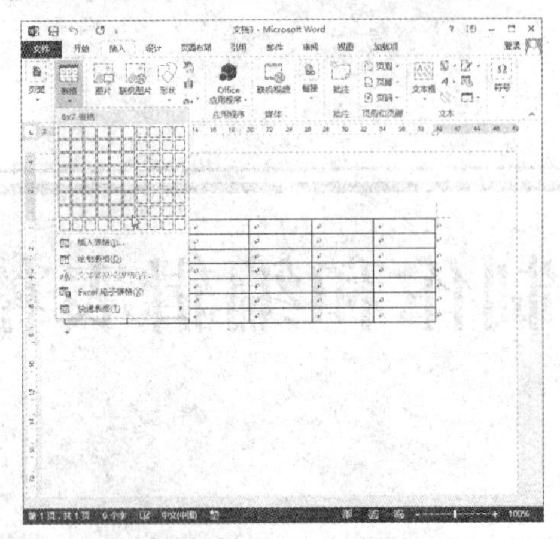

图 5-1　插入表格网格框

提示

网格框出现的【m×n 表格】表示要创建的表格是 m 行 n 列。使用该方法创建的表格最多是 8 行 10 列，并且不套用任何样式，列宽是按窗口调整的。

2. 使用对话框创建表格

首先选择【插入】选项卡，在【表格】组中单击【表格】按钮，在弹出的菜单中选择【插入表格】命令，打开【插入表格】对话框。在【列数】和【行数】微调框中可以指定表格的列数和行数，单击【确定】按钮即可，如图 5-2 所示。

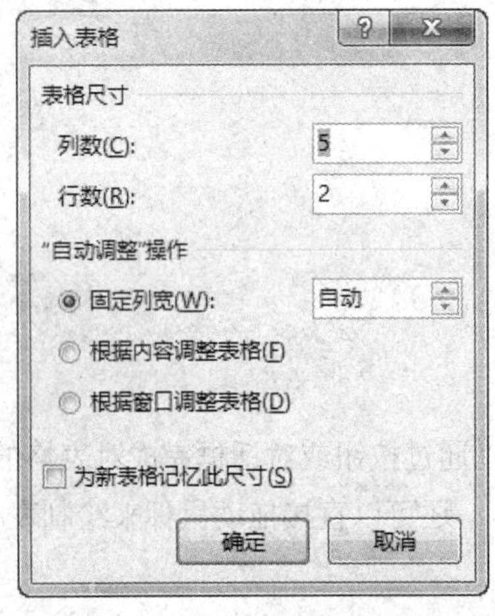

图 5-2　【插入表格】对话框

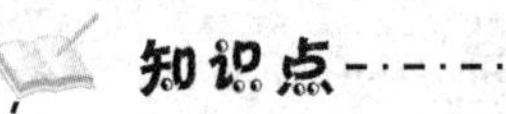

知识点

如果需要将某表格尺寸设置为默认的表格大小，则在【插入表格】对话框中选中【为新表格记忆此尺寸】复选框即可。

【例 5-1】创建“课程表”文档，插入一个 11 行 7 列的表格。

(1) 启动 Word 2013 程序，新建一个名为“课程表”的文档，在插入点处输入表格标题“课程表”，并设置字体为【隶书】，字号为【小一】，字体颜色为【红色】，文本居中对齐，如图 5-3 所示。

(2) 将插入点定位到表格标题下一行，打开【插入】选项卡，在【表格】组中单击【表格】按钮，从弹出的菜单中选择【插入表格】命令，如图 5-4 所示。

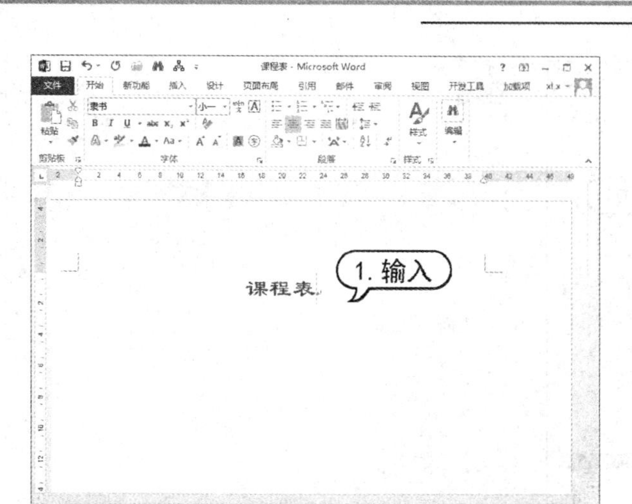

图 5-3　输入文本

图 5-4　选择【插入表格】命令

(3) 打开【插入表格】对话框，在【列数】和【行数】文本框中分别输入 7 和 11，单击【确定】按钮，如图 5-5 所示。

(4) 此时即可在文档中插入一个 11×7 的规则表格，如图 5-6 所示。

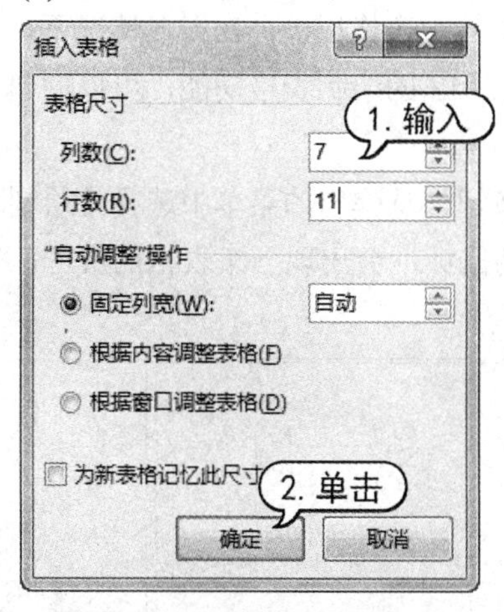

图 5-5 【插入表格】对话框

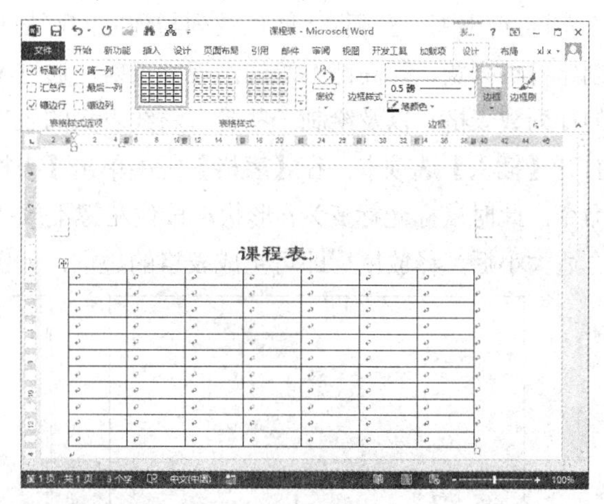

图 5-6　显示表格

提示

表格中的每一格称为单元格。单元格是用来描述信息的，每个单元格中的信息称为一个项目。项目可以是正文、数据甚至可以是图形。

3. 快速套用表格

用户还可以自动套用 Word 2013 提供的表格样式，打开【插入】选项卡，在【表格】组中单击【表格】按钮，从弹出的菜单中选择【快速表格】命令，将弹出的子菜单列表框，在其中选择表格样式，即可快速创建具有特定样式的表格，如图 5-7 所示。

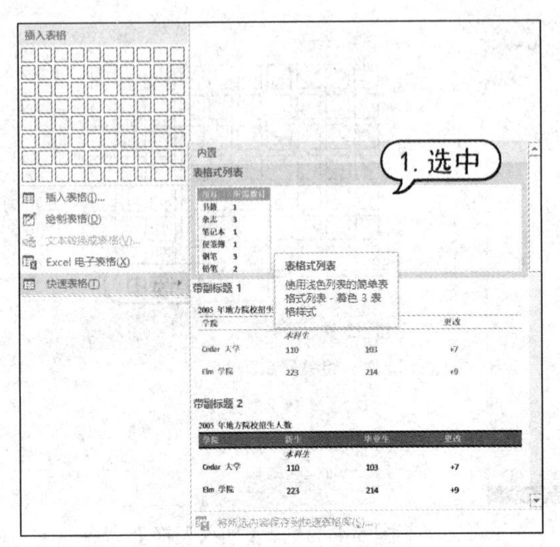

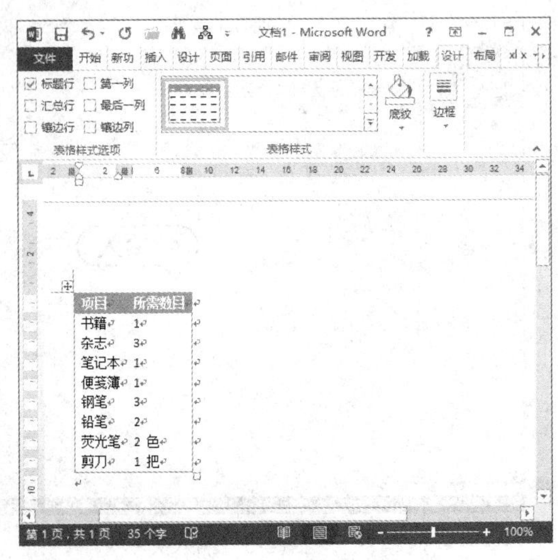

图 5-7　套用表格

5.1.2　绘制表格

在实际应用中，行与行之间以及列与列之间都是等距的规则表格很少，在很多情况下，还需要创建各种列宽、行高都不等的不规则表格。通过 Word 2013 的绘制表格功能，可以创建不规则的行列数表格，以及绘制一些带有斜线表头的表格。

打开【插入】选项卡，在【表格】组中单击【表格】按钮，从弹出的菜单中选择【绘制表格】命令，此时鼠标光标变为✎形状，按住左键不放并拖动鼠标，会出现一个表格的虚框，待达到合适大小后，释放鼠标即可生成表格的边框，如图 5-8 所示。

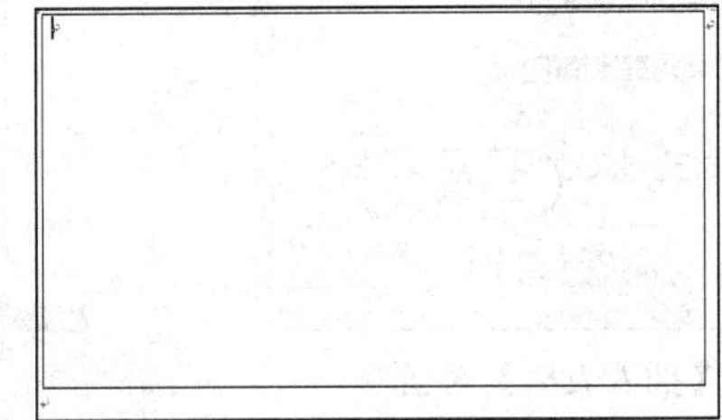

图 5-8　绘制表格边框

在表格边框的任意位置，单击选择一个起点，按住左键不放并向右(或向下)拖动绘制出表格中的横线(或竖线)，如图 5-9 所示。

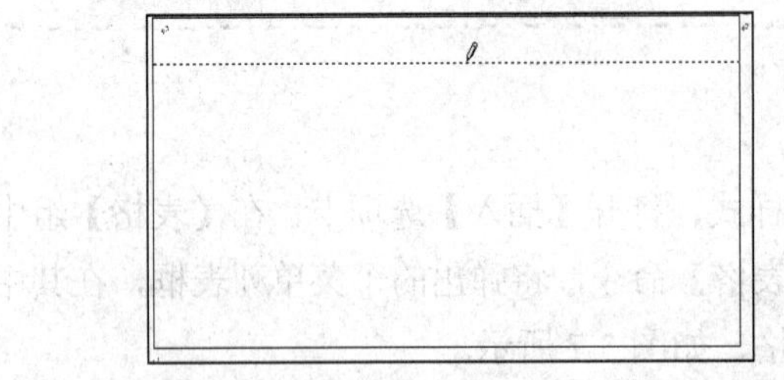

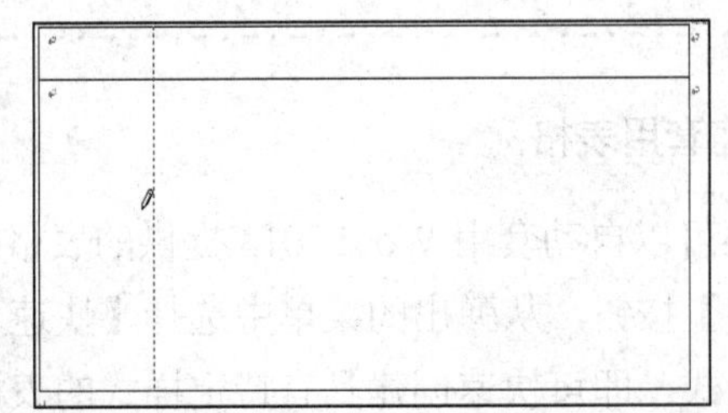

图 5-9　绘制横线和竖线

知识点

如果在绘制过程中出现错误，打开【表格工具】的【设计】选项卡，在【绘图边框】组中单击【擦除】按钮，待鼠标指针变成橡皮形状时，单击要删除的表格线段，按照线段的方向拖动鼠标，该线段呈高亮显示，松开鼠标，该线段将被删除。

在表格的第1个单元格中，单击选择一个起点，按住左键向右下方拖动即可绘制一个斜线表格，如图5-10所示。

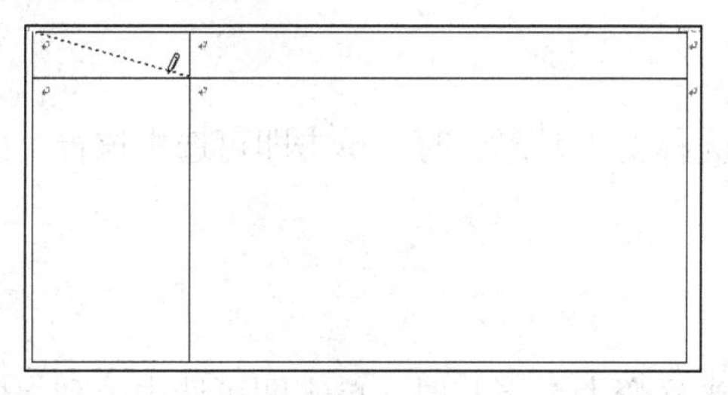
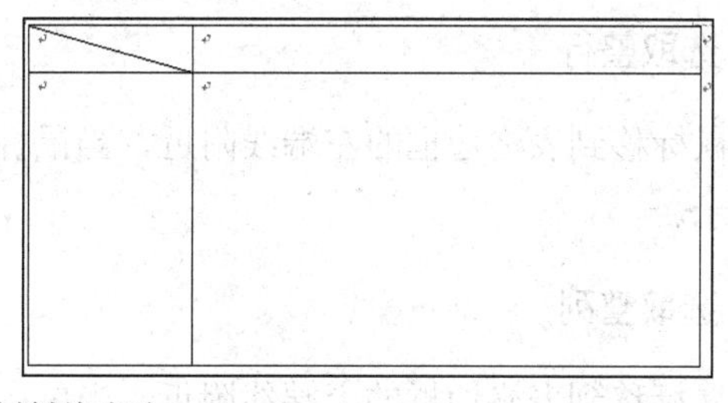

图5-10　绘制斜线表头

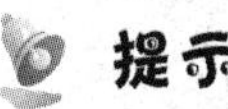

提示

手动绘制表格是指用铅笔工具绘制表格的边框。手动绘制的表格其行高和列宽难以做到完全一致，所以只有在特殊情况下才会使用手动绘制的方式创建表格。

5.2　编辑表格

表格创建完成后，还需要对其进行编辑修改操作，以满足不同的需要。Word 中编辑表格操作包括表格的编辑操作和表格内容的编辑操作，其具体操作包括行与列的插入、删除、合并、拆分、高度/宽度的调整等。通过这些编辑操作，才能使表格更加美观。

5.2.1　选定表格

对表格进行格式化之前，首先要选定表格编辑对象，然后才能对表格进行操作。

1. 选取单元格

选取单元格的方法可分为3种：选取一个单元格、选取多个连续的单元格和选取多个不连续的单元格。

(1) 选取一个单元格：在表格中，移动鼠标到单元格的左端线上，当鼠标光标变为➚形状时，单击即可选取该单元格。

(2) 选取多个连续的单元格：在需要选取的第1个单元格内按左键不放，拖动鼠标到最后一个单元格。

(3) 选取多个不连续的单元格：选取第 1 个单元格后，按住 Ctrl 键不放，再分别选取其他单元格。

提示

在表格中，将鼠标光标定位在任意单元格中，然后按 Shift 键，在另一个单元格中单击，则以两个单元格为对角顶点的矩形区域内的所有单元格都被选中。

2. 选取整行

将鼠标移到表格边框的左端线附近，当鼠标光标变为⬀形状时，单击即可选中该行，如图 5-11 所示。

3. 选取整列

将鼠标移到表格边框的上端线附近，当鼠标光标变为⬇形状时，单击即可选中该列，如图 5-12 所示。

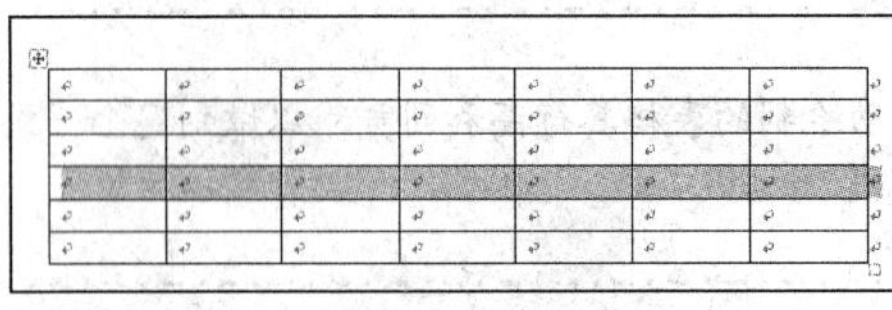

图 5-11　选取整行

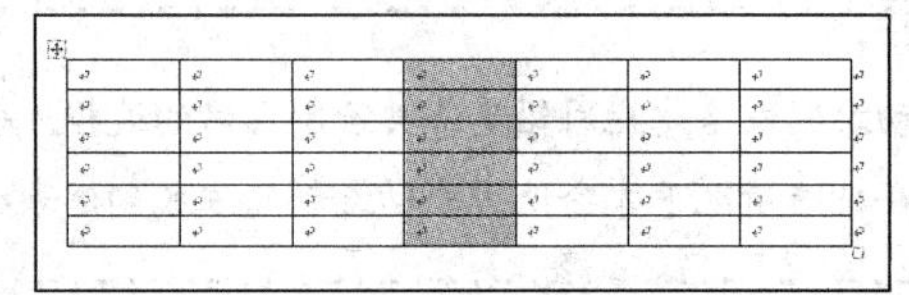

图 5-12　选取整列

4. 选取表格

移动鼠标光标到表格内，表格的左上角会出现一个十字形的小方框⊞，右下角出现一个小方框□，单击这两个符号中的任意一个，则可以选取整个表格，如图 5-13 所示。

5. 使用选项卡选取表格

除了使用鼠标选定对象外，还可以使用【布局】选项卡来选定表格、行、列和单元格。方法很简单，将鼠标定位在目标单元格内，打开【表格工具】的【布局】选项卡，在【表】组中单击【选择】按钮，从弹出的如图 5-14 所示的菜单中选择相应的命令即可。

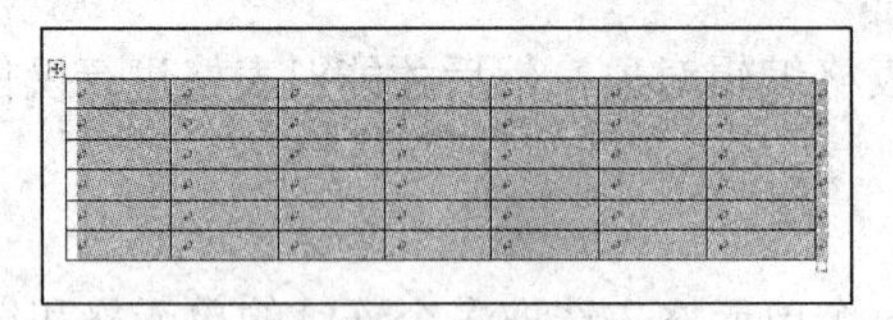

图 5-13　选取整个表格

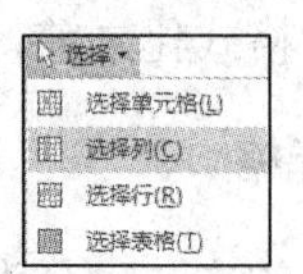

图 5-14　选择命令

提示

将鼠标光标移到左上角的⊞上，按住左键不放拖动，整个表格将会随之移动。将鼠标光标移到右下角的□上，按住左键不放拖动，可以改变表格的大小。

5.2.2　插入行、列和单元格

创建好表格后，经常会因为情况变化或其他原因需要插入一些新的行、列或单元格。

1. 插入行和列

要向表格中添加行，先选定与需要插入行的位置相邻的行，选择的行数和要增加的行数相同，然后打开【表格工具】的【布局】选项卡，在如图 5-15 所示的【行和列】组中单击【在上方插入】或【在下方插入】按钮即可。插入列的操作与插入行基本类似，只需在【行和列】组中单击【在左侧插入】或【在右侧插入】按钮。

另外，单击【行和列】对话框启动器，打开【插入单元格】对话框，选中【整行插入】或【整列插入】单选按钮，如图 5-16 所示，同样可以插入行和列。

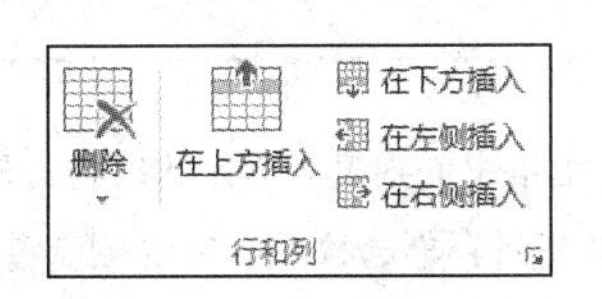

图 5-15　【行和列】组

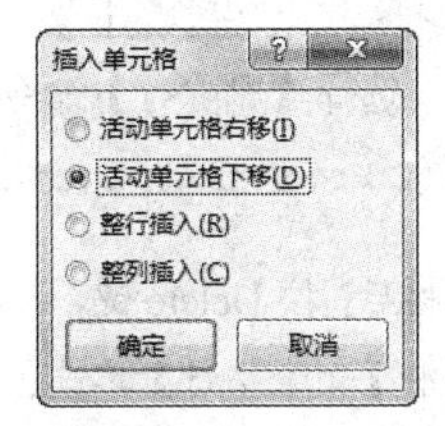

图 5-16　【插入单元格】对话框

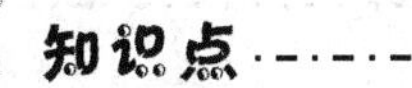

若要在表格后面添加一行，先单击最后一行的最后一个单元格，然后按 Tab 键即可；也可以将光标定位在表格末尾结束箭头处，按 Enter 键即可插入新行。

2. 插入单元格

要插入单元格，可先选定若干个单元格，打开【表格工具】的【布局】选项卡，单击【行和列】对话框启动器，打开【插入单元格】对话框。

如果要在选定的单元格左边添加单元格，可选中【活动单元格右移】单选按钮，此时增加的单元格会将选定的单元格和此行中其余的单元格向右移动相应的列数；如果要在选定的单元格上边添加单元格，可选中【活动单元格下移】单选按钮，此时增加的单元格会将选定的单元格和此列中其余的单元格向下移动相应的行数，而且在表格最下方也增加了相应数目的行。

5.2.3　删除行、列和单元格

创建表格后，经常会遇到表格的行、列和单元格多余的情况。在 Word 中可以很方便地完成行、列和单元格的删除操作，使表格更加紧凑美观。

1. 删除行和列

选定需要删除的行，或将鼠标放置在该行的任意单元格中，在【行和列】组中，单击【删除】按钮，在打开的菜单中选择【删除行】命令即可，如图 5-17 所示。删除列的操作与删除行基本类似，在弹出的删除菜单中选择【删除列】命令。

2. 删除单元格

要删除单元格，可先选定若干个单元格，然后打开【表格工具】的【布局】选项卡，在【行和列】组中单击【删除】按钮，在弹出的菜单中选择【删除单元格】命令，打开【删除单元格】对话框，如图 5-18 所示，选择移动单元格的方式即可。

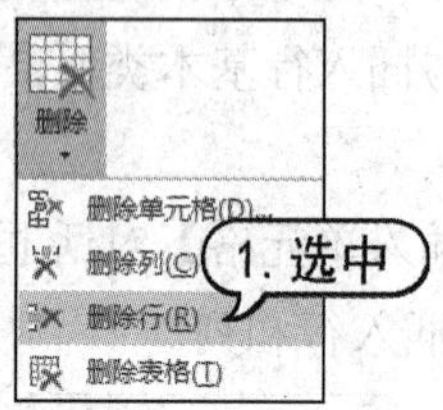

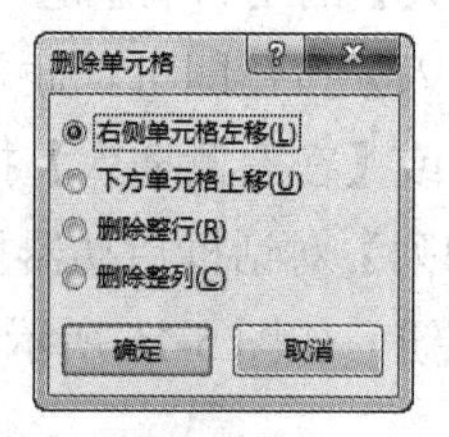

图 5-17　选择【删除行】命令　　图 5-18 【删除单元格】对话框

提示

如果选取某个单元格后，按 Delete 键，只会删除该单元格中的内容，不会从结构上删除。在打开的【删除单元格】对话框中选中【删除整行】单选按钮或【删除整列】单选按钮，可以删除包含选定的单元格在内的整行或整列。

5.2.4 合并和拆分单元格

在 Word 2013 中，允许将相邻的两个或多个单元格合并成一个单元格，也可以把一个单元格拆分为多个单元格，达到增加行数和列数的目的。

1. 合并单元格

在表格中选取要合并的单元格，打开【表格工具】的【布局】选项卡，在【合并】组中单击【合并单元格】按钮，如图 5-19 所示，或者在选中的单元格中右击，从弹出的快捷菜单中选择【合并单元格】命令，此时 Word 就会删除所选单元格之间的边界，建立起一个新的单元格，并将原来单元格的列宽和行高合并为当前单元格的列宽和行高，如图 5-20 所示。

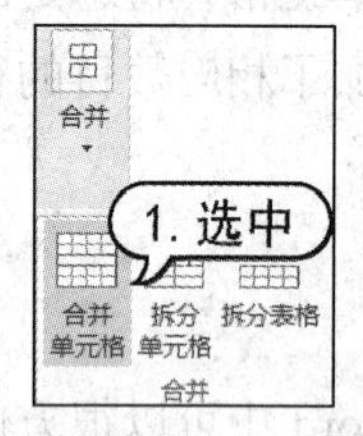

图 5-19　选择【合并单元格】命令

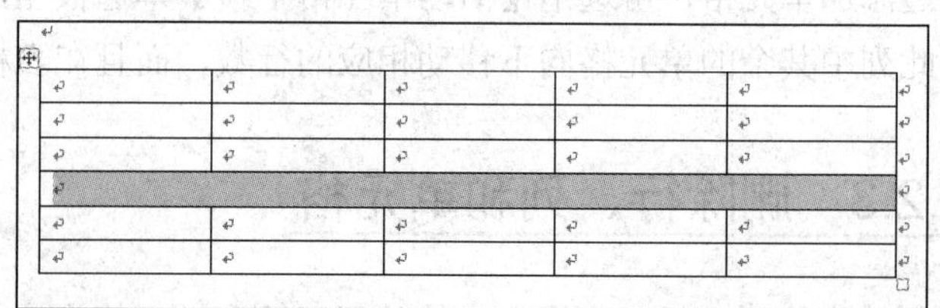

图 5-20　合并单元格

2. 拆分单元格

选取要拆分的单元格，打开【表格工具】的【布局】选项卡，在【合并】组中单击【拆分单元格】按钮，或者右击选中的单元格，在弹出的快捷菜单中选择【拆分单元格】命令，打开

【拆分单元格】对话框，在【列数】和【行数】文本框中输入列数和行数即可，如图 5-21 所示。

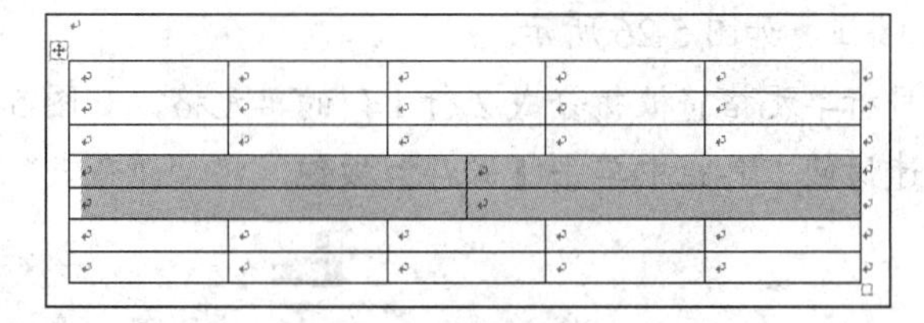

图 5-21　将合并后的单元格进行拆分

【例 5-2】在“课程表”文档中，对单元格进行合并和拆分。

(1) 启动 Word 2013 程序，打开“课程表”文档。

(2) 选中第 1 行第 1 列的单元格到第 2 行第 2 列的单元格，打开【表格工具】的【布局】选项卡，在【合并】组中单击【合并单元格】按钮，将其合并为一个单元格，如图 5-22 所示。

(3) 选中第 3～6 行第 1 列单元格，以及第 8～11 行第 1 列单元格，分别单击【合并单元格】按钮，形成 2 个单元格，如图 5-23 所示。

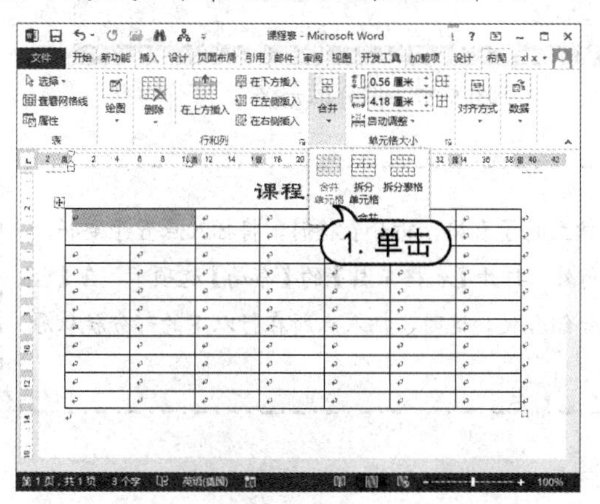

图 5-22　单击【合并单元格】按钮

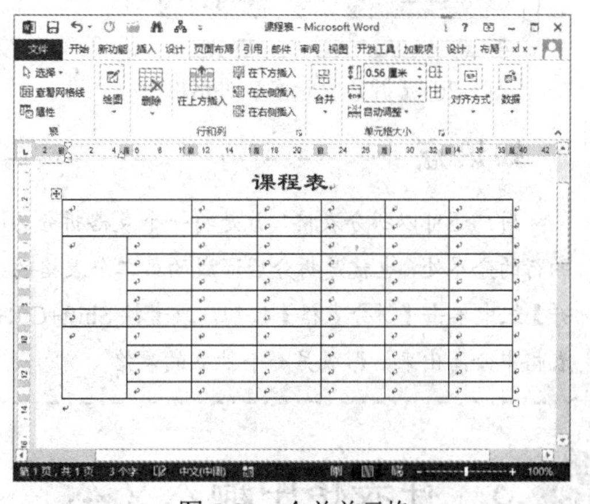

图 5-23　合并单元格

(4) 选中第 7 行，右击，从弹出的快捷菜单中选择【合并单元格】命令，如图 5-24 所示。

(5) 将插入点定位在合并后的表格的第 7 行，打开【表格工具】的【布局】选项卡，在【合并】组中单击【拆分单元格】按钮，如图 5-25 所示。

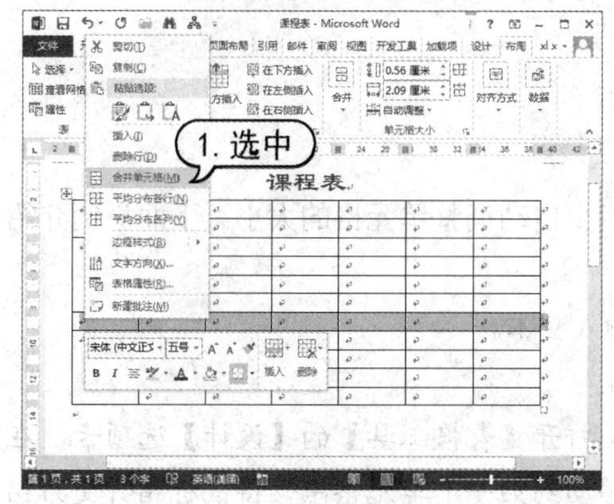

图 5-24　选择【合并单元格】命令

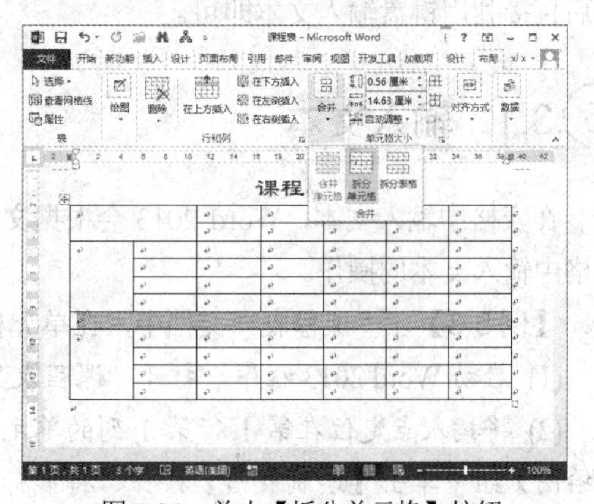

图 5-25　单击【拆分单元格】按钮

(6) 打开【拆分单元格】对话框，在【列数】微调框中输入 1，在【行数】微调框中输入 2，单击【确定】按钮，如图 5-26 所示。

(7) 此时目标单元格将被拆分成 2 行 1 列的单元格，如图 5-27 所示。

(8) 在快速访问工具栏中单击【保存】按钮，将“课程表”文档进行保存操作。

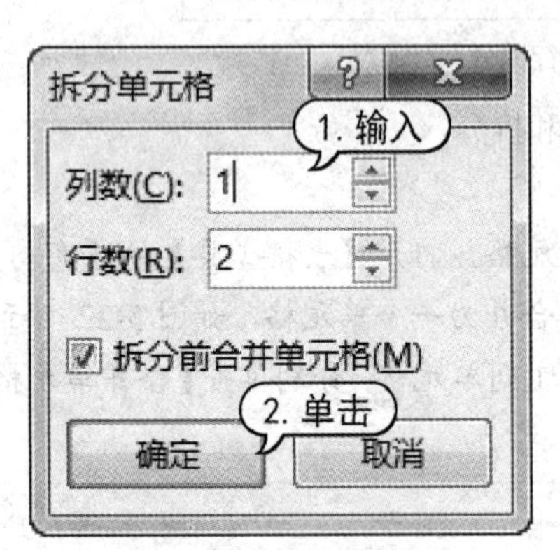

图 5-26 【拆分单元格】对话框

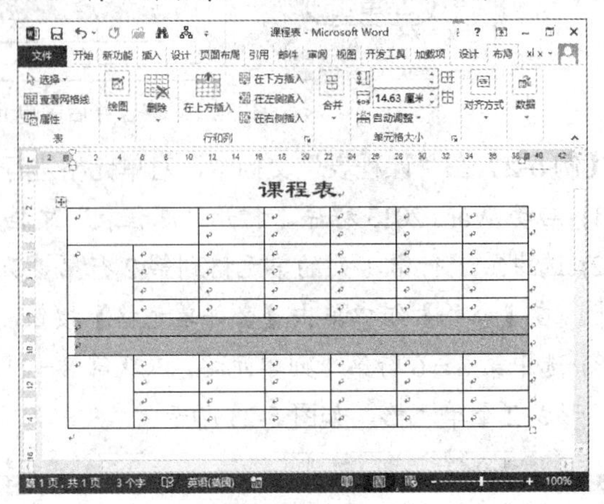

图 5-27 拆分单元格

知识点

用户还可以拆分表格，就是将一个表格拆分为两个独立的子表格，拆分表格时，将插入点置于要拆分的行的分界处，也就是拆分后形成的第二个表格的第一行处。打开【表格工具】的【布局】选项卡，在【合并】组中单击【拆分表格】按钮，或者按 Shift+Ctrl+Enter 组合键，这时，插入点所在行以下的部分就从原表格中分离出来，形成另一个独立的表格。

5.3 在表格中输入文本

用户可以在表格的各个单元格中输入文字、插入图形，也可以对各单元格中的内容进行剪切和粘贴等操作，这和正文文本中所做的操作基本相同。用户只需将光标置于表格的单元格中，然后直接利用键盘输入文本即可。

5.3.1 输入文本

在表格中输入文本，Word 2013 会根据文本的多少自动调整单元格的大小。下面举例介绍表格中输入文本的操作。

【例 5-3】在“课程表”文档中，在单元格中输入文本。

(1) 启动 Word 2013 程序，打开“课程表”文档。

(2) 将插入点定位在第 1 行第 1 列的单元格中，打开【表格工具】的【设计】选项卡，在【绘图】组中单击【绘制表格】按钮，将鼠标指针移动到第一个单元格中，待鼠标指针变为铅笔形状“✏”时，拖动鼠标左键绘制表头斜线，并单击，即可绘制斜线表头，如图 5-28 所示。

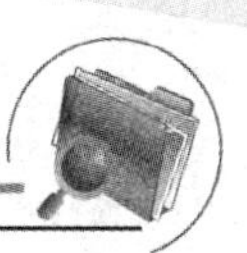

(3) 将插入点定位到第 1 行第 2 列的单元格输入表格文本，然后按 Tab 键，继续输入表格内容，如图 5-29 所示。

图 5-28　绘制斜线

图 5-29　输入文本

(4) 在快速访问工具栏中单击【保存】按钮，将“课程表”文档进行保存操作。

5.3.2　设置文本格式

用户也可以使用 Word 文本格式的设置方法设置表格中文本的格式。选择单元格区域或整个表格，打开表格工具的【布局】选项卡，在【对齐方式】组中单击相应的按钮即可设置文本对齐方式，如图 5-30 所示。或者右击选中的单元格区域或整个表格，在弹出快捷菜单中选择【表格属性】命令，打开【表格属性】对话框的【表格】选项卡，选择对齐方式或文字环绕方式。

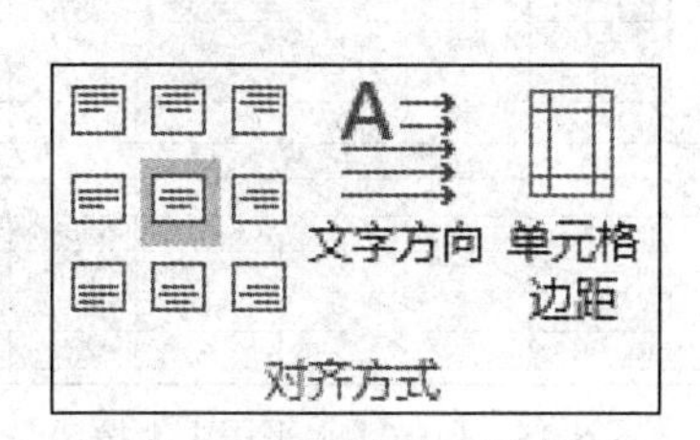

图 5-30　【对齐方式】组

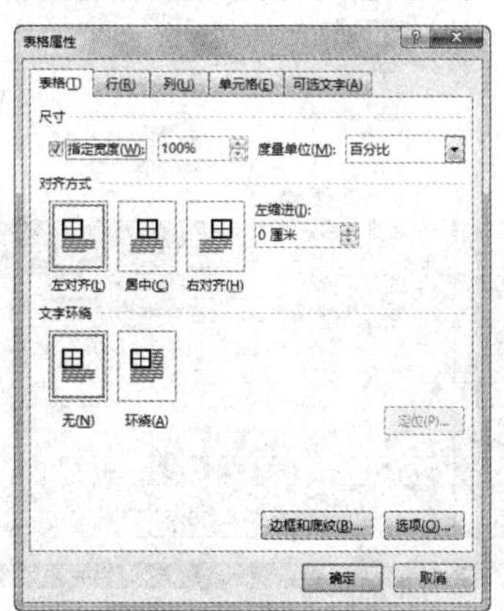

图 5-31　【表格属性】对话框

【例 5-4】在“课程表”文档中，对单元格文本设置格式。

(1) 启动 Word 2013 程序，打开“课程表”文档。

(2) 选取文本“上午”和“下午”单元格，右击，从弹出的快捷菜单中选择【文字方向】命令，打开【文字方向-表格单元格】对话框，选择垂直排列第二种方式，单击【确定】按钮，如图 5-32 所示。

(3) 此时，文本将以竖直形式显示在单元格中，如图 5-33 所示。

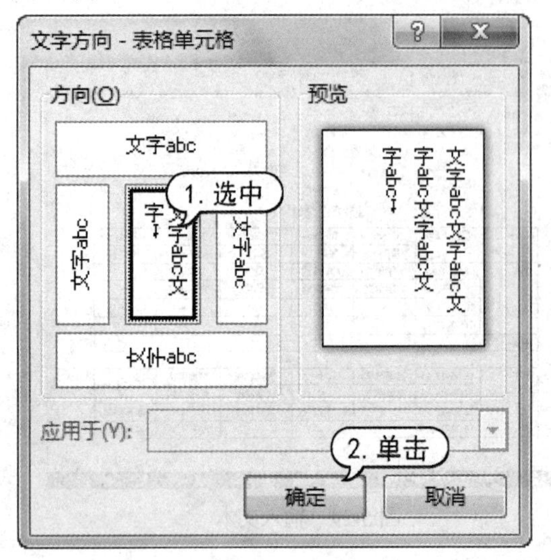

图 5-32　选择文字方向

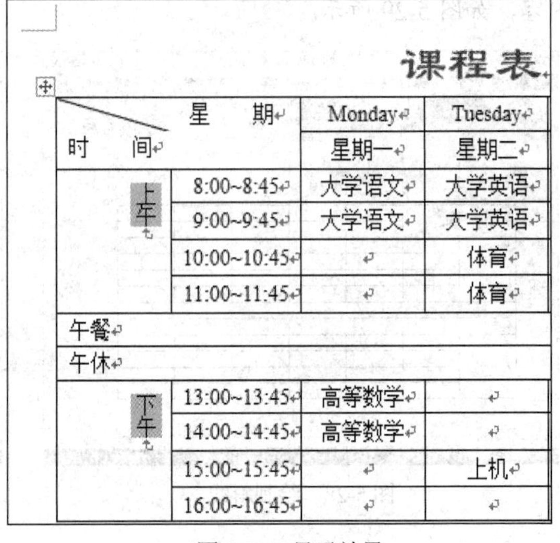

课程表

星期 / 时间		Monday 星期一	Tuesday 星期二
上午	8:00~8:45	大学语文	大学英语
	9:00~9:45	大学语文	大学英语
	10:00~10:45		体育
	11:00~11:45		体育
午餐			
午休			
下午	13:00~13:45	高等数学	
	14:00~14:45	高等数学	
	15:00~15:45		上机
	16:00~16:45		

图 5-33　显示效果

(4) 选取整个表格，打开【表格工具】的【布局】选项卡，在【单元格大小】组中单击【自动调整】按钮，从弹出的菜单中选择【根据窗口调整表格】命令，调整表格的尺寸，如图 5-34 所示。

(5) 选中表格，打开【表格工具】的【布局】选项卡，在【对齐方式】组中单击【水平居中】按钮，设置文本水平居中对齐，如图 5-35 所示。

图 5-34　选择【根据窗口调整表格】命令

图 5-35　单击【水平居中】按钮

(6) 选取第 1、2 和 7、8 行的文本和文本“上午”、“下午”，打开【开始】选项卡，在【字体】组中的【字体】下拉列表框中选择【华文中宋】选项，设置表格文本的字体，然后设置表头文本“星期”为【右对齐】，表头文本“时间”为【左对齐】，如图 5-36 所示。

(7) 在快速访问工具栏中单击【保存】按钮，保存“课程表”文档。

课程表

星期 / 时间		Monday 星期一	Tuesday 星期二	Wednesday 星期三	Thursday 星期四	Friday 星期五
上午	8:00~8:45	大学语文	大学英语	马哲	大学语文	
	9:00~9:45	大学语文	大学英语	马哲	大学语文	
	10:00~10:45		体育			
	11:00~11:45		体育			
午餐						
午休						
下午	13:00~13:45	高等数学		大学物理	数据结构	
	14:00~14:45	高等数学		大学物理	数据结构	
	15:00~15:45		上机	大学物理		高等数学
	16:00~16:45					高等数学

图 5-36　设置文本字体和对齐方式

5.4　设置表格格式

创建表格并添加完内容后，通常还需对其进行一定的修饰操作，如调整表格的行高和列宽、设置表格边框和底纹、套用单元格样式、套用表格样式等，使其更加美观。

5.4.1　调整行高和列宽

创建表格时，表格的行高和列宽都是默认值。在实际工作中，如果觉得表格的尺寸不合适，可以随时调整表格的行高和列宽。在 Word 2013 中，可使用多种方法调整表格的行高和列宽。

1. 自动调整

将插入点定位在表格中，打开【表格工具】的【布局】选项卡，在【单元格大小】组中单击【自动调整】按钮，从弹出的如图 5-37 所示的菜单中选择相应的命令，即可便捷地调整表格的行与列。

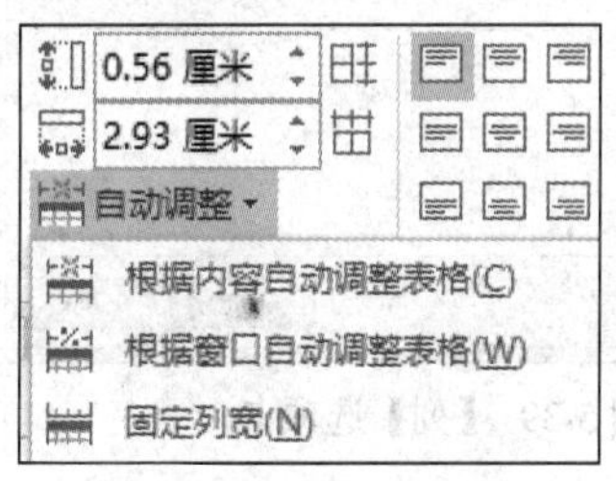

图 5-37　自动调整

提示

在【单元格大小】组中，单击【分布行】和【分布列】按钮，同样可以平均分布行或列。

2. 使用鼠标拖动进行调整

使用拖动鼠标的方法也可以调整表格的行高和列宽。先将鼠标光标指向需调整的行的下边框，待鼠标光标变成双向箭头÷时，拖动鼠标至所需位置，整个表格的高度会随着行高的改变

而改变。

在使用鼠标调整列宽时，先将鼠标光标指向表格中所要调整列的边框，待鼠标光标变成双向箭头⇹时，使用下面几种不同的操作方法，可以达到不同的效果。

- 以鼠标光标拖动边框，则边框左右两列的宽度发生变化，而整个表格的总体宽度不变。
- 按 Shift 键，然后拖动鼠标，则边框左边一列的宽度发生改变，整个表格的总体宽度随之改变。
- 按 Ctrl 键，然后拖动鼠标，则边框左边一列的宽度发生改变，边框右边各列也发生均匀的变化，而整个表格的总体宽度不变。

3. 使用对话框进行调整

如果表格尺寸要求的精确度较高，可以使用【表格属性】对话框，以输入数值的方式精确地调整行高与列宽。

将插入点定位在表格中，在【表格工具】的【布局】选项卡的【单元格大小】组中单击对话框启动器按钮，打开【表格属性】对话框。

打开【行】选项卡，选中【指定高度】复选框，在其后的数值微调框中输入数值，如图 5-38 所示。单击【下一行】按钮，将鼠标光标定位在表格的下一行，进行相同的设置即可。

打开【列】选项卡，选中【指定宽度】复选框，在其后的微调框中输入数值，如图 5-39 所示。单击【后一列】按钮，将鼠标光标定位在表格的下一列，可以进行相同的设置。

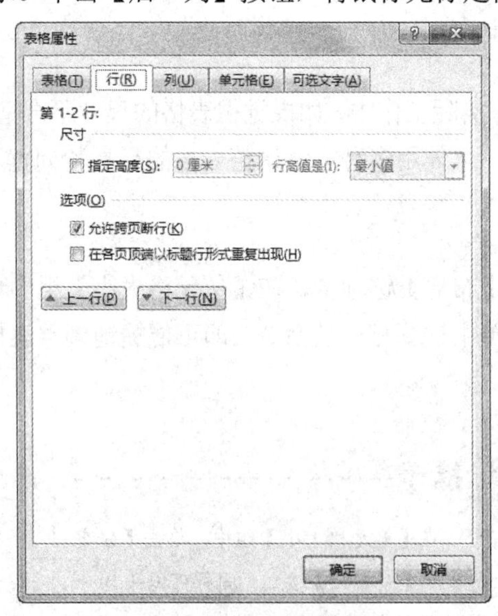

图 5-38 【行】选项卡

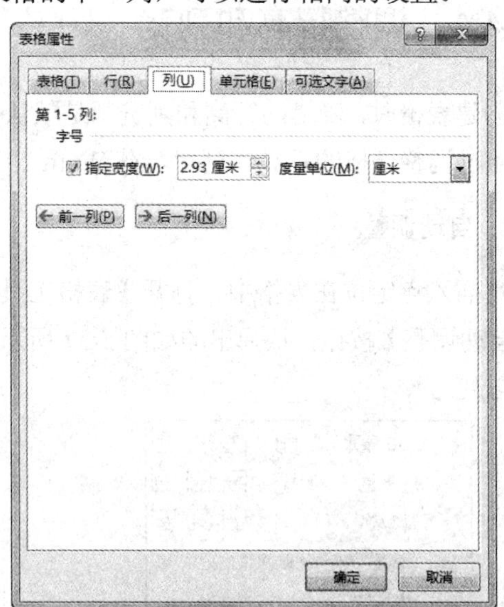

图 5-39 【列】选项卡

【例 5-5】在“课程表”文档中，调整表格的行高和列宽。

(1) 启动 Word 2013 程序，打开“课程表”文档。

(2) 将插入点定位在第 1 行任意单元格中，在【表格工具】的【布局】选项卡的【单元格大小】组中单击对话框启动器按钮，打开【表格属性】对话框。打开【行】选项卡，选中【指

定高度】复选框，在【指定高度】文本框中输入“1 厘米”，在【行高值是】下拉列表中选择【固定值】选项，如图 5-40 所示。

(3) 单击【下一行】按钮，使用同样的方法设置第 2 行的【指定高度】和【行高值是】选项值。使用同样的方法设置所有行的【指定高度】和【行高值是】选项值，单击【确定】按钮，如图 5-41 所示。

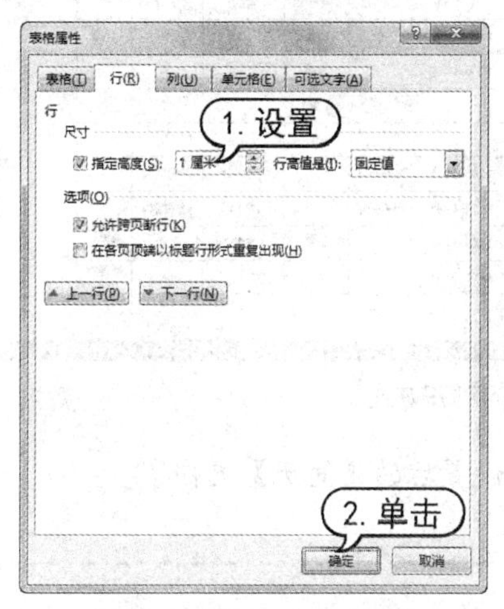

图 5-40 【行】选项卡

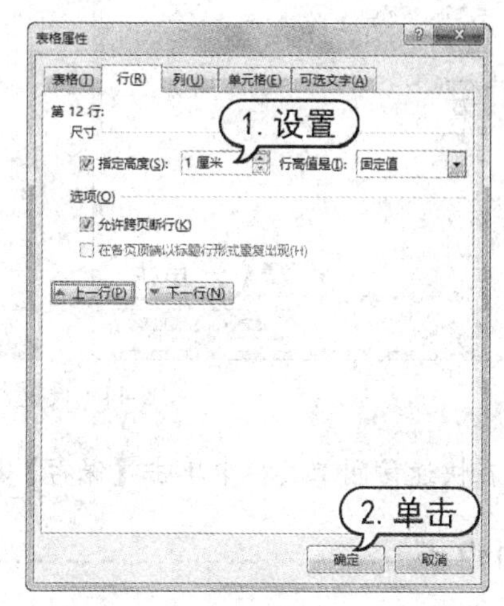

图 5-41　设置行

(4) 选择第 2 列的第 3、4、5 行单元格，在【表格工具】的【布局】选项卡的【单元格大小】组中单击对话框启动器，打开【表格属性】对话框。打开【列】选项卡，选中【指定宽度】复选框，在其后的微调框中输入“5 厘米”，单击【确定】按钮，如图 5-42 所示。

(5) 此时，即可完成选中单元格列宽的设置，如图 5-43 所示。

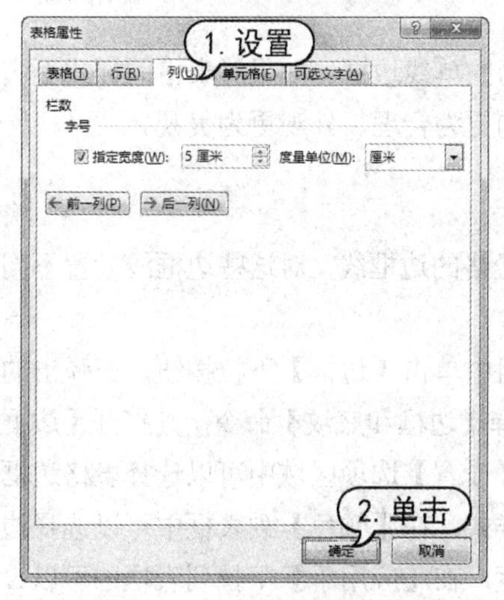

图 5-42 【列】选项卡

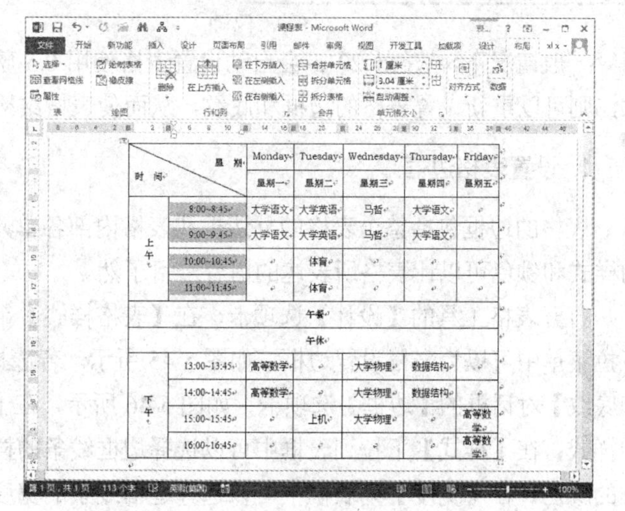

图 5-43　设置列宽

(6) 将插入点定位在表格任意单元格中，使用同样的方法打开【表格属性】对话框的【表格】选项卡，在【对齐方式】选项区域中选择【居中】选项，单击【确定】按钮，设置表格在文档中居中对齐，如图 5-44 所示。

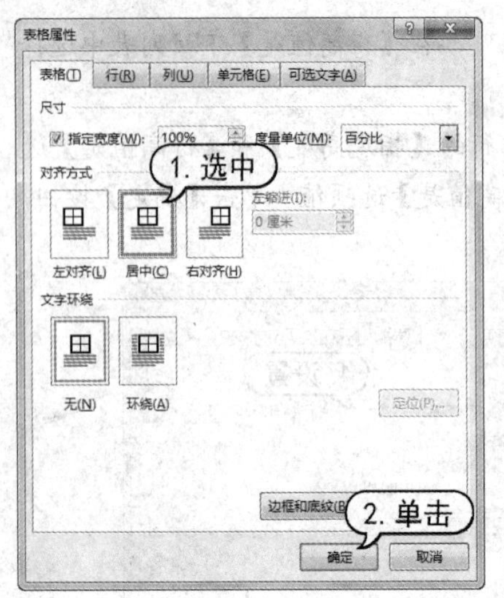

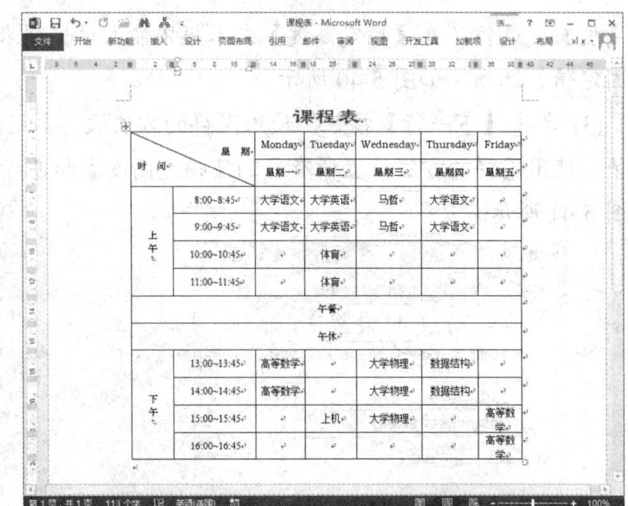

课程表

星期 / 时间		Monday	Tuesday	Wednesday	Thursday	Friday
		星期一	星期二	星期三	星期四	星期五
上午	8:00~8:45	大学语文	大学英语	马哲	大学语文	
	9:00~9:45	大学语文	大学英语	马哲	大学语文	
	10:00~10:45		体育			
	11:00~11:45		体育			
午餐						
午休						
下午	13:00~13:45	高等数学		大学物理	数据结构	
	14:00~14:45	高等数学		大学物理	数据结构	
	15:00~15:45		上机	大学物理		高等数学
	16:00~16:45					高等数学

图 5-44　设置表格在文档中的对齐方式

(7) 在快速访问工具栏中单击【保存】按钮，保存设置后的【简历】文档。

知识点

移动表格是在编辑表格时常用的操作，方法很简单，单击表格左上角的十字形的小方框，按住左键不放，将其拖动到目标位置，松开鼠标，即可将表格移动到目标位置。

5.4.2　设置边框和底纹

一般情况下，Word 2013 会自动设置表格使用 0.5 磅的单线边框。如果对表格的样式不满意，则可以重新设置表格的边框和底纹，从而使表格结构更为合理、外观更为美观。

1. 设置表格边框

表格的边框包括整个表格的外边框和表格内部各单元格的边框线，对这些边框线设置不同的样式和颜色可以让表格所表达的内容一目了然。

打开表格工具的【设计】选项卡，在【表格样式】组中单击【边框】下拉按钮，在弹出的下拉菜单中可以为表格设置边框，如图 5-45 所示。若选择【边框和底纹】命令，则打开【边框和底纹】对话框的【边框】选项卡，如图 5-46 所示，在【设置】选项区域中可以选择表格边框的样式；在【样式】下拉列表框中可以选择边框线条的样式；在【颜色】列表框中可以选择边框的颜色；在【宽度】列表框中可以选择边框线条的宽度；在【应用于】下拉列表框中可以设定边框应用的对象。

图 5-45 【边框】下拉菜单

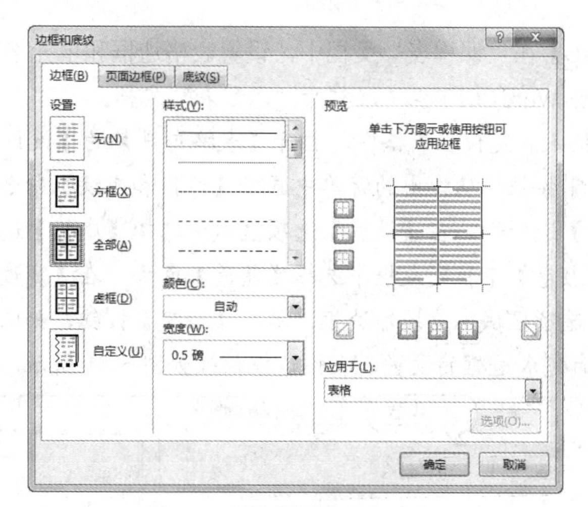

图 5-46 【边框】选项卡

知识点

边框添加完成后，可以在【绘图边框】组中设置边框的样式和颜色。单击【笔样式】下拉按钮，在弹出的下拉列表中选择边框样式；单击【笔划粗细】下拉按钮，在弹出的下拉列表中选择边框的粗细；单击【笔颜色】下拉按钮，在弹出的下拉面板中可以选择一种边框颜色。

2. 设置单元格和表格底纹

设置单元格和表格底纹就是对单元格和表格设置填充颜色，起到美化及强调文字的作用。

打开【表格工具】的【设计】选项卡，在【表格样式】组中单击【底纹】下拉按钮，在弹出的下拉列表中选择一种底纹颜色，如图 5-47 所示。其中，在【底纹】下拉列表中还包含两个命令，选择【其他颜色】命令，打开【颜色】对话框，如图 5-48 所示。在该对话框中对底纹的颜色进行选择或自定义设置。

打开【边框和底纹】对话框的【底纹】选项卡，如图 5-49 所示。在【填充】下拉列表框中可以设置表格底纹的填充颜色；在【图案】选项区域中的【样式】下拉列表框中可以选择填充图案的其他样式；在【应用于】下拉列表框中可以设定底纹应用的对象。

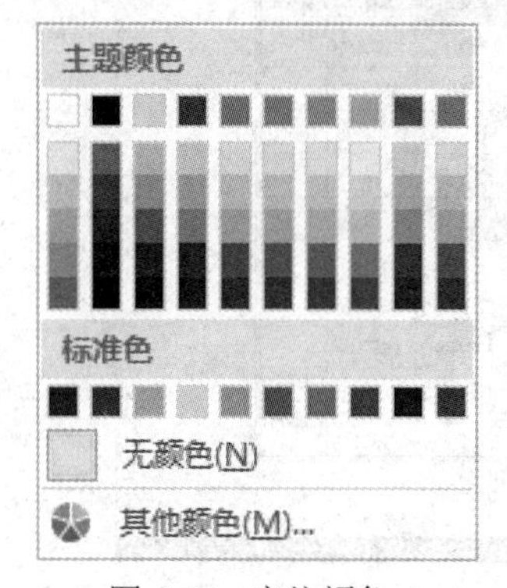

图 5-47 底纹颜色

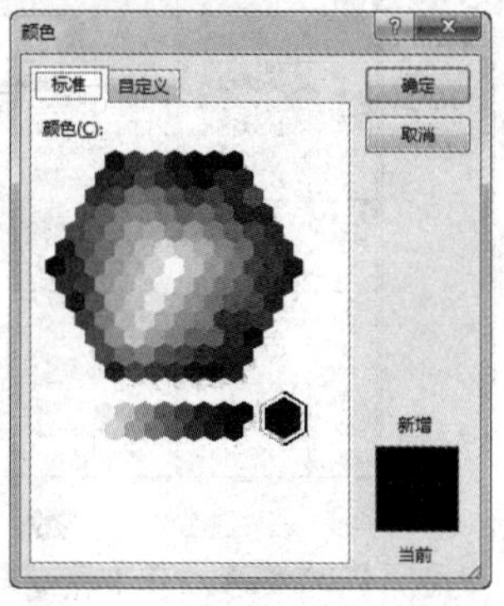

图 5-48 【颜色】对话框

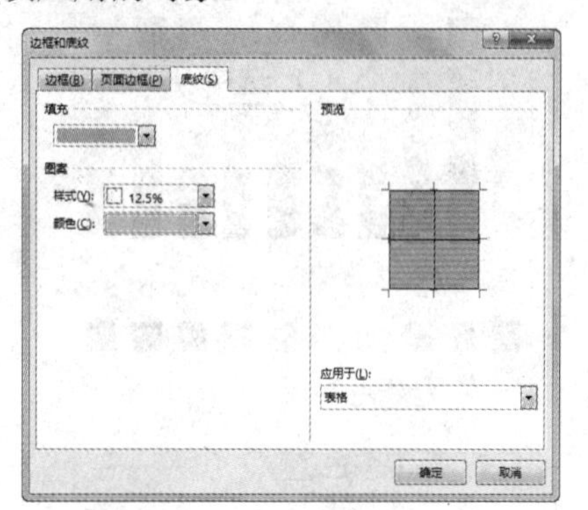

图 5-49 【底纹】选项卡

【例 5-6】在"课程表"文档中，设置表格边框和单元格底纹。

(1) 启动 Word 2013 程序，打开"课程表"文档。

(2) 将插入点定位在表格中，打开【表格工具】的【设计】选项卡，在【表格样式】组中单击【边框】按钮，从弹出的菜单中选择【边框和底纹】命令，打开【边框和底纹】对话框。打开【边框】选项卡，在【设置】选项区域中选择【虚框】选项，在【样式】列表框中选择双线型，在【颜色】下拉列表框中选择【蓝色】色块，在【宽度】下拉列表框中选择 1.5 磅，并在【预览】选项区域中选择外边框，单击【确定】按钮，如图 5-50 所示。

(3) 此时完成边框的设置，表格边框效果如图 5-51 所示。

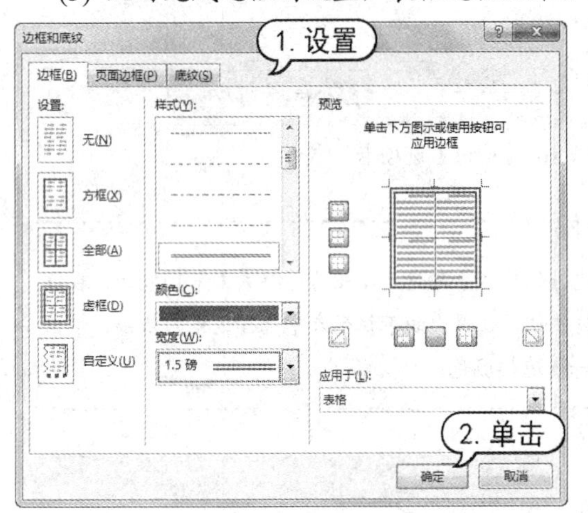

图 5-50 【边框】选项卡

课程表

星期 / 时间		Monday 星期一	Tuesday 星期二	Wednesday 星期三	Thursday 星期四	Friday 星期五
上午	8:00~8:45	大学语文	大学英语	马哲	大学语文	
	9:00~9:45	大学语文	大学英语	马哲	大学语文	
	10:00~10:45		体育			
	11:00~11:45		体育			
午餐						
午休						
下午	13:00~13:45	高等数学		大学物理	数据结构	
	14:00~14:45	高等数学		大学物理	数据结构	
	15:00~15:45		上机	大学物理		高等数学
	16:00~16:45					高等数学

图 5-51 边框效果

(4) 将插入点定位在表格的第 1、2、7 行，在【表格样式】组中单击【底纹】按钮，从弹出的颜色面板中选择【蓝色，着色 1，淡色 60%】色块，如图 5-52 所示。

(5) 此时完成底纹的设置，选中表格行的底纹效果如图 5-53 所示。

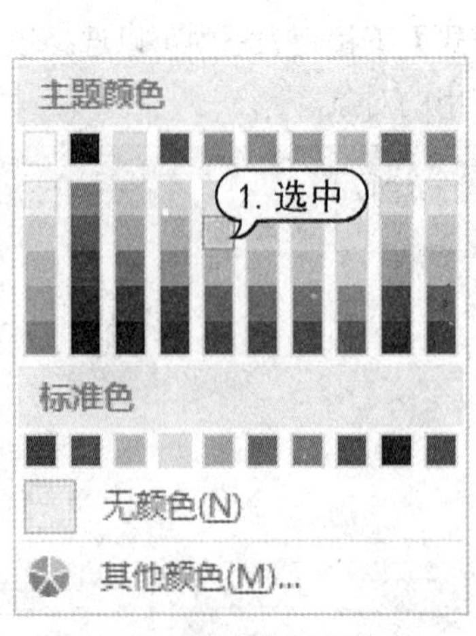

图 5-52 【底纹】下拉菜单

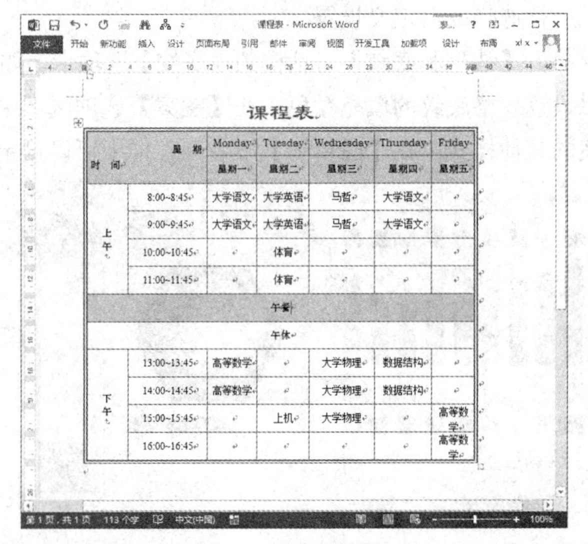

课程表

星期 / 时间		Monday 星期一	Tuesday 星期二	Wednesday 星期三	Thursday 星期四	Friday 星期五
上午	8:00~8:45	大学语文	大学英语	马哲	大学语文	
	9:00~9:45	大学语文	大学英语	马哲	大学语文	
	10:00~10:45		体育			
	11:00~11:45		体育			
午餐						
午休						
下午	13:00~13:45	高等数学		大学物理	数据结构	
	14:00~14:45	高等数学		大学物理	数据结构	
	15:00~15:45		上机	大学物理		高等数学
	16:00~16:45					高等数学

图 5-53 底纹效果

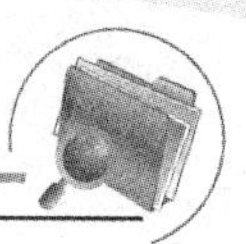

5.4.3　套用内置样式

Word 2013 为用户提供了 100 多种内置的表格样式，这些内置的表格样式提供了各种现成的边框和底纹设置。

打开【表格工具】的【设计】选项卡，在【表格样式】组中，单击【其他】按钮，在弹出的下拉列表中选择需要的外观样式，即可为表格套用样式，如图 5-54 所示。

普通表格

网格表

修改表格样式(M)...

清除(C)

新建表格样式(N)...

课程表

时间	星期	Monday	Tuesday	Wednesday	Thursday	Friday
		星期一	星期二	星期三	星期四	星期五
上午	8:00~8:45	大学语文	大学英语	马哲	大学语文	
	9:00~9:45	大学语文	大学英语	马哲	大学语文	
	10:00~10:45		体育			
	11:00~11:45		体育			
午餐						
午休						
下午	13:00~13:45	高等数学		大学物理	数据结构	
	14:00~14:45	高等数学		大学物理	数据结构	
	15:00~15:45		上机	大学物理		高等数学
	16:00~16:45					高等数学

图 5-54　套用表格样式

在如图 5-54 所示的菜单中选择【新建表格样式】命令，打开【根据格式设置创建新样式】对话框，如图 5-55 所示。在该对话框中用户可以自定义表格样式。其中，【属性】选项区域用于设置样式的名称、类型和样式基准；【格式】选项区域用于设置表格文本的字体、字号、字体颜色等格式。

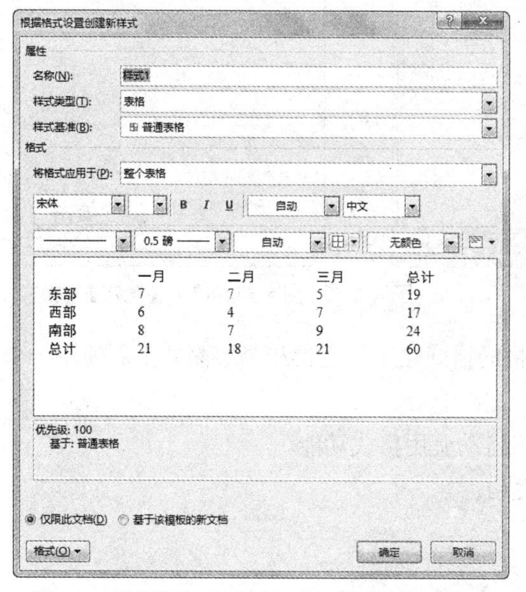

图 5-55　【根据格式设置创建新样式】对话框

提示

在【根据格式设置创建新样式】对话框中，选中【仅限此文档】单选按钮，所创建的样式只能应用于当前的文档；选中【基于该模板的新文档】单选按钮，所创建的样式不仅可以应用于当前文档，还可应用于新建的文档。

5.5 表格的其他功能

Word 2013 作为一款智能化软件，拥有很多自动化的高级功能。下面介绍一些 Word 表格的其他功能。

5.5.1 表格自动套用格式

Word 2013 的【表格自动套用格式】选项在默认状态下并不显示在功能区中，如果要使用该命令，用户须在【Word 选项】对话框中将其加载在快速访问工具栏中。

首先单击【文件】按钮，选择【选项】命令，打开【Word 选项】对话框，选择【快速访问工具栏】选项卡，在【从下列位置选择命令】下拉列表框中选择【所有命令】选项，在其下方的列表框中选择【表格自动套用格式】选项，单击【添加】按钮，将其添加到快速访问工具栏中，如图 5-56 所示。

使用同样的方法，可以将【表格自动套用格式样式】、【表格更新自动格式】、【表格换行】等选项添加到快速访问工具栏中，单击【确定】按钮即可完成加载过程，如图 5-57 所示。

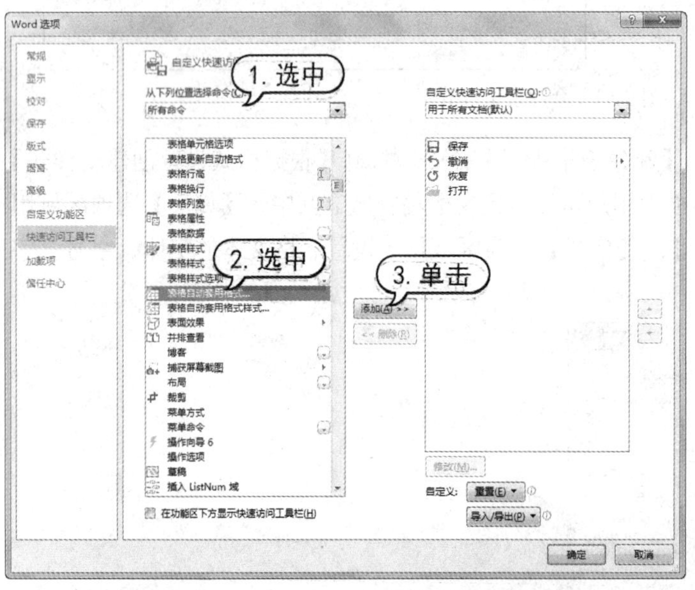

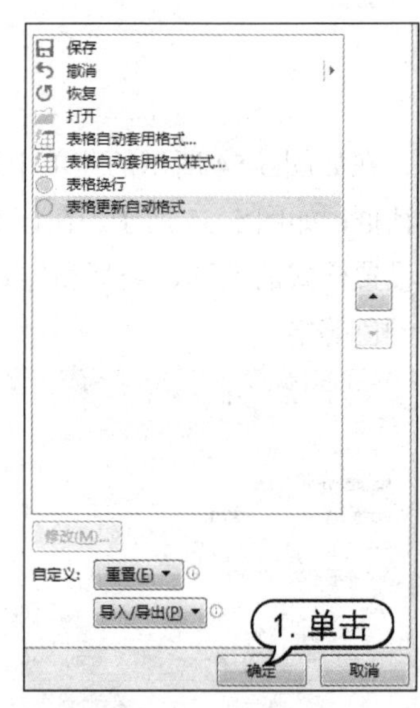

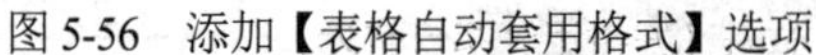

图 5-56 添加【表格自动套用格式】选项　　图 5-57 单击【确定】按钮

使用【表格自动套用格式】选项可以使对表格的格式化工作变得相当容易。下面使用一个具体实例介绍操作步骤。

【例 5-7】 在“课程表”文档表格中使用表格自动套用格式功能。

(1) 启动 Word 2013 程序，打开“课程表”文档。

(2) 将插入点定位在表格中，单击快速访问工具栏中的【表格自动套用格式】按钮，打开【表格自动套用格式】对话框，在【格式】选项区域里选择【网格型 1】选项，然后单击【确定】按钮，如图 5-58 所示。

(3) 此时完成边框的设置，表格边框效果如图 5-59 所示。

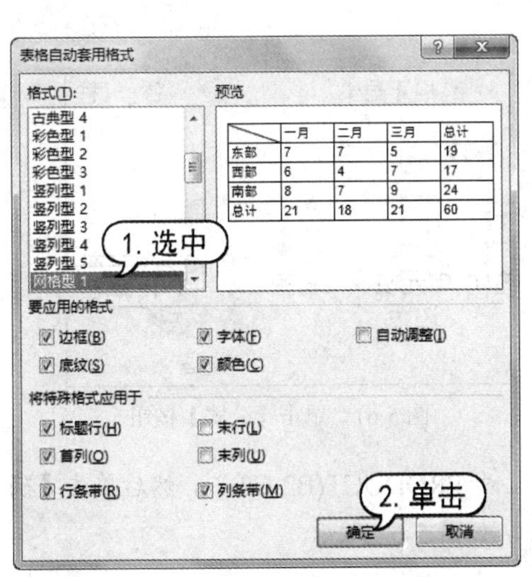

图 5-58 【表格自动套用格式】对话框

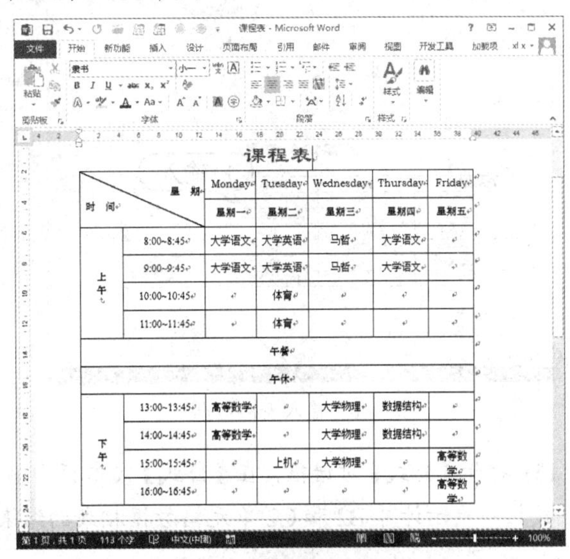

图 5-59　自动套用格式

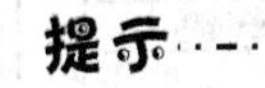

提示

【表格自动套用格式】对话框的下端是一些格式化选项，用户可以根据需要进行选择使用。

5.5.2　表格数据计算

在 Word 2013 表格中，可以对其中的数据执行一些简单的运算，以方便、快捷地得到计算结果。通常情况下，可以通过输入带有加、减、乘、除等运算符的公式进行计算，也可以使用 Word 2013 附带的函数进行较为复杂的计算。

知识点

Word 的每个表格单元格中的值用列字母和行号表示。例如，“A1”表示第一列和第一行中的单元格，“B2”表示第二列和第一行中的单元格，以此类推其他单元格。

【例 5-8】创建“产品销售表”文档，在表格中输入数据并进行数据计算。

(1) 启动 Word 2013 程序，新建一个名为“产品销售表”的文档，创建表格，并输入数据，如图 5-60 所示。

(2) 将插入点定位在 D4 单元格中，打开【表格工具】的【布局】选项卡，在【数据】组中单击【公式】按钮，如图 5-61 所示。

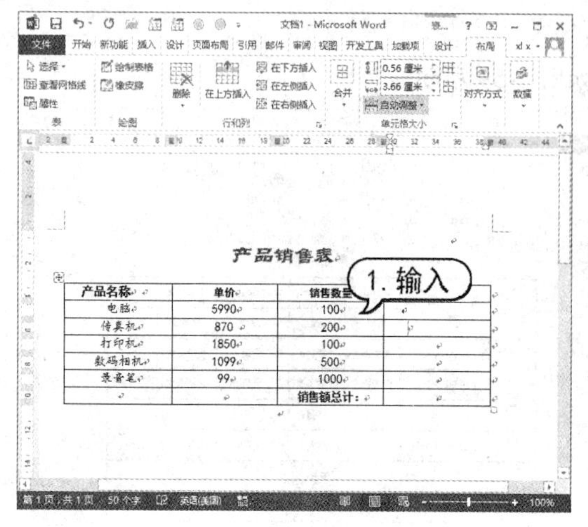

图 5-60 输入表格数据

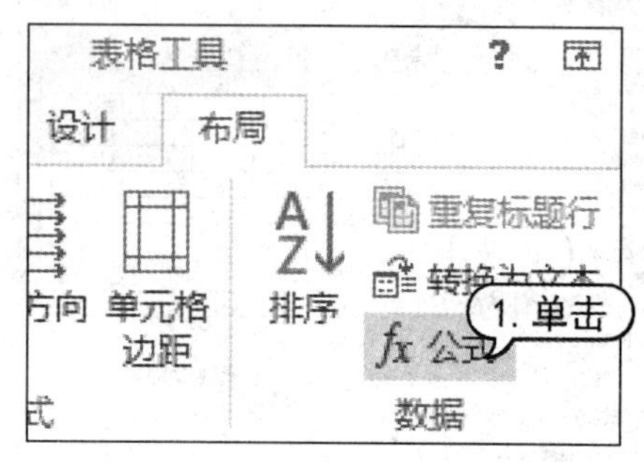

图 5-61 单击【公式】按钮

(3) 打开【公式】对话框，在【公式】文本框中输入"=PRODUCT(B2:C2)"，然后单击【确定】按钮，表示计算 B2 和 C2 单元格数据相乘的结果，如图 5-62 所示。

产品销售表

产品名称	单价	销售数量	销售金额
电脑	5990	100	599000
传真机	870	200	
打印机	1850	100	
数码相机	1099	500	
录音笔	99	1000	
		销售额总计：	

图 5-62 使用【公式】对话框计算数据相乘

(4) 使用相同的方法，计算出其他产品的销售金额，如图 5-63 所示。

(5) 将插入点定位在 D7 单元格中，打开【表格工具】的【布局】选项卡，在【数据】组中单击【公式】按钮，打开【公式】对话框，在【公式】文本框中输入"=SUM(D2:D6)"，表示 D2 到 D6 单元格区域数据求和，如图 5-64 所示。

产品销售表

产品名称	单价	销售数量	销售金额
电脑	5990	100	599000
传真机	870	200	174000
打印机	1850	100	185000
数码相机	1099	500	549500
录音笔	99	1000	99000
		销售额总计：	

图 5-63 显示计算结果

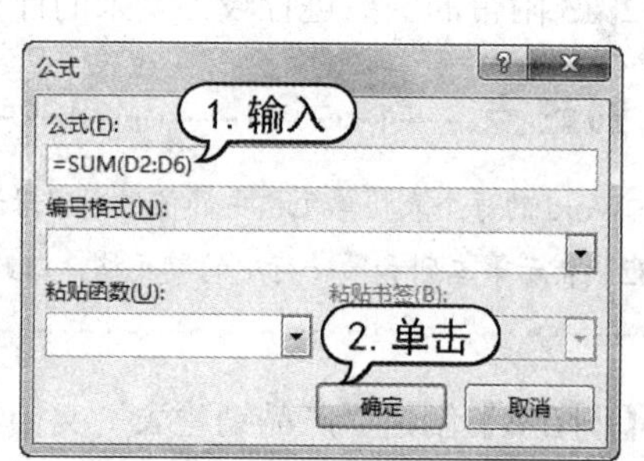

图 5-64 输入求和公式

(6) 最后计算出销售额总计的数据，如图 5-65 所示。

产品销售表

产品名称	单价	销售数量	销售金额
电脑	5990	100	599000
传真机	870	200	174000
打印机	1850	100	185000
数码相机	1099	500	549500
录音笔	99	1000	99000
		销售额总计：	1606500

图 5-65　显示计算结果

5.5.3　表格数据排序

在 Word 2013 中，可以方便地将表格中的文本、数字、日期等数据按升序或降序的顺序进行排序。

选中需要排序的表格或单元格区域，打开【表格工具】的【布局】选项卡，在【数据】组中单击【排序】按钮，打开【排序】对话框，如图 5-66 所示。

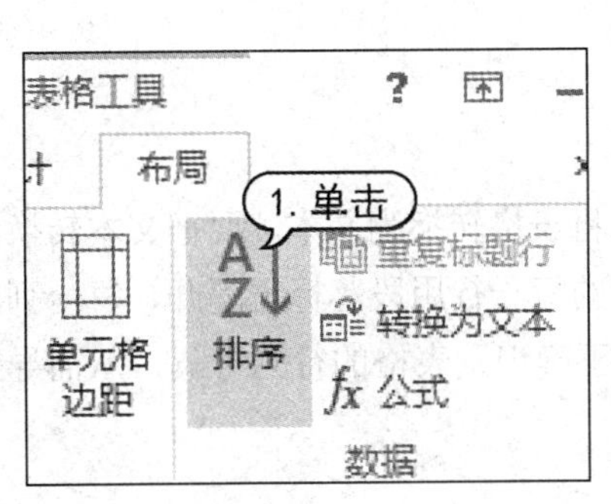

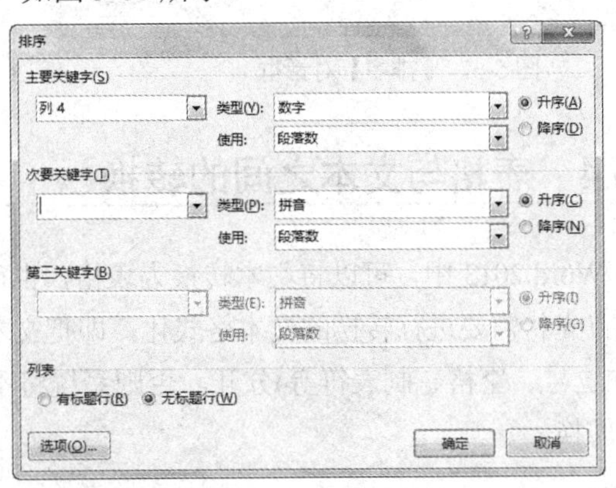

图 5-66　打开【排序】对话框

在【排序】对话框中有 3 种关键字，分别为【主要关键字】、【次要关键字】和【第三关键字】。在排序过程中，将依照【主要关键字】进行排序；当有相同记录时，则依照【次要关键字】进行排序；最后当【主要关键字】和【次要关键字】都有相同记录时，则依照【第三关键字】进行排序。

知识点

在关键字下拉列表中，将分别以列 1、列 2、列 3……表示表格中每个字段列。在每个关键字后的【类型】下拉列表框中可以选择【笔划】、【数字】、【日期】和【拼音】等排序类型；通过选中【升序】或【降序】单选按钮来选择数据的排序方式。

【例 5-9】在“产品销售表”文档中，将数据按销售金额从高到低的顺序进行排序。

(1) 启动 Word 2013 程序，打开“产品销售表”文档。

(2) 将插入点定位在表格任意单元格中，打开【表格工具】的【布局】选项卡，在【数据】组中单击【排序】按钮，打开【排序】对话框，在【主要关键字】下拉列表框中选择【销售金额】选项，在【类型】下拉列表中选择【数字】选项，选中【降序】单选按钮，然后单击【确定】按钮，如图 5-67 所示。

(3) 此时表格中的数据按年度考核总分从高到低的顺序进行排序，如图 5-68 所示。

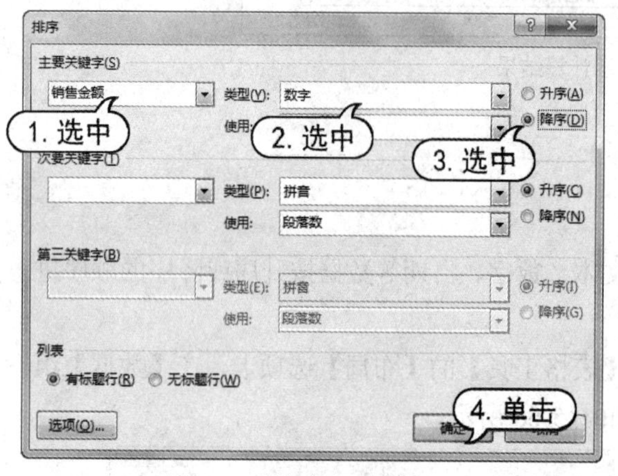

图 5-67 【排序】对话框

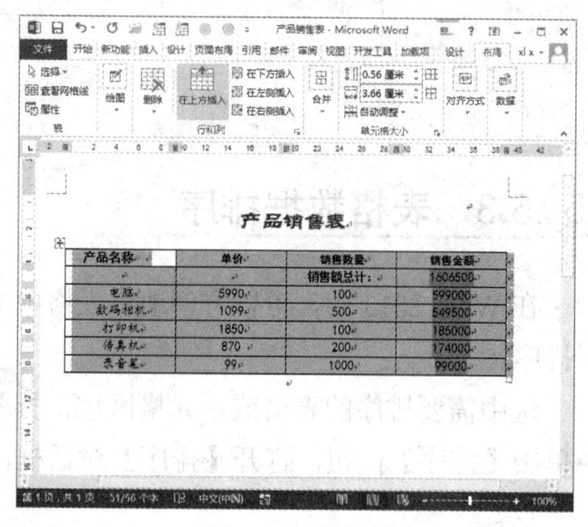

图 5-68 数据排序

5.5.4 表格与文本之间的转换

在 Word 2013 中，可以将文本转换为表格，也可以将表格转换为文本。要把文本转换为表格，应首先将需要进行转换的文本格式化，即把文本中的每一行用段落标记隔开，每一列用分隔符(如逗号、空格、制表符等)分开，否则系统将不能正确识别表格的行列分隔，从而导致不能正确转换。

1. 将表格转换为文本

将表格转换为文本，可以去除表格线，仅将表格中的文本内容按原来的顺序提取出来，但会丢失一些特殊的格式。

选取表格，打开【表格工具】的【布局】选项卡，在【数据】组中单击【转换为文本】按钮，打开【表格转换成文本】对话框，如图 5-69 所示。在对话框中选择将原表格中的单元格文本转换成文字后的分隔符的选项，单击【确定】按钮即可。如图 5-70 所示是将表格转换为文本后的效果。

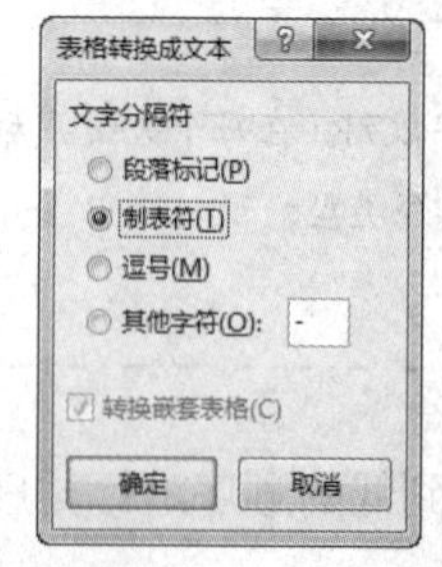

图 5-69 【表格转换成文本】对话框

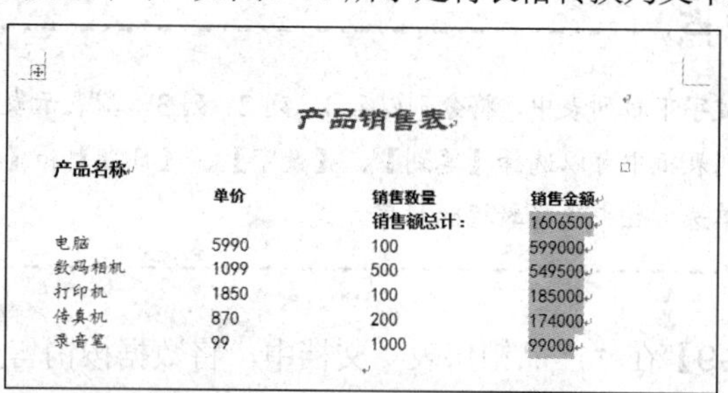

图 5-70 表格转换为文本

2. 将文本转换为表格

将文本转换为表格与将表格转换为文本不同，在转换前必须对要转换的文本进行格式化。文本的每一行之间要用段落标记符隔开，每一列之间要用分隔符隔开。列之间的分隔符可以是逗号、空格、制表符等。

将文本格式化后，打开【插入】选项卡，在【表格】组中单击【表格】按钮，在弹出的菜单中选择【文本转换成表格】命令，打开【将文字转换成表格】对话框，如图 5-71 所示。

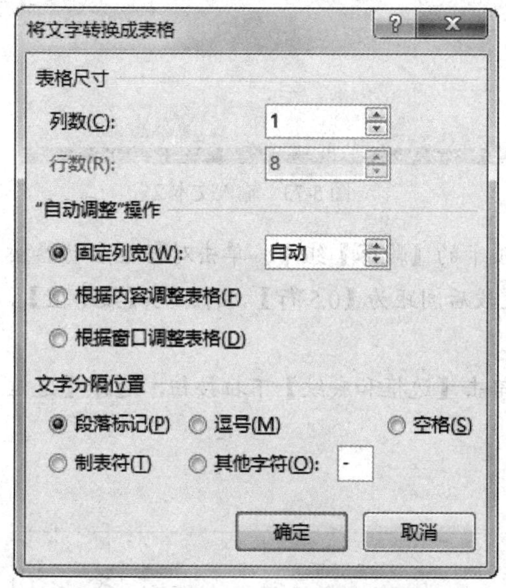

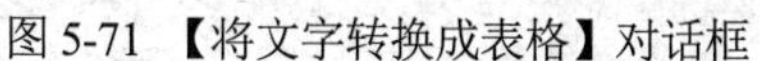
图 5-71 【将文字转换成表格】对话框

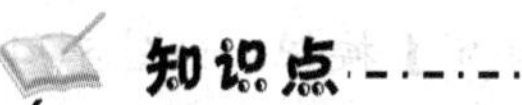

使用文本创建的表格，与直接创建的表格一样，可进行套用表格样式、编辑表格、设置表格的边框和底纹等操作。

在【表格尺寸】选项区域中，【行数】和【列数】文本框中的数值都是根据段落标记符和文字之间的分隔符来确定的，用户也可自己修改。在【“自动调整”操作】选项区域中，可以根据窗口或内容来调整表格的大小。

5.6 上机练习

本章的上机练习主要是制作“公司考勤表”文档，在其中插入和编辑表格，使用户更好地掌握在 Word 中使用表格的操作技巧。

(1) 启动 Word 2013 程序，新建一个空白文档，并将其保存为“公司考勤表”，输入标题“公司考勤表”，然后设置其字体为【方正粗活意简体】、字号为【二号】、对齐方式为【居中】，如图 5-72 所示。

(2) 将光标定位在第 2 行，输入相关文本，其中下划线可配合【下划线】按钮和空格键来完成，如图 5-73 所示。

图 5-72　输入文本 1

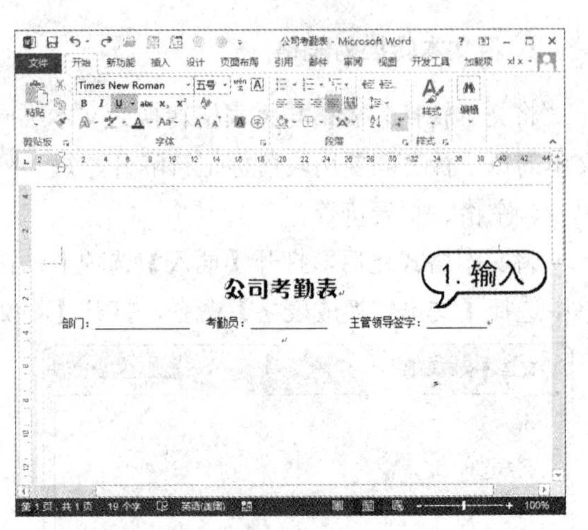

图 5-73　输入文本 2

(3) 选中标题“公司考勤表”，在【开始】选项卡的【段落】组中，单击对话框启动器按钮，打开【段落】对话框，在【段落】对话框中设置段后间距为【0.5 行】，行距为【最小值】、【0 磅】，然后单击【确定】按钮，如图 5-74 所示。

(4) 继续保持选中标题文本，在【段落】组中单击【边框和底纹】下拉按钮，选择【边框和底纹】命令，如图 5-75 所示。

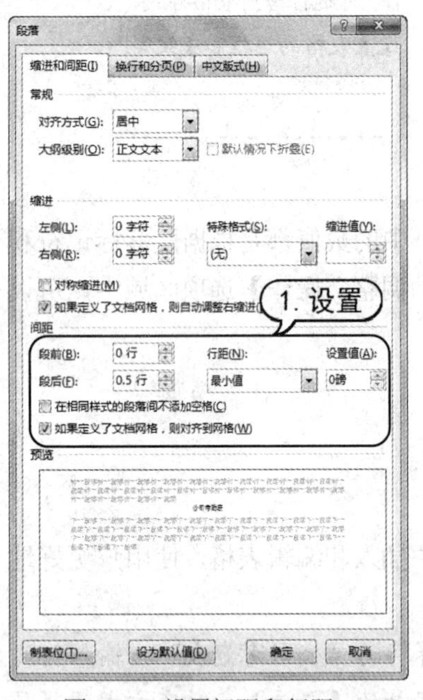

图 5-74　设置间距和行距

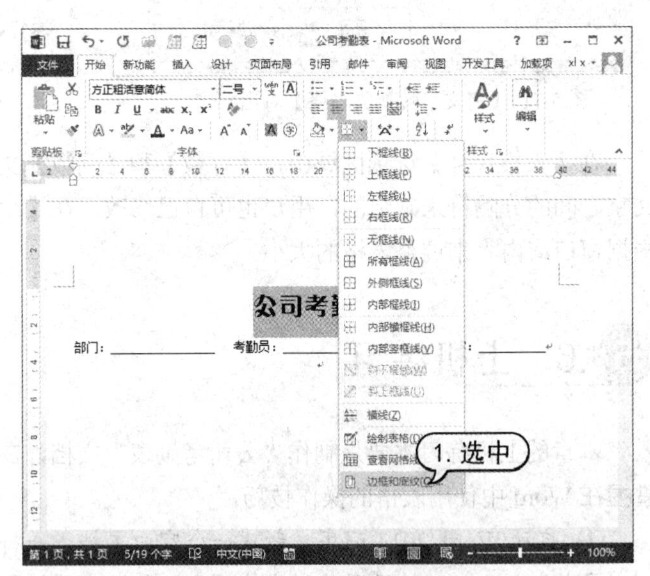

图 5-75　选择【边框和底纹】命令

(5) 打开【边框和底纹】对话框，切换至【底纹】选项卡，在【填充】下拉列表中选择【蓝色，着色 1，淡色 60%】；在【应用于】下拉列表框中选择【段落】选项，然后单击【确定】按钮，如图 5-76 所示。

(6) 此时为标题文本添加底纹，效果如图 5-77 所示。

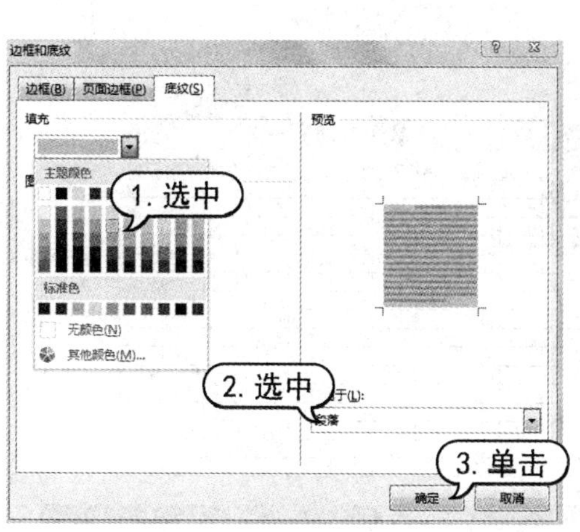

图 5-76　设置文本底纹

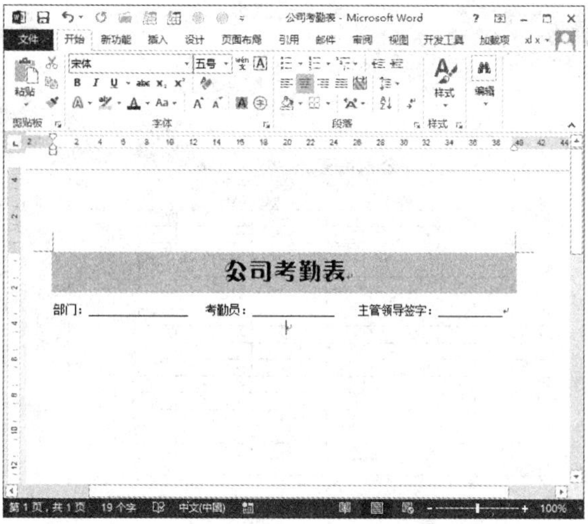

图 5-77　显示底纹效果

(7) 将光标定位在第 3 行，打开【插入】选项卡，在【表格】组中单击【表格】按钮，选择【插入表格】命令，如图 5-78 所示。

(8) 打开【插入表格】对话框，在【列数】微调框中输入“11”，【行数】微调框中输入“16”，单击【确定】按钮，如图 5-79 所示。

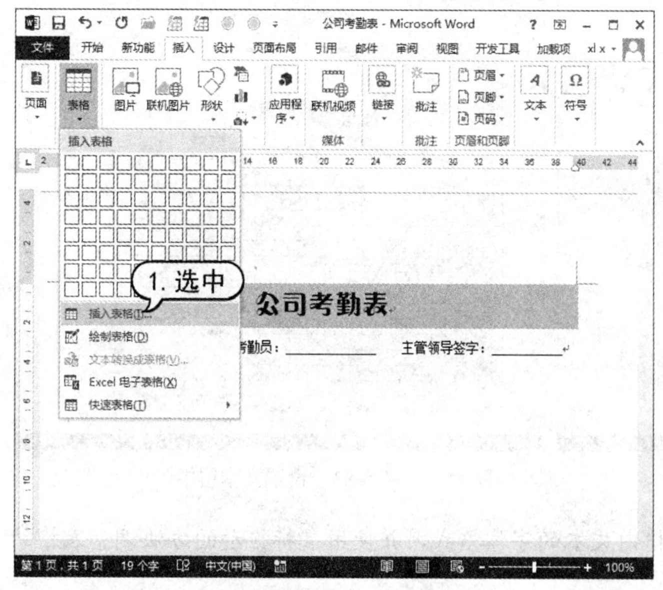

图 5-78　选择【插入表格】命令

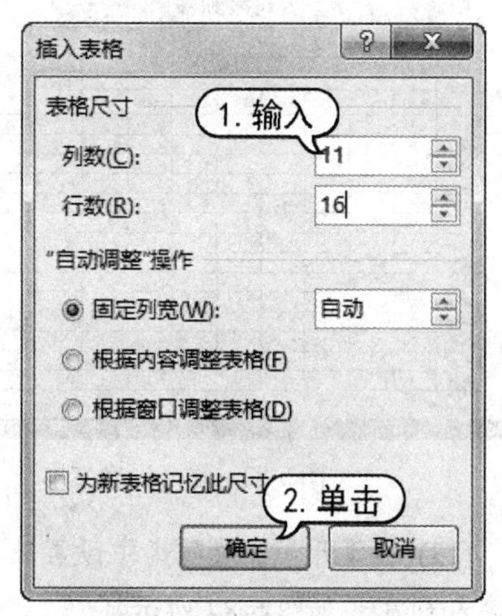

图 5-79　【插入表格】对话框

(9) 此时在文本下插入一个 11×16 的表格，效果如图 5-80 所示。

(10) 选中 A1 和 A2 单元格，打开【表格工具】的【布局】选项卡，在【合并】组中单击【合并单元格】按钮，合并单元格，如图 5-81 所示。

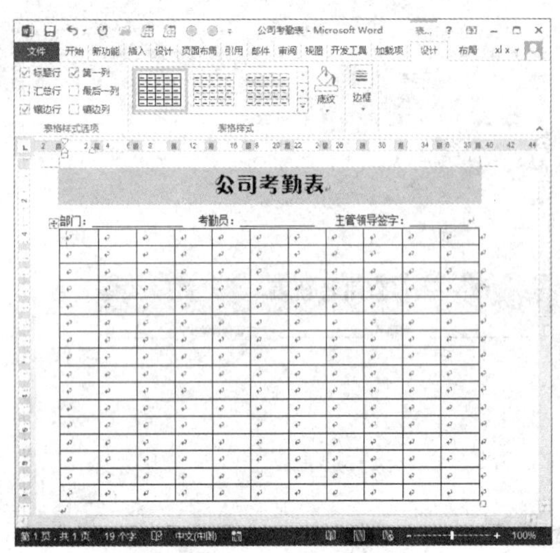

图 5-80　显示表格

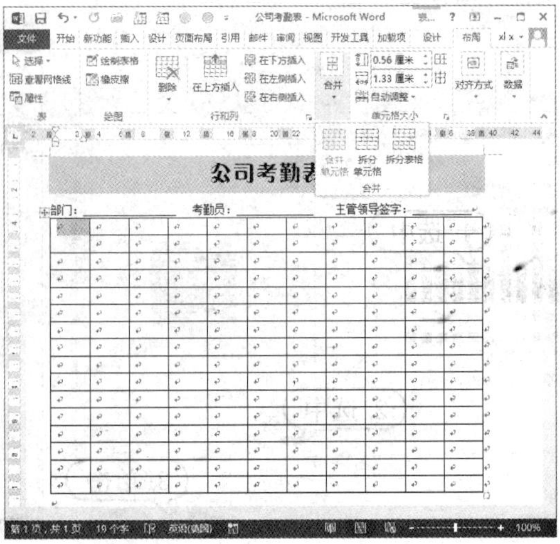

图 5-81　合并单元格

(11) 按照相同的方法合并其他单元格，并输入相应文本，如图 5-82 所示。

(12) 选中整个表格，打开【表格工具】的【布局】选项卡，在【对齐方式】组中单击【居中】按钮，设置表格中文本的对齐方式，如图 5-83 所示。

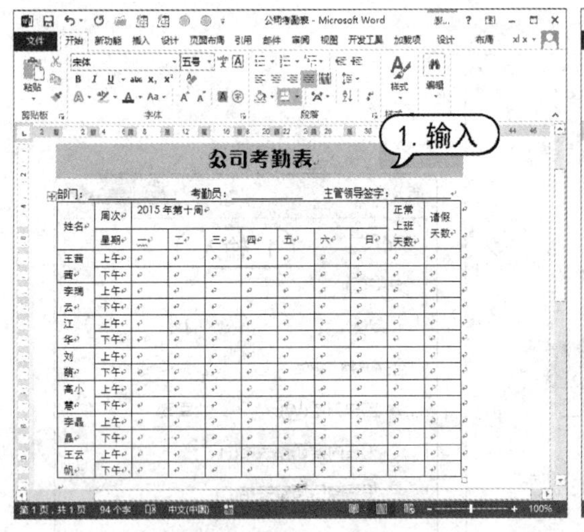

图 5-82　输入表格文本

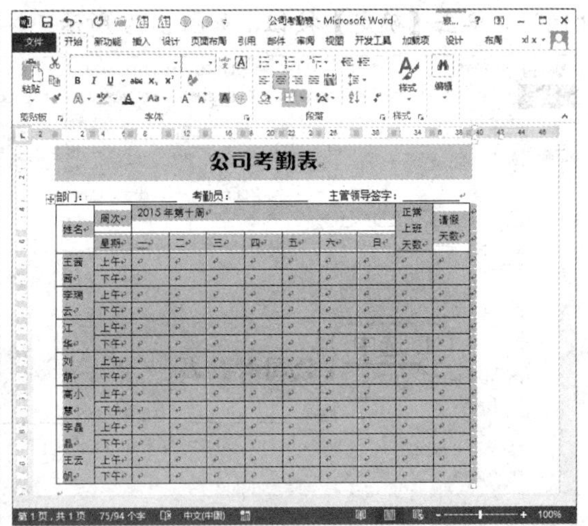

图 5-83　设置文本居中

(13) 在【开始】选项卡中设置表格内文本的字体格式，并使用鼠标拖动的方法调整表格的行高和列宽，如图 5-84 所示。

(14) 选中“六”和“日”两个单元格，在【开始】选项卡的【段落】组中单击【底纹】下拉按钮，为单元格设置【深红色】底纹，如图 5-85 所示。

图 5-84　设置文本格式和表格

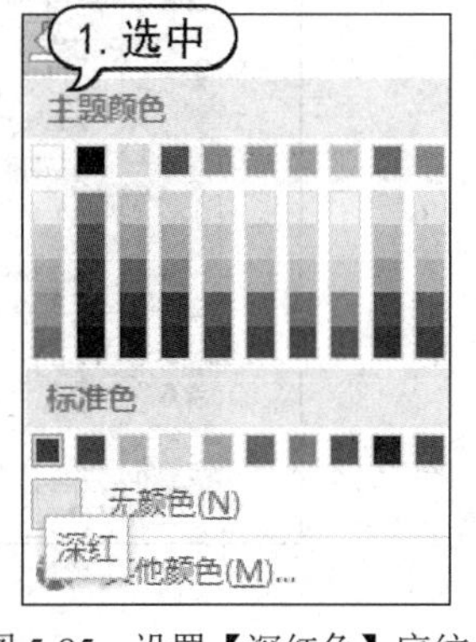

图 5-85　设置【深红色】底纹

(15) 使用步骤(14)的方法为其他单元格设置底纹颜色，如图 5-86 所示。

(16) 选中整个表格，打开【边框和底纹】对话框并切换至【边框】选项卡。在左侧选中【全部】选项，在【颜色】下拉列表中选择【蓝色】选项，单击【确定】按钮，如图 5-87 所示。

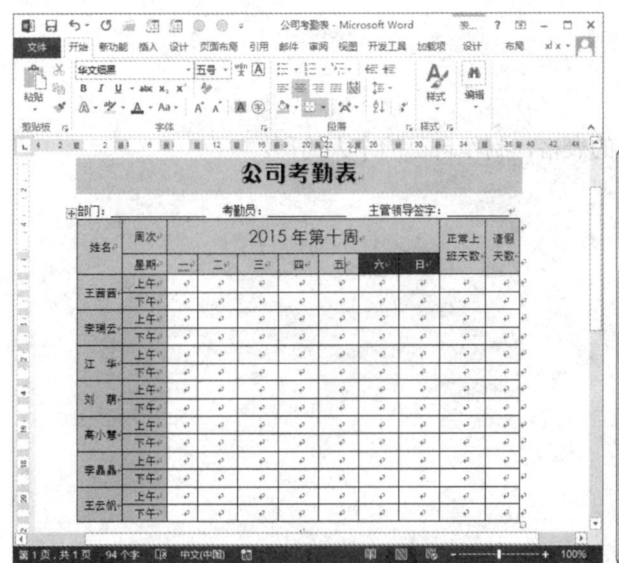

图 5-86　设置表格底纹

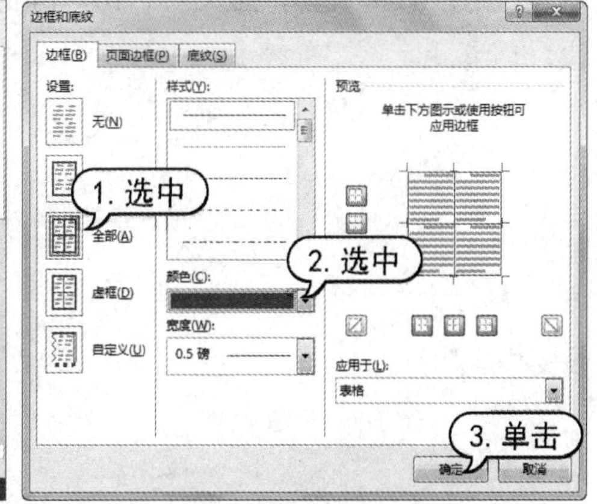

图 5-87　设置表格边框

(17) 此时为边框设置颜色，整个文档的最终效果如图 5-88 所示，保存该文档。

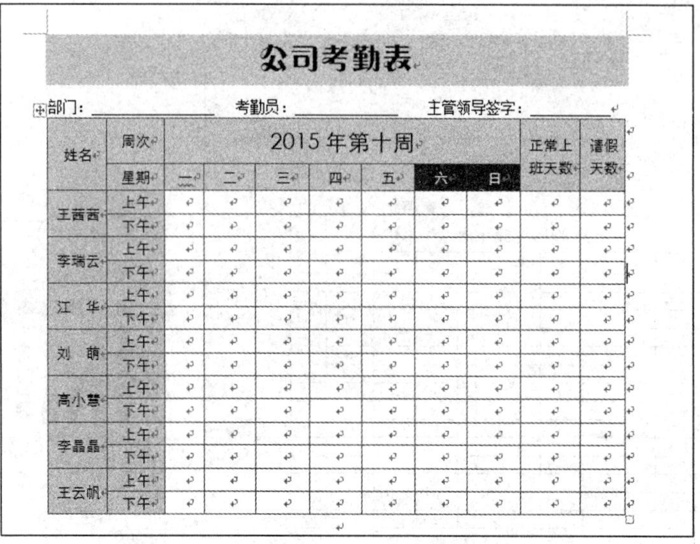

公司考勤表

部门：＿＿＿＿＿ 考勤员：＿＿＿＿＿ 主管领导签字：＿＿＿＿＿

姓名	周次	2015 年第十周							正常上班天数	请假天数
	星期	一	二	三	四	五	六	日		
王茜茜	上午									
	下午									
李瑞云	上午									
	下午									
江　华	上午									
	下午									
刘　萌	上午									
	下午									
高小慧	上午									
	下午									
李晶晶	上午									
	下午									
王云帆	上午									
	下午									

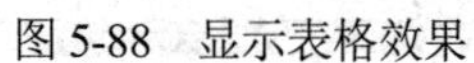

图 5-88　显示表格效果

5.7　习题

1. 创建表格有哪几种方式？
2. 如何合并和拆分单元格？
3. 如何排序表格内数据？
4. 创建 Word 文档，插入一个 10×14 的表格，制作自己的个人简历。

第6章 文档页面设置和打印

学习目标

为了帮助用户提高文档的编辑效率，创建有特殊效果的文档，Word 2013 提供了许多便捷的操作方式及管理工具来优化文档的格式编排。本章将介绍设置文档页面，插入分栏、页码、页眉和页脚以及文档打印设置等内容。

本章重点

- 设置页面格式
- 插入分页符
- 插入页眉和页脚
- 插入页码
- 添加页面背景和主题
- 文档打印设置

6.1 设置页面格式

在处理 Word 文档的过程中，为了使文档页面更加美观，用户可以根据需求规范文档的页面，如设置页边距、纸张大小、文档网格等。

6.1.1 设置页边距

页边距就是页面上打印区域之处的空白空间。设置页边距，包括调整上、下、左、右边距，调整装订线的距离和纸张的方向。

打开【页面布局】选项卡，在【页面设置】组中单击【页边距】按钮，从弹出的下拉列表框中选择页边距样式，即可快速为页面应用该页边距样式。若选择【自定义边距】命令，打开【页面设置】对话框的【页边距】选项卡，如图 6-1 所示，在其中可以精确设置页面边距。此外 Word

2013 还提供了添加装订线功能，使用该功能可以为页面设置装订线，以便日后装订长文档。

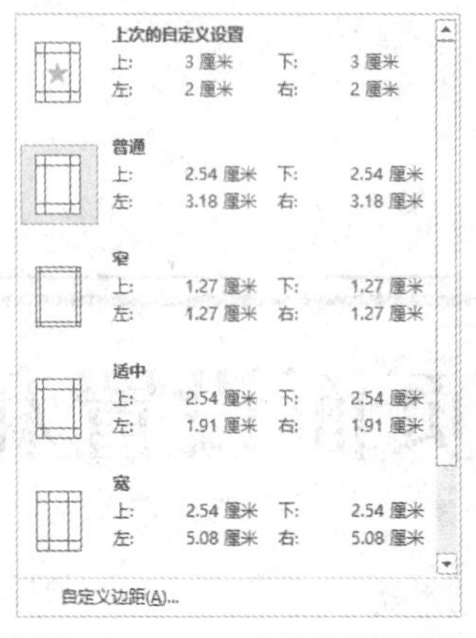

图 6-1　打开【页边距】选项卡

【例 6-1】设置“酒”文档的页边距和装订线。

(1) 启动 Word 2013，打开“酒”文档，打开【页面布局】选项卡，在【页面设置】组中单击【页边距】按钮，选择【自定义边距】命令。

(2) 打开【页面设置】对话框，在【页边距】选项卡的【页边距】选项区域中，设置【上】、【下】、【左】、【右】微调框为“3 厘米”、“3 厘米”、“2 厘米”和“2 厘米”，如图 6-2 所示。

(3) 在【页边距】选项卡的【页边距】选项区域中的【装订线】微调框中输入“1.5 厘米”；在【装订线位置】下拉列表框中选择【上】选项，在【页面设置】对话框中单击【确定】按钮完成设置，如图 6-3 所示。

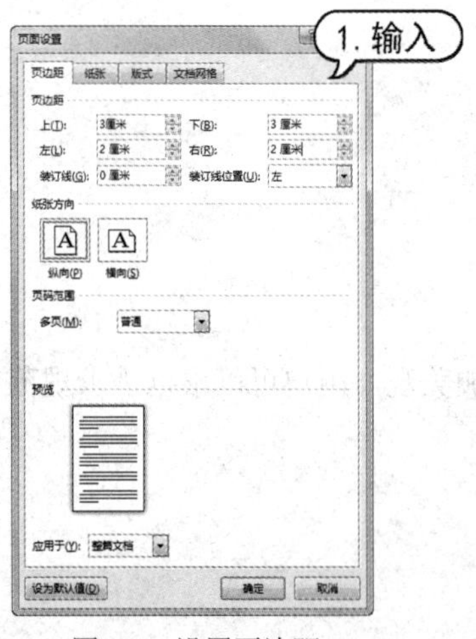

图 6-2　设置页边距

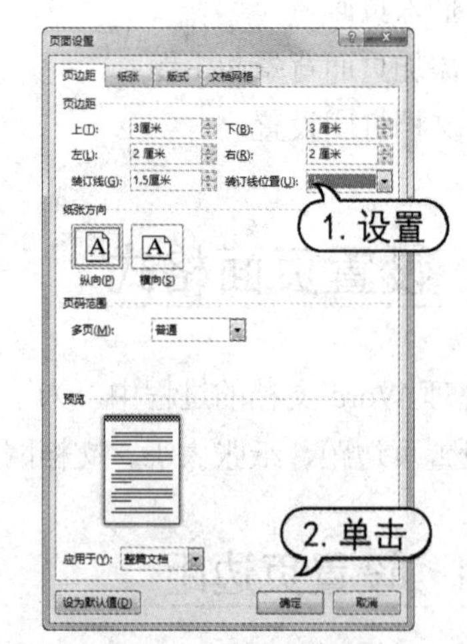

图 6-3　设置装订线

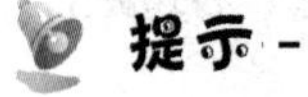

提示

默认情况下，Word 2013 将此次页边距的数值记忆为【上次的自定义设置】，在【页面设置】组中单击【页边距】按钮，从弹出的菜单中选择【上次的自定义设置】选项，即可为当前文档应用上次的自定义页边距设置值。

6.1.2　设置纸张大小

在 Word 2013 中，默认的页面方向为纵向，其大小为 A4。在制作某些特殊文档(如名片、贺卡)时，为了满足文档的需要可对其页面大小和方向进行更改。

在【页面设置】组中单击【纸张大小】按钮，在弹出的下拉列表中选择设定的规格选项即可快速设置纸张大小。

【例 6-2】设置“酒”文档的纸张大小。

(1) 启动 Word 2013，打开“酒”文档，打开【页面布局】选项卡，在【页面设置】组中单击【纸张大小】按钮，从弹出的下拉菜单中选择【其他页面大小】命令，如图 6-4 所示。

(2) 在打开的【页面设置】对话框中选择【纸张】选项卡，在【纸张大小】下拉列表框中选择【自定义大小】选项，在【宽度】和【高度】微调框中分别输入“20 厘米”和“15 厘米”，单击【确定】按钮完成设置，如图 6-5 所示。

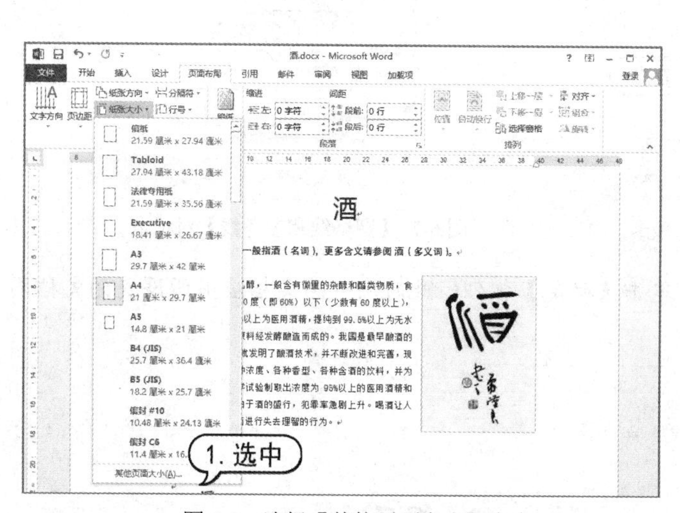

图 6-4　选择【其他页面大小】命令

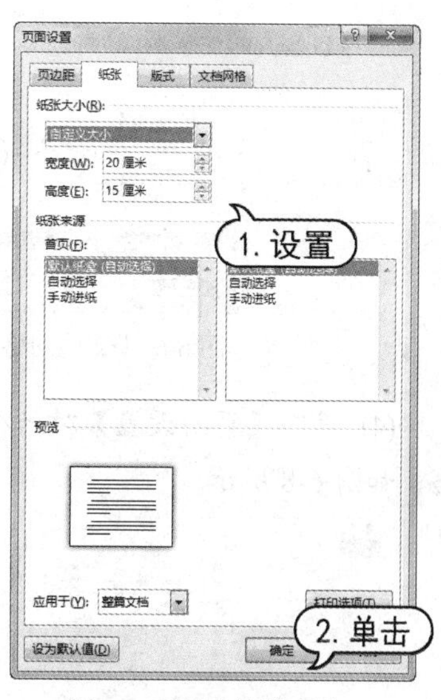

图 6-5　【纸张】选项卡

知识点

日常使用的纸张大小一般有 A4、16 开、32 开和 B5 等几种类型。不同的文档，其页面大小也不同。此时，就需要对页面大小进行设置，即选择要使用的纸型。每一种纸型的高度与宽度都有标准的规定。还可以根据需要进行修改。

6.1.3　设置文档网格

文档网格用于设置文档中文字排列的方向、每页的行数、每行的字数等内容。

【例 6-3】在“酒”文档中，设置文档网格。

(1) 启动 Word 2013 程序，打开“酒”文档。

(2) 打开【页面布局】选项卡，单击【页面设置】对话框启动器按钮，打开【页面设置】对话框，打开【文档网格】选项卡，在【文字排列】选项区域中选中【水平】单选按钮；在【网格】选项区域中选中【指定行和字符网格】单选按钮；在【字符数】的【每行】微调框中输入16；在【行数】的【每页】微调框中输入 9，单击【网格线和参考线】按钮，如图 6-6 所示。

(3) 打开【网格线和参考线】对话框，选中【在屏幕上显示网格线】复选框，在【水平间隔】文本框中输入 2，单击【确定】按钮，如图 6-7 所示。

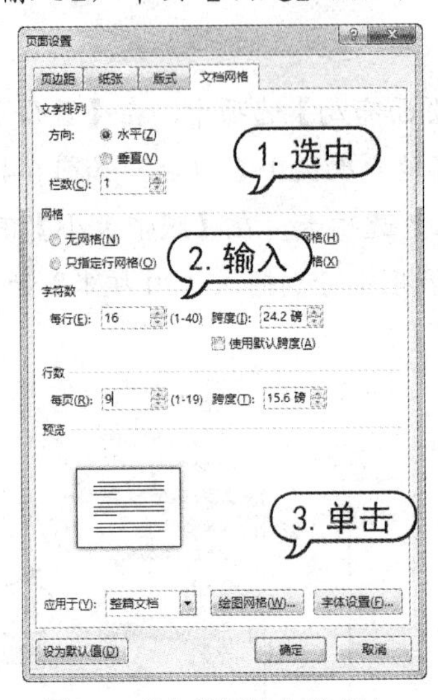

图 6-6 【文档网格】选项卡

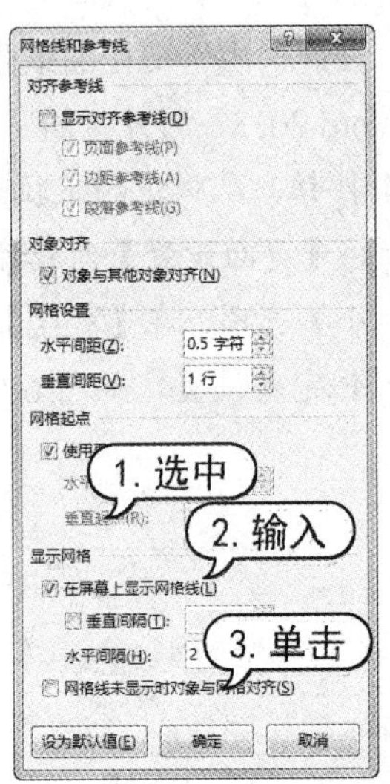

图 6-7 【网格线和参考线】对话框

(4) 返回【页面设置】对话框，单击【确定】按钮，此时即可为文档应用所设置的文档网格，如图 6-8 所示。

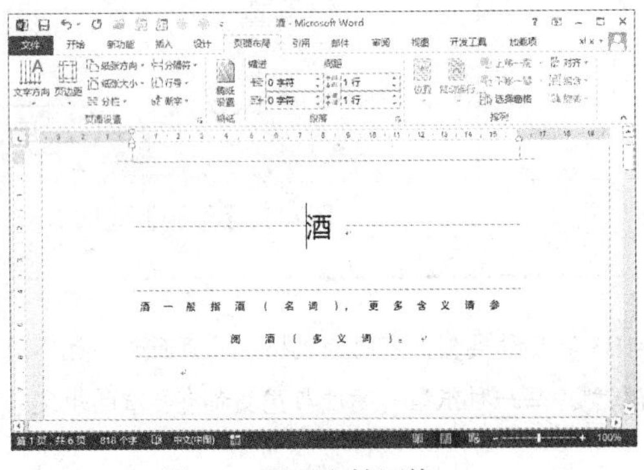

图 6-8 显示文档网格

提示

打开【视图】选项卡，在【显示】组中取消选中【网格线】复选框，即可隐藏页面中的网格线。

6.1.4 设置稿纸页面

Word 2013 提供了稿纸设置的功能，使用该功能，可以生成空白的稿纸样式文档，或快速地将稿纸网格应用于 Word 文档中的现成文档。

1. 创建空的稿纸文档

打开一个空白的 Word 文档后，使用 Word 自带的稿纸，可以快速地为用户创建方格式、行线式和外框式稿纸页面。

【例 6-4】新建一个“稿纸”文档，在其中创建行线式稿纸页面。

(1) 启动 Word 2013 程序，新建一个空白文档，将其命名为“稿纸”。

(2) 打开【页面布局】选项卡，在【稿纸】组中单击【稿纸设置】按钮，打开【稿纸设置】对话框。在【格式】下拉列表框中选择【方格式稿纸】选项；在【行数 × 列数】下拉列表框中选择 20 × 25 选项；在【网格颜色】下拉面板中选择【橙色】选项，然后单击【确定】按钮，如图 6-9 所示。

(3) 进行稿纸转换，完成后将显示所设置的稿纸格式，此时稿纸颜色显示为橙色，如图 6-10 所示。

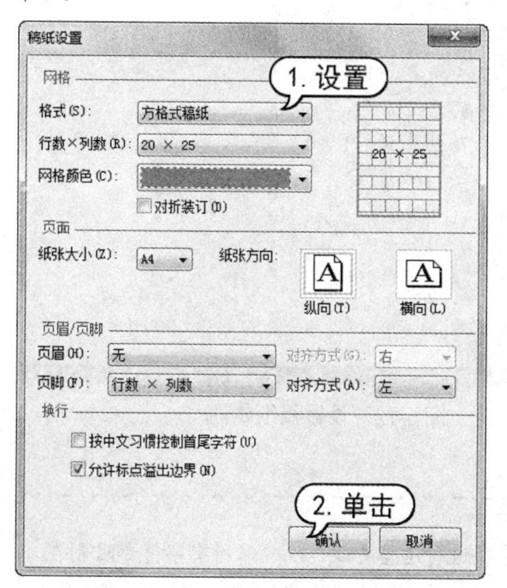

图 6-9 【稿纸设置】对话框

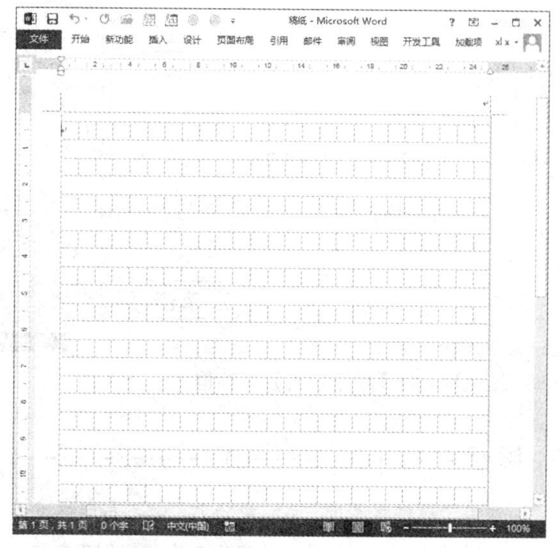

图 6-10　创建空白稿纸文档

提示

在【稿纸设置】对话框中，在【网格】选项区域中选中【对折装订】复选框，可以将整张稿纸分为两半装订；在【纸张大小】下拉列表框中可以选择纸张大小；在【纸张方向】选项区域中，可以设置纸张的方向；在【页眉/页脚】选项区域中可以设置稿纸页眉和页脚内容，以及设置页眉和页脚的对齐方式。

2. 为现有文档应用稿纸设置

如果在编辑文档时事先没有创建稿纸，为让用户更方便、清晰地阅读文档，这时就可以为已有的文档应用稿纸。

【例 6-5】为“酒”文档应用方格式稿纸。

(1) 启动 Word 2013 程序，打开“酒”文档。

(2) 打开【页面布局】选项卡，在【稿纸】组中单击【稿纸设置】按钮，打开【稿纸设置】对话框。在【格式】下拉列表框中选择【行线式稿纸】选项；在【行数×列数】下拉列表框中选择 20×20 选项；在【网格颜色】下拉面板中选择【绿色】选项，然后单击【确定】按钮，如图 6-11 所示。

(3) 此时稍等片刻，即可为文档应用所设置的稿纸格式，稿纸颜色显示为绿色，效果如图 6-12 所示。

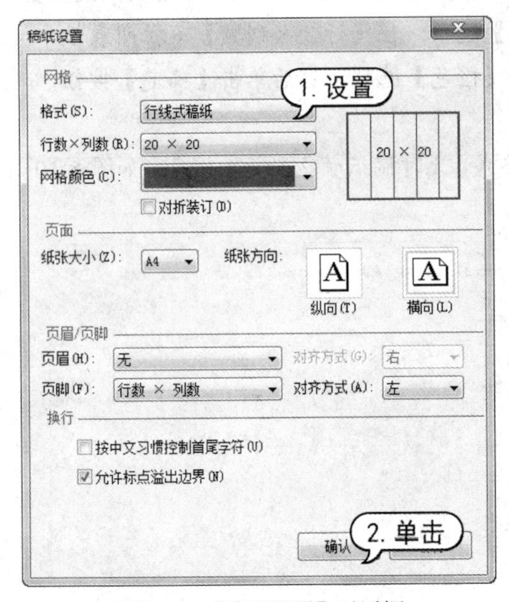

图 6-11 【稿纸设置】对话框

图 6-12 设置稿纸属性

提示

应用了稿纸样式后，文档中的文本都将与网格对齐。字号将进行适当更改，以确保所有字符都限制在网格内并显示良好，但最初的字体名称和颜色不变。

6.2 插入页眉和页脚

页眉是版心上边缘和纸张边缘之间的图形或文字，页脚则是版心下边缘与纸张边缘之间的图形或文字。使用适合的页眉和页脚，会使文稿显得更为规范。

6.2.1 为首页创建页眉和页脚

页眉和页脚通常用于显示文档的附加信息，如页码、时间和日期、作者名称、单位名称、徽标或章节名称等内容。通常情况下，在书籍的章首页，需要创建独特的页眉和页脚。Word 2013 还提供了插入封面功能，用于说明文档的主要内容和特点。

【例6-6】为“公司管理制度”文档添加封面，并在封面中创建页眉和页脚。

(1) 启动Word 2013程序，打开“公司管理制度”文档，打开【插入】选项卡，在【页面】组中单击【封面】按钮，在弹出的列表框中选择【怀旧】选项，即可插入基于该样式的封面，如图6-13所示。

(2) 在封面页的占位符中根据提示修改或添加文字，如图6-14所示。

图6-13 选择【怀旧】选项

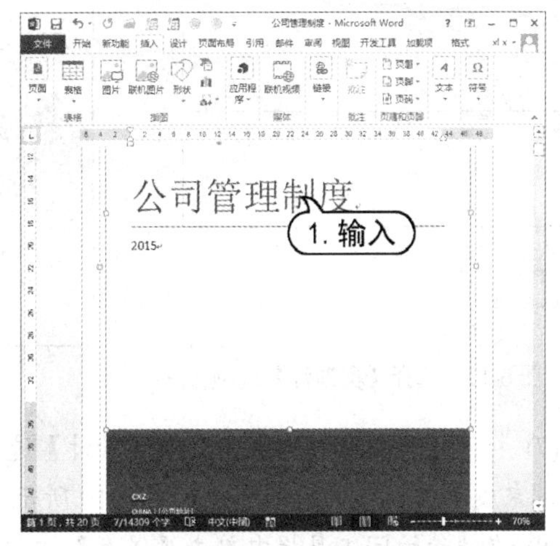

图6-14 输入文本

(3) 打开【插入】选项卡，在【页眉和页脚】组中单击【页眉】按钮，在弹出的列表中选择【边线型】选项，插入该样式的页眉，如图6-15所示。

(4) 在页眉处输入页眉文本，如图6-16所示。

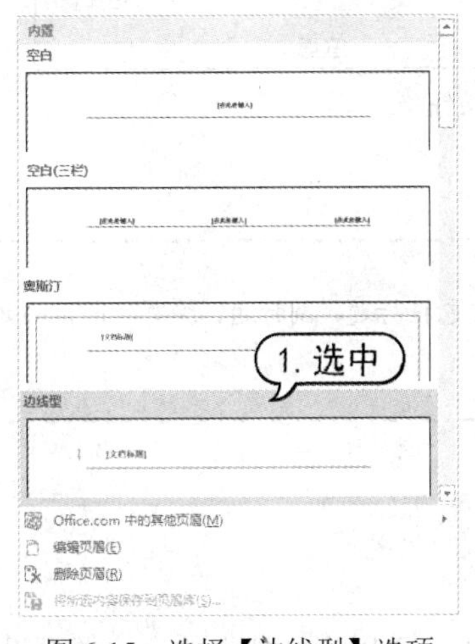

图6-15 选择【边线型】选项

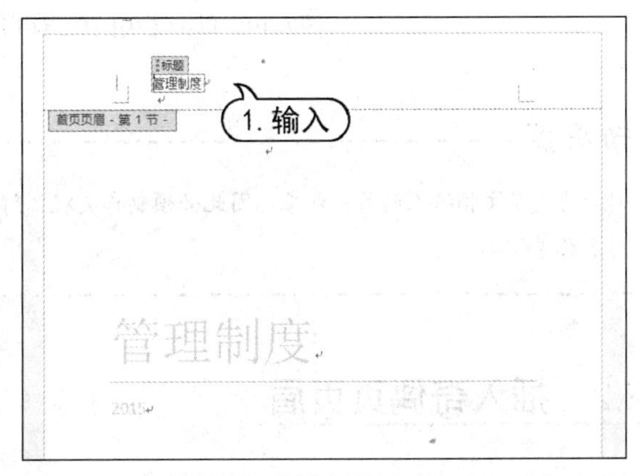

图6-16 输入页眉文本

(5) 打开【插入】选项卡，在【页眉和页脚】组中单击【页脚】按钮，在弹出的列表中选择【奥斯汀】选项，插入该样式的页脚，如图6-17所示。

(6) 在页脚处删除首页页码，并输入文本，设置字体颜色为浅蓝色，如图6-18所示。

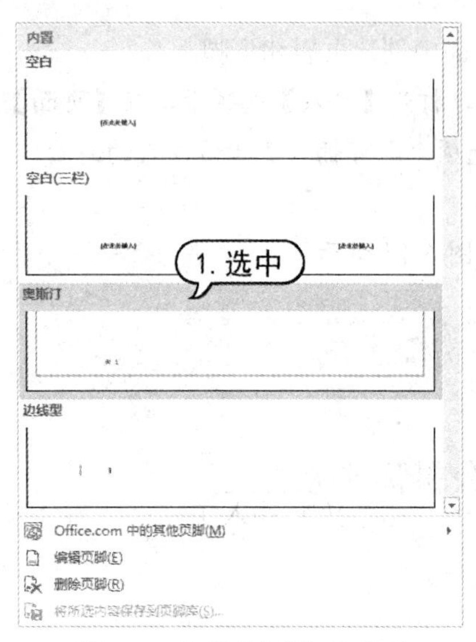

图 6-17　选择【奥斯汀】选项

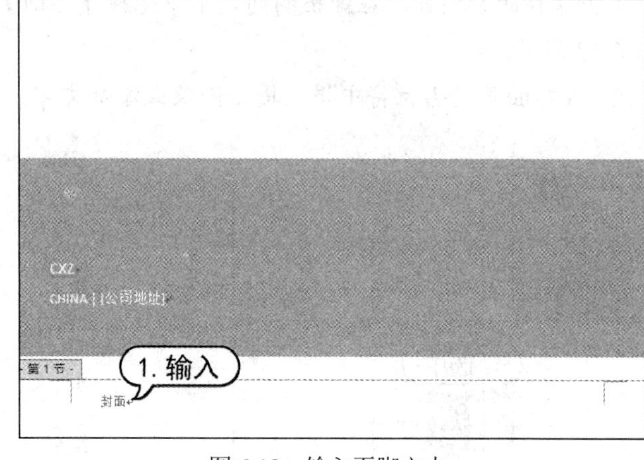

图 6-18　输入页脚文本

(7) 打开【页眉和页脚】工具的【设计】选项卡，在【关闭】组中单击【关闭页眉和页脚】按钮，完成页眉和页脚的添加，如图 6-19 所示。

(8) 在快速访问工具栏中单击【保存】按钮，保存“公司管理制度”文档。

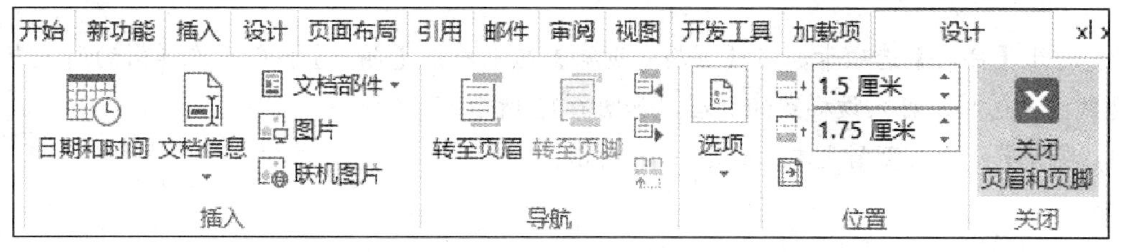

图 6-19　单击【关闭页眉和页脚】按钮

知识点

封面决定了文档给人的第一印象，因此必须制作美观。封面主要包括标题、副标题、编写时间、编著及公司名称等信息。

6.2.2　插入奇偶页页眉

书籍中奇偶页的页眉页脚通常是不同的。在 Word 2013 中，可以为文档中的奇、偶页设计不同的页眉和页脚。

【例 6-7】在“公司管理制度”文档中，为奇、偶页创建不同的页眉。

(1) 启动 Word 2013 程序，打开“公司管理制度”文档，打开【插入】选项卡，在【页眉和页脚】组中单击【页眉】下拉按钮，选择【编辑页眉】命令，进入页眉和页脚编辑状态，如图 6-20 所示。

(2) 打开【页眉和页脚】工具的【设计】选项卡，在【选项】组中选中【首页不同】和【奇偶页不同】复选框，如图 6-21 所示。

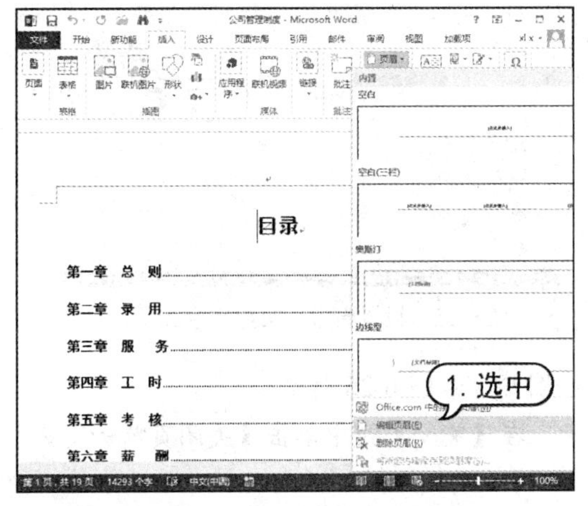

图 6-20 选择【编辑页眉】命令

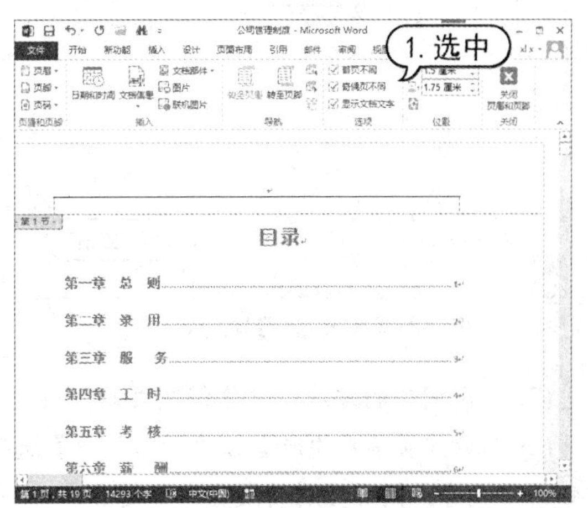

图 6-21 设置【设计】选项卡

(3) 在奇数页页眉区域中选中段落标记符，打开【开始】选项卡，在【段落】组中单击【边框】按钮，在弹出的菜单中选择【无框线】命令，隐藏奇数页页眉的边框线，如图 6-22 所示。

(4) 将光标定位在段落标记符上，输入文字“公司管理制度——员工手册”，设置文字字体为【华文行楷】，字号为【小三】，字体颜色为【橙色，着色 6，深色 25%】，文本右对齐显示，如图 6-23 所示。

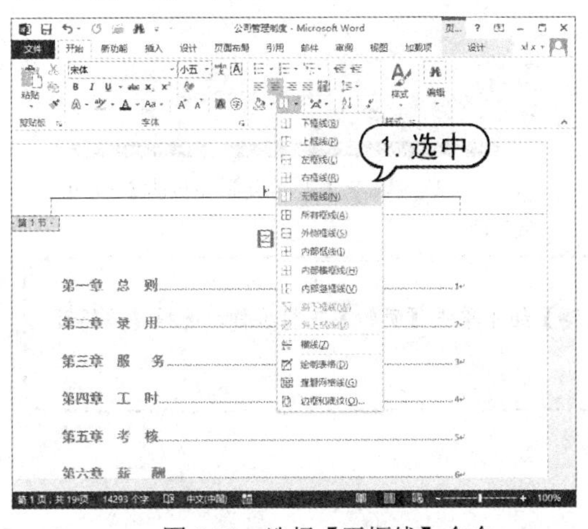

图 6-22 选择【无框线】命令

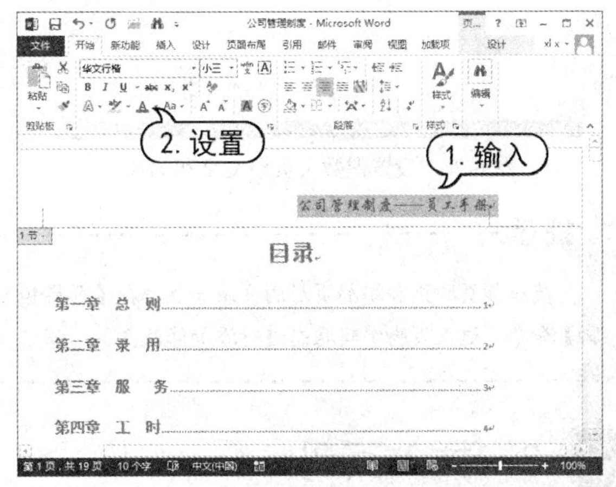

图 6-23 输入并设置文字

(5) 将插入点定位在页眉文本右侧，打开【插入】选项卡，在【插图】组中单击【图片】按钮，打开【插入图片】对话框，选择一张图片，单击【插入】按钮，如图 6-24 所示。

(6) 将该图片插入到奇数页的页眉处，打开【图片工具】的【格式】选项卡，在【排列】组中单击【自动换行】按钮，从弹出的菜单中选择【浮于文字上方】命令，为页眉图片设置环绕方式，拖动鼠标调节图片大小和位置，如图 6-25 所示。

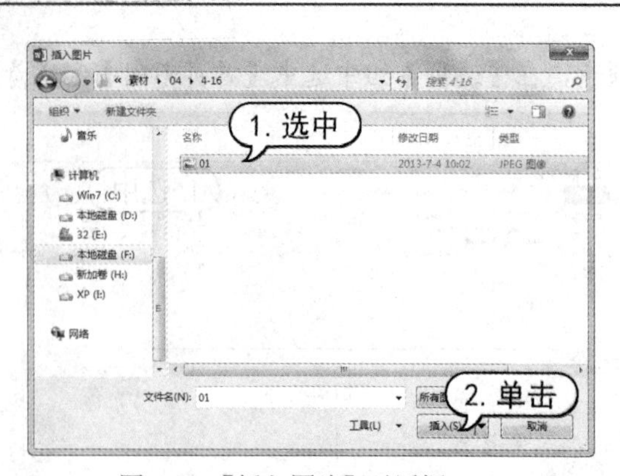

图 6-24 【插入图片】对话框

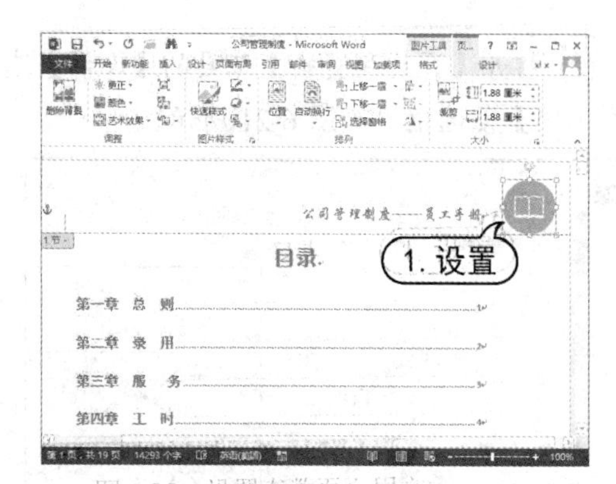

图 6-25 设置奇数页页眉文字和图片

(7) 使用同样的方法，设置偶数页的页眉文本和图片，如图 6-26 所示。

(8) 打开【页眉和页脚】工具的【设计】选项卡，在【关闭】组中单击【关闭页眉和页脚】按钮，完成奇、偶页页眉的设置，如图 6-27 所示。

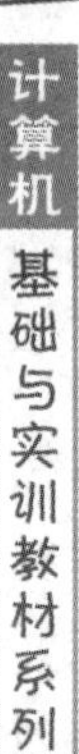

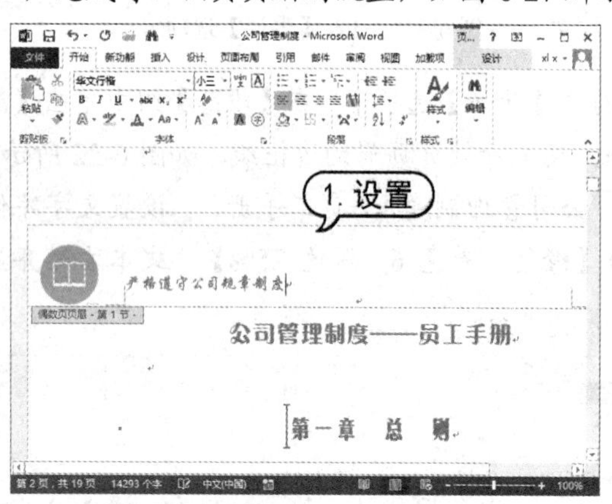

图 6-26 设置偶数页页眉文字和图片

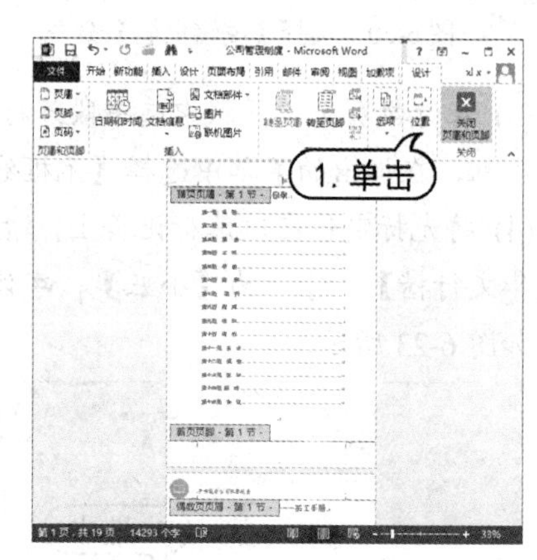

图 6-27 单击【关闭页眉和页脚】按钮

提示

要添加页脚则和添加页眉的方法一致，在【页眉和页脚】组中单击【页脚】下拉按钮，选择【编辑页脚】命令，进入页脚编辑状态进行添加修改。

6.3 插入页码

页码是给文档每页所编的号码，就是书籍每一页面上标明次序的号码或其他数字，用于统计书籍的面数，以便于读者阅读和检索。页码一般都被添加在页眉或页脚中，但也不排除其他特殊情况，页码也可以被添加到其他位置。

6.3.1 创建页码

要插入页码，可以打开【插入】选项卡，在【页眉和页脚】组中单击【页码】按钮，从弹

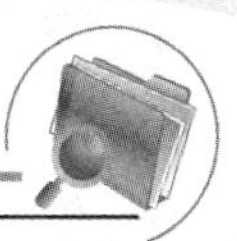

出的菜单中选择页码的位置和样式，如图 6-28 所示。

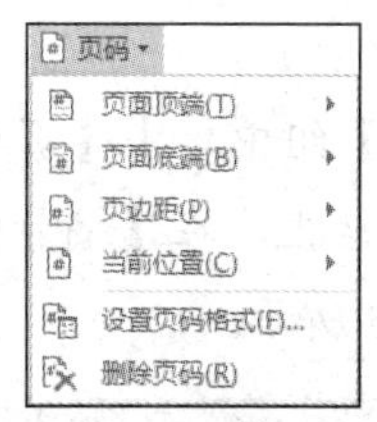

图 6-28 【页码】菜单

知识点

Word 中显示的动态页码的本质就是域，可以通过插入页码域的方式来直接插入页码。最简单的操作为，将插入点定位在页眉或页脚区域中，按 Ctrl+F9 组合键，输入 PAGE，然后按 F9 键即可。

6.3.2　设置页码

在文档中，如果需要使用不同于默认格式的页码，就需要对页码的格式进行设置。打开【插入】选项卡，在【页眉和页脚】组中单击【页码】按钮，在弹出的菜单中选择【设置页码格式】命令，打开【页码格式】对话框，如图 6-29 所示。在该对话框中可以进行页码的格式化设置。

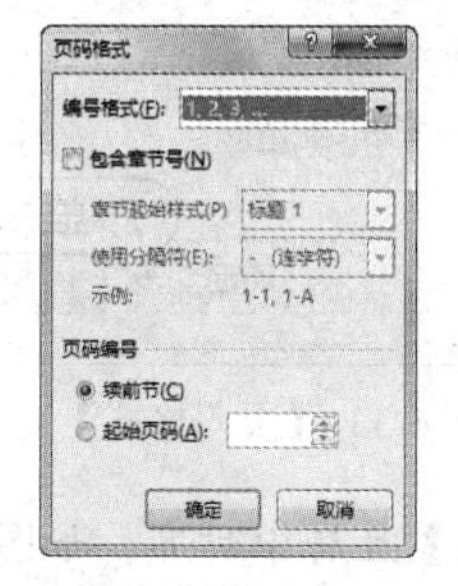

图 6-29 【页码格式】对话框

提示

在【页码格式】对话框中，选中【包含章节号】复选框，可以添加的页码中包含章节号，还可以设置章节号的样式及分隔符；在【页码编号】选项区域中，可以设置页码的起始页。

【例 6-8】在“公司管理制度”文档中，创建页码，并设置页码格式。

(1) 启动 Word 2013，打开“公司管理制度”文档，将插入点定位在奇数页中，打开【插入】选项卡，在【页眉和页脚】组中，单击【页码】按钮，在弹出的菜单中选择【页面底端】命令，在【带有多种形状】类别框中选择【圆角矩形 3】选项，如图 6-30 所示。

(2) 此时在奇数页插入【圆角矩形 3】样式的页码，如图 6-31 所示。

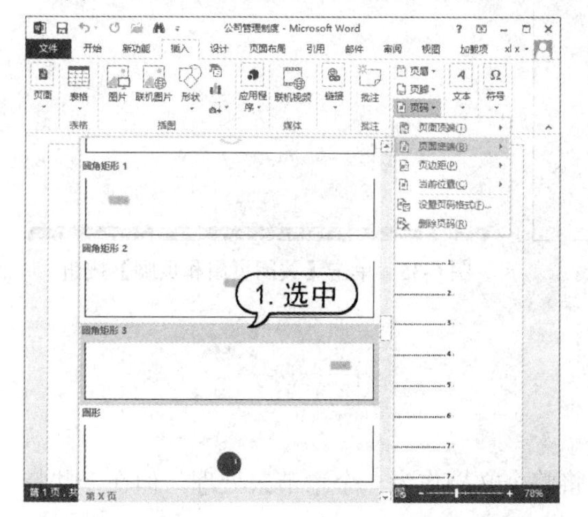

图 6-30　设置奇数页眉文字和图片

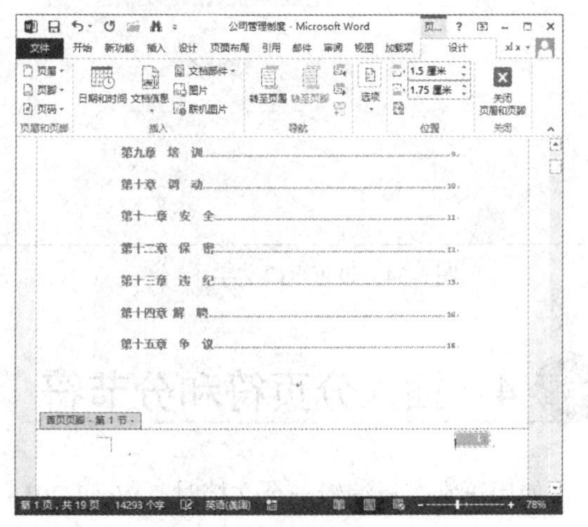

图 6-31　显示奇数页页码

(3) 将插入点定位在偶数页，使用同样的方法，在页面底端中插入【圆角矩形 1】样式的页码，如图 6-32 所示。

(4) 打开【页眉和页脚工具】的【设计】选项卡，在【页眉和页脚】组中单击【页码】按钮，从弹出的菜单中选择【设置页码格式】命令，打开【页码格式】对话框，在【编号样式】下拉列表框中选择【-1-,-2-,-3-,…】选项，单击【确定】按钮，如图 6-33 所示。

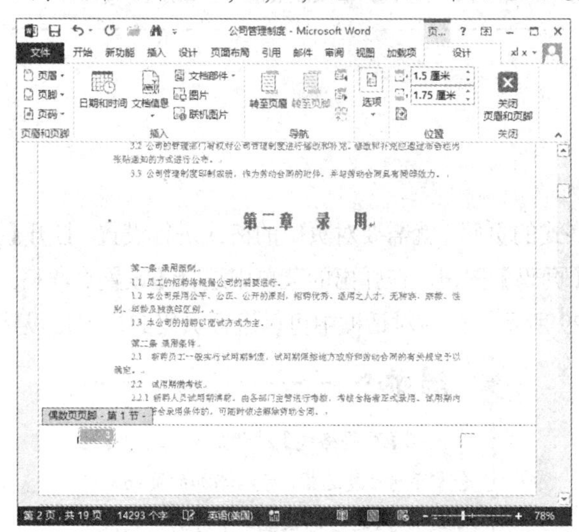

图 6-32 设置偶数页眉文字和图片

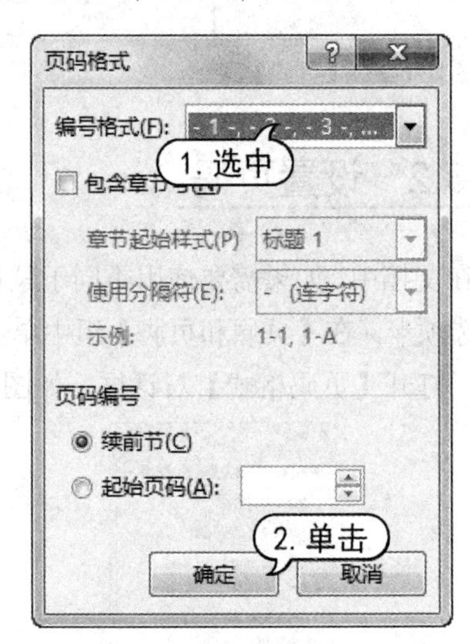

图 6-33 【页码格式】对话框

(5) 依次选中奇、偶数页码数字，设置其字体颜色为【白色】且居中对齐，如图 6-34 所示。

(6) 打开【页眉和页脚】工具的【设计】选项卡，在【关闭】组中单击【关闭页眉和页脚】按钮，退出页码编辑状态，如图 6-35 所示。

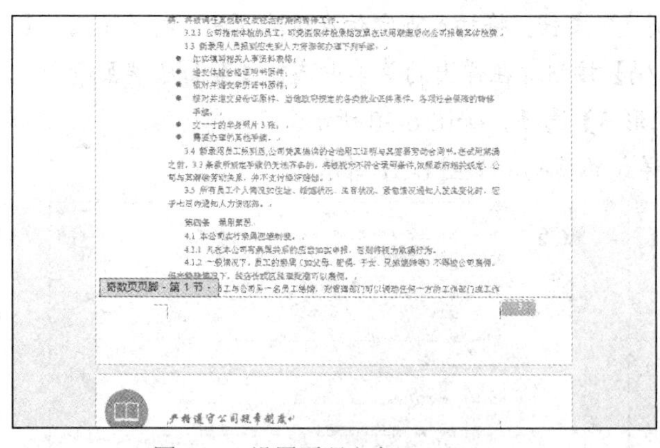

图 6-34 设置页码文字

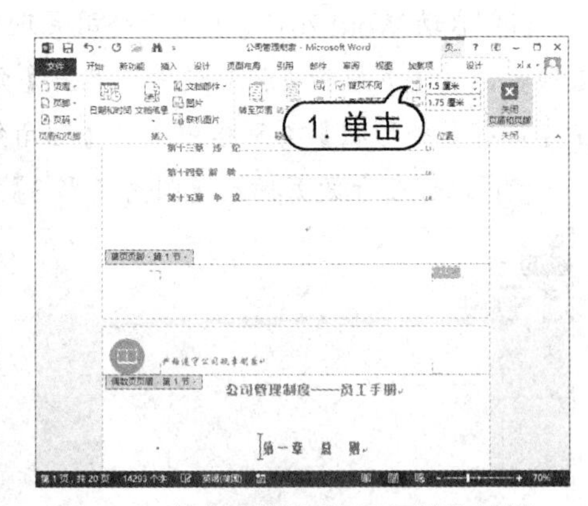

图 6-35 单击【关闭页眉和页脚】按钮

6.4 插入分页符和分节符

使用正常模板编辑一个文档时，Word 2013 将整个文档作为一个章节来处理，但在一些特殊情况下，例如要求前后两页、一页中两部分之间有特殊格式时，操作起来相当不便。此时可

在其中插入分页符或分节符。

6.4.1　插入分页符

分页符是分隔相邻页之间文档内容的符号，用来标记一页终止并开始下一页的点。在 Word 2013 中，可以很方便地插入分页符。

【例 6-9】在“公司管理制度”文档中，将选定内容分页显示。

(1) 启动 Word 2013，打开“公司管理制度”文档，将插入点定位到第 2 页中的标题文本“第二章　录　用”之前，如图 6-36 所示。

(2) 打开【页面布局】选项卡，在【页面设置】组中单击【插入分节符和分页符】按钮，弹出的【分页符】菜单选项区域中选择【分页符】命令，如图 6-37 所示。

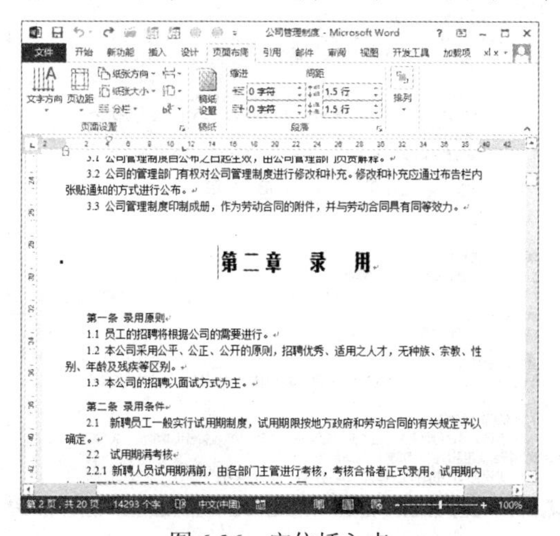

图 6-36　定位插入点

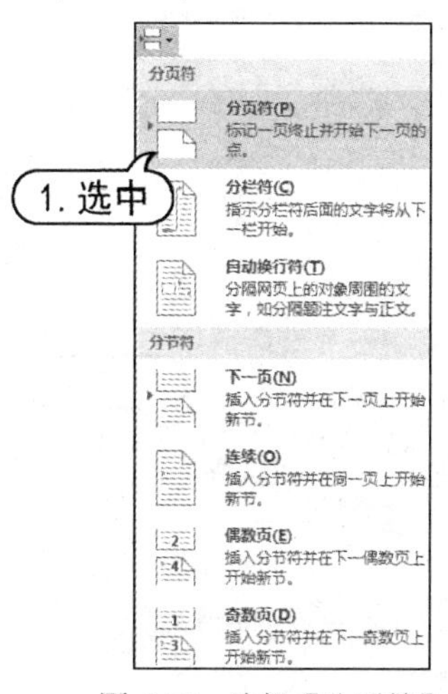

图 6-37　选择【分页符】命令

(3) 此时自动将标题文本下的所有文本移至下一页，如图 6-38 所示。

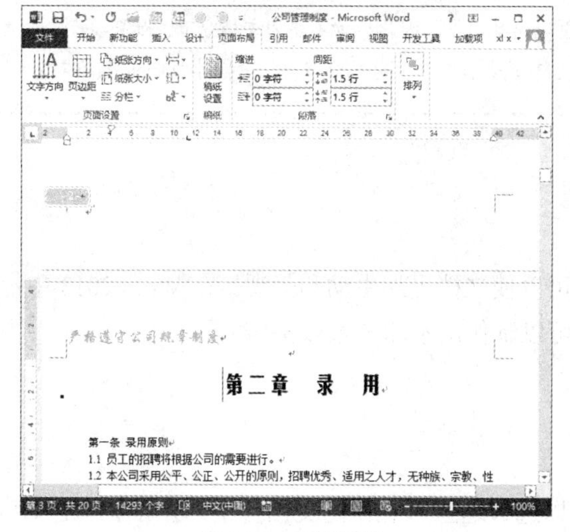

图 6-38　分页效果

提示

要显示插入的分页符，打开【Word 选项】对话框的【显示】选项卡，选中【显示所有格式标记】复选框，单击【确定】按钮即可。

6.4.2 插入分节符

如果把一个较长的文档分成几节，就可以单独设置每节的格式和版式，从而使文档的排版和编辑更加灵活。

【例 6-10】在【公司管理制度】文档中，在第 1 节之前插入连续的分节符。

(1) 启动 Word 2013，打开“公司管理制度”文档，将插入点定位到第 2 页中的标题文本“第二章　录　用”之前，打开【页面布局】选项卡，在【页面设置】组中单击【分隔符】按钮，从弹出的【分节符】菜单选项区域中选择【连续】命令，如图 6-39 所示。

(2) 此时，自动在标题文本后显示分节符，如图 6-40 所示。

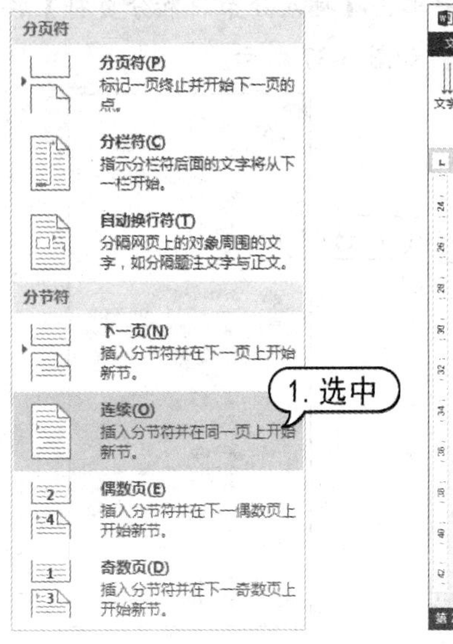

图 6-39　选择【连续】命令

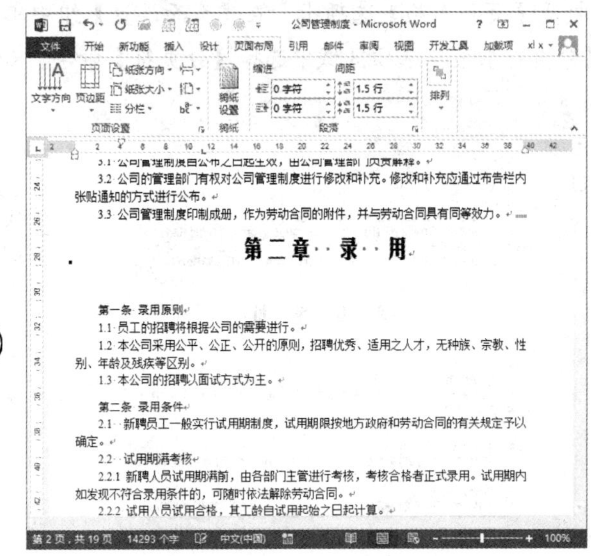

图 6-40　显示分节符

提示

分节后的文档页码会发生变化，有可能会出现页码错乱现象，因此尽量不要为文档分节。如果要删除分页符和分节符，只需将插入点定位在分页符或分节符之前(或者选中分页符或分节符)，然后按 Delete 键即可。

6.5 添加页面背景和主题

为文档添加上丰富多彩的背景和主题，可以使文档更加生动和美观。在 Word 2013 中，不仅可以为文档添加页面颜色和图片背景，还可以制作出水印背景效果。

6.5.1 设置纯色页面背景

Word 2013 提供了 70 多种内置颜色，可以选择这些颜色作为文档背景，也可以自定义其他颜色作为背景。

要为文档设置背景颜色，可以打开【设计】选项卡，在【页面背景】选项组中，单击【页面颜色】按钮，将打开【页面颜色】子菜单，如图 6-41 所示。在【主题颜色】和【标准色】选项区域中，单击其中的任何一个色块，即可把选择的颜色作为背景。

如果对系统提供的颜色不满意，可以选择【其他颜色】命令，打开【颜色】对话框，如图 6-42 所示。在【标准】选项卡中，选择六边形中的任意色块，即可将选中的颜色作为文档页面背景。

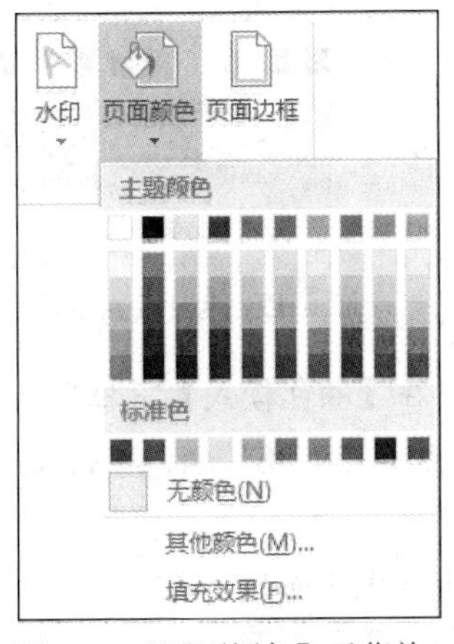

图 6-41　【页面颜色】子菜单

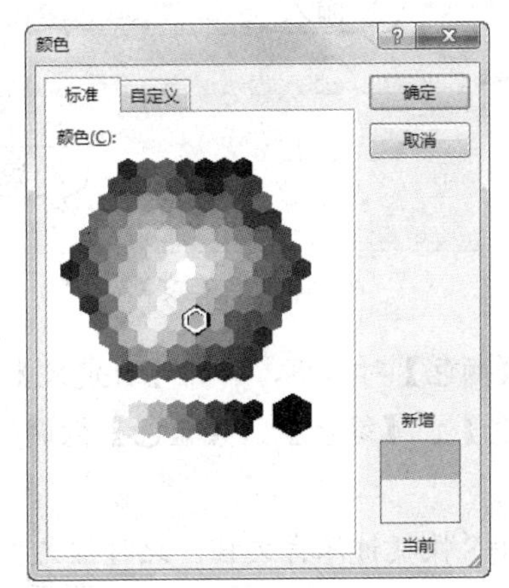

图 6-42　【标准】选项卡

另外，打开【自定义】选项卡，拖动鼠标光标在【颜色】选项区域中选择所需的背景色，或者在【颜色模式】选项区域中通过设置颜色的具体数值来选择所需的颜色，如图 6-43 所示。

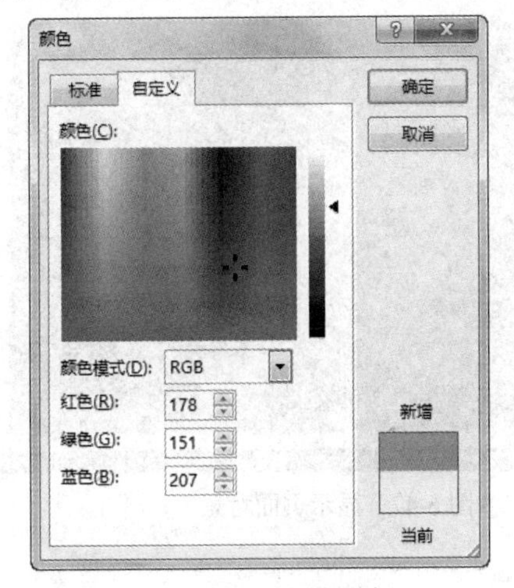

图 6-43　【自定义】选项卡

提示

在【颜色模式】下拉列表框中提供了 RGB 和 HSL 两种颜色模式。RGB 模式是工业界的一种颜色标准，通过对红(R)、绿(G)、蓝(B)3 种颜色通道的编号以及其相互之间的叠加作用来得到各种颜色；HSL 模式是一种基于人对颜色的心理感受的颜色模式，其中 H(Hue)表示色相，S(Saturation)表示饱和度，L(Lightness)表示亮度。

【例 6-11】新建一个名为“生日贺卡”的文档，设置纯色背景。

(1) 启动 Word 2013，创建一个空白文档，使用【文件】|【保存】命令，将其命名为“生日贺卡”加以保存，如图 6-44 所示。

(2) 打开【设计】选项卡，在【页面背景】组中单击【页面颜色】按钮，从弹出的快捷菜单中选择【其他颜色】命令，如图 6-45 所示。

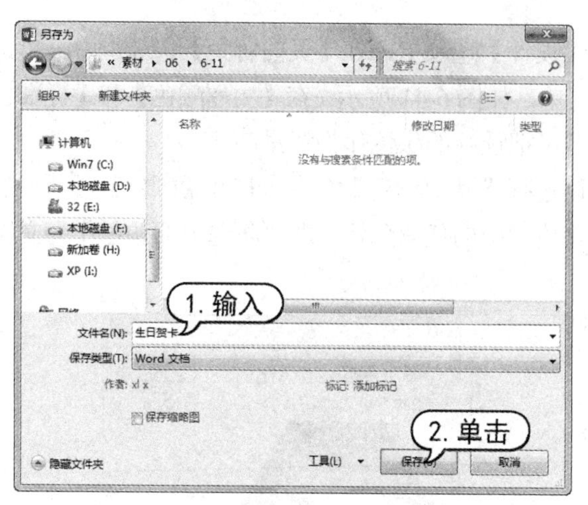

图 6-44　保存文档

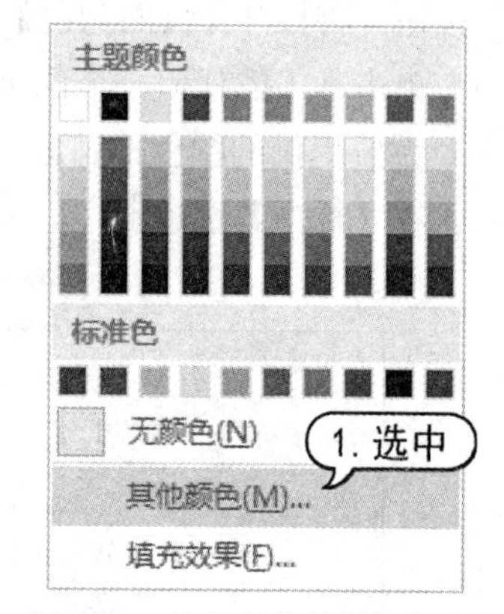

图 6-45　选择【其他颜色】命令

(3) 打开【颜色】对话框，打开【自定义】选项卡，在【颜色模式】下拉列表中选择 RGB 选项；在【红色】、【绿色】、【蓝色】微调框中分别输入 234、85、4，单击【确定】按钮，如图 6-46 所示。

(4) 按 Ctrl+S 快捷键保存文档，此时该文档背景颜色的效果如图 6-47 所示。

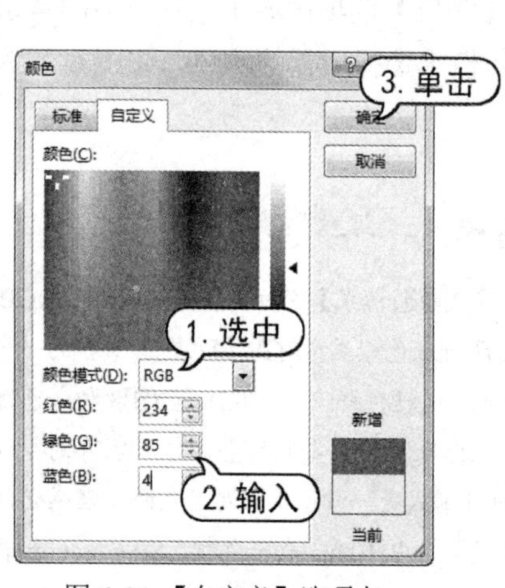

图 6-46 【自定义】选项卡

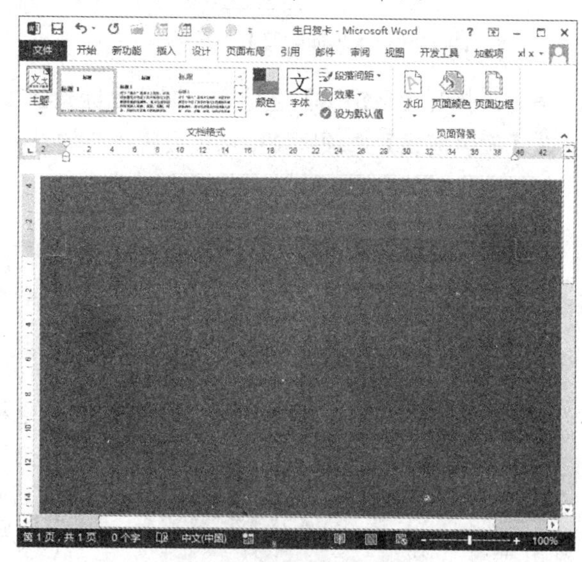

图 6-47　显示页面背景

6.5.2　设置背景填充颜色

使用一种颜色作为背景色，对于一些页面而言，显得过于单调乏味。为此，Word 2013 还提供了其他多种文档背景填充效果。例如，渐变背景效果、纹理背景效果、图案背景效果及图片背景效果等。

要设置背景填充效果，可以打开【设计】选项卡，在【页面背景】组中单击【页面颜色】

按钮，在弹出的菜单中选择【填充效果】命令，打开【填充效果】对话框，其中包括以下 4 个选项卡。

- 【渐变】选项卡：可以通过选中【单色】或【双色】单选按钮来创建不同类型的渐变效果，在【底纹样式】选项区域中选择渐变的样式，如图 6-48 所示。
- 【纹理】选项卡：可以在【纹理】选项区域中选择一种纹理作为文档页面的背景，如图 6-49 所示。单击【其他纹理】按钮，可以添加自定义的纹理作为文档的页面背景。

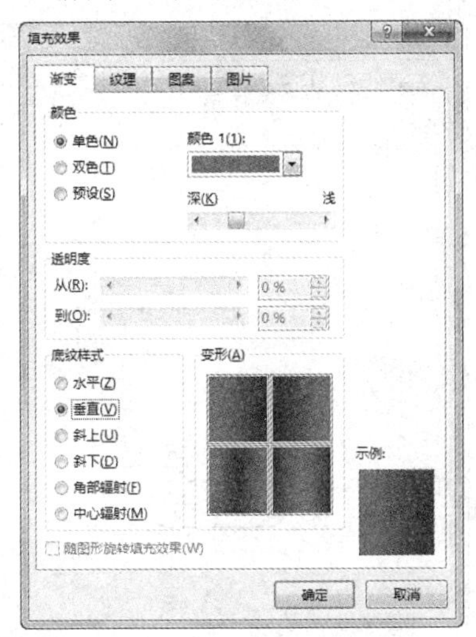

图 6-48　【渐变】选项卡

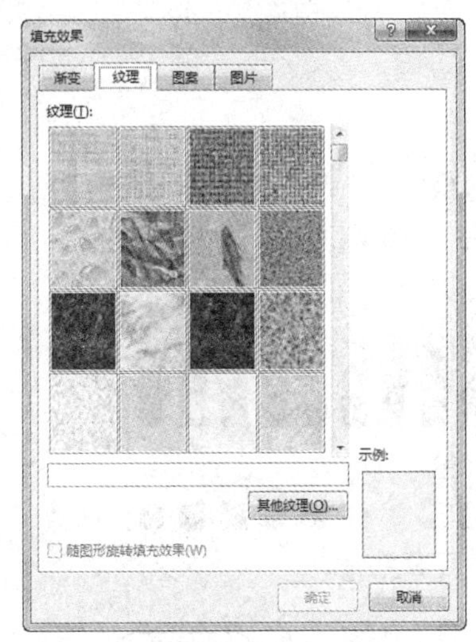

图 6-49　【纹理】选项卡

- 【图案】选项卡：可以在【图案】选项区域中选择一种基准图案，并在【前景】和【背景】下拉列表框中选择图案的前景和背景颜色，如图 6-50 所示。
- 【图片】选项卡：单击【选择图片】按钮，从打开的【选择图片】对话框中选择一个图片作为文档的背景，如图 6-51 所示。

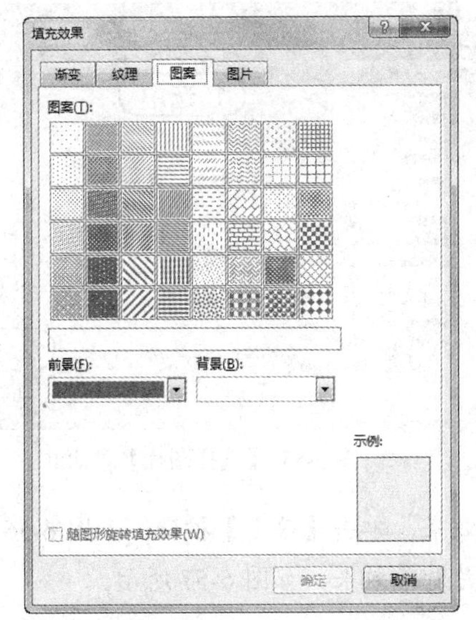

图 6-50　【图案】选项卡

图 6-51　【图片】选项卡

【例 6-12】在“生日贺卡”文档中，设置图片填充背景。

(1) 启动 Word 2013，打开“生日贺卡”文档。

(2) 打开【设计】选项卡，在【页面背景】组中单击【页面颜色】按钮，从弹出的快捷菜单中选择【填充效果】命令，如图 6-52 所示。

(3) 打开【填充效果】对话框，打开【图片】选项卡，单击其中的【选择图片】按钮，如图 6-53 所示。

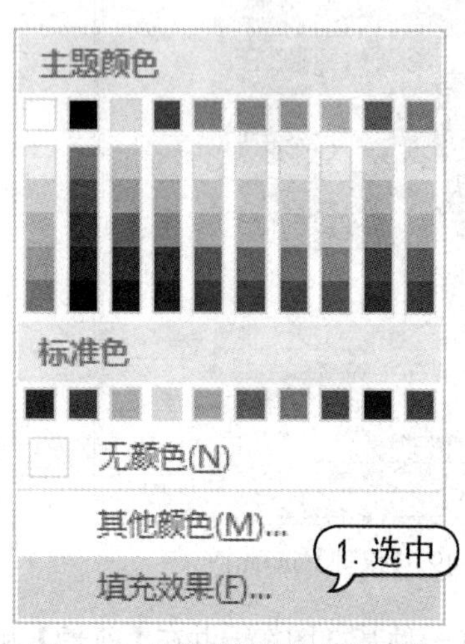

图 6-52 选择【填充效果】命令

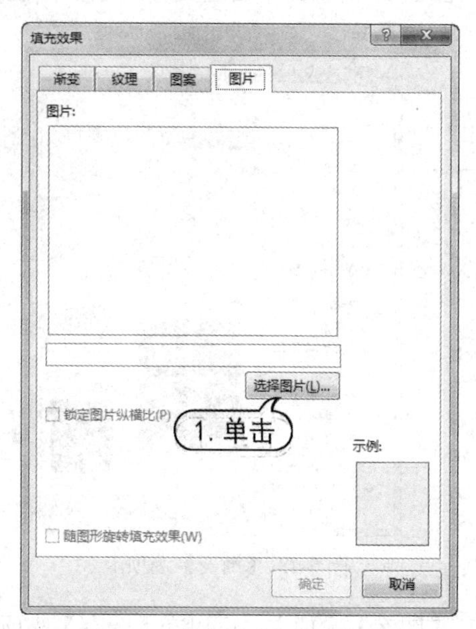

图 6-53 单击【选择图片】按钮

(4) 打开【插入图片】窗口，单击【来自文件】区域中的【浏览】按钮，如图 6-54 所示。

(5) 打开【选择图片】对话框，选择【背景】图片，单击【插入】按钮，如图 6-55 所示。

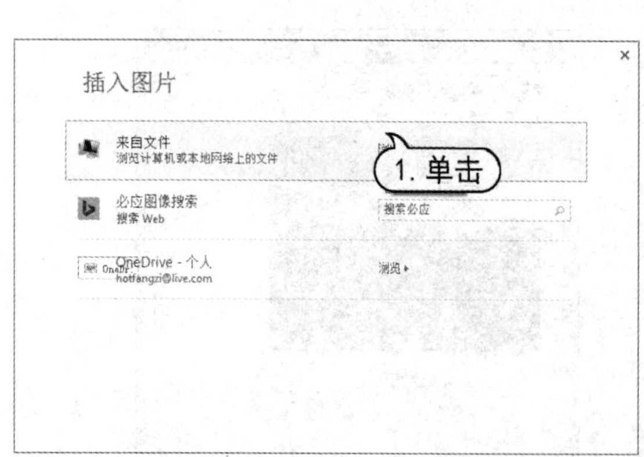

图 6-54 单击【浏览】按钮

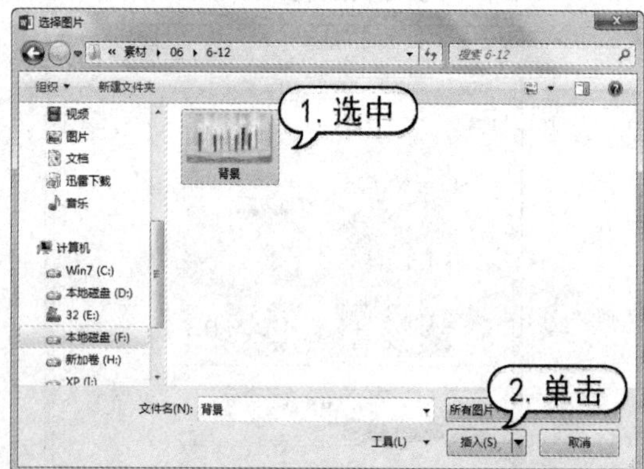

图 6-55 【选择图片】对话框

(6) 返回至【图片】选项卡，查看图片的整体效果，单击【确定】按钮，如图 6-56 所示。

(7) 此时，即可在“生日贺卡”文档中显示图片背景效果，如图 6-57 所示。

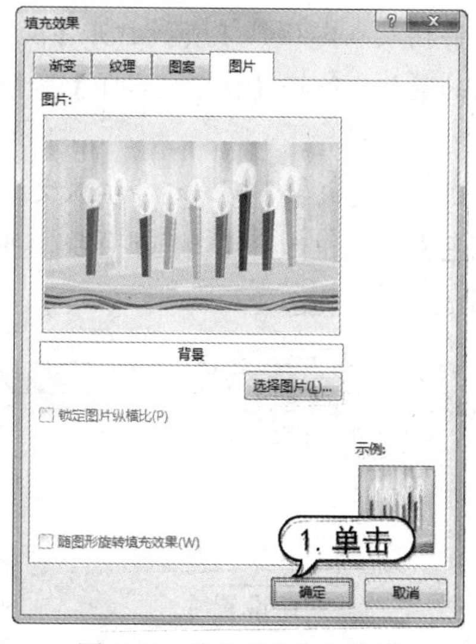

图 6-56　单击【确定】按钮

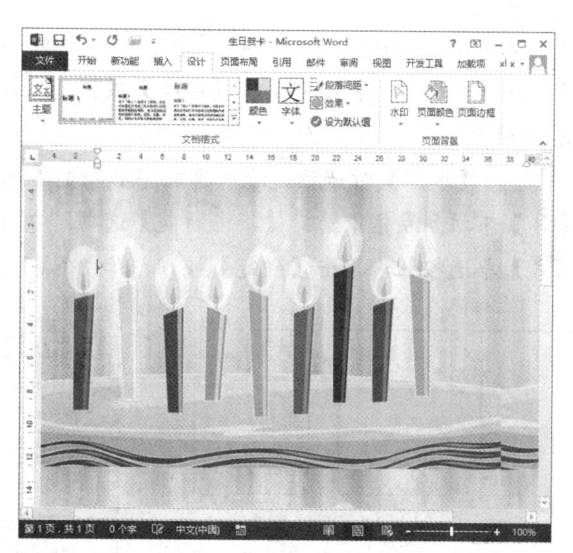

图 6-57　显示填充背景

6.5.3　设置水印效果

所谓水印，是指印在页面上的一种透明的花纹，它可以是一幅图画、一个图表或一种艺术字体。创建的水印在页面上是以灰色显示，成为正文的背景，起到美化文档的效果。

打开【设计】选项卡，在【页面背景】组中单击【水印】按钮，在弹出的水印样式列表框中可以选择内置的水印，如图 6-58 所示。若选择【自定义水印】命令，打开【水印】对话框，如图 6-59 所示，在其中可以自定义水印样式，如【图片水印】、【文字水印】等。

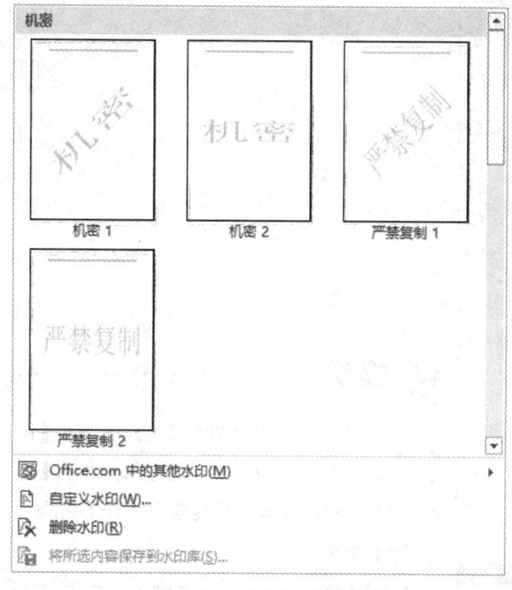

图 6-58　内置水印列表框

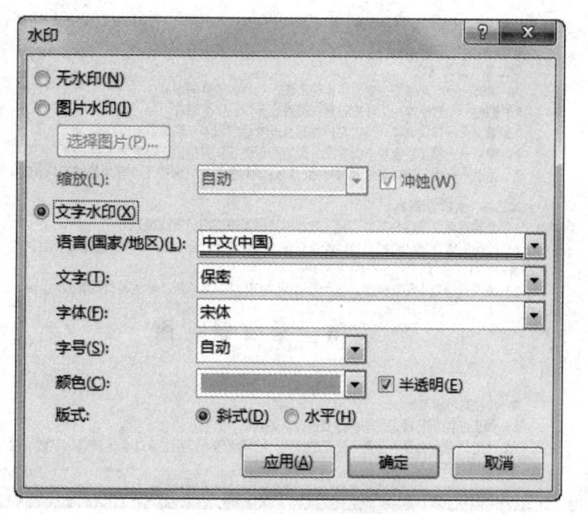

图 6-59　【水印】对话框

【例 6-13】在“公司管理制度”文档中，添加自定义水印。

(1) 启动 Word 2013，打开“公司管理制度”文档，将插入点定位第 1 页，打开【设计】选项卡，在【页面背景】组中单击【水印】按钮，从弹出的菜单中选择【自定义水印】命令，如图 6-60 所示。

(2) 打开【水印】对话框，选中【文字水印】单选按钮，在【文字】列表框中输入文本；在【字体】下拉列表框中选择【华文新魏】选项；在【颜色】面板中选择【浅蓝】色块，并选中【斜式】单选按钮，单击【确定】按钮，如图 6-61 所示。

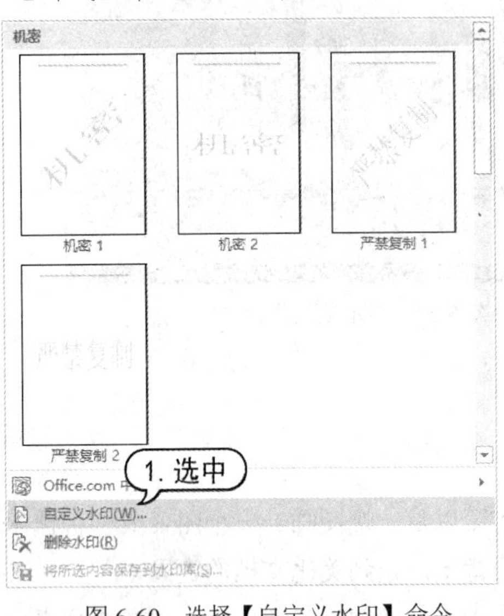

图 6-60 选择【自定义水印】命令

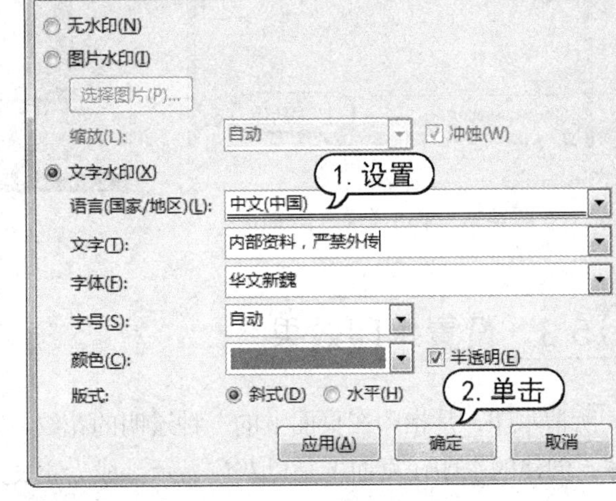

图 6-61 【水印】对话框

(3) 此时，即可将水印添加到文档中，每页的页面将显示同样的水印效果，如图 6-62 所示。

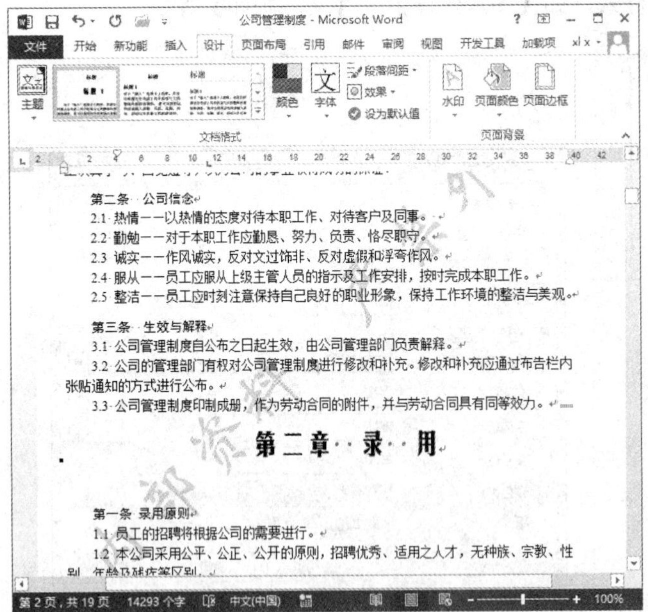

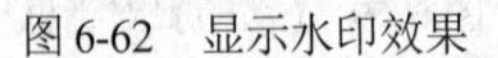

图 6-62 显示水印效果

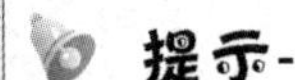

提示

要删除文档中的水印，可以打开【设计】选项卡，在【页面背景】组中单击【水印】按钮，从弹出的菜单中选择【删除水印】命令。

6.5.4　添加主题

主题是一套统一的元素和颜色设计方案，为文档提供一套完整的格式集合。利用主题，可以轻松地创建具有专业水准、设计精美的文档。在 Word 2013 中，除了使用内置主题样式外，还可以通过设置主题的颜色、字体或效果方式来自定义文档主题。

要快速设置主题，可以打开【设计】选项卡，在【文档格式】组中单击【主题】按钮，在弹出的如图 6-63 所示的内置列表中选择适当的文档主题样式即可。

1. 设置主题颜色

主题颜色包括 4 种文本和背景颜色、6 种强调文字颜色和 2 种超链接颜色。要设置主题颜色，可在打开的【设计】选项卡的【文档格式】组中，单击【颜色】按钮，在弹出的内置列表中显示了多种颜色组合以供用户选择，选择【新建主题颜色】命令，打开【新建主题颜色】对话框，使用该对话框可以自定义主题颜色，如图 6-64 所示。

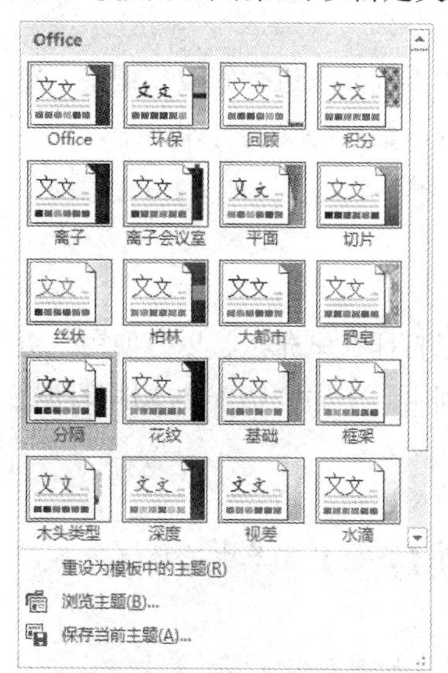

图 6-63　内置主题列表

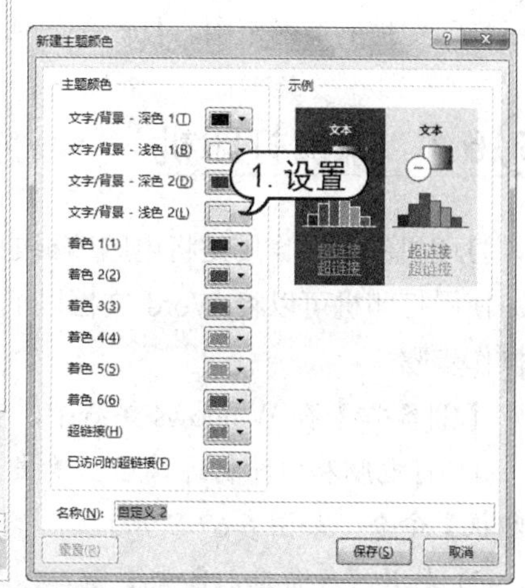

图 6-64　自定义主题颜色

2. 设置主题字体

主题字体包括标题字体和正文字体。要设置主题字体，可在打开的【设计】选项卡的【文档格式】组中，单击【字体】按钮，在弹出的内置列表中显示了多种主题字体以供用户选择，选择【自定义字体】命令，打开【新建主题字体】对话框，如图 6-65 所示。使用该对话框可以自定义主题字体。

3. 设置主题效果

主题效果包括线条和填充效果。要设置主题效果，可在打开的【设计】选项卡的【文档格式】组中，单击【效果】按钮，在弹出的内置列表中选择所需要的主题效果，如图 6-66 所示。

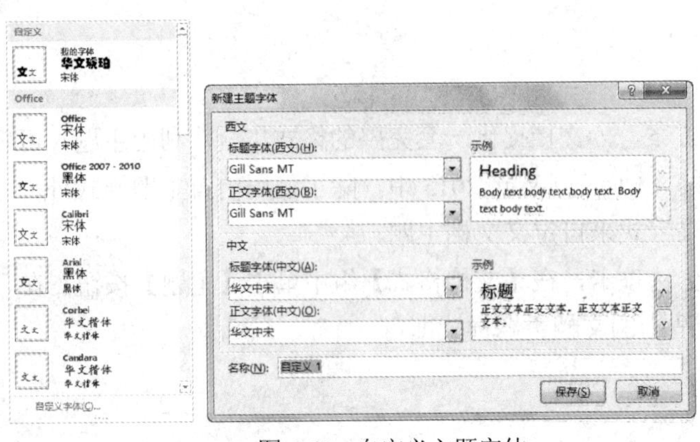

图 6-65　自定义主题字体

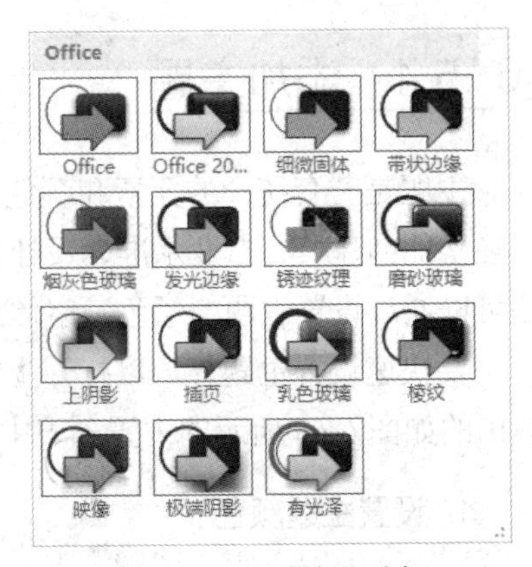

图 6-66　主题效果列表

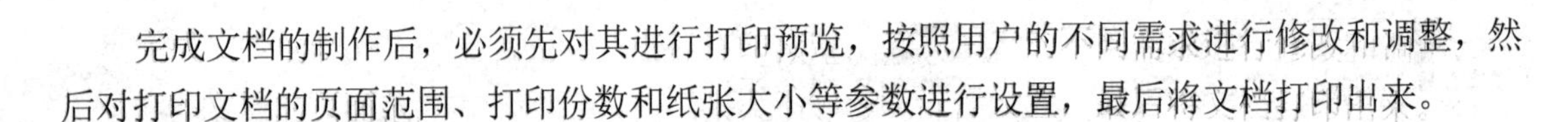

6.6 文档打印设置

完成文档的制作后，必须先对其进行打印预览，按照用户的不同需求进行修改和调整，然后对打印文档的页面范围、打印份数和纸张大小等参数进行设置，最后将文档打印出来。

6.6.1 添加打印机

打印机的主要作用是将电脑编辑的文字、表格和图片等信息打印在纸张上，以方便用户查看。使用打印机可以将 Word 文档以纸张的形式打印出来便于利用。下面介绍安装本地打印机的操作步骤。

【例 6-14】在 Windows 系统中，安装本地打印机。

(1) 将电脑和打印机连接后，单击【开始】按钮，从弹出的【开始】菜单中选择【设备和打印机】命令，如图 6-67 所示。

(2) 打开【设备和打印机】窗口，单击【添加打印机】按钮，如图 6-68 所示。

图 6-67　选择【设备和打印机】命令

图 6-68　单击【添加打印机】按钮

(3) 打开【添加打印机】对话框，单击【添加本地打印机】按钮，如图 6-69 所示。

(4) 在打开的【选择打印机端口】对话框中，单击【下一步】按钮，如图 6-70 所示。

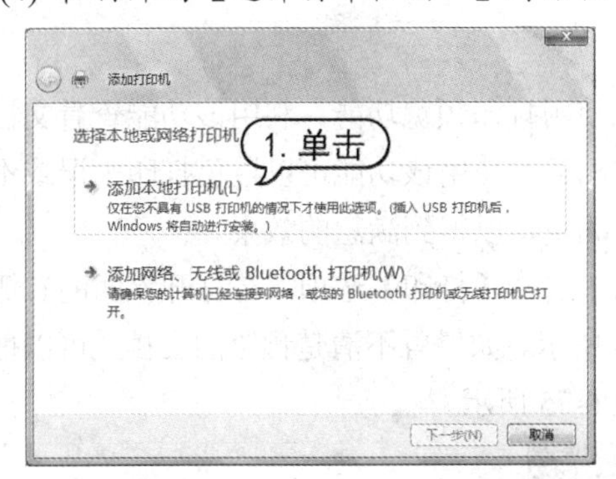

图 6-69　单击【添加本地打印机】按钮

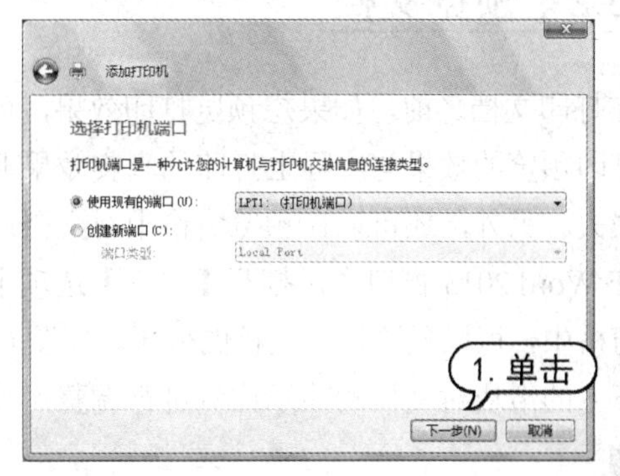

图 6-70　单击【下一步】按钮

(5) 打开【安装打印机驱动程序】对话框，选中当前所使用的打印机驱动程序，单击【下一步】按钮，如图 6-71 所示。

(6) 接下来在打开的【键入打印机名称】对话框中，保持默认设置，单击【下一步】按钮，即可开始在 Window 系统中安装打印机驱动。完成安装后，在打开的成功添加对话框中单击【完成】按钮即可，如图 6-72 所示。

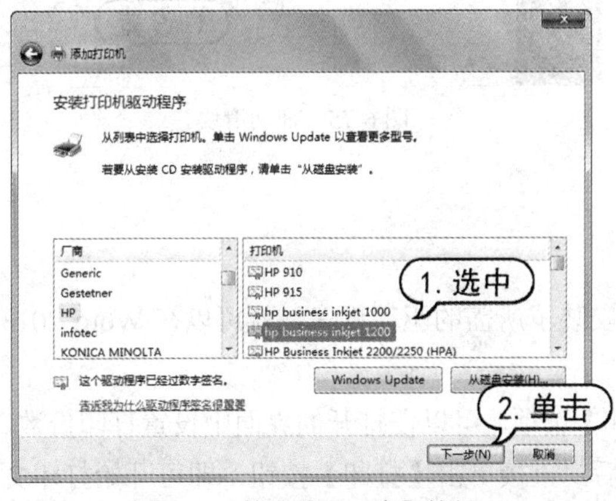

图 6-71　单击【下一步】按钮

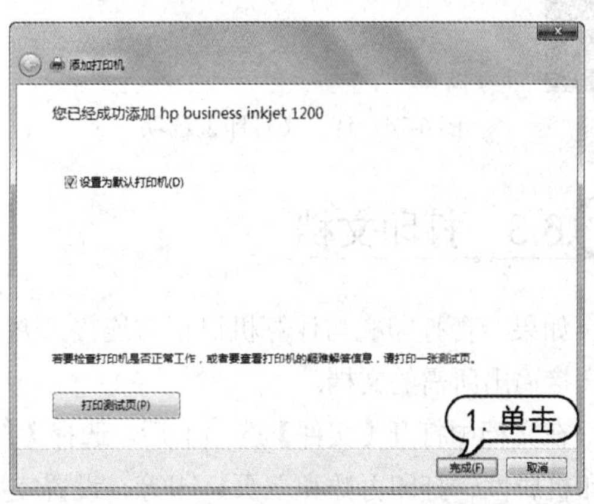

图 6-72　单击【完成】按钮

(7) 此时在【设备和打印机】窗口中，可以看到新添加的打印机，如图 6-73 所示。

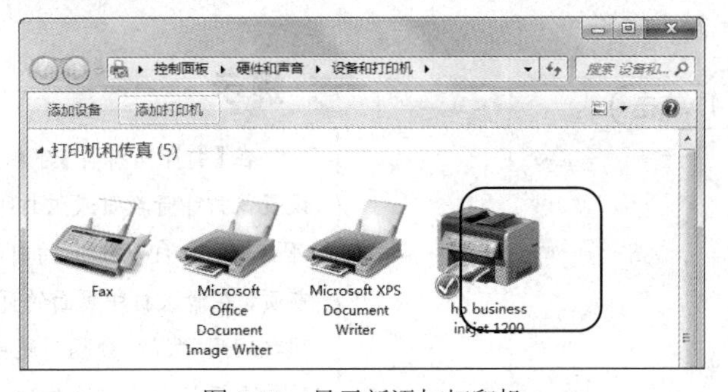

图 6-73　显示新添加打印机

6.6.2 预览文档

在打印文档之前，如果想预览打印效果，可以使用打印预览功能，利用该功能查看文档效果。打印预览的效果与实际上打印的真实效果非常相近，使用该功能可以避免打印失误或不必要的损失。另外，还可以在预览窗格中对文档进行编辑，以得到满意的效果。

在 Word 2013 窗口中，打开【文件】选项卡后，选择【打印】选项，在打开界面的右侧的预览窗格中，可以预览打印文档的效果，如图 6-74 所示。如果看不清楚预览的文档，可以拖动窗格下方的滑块对文档的显示比例进行调整，如图 6-75 所示。

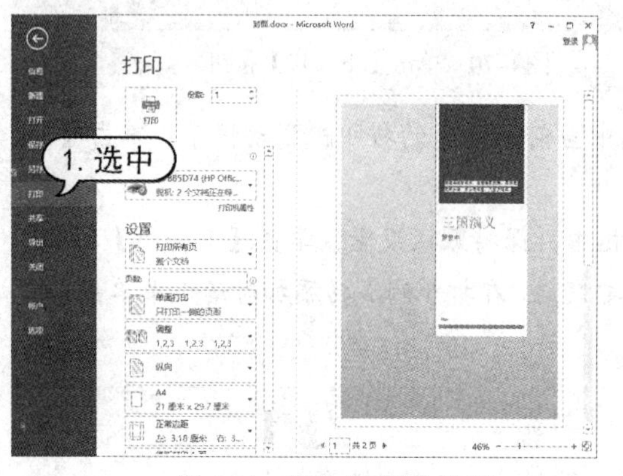

图 6-74 选择【打印】选项

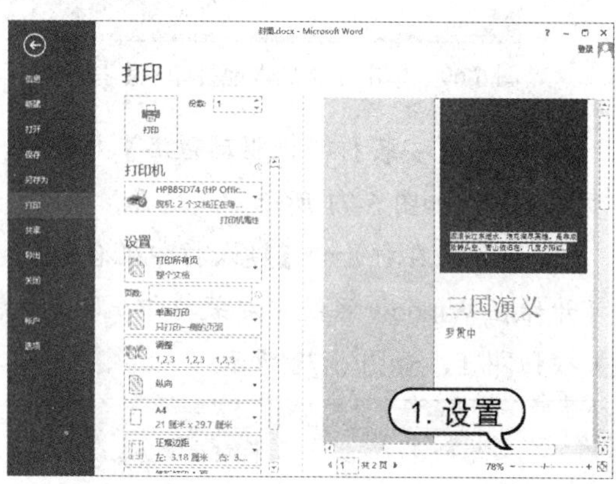

图 6-75 拖动滑块

6.6.3 打印文档

如果一台打印机与计算机已正常连接，并且安装了所需的驱动程序，就可以在 Word 2013 中直接输出所需的文档。

在文档中打开【文件】选项卡后，选择【打印】选项，可以在打开的界面中设置打印份数、打印机属性、打印页数和双页打印等。设置完成后，直接单击【打印】按钮，即可开始打印文档，如图 6-76 所示。

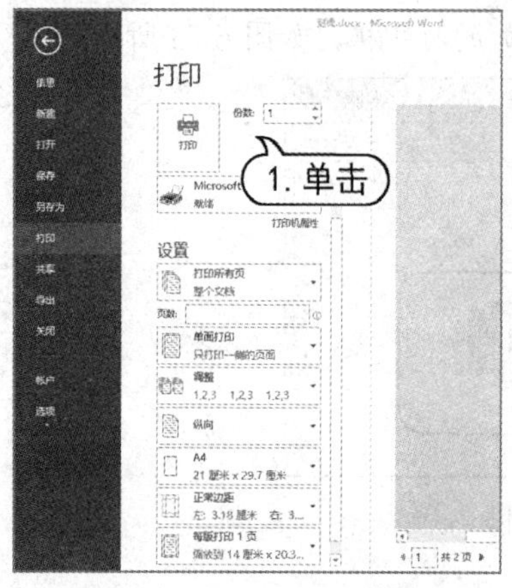

图 6-76 单击【打印】按钮

提示

在【打印所有页】下拉列表框中可以设置仅打印奇数页或仅打印偶数页，甚至可以设置打印所选定的内容或者打印当前页，在输入打印页面的页码时，每个页码之间用“，”分隔，还可以使用“-”符号表示某个范围的页面。

【例 6-15】打印“公司管理制度”文档指定的页面，份数为 3 份，进行打印设置。

(1) 启动 Word 2013 程序，打开“公司管理制度”文档。

(2) 在【打印】窗格的【份数】微调框中输入 3；在【打印机】列表框中自动显示默认的打印机，此处设置为 QHWK 上的 HP LaserJet 1018，如图 6-77 所示。

(3) 在【设置】选项区域的【打印所有页】下拉列表框中，选择【自定义打印范围】选项，在其下的文本框中输入“3-19”，表示打印范围为第 3~19 页文档内容，单击【单面打印】下拉按钮，从弹出的下拉菜单中选择【手动双面打印】选项，如图 6-78 所示。

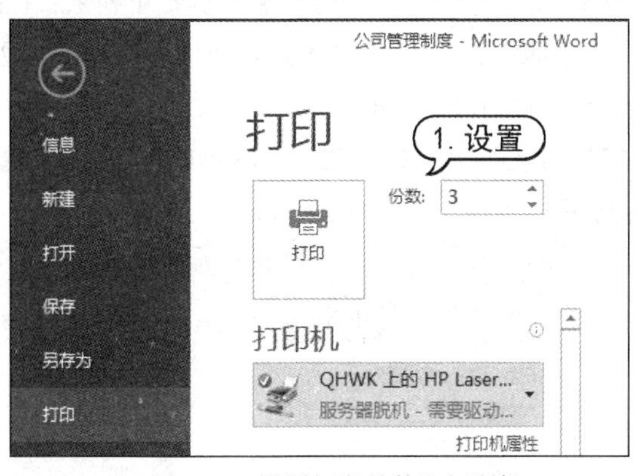

图 6-77　设置打印份数和打印机

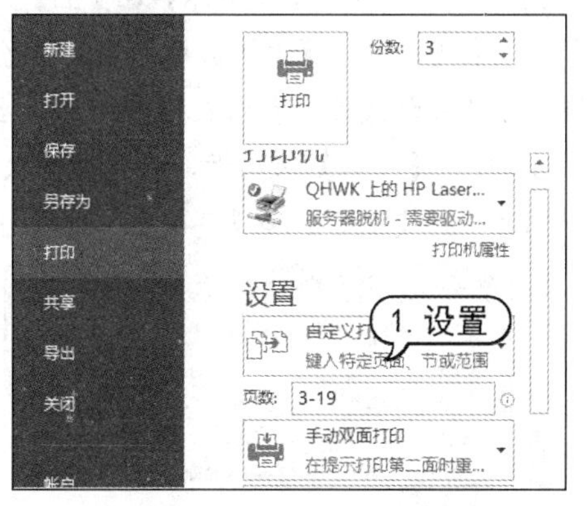

图 6-78　设置打印范围和手动双面打印

提示

手动双面打印时，打印机会先打印奇数页，将所有奇数页打印完成后，弹出提示对话框，提示用户手动换纸，将打印的文稿重新放入到打印机纸盒中，单击对话框中的【确定】按钮，打印偶数页。

(4) 在【调整】下拉菜单中可以设置逐份打印，如果选择【取消排序】选项，则表示多份一起打印。这里保持默认设置，即选择【调整】选项，如图 6-79 所示。

(5) 设置完打印参数后，单击【打印】按钮，即可开始打印文档，如图 6-80 所示。

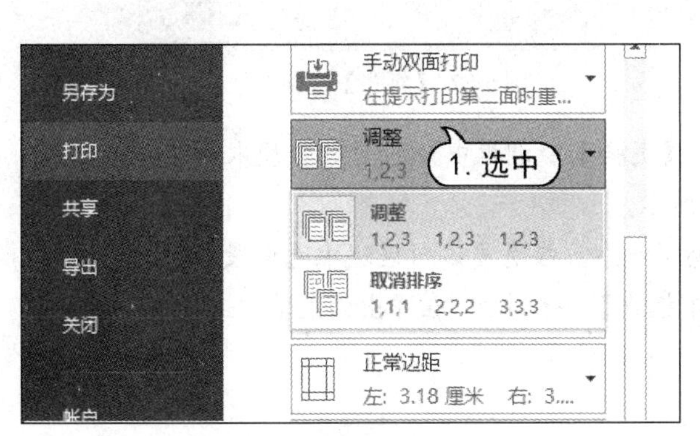

图 6-79　选择【调整】选项

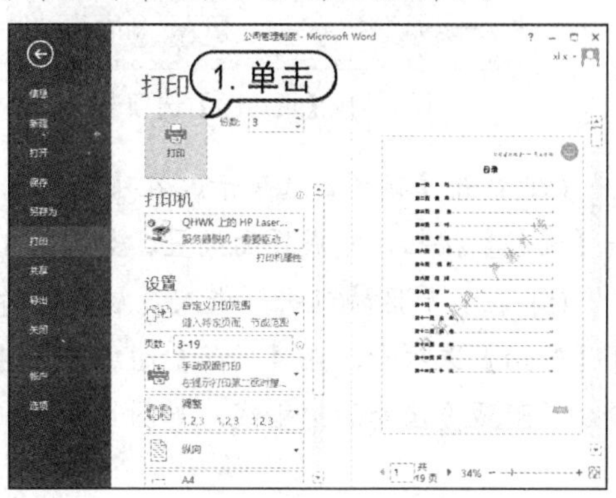

图 6-80　单击【打印】按钮

6.7 上机练习

本章的上机练习主要是制作“公司稿纸”文档，设置页面大小、页眉、页脚和页面背景，并将其打印输出。

(1) 启动 Word 2013 应用程序，新建一个命名为“公司稿纸”的空白文档，打开【页面布局】选项卡，单击【页面设置】组中的对话框启动器按钮，打开【页面设置】对话框。

(2) 打开【页边距】选项卡，在【上】微调框中输入“2 厘米”，在【下】微调框中输入“1.5 厘米”，在【左】、【右】微调框中分别输入“1.5 厘米”；在【装订线】微调框中输入“1 厘米”，在【装订线位置】列表框中选择【上】选项，如图 6-81 所示。

(3) 打开【纸张】选项卡，在【纸张大小】下拉列表框中选择【32 开(13 × 18.4 厘米)】选项，此时，在【宽度】和【高度】文本框中将自动填充尺寸，如图 6-82 所示。

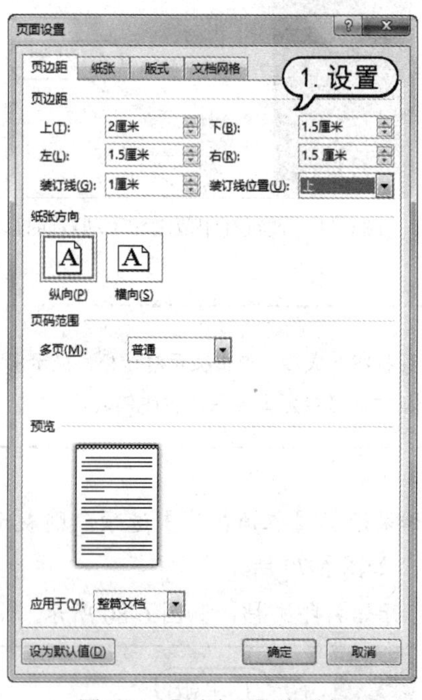

图 6-81 【页边距】选项卡

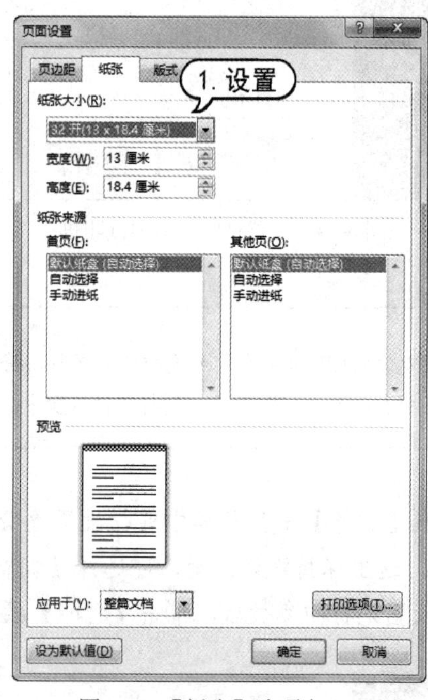

图 6-82 【纸张】选项卡

(4) 打开【版式】选项卡，在【页眉】和【页脚】微调框中分别输入 2 厘米和 1 厘米，单击【确定】按钮，完成页面设置，如图 6-83 所示。

(5) 在页眉区域双击，进入页眉和页脚编辑状态，在页眉编辑区域中选中段落标记符，打开【开始】选项卡，在【段落】组中单击【下框线】按钮，在弹出的菜单中选择【无框线】命令，隐藏页眉处的边框线，如图 6-84 所示。

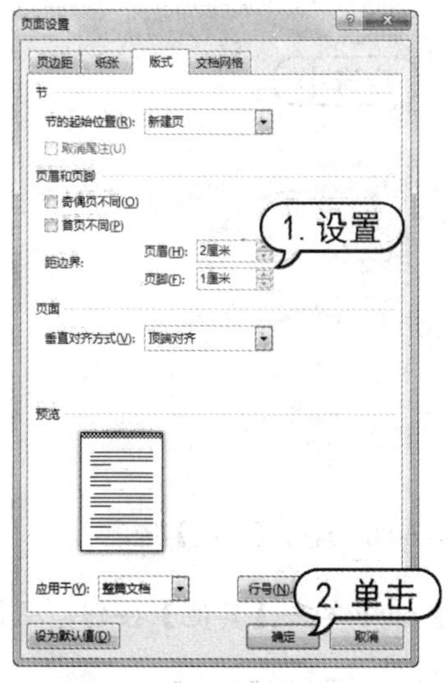

图 6-83 【版式】选项卡

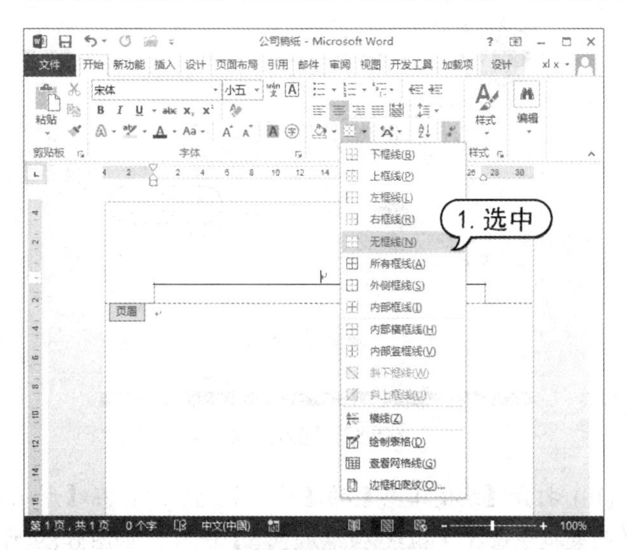

图 6-84 选择【无框线】命令

(6) 将插入点定位在页眉处，打开【插入】选项卡，在【插图】组中单击【图片】按钮，打开【插入图片】对话框，选择 logo 图片，单击【插入】按钮，插入页眉图片，如图 6-85 所示。

(7) 打开【图片工具】的【格式】选项卡，在【排列】组中单击【自动换行】按钮，从弹出的菜单中选择【浮于文字上方】选项，设置环绕方式，并拖动鼠标调节图片至合适的大小和位置，如图 6-86 所示。

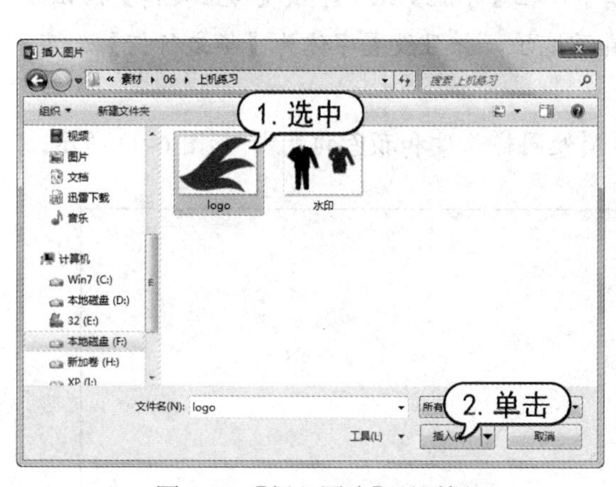

图 6-85 【插入图片】对话框

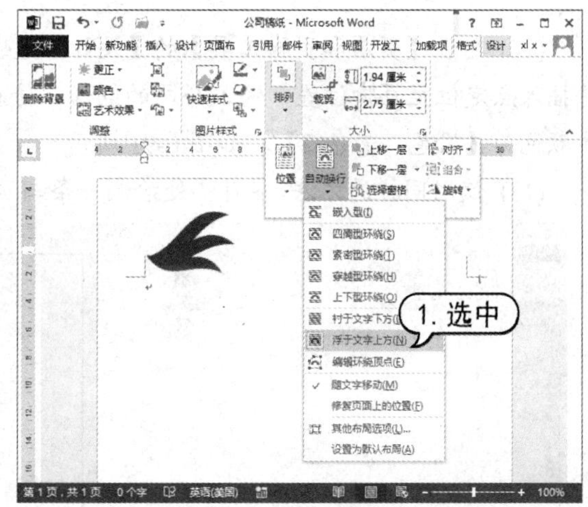

图 6-86 选择【浮于文字上方】选项

(8) 在插入点处输入文本，设置字体为【幼圆】，字号为【小三】，字形为【加粗】，字体颜色为【橙色，着色 2】，对齐方式为右对齐，如图 6-87 所示。

(9) 打开【插入】选项卡，在【插图】组中单击【形状】按钮，在【线条】选项区域中选择【直线】选项，在页眉处绘制一条直线，如图 6-88 所示。

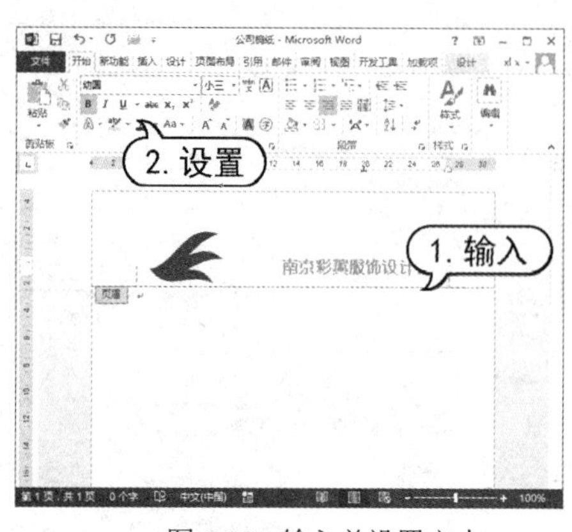

图 6-87　输入并设置文本

图 6-88　选择【直线】选项

(10) 打开【绘图工具】的【格式】选项卡，在【形状样式】组中单击【其他】按钮，从弹出的列表框中选择【粗线-强调颜色 5】选项，如图 6-89 所示。

(11) 此时为直线应用该形状样式，然后调整直线的长短和位置，如图 6-90 所示。

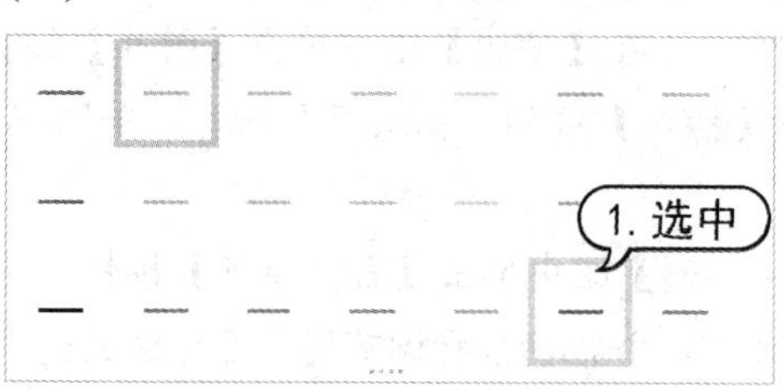

图 6-89　选择线条样式

图 6-90　调整直线

(12) 打开【页眉和页脚工具】的【设计】选项卡，在【导航】组中单击【转至页脚】按钮，将插入点定位至页脚位置，输入公司的电话、传真及地址，并且设置字体为【华文行楷】，字体颜色为【橙色，着色 2】，如图 6-91 所示。

(13) 使用同样的方法，在页脚处绘制一条与页眉处同样长度和颜色的直线，如图 6-92 所示。

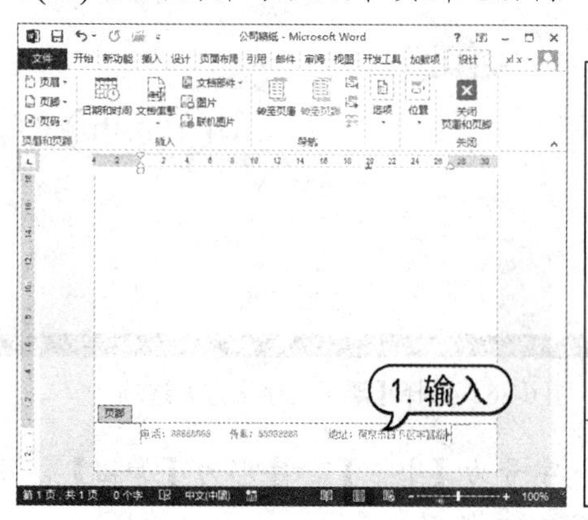

图 6-91　输入页脚文本

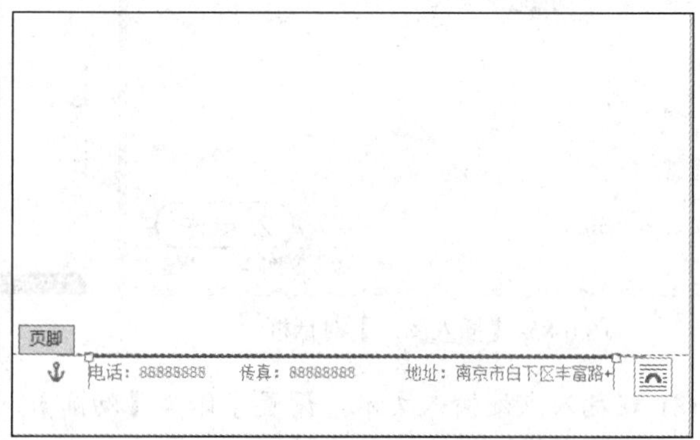

图 6-92　绘制直线

(14) 打开【页眉和页脚工具】的【设计】选项卡，在【关闭】组中单击【关闭页眉和页脚】按钮，退出页眉和页脚编辑状态，如图 6-93 所示。

(15) 打开【设计】选项卡，在【页面背景】组中，单击【水印】按钮，从弹出的菜单中选择【自定义水印】命令，如图 6-94 所示。

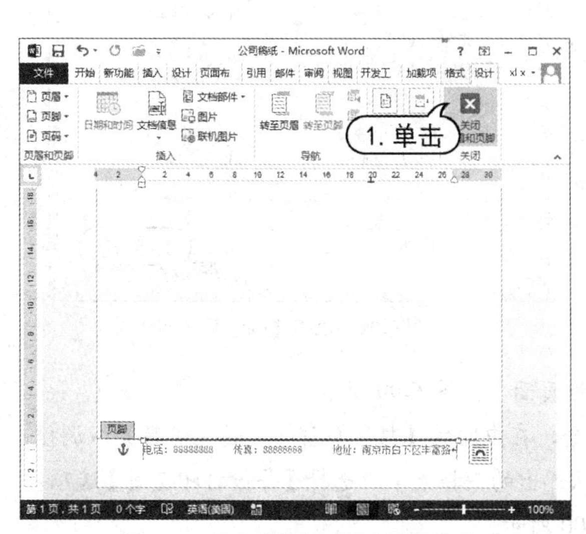

图 6-93 单击【关闭页眉和页脚】按钮

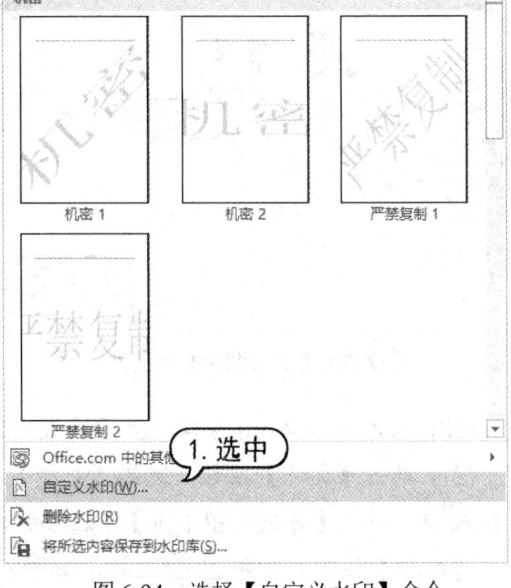

图 6-94 选择【自定义水印】命令

(16) 打开【水印】对话框，选中【图片水印】单选按钮，并且单击【选择图片】按钮，如图 6-95 所示。

(17) 打开【插入图片】窗口，单击【来自文件】区域里的【浏览】按钮，如图 6-96 所示。

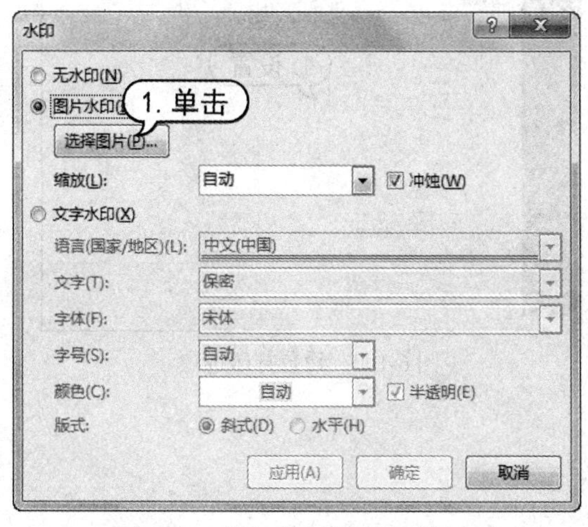

图 6-95 单击【选择图片】按钮

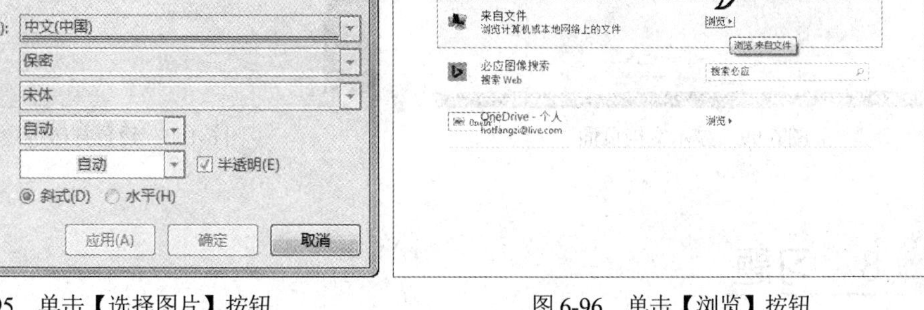

图 6-96 单击【浏览】按钮

(18) 打开【插入图片】对话框，选择“水印”图片后，单击【插入】按钮，如图 6-97 所示。

(19) 返回【水印】对话框，单击【确定】按钮，完成水印设置，如图 6-98 所示。

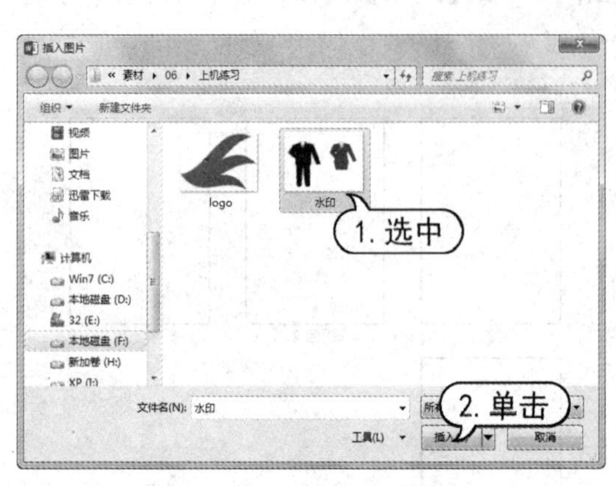

图 6-97 【插入图片】对话框

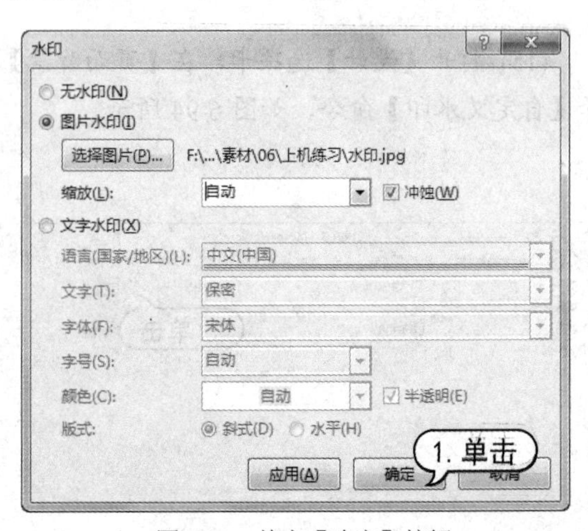

图 6-98 单击【确定】按钮

(20) 此时返回 Word 窗口，显示设置的文档页面，如图 6-99 所示。

(21) 单击【文件】按钮，选择【打印】命令，在中间的【打印】窗格中的【份数】微调框中输入 20，单击【每版打印 1 页】下拉按钮，从弹出的下拉菜单中选择【每版打印 2 页】选项，单击【打印】按钮，打印 20 份文档，如图 6-100 所示。

图 6-99 显示文档页面

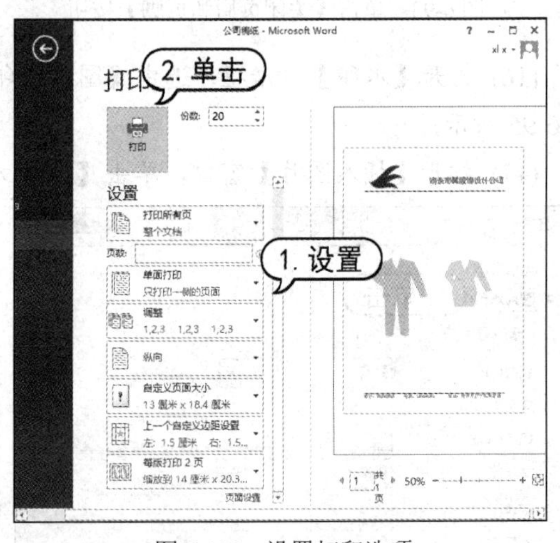

图 6-100 设置打印选项

6.8 习题

1. 如何插入页眉、页脚以及页码？

2. 简述添加主题颜色和字体的方法。

3. 如何添加打印机？

4. 新建一个名为“电子图书”的文档，设置【上】、【下】、【左】、【右】页边距为 1.5cm，纸张大小为自定义(7×12)cm，并自定义设置背景填充色。

使用高级排版功能

学习目标

Word 2013 提供了许多便捷的操作方式及管理工具来优化文档的格式编排，以及创建具有特殊版式的文档。本章将介绍使用模板和样式、使用特殊格式排版等各种方法和技巧。

本章重点

- 使用模板
- 使用样式
- 特殊排版方式
- 使用中文版式

7.1 使用模板

在 Word 2013 中，任何文档都是以模板为基础的，模板决定了文档的基本结构和文档设置。模板是针对一篇文档中所有段落或文字的格式设置，其内容更为丰富。使用模板可以统一文档的风格，加快工作速度。

7.1.1 选择模板

模板是一种带有特定格式的扩展名为.dotx 的文档，其包括特定的字体格式、段落样式、页面设置、快捷键方案、宏等格式。Word 2013 提供了多种具有统一规格、统一框架的文档模板。

要想通过模板创建文档，可以单击【文件】按钮，从弹出的菜单中选择【新建】命令，选择列表中的多种自带模板，如图 7-1 所示。单击模板后，将会弹出对话框，单击其中的【创建】按钮，将会联网下载该模板，如图 7-2 所示。

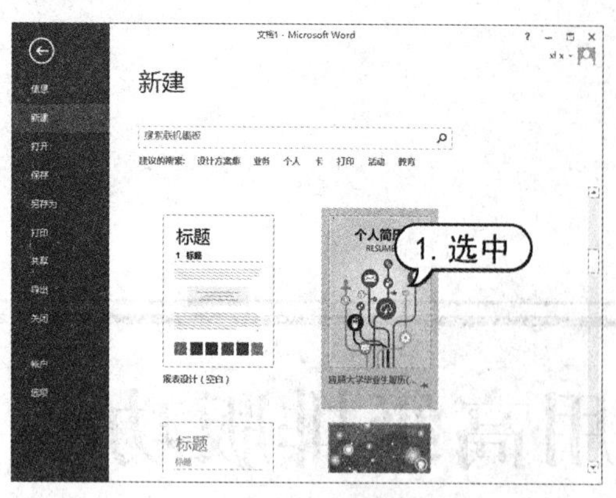

图 7-1　选择模板

图 7-2　单击【创建】按钮

除了自带模板以外，用户还可以在【新建】窗口界面下的【搜索】文本框中输入关键字文本，搜索 Office 官网提供下载的相关模板，如图 7-3 所示，输入“业务”关键字，单击【开始搜索】按钮，即可搜索到相关“业务”的模板。

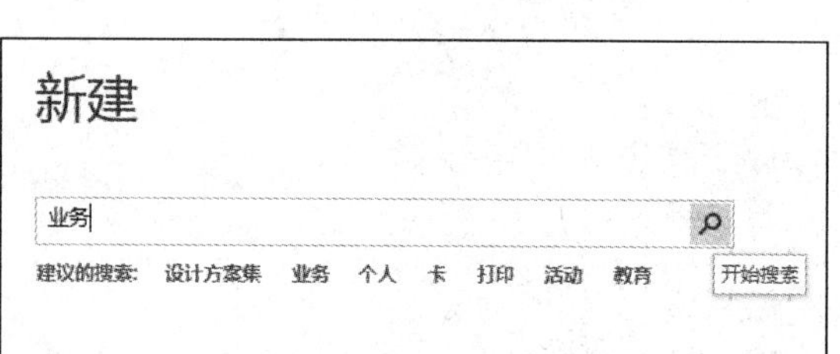

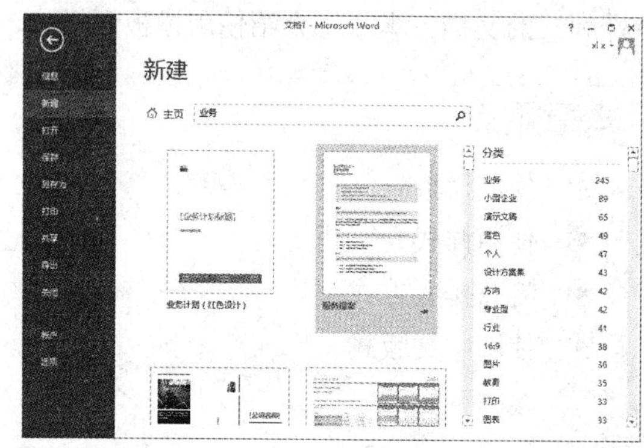

图 7-3　搜索模板

7.1.2　创建模板

在实际生活中，将文档保持一致的外观、格式等属性，可使文档显得整洁、美观。因此，为使文档更为美观，用户可创建自定义模板并应用于文档中。创建新的模板可以通过根据现有文档和根据现有模板两种创建方法来实现。

1. 根据现有文档创建模板

根据现有文档创建模板，是指打开一个已有的与需要创建的模板格式相近的 Word 文档，在对其进行编辑修改后，将其另存为一个模板文件。通俗地讲，当需要用到的文档设置包含在现有的文档中时，就可以以该文档为基础来创建模板。

【例 7-1】 将现有的“公司稿纸”素材文档，保存为“稿纸”模板。

(1) 启动 Word 2013 程序，打开“公司稿纸”素材文档，如图 7-4 所示。

(2) 单击【文件】按钮，选择【另存为】命令，双击【计算机】选项，如图 7-5 所示。

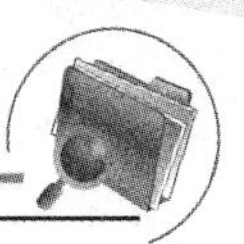

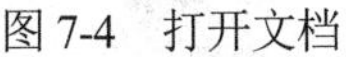
图 7-4 打开文档

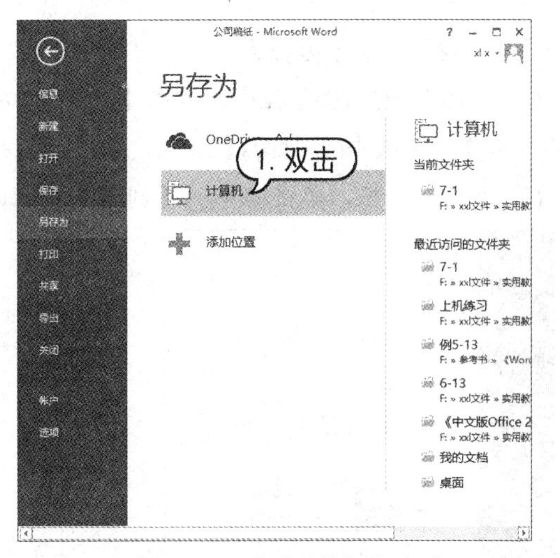

图 7-5 双击【计算机】选项

(3) 打开【另存为】对话框，在【文件名称】文本框中输入“稿纸”，在【保存类型】下拉列表框中选择【Word 模板】选项，单击【保存】按钮，此时该文档将以模板形式保存【自定义 Office 模板】文件夹中，如图 7-6 所示。

(4) 单击【文件】按钮，从弹出的菜单中选择【新建】命令，然后在【个人】选项里选择【稿纸】选项，即可应用该模板创建文档，如图 7-7 所示。

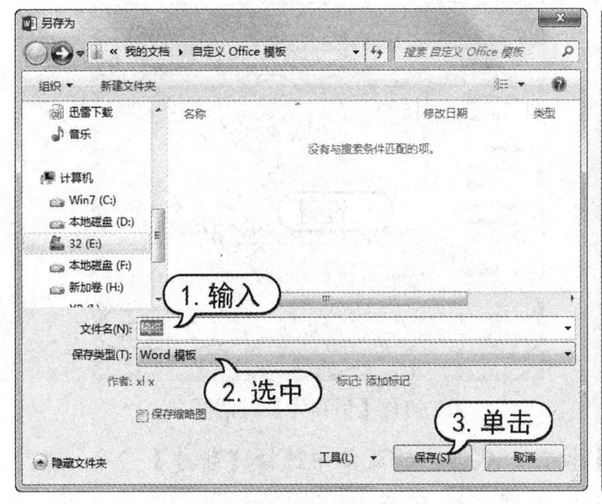

图 7-6 【另存为】对话框

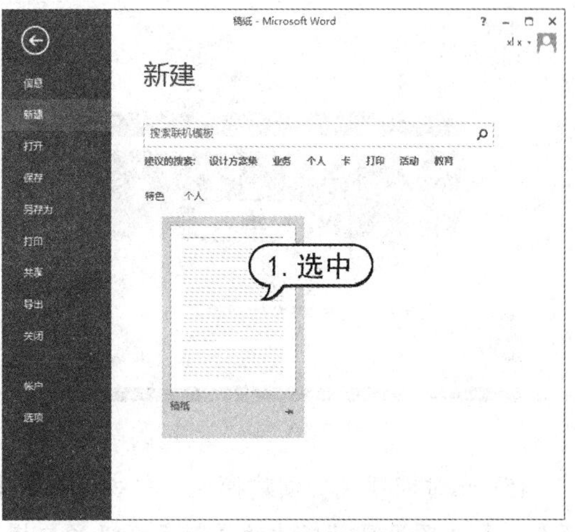

图 7-7 选择【稿纸】选项

2. 根据现有模板创建模板

根据现有模板创建模板是指根据一个已有模板新建一个模板文件，再对其进行相应的修改后，将其保存。Word 2013 内置模板的自动图文集词条、字体、快捷键指定方案、宏、菜单、页面设置、特殊格式和样式设置基本符合要求，但还需要进行一些修改时，就可以以现有模板为基础来创建新模板。

【例 7-2】在“年度报告”模板中输入文本，并将其创建为模板“新年度报告”。

(1) 启动 Word 2013 程序，单击【文件】按钮，从弹出的菜单中选择【新建】命令，在模板中选择【年度报告(带封面)】选项，如图 7-8 所示。

(2) 弹出对话框，单击其中的【创建】按钮，将下载该模板，如图 7-9 所示。

图 7-8 【另存为】对话框

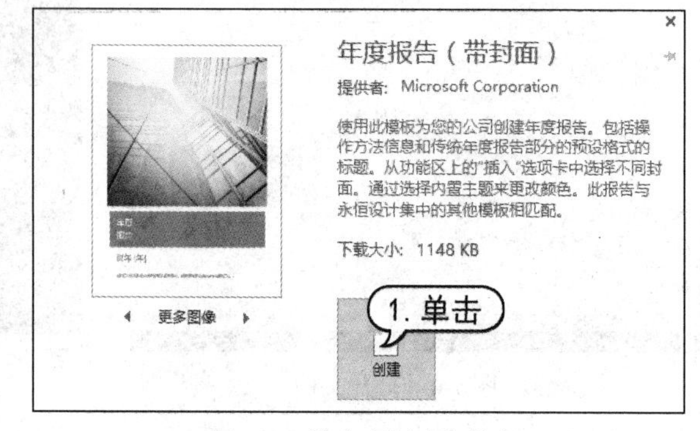

图 7-9 单击【创建】按钮

(3) 在创建好的文档中【财年】标题栏后输入时间信息，如图 7-10 所示。

(4) 单击【文件】按钮，在弹出的菜单中选择【另存为】命令，双击【计算机】选项，打开【另存为】对话框，在【文件名称】文本框中输入“新年度报告”，在【保存类型】下拉列表框中选择【Word 模板】选项，单击【保存】按钮，如图 7-11 所示。

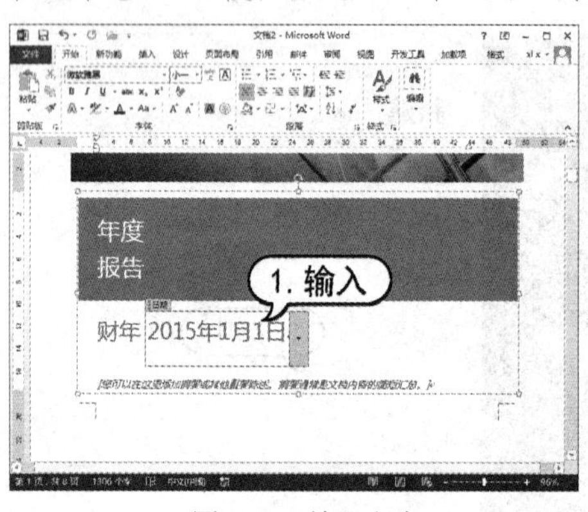

图 7-10 输入文本

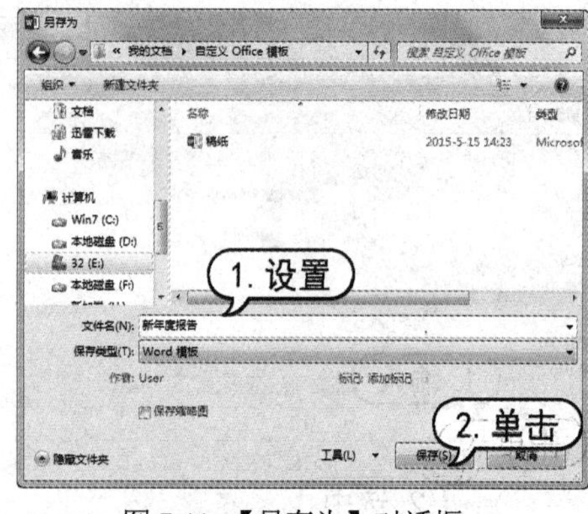

图 7-11 【另存为】对话框

(5) 此时即可成功创建模板，单击【文件】按钮，从弹出的菜单中选择【新建】命令，在【个人】选项里显示新建的【新年度报告】模板，如图 7-12 所示。

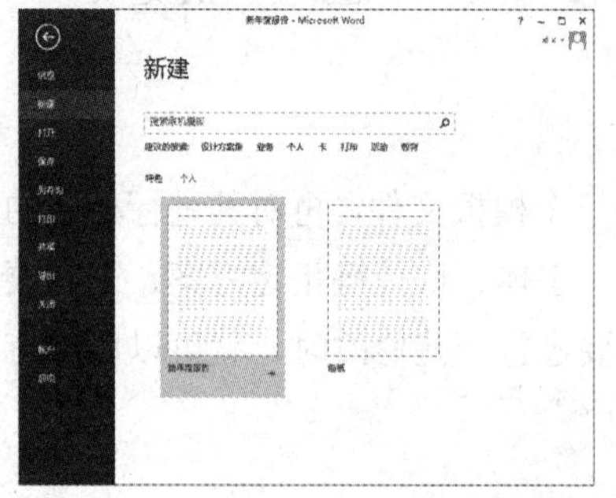

图 7-12 显示新建模板

提示

如果用户感到自己创建的模板还有不完善或需要修改的地方，可以随时调出该模板进行编辑。

7.2　使用样式

所谓样式，就是字体格式和段落格式等特性的组合。在排版中使用样式，可以快速提高工作效率，从而迅速改变和美化文档的外观。

7.2.1　选择样式

样式是应用于文档中的文本、表格和列表的一套格式特征。它是 Word 针对文档中一组格式进行的定义，这些格式包括字体、字号、字形、段落间距、行间距以及缩进量等内容，其作用是方便用户对重复的格式进行设置。

知识点

每个文档都是基于一个特定的模板，每个模板中都会自带一些样式，又称为内置样式。如果需要应用的格式组合和某内置样式的定义相符，就可以直接应用该样式而不用新建文档的样式。如果内置样式中有部分样式定义和需要应用的样式不相符，还可以自定义该样式。

Word 2013 自带的样式库中，内置了多种样式，可以为文档中的文本设置标题、字体和背景等样式。使用这些样式可以快速地美化文档。

在 Word 2013 中，选择要应用某种内置样式的文本，打开【开始】选项卡，在【样式】组中单击【其他】按钮可以弹出菜单选择样式选项，如图 7-13 所示。在【样式】组中单击对话框启动器按钮，将会打开【样式】任务窗格进行设置，在【样式】列表框中同样可以选择样式，如图 7-14 所示。

图 7-13　选择样式

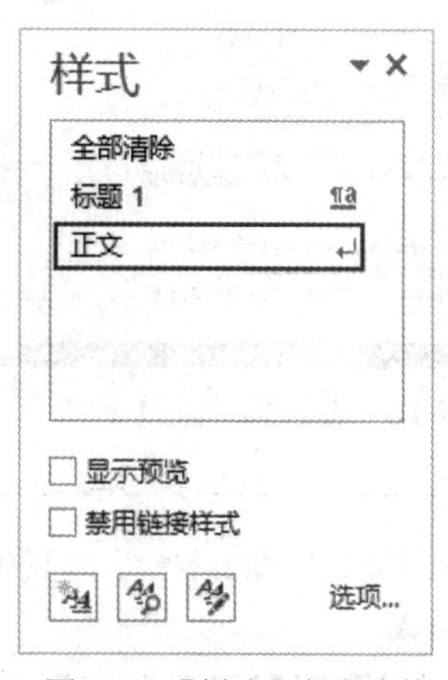

图 7-14　【样式】任务窗格

【例 7-3】新建文档，为文本应用标题样式。

(1) 启动 Word 2013，新建一个名为“钢琴启蒙课程介绍”的文档，在其中输入文本内容，所有文本默认应用【正文】样式，如图 7-15 所示。

(2) 选中标题文本“钢琴启蒙课程介绍”，打开【开始】选项卡，在【样式】选项组里单击【样式】按钮，选择【标题】样式，如图 7-16 所示。

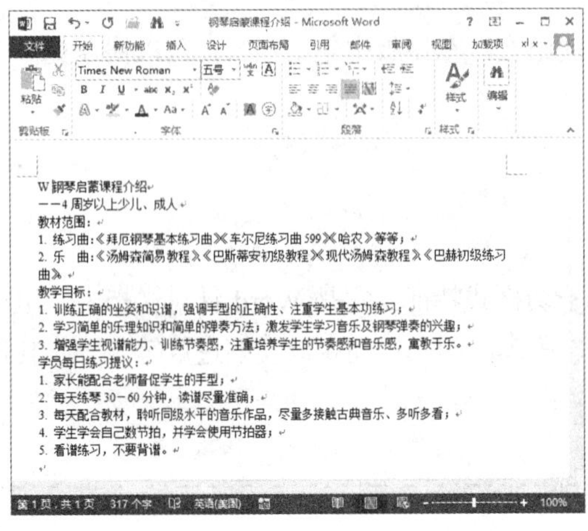

图 7-15　输入文本

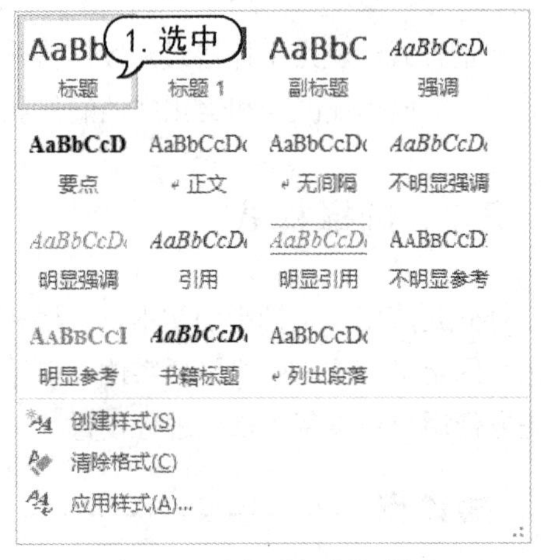

图 7-16　选择【标题】样式

(3) 将插入点定位在副标题文本“——4 周岁以上少儿、成人”中任意位置，打开【开始】选项卡，单击【样式】对话框启动器按钮，打开【样式】任务窗格，选择【副标题】样式，如图 7-17 所示。

(4) 使用同样的方法，为其他标题文本应用【标题 1】样式，如图 7-18 所示。

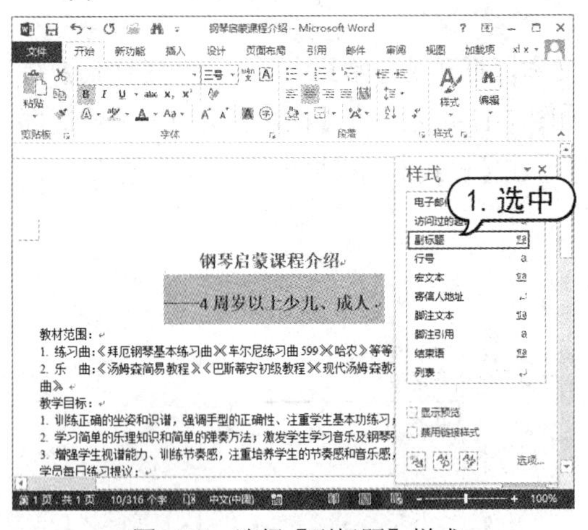

图 7-17　选择【副标题】样式

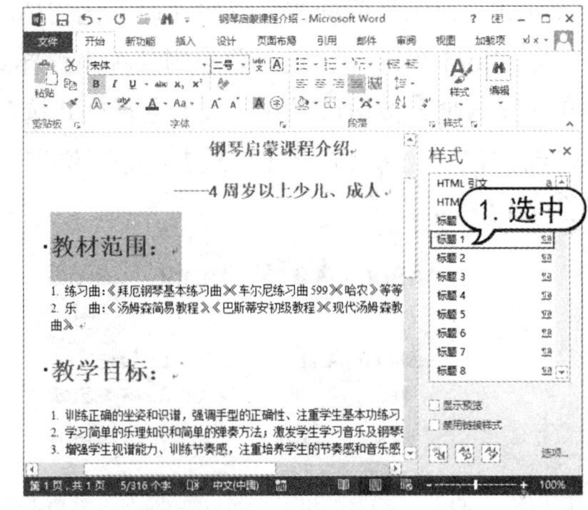

图 7-18　选择【标题 1】样式

提示

如果多处文本使用相同的样式，可按住 Ctrl 键的同时选取多处文本，在【样式】任务窗格中选择样式，统一应用该样式。

7.2.2　修改样式

如果某些内置样式无法完全满足某组格式设置的要求，则可以在内置样式的基础上进行修

改。在【样式】任务窗格中，单击样式选项的下拉按钮，在弹出的快捷菜单中选择【修改】命令，如图 7-19 所示，打开【修改样式】对话框，在其中可以更改相应的设置，如图 7-20 所示。

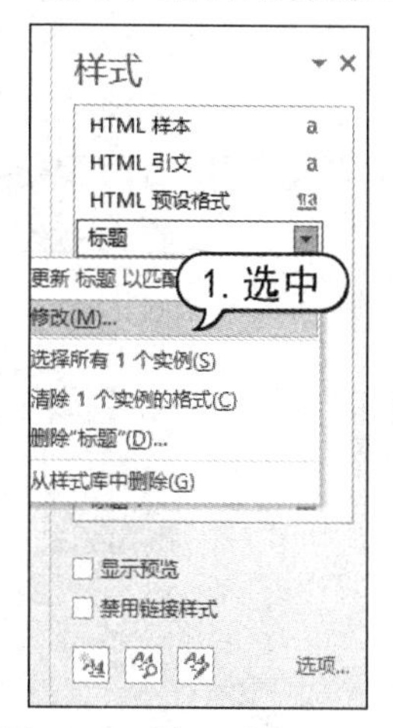

图 7-19　选择【修改】命令

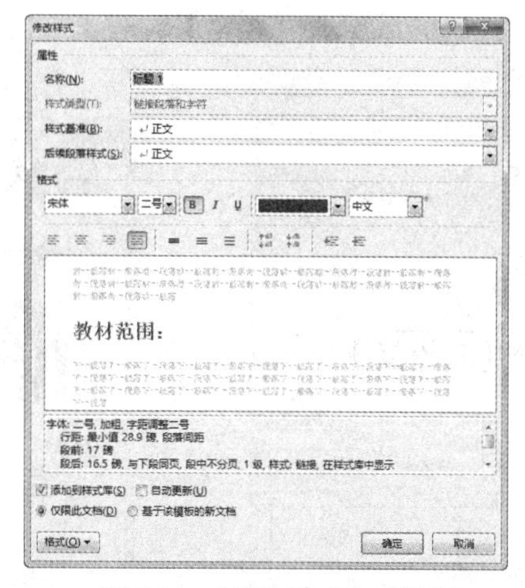

图 7-20　【修改样式】对话框

【例 7-4】在“钢琴启蒙课程介绍”文档中修改样式。

(1) 启动 Word 2013，打开“钢琴启蒙课程介绍”文档，插入点定位在任意一处带有【标题 1】样式的文本中，在【开始】选项卡的【样式】组中，单击【样式】对话框启动器按钮，打开【样式】任务窗格，单击【标题 1】样式右侧的箭头按钮，从弹出的快捷菜单中选择【修改】命令，如图 7-21 所示。

(2) 打开【修改样式】对话框，在【属性】选项区域的【样式基准】下拉列表框中选择【无样式】选项；在【格式】选项区域的【字体】下拉列表框中选择【楷体】选项，在【字号】下拉列表框中选择【三号】选项，在【字体】颜色下拉面板中选择【白色，背景 1】色块，单击【格式】按钮，从弹出的快捷菜单中选择【段落】选项，如图 7-22 所示。

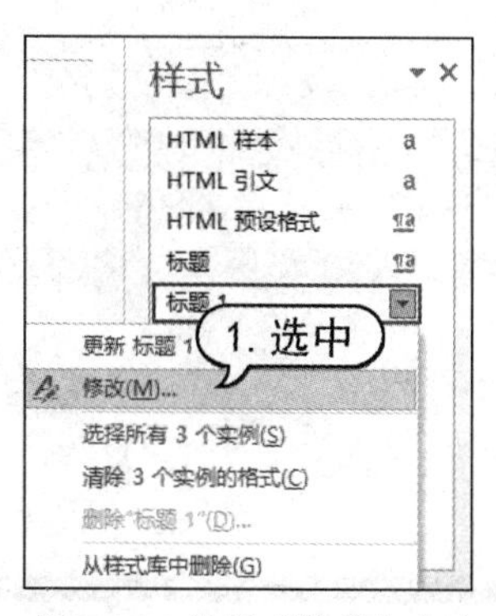

图 7-21　选择【修改】命令

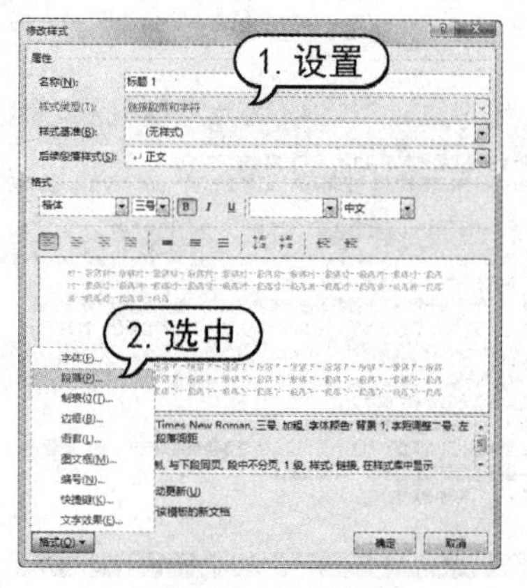

图 7-22　设置样式

(3) 打开【段落】对话框，在【间距】选项区域中，将段前、段后的距离均设置为“0.5 行”，并且将行距设置为【最小值】，【设置值】为“16 磅”，单击【确定】按钮，完成段落设置，如图 7-23 所示。

(4) 返回至【修改样式】对话框，单击【格式】按钮，从弹出的快捷菜单中选择【边框】命令，打开【边框和底纹】对话框的【底纹】选项卡，在【填充】颜色面板中选择【橙色，着色 2，淡色 40%】色块，单击【确定】按钮，如图 7-24 所示。

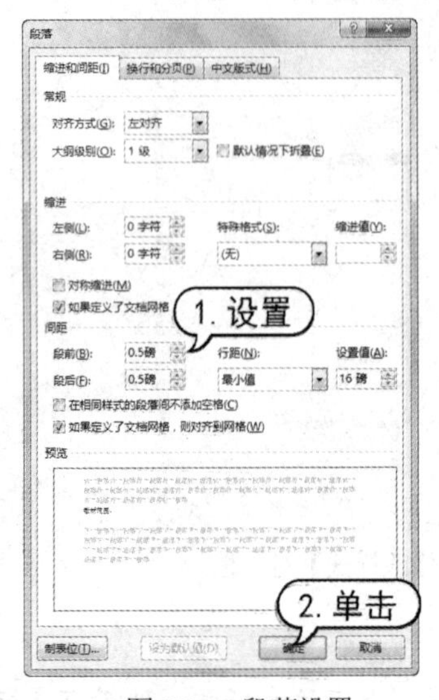

图 7-23　段落设置

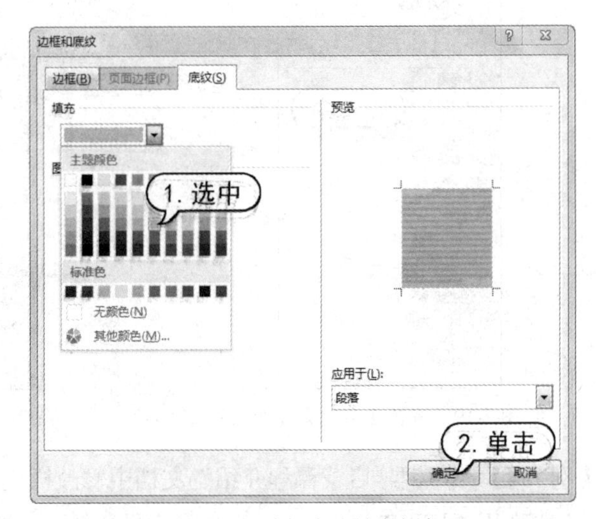

图 7-24　选择底纹填充颜色

(5) 返回【修改样式】对话框，单击【确定】按钮。此时【标题 1】样式修改成功，并将自动应用到文档中，如图 7-25 所示。

(6) 将插入点定位在正文文本中，使用同样的方法，修改【正文】样式，设置字体颜色为【橙色，着色 2，淡色 40%】，段落格式的行距为【固定值】、【15 磅】，此时修改后的【正文】样式自动应用到文档中，如图 7-26 所示。

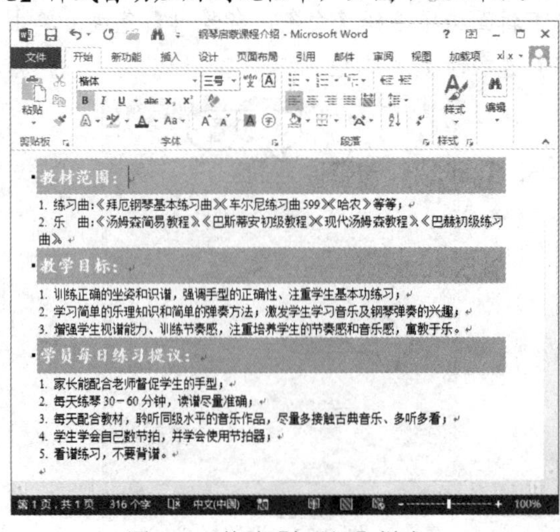

图 7-25　修改【标题 1】样式

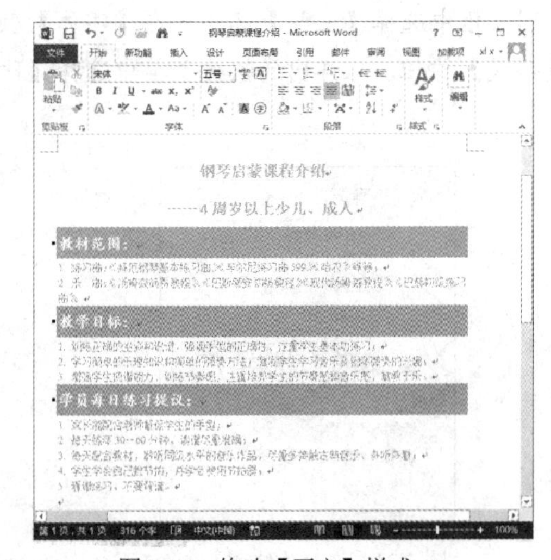

图 7-26　修改【正文】样式

7.2.3　新建样式

如果现有文档的内置样式与所需格式设置相去甚远时，创建一个新样式将会更为便捷。

在【样式】任务窗格中，单击【新建样式】按钮，打开【根据样式设置创建新样式】对话框，如图 7-27 所示。在【名称】文本框中输入要新建的样式的名称；在【样式类型】下拉列表框中选择【字符】和【段落】选项；在【样式基准】下拉列表框中选择该样式的基准样式(所谓基准样式，就是最基本或原始的样式，文档中的其他样式都以此为基础)；单击【格式】按钮，可以为字符或段落设置格式，如图 7-28 所示。

图 7-27　单击【新建样式】按钮

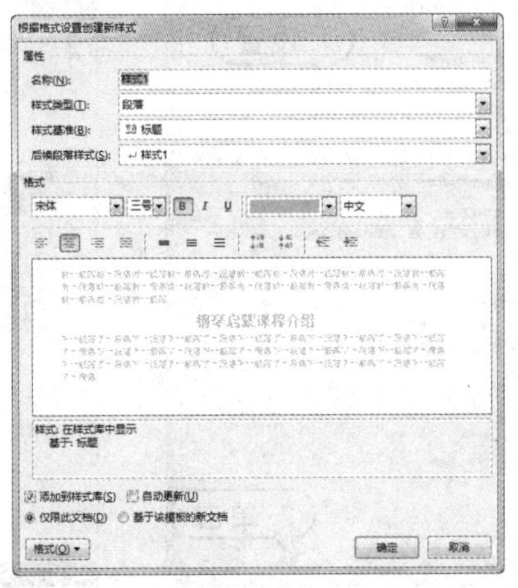

图 7-28　【根据样式设置创建新样式】对话框

【例 7-5】在“钢琴启蒙课程介绍”文档中添加备注文本，并创建【备注】样式，将其应用到文档中。

(1) 启动 Word 2013，打开“钢琴启蒙课程介绍”文档。将插入点定位文档末尾，按 Enter 键换行，输入备注文本，如图 7-29 所示。

(2) 在【开始】选项卡的【样式】组中，单击【样式】对话框启动器，打开【样式】任务窗格，单击【新建样式】按钮，打开【根据格式设置创建新样式】对话框。在【名称】文本框中输入“备注”；在【样式基准】下拉列表框中选择【无样式】选项；在【格式】选项区域的【字体】下拉列表框中选择【微软雅黑】选项；在【字体颜色】下拉列表框中选择【深红】色块。单击【格式】按钮，在弹出的菜单中选择【段落】命令，如图 7-30 所示。

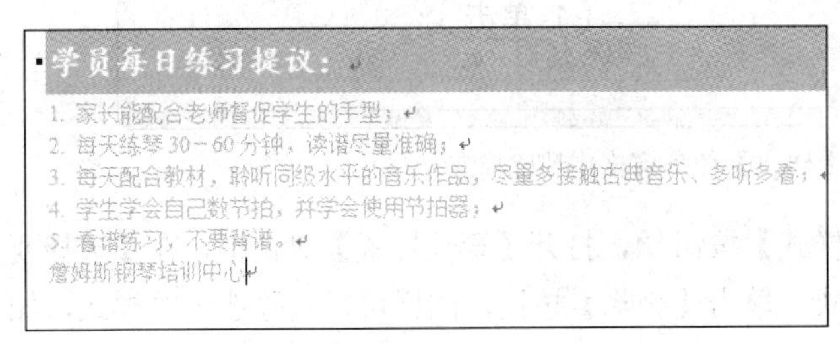

图 7-29　输入备注文本

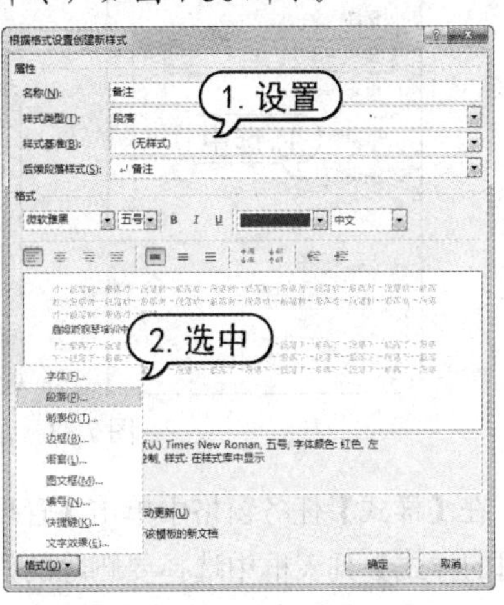

图 7-30　设置备注样式

(3) 打开【段落】对话框的【缩进和间距】选项卡，设置【对齐方式】为【右对齐】，【段前】间距设为 0.5 行，单击【确定】按钮，如图 7-31 所示。

(4) 返回【修改样式】对话框，单击【确定】按钮。此时备注文本将自动应用“备注”样式，并在【样式】窗格中显示新样式，如图 7-32 所示。

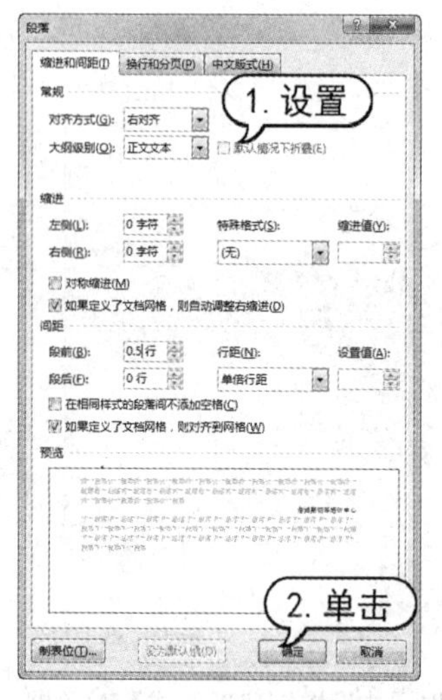

图 7-31　设置段落

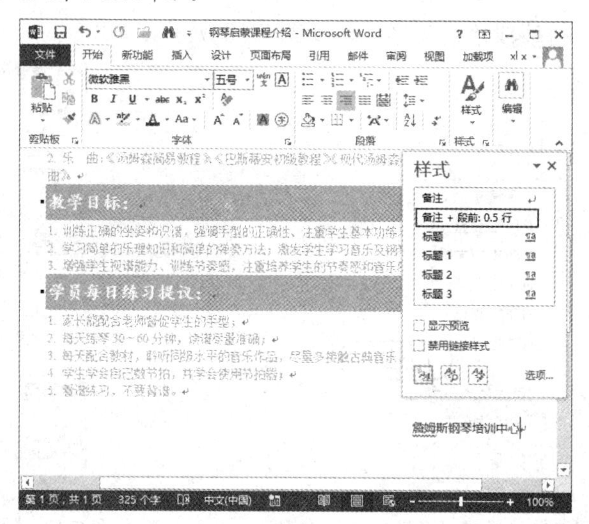

图 7-32　显示新样式

7.2.4　删除样式

在 Word 2013 中，可以在【样式】任务窗格中删除样式，但无法删除模板的内置样式。

删除样式时，在【样式】任务窗格中，单击需要删除的样式旁的箭头按钮，在弹出的菜单中选择【删除】命令，将打开【确认删除】对话框，单击【是】按钮，即可删除该样式，如图 7-33 所示。

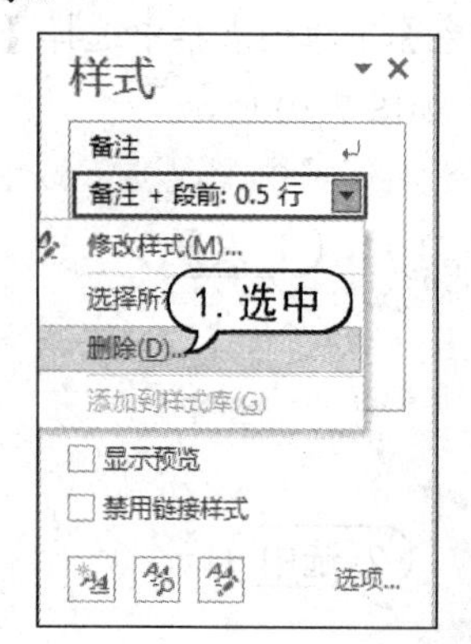

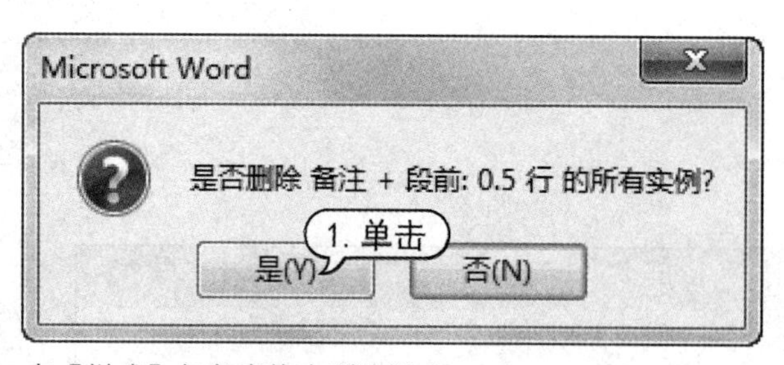

图 7-33　在【样式】任务窗格中删除样式

在【样式】任务窗格中单击【管理样式】按钮，打开【管理样式】对话框，在【选择要编辑的样式】列表框中选择要删除的样式，单击【删除】按钮，同样可以删除选中的样式，如图 7-34 所示。

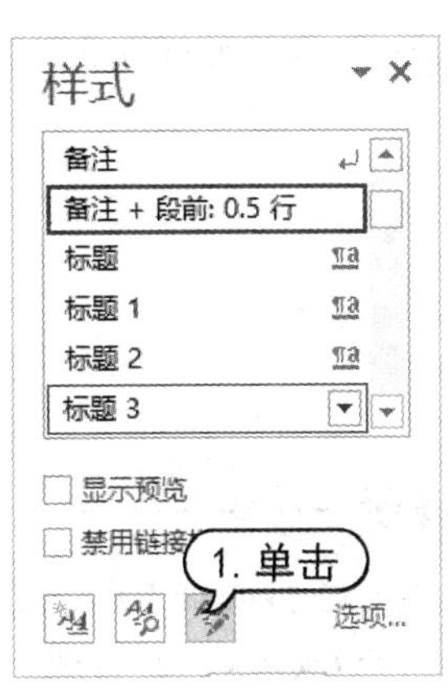

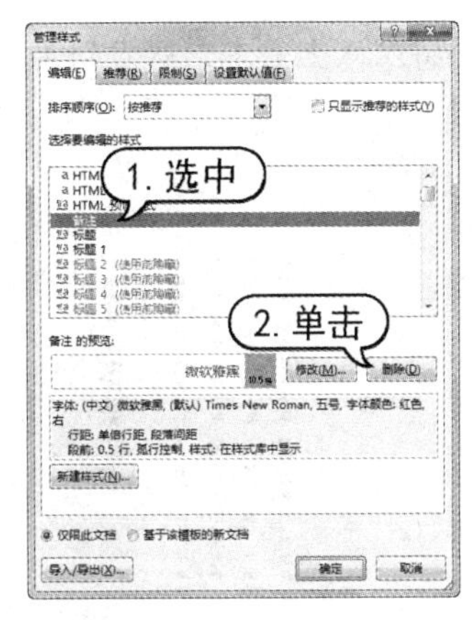

图 7-34　在【管理样式】对话框中删除样式

7.3　特殊排版方式

一般报刊杂志都需要创建带有特殊效果的文档，需要配合使用一些特殊的排版方式。Word 2013 提供了多种特殊的排版方式，如文字竖排、首字下沉、分栏、拼音指南和带圈字符等。

7.3.1　竖排文本

古人写字都是以从右至左、从上至下的方式进行竖排书写，但现代人都是以从左至右方式书写文字。使用 Word 2013 的文字竖排功能，可以轻松执行古代诗词的输入(即竖排文档)，从而还原古书的效果。

【例 7-6】新建“古代诗词”文档，对其中的文字进行垂直排列。

(1) 在 Word 2013 中新建一个空白文档，并在其中输入文本内容，然后按 Ctrl+A 组合键，选中所有文本，设置文本的字体为【华文隶书】，字号为【小三】，如图 7-35 所示。

(2) 选中所有文字，然后选择【页面布局】选项卡，在【页面设置】组中单击【文字方向】按钮，在弹出的菜单中选择【垂直】命令，如图 7-36 所示。

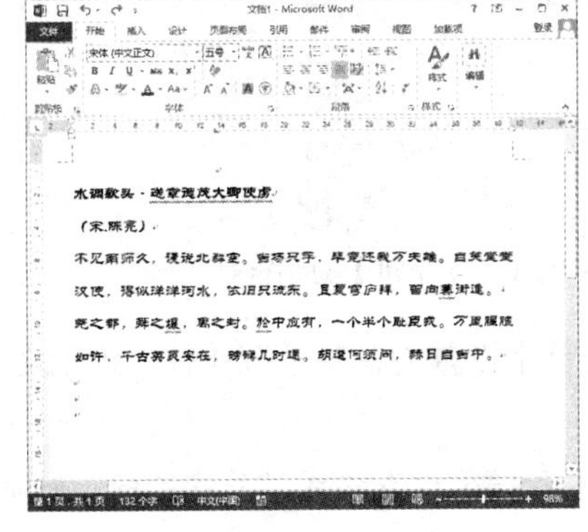

图 7-35　设置文本

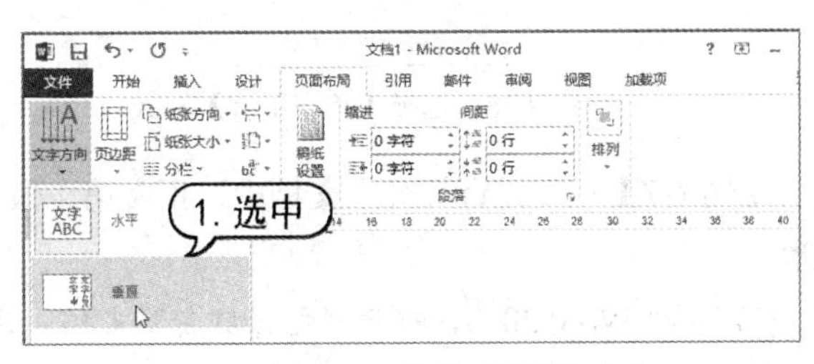

图 7-36　选择【垂直】命令

计算机基础与实训教材系列

(3) 此时，将以从上至下、从右到左的方式排列诗词内容，如图 7-37 所示。

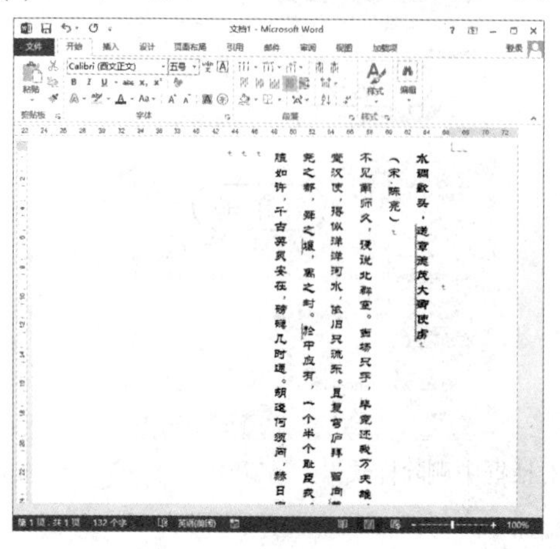

图 7-37　显示竖排文本

提示

用户还可以选择【文字方向选项】命令，打开【文字方向】对话框，设置不同类型的竖排文字选项。

7.3.2　首字下沉

首字下沉是报刊杂志中较为常用的一种文本修饰方式，使用该方式可以很好地改善文档的外观，使文档更引人注目。设置首字下沉，就是使第一段开头的第一个字放大。放大的程度用户可以自行设定，占据两行或者三行的位置，其他字符围绕在其右下方。

在 Word 2013 中，首字下沉共有两种不同的方式：一个是普通的下沉；另外一个是悬挂下沉。两种方式区别之处在于：【下沉】方式设置的下沉字符紧靠其他文字；【悬挂】方式设置的字符则可以随意地移动其位置。

打开【插入】选项卡，在【文本】组中单击【首字下沉】按钮，在弹出的菜单中选择首字下沉样式，如图 7-38 所示。选择【首字下沉选项】命令，将打开【首字下沉】对话框，如图 7-39 所示，在其中进行相关的首字下沉设置。

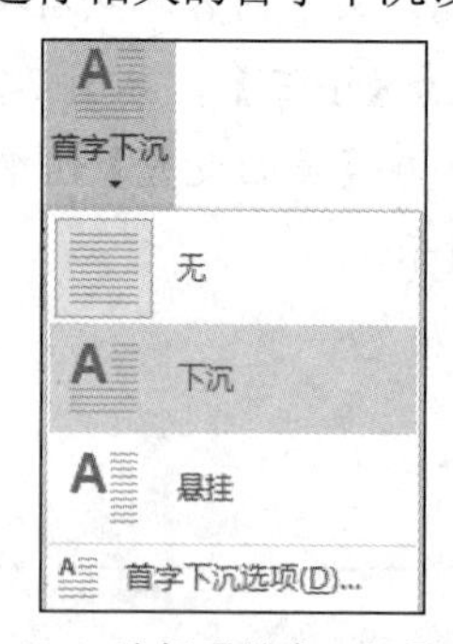

图 7-38　选择【首字下沉】样式

图 7-39　【首字下沉】对话框

【例 7-7】在“元宵灯会”文档中，正文第 1 段中的首字设置为首字下沉 3 行，距正文 0.5 厘米。

(1) 启动 Word 2013，打开“元宵灯会”文档，为文本和段落设置格式，并将鼠标指针插入正文第 1 段前，如图 7-40 所示。

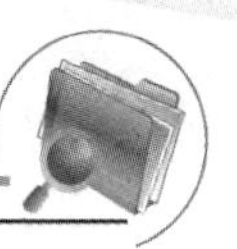

(2) 选择【插入】选项卡，在【文本】组中单击【首字下沉】按钮，在弹出的菜单中选择【首字下沉选项】命令，如图 7-41 所示。

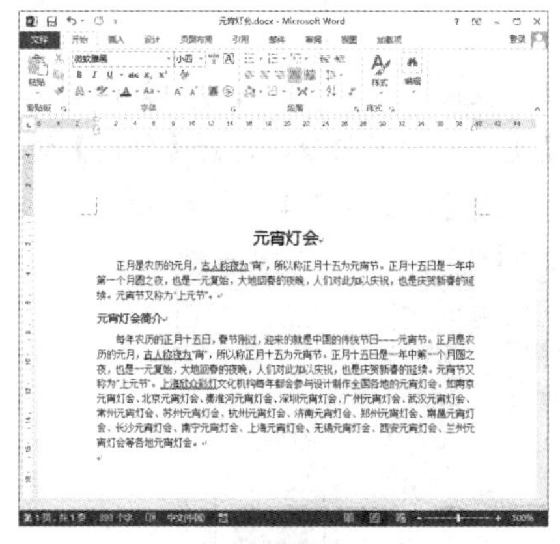

图 7-40　设置插入点

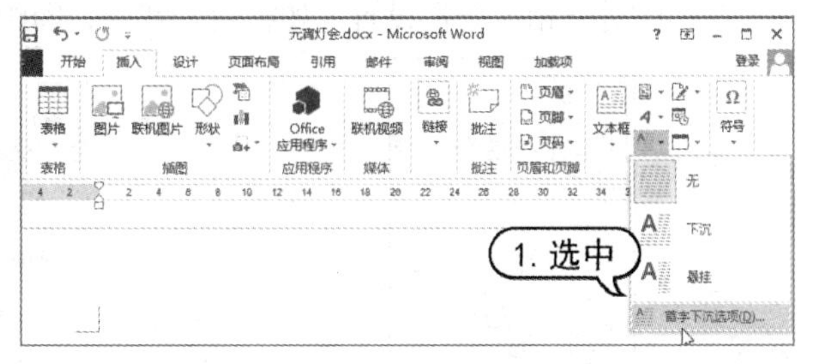

图 7-41　选择【首字下沉选项】命令

(3) 在打开的【首字下沉】对话框的【位置】选项区域中选择【下沉】选项，在【字体】下拉列表框中选择【微软雅黑】选项，在【下沉行数】微调框中输入 3，在【距正文】微调框中输入“0.5 厘米”，然后单击【确定】按钮，如图 7-42 所示。

(4) 此时，正文第 1 段中的首字将以“微软雅黑”字体下沉 3 行的形式显示在文档中，如图 7-43 所示。

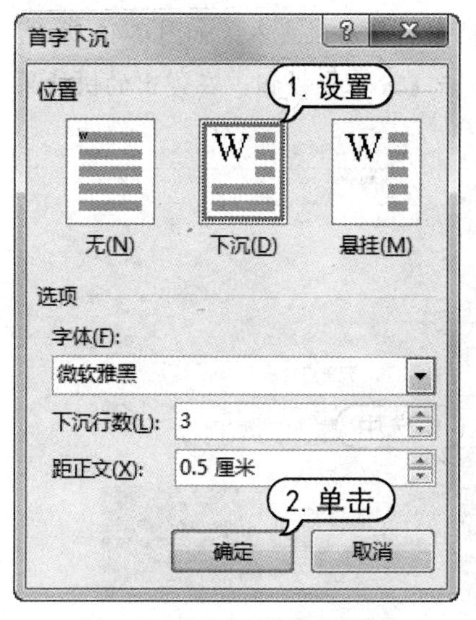

图 7-42 【首字下沉】对话框

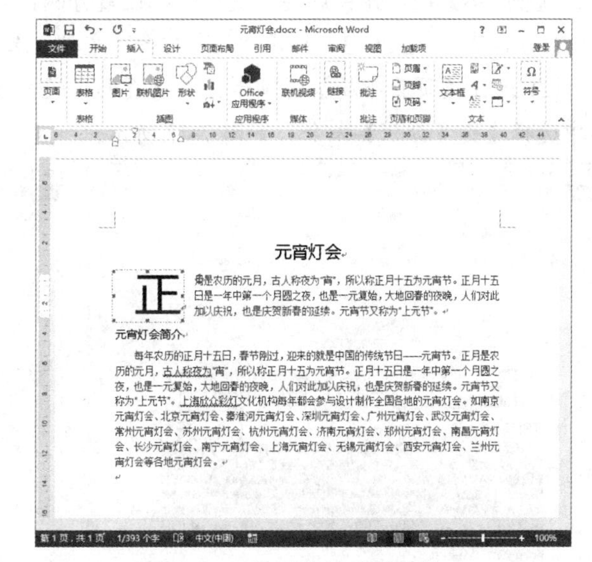

图 7-43　显示首字下沉效果

7.3.3　设置分栏

分栏，是指按实际排版需求将文本分成若干个条块，使版面更为美观。在阅读报刊杂志时，常常会发现许多页面被分成多个栏目。这些栏目有的是等宽的，有的是不等宽的，使得整个页

面布局显得错落有致，易于读者阅读。

Word 2013 具有分栏功能，用户可以把每一栏都视为一节，这样就可以对每一栏文本内容单独进行格式化和版面设计。

要为文档设置分栏，打开【页面布局】选项卡，在【页面设置】组中单击【分栏】按钮，在弹出的菜单中选择分栏选项，如图 7-44 所示。或者选中【更多分栏】命令，打开【分栏】对话框，在其中进行相关分栏设置，如栏数、宽度、间距和分割线等，如图 7-45 所示。

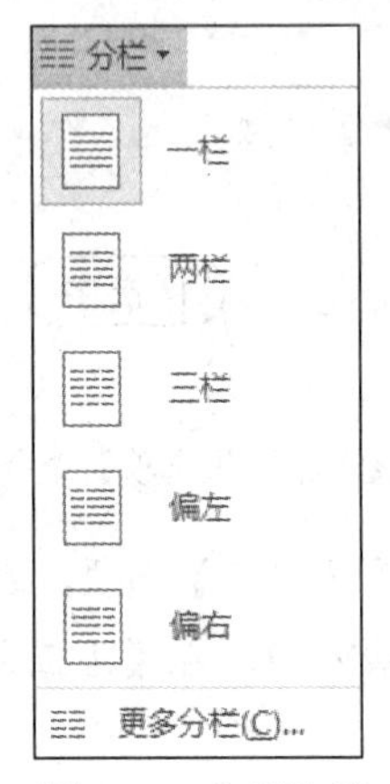

图 7-44　分栏选项

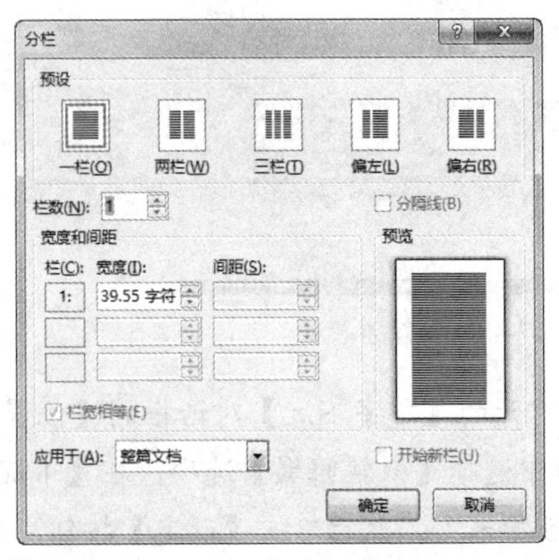

图 7-45　【分栏】对话框

【例 7-8】在“元宵灯会”文档中，设置分两栏显示文本。

(1) 启动 Word 2013，打开“元宵灯会”文档，选中文档中的第 2 段文本，如图 7-46 所示。

(2) 选择【页面布局】选项卡，在【页面设置】组中单击【分栏】按钮，在弹出的快捷菜单中选择【更多分栏】命令，如图 7-47 所示。

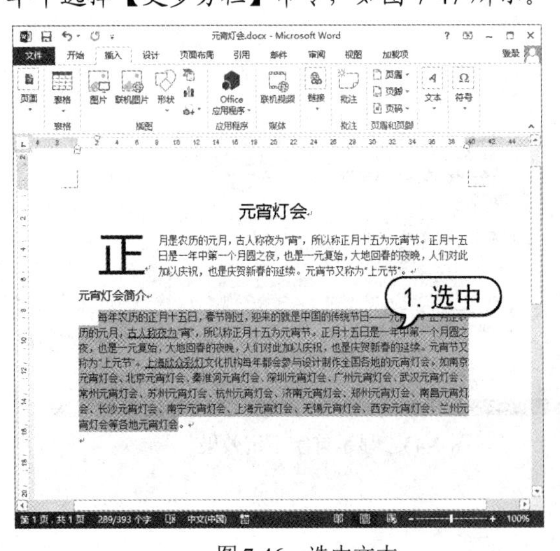

图 7-46　选中文本

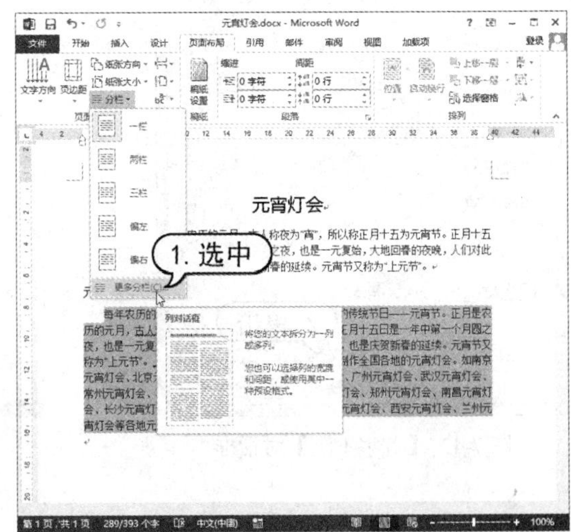

图 7-47　选择【更多分栏】命令

(3) 在打开的【分栏】对话框中选择【三栏】选项，选中【栏宽相等】复选框和【分隔线】复选框，然后单击【确定】按钮，如图 7-48 所示。

(4) 此时，选中的文本段落将以三栏的形式显示，如图 7-49 所示。

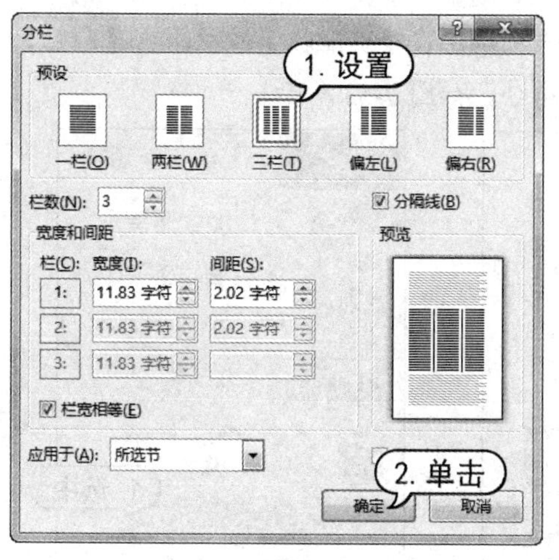

图 7-48 【分栏】对话框

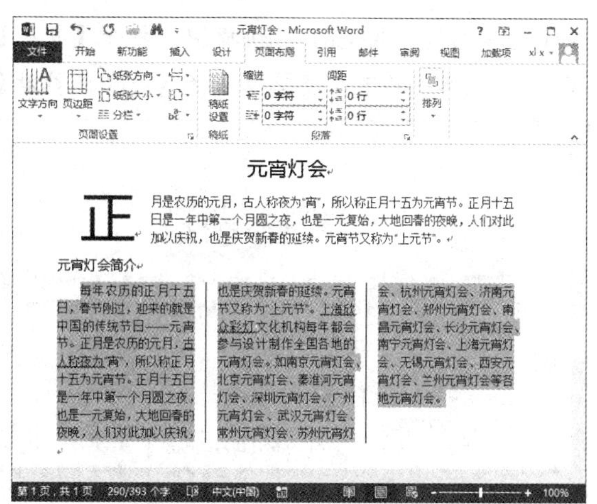

图 7-49　显示分栏效果

7.3.4　拼音指南

Word 2013 提供的拼音指南功能，可对文档内的任意文本添加拼音，添加的拼音位于所选文本的上方，并且可以设置拼音的对齐方式。

【例 7-9】在“元宵灯会”文档中，为标题文本添加拼音，并设置汉字和拼音分离。

(1) 启动 Word 2013，打开“元宵灯会”文档，选取标题文本“元宵灯会”，打开【开始】选项卡，在【字体】组中单击【拼音指南】按钮，如图 7-50 所示。

(2) 打开【拼音指南】对话框，在【字体】下拉列表框中选择 Arial Unicode MS 选项，在【字号】下拉列表框中输入“16”，在【偏移量】微调框中输入“1” (设置针对拼音)，单击【确定】按钮，如图 7-51 所示。

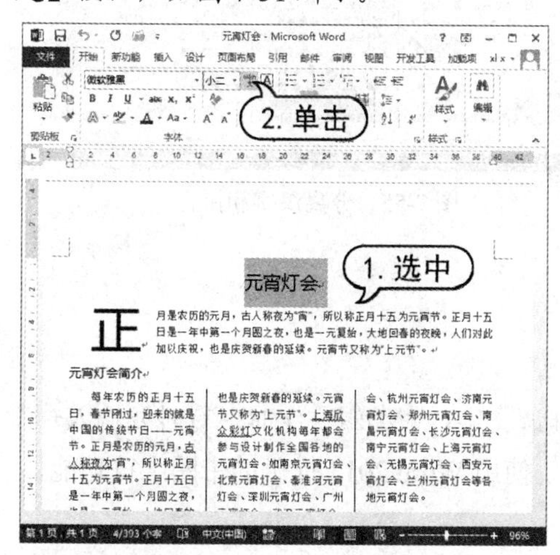

图 7-50　单击【拼音指南】按钮

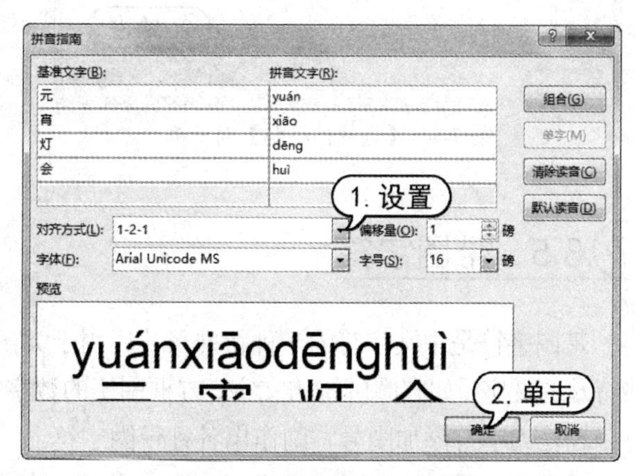

图 7-51 【拼音指南】对话框

(3) 此时在标题“元宵灯会”上方注释拼音，如图 7-52 所示。

(4) 选中标题，按 Ctrl+C 快捷键，打开【开始】选项卡，在【剪贴板】组中单击【粘贴】下拉按钮，从弹出的下拉菜单中选择【选择性粘贴】命令，如图 7-53 所示。

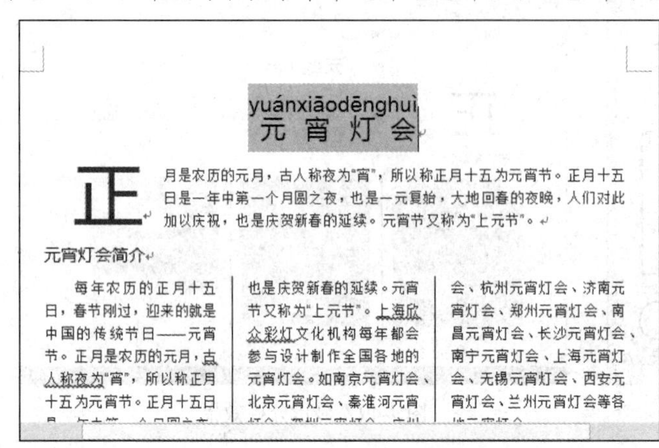

图 7-52 显示注释拼音

图 7-53 选择【选择性粘贴】命令

(5) 打开【选择性粘贴】对话框，选择【无格式文本】选项，单击【确定】按钮，如图 7-54 所示。

(6) 此时，将把标题文本中的汉字和拼音分离，效果如图 7-55 所示。

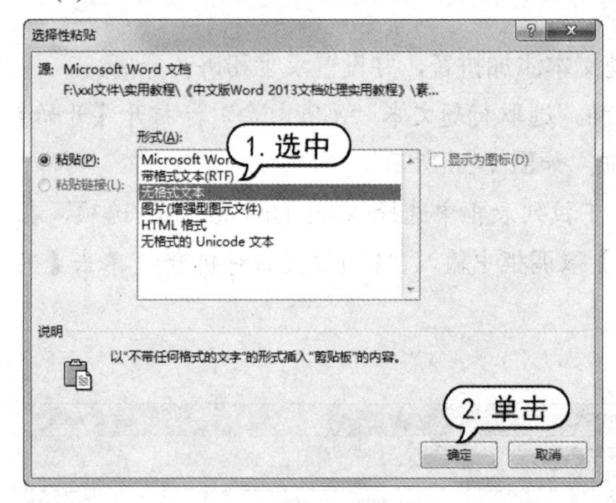

图 7-54 【选择性粘贴】对话框

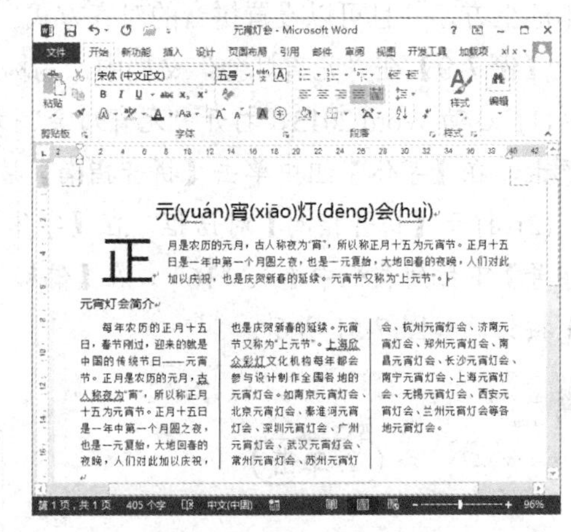

图 7-55 分离汉字和拼音

7.3.5 带圈字符

带圈字符是中文字符的一种特殊形式，用于突出强调文字。在编辑文字时，有时要输入一些特殊的文字，如圆圈围绕的文字、方框围绕的数字等。使用 Word 2013 提供的带圈字符功能，可以轻松为字符添加圈号，制作出各种带圈字符。

【例 7-10】在“元宵灯会”文档中，为正文的首字添加带圈效果。

(1) 启动 Word 2013，打开“元宵灯会”文档，选取首字下沉后的文本【正】，打开【开始】选项卡，在【字体】组中单击【带圈字符】按钮，如图 7-56 所示。

(2) 打开【带圈字符】对话框，在【样式】选项区域中选择字符样式，在【圈号】列表框中选择所需的圈号，单击【确定】按钮，如图 7-57 所示。

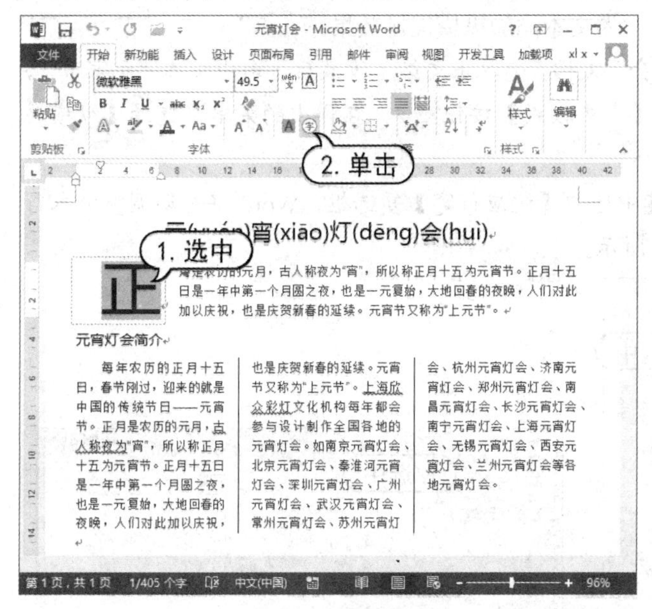

图 7-56　单击【带圈字符】按钮

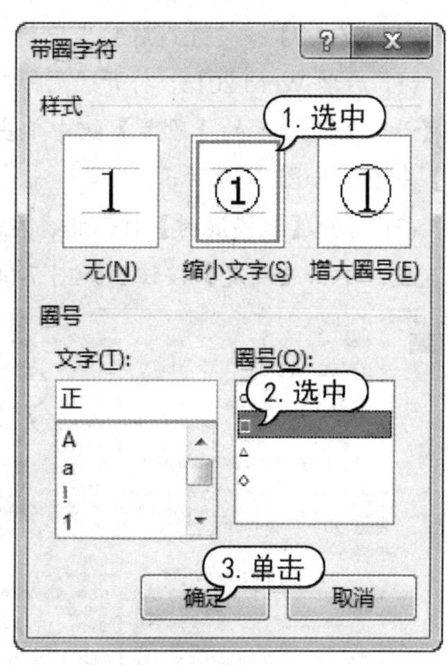

图 7-57　【带圈字符】对话框

(3) 此时，即可显示设置带圈效果的首字，效果如图 7-58 所示。

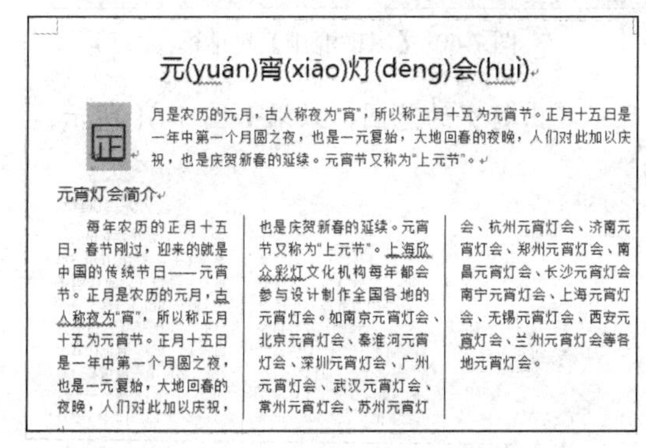

图 7-58　显示带圈效果

提示

在 Word 中，带圈字符的内容只能是一个汉字或者两个外文字母，当超出限制后，Word 自动以第一个汉字或前两个外文字母作为选择对象设置。

7.4　使用中文版式

Word 2013 提供了具有中国特色的中文版式功能，包括纵横混排、合并字符和双行合一等功能。

7.4.1　纵横混排

默认情况下，文档窗口中的文本内容都是横向排列的，有时出于某种需要必须使文字纵横

混排(如对联中的横联和竖联等)，这时可以使用 Word 2013 的纵横混排功能，使横向排版的文本在原有的基础上向左旋转 90°。

【例 7-11】在“元宵灯会”文档中，为文本添加纵横混排效果。

(1) 启动 Word 2013，打开“元宵灯会”文档，选取正文第 1 段最后 1 句中文本“元宵节”，在【开始】选项卡的【段落】组中单击【中文版式】按钮，在弹出的菜单中选择【纵横混排】命令，如图 7-59 所示。

(2) 打开【纵横混排】对话框，在其中选中【适应行宽】复选框，Word 将自动调整文本行的宽度，单击【确定】按钮，如图 7-60 所示。

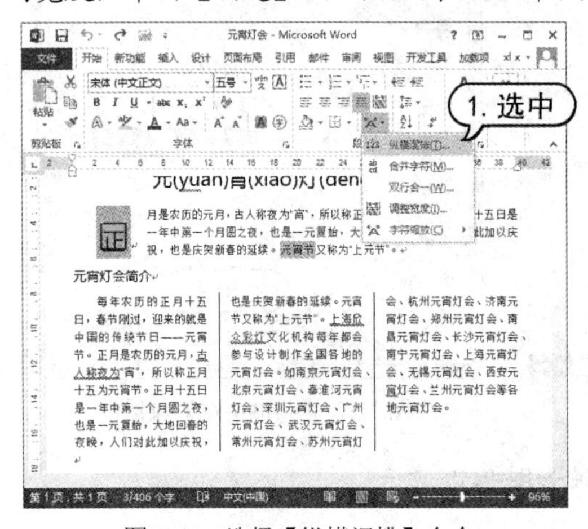

图 7-59 选择【纵横混排】命令

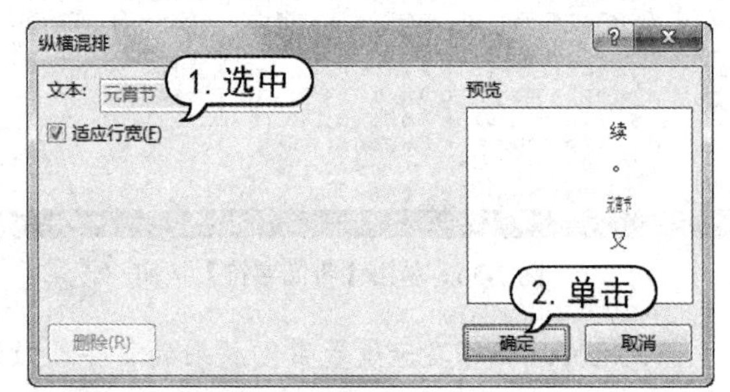

图 7-60 【纵横混排】对话框

(3) 此时，即可显示纵排文本“元宵节”，并且不超出行宽的范围，效果如图 7-61 所示。

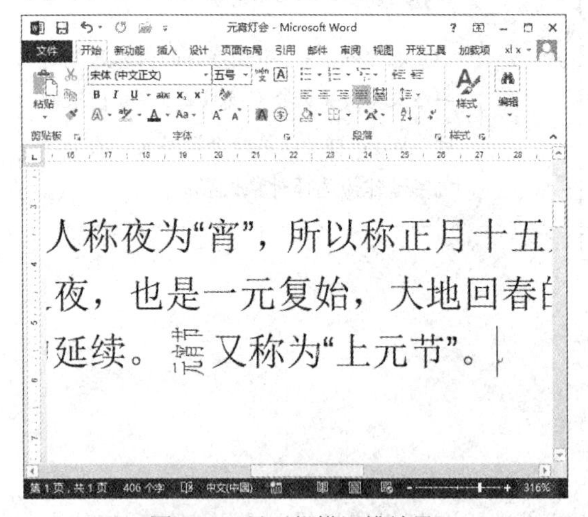

图 7-61 显示纵横混排效果

> **提示**
>
> 如果在【纵横混排】对话框里不选中【适应行宽】复选框，纵排文本将会保持原有字体大小，超出行宽范围。

7.4.2 合并字符

合并字符是将一行字符分成上、下两行，并按原来的一行字符空间进行显示。此功能在名

片制作、出版书籍或发表文章等方面发挥巨大的作用。

要为文本设置合并字符效果，可以打开【开始】选项卡，在【段落】组中单击【中文版式】按钮，在弹出的菜单中选择【合并字符】命令，打开【合并字符】对话框，如图7-62所示，在该对话框中设置【文字】、【字体】、【字号】等。

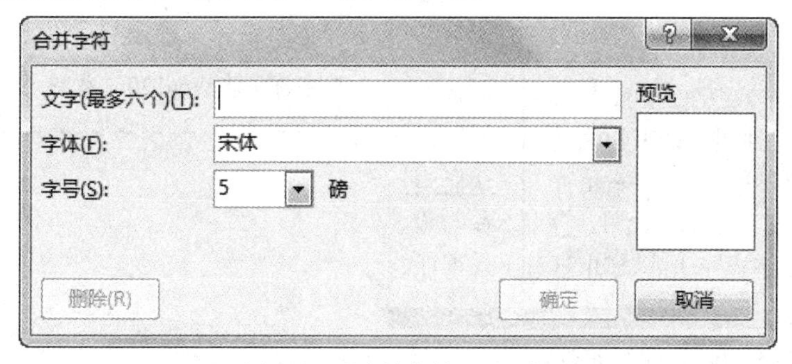

图7-62　【合并字符】对话框

【例7-12】在“元宵灯会”文档中合并字符。

(1) 启动Word 2013，打开“元宵灯会”，选取正文第2段文本“元宵灯会简介”。打开【开始】选项卡，在【段落】组中单击【中文版式】按钮，在弹出的菜单中选择【合并字符】命令，如图7-63所示。

(2) 打开【合并字符】对话框，在【字体】下拉列表框中选择【方正琥珀简体】选项，在【字号】下拉列表框中选择“10”，单击【确定】按钮，如图7-64所示。

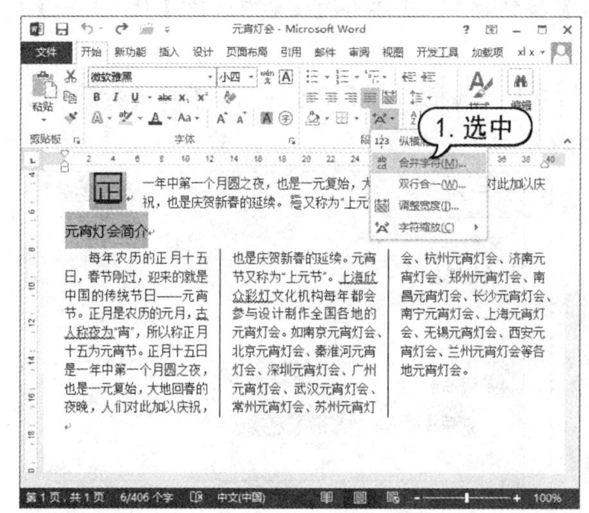

图7-63　选择【合并字符】命令

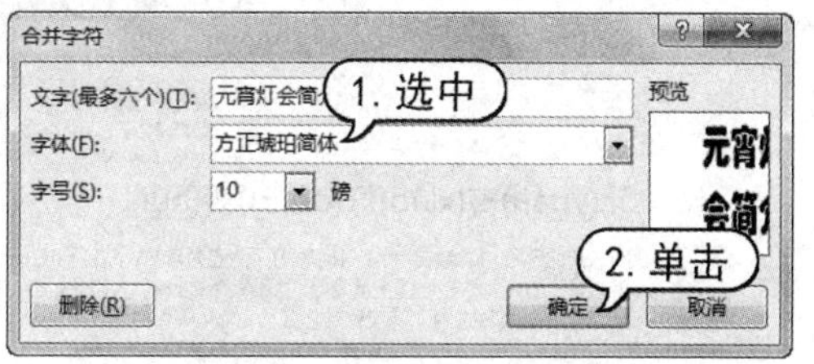

图7-64　【合并字符】对话框

(3) 此时，即可显示合并文本“元宵灯会简介”的效果，如图7-65所示。

(4) 在快速访问工具栏中单击【保存】按钮，快速保存设置后的“元宵灯会”文档。

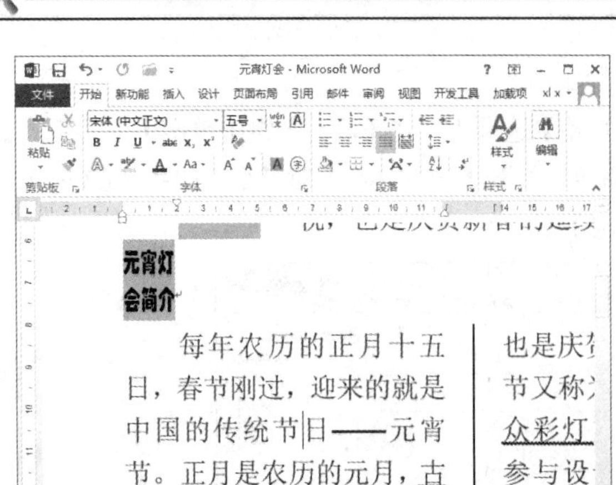

图 7-65　显示合并字符效果

提示

合并的字符不能超过 6 个汉字的宽度或 12 个半角英文字符。超过此长度的字符将被 Word 2013 截断。

7.4.3　双行合一

双行合一效果能使所选的位于同一文本行的内容平均地分为两部分，前一部分排列在后一部分的上方。在必要的情况下，还可以给双行合一的文本添加不同类型的括号。

(1) 启动 Word 2013，打开“元宵灯会”，选取正文第 1 段中文本“大地回春”。打开【开始】选项卡，在【段落】组中单击【中文版式】按钮，在弹出的菜单中选择【双行合一】命令，如图 7-66 所示。

(2) 打开【双行合一】对话框，选中【带括号】复选框，在【括号样式】下拉列表框中选择一种括号样式，单击【确定】按钮，如图 7-67 所示。

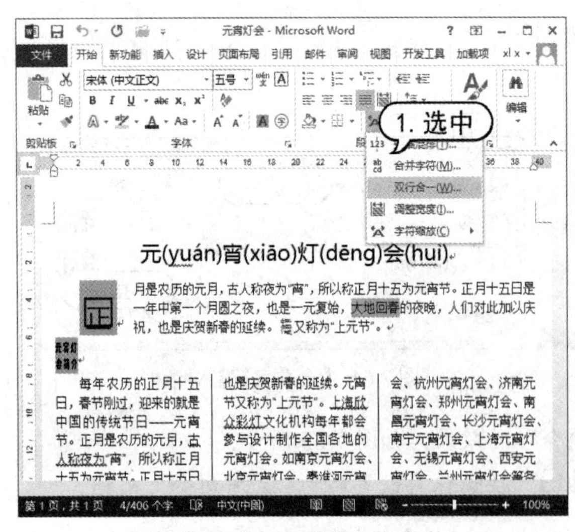

图 7-66　选择【双行合一】命令

图 7-67　【双行合一】对话框

(3) 此时，即可显示双行合一文本“大地回春”的效果，如图 7-68 所示。

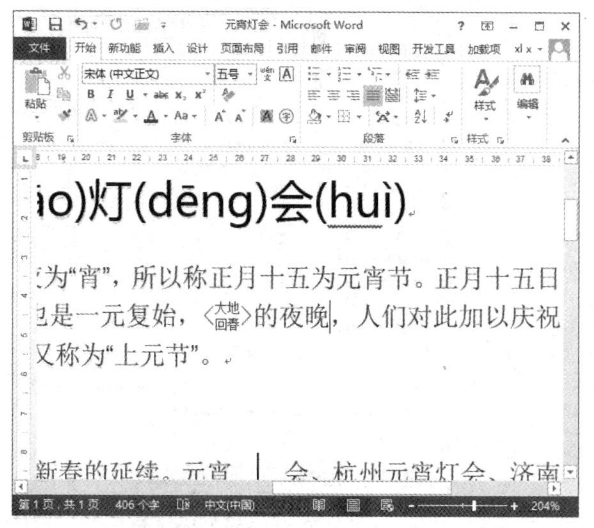

图 7-68　显示双行合一效果

提示

合并字符是将多个字符用两行显示，且将多个字符合并成一个整体；双行合一是在一行的空间显示两行文字，且不受字符数限制。

7.4.4　调整宽度和字符缩放

在【中文版式】下拉菜单中还有【调整宽度】和【字符缩放】功能，可以产生调整字符的大小和按比例缩放字符的作用。

首先选中文本，打开【开始】选项卡，在【段落】组中单击【中文版式】按钮，在弹出的菜单中选择【调整宽度】命令，如图 7-69 所示，打开【调整宽度】对话框，显示当前文字宽度，用户可以在【新文字宽度】微调框中调整文字宽度，然后单击【确定】按钮即可，如图 7-70 所示。

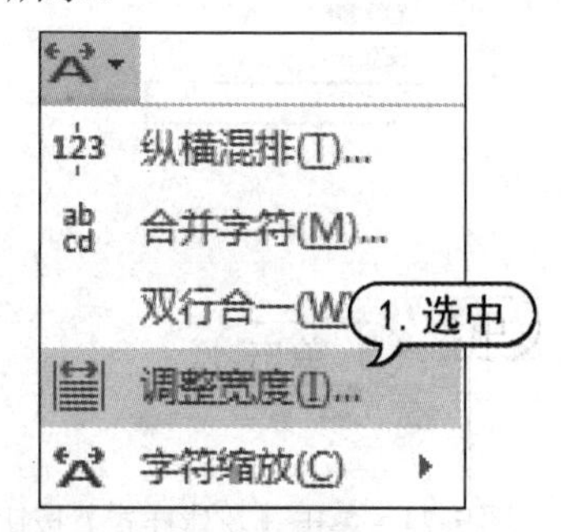

图 7-69　选择【调整宽度】命令

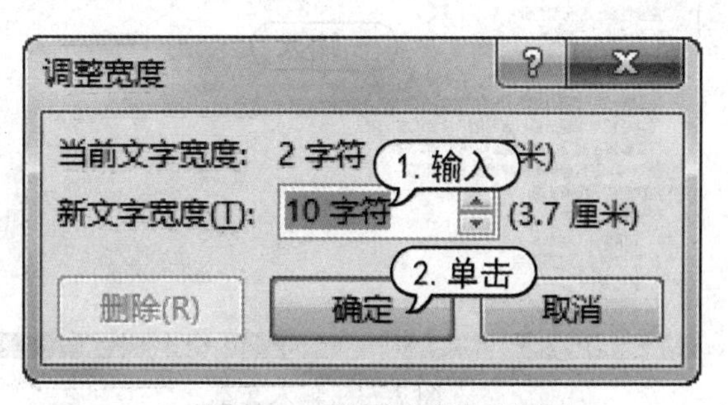

图 7-70　【调整宽度】对话框

打开【开始】选项卡，在【段落】组中单击【中文版式】按钮，在弹出的菜单中选择【字符缩放】命令，打开下拉菜单，可以选择等比例的字符缩放选项，如图 7-71 所示。选中【其他】命令时，可以打开【字体】对话框的【高级】选项卡，在其中可以详细调整字符间距、缩放、Open Type 功能等有关字符的相关功能，如图 7-72 所示。

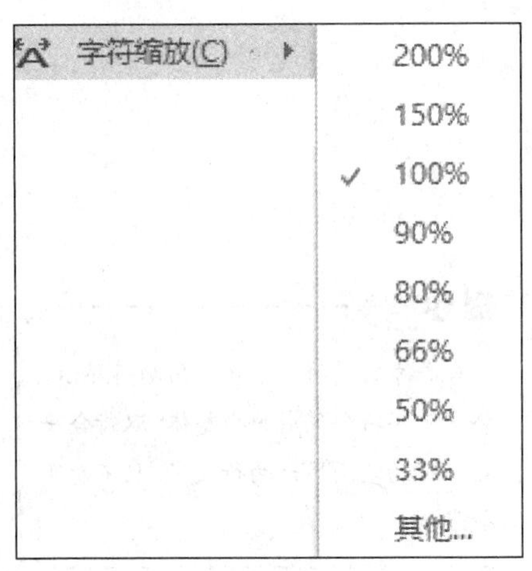

图 7-71　选择字符缩放选项

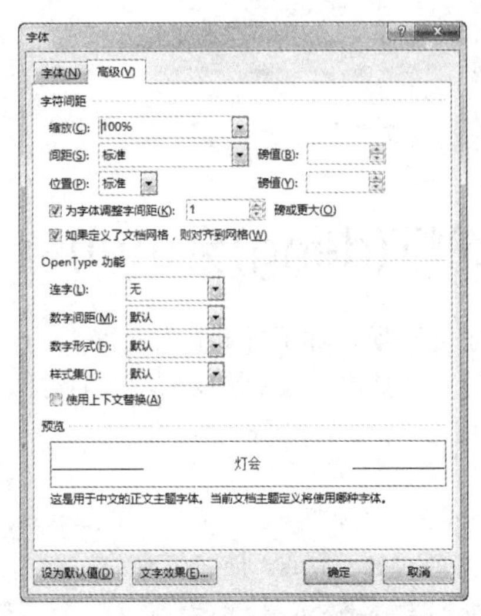

图 7-72 【高级】选项卡

7.5　上机练习

本章的上机练习主要是制作“招聘简章”文档，在其中使用样式和特殊排版方式。

(1) 启动 Word 2013，新建一个名为“招聘简章”文档，并输入文本，如图 7-73 所示。

(2) 选取文本“易时空广告设计有限公司”，在【开始】选项卡的【样式】组中单击【样式】对话框启动器按钮，打开【样式】任务窗格，单击【新建样式】按钮，如图 7-74 所示。

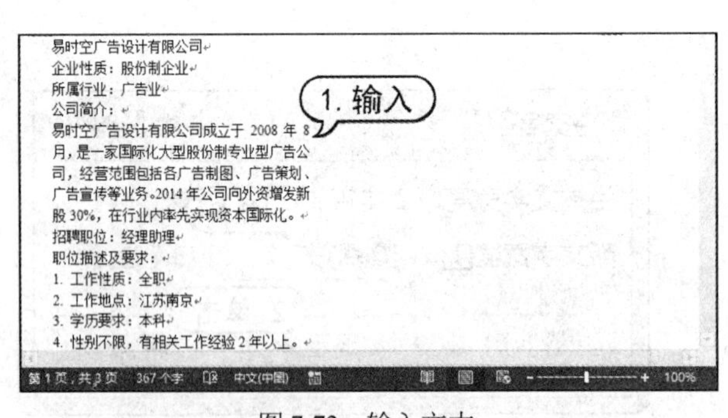

图 7-73　输入文本

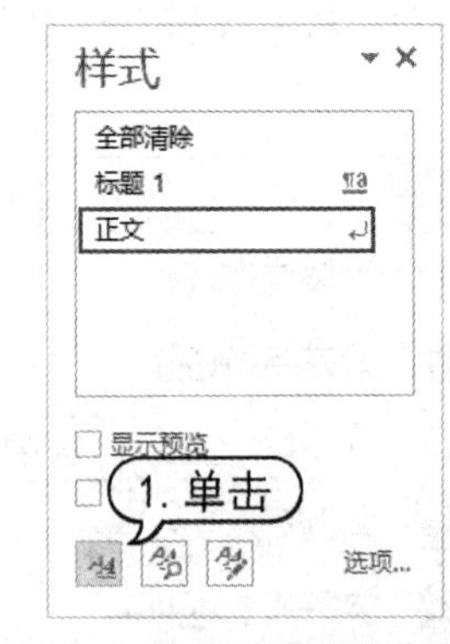

图 7-74　单击【新建样式】按钮

(3) 打开【根据格式设置创建新样式】对话框，在【名称】文本框中输入样式名“自创标题”，在【样式基准】下拉列表中选择【无样式】选项，设置字体为【黑体】，字号为【三号】，字体颜色【白色，背景 1】，单击【格式】按钮，从弹出的菜单中选择【边框】选项，如图 7-75 所示。

(4) 打开【边框和底纹】对话框的【底纹】选项卡，在【填充】颜色面板中选择【蓝色，着色 1，深色 25%】色块，单击【确定】按钮，如图 7-76 所示。

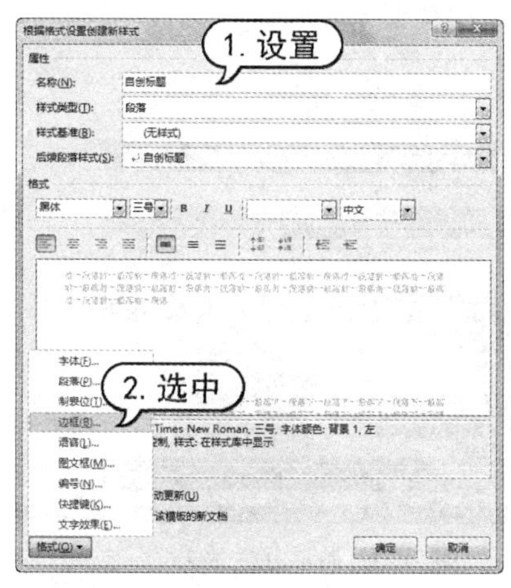

图 7-75 设置样式

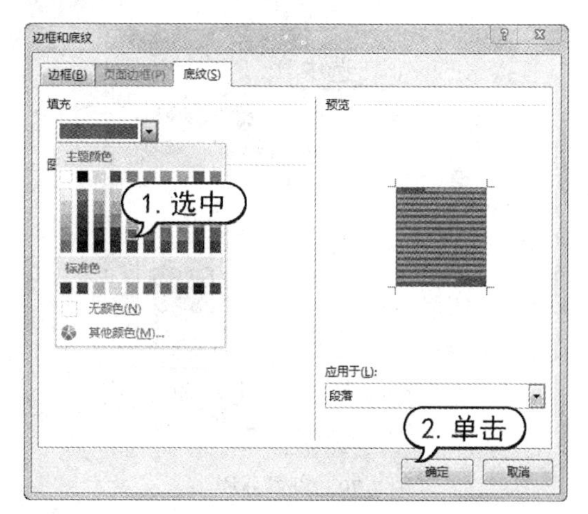

图 7-76 设置标题字体

(5) 返回至【根据格式设置创建新样式】对话框，单击【确定】按钮，完成设置。此时在【样式】任务窗格中显示新建的样式，为其他文本应用标题样式，效果如图 7-77 所示。

(6) 将插入点定位在“公司简介：”下方的一段文字中，打开【开始】选项卡，单击【段落】对话框启动器，打开【段落】对话框的【缩进和间距】选项卡，设置其格式为【首行缩进】、【2 字符】，单击【确定】按钮，如图 7-78 所示。

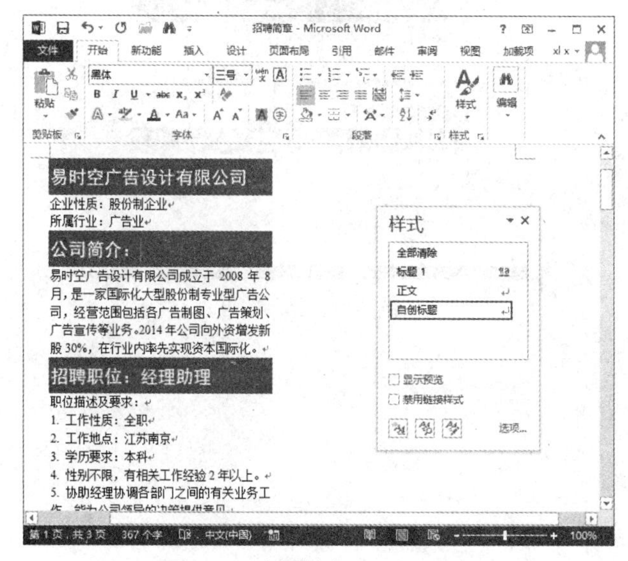

图 7-77 应用样式

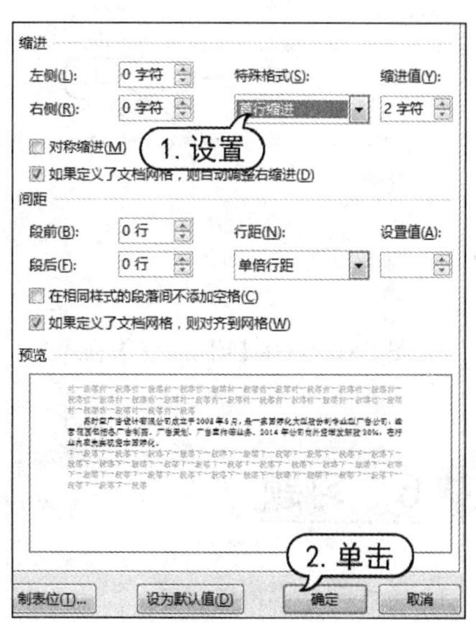

图 7-78 设置段落

(7) 选取“招聘职位”文字区域，打开【页面布局】选项卡，在【页面设置】组中单击【分栏】按钮，在弹出的菜单中选择【更多分栏】命令，打开【分栏】对话框，在【预设】选项区域中选择【两栏】选项，然后单击【确定】按钮，如图 7-79 所示。

(8) 此时为选中文本设置分栏效果，如图 7-80 所示。

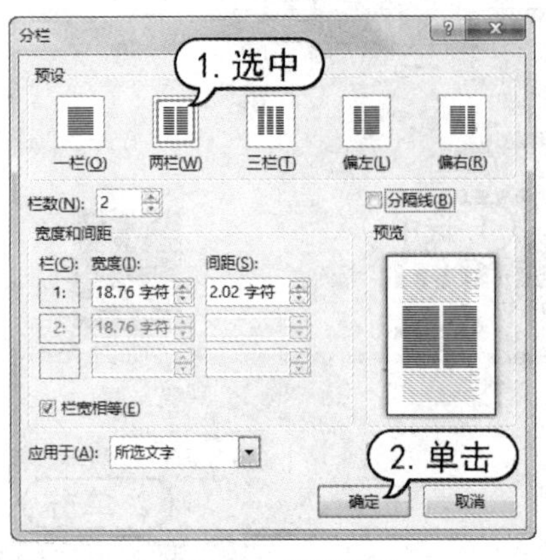

图 7-79 设置分栏

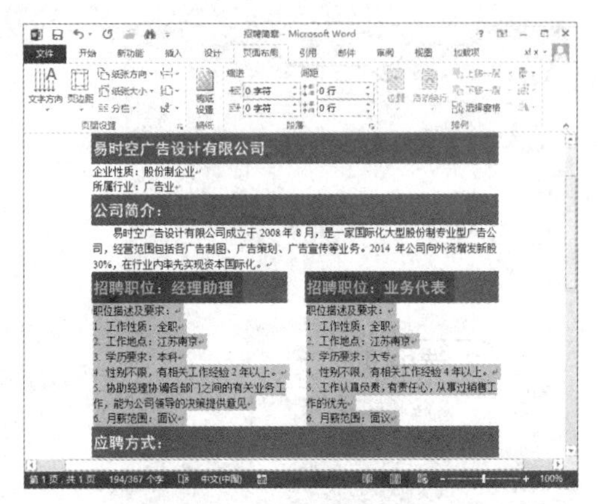

图 7-80 显示分栏效果

(9) 选取最后三段文字，在【开始】选项卡的【样式】组中单击【其他】按钮，在弹出的列表框中选择【明显参考】样式，如图 7-81 所示。

(10) 此时为选中的文字应用该样式，文档的最终效果如图 7-82 所示。

图 7-81 选择【明显参考】样式

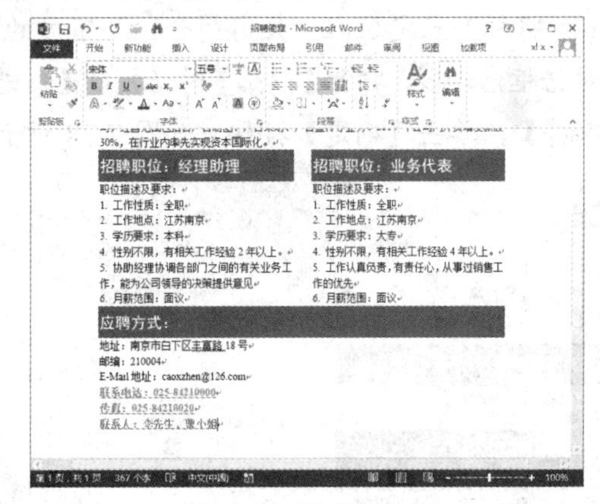

图 7-82 显示效果

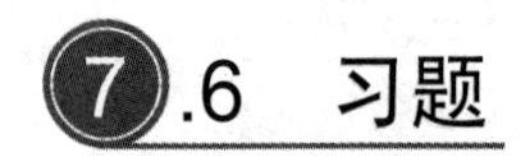

7.6 习题

1. 简述创建模板的方式。
2. 如何使用分栏排版？
3. 如何更改样式？
4. 创建新文档，然后创建一个样式，其格式包括对齐方式为文本右对齐、字体为楷体、大小为 10、颜色为绿色，并将其命名为“新的样式”。

第8章 长文档的编排策略

学习目标

Word 2013 本身提供一些处理长文档功能和特性的编辑工具，例如，使用大纲视图方式查看和组织文档，使用书签定位文档，使用目录提示长文档的纲要等功能。本章将详细介绍组织和查看长文档、使用书签、插入目录和索引、插入批注、尾注和脚注等内容。

本章重点

- 使用大纲视图
- 编制目录
- 插入批注和题注
- 插入脚注和尾注
- 使用索引和书签
- 添加修订

8.1 查看和组织长文档

Word 2013 提供了一些长文档的排版与审阅的功能。例如，使用大纲视图方式组织文档，使用导航窗格查看文档结构。

8.1.1 使用大纲视图查看文档

Word 2013 中的 “大纲视图” 功能就是专门用于制作提纲的，它以缩进文档标题的形式来表示在文档结构中的级别。

打开【视图】选项卡，在【文档视图】组中单击【大纲视图】按钮，就可以切换到大纲视图模式。此时，【大纲】选项卡随即出现在窗口中，在【大纲工具】组的【显示级别】下拉列表框中选择显示级别；将鼠标指针定位在要展开或折叠的标题中，单击【展开】按钮➕或【折叠】按钮➖，可以扩展或折叠大纲标题，如图 8-1 所示。

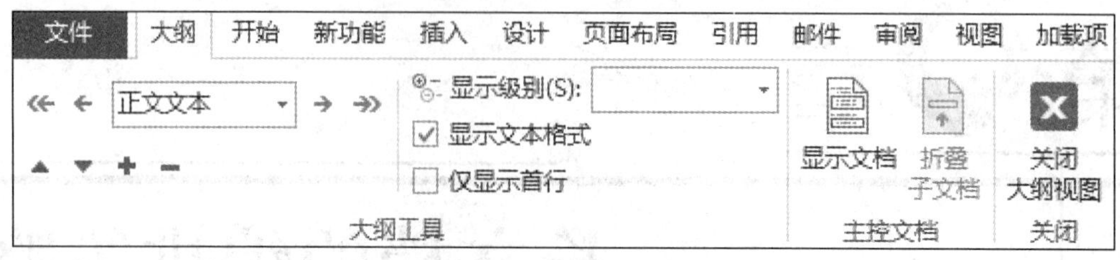

图 8-1 【大纲】选项卡

【例 8-1】将“公司管理制度”文档切换到大纲视图查看结构和内容。

(1) 启动 Word 2013，打开“公司管理制度”文档，打开【视图】选项卡，在【文档视图】组中单击【大纲视图】按钮，如图 8-2 所示。

(2) 在【大纲】选项卡的【大纲工具】组中，单击【显示级别】下拉按钮，在弹出的下拉列表框中选择【2 级】选项，此时标题 2 以后的标题或正文文本都将被折叠，如图 8-3 所示。

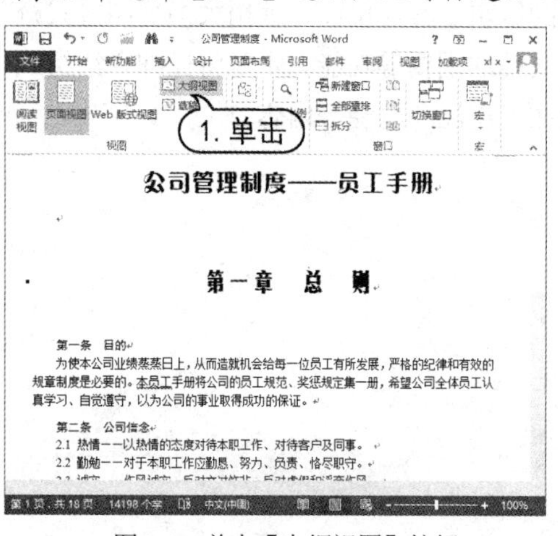

图 8-2 单击【大纲视图】按钮

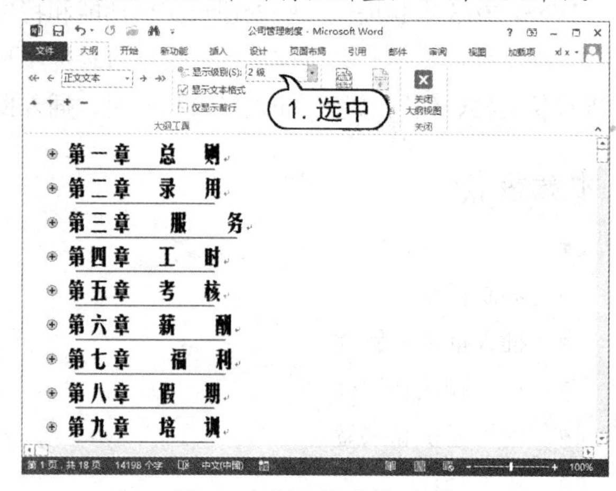

图 8-3 选择【2 级】选项

知识点

在大纲视图中，文本前有符号⊕，表示在该文本后有正文体或级别较低的标题；文本前有符号○，表示该文本后没有正文体或级别较低的标题。

(3) 将鼠标指针移至标题 3 前的符号⊕处双击，即可展开其后的下属文本内容，如图 8-4 所示。

(4) 在【大纲工具】组的【显示级别】下拉列表框中选择【所有级别】选项，此时将显示所有的文档内容，如图 8-5 所示。

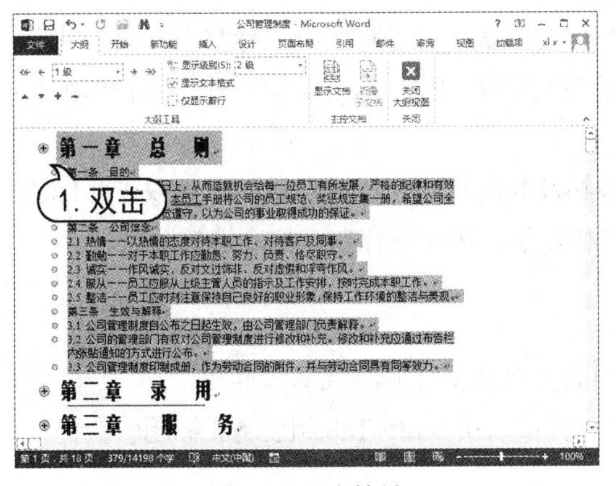

图 8-4　双击符号

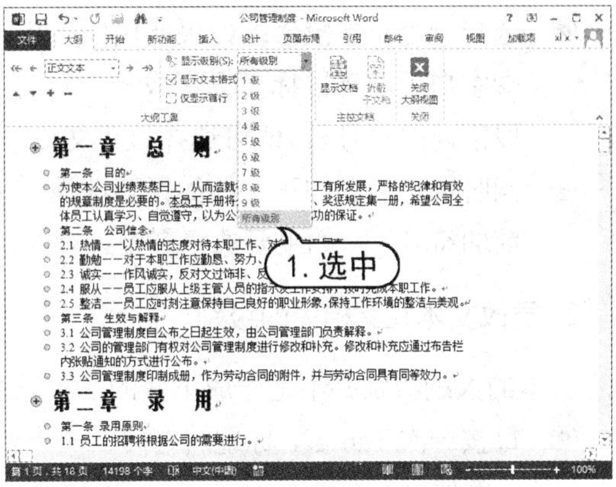

图 8-5　选择【所有级别】选项

(5) 将鼠标指针移动到文本“第一章 总则”前的符号⊕处，双击鼠标，该标题下的文本被折叠，如图 8-6 所示。

(6) 使用同样的方法，折叠其他段文本，如图 8-7 所示。

(7) 在【大纲】选项卡的【关闭】组中，单击【关闭大纲视图】按钮，即可退出大纲视图。

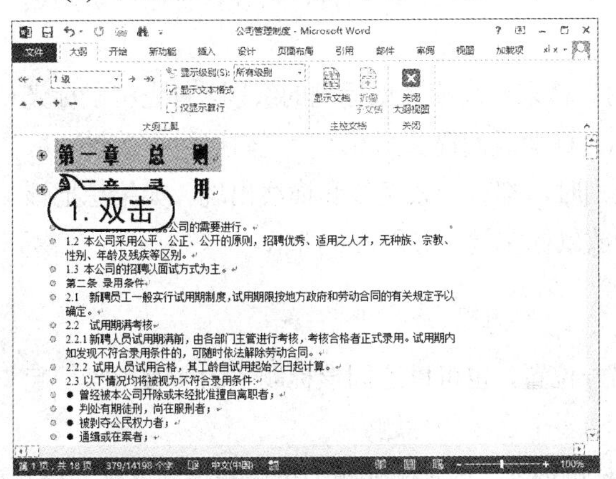

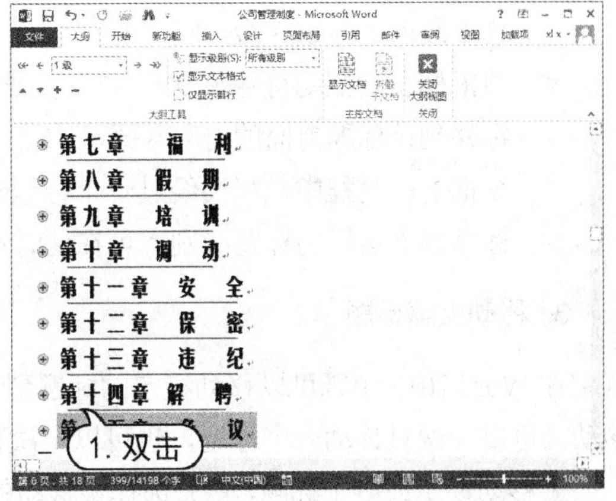

图 8-6　双击符号

图 8-7　双击符号折叠文本

8.1.2　使用大纲视图组织文档

在创建的大纲视图中，可以对文档内容进行修改与调整。

1. 选择大纲内容

在大纲视图模式下的选择操作是进行其他操作的前提和基础。选择的对象主要是标题和正文体。

- 选择标题：如果仅仅选择一个标题，并不包括它的子标题和正文，可以将鼠标光标移至此标题的左端空白处，当鼠标光标变成一个斜向上的箭头形状时，单击鼠标左键，即可选中该标题。

- 选择一个正文段落：如果要仅仅选择一个正文段落，可以将鼠标光标移至此段落的左端空白处，当鼠标光标变成一个斜向上箭头的形状时，单击鼠标左键，或者单击此段落前的符号，即可选择该正文段落。
- 同时选择标题和正文：如果要选择一个标题及其所有的子标题和正文，就双击此标题前的符号；如果要选择多个连续的标题和段落，按住鼠标左键拖动选择即可。

2. 更改文本在文档中的级别

文本的大纲级别并不是一成不变的，可以按照需要对其实行升级或降级操作。

- 每按一次 Tab 键，标题就会降低一个级别；每按一次 Shift+Tab 组合键，标题就会提升一个级别。
- 在【大纲】选项卡的【大纲工具】组中，单击【提升】按钮或【降低】按钮，对该标题实现层次级别的升或降。如果想要将标题降级为正文，可单击【降级为正文】按钮；如果想要将正文提升至标题 1，单击【提升至标题 1】按钮。
- 按下 Alt+Shift+←组合键，可将该标题的层次级别提高一级；按下 Alt+Shift+→组合键，可将该标题的层次级别降低一级。按下 Alt+Ctrl+1 或 2 或 3 键，可使该标题的级别达到 1 级或 2 级或 3 级。
- 用鼠标左键拖动符号或，向左移或向右移来提高或降低标题的级别。首先将鼠标光标移到该标题前面的符号或，待鼠标光标变成四箭头形状后，按住鼠标左键拖动，在拖动的过程中，每当经过一个标题级别时，都有一条竖线和横线出现。如果想把该标题置于这样的标题级别，可在此时释放鼠标左键，如图 8-8 所示。

3. 移动大纲标题

在 Word 2013 中既可以移动特定的标题到另一位置，也可以连同该标题下的所有内容一起移动。可以一次只移动一个标题，也可以一次移动多个连续的标题。

要移动一个或多个标题，首先选择要移动的标题内容，然后在标题上按住并拖动鼠标右键，可以看到在拖动过程中，有一虚竖线跟着移动。移到目标位置后释放鼠标，这时将弹出快捷菜单，选择菜单上的【移动到此位置】命令即可，如图 8-9 所示。

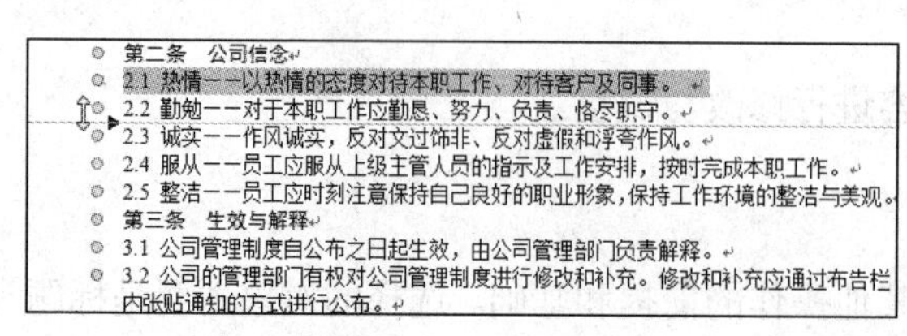

图 8-8　拖动符号

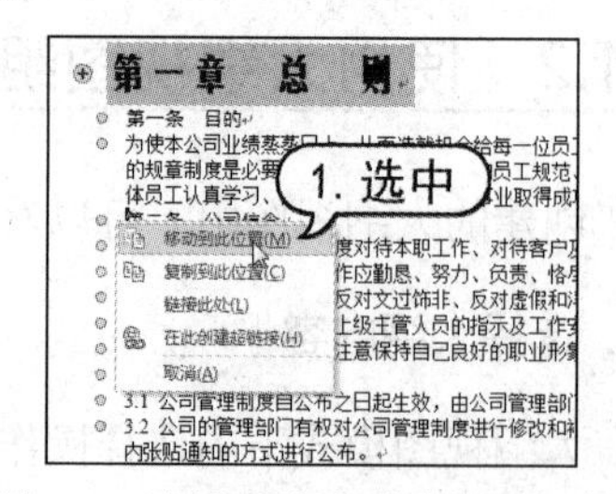

图 8-9　选择【移动到此位置】命令

8.1.3　使用导航窗格查看文档结构

文档结构是指文档的标题层次。Word 2013 提供了导航窗格功能，使用该窗格可以查看文档的文档结构。

【例 8-2】使用导航窗格查看“公司管理制度”文档结构。

(1) 启动 Word 2013，打开“公司管理制度”文档。打开【视图】选项卡，在【页面视图】组中单击【页面视图】按钮，切换至页面视图。

(2) 在【显示】组中选中【导航窗格】复选框，打开【导航】任务窗格，如图 8-10 所示。

(3) 在【导航】任务窗格中查看文档的文档结构。单击【第四章 工时】标题按钮，右侧的文档页面将自动跳转到对应的正文部分，如图 8-11 所示。

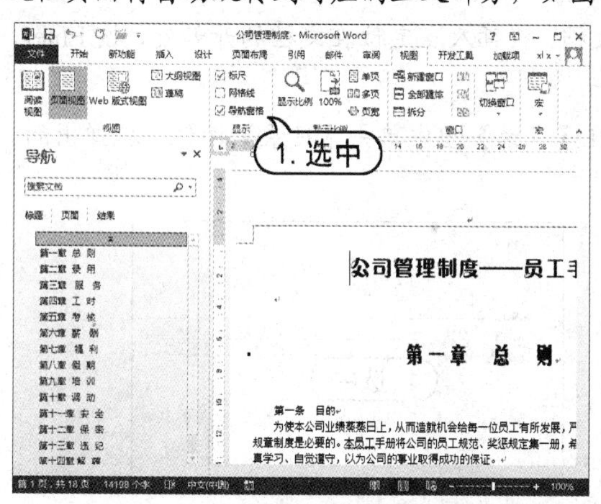

图 8-10　打开【导航】任务窗格

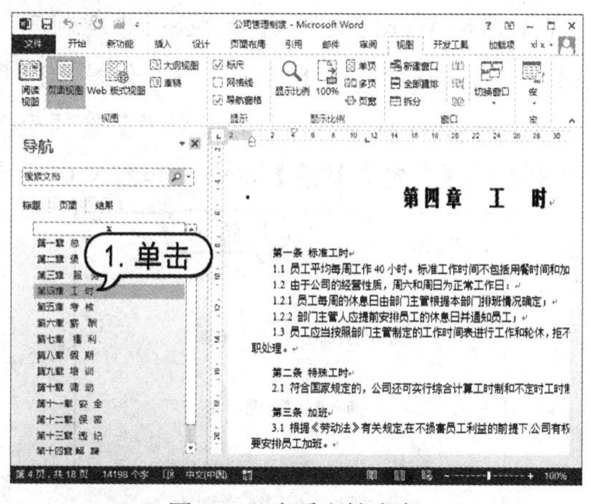

图 8-11　查看文档内容

(4) 单击【页面】标签，打开【页面】选项卡，此时在任务窗格中以页面缩略图的形式显示文档内容，拖动滚动条快速地浏览文档内容，如图 8-12 所示。

(5) 在【导航】任务窗格中的搜索框里输入“第九章”，即可搜索整个文档，显示“第九章”文本所在位置，如图 8-13 所示。

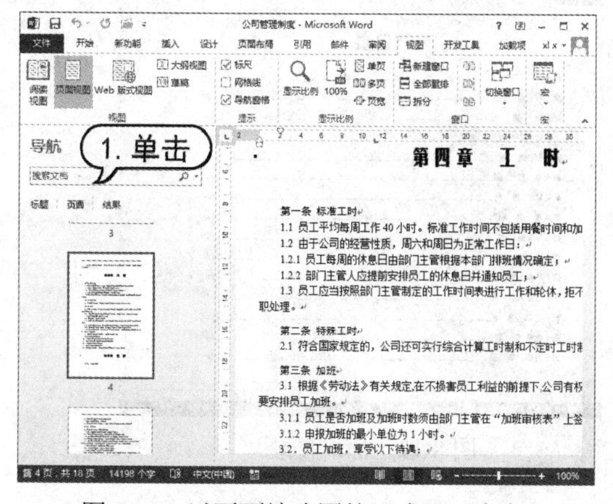

图 8-12　以页面缩略图的形式显示内容

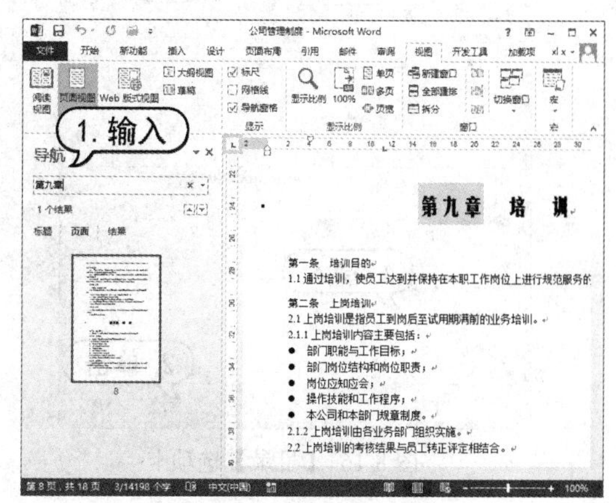

图 8-13　搜索文本

8.2　编制目录

目录与一篇文章的纲要类似，通过其可以了解全文的结构和整个文档所要讨论的内容。在

Word 2013 中，可以为一个编辑和排版完成的稿件制作出美观的目录。

8.2.1 创建目录

目录可以帮助用户迅速查找到自己感兴趣的信息。Word 2013 有自动提取目录的功能，用户可以很方便地为文档创建目录。

【例 8-3】在“公司管理制度”文档中，插入目录。

(1) 启动 Word 2013，打开“公司管理制度”文档，将插入点定位在文档的开始处，按 Enter 键换行，在其中输入文本“目录”，如图 8-14 所示。

(2) 按 Enter 键换行，打开【引用】选项卡，在【目录】组中单击【目录】按钮，从弹出的菜单中选择【自定义目录】命令，如图 8-15 所示。

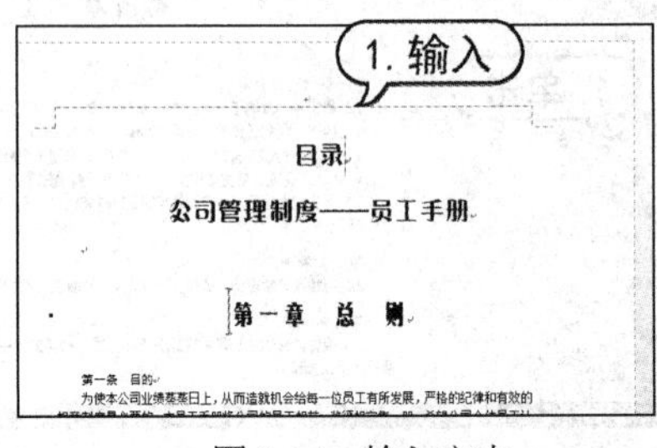

图 8-14 输入文本

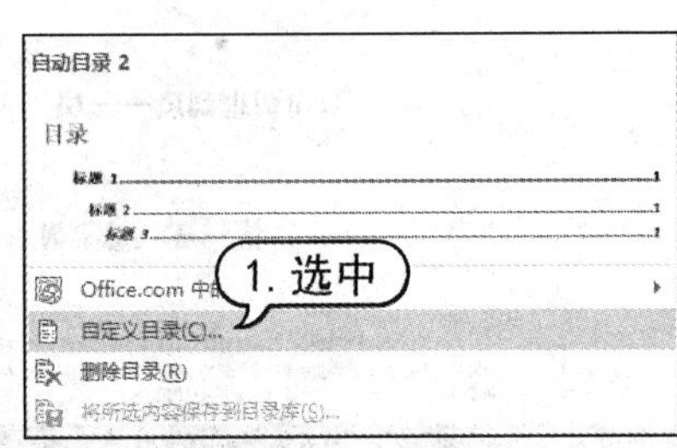

图 8-15 选择【自定义目录】命令

(3) 打开【目录】对话框的【目录】选项卡，在【显示级别】微调框中输入 2，单击【确定】按钮，如图 8-16 所示。

(4) 此时，即可在文档中插入二级标题的目录，如图 8-17 所示。

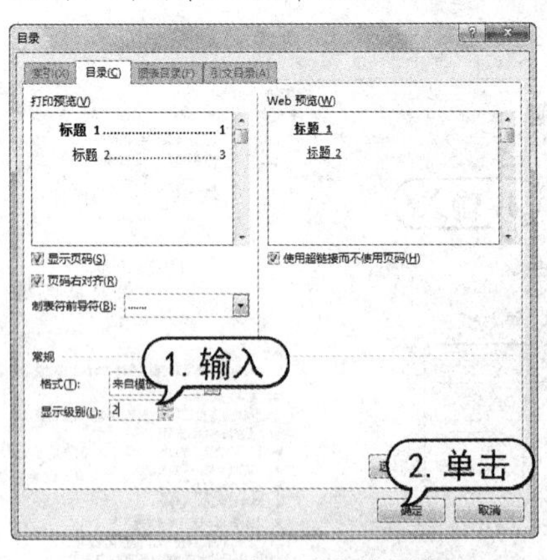

图 8-16 【目录】选项卡

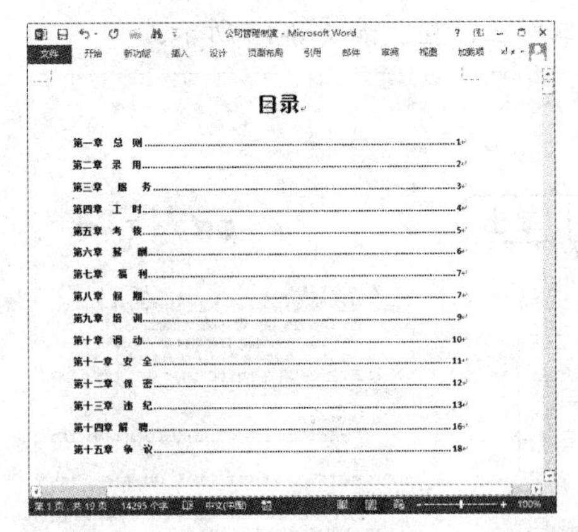

图 8-17 插入目录

8.2.2 修改目录

创建完目录后，还可像编辑普通文本一样对其进行样式等设置，如更改目录字体、字号和对齐方式等，让目录更为美观。

【例 8-4】在“公司管理制度”文档中，设置目录格式。

(1) 启动 Word 2013，打开“公司管理制度”文档，选取整个目录，打开【开始】选项卡。在【字体】组中的【字体】下拉列表框中选择【黑体】选项，在【字号】下拉列表框中选择【四号】选项，在【段落】组中单击【居中】按钮，设置文本居中显示，如图 8-18 所示。

(2) 单击【段落】对话框启动器按钮，打开【段落】对话框的【缩进和间距】选项卡，在【间距】选项区域的【行距】下拉列表中选择【1.5 倍行距】选项，单击【确定】按钮，如图 8-19 所示。

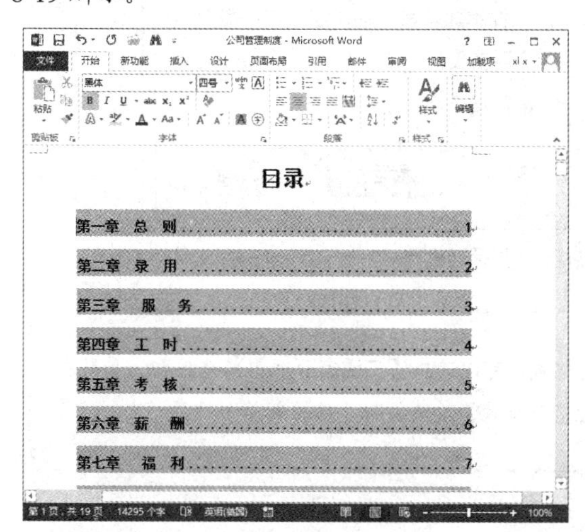

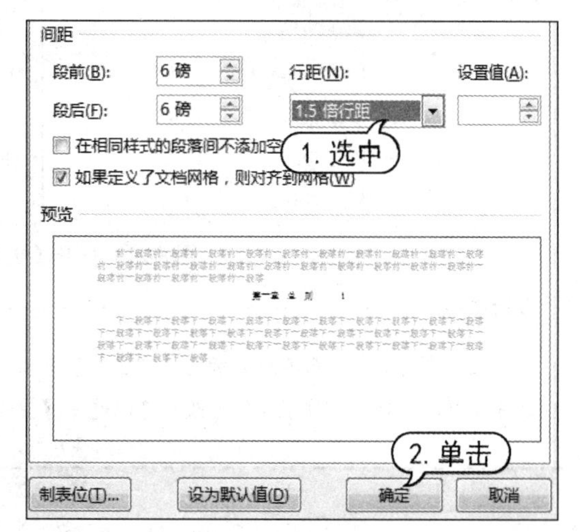

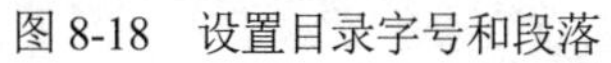
图 8-18　设置目录字号和段落

图 8-19　设置行距

(3) 此时，目录将以 1.5 倍的行距显示，效果如图 8-20 所示。

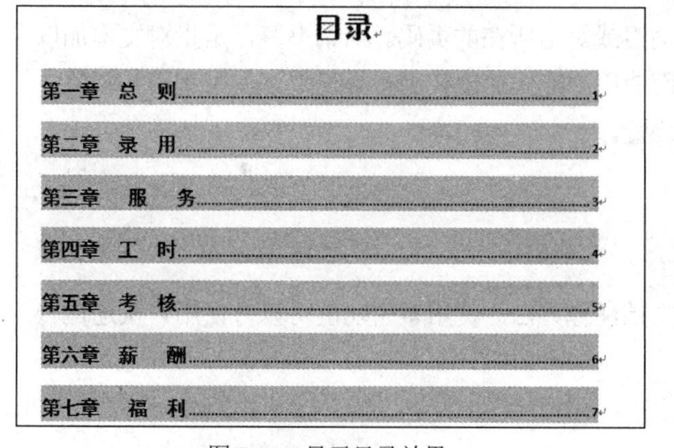

图 8-20　显示目录效果

提示

插入目录后，只需按 Ctrl 键，再单击目录中的某个页码，就可以将插入点快速跳转到该页的标题处。

8.2.3　更新目录

当创建了一个目录后，如果对正文文档中的内容进行编辑修改了，那么标题和页码都有可能发生变化，与原始目录中的页码不一致，此时就需要更新目录，以保证目录中页码的正确性。

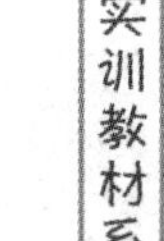

若要更新目录，可以先选择整个目录，然后在目录任意处右击，从弹出的快捷菜单中选择【更新域】命令，打开【更新目录】对话框，在其中进行设置，如图 8-21 所示。

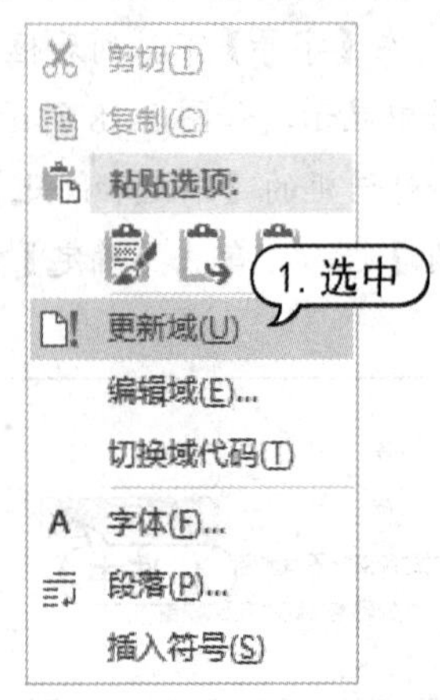

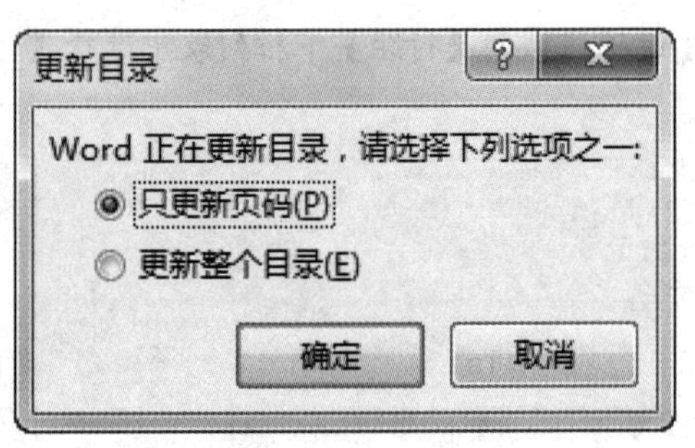

图 8-21　打开【更新目录】对话框

提示

如果只更新页码，而不想更新已直接应用于目录的格式，可以选中【只更新页码】单选按钮；如果在创建目录以后，对文档作了具体修改，可以选中【更新整个目录】单选按钮，将更新整个目录。

8.3　使用索引和书签

所谓索引，是指标记文档中的单词、词组或短语所在的页码。所谓书签，是指对文本加以标识和命名，用于帮助用户记录位置，从而使用户能快速地找到目标位置。使用索引和书签，可以帮助用户更好地定位长文档中的目标位置。

8.3.1　使用索引

在管理长文档时，索引是一种常见的文档注释方法。使用索引功能可以方便用户快速地查询单词、词组或短语。

1. 标记索引项

在 Word 2013 中，可以使用【标记索引项】对话框对文档中的单词、词组或短语标记索引项，方便以后查找这些标记内容。标记索引项的本质就是插入了一个隐藏的代码，便于查询。下面以实例来介绍创建索引项的方法。

【例 8-5】在“公司管理制度”文档中，为文本“法定节假日”创建索引项。

(1) 启动 Word 2013，打开“公司管理制度”文档，选中第八章第三条中的文本“法定节假日”，打开【引用】选项卡，在【索引】组中单击【标记索引项】按钮，如图 8-22 所示。

(2) 打开【标记索引项】对话框，单击【标记全部】按钮，如图 8-23 所示。

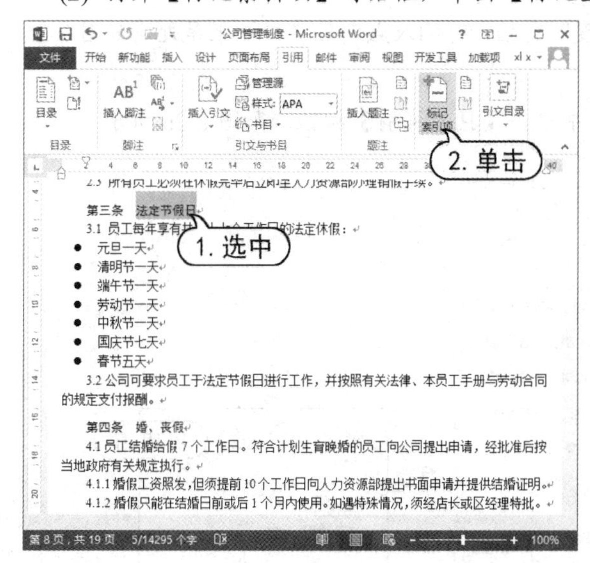

图 8-22　单击【标记索引项】按钮

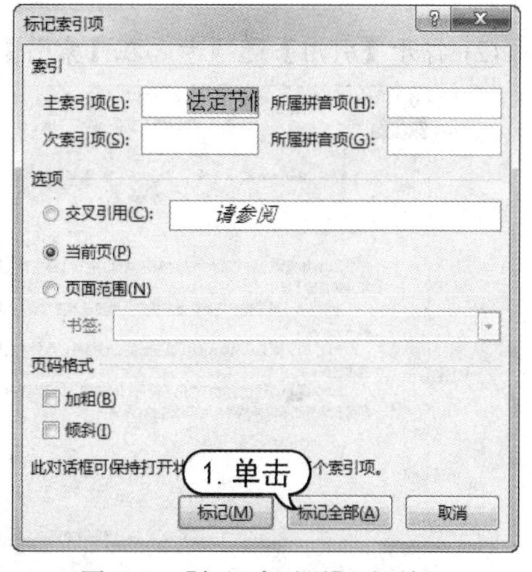

图 8-23　【标记索引项】对话框

(3) 此时，在文档中所有文本【法定节假日】后都出现索引标记，如图 8-24 所示。

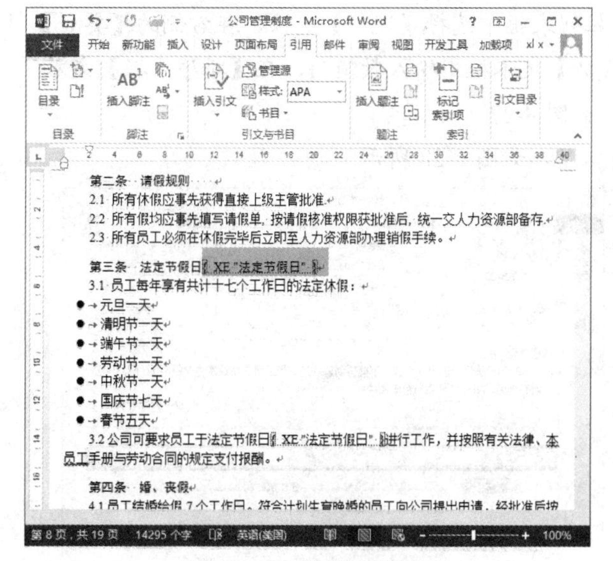

图 8-24　出现索引标记

提示

创建索引项后，如果文档中未能显示 XE 域，可以打开【开始】选项卡，在【段落】组中单击【显示/隐藏编辑标记】按钮。

2. 创建索引

在文档中标记好所有的索引项后，就可以进行索引文件的创建了。用户可以选择一种设计好的索引格式并生成最终的索引。通常情况下，Word 2013 会自动收集索引项，并将其按字母顺序排序，引用其页码，找到并且删除同一页上的重复索引，然后在文档中显示该索引。

【例 8-6】在“公司管理制度”文档中，为标记的索引项创建索引。

(1) 启动 Word 2013，打开“公司管理制度”文档，将插入点定位在文档末尾处，如图 8-25 所示。

(2) 打开【引用】选项卡，在【索引】组中单击【插入索引】按钮，如图 8-26 所示。

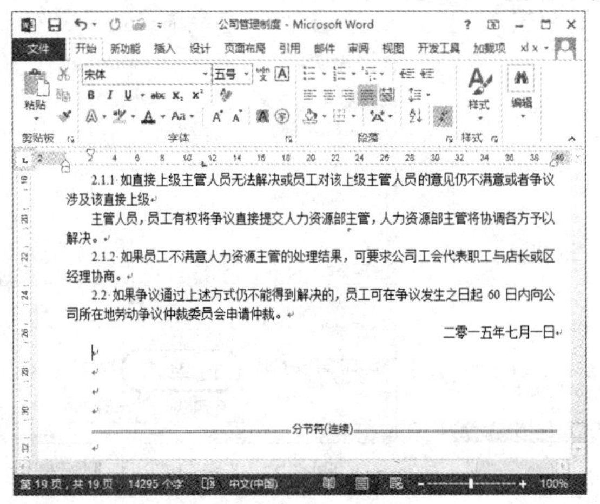

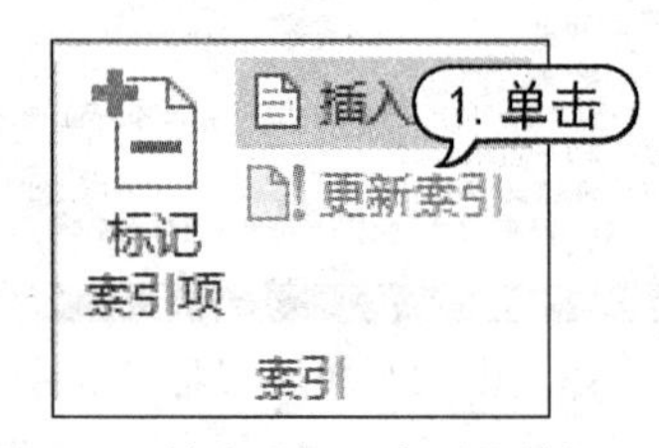

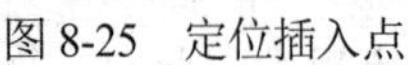
图 8-25　定位插入点　　　图 8-26　单击【插入索引】按钮

(3) 打开【索引】对话框，在【格式】下拉列表框中选择【流行】选项，在右侧的【类型】选项区域中选中【缩进式】单选按钮，在【栏数】文本框中输入数值 1，在【排序依据】文本框中选择【拼音】选项，单击【确定】按钮，如图 8-27 所示。

(4) 此时在文档中将显示插入的所有索引信息，如图 8-28 所示。

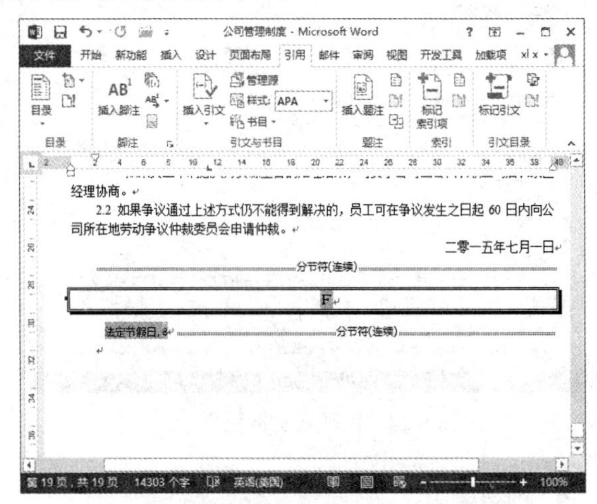

图 8-27 【索引】对话框　　　图 8-28　显示索引信息

8.3.2　使用书签

在 Word 2013 中，书签与实际生活中提到的书签的作用相同，用于命名文档中指定的点或区域，以识别章、表格的开始处，或者定位需要工作的位置、离开的位置等。

用户可以在长文档的指定区域中插入若干个书签标记，以方便查阅文档相关内容。插入书签后，使用书签定位功能来快速定位到书签位置。

【例 8-7】在“公司管理制度”文档中添加书签，然后使用【定位】对话框来定位书签。

(1) 启动 Word 2013，打开“公司管理制度”文档，插入点定位到标题“第一章 总则”之前，打开【插入】选项卡，在【链接】组中单击【书签】按钮，如图 8-29 所示。

(2) 打开【书签】对话框，在【书签名】文本框中输入书签的名称“总则”，单击【添加】按钮，将该书签添加到【书签】列表框中，如图 8-30 所示。

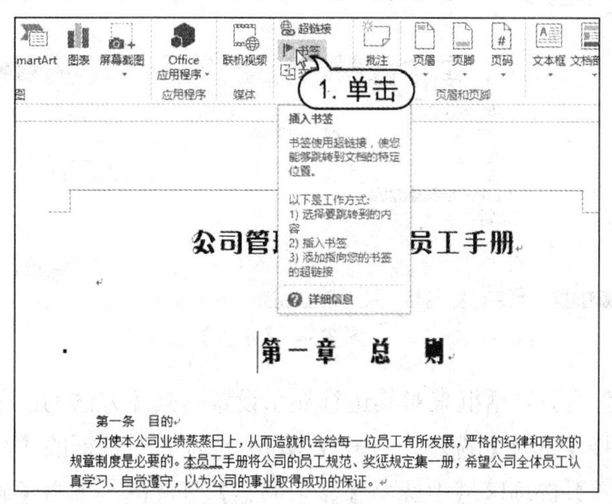

图 8-29 单击【书签】按钮

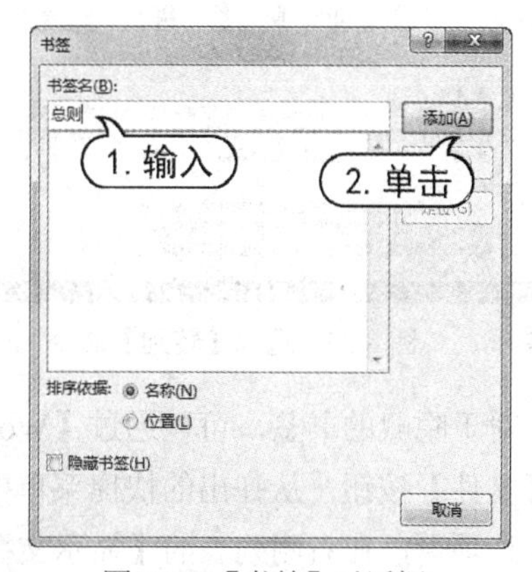

图 8-30 【书签】对话框

(3) 单击【文件】按钮，在弹出的菜单中选择【选项】命令，打开【Word 选项】对话框，在左侧的列表框中选择【高级】选项，在打开的对话框的右侧列表的【显示文档内容】选项区域中，选中【显示书签】复选框，然后单击【确定】按钮，如图 8-31 所示。

(4) 此时书签标记 I 将显示在标题“第一章 总则”之前，如图 8-32 所示。

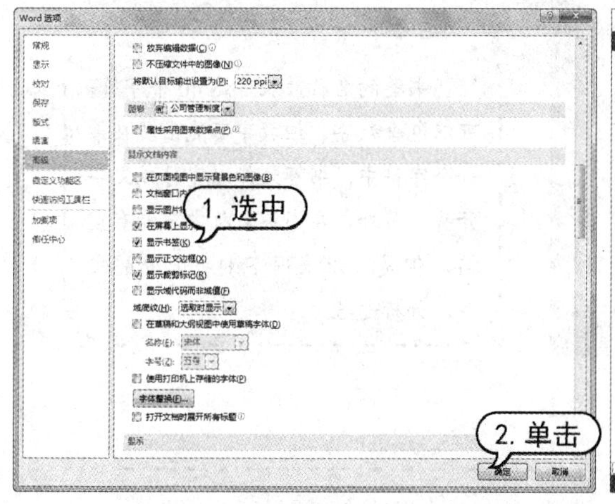

图 8-31 选中【显示书签】复选框

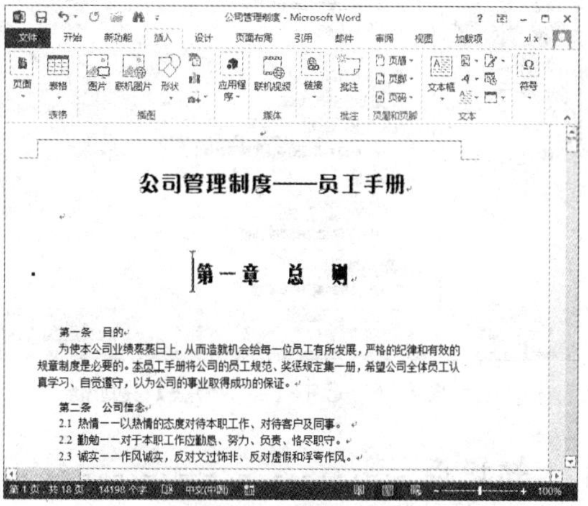

图 8-32 显示书签

(5) 打开【开始】选项卡，在【编辑】组中，单击【查找】下拉按钮，在弹出的菜单中选择【转到】命令，如图 8-33 所示。

(6) 打开【查找与替换】对话框，打开【定位】选项卡，在【定位目标】列表框中选择【书签】选项，在【请输入书签名称】下拉列表框中选择【书签】，单击【定位】按钮，此时将自动定位到书签位置，如图 8-34 所示。

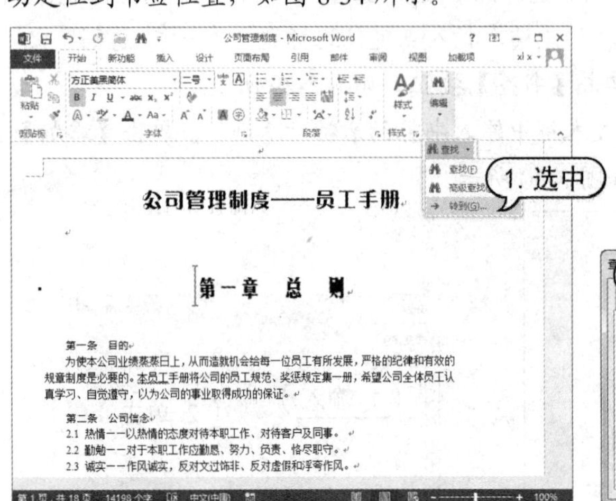

图 8-33 选择【转到】命令

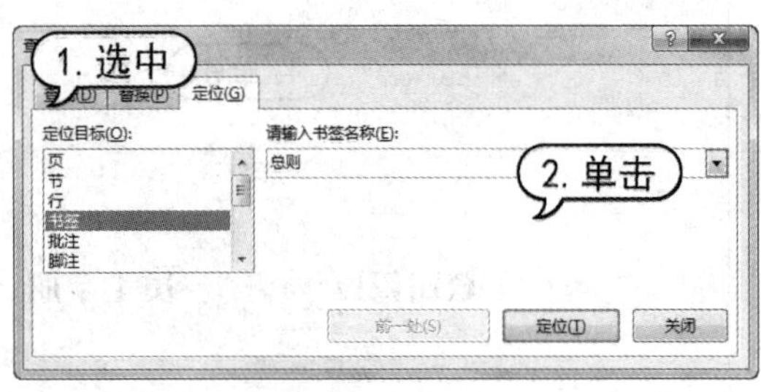

图 8-34 【定位】选项卡

对于隐藏的书签，可以通过【Word 选项】对话框来对其进行显示设置。具体方法为：单击【文件】按钮，从弹出的快捷菜单中选择【选项】选项，打开【Word 选项】对话框的【高级】选项卡，在右侧列表的【显示文档内容】选项区域中选中【显示书签】复选框，单击【确定】按钮即可，如图 8-35 所示。

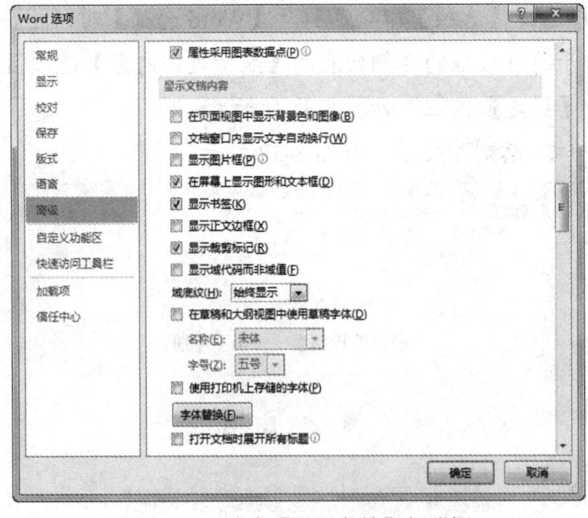

图 8-35 选中【显示书签】复选框

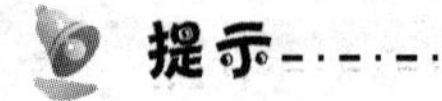

提示

书签的名称最长可达 40 个字符，可以包含数字，但数字不能出现在第一个字符中，书签只能以字母或文字开头。另外，在书签名称中不能有空格，但是可以采用下划线来分隔文字，如标题-5。

知识点

打开【书签】对话框，选择书签，单击【定位】按钮，也可以实现书签的定位。另外，如果单击右侧的【删除】按钮，则可以删除选中的书签。

8.4 插入批注和题注

批注是指审阅者给文档内容加上的注解或说明。题注可以在插入图形、公式、表格时进行顺序编号。插入批注和题注的功能，在审批文件以及修改文档时相当有用。

8.4.1 插入批注

要插入批注，首先将插入点定位在要添加批注的位置或选中要添加批注的文本，打开【审阅】选项卡，在【批注】组中单击【新建批注】按钮，此时 Word 2013 会自动显示一个红色的批注框，用户在其中输入内容即可。

【例 8-8】在“公司管理制度”文档中，添加批注。

(1) 启动 Word 2013，打开“公司管理制度”文档，选中开头处的文本“公司管理制度——员工手册”，打开【审阅】选项卡，在【批注】组中单击【新建批注】按钮，如图 8-36 所示。

(2) 此时将在右边自动添加一个红色的批注框，如图 8-37 所示。

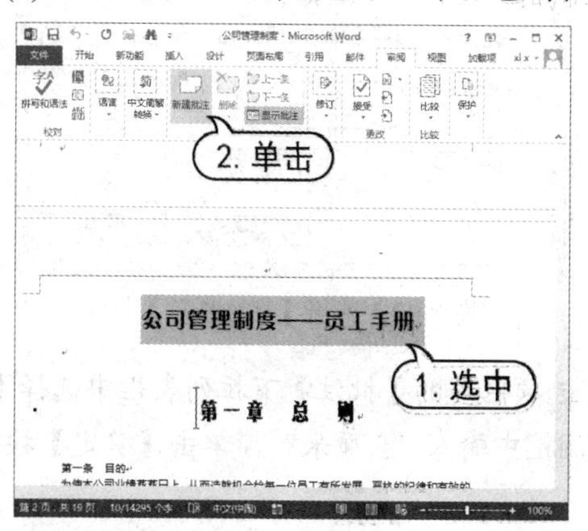

图 8-36 单击【新建批注】按钮

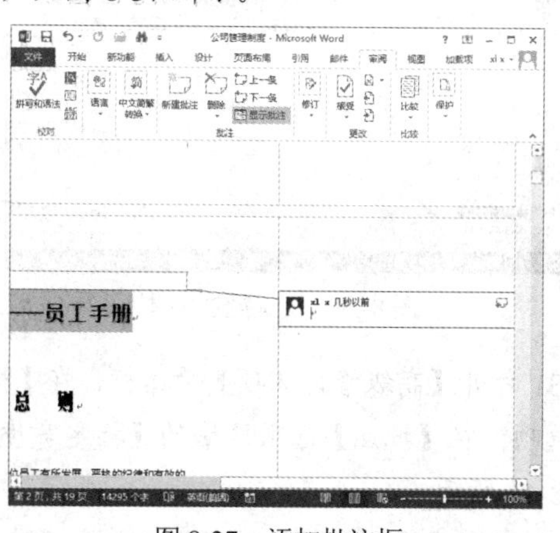

图 8-37 添加批注框

(3) 在该批注框中，输入批注文本，如图 8-38 所示。

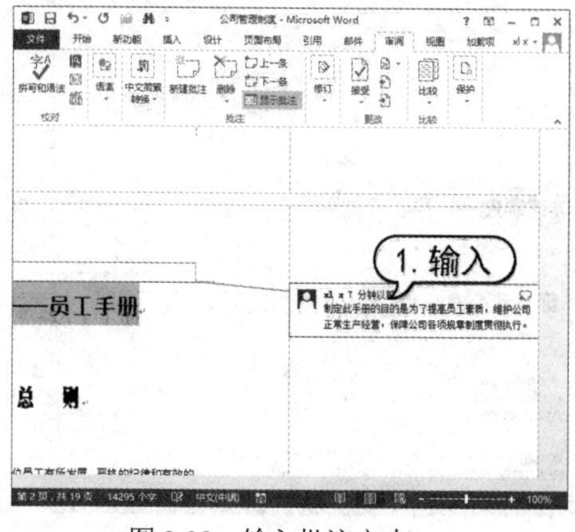

图 8-38 输入批注文本

提示

要查看文档中的批注，只需在【审阅】选项卡的【批注】组中，单击【下一条】按钮和【上一条】按钮即可。

8.4.2 编辑批注

插入批注后，还可以对其进行编辑，如查看或删除批注、显示或隐藏批注、设置批注格式等操作。

【例 8-9】在“公司管理制度”文档中，设置批注格式。

(1) 启动 Word 2010，打开“公司管理制度”文档。选中批注框中的文本，打开【开始】选项卡，在【字体】组中，将字体设置为【楷体】，字号为【小四】，如图 8-39 所示。

(2) 打开【审阅】选项卡，在【修订】组中单击对话框启动器按钮，打开【修订选项】对话框，单击【高级选项】按钮，如图 8-40 所示。

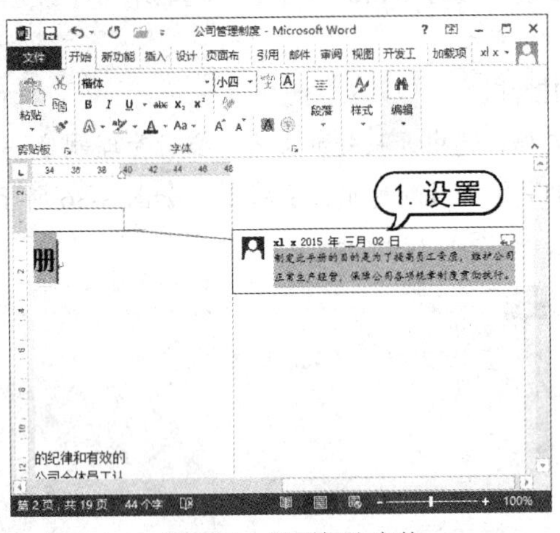

图 8-39　设置批注字体

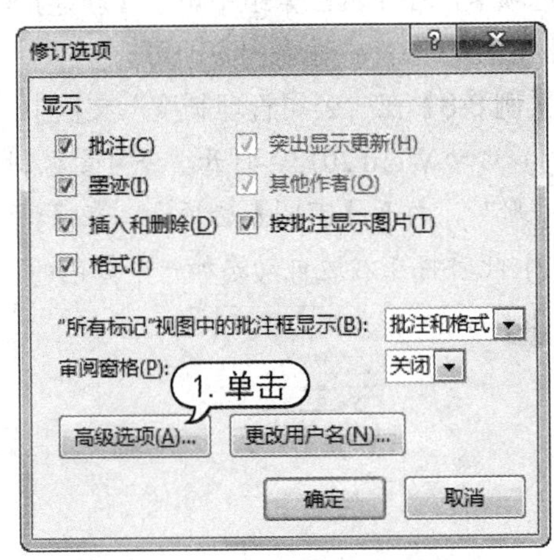

图 8-40　单击【高级选项】按钮

(3) 打开【高级修订选项】对话框，在【标记】选项区域的【批注】下拉列表框中选择【鲜绿】选项；在【批注】选项区域的【指定宽度】微调框中输入“5 厘米”，单击【确定】按钮，如图 8-41 所示。

(4) 返回【修订选项】对话框，单击【确定】按钮，此时批注的效果如图 8-42 所示。

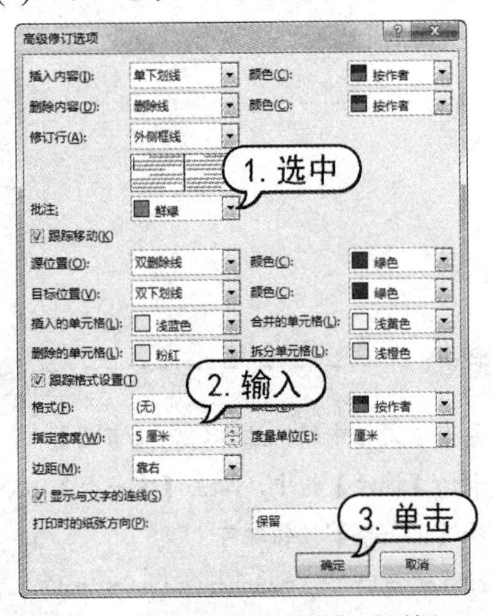

图 8-41 【高级修订选项】对话框

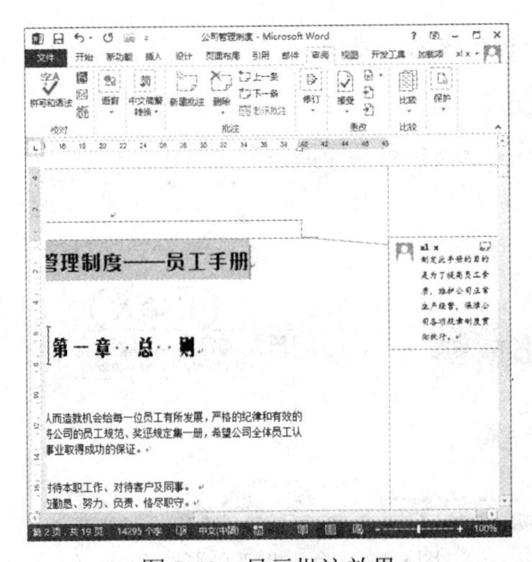

图 8-42　显示批注效果

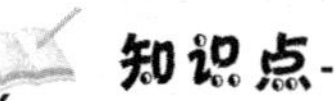

知识点

在【修订】组中单击【显示标记】按钮，在弹出的菜单中选择【批注】命令，此时取消选中【批注】复选框，文档所有的批注框将自动隐藏。在批注文档中，将插入点定位在某个批注后，在【批注】组中单击【删除批注】按钮，从弹出的快捷菜单中选择【删除】命令，即可删除该批注；选择【删除文档中的所有批注】命令，即可删除文档中的所有批注。

8.4.3　插入题注

Word 2013 为用户提供了自动编号标题注功能，使用其可以在插入的图形、公式、表格时进行顺序编号。

插入表格、图表、公式或其他项目时，可以自动添加题注。下面将以实例来介绍插入题注的操作方法。

【例 8-10】在“课程表”文档中插入题注。

(1) 启动 Word 2013，打开“课程表”文档，将插入点定位在如图 8-43 所示的表格后，如图 8-43 所示。

(2) 打开【引用】选项卡，在【题注】组中单击【插入题注】按钮，打开【题注】对话框，单击【新建标签】按钮，如图 8-44 所示。

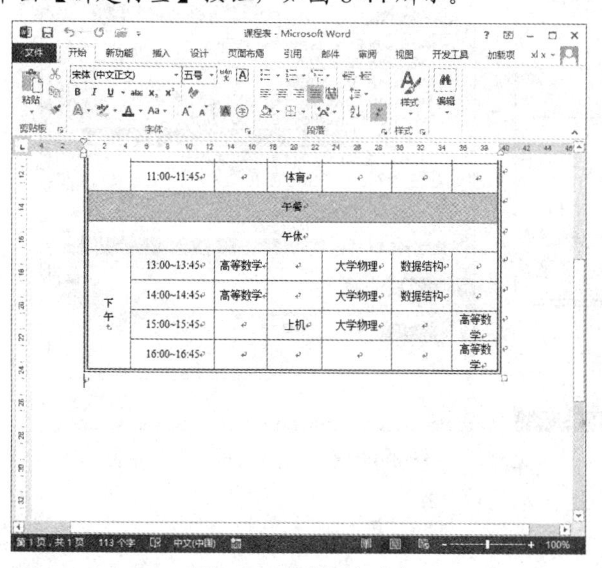

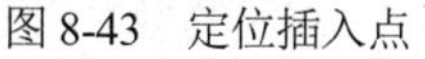

图 8-43　定位插入点

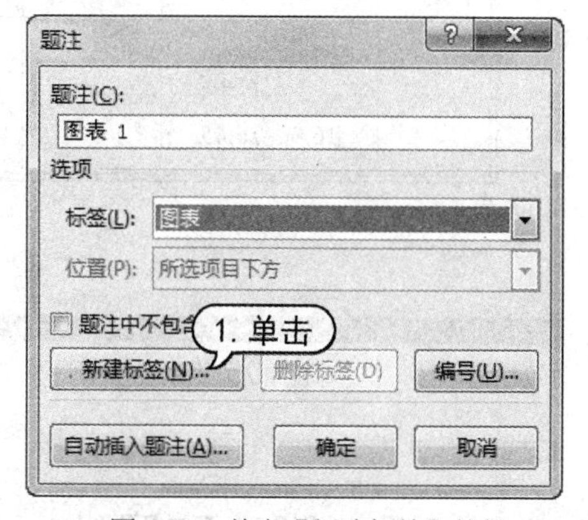

图 8-44　单击【新建标签】按钮

(3) 打开【新建标签】对话框，在【标签】文本框中输入“表”，单击【确定】按钮，如图 8-45 所示。

(4) 返回至【题注】对话框，单击【编号】按钮，打开【题注编号】对话框，在【格式】下拉列表框中选择一种格式，单击【确定】按钮，如图 8-46 所示。

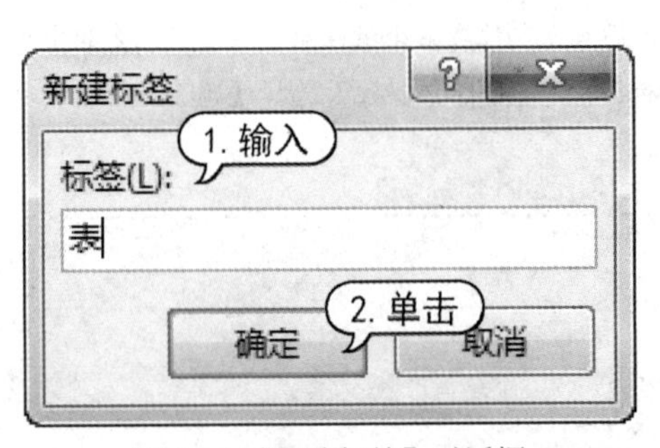

图 8-45 【新建标签】对话框

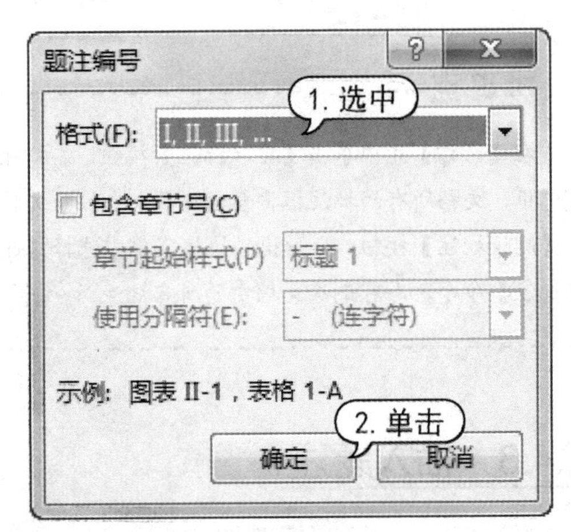

图 8-46 【题注编号】对话框

(5) 返回至【题注】对话框，单击【确定】按钮，完成所有设置，此时即可在插入点位置插入设置的题注，如图 8-47 所示。

(6) 在【题注】对话框中单击【自动插入题注】按钮，打开【自动插入题注】对话框，选择需要插入题注的项目，如表格、图表和公式等，就可以设置在插入这些项目时自动为其添加题注，如图 8-48 所示。

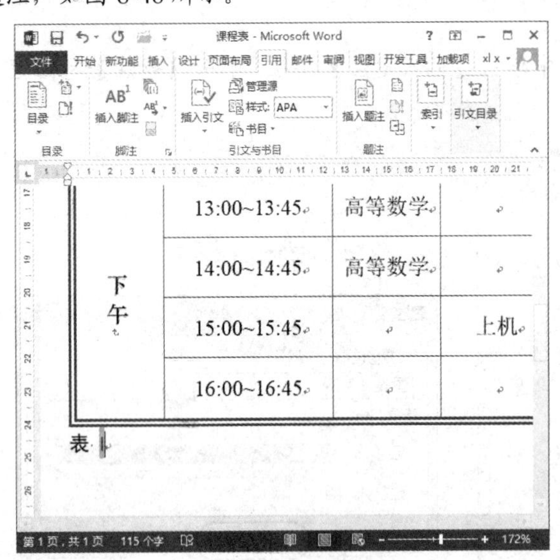

图 8-47 显示题注

图 8-48 【自动插入题注】对话框

8.5 插入脚注和尾注

Word 2013 提供了脚注和尾注功能，使用其可以对文本进行补充说明，或对文档中的引用信息进行注释。脚注一般位于插入脚注页面的底部，可以作为文档某处内容的注释，而尾注一般位于整篇文档的末尾，列出引文的出处等。

8.5.1　添加脚注和尾注

在 Word 2013 中，打开【引用】对话框，在【脚注】组中单击【插入脚注】按钮或【插入尾注】按钮，即可在文档中插入脚注或尾注。

【例 8-11】在“公司管理制度”文档中插入脚注和尾注。

(1) 启动 Word 2013，打开“公司管理制度”文档。

(2) 选择要插入脚注的标题文本“公司管理制度——员工手册”，然后打开【引用】选项卡，在【脚注】组中单击【插入脚注】按钮，如图 8-49 所示。

(3) 此时在该页面出现脚注编辑区，直接输入文本，如图 8-50 所示。

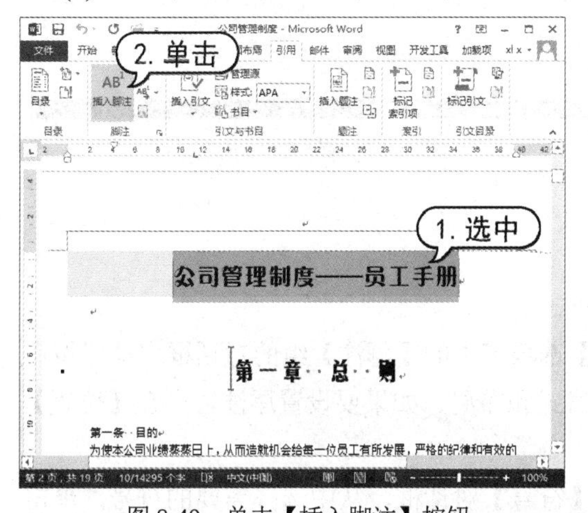

图 8-49　单击【插入脚注】按钮

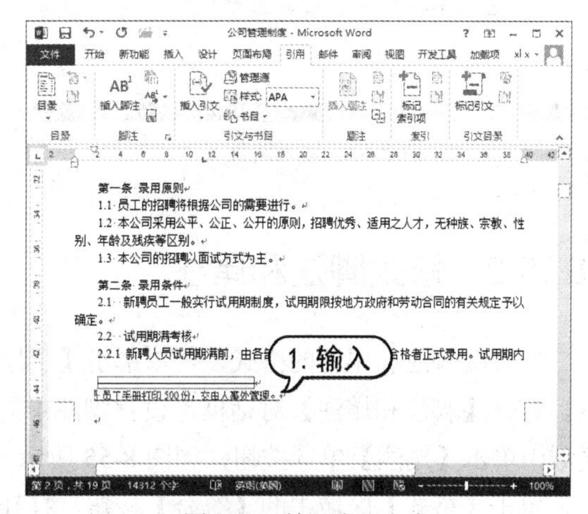

图 8-50　输入脚注文本

(4) 插入脚注后，文本“公司管理制度——员工手册”处将出现脚注引用标记，将鼠标指针移至该标记，将显示脚注内容，如图 8-51 所示。

(5) 选取标题文本“第八章 假期”处的文本“假期”，打开【引用】选项卡，在【脚注】组中单击【插入尾注】按钮，如图 8-52 所示。

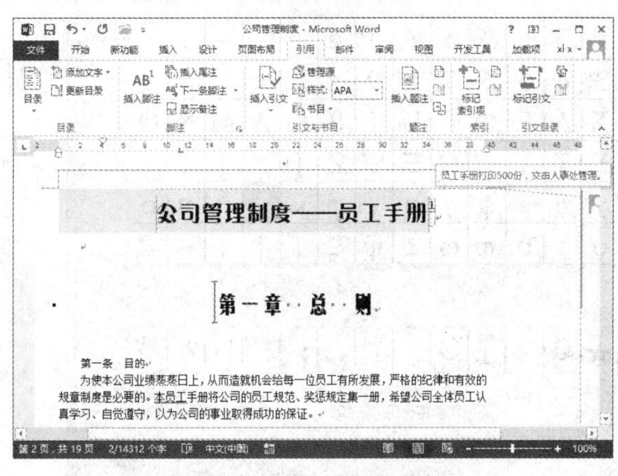

图 8-51　显示脚注内容

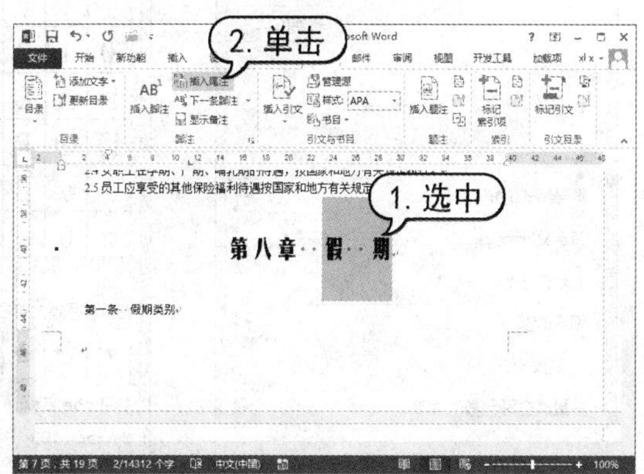

图 8-52　单击【插入尾注】按钮

(6) 此时在整篇文档的末尾处出现尾注编辑区，输入尾注文本，如图 8-53 所示。

(7) 插入尾注后，在插入尾注的文本中将出现尾注引用标记，将鼠标指针移至该标记，将显示尾注内容，如图 8-54 所示。

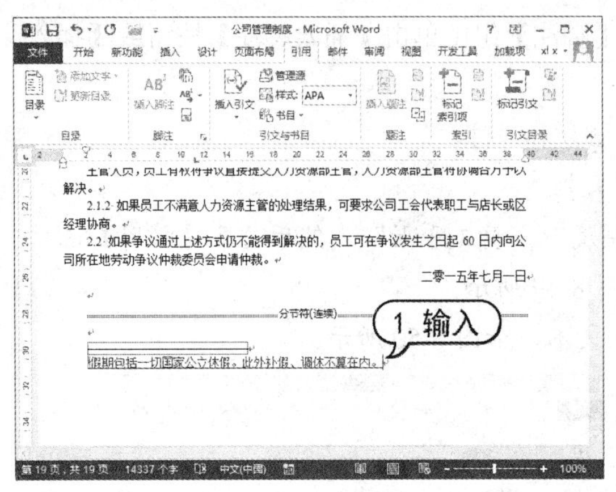

图 8-53　输入尾注文本

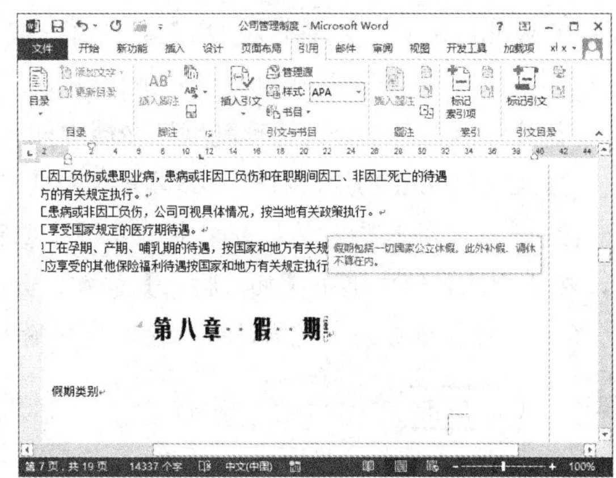

图 8-54　显示尾注内容

8.5.2　修改脚注和尾注

要修改脚注和尾注的格式，可以单击【引用】选项卡中的【脚注】组的对话框启动器按钮，打开【脚注和尾注】对话框，设置脚注中的格式和布局，如果要设置尾注，则在【位置】区域中单击【尾注】单选按钮，如图 8-55 所示。

单击【格式】区域中的【符号】按钮，打开【符号】对话框，从中选择需要的符号，单击【确定】按钮，返回【脚注和尾注】对话框，将选中符号更改为脚注或尾注的编号形式，如图 8-56 所示。

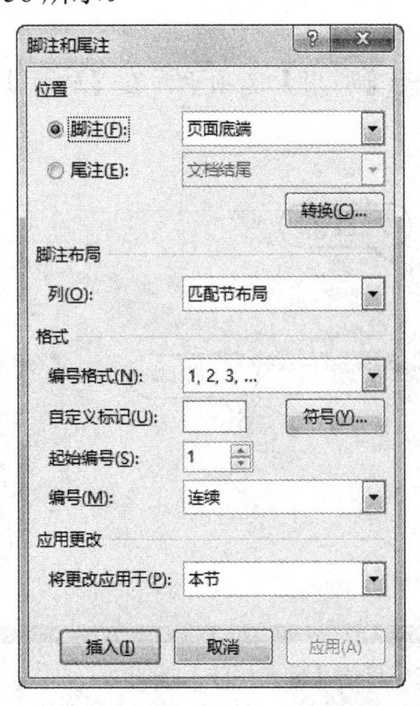

图 8-55 【脚注和尾注】对话框

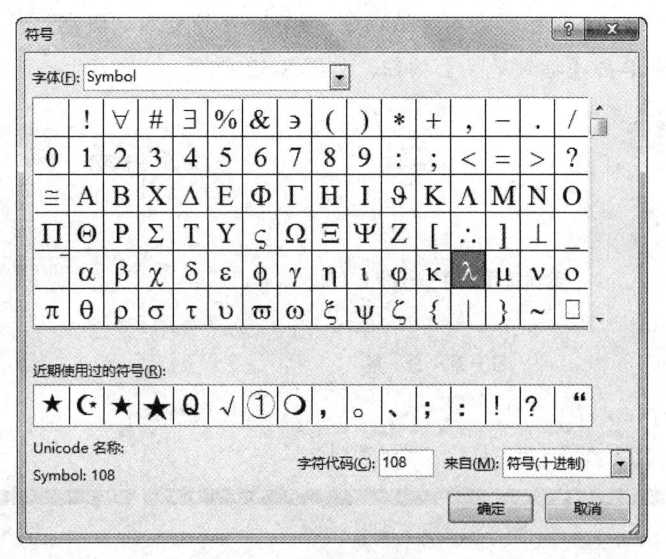

图 8-56 【符号】对话框

知识点

要移动、复制或删除脚注或尾注，首先要在文档中选择注释引用标记。在文档中移动、复制和删除脚注或尾注时，它们会自动调整编号。要移动脚注或尾注，可以把注释标记拖到另一位置；要复制脚注或尾注，按住 Ctrl 键，再移动注释标记；要删除脚注或尾注，在选择注释引用标记后，按 Delete 键。

此外，Word 将文档中已有的脚注更改为尾注或将尾注更改为脚注，下面用具体实例介绍操作步骤。

【例 8-12】在“公司管理制度”文档中，将尾注转换成脚注。

(1) 启动 Word 2013，打开“公司管理制度”文档。

(2) 打开【视图】选项卡，在【视图】组中单击【草稿】按钮，将文档转换为草稿视图，如图 8-57 所示。

(3) 在文档中双击一个尾注，打开【注释窗格】，在【尾注】下拉列表框中选择【所有尾注】选项，如图 8-58 所示。

图 8-57　单击【草稿】按钮

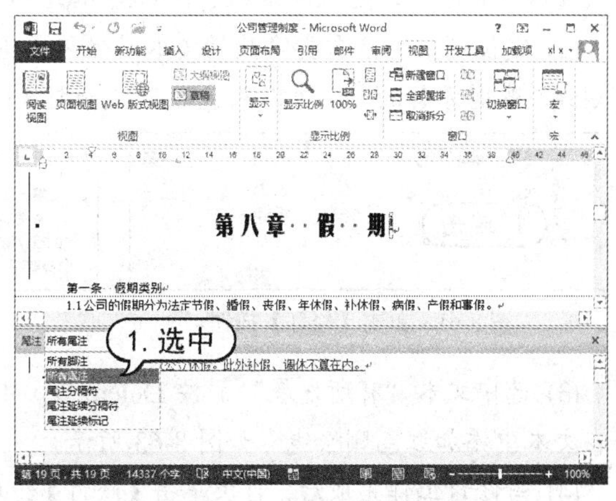

图 8-58　选择【所有尾注】选项

(4) 右击当前尾注，在弹出的快捷菜单中选择【转换为脚注】命令，如图 8-59 所示。

(5) 此时打开【脚注窗格】，添加了新的由尾注转换而成的脚注，如图 8-60 所示。

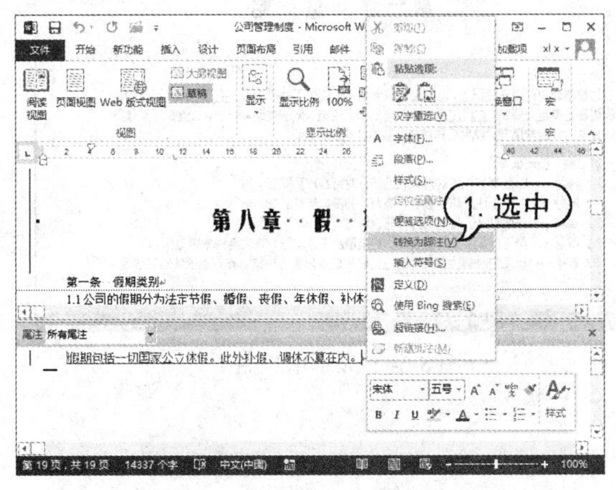

图 8-59　选择【转换为脚注】命令

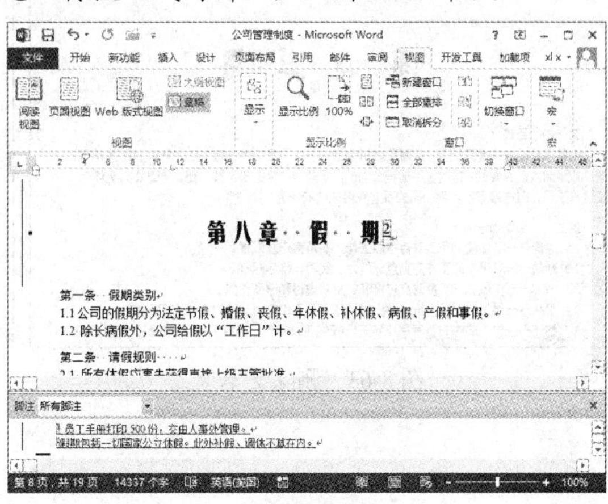

图 8-60　添加新脚注

8.6 修订长文档

在审阅文档时，发现某些多余的内容或遗漏的内容时，如果直接在文档中删除或修改，将不能看到原文档和修改后文档的对比情况。使用 Word 2013 的修订功能，可以将用户修改的每项操作以不同的颜色标识出来，方便用户进行对比和查看。

8.6.1 添加修订

对于文档中明显的错误，可以启用修订功能并直接进行修改，这样可以减少原用户修改的难度，同时让原用户明白进行过何种修改。

【例 8-13】在“公司管理制度”文档中，添加修订。

(1) 启动 Word 2013，打开“公司管理制度”文档，打开【审阅】选项卡，在【修订】组中，单击【修订】按钮，进入修订状态，如图 8-61 所示。

(2) 定位到第一条需要修改的文本的位置，输入所需的字符，添加的文本下方将显示红色下划线，此时添加的文本也以红色显示，如图 8-62 所示。

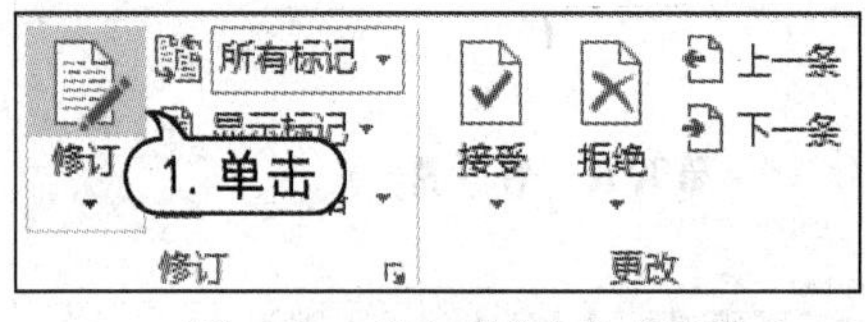

图 8-61　单击【修订】按钮

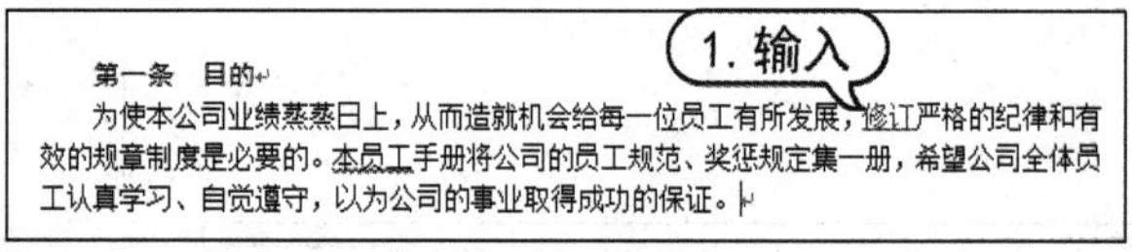

图 8-62　添加批注框

(3) 选中文本“有所发展”，按 Delete 键，将其删除，此时，删除的文本将以红色显示，并在文本中添加红色删除线，如图 8-63 所示。

(4) 当修订工作完成后，再次单击【修订】组中的【修订】按钮，即可退出修订状态。Word 会以不同颜色及用户名显示是谁添加了标注，如本例中的用户名为“xl x”，如图 8-64 所示。

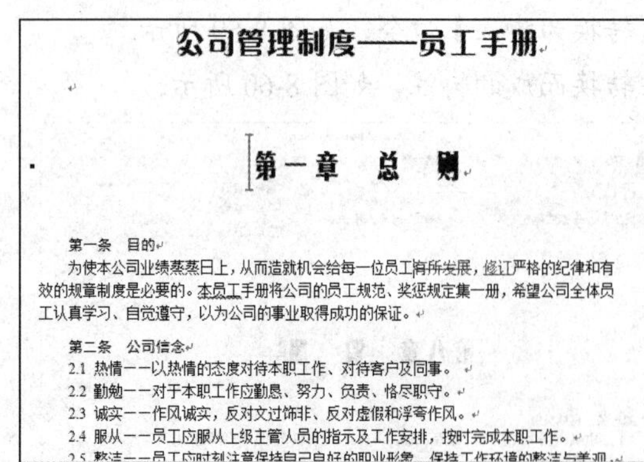

图 8-63　删除文本

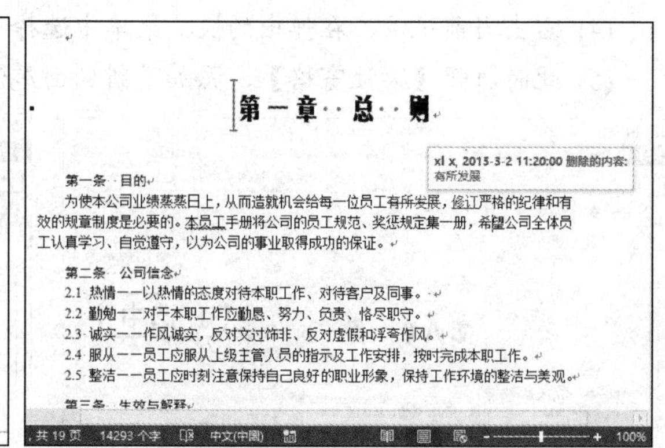

图 8-64　显示用户名

8.6.2　编辑修订

在长文档中添加批注和修订后，为了方便查看与修改，可以使用审阅窗格来浏览文档中的修订内容。查看完毕后，还可以确认是否接受修订内容。下面以实例来介绍查看、接受和拒绝修订的方法。

【例 8-14】在【公司人事管理制度】文档中查看、接受和拒绝修订。

(1) 启动 Word 2013，打开“公司管理制度”文档。

(2) 打开【审阅】选项卡，在【修订】组中单击【审阅窗格】按钮，打开修订窗格，双击修订内容，即可切换到对应的位置进行查看，如图 8-65 所示。

(3) 将文本插入点定位到删除的“有所发展”处，在【更改】组中单击【接受】按钮，接受修订，如图 8-66 所示。

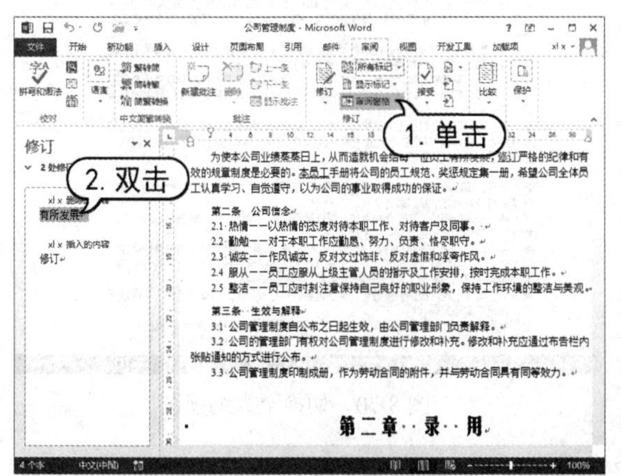

图 8-65　双击修订内容

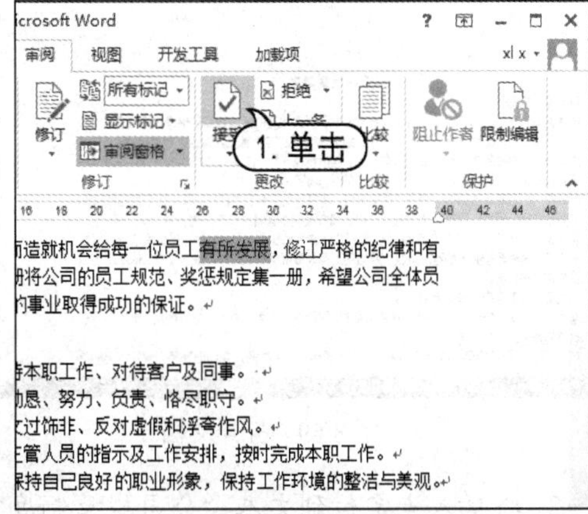

图 8-66　单击【接受】按钮

(4) 将文本插入点定位到添加的文本“修订”位置，在【更改】组中单击【拒绝】按钮，拒绝添加文本“修订”， 将会删除该文本，如图 8-67 所示。

(5) 当文档所有修订被接受或拒绝后，就会弹出提示框显示没有修订内容，单击【确定】按钮即可，如图 8-68 所示。

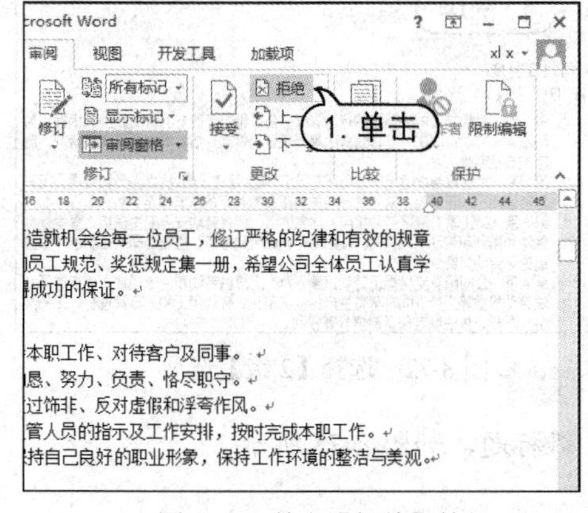

图 8-67　单击【拒绝】按钮

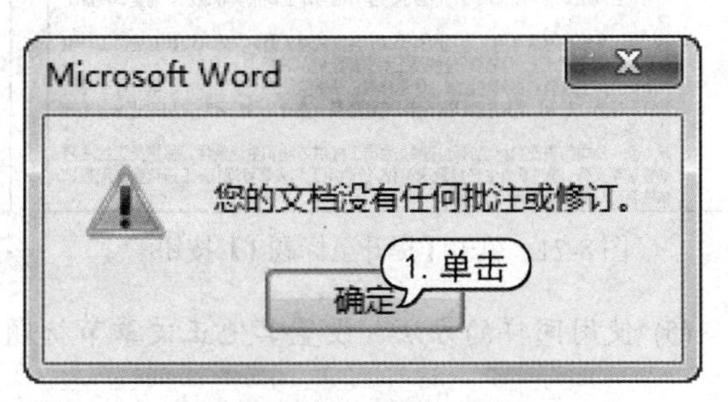

图 8-68　单击【确定】按钮

8.7 上机练习

本章的上机练习主要编排“公司规章制度”文档，练习使用大纲和导航窗格、插入目录和脚注等操作，使用户更好地掌握管理长文档的操作技巧。

(1) 启动 Word 2013，打开“公司规章制度”文档，如图 8-69 所示。

(2) 打开【视图】选项卡，在【文档视图】组中单击【大纲视图】按钮，切换至大纲视图查看文档结构，如图 8-70 所示。

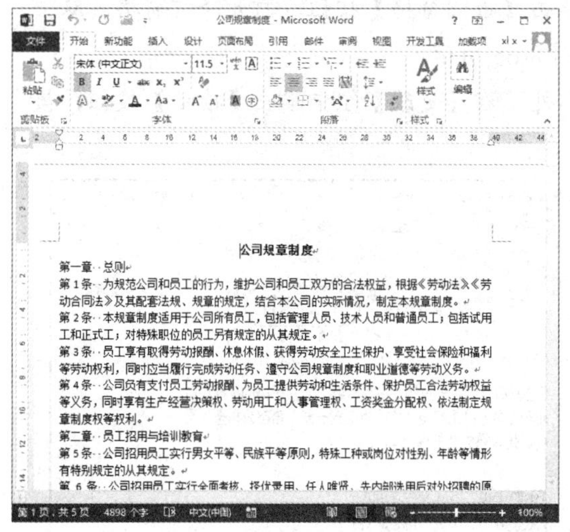

图 8-69 打开文档

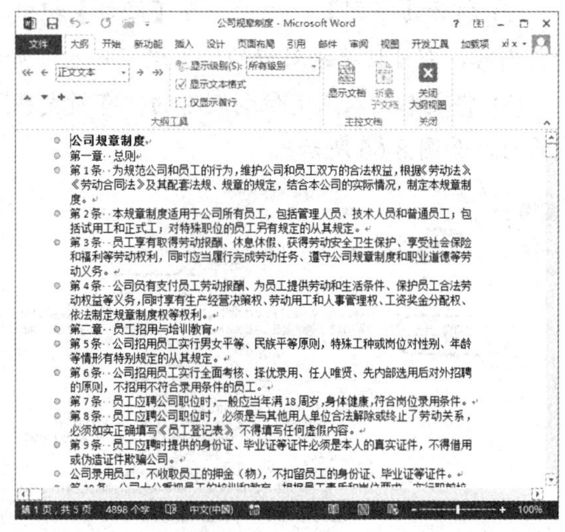

图 8-70 切换至大纲视图

(3) 将插入点定位到文本“公司规章制度”开始处，在【大纲】选项卡的【大纲工具】组中单击【提升至标题 1】按钮，将该正文文本设置为标题 1，如图 8-71 所示。

(4) 将插入点定位在文本“第一章 总则”处，在【大纲工具】组的【大纲级别】下拉列表框中选择【2 级】选项，将文本设置为 2 级标题，如图 8-72 所示。

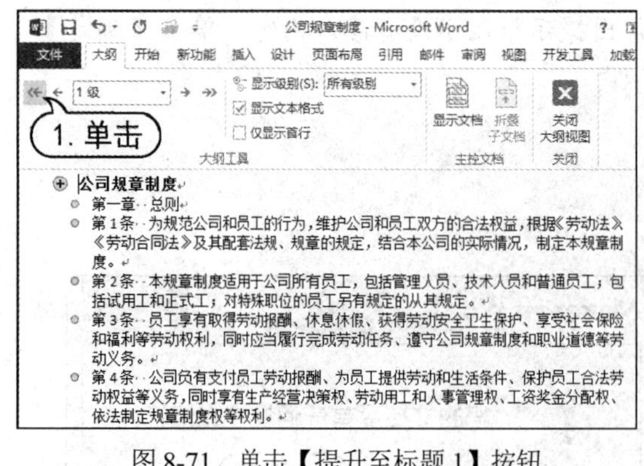

图 8-71 单击【提升至标题 1】按钮

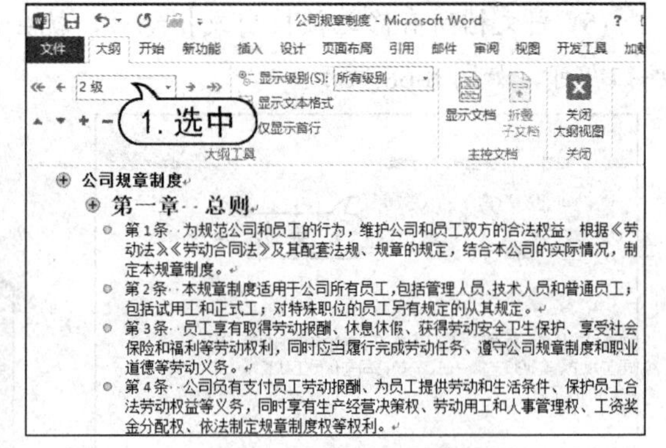

图 8-72 选择【2 级】选项

(5) 使用同样的方法，设置其他正文章节标题为 2 级标题，如图 8-73 所示。

(6) 级别设置完毕后，在【大纲】选项卡的【大纲工具】组中单击【显示级别】下拉按钮，从弹出的菜单中选择【2 级】选项，如图 8-74 所示。

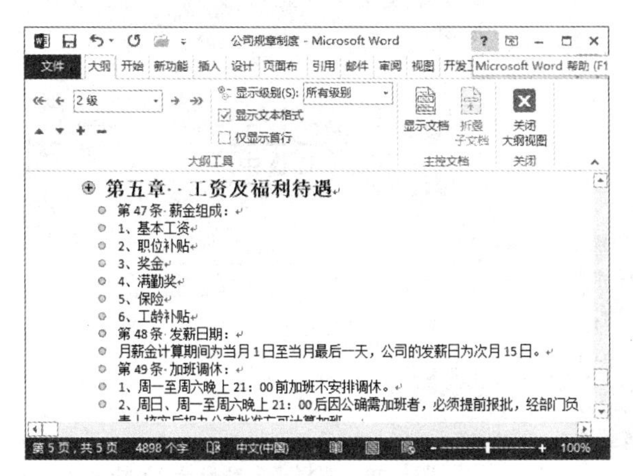

图 8-73　设置 2 级标题

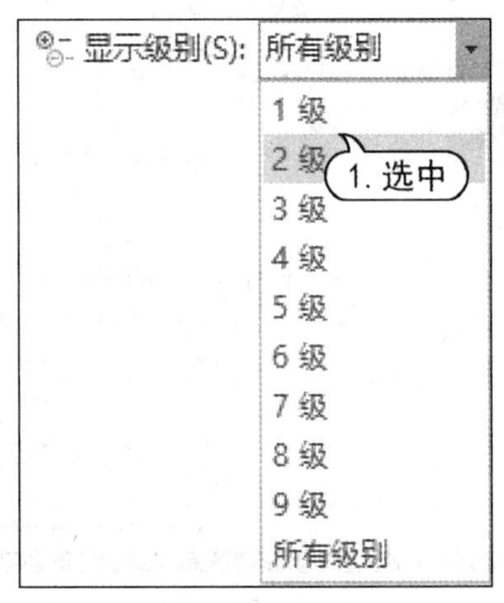

图 8-74　选择【2 级】选项

(7) 此时，即可将文档的 2 级标题全部显示出来，如图 8-75 所示。

(8) 在【大纲】选项卡的【关闭】组中，单击【关闭大纲视图】按钮，返回至页面视图，如图 8-76 所示。

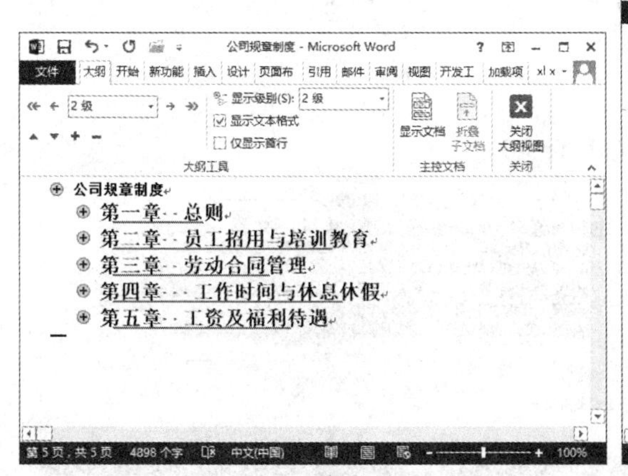

图 8-75 【插入计算字段】对话框

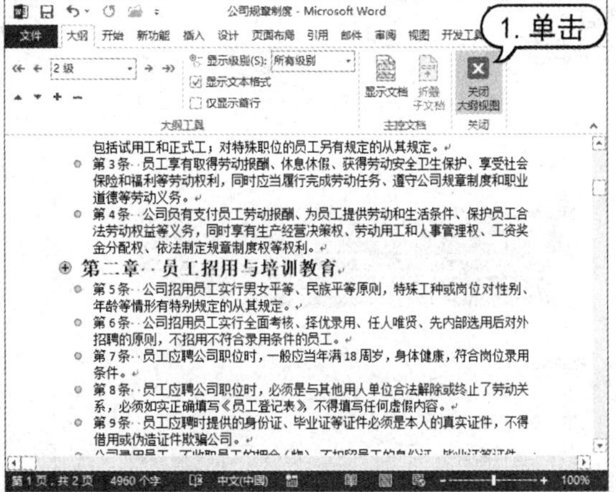

图 8-76　单击【关闭大纲视图】按钮

(9) 打开【视图】选项卡，在【显示】组中选中【导航窗格】复选框，打开【导航】任务窗格，选择相应的章节标题，即可快速切换至该章节标题查看章节内容，如图 8-77 所示。

(10) 关闭【导航】任务窗格，将插入点定位在文档开始位置，打开【引用】选项卡，在【目录】组中单击【目录】按钮，从列表框中选择【自动目录 2】样式，如图 8-78 所示。

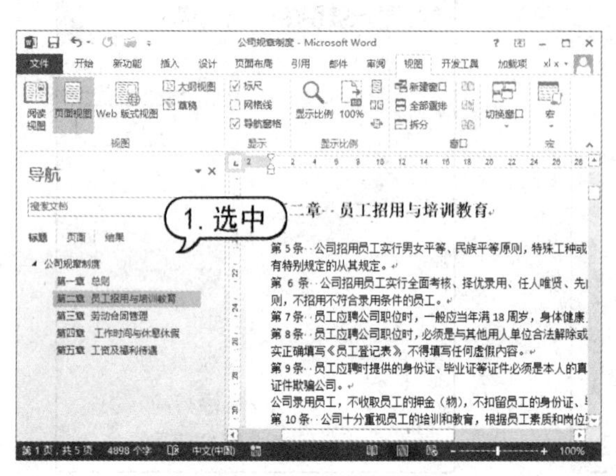

图 8-77 选择章节标题

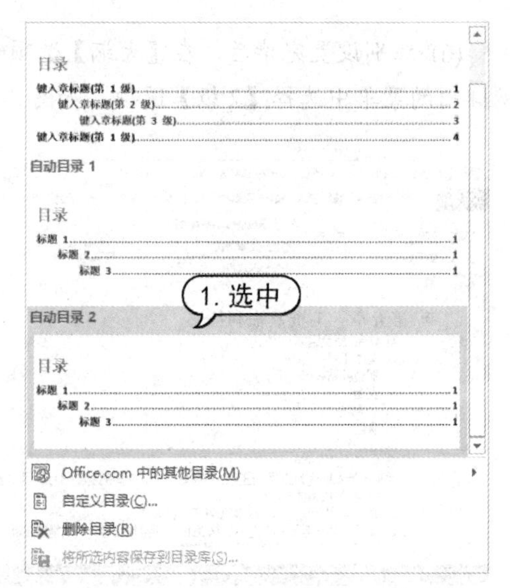

图 8-78 选择【自动目录 2】样式

(11) 此时在文档开始处自动插入该样式的目录，如图 8-79 所示。

(12) 选取文本“目录”，设置字体为【隶书】，字号为【二号】，设置居中对齐，如图 8-80 所示。

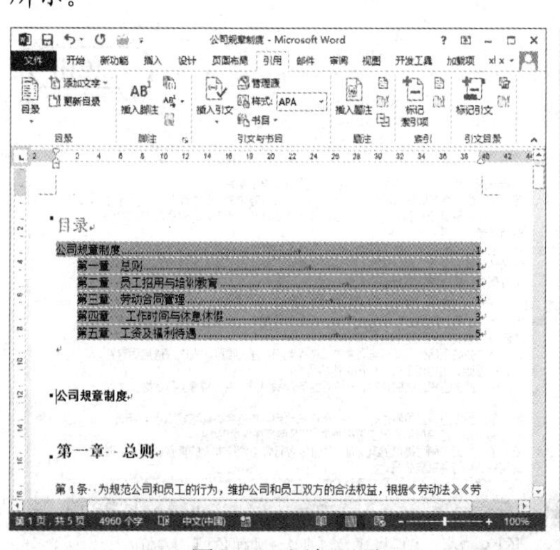

图 8-79 添加目录

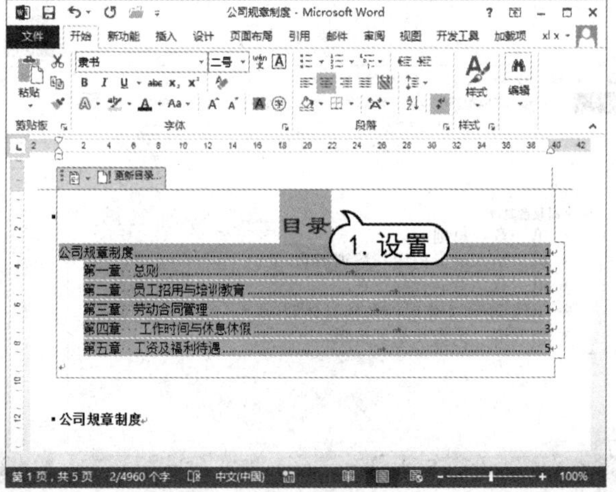

图 8-80 设置字体

(13) 选取整个目录，在【开始】选项卡中单击【段落】对话框启动器按钮，打开【段落】对话框，打开【缩进和间距】选项卡，在【行距】下拉列表中选择【2 倍行距】选项，单击【确定】按钮，如图 8-81 所示。

(14) 此时显示插入的目录，如图 8-82 所示。

提示

插入内置目录后，自动显示一个文本框。如果用户对文档做了一定的更改，此时可通过单击【更新目录】按钮来更新目录。

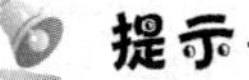

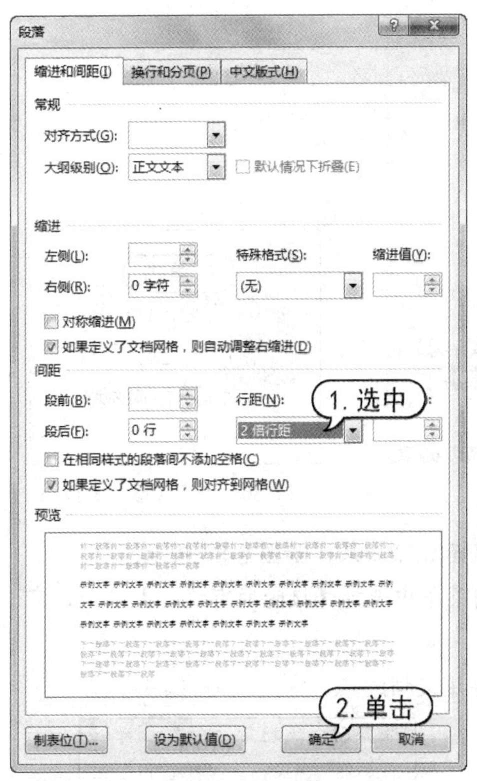

图 8-81　设置行距

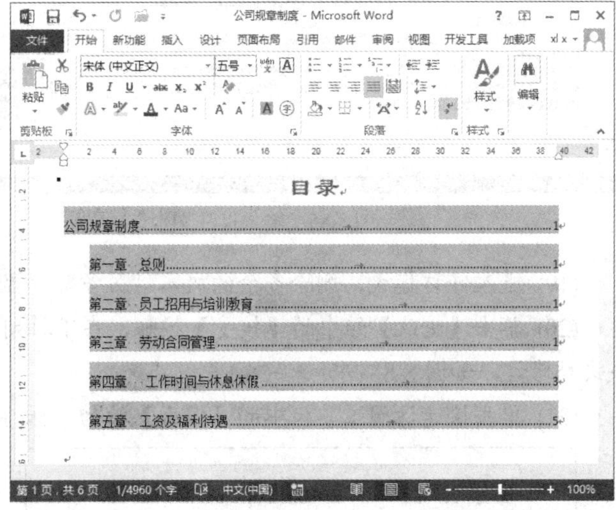

图 8-82　显示目录格式

(15) 选取第一章中的文本“《劳动法》、《劳动合同法》”，打开【审阅】选项卡，在【批注】组中单击【新建批注】按钮，如图 8-83 所示。

(16) Word 会自动添加批注框，输入批注文本，如图 8-84 所示。

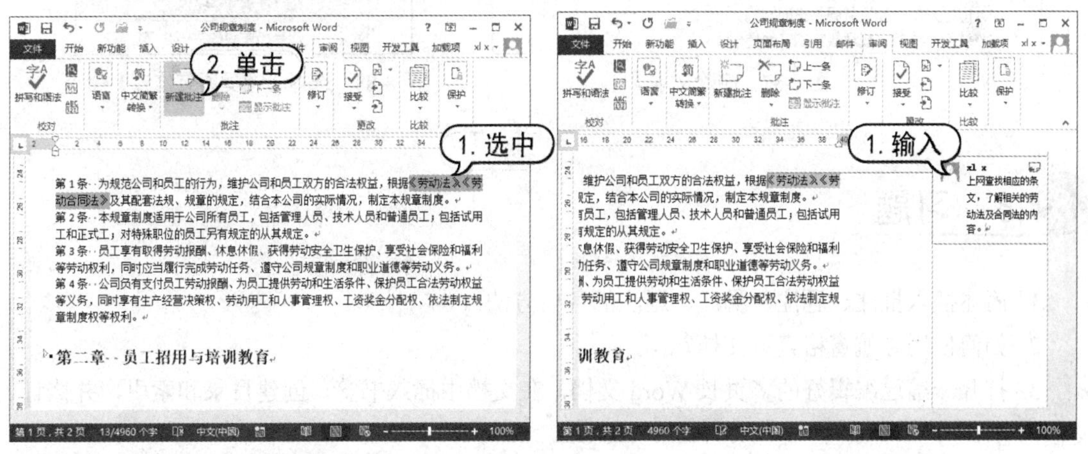

图 8-83　单击【新建批注】按钮

图 8-84　输入批注文本

(17) 使用同样的方法，添加其他批注框，并输入批注文本，如图 8-85 所示。

(18) 打开【审阅】选项卡，在【修订】组中单击【修订】按钮，如图 8-86 所示。

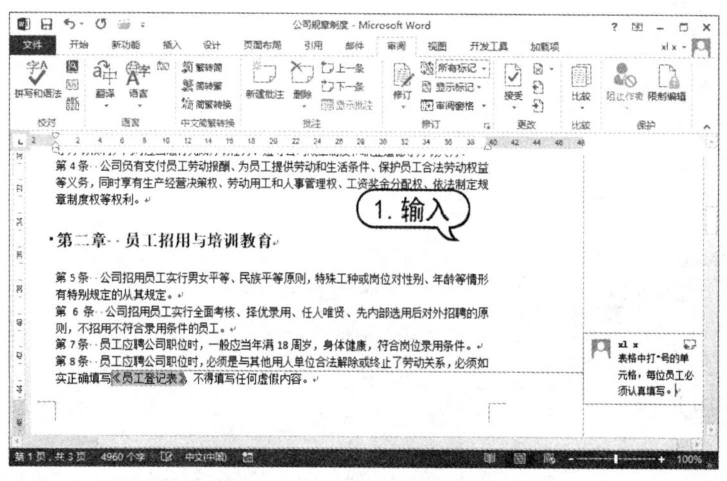

图 8-85　输入批注文本

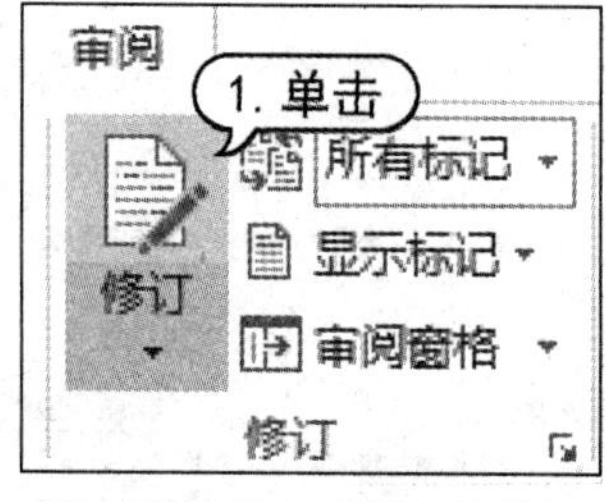

图 8-86　单击【修订】按钮

(19) 进入修订模式，删除多余的文本“另多”，显示删除效果，如图 8-87 所示。

(20) 单击【更改】组中的【接受】按钮，在下拉列菜单中选择【接受所有修订】命令，完成文档修订，如图 8-88 所示。

(21) 单击快速访问工具栏中的【保存】按钮，保存该文档。

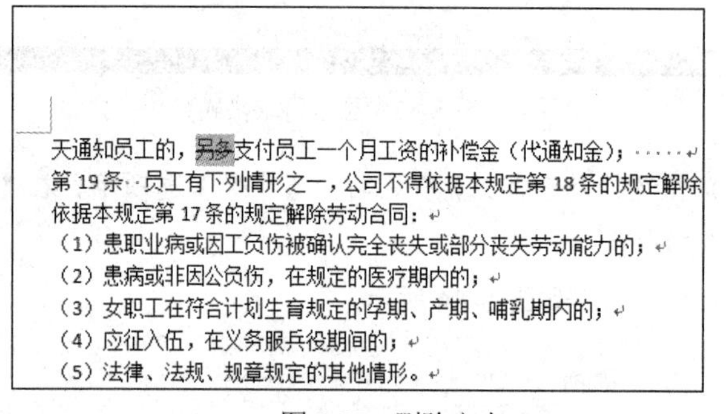
天通知员工的，另多支付员工一个月工资的补偿金（代通知金）；
第 19 条　员工有下列情形之一，公司不得依据本规定第 18 条的规定解除依据本规定第 17 条的规定解除劳动合同：
（1）患职业病或因工负伤被确认完全丧失或部分丧失劳动能力的；
（2）患病或非因公负伤，在规定的医疗期内的；
（3）女职工在符合计划生育规定的孕期、产期、哺乳期内的；
（4）应征入伍，在义务服兵役期间的；
（5）法律、法规、规章规定的其他情形。

图 8-87　删除文本

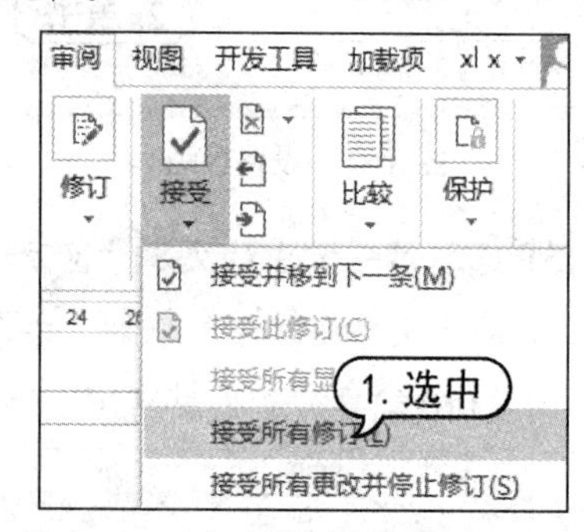

图 8-88　选择【接受所有修订】命令

8.8　习题

1. 简述插入批注、题注、脚注、尾注的各自方法。

2. 如何使用导航窗格查看文档？

3. 打开一篇已编辑好的多页长 Word 文档，在文档中插入书签，创建目录和索引，并修订文档内容。

第9章 使用公式、宏和域

学习目标

在 Word 中使用宏可以快速执行日常编辑和格式设置任务，也可以合并总需要按顺序执行的多个命令，还可以自动执行一系列复杂的任务。使用域可以随时更新文档中的某些特定内容，方便对文档进行操作。使用公式可以方便地在文档中制作包含数据和运算符的数据方程式。本章将主要介绍在 Word 文档中使用宏和域、使用公式的方法及技巧。

本章重点

- 创建宏
- 管理宏
- 使用域
- 使用公式

9.1 使用宏

在日常办公过程中，使用 Word 宏功能，可以帮助用户对 Word 文档进行复制控制和管理。

9.1.1 认识宏

宏是由一系列 Word 命令组合在一起作为单个执行的命令，通过宏可以达到简化编辑操作的目的。可以将一个宏指定到工具栏、菜单或者快捷键上，并通过单击一个按钮，选取一个命令或按一个键的组合来运行宏。

在文档编辑过程中，经常会有某项工作需要重复多次，这时可以利用 Word 宏功能来使其自动执行，以提高效率。Word 中的宏能帮助用户在进行一系列费时而单调的重复性 Word 操作时，自动完成所需任务。所谓“宏”，是将一系列 Word 命令和指令组合起来，形成一条自定义的命令，以实现任务执行的自动化。如果需要反复执行某项任务，可以使用宏自动执行该任务。其实 Word 中的宏就像是 DOS 的批处理文件一样，在可视化操作环境下，这一工具的功能更加强大。

宏可以完成很多的功能。例如：加速日常编辑和格式的设置；快速插入具有指定尺寸和边框、指定行数和列数的表格；使某个对话框中的选项更易于访问。

9.1.2 使用【开发工具】选项卡

在 Word 2013 中，要使用“宏”，首先需要打开如图 9-1 所示的【开发工具】选项卡。

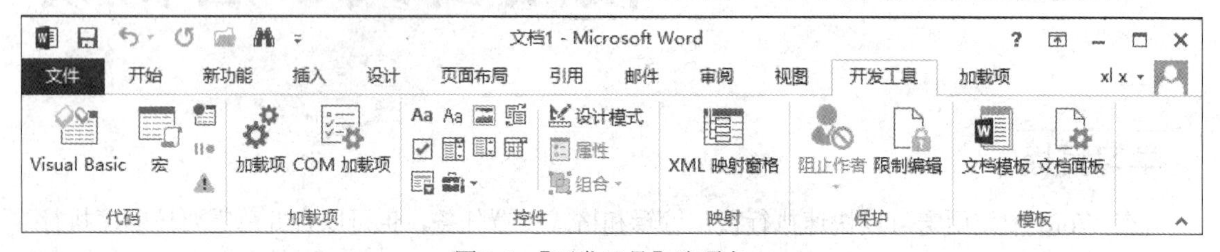

图 9-1 【开发工具】选项卡

【开发工具】选项卡主要用于 Word 的二次开发，默认情况下该选项卡不显示【主选项卡】功能区，可以通过自定义【主选项卡】功能区使之可见。单击【文件】按钮，在菜单中选择【选项】选项，打开【Word 选项】对话框，切换至【自定义功能区】选项卡，在右侧的【主选项卡】选项区域中选中【开发工具】复选框，然后单击【确定】按钮，如图 9-2 所示，即可在 Word 界面中显示【开发工具】选项卡。

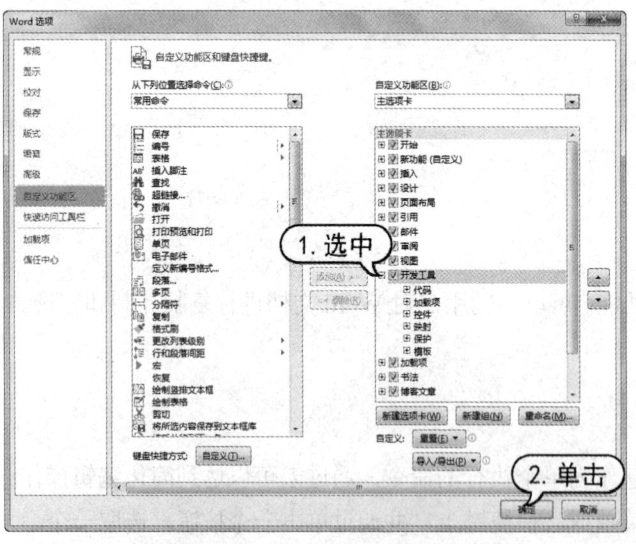

图 9-2 设置显示【开发工具】选项卡

> **提示**
>
> 在功能区中右击任意选项卡，从弹出的快捷菜单中选择【自定义功能区】命令，即可直接打开【Word 选项】对话框的【自定义功能区】选项卡。

9.1.3 录制宏

宏可以保存在文档模板中或是在单个 Word 文档中。将宏存储到模板上有两种方式：一种

是全面宏，存储在普通模板中，可以在任何文档中使用；另一种是模板宏，存储在一些特殊模板上。通常，创建宏的最好的方法就是使用键盘和鼠标录制许多操作，然后，在宏编辑窗口中，编辑它并添加一些 Visual Basic 命令。

打开【开发工具】选项卡，在【代码】组中单击【录制宏】按钮，开始录制宏，同时，还可以设置宏的快捷方式，以及在【快速访问】工具栏上显示宏按钮。

【例 9-1】在 Word 2013 文档中录制一个宏，并且在快速访问工具栏中显示宏按钮。

(1) 启动 Word 2013，打开“酒”文档，使用鼠标拖动法选择任意一段文字。

(2) 打开【开发工具】选项卡，在【代码】组中单击【录制宏】按钮，将打开【录制宏】对话框。

(3) 在【宏名】文本框中输入宏的名称“格式化文本”，在【将宏保存在】下拉列表框中选择【所有文档(Normal.dotm)】，然后单击【按钮】按钮，如图 9-3 所示。

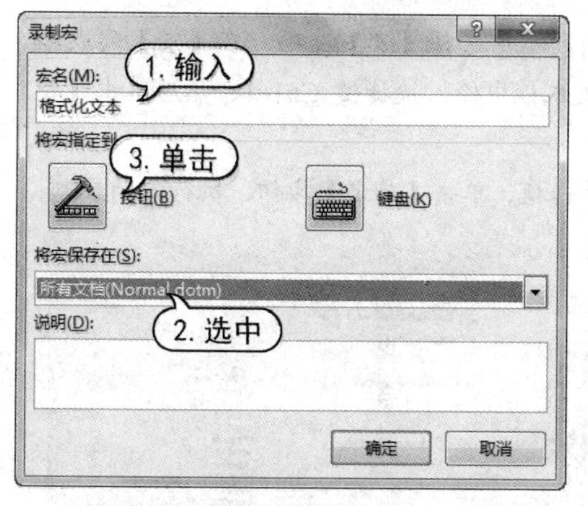

图 9-3 【录制宏】对话框

提示

单击状态栏上显示的【录制宏】按钮，或者打开【视图】选项卡，在【宏】组中单击【宏】按钮，在弹出的菜单中选择【录制宏】命令，打开【录制宏】对话框，执行录制宏操作。

知识点

在默认情况下，Word 将宏存储在 Normal 模板内，这样，每一个 Word 文档都可以使用它。如果只是需要在某个文档中使用宏，则可将宏存储在该文档中。

(4) 打开【Word 选项】对话框的【快速访问工具栏】选项卡，在【自定义快递访问工具栏】列表框中将显示输入的宏的名称。选择该宏命令，然后单击【添加】按钮，如图 9-4 所示，将该名称添加到快速访问工具栏上。

(5) 如要指定宏的键盘快捷键，打开【Word 选项】对话框的【自定义功能区】选项卡，在【从下列位置选择命令】下拉列表中选择【宏】选项卡，在其下的列表框中选择宏名称，单击【键盘快捷方式】右侧的【自定义】按钮，如图 9-5 所示。

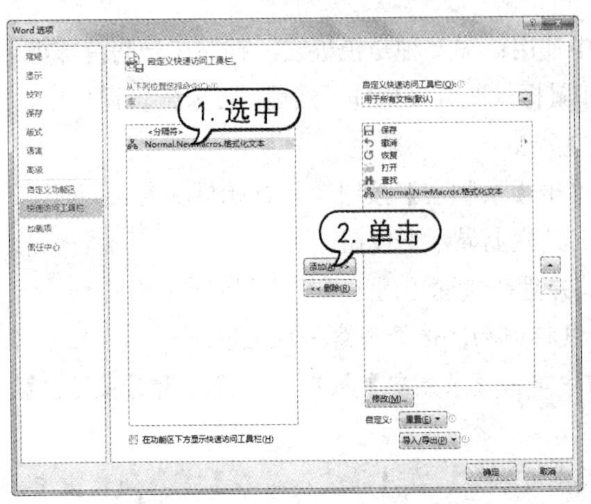

图 9-4 【快速访问工具栏】选项卡

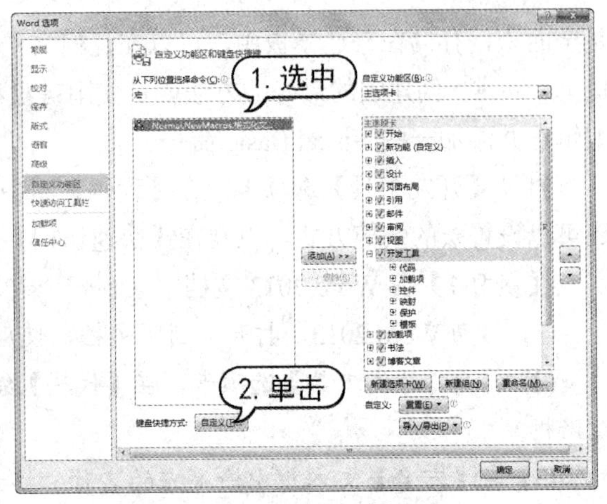

图 9-5 【自定义功能区】选项卡

(6) 打开【自定义键盘】对话框，在【类别】列表框中选择【宏】选项，在【宏】列表框中选择【格式化文本】选项，在【请按新快捷键】文本框中输入快捷键 Ctrl+1，然后单击【指定】按钮，如图 9-6 所示。

(7) 单击【关闭】按钮，返回到【Word 选项】对话框，单击【确定】按钮，执行宏的录制，如图 9-7 所示。

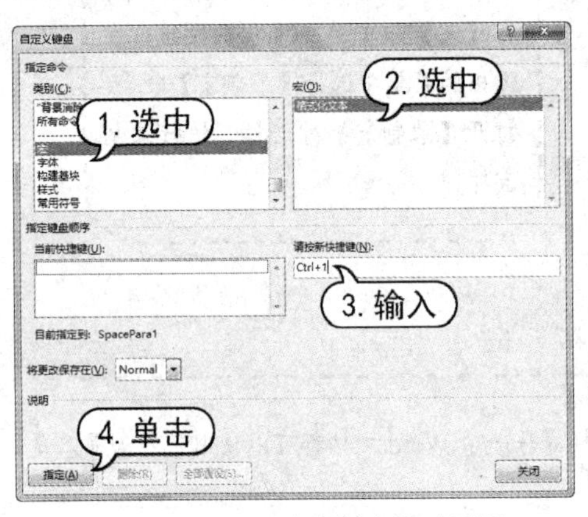

图 9-6 【自定义键盘】对话框

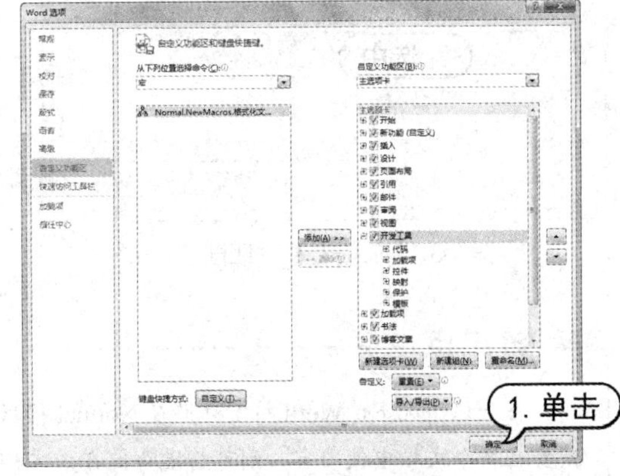

图 9-7 单击【确定】按钮

(8) 打开【开始】选项卡，在【字体】组中将字体设置为黑体，字形为倾斜，字号为四号。

(9) 所有录制操作执行完毕，切换至【开发工具】选项卡，在【代码】组中单击【停止录制】按钮■即可，如图 9-8 所示。

(10) 在文档中任选一段文字，单击【快速访问】工具栏上的宏按钮，如图 9-9 所示，或按下快捷键 Ctrl+1，都可将该段文字自动格式化为黑体、四号、倾斜。

知识点

如果在录制宏的过程中进行了错误的操作，同时也做了更正操作，则更正错误的操作也将会被录制，可以在录制结束后，在 Visual Basic 编辑器中将不必要的操作代码删除，此方法参照 9.1.5 节内容。

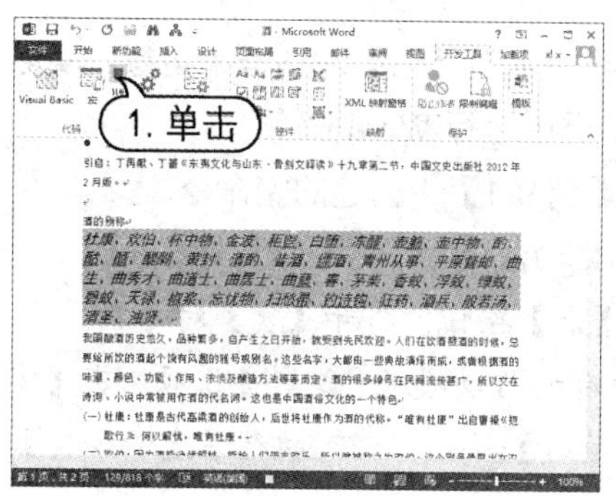

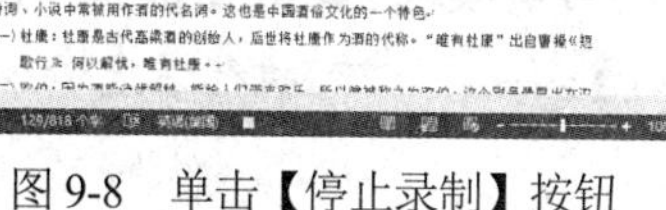

图 9-8　单击【停止录制】按钮

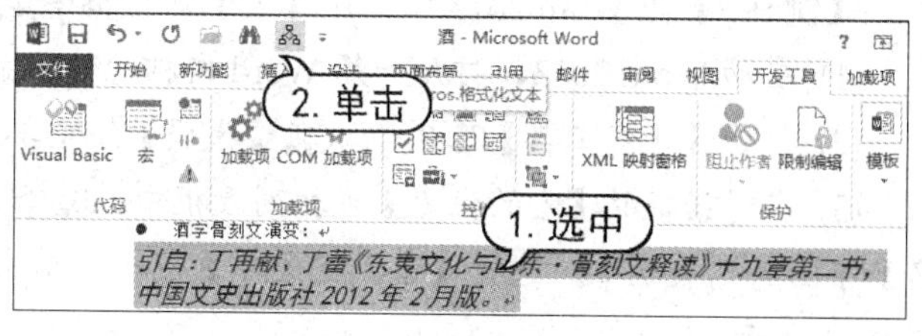

图 9-9　单击宏按钮

在使用宏录制器创建宏时，要注意以下两点。

- 宏的名称不要与 Word 中已有的标准宏重名，否则 Word 就会用新的宏记录的操作替换原有宏记录的操作。因此，在给宏命名之前，最好打开【视图】选项卡，在【宏】组中单击【宏】按钮，在弹出的菜单中选择【查看宏】命令，打开【宏】对话框，并在【宏的位置】下拉列表框中选择【Word 命令】选项，此时，列表框中将列出 Word 所有标准宏，如图 9-10 所示。确保自己命名的宏没有同标准宏重名。
- 宏录制器不记录执行的操作，只录制命令操作的结果。录制器不能记录鼠标在文档中的移动，要录制如移动光标或选择、移动、复制等操作，只能用键盘进行。

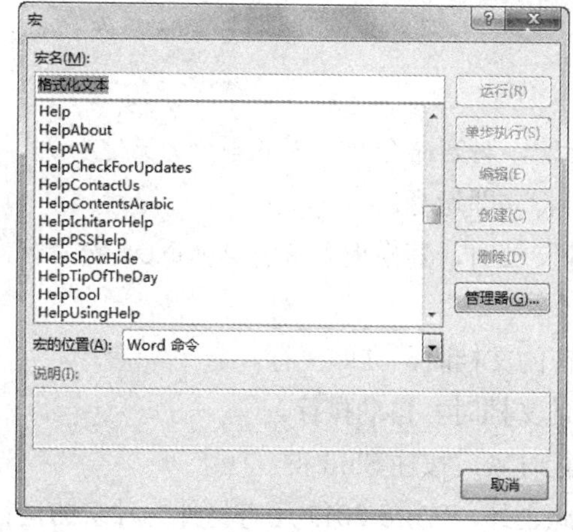

图 9-10　【宏】对话框

提示

在录制宏的过程中，如果需要暂停录制，可打开【开发工具】选项卡，在【代码】组中单击【暂停录制】按钮即可。

9.1.4　运行宏

运行宏取决于创建宏所针对的对象。如果创建的宏是被指定到了快速访问工具栏上，可通过用鼠标单击相应的命令按钮来执行；如果创建的宏被指定到菜单或快捷键上，也可通过相应的操作来执行。如果要运行在特殊模板上创建的宏，则应首先打开该模板或基于该模板创建的文档；如果要运行针对于某一选择条目创建的宏，则应首先选择该条目，然后再运行它。

无论是特殊模板上的宏，还是针对某一条目的宏，都可以通过【宏】对话框来运行。实际上，Word 命令在本质上也是宏，也可以直接在【宏】对话框中运行 Word 命令。

【例 9-2】在 Word 2013 中使用【宏】对话框中运行【例 9-1】中创建的宏命令。

(1) 启动 Word 2013，打开一篇 Word 文档，使用鼠标拖动法选择任意一段文字。

(2) 打开【开发工具】选项卡，在【代码】组中单击【宏】按钮，打开【宏】对话框。

(3) 在对话框的【宏的位置】下拉列表框中，选择【所有的活动模板和文档】选项，在【宏名】下面的列表框中，选择【格式化文字】选项，单击【运行】按钮，即可执行该宏命令，如图 9-11 所示。

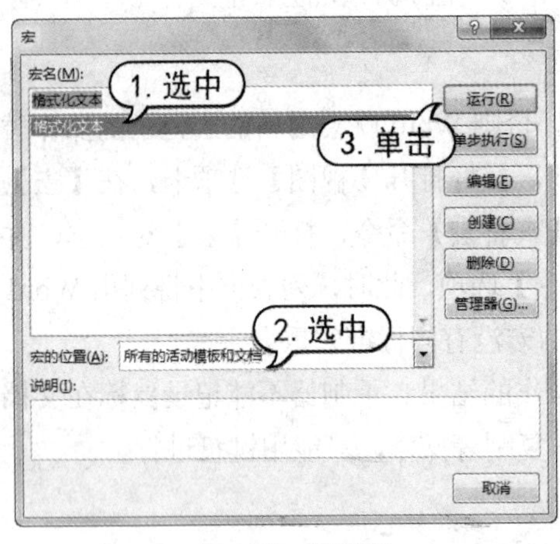

图 9-11　运行宏

提示

按录制宏指定的 Ctrl+1 快捷键和单击工具栏中的宏按钮，同样可以快速地运行宏。

Word 允许创建自动运行宏，要创建自动运行宏，对宏命令必须采取下列方式之一。

- AutoExec：全局宏，打开或退出 Word 时将立即运行。
- AutoNew：全局宏或模板宏，当用户创建文档时，其模板若含有 AutoNew 宏命令，就可自动执行。
- AutoOpen：全局宏或模板宏，当打开存在的文档时，立即执行。
- AutoClose：全局宏或模板宏，当关闭当前文档时，自动执行。

如果不想运行一个自动运行的宏，则可在运行时候，按住 Shift 键。

上面所讲述的宏的运行方法是直接运行，除此之外，Word 2013 还有另外一种宏的运行方法是单步运行宏。它同直接运行宏的区别在于：直接运行宏是从宏的第一步执行到最后一步操作，而单步运行宏则是每次只执行一条操作，这样，就可以清楚地看到每一步操作及其效果。因为宏是一系列操作的集合，本质是 Visual Basic 代码，因此，可以用 Visual Basic 编辑器打开宏并单步执行宏。

要单步执行宏，可打开【开发工具】选项卡，在【代码】组中单击【宏】按钮，打开【宏】对话框，在对话框中选择要运行的宏命令，然后单击【单步运行】按钮即可。

9.1.5　编辑宏

录制宏生成的代码通常都不够简洁、高效，并且功能和范围非常有限。如果要删除宏中的某些错误操作，或者是要添加诸如“添加分支”、“变量指定”、“循环结构”、“自定义用户窗体”、“出错处理”等功能的代码，这些无法录制的 Visual Basic 代码来增强宏，这时，就需要对宏进行编辑操作。

打开【开发工具】选项卡，在【代码】组中单击 Visual Basic 按钮，打开 Visual Basic 编辑窗口(也可以按 Alt+F11 组合键)，如图 9-12 所示。

提示

在 Visual Basic 编辑窗口左侧的工程资源管理器任务窗格中，单击节点展开录制宏所在的模块(如 NewMacrose)，然后双击该模块，即可打开图 9-12 右侧的代码窗口，在此窗口中显示刚才录制的宏代码。

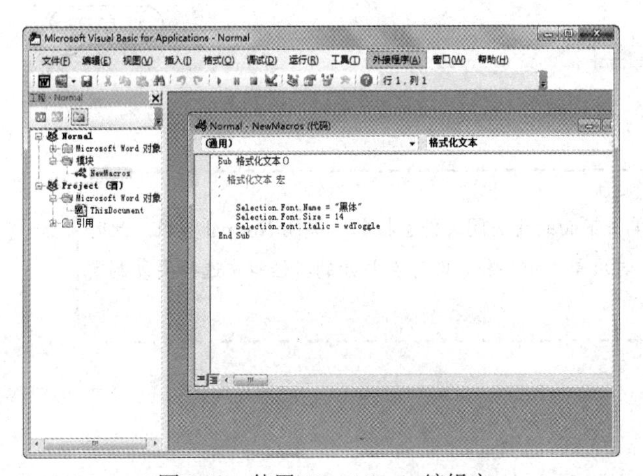

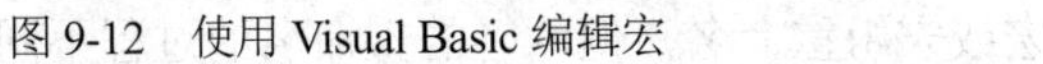

图 9-12　使用 Visual Basic 编辑宏

提示

在【宏】对话框中，选择要编辑的宏后，单击【编辑】按钮，同样可以打开 Visual Basic 编辑窗口。

在 Visual Basic 编辑器中，可以对宏的源代码进行修改，添加或删除宏的源代码。编辑完后，可以在 Visual Basic 编辑器中选择【文件】|【关闭并返回到 Microsoft Word】命令，返回到 Word，Visual Basic 将自动保存所做的修改。

9.1.6　复制宏

在 Word 2013 中，很容易地从一个模板(或文档)中复制一组宏到另一个模板中(或文档中)，宏被保存于模板或组中，不能传递单个宏，只能传递一组宏。

要在模板或文档中复制宏，可以在【宏】对话框中单击【管理器】按钮，在打开的【管理器】对话框中进行相关的设置。

【例 9-3】在 Word 2013 中使用【宏】对话框复制宏。

(1) 启动 Word 2013，打开一篇 Word 文档，打开【开发工具】选项卡，在【代码】组中单击【宏】按钮，打开【宏】对话框，单击【管理器】按钮。

(2) 打开【管理器】对话框的【宏方案项】选项卡，在左边列表框中显示了当前活动文档中使用的宏组，在右边列表框中显示的是 Normal 模板中的宏，在右侧列表框中选择要复制的宏组 NewMacros，单击【复制】按钮，如图 9-13 所示。

(3) 将选定的宏组复制到左边的当前活动文档中，单击【关闭】按钮，完成宏的复制。此时，在新文档中可以使用该宏命令，如图 9-14 所示。

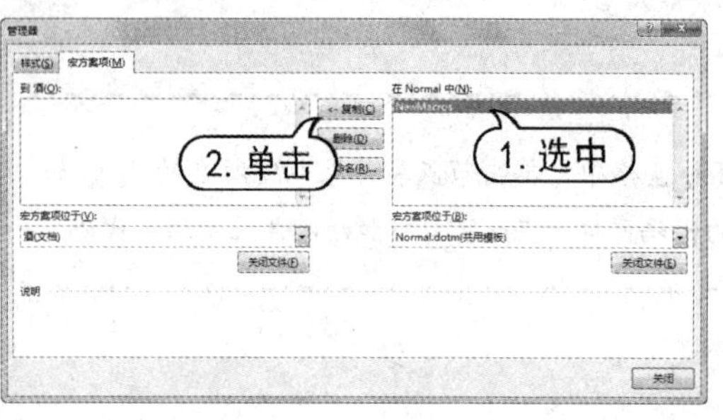

图 9-13 【宏方案项】选项卡

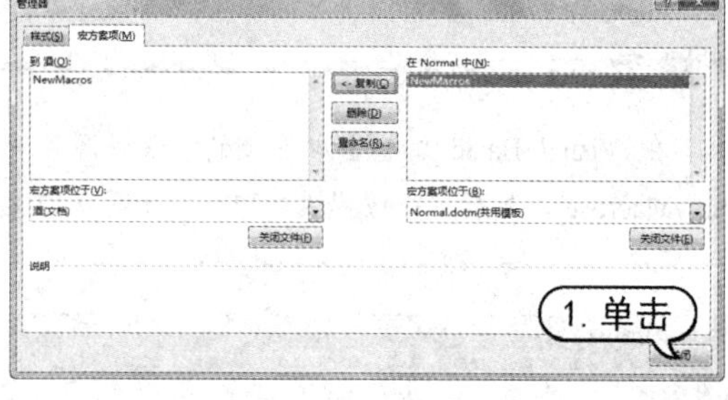

图 9-14 复制宏

提示

如果要想复制别的模板中的宏，可以单击下面的【关闭文件】按钮，关闭 Normal 模板。此时【关闭文件】按钮变成【打开文件】按钮，再次单击该按钮，即可在打开的对话框中选择要复制宏的模板或文件。

9.1.7 重命名宏与宏组

Word 2013 可以为已经创建好的宏或宏组重命名，但两者的重命名的过程不同，一般宏组能在宏管理器中直接重命名，而单个宏则必须在 Visual Basic 编辑器中重命名。

要重命名宏组，可以先打开包含需要重命名宏组的文档或模板。打开【开发工具】选项卡，在【代码】组中单击【宏】按钮，在打开的【宏】对话框中单击【管理器】按钮，打开【管理器】对话框的【宏方案项】选项卡。选中需要重新命名的宏组，单击【重命名】按钮，在打开的如图 9-15 所示的【重命名】对话框中输入新名称即可。

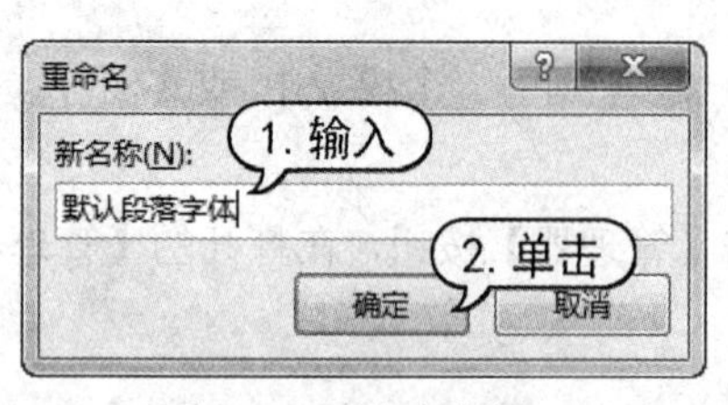

图 9-15 重命名宏组

提示

打开【视图】选项卡，在【宏】组中单击【宏】按钮，在弹出的菜单中选择【查看宏】命令，可以打开【宏】对话框。

要重命名单步宏，可以打开【开发工具】选项卡，在【代码】组中单击【宏】按钮，打开【宏】对话框，在列表框中找到要重命名的宏。单击右侧的【编辑】按钮，打开 Visual Basic 编辑窗口，同时打开用户的宏组，以便进行编辑。找到想要重新命名的宏过程，改变宏过程的名称即可。

例如，如果想要将名 NewMacros 的宏重命名为 MyMacro，可以在 Visual Basic 编辑器中打开它的源代码，并修改第 1 行内容即可，如将 Sub NewMacros()改为 Sub MyMacro()。

9.1.8　删除宏

要删除在文档或模板中不需要的宏命令，可以先打开包含有需要删除宏的文档或模板。打开【开发工具】选项卡，在【代码】组中单击【宏】按钮，打开【宏】对话框，在【宏名】列表框中选择要删除的宏，然后单击【删除】按钮，如图 9-16 所示。此时系统将打开如图 9-17 所示的消息对话框，在该对话框中单击【是】按钮，即可删除该宏命令。

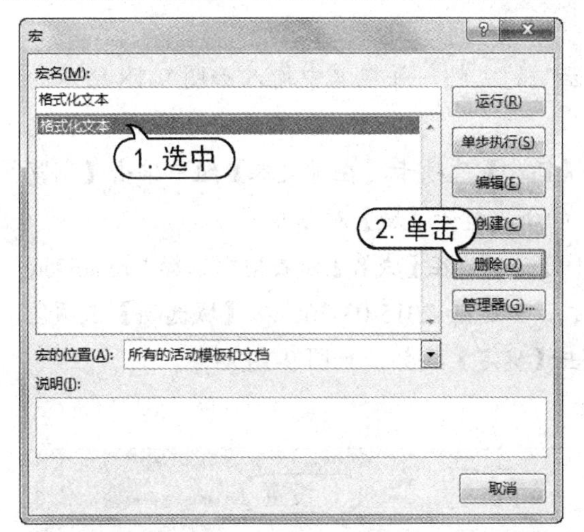

图 9-16　删除宏

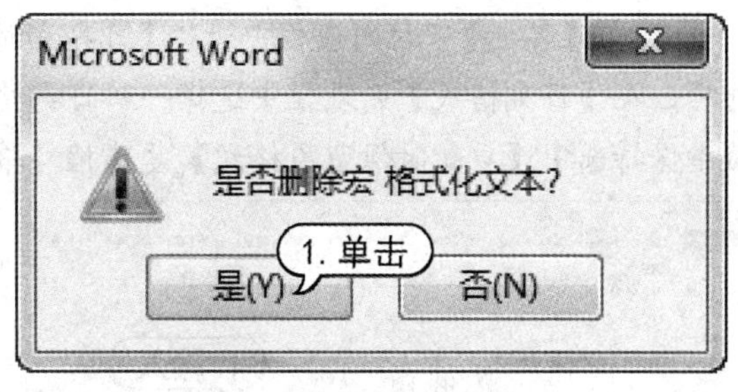

图 9-17　单击【是】按钮

9.2　使用域

在一些文档中，某些文档内容可能需要随时更新，例如，在一些每日报道型的文档中，报道日期就需要每天更新。如果手工更新这些日期，不仅繁琐而且容易遗忘，此时可以通过在文档中插入 Data 域代码来实现日期的自动更新。

域是一种特殊的代码，用于指示 Word 在文档中插入某些特定的内容或自动完成某些复杂的功能。例如，使用域可以将日期和时间等插入到文档中，并使 Word 自动更新日期和时间。在 Word 中，可以使用域插入许多有用的内容，包括页码、时间和某些特定的文字内容或图形等。使用域，还可以完成一些复杂而非常实用的操作，如自动编写索引、目录。

域是文档中可能发生变化的数据或邮件合并文档中套用信函、标签的占位符。最常用的域有 Page 域(插入页码)和 Date 域(插入日期和时间)。域包括域代码和域结果两部分：域代码是代表域的符号；域结果是利用域代码进行一定的替换计算得到的结果。域类似于 Microsoft Excel 中的公式，具体来说，域代码类似于公式，域结果类似于公式产生的值。

域的最大优点是可以根据文档的改动或其他有关因素的变化而自动更新。例如，生成目录后，目录中页码会随着页面的增减而产生变化，这时可通过更新域来自动修改页码。因而使用域不仅可以方便快捷地完成许多工作，而且能够保证得到结果的准确性。

9.2.1 插入域

在 Word 2013 中，可以使用【域】对话框，将不同类别的域插入到文档中，并可设置域的相关格式。

【例 9-4】在“邀请函”文档中插入【日期和时间】类型的域，并设置该日期在文档中可以自动更新。

(1) 启动 Word 2013，创建一个名为“邀请函”的文档，并在其中输入如图 9-18 所示的文本。

(2) 将光标放置在需要插入域的位置，打开【插入】选项卡，在【文本】组中单击【浏览文档部件】按钮，在弹出的菜单中选择【域】命令，打开【域】对话框。

(3) 在【类别】下拉列表框中选择【日期和时间】选项，在【域名】列表框中选择 CreateDate 选项，在【日期格式】列表框中选择一种日期格式，如选择 2015-03-26，在【域选项】选项区域中保持选中【更新时保留原格式】复选框，单击【确定】按钮，如图 9-19 所示。

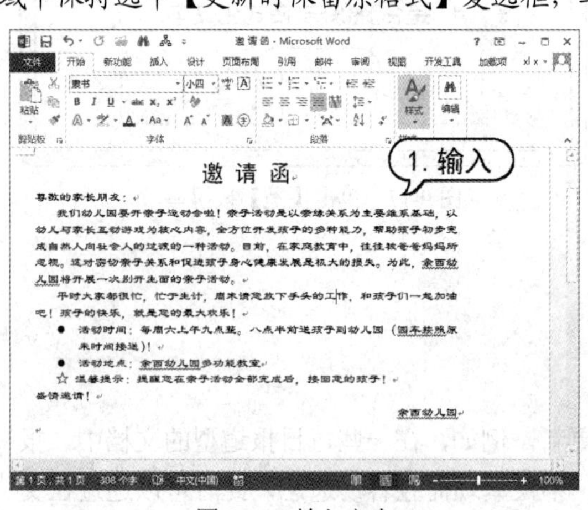

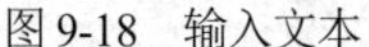
图 9-18 输入文本

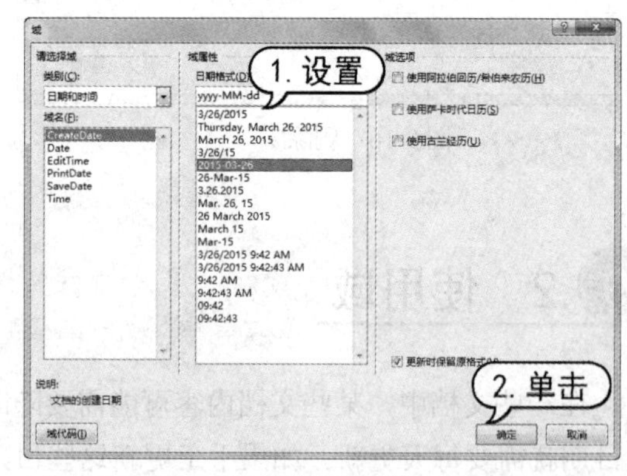

图 9-19 【域】对话框

提示

在【域选项】选项区域中选中【更新时保留原格式】复选框，则可以在更新域的同时保留直接应用于域结果的字符格式。

(4) 此时即可在文档中插入了一个 Data 域。当用鼠标单击该部分文档内容时，域内容将显示为灰色，如图 9-20 所示。

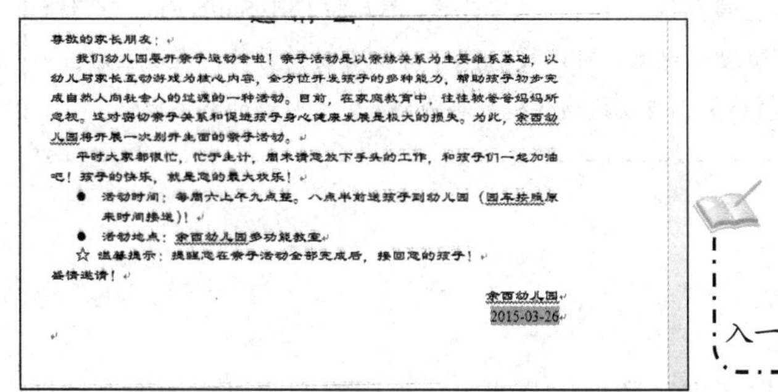

尊敬的家长朋友：

我们幼儿园要开亲子运动会啦！亲子活动是以亲缘关系为主要维系基础，以幼儿与家长互动游戏为核心内容，全方位开发孩子的多种能力，帮助孩子初步完成自然人向社会人的过渡的一种活动。目前，在家庭教育中，往往被爸爸妈妈所忽视。这对密切亲子关系和促进孩子身心健康发展是极大的损失。为此，余西幼儿园将开展一次别开生面的亲子活动。

平时大家都很忙，忙于生计，周末请您放下手头的工作，和孩子们一起加油吧！孩子的快乐，就是您的最大欢乐！

- 活动时间：每周六上午九点整。八点半前送孩子到幼儿园（园车按照原来时间接送）！
- 活动地点：余西幼儿园多功能教室

☆ 温馨提示：提醒您在亲子活动全部完成后，接回您的孩子！

盛情邀请！

余西幼儿园

2015-03-26

图 9-20　插入 Data 域

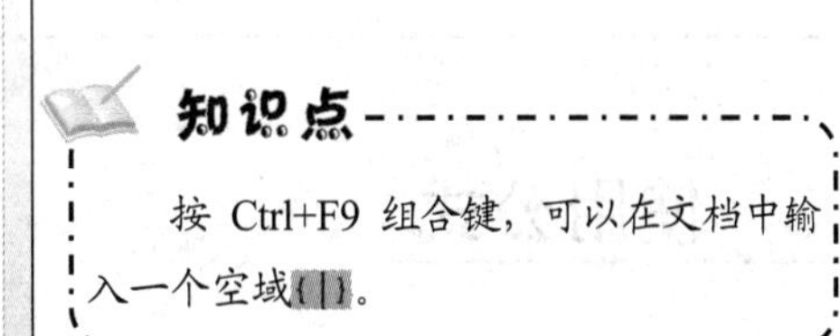

知识点

按 Ctrl+F9 组合键，可以在文档中输入一个空域{ }。

9.2.2　更新域和设置域格式

对域有了一个直观的认识后，可以进一步了解域的组成部分和操作原理。实际上，域类似于 Microsoft Excel 中的公式，其中有“域代码”这样一个“公式”，可以算出“域结果”并将结果显示出来，因此才能保持信息的最新状态。

以如图 9-20 所示的 Data 域为例，该图显示的就是该域的域结果，当单击该域后按 Shift+F9 键，Word 将显示出该域的域代码，如图 9-21 所示。

{ CREATEDATE \@ "yyyy-MM-dd" * MERGEFORMAT }

图 9-21　显示域代码

域代码显示在一个大括号“{}”中，其中：

- DATE 是域名称；
- yyyy-MM-dd 是一个日期域开关，指定日期的显示方式；
- MERGEFORMAT 是一个字符格式开关，该开关的含义是将以前域结果所使用的格式作用于当前的新结果。

提示

所谓域“开关”，是指导致产生特定操作的特殊说明，例如用于指定域结果的显示方式、字符格式等。向域中添加开关后可以更改域结果。

通过查阅域代码可以了解域的具体内容，查阅完毕后再按 Shift+F9 键则可以切换回域结果。如果想显示隐藏文档中所有的域的域代码，则可以按 Alt+F9 键。

更新域时实际就是更新域代码所引用的数据，而计算出来的域结果也将被相应更新。更新域的方法很简单，如果要更新单个域，则只需单击该域，按 F9 键即可；如果要更新文档中所有的域，则按 Alt+A 键选定整篇文档后再按 F9 键。

提示

如果域信息未更新，则可能此域已被锁定，要解除锁定可以选中此域，然后按 Ctrl+Shift+F11 组合键，最后按下 F9 键即可更新；要锁定某个域以防止更新结果，可以按 Ctrl+ F11 组合键。另外，在域上右击，从弹出的快捷菜单中选择【更新域】、【编辑域】、【切换域代码】等命令来完成对域的相关操作。

9.3 使用公式

Word 2013 集成了公式编辑器，内置了多种数理化公式等，使用它们可以方便地在文档中插入复杂的数据公式。

9.3.1 使用公式编辑器创建公式

使用公式编辑器可以方便地在文档中插入公式。打开【插入】选项卡，在【文本】组中单击【对象】按钮，打开【对象】对话框的【新建】选项卡，在【对象类型】列表框中选择【Microsoft 公式 3.0】选项，单击【确定】按钮，如图 9-22 所示。随后即可打开【公式编辑器】窗口和【公式】工具栏，如图 9-23 所示。

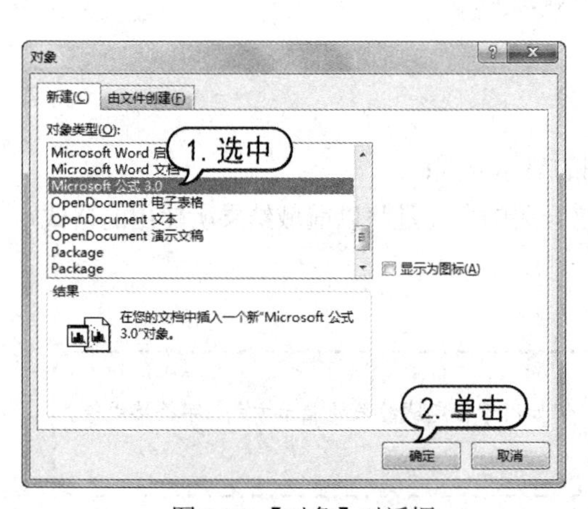

图 9-22 【对象】对话框

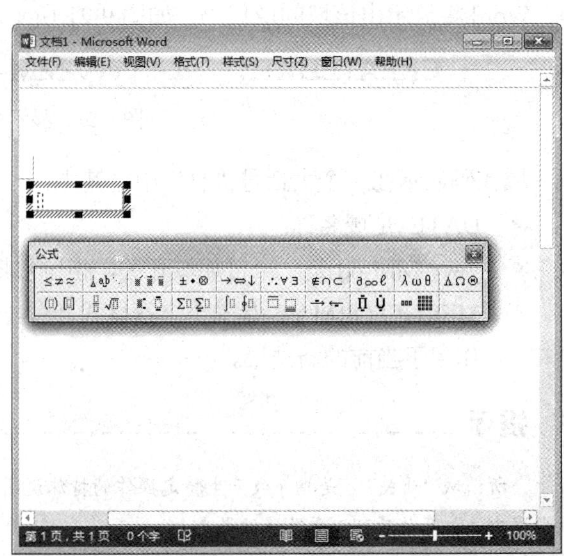

图 9-23 【公式编辑器】窗口和【公式】工具栏

在【公式编辑器】窗口中的文本框中，用户可以进行公式编辑，在【公式】工具栏上单击【下标和上标模板】按钮，选择所需的上标样式，插入一个上标符号并在文本框中分别输入符号内容。使用同样的方法输入其他符号，编辑完后在文本框外任意处单击，即可返回原来的文档编辑状态，如图 9-24 所示。

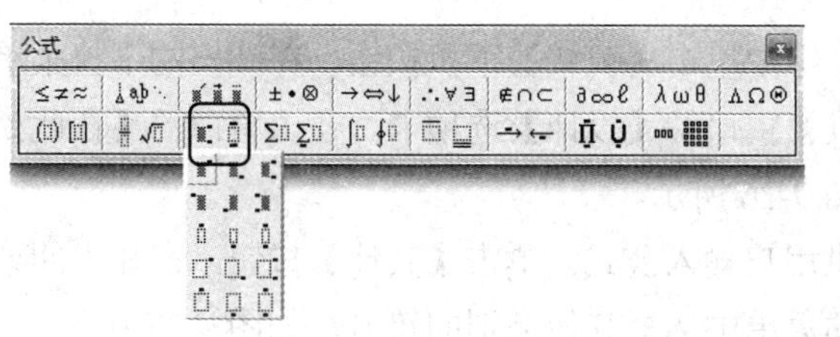

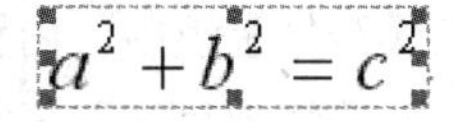

图 9-24　使用公式编辑器编辑公式

提示

在文档中双击创建的公式，打开【公式编辑器】窗口和【公式】工具栏，此时即可重新编辑公式。

9.3.2　使用内置公式创建公式

在 Word 2013 的公式库中，系统提供了 9 款内置公式，利用这几款内置公式，用户可以方便地在文档中创建新公式。

打开【插入】选项卡，单击【符号】组中的【公式】下拉按钮，在弹出的下拉列表框中预设了 3 个内置公式，这里选择【傅里叶级数】公式样式，此时即可在文档中插入该内置公式，如图 9-25 所示。

插入了内置公式后，系统自动打开【公式工具】的【设计】选项卡。在【工具】组中，单击【公式】下拉按钮，弹出内置公式下拉列表框。在该列表框中选择一种公式样式，同样可以插入内置公式。

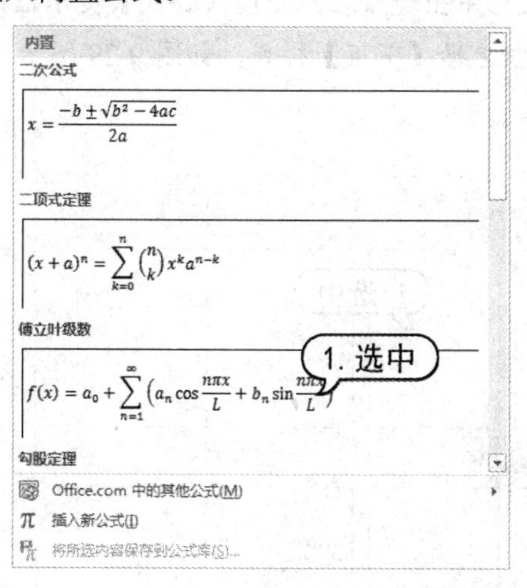

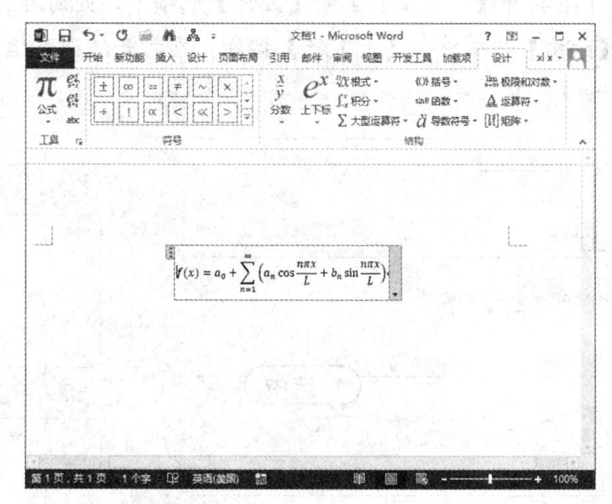

图 9-25　使用内置公式创建公式

9.3.3　使用命令创建公式

除了使用公式库插入内置公式外，还可以执行插入公式命令在文档中插入与编辑特殊的数

据公式。打开【插入】选项卡，在【符号】组中单击【公式】下拉按钮，在弹出的下拉菜单中选择【插入新公式】命令，打开【公式工具】窗口的【设计】选项卡。在该窗口的【在此处键入公式】提示框中可以进行公式编辑，如图 9-26 所示。

在【符号】组中，内置了多种符号，供用户输入公式。单击【其他】按钮，在弹出的列表框中单击【基础数学】下拉按钮，从弹出的菜单中选择其他类别的符号，如图 9-27 所示。

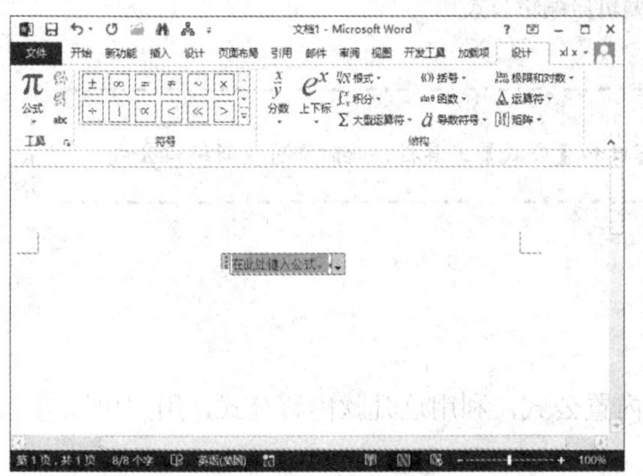

图 9-26　插入新公式

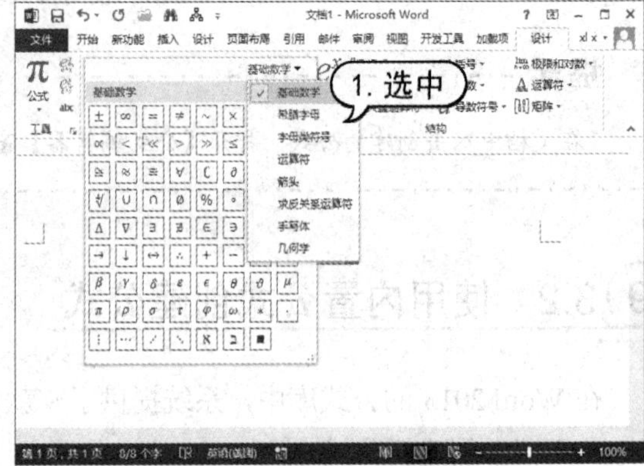

图 9-27　其他类别的符号

【例 9-5】在 Word 2013 文档中，使用【公式工具】窗口中的命令制作化学方程式。

(1) 启动 Word 2013 应用程序，新建一个空白文档，将其以“化学方程式”为名保存。

(2) 将鼠标指针定位在文档中，打开【插入】选项卡，在【符号】组中单击【公式】下拉按钮，在弹出的下拉菜单中选择【插入新公式】命令，如图 9-28 所示。

(3) 打开【公式工具】的【设计】选项卡，此时在文档中出现【在此处键入公式】提示框，在【结构】组中单击【上下标】按钮，在打开的列表框中选择【下标】样式，如图 9-29 所示。

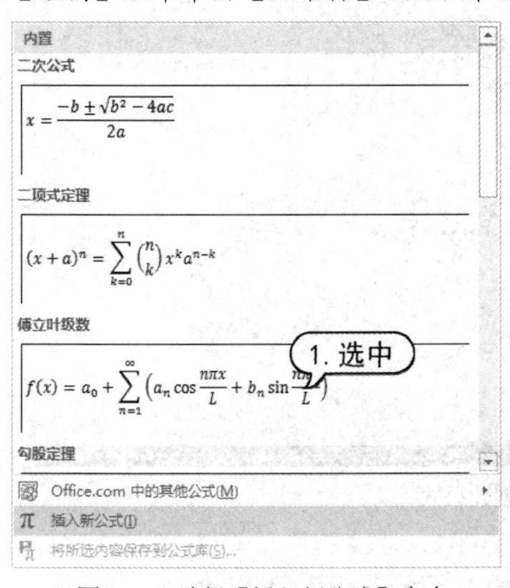

图 9-28　选择【插入新公式】命令

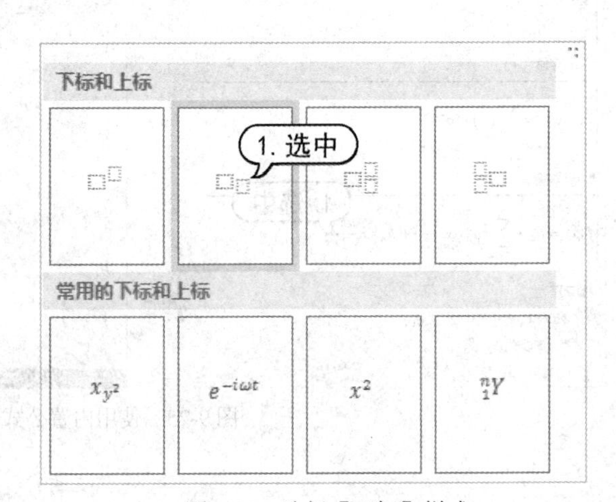

图 9-29　选择【下标】样式

(4) 在文本框中插入下标符号，并在文本框中输入公式字符，如图 9-30 所示。

(5) 使用同样的方法，输入其他下标字符，如图 9-31 所示。

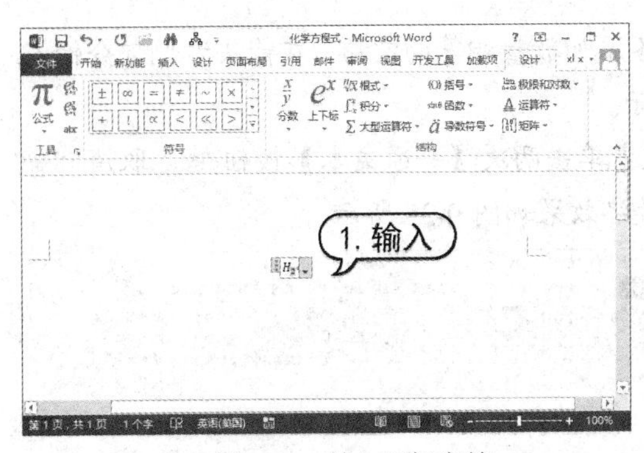

图 9-30　输入下标字符

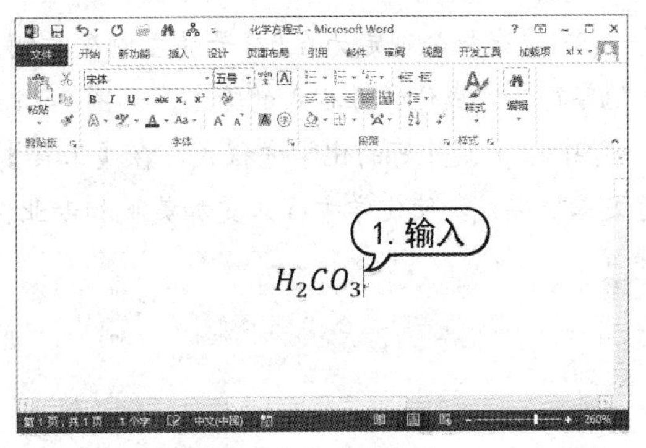

图 9-31　输入其他字符

(6) 将光标定位在 H_2CO_3 末尾处，若光标比正常的还短，需按一下方向键→，使接下来的输入内容向字母看齐，在【结构】组中单击【运算符】按钮，从弹出的下拉列表框中选择【右箭头在下】选项，插入该样式的运算符，如图 9-32 所示。

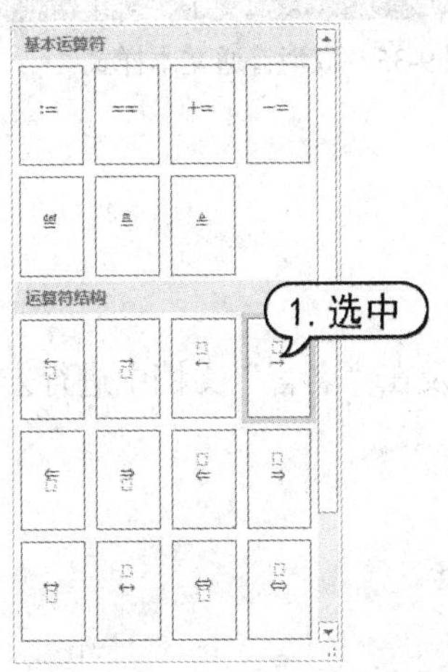

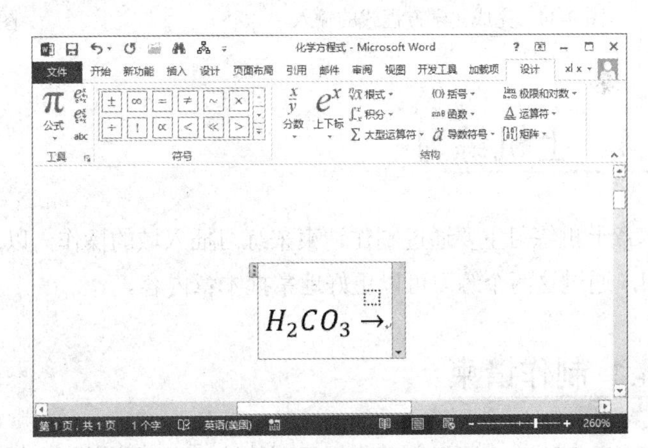

图 9-32　插入运算符

(7) 单击虚线框使之处于选中状态，在【符号】组中单击【其他】按钮，在弹出的【基础数学】面板中选择一种化学加热符号，输入该符号至虚线框中，如图 9-33 所示。

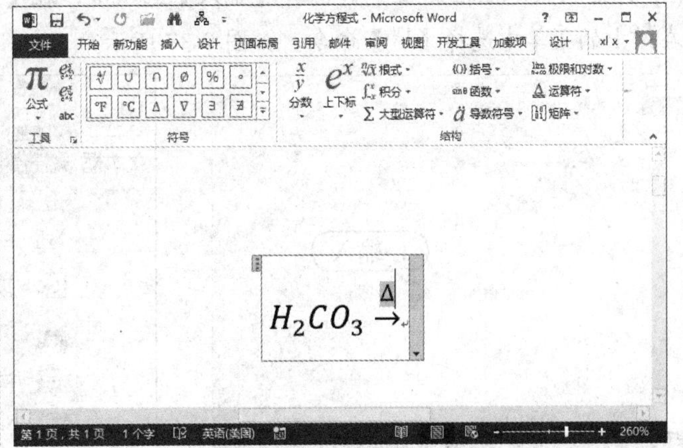

图 9-33　插入化学符号

(8) 将光标分别定为在Δ符号的左侧及右侧，各添加数量相等的空格。在箭头右侧部分输入其他字符，完成化学方程式的输入，如图 9-34 所示。

(9) 选中制作好的化学方程式，在【工具】组中单击两次【普通文本】按钮abc，取消“普通文本”样式，使化学方程式更加美观和专业。最终效果如图 9-35 所示。

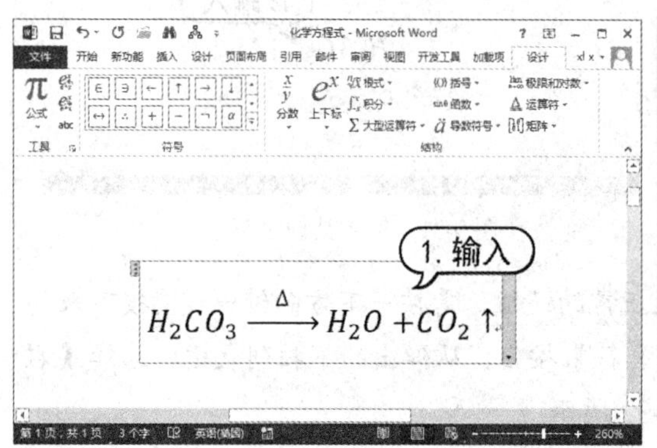

图 9-34　完成化学方程式的输入

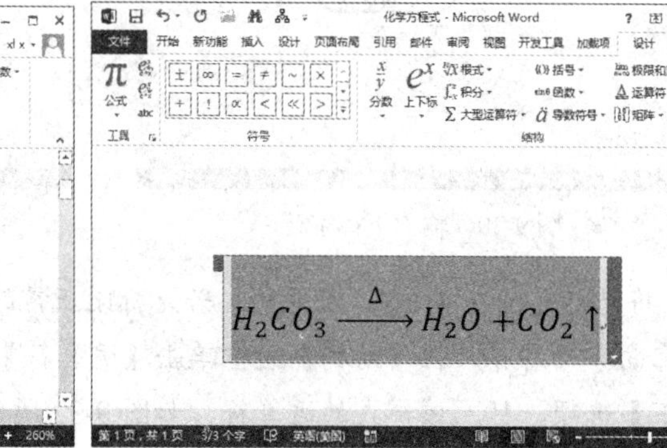
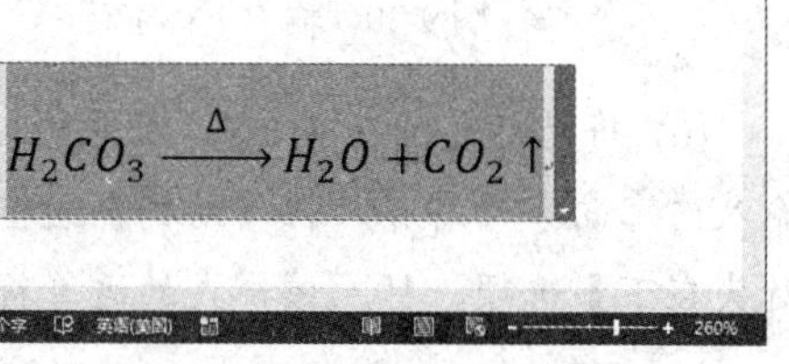

图 9-35　取消普通文本样式

9.4　上机练习

本章上机练习主要通过制作请柬来练习插入域的操作，以及在“名言”文档中进行宏的操作。用户通过这两个练习可以更好地掌握本章内容。

9.4.1 制作请柬

在 Word 2013 中可以创建带提示域的请柬，下面举例介绍操作步骤。

(1) 启动 Word 2013，创建一篇空白文档。在插入点处输入“请柬”，设置字体为【隶书】，字号为【二号】，并且居中对齐，如图 9-36 所示。

(2) 将插入点定位在第 2 行，打开【插入】选项卡，在【文本】组中单击【文档部件】按钮，在弹出的菜单中选择【域】命令，如图 9-37 所示。

图 9-36　输入文本

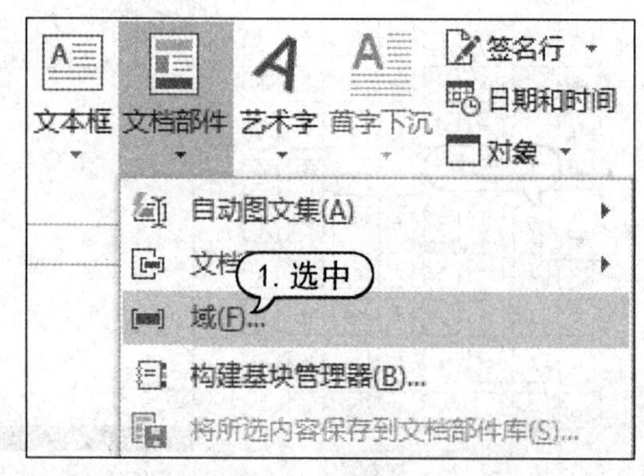

图 9-37　选择【域】命令

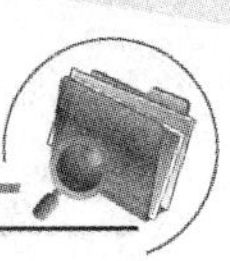

(3) 打开【域】对话框，在【域名】列表框中选择 MacroButton 选项，在【显示文字】文本框中输入“请输入被邀请者称呼”，在【宏名】列表框中选择 DoFiledClick 选项，单击【确定】按钮，如图 9-38 所示。

(4) 返回到 Word 文档中，在插入点处显示文本“请输入被邀请者称呼”，如图 9-39 所示。

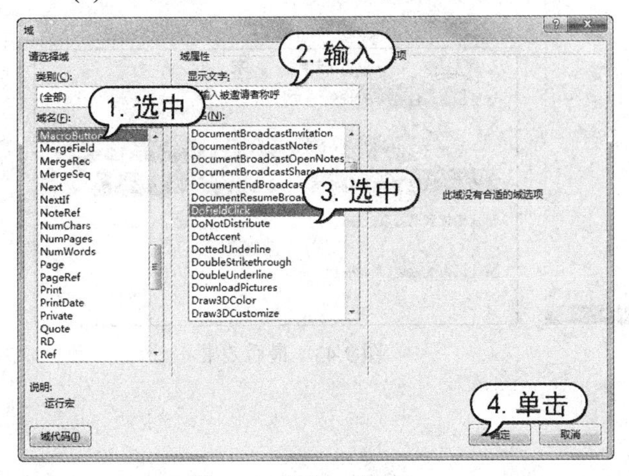

图 9-38 【域】对话框

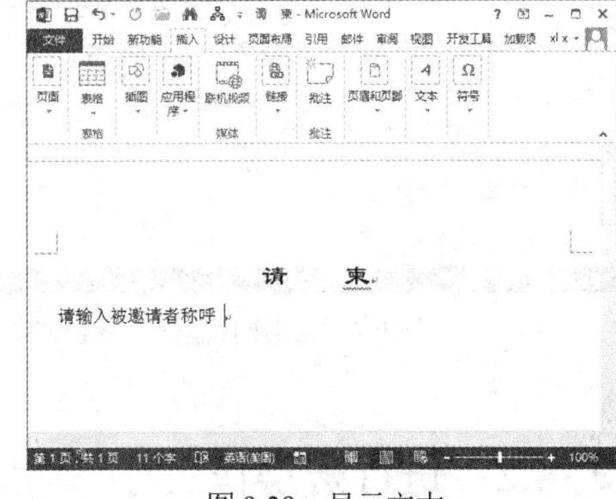

图 9-39 显示文本

(5) 单击【文件】按钮，在弹出的菜单中选择【选项】选项，打开【Word 选项】对话框，打开【高级】选项卡，在右侧的【显示文档内容】选项区域的【域底纹】下拉列表框中选择【始终显示】选项，单击【确定】按钮，如图 9-40 所示。

(6) 返回 Word 文档，此时文本以带灰色的底纹显示，如图 9-41 所示。

图 9-40 【高级】选项卡

图 9-41 创建域底纹

(7) 使用同样的方法，创建其他提示域及文本，如图 9-42 所示。

(8) 设置请柬正文的字号为四号，首行缩进 2 个字符，最后两个段落为左对齐。最终效果如图 9-43 所示。

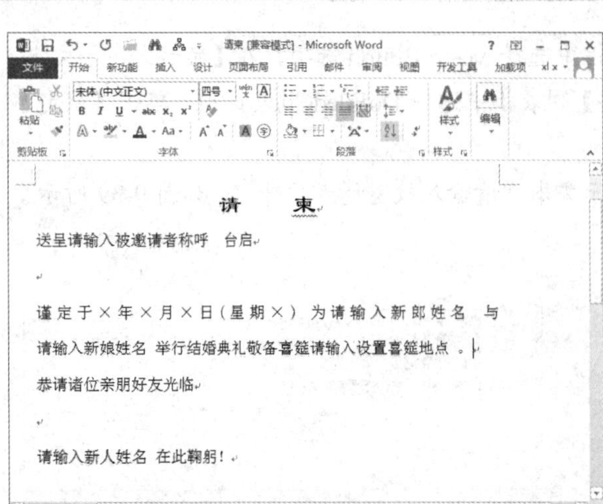

图 9-42　创建其他提示域和文本

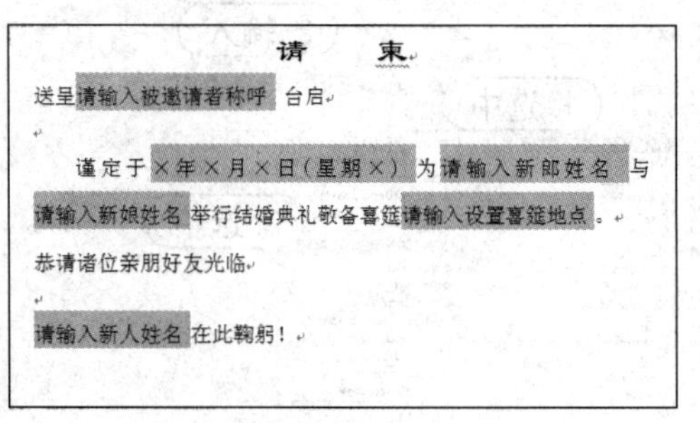

图 9-43　最后效果

9.4.2　进行宏操作

在 Word 2013 中可以使用宏来代替重复操作，通过录制宏、运行宏、编辑宏、复制宏的操作来提高文档编辑效率。

(1) 启动 Word 2013，打开名为“名言”的文档，并选择如图 9-44 所示的文本。

(2) 选择【开发工具】选项卡，在【代码】组中单击【录制宏】按钮，如图 9-45 所示。

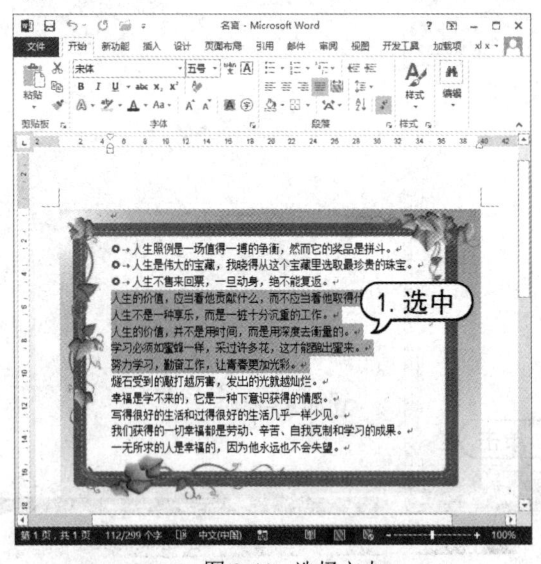

图 9-44　选择文本

图 9-45　单击【录制宏】按钮

(3) 打开【录制宏】对话框，在【宏名】文本框中输入“宏 1”，在【将宏保存在】下拉列表框中选择【名言(文档)】选项，在【说明】文本框中输入“添加项目符号”，然后单击【确定】按钮，如图 9-46 所示。

(4) 此时鼠标指针跟着一个宏录制图标，选择【开始】选项卡，在【段落】组中单击【项目符号】下拉按钮，在弹出的下拉列表中选择一个项目符号选项，如图 9-47 所示。

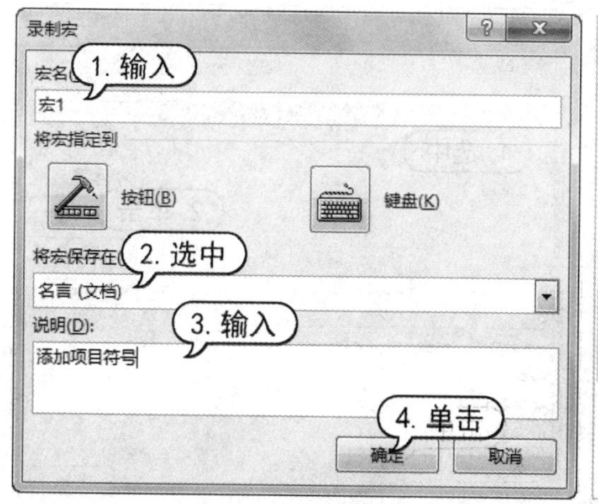

图 9-46 【录制宏】对话框

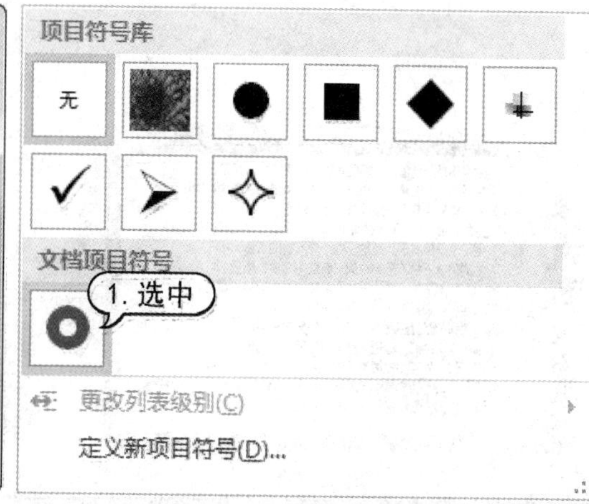

图 9-47　选择项目符号

(5) 选择【开发工具】选项卡，在【代码】组中单击【停止录制】按钮■，完成录制宏的操作，如图 9-48 所示。

(6) 录制完成后，可以运行宏。选择文档中所有未添加项目符号的文本，然后打开【开发工具】选项卡，在【代码】组中单击【宏】按钮，打开【宏】对话框，在【宏名】列表框中选择【宏 1】选项，在【宏的位置】下拉列表框中选择【名言(文档)】选项，单击【运行】按钮，如图 9-49 所示。

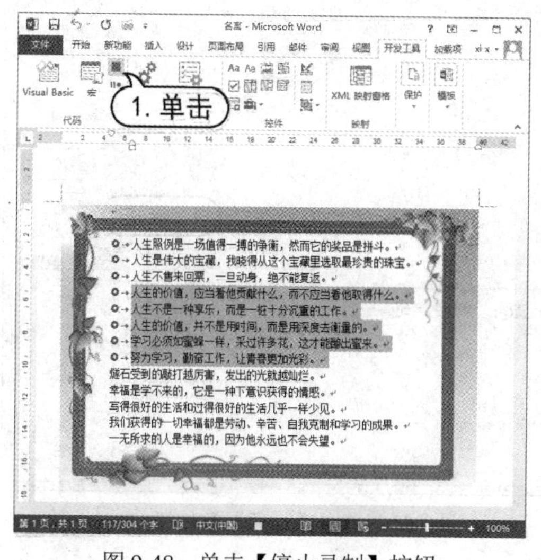

图 9-48　单击【停止录制】按钮

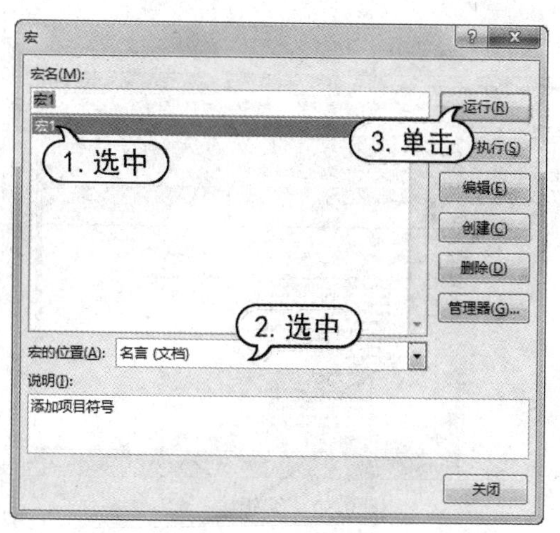

图 9-49 【宏】对话框

(7) 开始运行宏，将其他文本添加项目符号，完成运行宏的操作，效果如图 9-50 所示。

(8) 接下来进行编辑宏的操作。打开【开发工具】选项卡，在【代码】组中单击【宏】按钮，打开【宏】对话框，在【宏名】列表框中选择【宏 1】选项，单击【编辑】按钮，如图 9-51 所示。

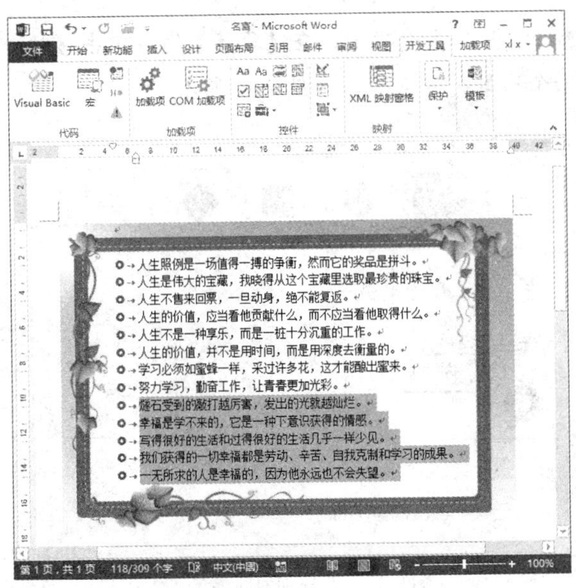

图 9-50　运行宏

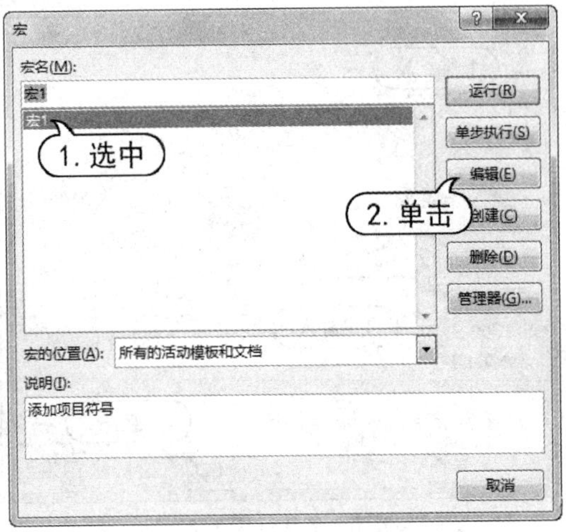

图 9-51　单击【编辑】按钮

(9) 打开代码窗口，用户可以在窗口中对宏进行代码编辑操作，如图 9-52 所示。

(10) 完成编辑宏后，开始复制宏的操作。首先新建一个空白 Word 文档【文档 1】，打开【开发工具】选项卡，在【代码】组中单击【宏】按钮，打开【宏】对话框，单击【管理器】按钮，如图 9-53 所示。

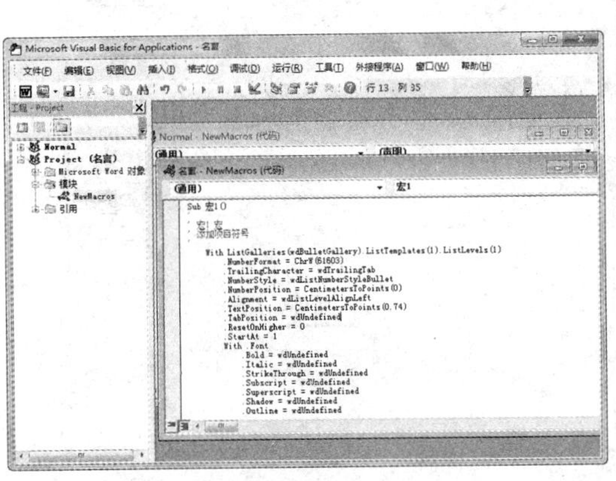

图 9-52　编辑宏

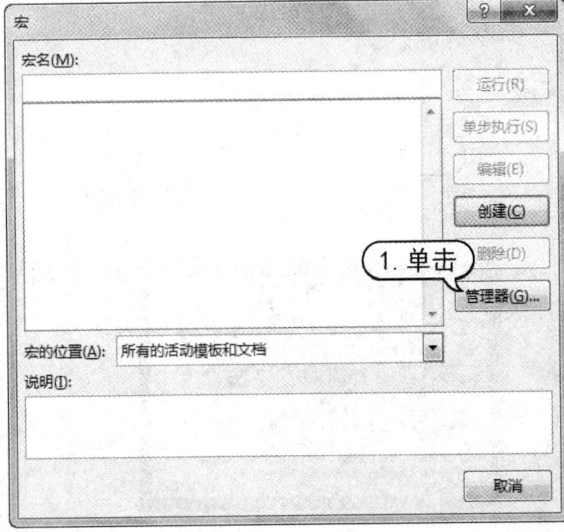

图 9-53　单击【管理器】按钮

(11) 打开【管理器】对话框，在该对话框中单击右侧的【关闭文件】按钮，如图 9-54 所示。

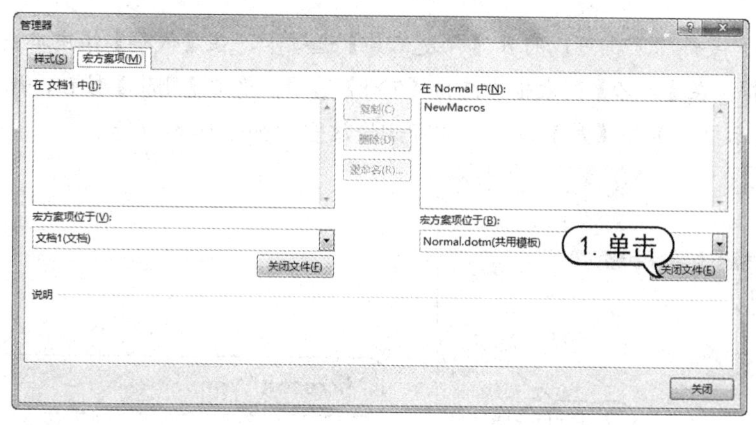

图 9-54　单击【关闭文件】按钮

(12) 此时，该按钮变为【打开文件】按钮。单击该按钮，如图 9-55 所示。

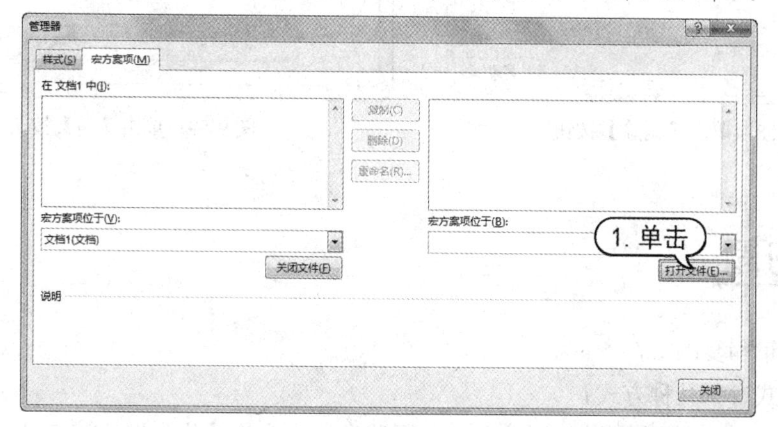

图 9-55　单击【打开文件】按钮

(13) 打开【打开】对话框，在该对话框的【文件名】后的下拉列表中选择【所有文件】选项，选择【名言】文档，然后单击【打开】按钮，如图 9-56 所示。

(14) 返回【管理器】对话框，单击【复制】按钮，即可复制宏。单击【关闭】按钮退出对话框，如图 9-57 所示。

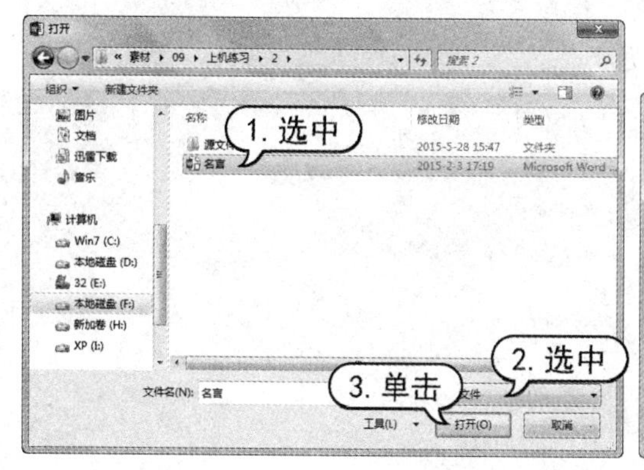

图 9-56　【打开】对话框

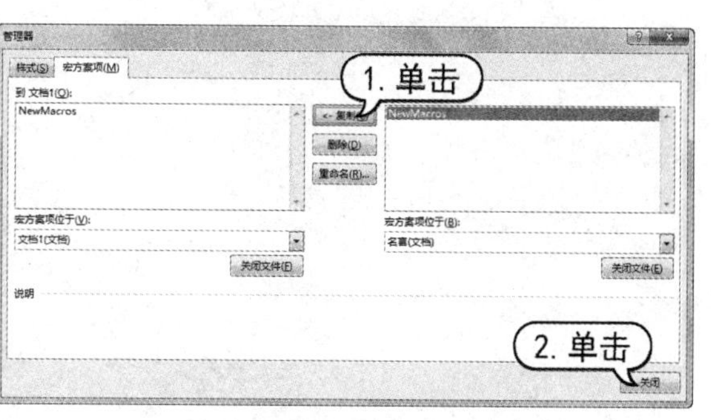

图 9-57　单击【复制】按钮

(15) 如果用户要删除宏，可以打开【开发工具】选项卡，在【代码】组中单击【宏】按钮，打开【宏】对话框，在【宏名】列表框中选择【宏 1】选项，单击【删除】按钮，如图 9-58 所示。

(16) 弹出提示框，单击【是】按钮，即可删除该宏，如图 9-59 所示。

图 9-58 单击【删除】按钮

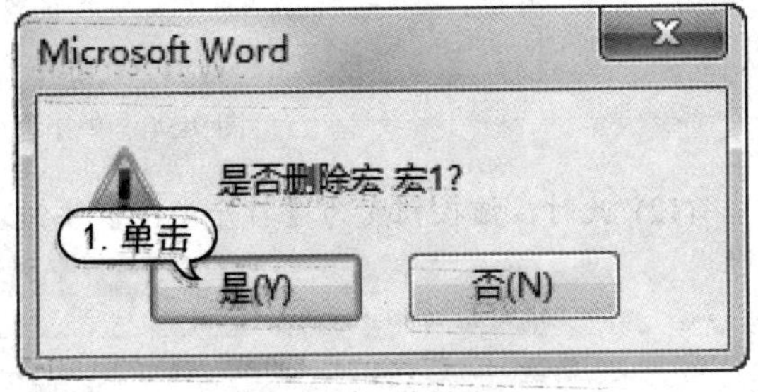

图 9-59 单击【是】按钮

9.5 习题

1. 如何编辑和复制宏？

2. 创建公式有哪几种方式？

3. 在 Word 文档中录制一个宏，宏的功能是将所选文字格式化为楷体、三号、粗体。设置该宏的快捷键为 Ctrl+5，并且在【常用】工具栏中显示宏按钮。

4. 在 Word 文档中创建如图 9-60 所示的数学公式。

$$\sum_{i=0}^{n} B_{i,n}(t) = \sum_{i=0}^{n} \frac{n!}{i!\,(n-t)} t^{i}(1-t)^{n-i}$$

图 9-60 习题 4

第10章 Word网络应用和保护

学习目标

Word 2013 不仅是一个优秀的文字处理软件，而且能良好地支持 Internet，其提供了链接 Internet 网址及电子邮件地址等内容的功能。Word 2013 还提供了文档的保护和转换功能，可以方便地加密文档和快速地转换文档。本章将主要介绍使用超链接、发布电子邮件以及文档的保护、转换操作等内容。

本章重点

- 添加超链接
- 发送邮件
- 文档的保护
- 文档的转换

10.1 添加超链接

超链接的定义就是将不同应用程序、不同文档、甚至是网络中不同计算机之间的数据和信息通过一定的手段联系在一起的链接方式。在文档中，超链接通常以蓝色下划线显示，单击后就可以从当前的文档跳转到另一个文档或当前文档的其他位置，也可以跳转到 Internet 的网页上。

10.1.1 插入超链接

在 Word 2013 中，可以使用插入功能在文档中直接插入超链接。

将插入点定位在需要插入超链接的位置，打开【插入】选项卡，在【链接】组中单击【超链接】按钮，打开【插入超链接】对话框，如图 10-1 所示。

图 10-1 【插入超链接】对话框

提示

在【链接到】列表框中选择链接位置；在【要显示的文字】文本框中输入超链接的名称；在【地址】下拉列表框中输入超链接的路径；单击【屏幕提示】按钮，打开【设置超链接屏幕提示】对话框，在其中可以输入系统对该超链接的屏幕提示。

【例10-1】创建“新浪网简介”文档，并在该文档中添加超链接，要求显示为 www.sina.com，网址为 http://www.sina.com，屏幕提示为“新浪首页”。

(1) 启动 Word 2013，创建“新浪网简介”文档，输入和设置文本后，将插入点定位在第 1 段的正文第 1 处“新浪”文本后面，如图 10-2 所示。

(2) 打开【插入】选项卡，在【链接】组中单击【超链接】按钮，如图 10-3 所示。

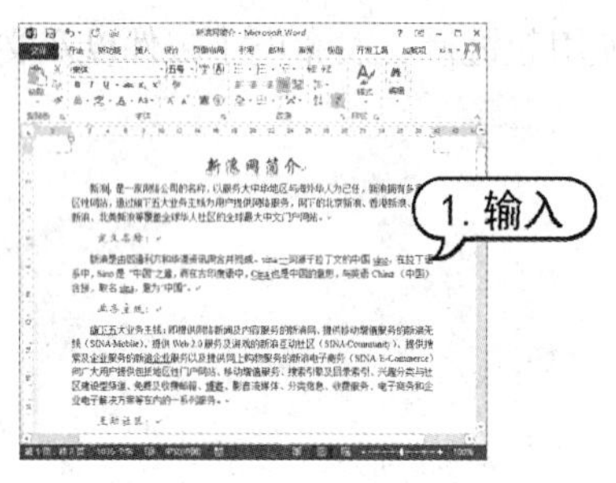

图 10-2 输入文本

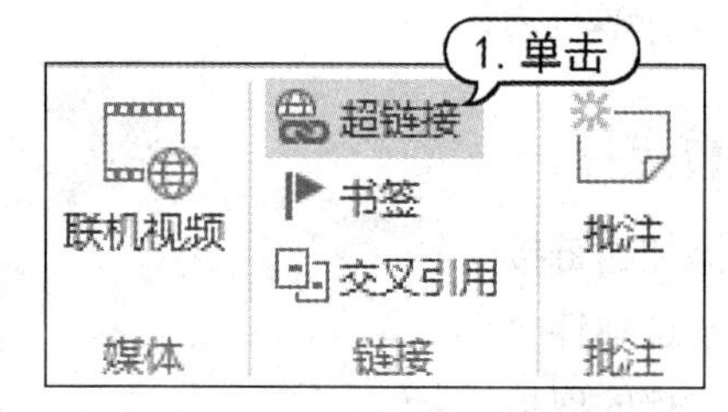

图 10-3 单击【超链接】按钮

(3) 打开【插入超链接】对话框，在【要显示的文字】文本框中输入“www.sina.com.cn”，在【地址】下拉列表框中输入“http://www.sina.com.cn”，单击【屏幕提示】按钮，如图 10-4 所示。

(4) 打开【设置超链接屏幕提示】对话框，在【屏幕提示文字】文本框中输入“新浪首页”，然后单击【确定】按钮，如图 10-5 所示。

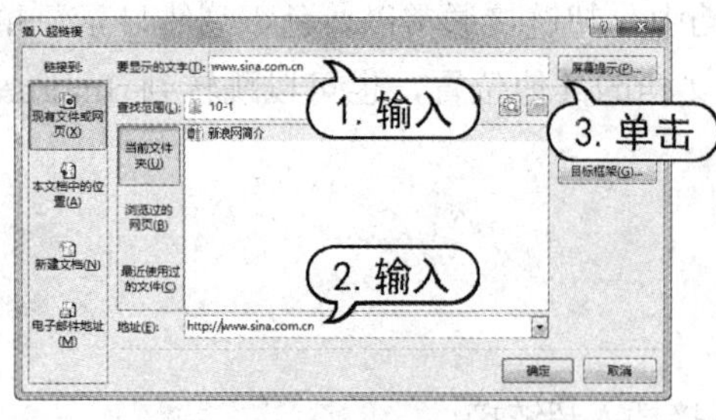

图 10-4 【插入超链接】对话框

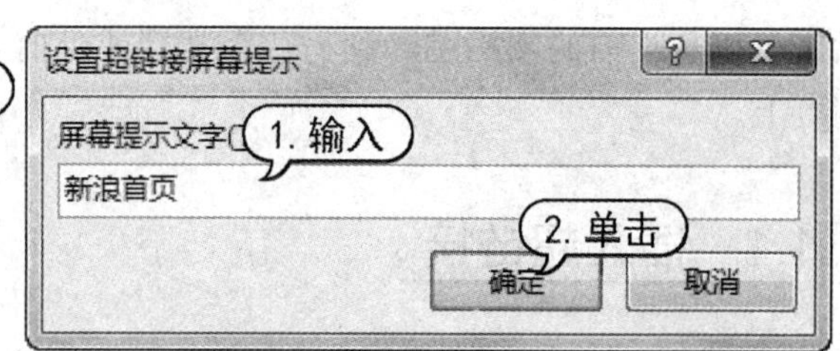

图 10-5 【设置超链接屏幕提示】对话框

(5) 返回至【插入超链接】对话框，单击【确定】按钮，完成设置。此时文档中将出现以蓝色下划线显示的超链接，将鼠标光标移到该超链接，将出现屏幕提示文本，如图 10-6 所示。

(6) 按住 Ctrl 键，鼠标指针变为手型，单击该超链接，将打开网络浏览器并转向新浪首页，如图 10-7 所示。

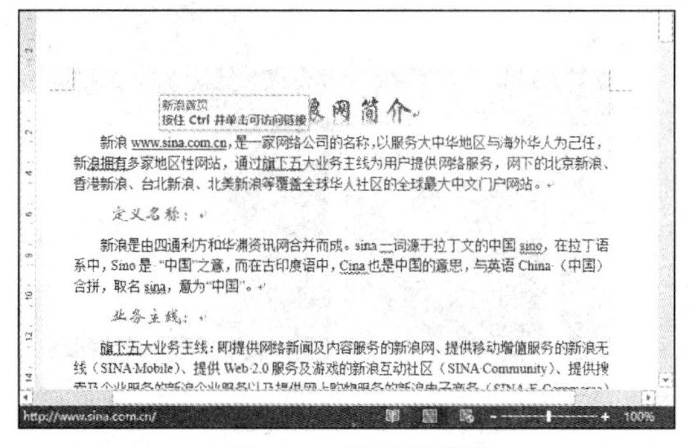

图 10-6　显示超链接

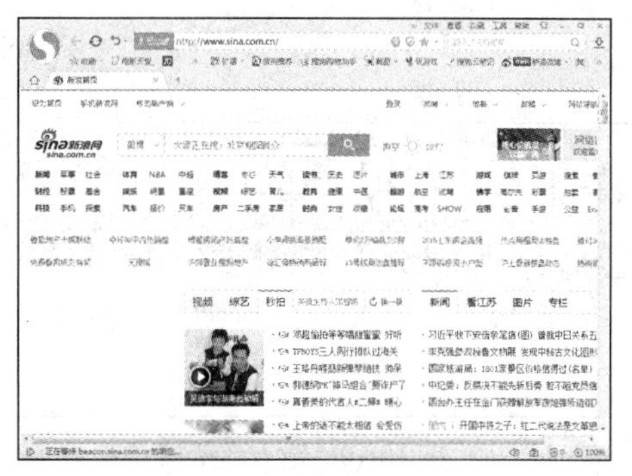

图 10-7　打开新浪首页

10.1.2 自动更正超链接

Word 2013 提供了自动更正超链接的功能，当输入 Internet 网址或电子邮件地址时，系统会自动将其转换为超链接，并以蓝色下划线表示该超链接。

【例 10-2】使用自动更正超链接功能，在“新浪网简介”文档中输入网址，查看效果。

(1) 启动 Word 2013，打开“新浪网简介”文档，单击【文件】按钮，在弹出的菜单中选择【选项】选项，打开【Word 选项】对话框的【校对】选项卡，单击【自动更正选项】按钮，如图 10-8 所示。

(2) 打开【自动更正】对话框，打开【键入时自动套用格式】选项卡，并在【键入时自动替换】选项区域中选中【Internet 及网络路径替换为超链接】复选框，单击【确定】按钮，如图 10-9 所示。

图 10-8　单击【自动更正选项】按钮

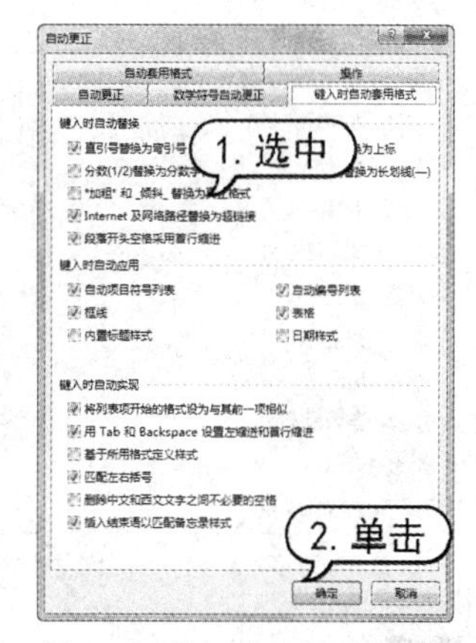

图 10-9　【自动更正】对话框

(3) 返回至【Word 选项】对话框，单击【确定】按钮返回文档。将插入点定位在文本“新浪邮箱”后面，输入文本“http://mail.sina.com.cn/”，按空格键，前面输入的文本自动变为超链接，如图 10-10 所示。

(4) 单击该链接即可打开网络浏览器跳转到新浪邮箱页面，如图 10-11 所示。

微博：是由新浪网推出的微博服务，是 web2.0 时代的代表产物，于 2009 年 8 月 14 日开始内测，是当时中国用户数……众名人用户众多是新浪微博的一大特色，基本已经覆盖大部分知名文体明……媒体人士。

新浪邮箱 http://mail.sina.com.cn/：新浪邮箱是新浪互动社区历史悠久的一款经典产品，推出于 1999 年，服务内容包括为个人用户提供的免费邮箱、VIP 收费邮箱以及为企业用户提供的新浪企业邮箱三个组成部分。

图 10-10　输入超链接文本

图 10-11　打开新浪邮箱页面

10.1.3　编辑超链接

在 Word 中不仅可以插入超链接，还可以对超链接进行编辑，如修改链接的网址及其提示文本，修改默认的超链接外观等。

1. 修改超链接的网址及其提示文本

要修改超链接的网址及其提示文本，只需右击该超链接，在弹出的快捷菜单中选择【编辑超链接】命令，打开【编辑超链接】对话框，如图 10-12 所示。

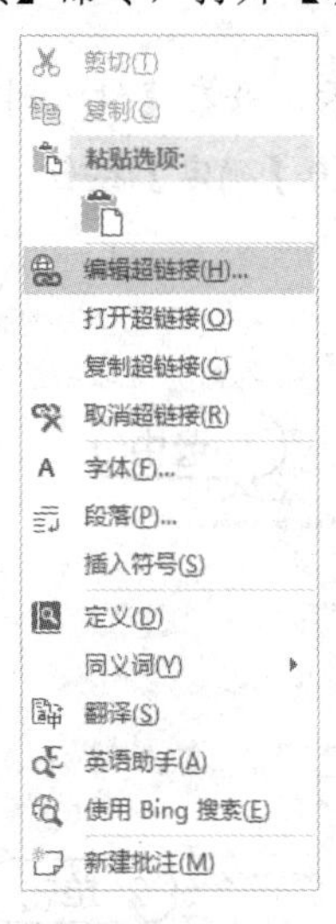

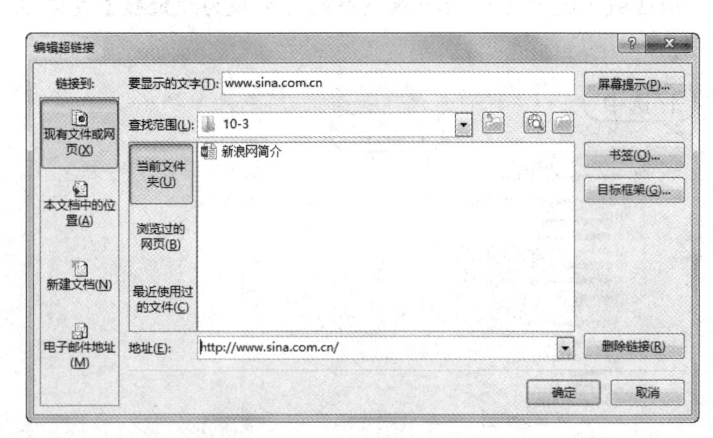

图 10-12　打开【编辑超链接】对话框

提示

在【编辑超链接】对话框中，可以进行相应的修改。在【要显示的文字】文本框中可以修改超链接的网址；单击【屏幕提示】按钮，打开【设置超链接屏幕提示】对话框，在该对话框中可以修改提示文本。

【例 10-3】在“新浪网简介”文档中编辑超链接“http://mail.sina.com.cn/”，改变其文本和屏幕提示。

(1) 启动 Word，打开“新浪网简介”文档，将插入点定位在超链接“http://mail.sina.com.cn/”中，右击，在弹出的快捷菜单中选择【编辑超链接】命令，如图 10-13 所示。

(2) 打开【编辑超链接】对话框，在【要显示的文本】文本框中输入“mail.sina.net”，在【地址】文本框中输入“http://mail.sina.net/”，单击【屏幕提示】按钮，如图 10-14 所示。

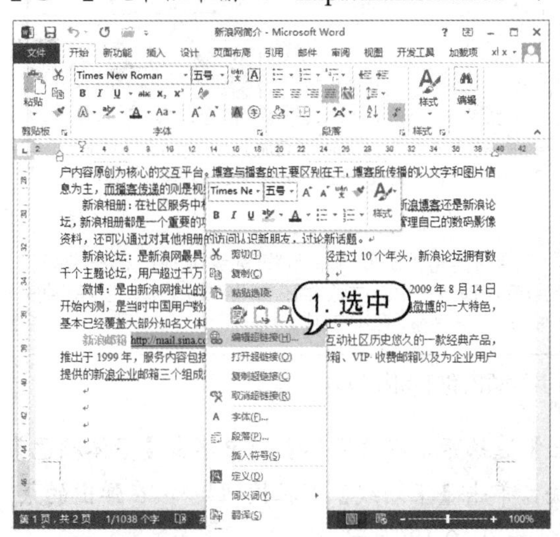

图 10-13　选择【编辑超链接】命令

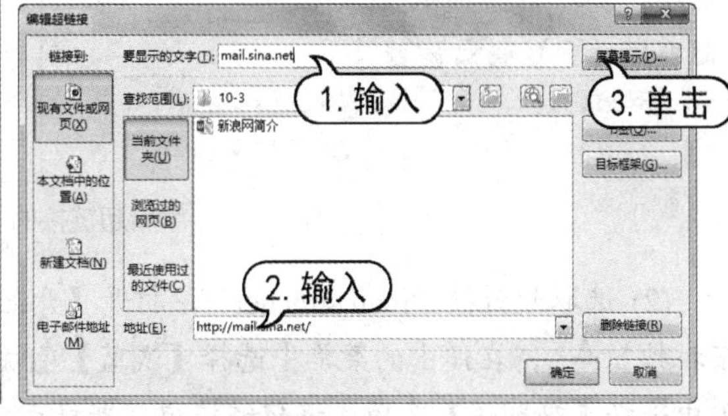

图 10-14　【编辑超链接】对话框

(3) 打开【设置超链接屏幕提示】对话框，在【屏幕提示文字】文本框中输入“企业邮箱”，单击【确定】按钮，如图 10-15 所示。

(4) 返回【编辑超链接】对话框，单击【确定】按钮。此时，文档中将出现以蓝色下划线显示的超链接，将鼠标光标移到该超链接上，将出现屏幕提示文本，如图 10-16 所示。

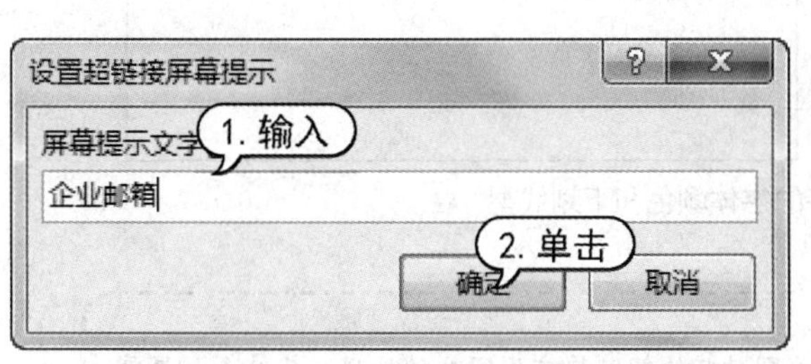

图 10-15　【设置超链接屏幕提示】对话框

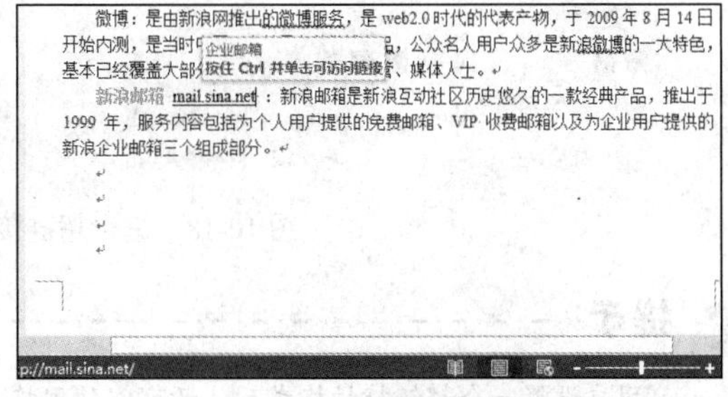

图 10-16　显示编辑后超链接

2. 修改超链接的外观

要修改超链接外观样式，首先选中超链接，然后对其进行格式化。例如，修改字体、字号、颜色、下划线的种类等。

【例10-4】在“新浪网简介”文档中，编辑超链接的字体颜色和下划线型。

(1) 启动 Word 2013，打开“新浪网简介”文档，选取超链接“www.sina.com.cn”，打开【开始】选项卡，在【字体】组中单击【字体颜色】下拉按钮A，在弹出的菜单中选择【绿色】色块，单击【下划线】下拉按钮U，在弹出的菜单中选择【虚下划线】选项，将超链接应用新样式，如图 10-17 所示。

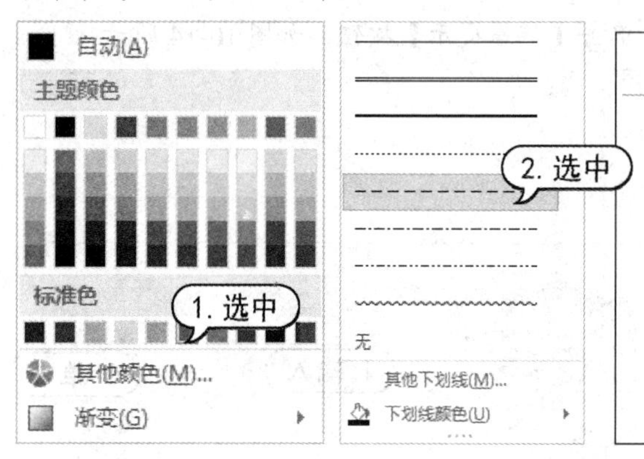

图 10-17　编辑超链接的字体颜色和下划线型

(2) 选取超链接“mail.sina.net”，打开【开始】选项卡，在【字体】组中单击【字体颜色】下拉按钮A，在弹出的菜单中选择【浅蓝】色块，单击【下划线】下拉按钮U，在弹出的菜单中选择【双划线】选项，将超链接应用新样式，如图 10-18 所示。

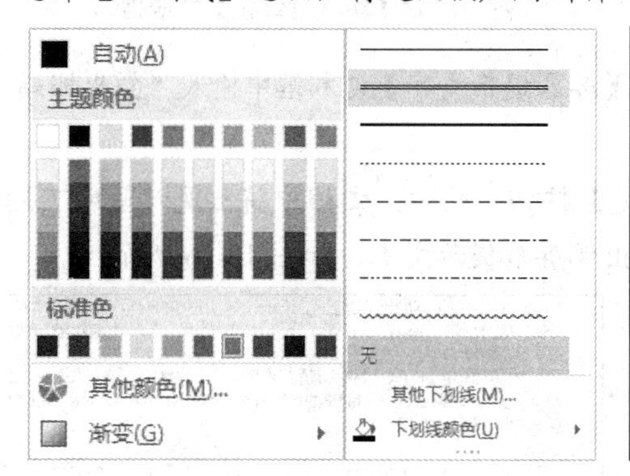

图 10-18　编辑超链接的字体颜色和下划线型

提示

用户设置一个超链接的格式后，还可以使用格式刷对其他超链接应用同样的外观。此外，如果需要修改文档中所有的超链接，可以使用【样式】任务窗格，一次性更改整个文档中的超链接的样式。

3. 取消超链接

插入一个超链接后，可以随时将超链接转换为普通文本。在 Word 中转换方法很简单，主要有以下两种操作。

- 右击超链接，从弹出的快捷菜单中选择【取消超链接】命令，如图 10-19 所示。

⦿ 选择超链接，按 Shift+Ctrl+F9 组合键。

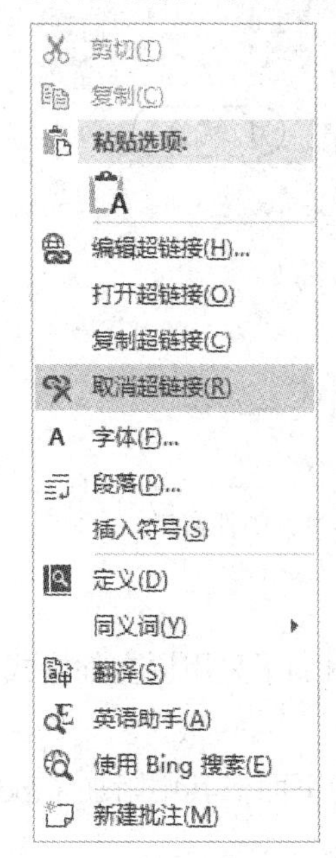

图 10-19　取消超链接

知识点

在文档中插入超链接后，系统会自动在超链接的下面显示一条下划线，打印文档时，也会被打印出来。选取超链接，打开【开始】选项卡，在【字体】组中单击【下划线】按钮 U 或者按 Ctrl+U 组合键，系统就会在保持该超链接的基础上取消其下划线。

10.2　处理电子邮件

在 Word 2013 中，可以将文档作为电子邮件发送。用户还可以借助 Word 的邮件合并功能来批量处理电子邮件。

10.2.1　文档发送为邮件

在 Word 2013 中，可以将文档作为电子邮件发送。在需要发送的文档中，单击【文件】按钮，在弹出的菜单中选择【共享】选项，在中间的窗格里选择【电子邮件】选项，并在右侧窗格中选择一种发送方式，如【作为附件发送】选项，如图 10-20 所示。此时自启 Outlook 2013，打开一个邮件窗口，文档名已填入【附件】框中，在【收件人】、【主题】和【抄送】文本框中填写相关信息，单击【发送】按钮，即可以邮件的形式发送文档，如图 10-21 所示。

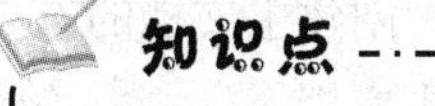

知识点

在发送邮件之前，需要使用【控制面板】窗口的【邮件】图标，双击该图标，打开【邮件设置-Outlook】对话框，单击【电子邮件账户】按钮来配置文件，设立用户账户。

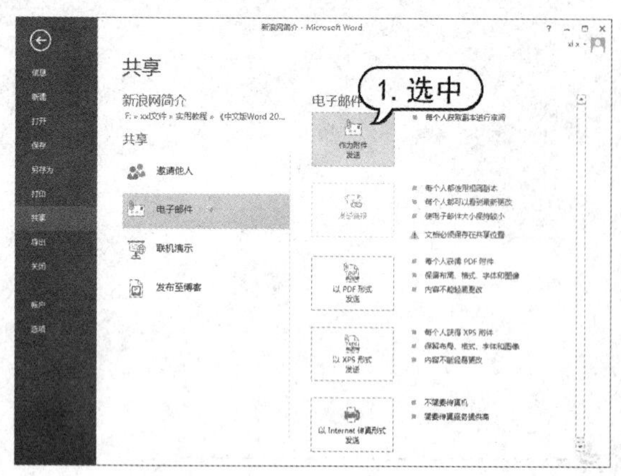

图 10-20 选择电子邮件发送方式

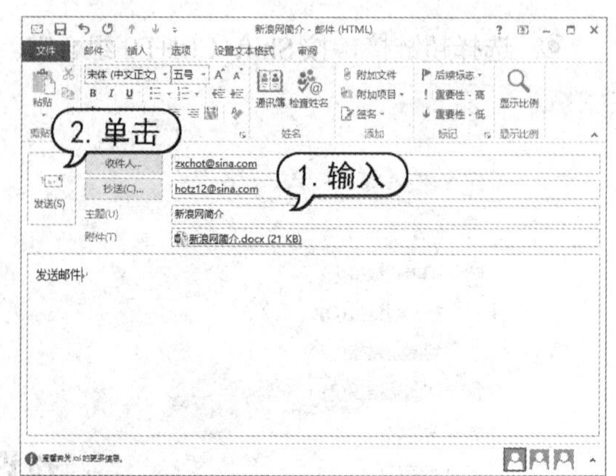

图 10-21 邮件窗口

电子邮件发送方式主要有如下几种。

- 作为附件发送：以附件形式发送的电子邮件页面，其中附加了采用原文件格式的文件副本及网页形式的文件副本。
- 作为 PDF 形式发送：以电子邮件的形式发送 PDF 形式的页面，其中附加了.pdf 格式的附件。
- 作为 XPS 形式发送：以电子邮件的形式发送 XPS 形式的页面，其中附加了.xps 格式的附件。
- 作为传真形式发送：只需要传真服务提供商，不需要传真机，发送传真形式文件。
- 作为链接发送：以链接方式发送，可以看到更新内容，文档必须保持在共享位置。

10.2.2 邮件合并

邮件合并是 Word 的一项高级功能，能够在任何需要大量制作模板化文档的场合中大显身手。用户可以借助 Word 的邮件合并功能来批量处理电子邮件，如通知书、邀请函、明信片、准考证、成绩单、毕业证书等，从而提高办公效率。邮件合并是将作为邮件发送的文档与由收信人信息组成的数据源合并在一起，作为完整的邮件。邮件合并操作的主要过程包括建立主文档、选择数据源和合并数据等。

1. 建立主文档

要合并的邮件由两部分组成，一个是在合并过程中保持不变的主文档，一个是包含多种信息(如姓名、单位等)的数据源。因此进行邮件合并时，首先应该创建主文档。创建主文档的方法有两种，一种是新建一个文档作为主文档，另一种是将已有的文档转换为主文档。

如果要新建一个文档作为主文档，首先打开【邮件】选项卡，在【开始邮件合并】组中单击【开始邮件合并】按钮，在弹出的如图 10-22 所示的快捷菜单中选择文档类型，如【信函】、【电子邮件】、【信封】、【标签】和【目录】等，就可创建一个主文档。

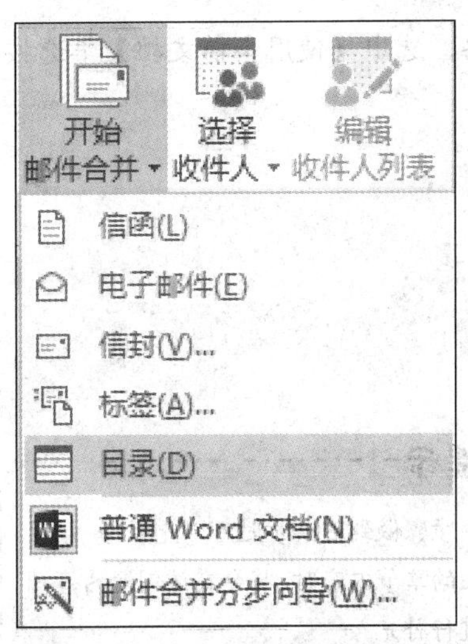

图 10-22　选择邮件合并文档类型

提示

如果主文档类型选择使用【普通 Word 文档】，那么数据源每条记录合并生成的内容后面都有【下一页】的分页符，每条记录所生成的合并内容都会从新页面开始。如果想节省版面，可以选择【目录】类型，这样合并后每条记录之前的分页符会自动设置为【连续】。

如果要将已有的文档转换为主文档，首先打开一篇已有的文档，打开【邮件】选项卡，在【开始邮件合并】组中单击【开始邮件合并】按钮，在弹出的快捷菜单中选择【邮件合并分步向导】命令，打开【邮件合并】任务窗格，在其中进行相应的设置，就可以将该文档转换为主文档。

【例 10-5】打开“新浪网简介”文档，将其转换为信函类型的主文档。

(1) 启动 Word 2013，打开“新浪网简介”文档，打开【邮件】选项卡，在【开始邮件合并】组中单击【开始邮件合并】按钮，在弹出的菜单中选择【邮件合并分步向导】命令，如图 10-23 所示。

(2) 打开【邮件合并】任务窗格，选中【信函】单选按钮，单击【下一步：开始文档】链接，如图 10-24 所示。

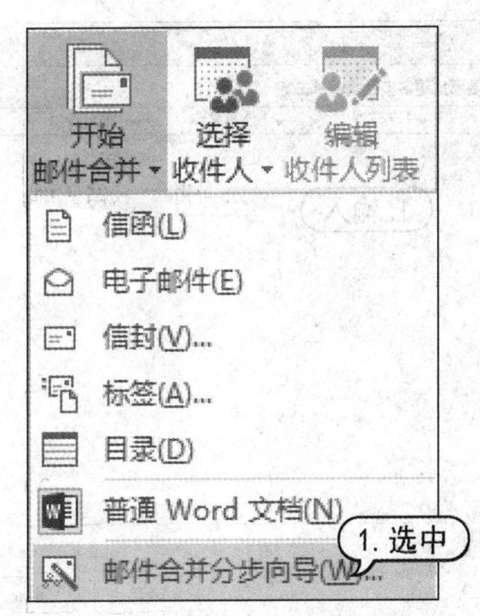

图 10-23　选择【邮件合并分步向导】命令

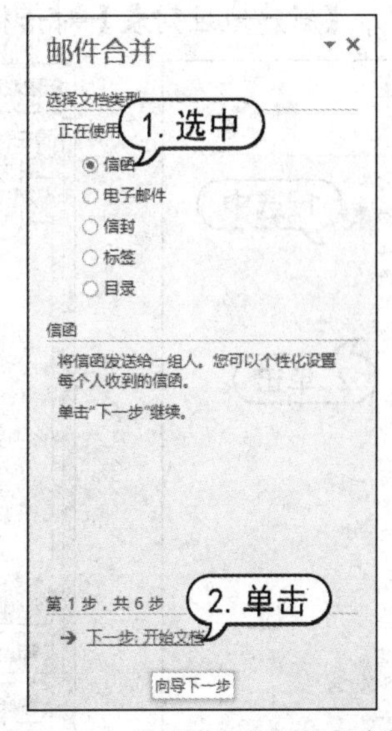

图 10-24　【邮件合并】任务窗格

(3) 打开如图 10-25 所示的【邮件合并】任务窗格，选中【使用当前文档】单选按钮。

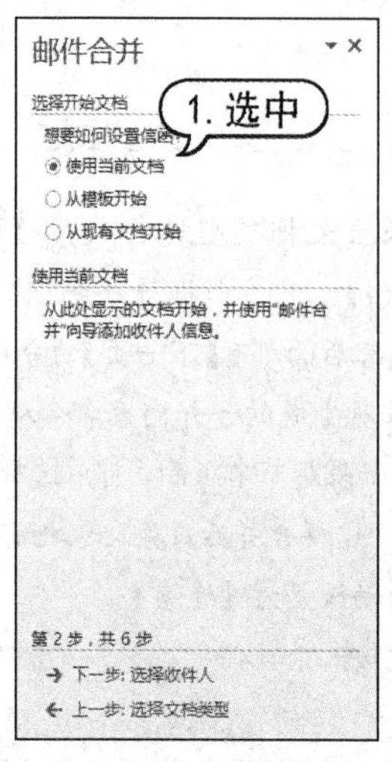

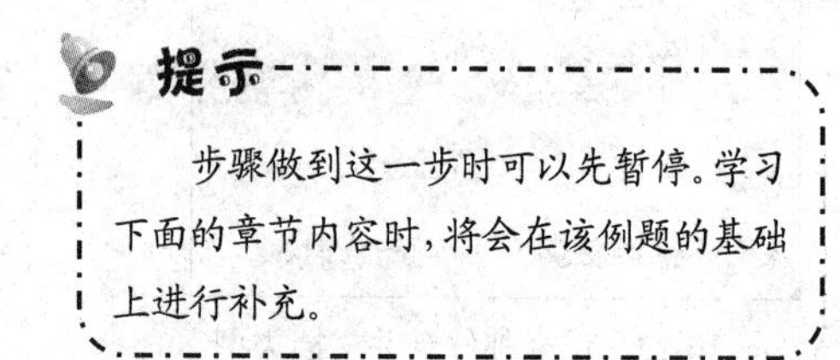

图 10-25　选中【使用当前文档】单选按钮

2. 选择数据源

数据源是指要合并到文档中的信息文件，如要在邮件合并中使用的名称和地址列表等。主文档必须连接到数据源，才能使用数据源中的信息。在邮件合并过程中所使用的【地址列表】是一个专门用于邮件合并的数据源。

【例 10-6】在【例 10-5】的基础上，创建一个名为“地址簿”的数据源，并输入信息。

(1) 在如图 10-25 所示的任务窗格中，单击【下一步：选取收件人】链接，打开如图 10-26 所示的任务窗格，选中【键入新列表】单选按钮，在【键入新列表】选项区域中单击【创建】链接。

(2) 打开【新建地址列表】对话框，在相应的域文本框中输入有关信息，如图 10-27 所示。

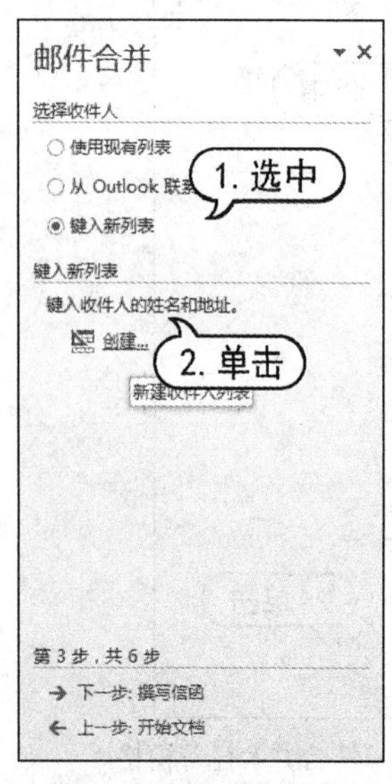

图 10-26　选择收件人

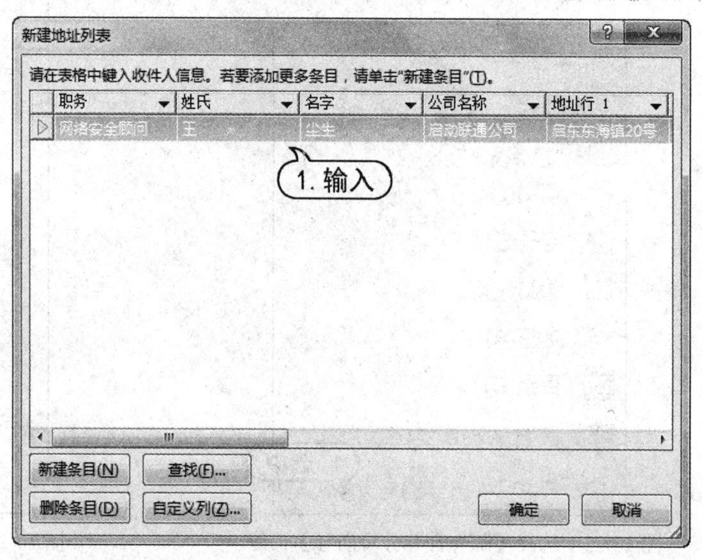

图 10-27　【新建地址列表】对话框

(3) 单击【新建条目】按钮，可以继续输入若干条其他条目，然后单击【确定】按钮，如图 10-28 所示。

(4) 打开【保存通讯录】对话框，在【文件名】下拉列表框中输入“地址簿”，单击【保存】按钮，如图 10-29 所示。

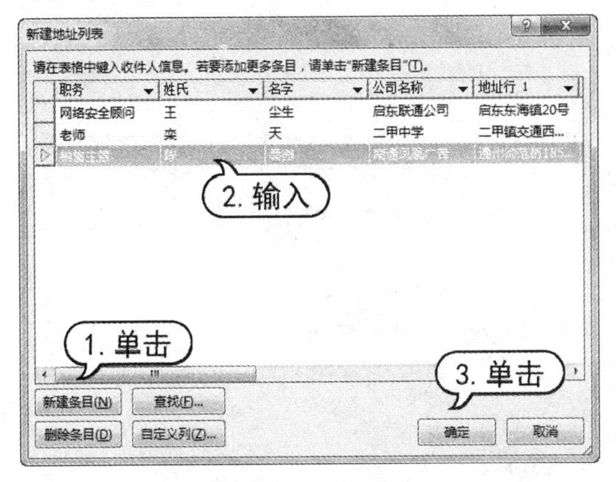

图 10-28　新建条目

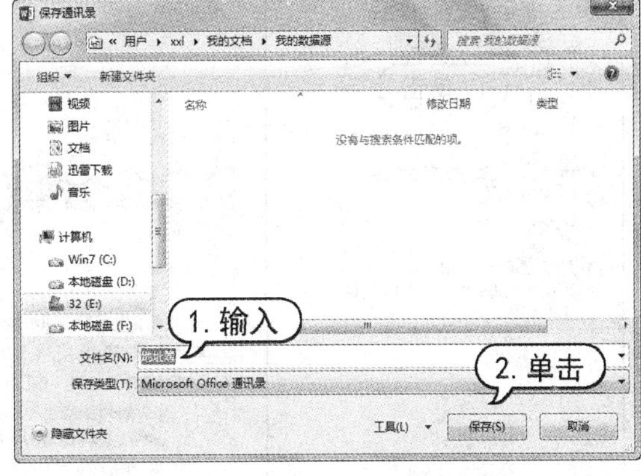

图 10-29 【保存通讯录】对话框

(5) 打开【邮件合并收件人】对话框，在该对话框列出了创建的所有条目，单击【确定】按钮，如图 10-30 所示。

(6) 返回到【邮件合并】任务窗格，在【使用现有列表】选项区域中，可以看到创建的列表名称，如图 10-31 所示。

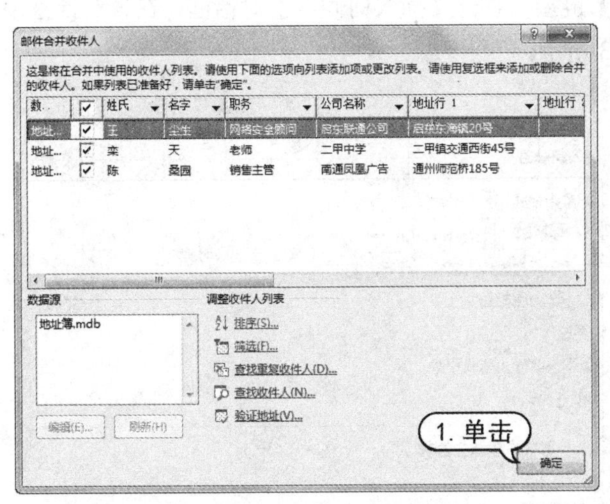

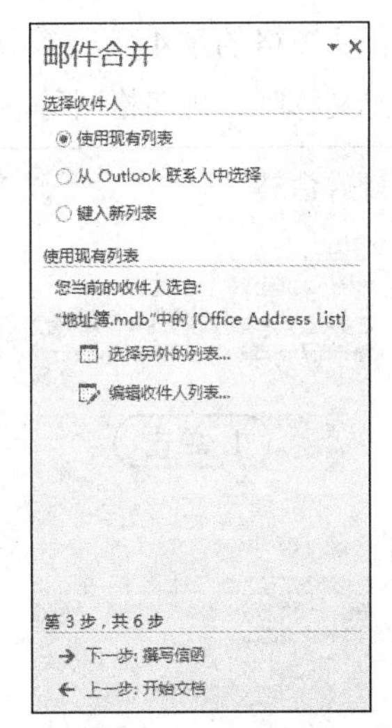

图 10-30 【邮件合并收件人】对话框

图 10-31　完成收件人条目的创建

创建完数据源后就可以编辑主文档。在编辑主文档的过程中，需要插入各种域，只有在插入域后，Word 文档才成为真正的主文档。

3. 插入地址块和问候语

要插入地址块，将插入点定位在要插入合并域的位置，在【邮件合并】任务窗格的第 4 步，单击【地址块】链接，打开【插入地址块】对话框，在该对话框中使用 3 个合并域插入收件人的基本信息，如图 10-32 所示。

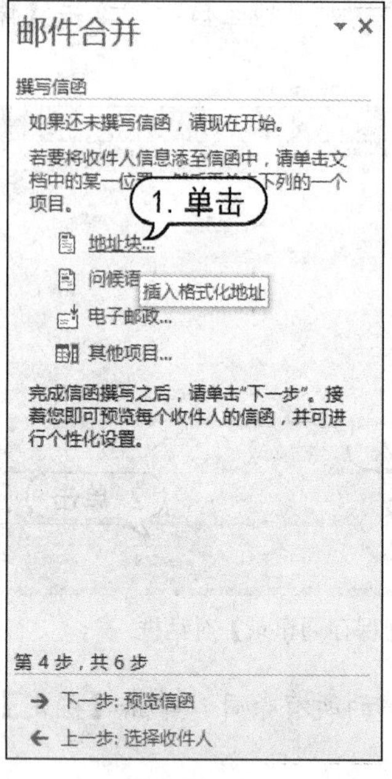

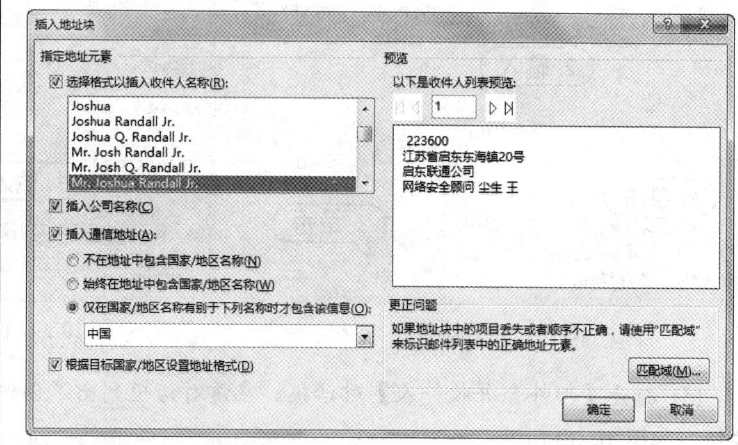

图 10-32　打开【插入地址块】对话框

插入问候语与插入地址块的方法类似，将插入点定位在要插入合并域的位置，在【邮件合并】任务窗格的第 4 步，单击【问候语】链接，打开【插入问候语】对话框，在该对话框中可以自定义称呼、姓名格式等，如图 10-33 所示。

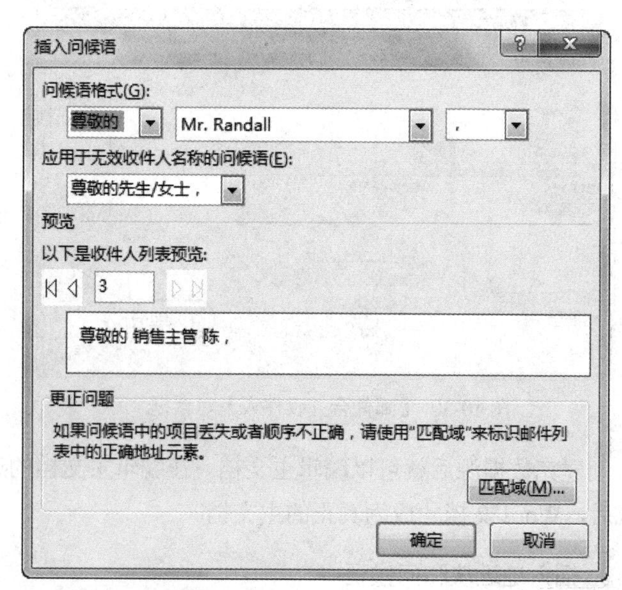

图 10-33　打开【插入问候语】对话框

4. 插入其他合并域

在使用中文编辑邮件合并时，应使用【其他项目】来完成主文档的编辑操作，使其符合中国人的阅读习惯。

【例 10-7】在【例 10-6】的基础上，插入姓名到称呼处。

(1) 在如图 10-31 所示的任务窗格中，单击【下一步：撰写信函】链接，打开如图 10-33 所示的【邮件合并】任务窗格，单击【其他项目】链接，如图 10-34 所示。

(2) 打开【插入合并域】对话框，在【域】列表框中选择【姓氏】选项，单击【插入】按钮，如图 10-35 所示。

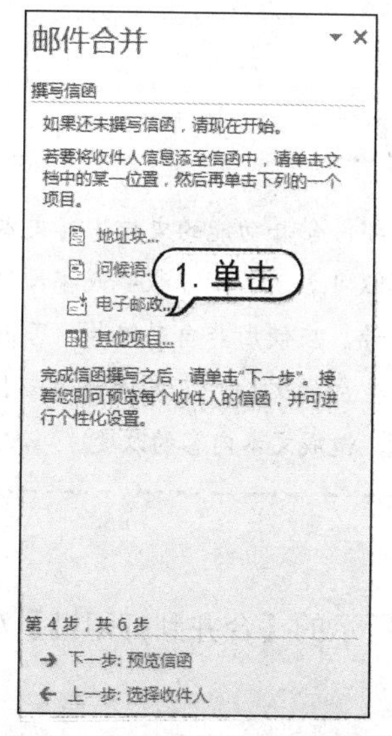

图 10-34　单击【其他项目】链接

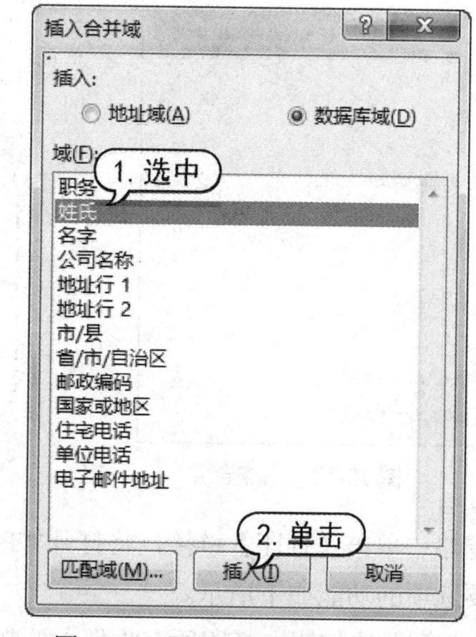

图 10-35　【插入合并域】对话框

(3) 此时将域【姓氏】插入文档。使用同样的方法，插入域【名字】，如图 10-36 所示。

(4) 在【邮件合并】任务窗格中单击【下一步：预览信函】链接，在文档中插入收件人的信息，并进行预览，如图 10-37 所示。

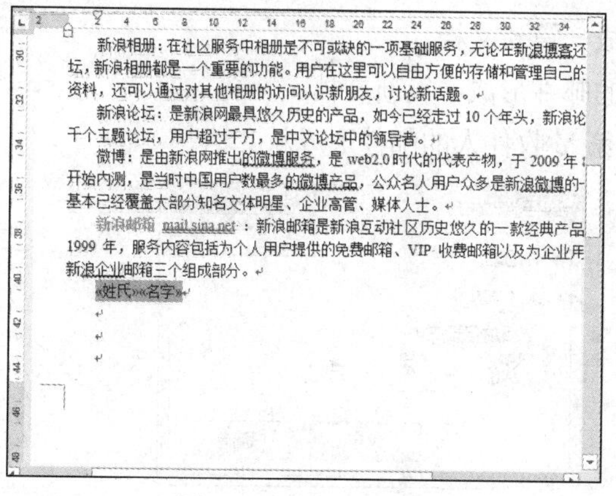

图 10-36　插入合并域

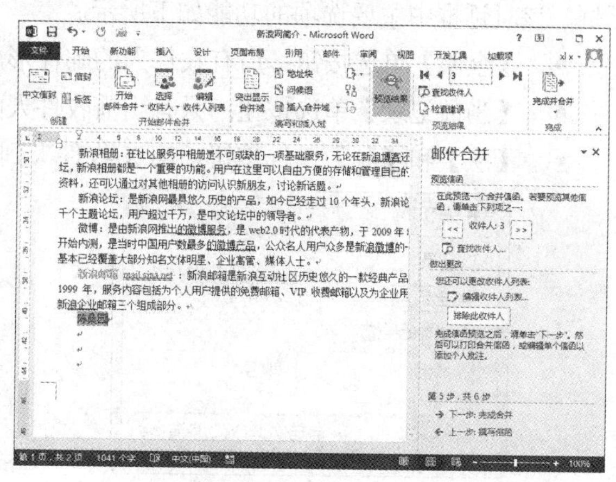

图 10-37　预览信函

5. 合并文档

主文档编辑完成并设置数据源需要将两者进行合并，从而完成邮件合并工作。要合并文档，只需在如图 10-37 所示的任务窗格中，单击【下一步：完成合并】链接即可。

完成文档合并后，在任务窗格的【合并】选项区域中可实现两个功能：合并到打印机和合并到新文档，用户可以根据需要进行选择，如图 10-38 所示。

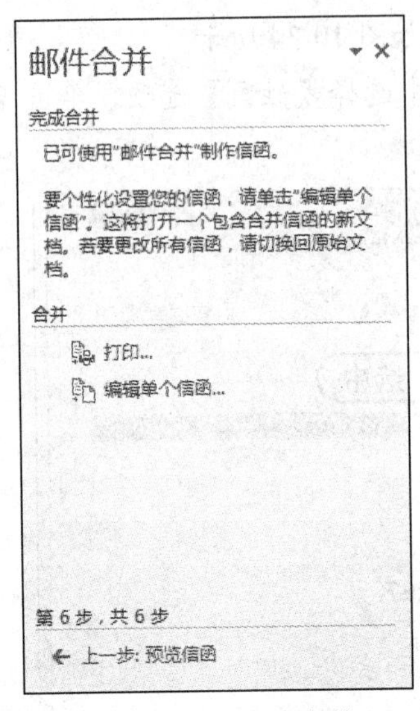

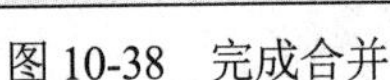
图 10-38　完成合并

提示

使用邮件合并功能的文档，其文本不能使用类似 1.，2.，3. …数字或字母序列的自动编号，应使用非自动编号，否则邮件合并后生成的文档，下文将自动接上文继续编号，造成文本内容的改变。

在任务窗格中单击【打印】链接，将打开如图 10-39 所示的【合并到打印机】对话框，该对话框中主要选项的功能如下所示。

- 【全部】单选按钮：打印所有收件人的邮件。
- 【当前记录】单选按钮：只打印当前收件人的邮件。
- 【从】和【到】单选按钮：打印从第 X 收件人到第 Y 收件人的邮件。

在任务窗格中单击【编辑单个信函】链接，将打开如图 10-40 所示的【合并到新文档】对话框。该对话框中主要选项的功能如下所示。

- 【全部】单选按钮：所有收件人的邮件形成一篇新文档。
- 【当前记录】单选按钮：只有当前收件人的邮件形成一篇新文档。
- 【从】和【到】单选按钮：第 X 收件人到第 Y 收件人的邮件形成新文档。

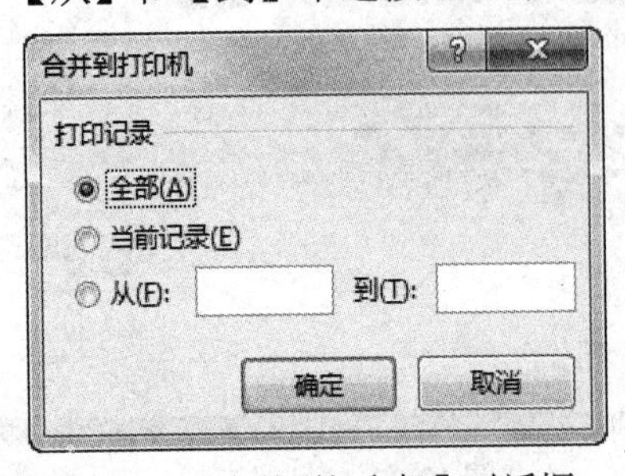

图 10-39 【合并到打印机】对话框

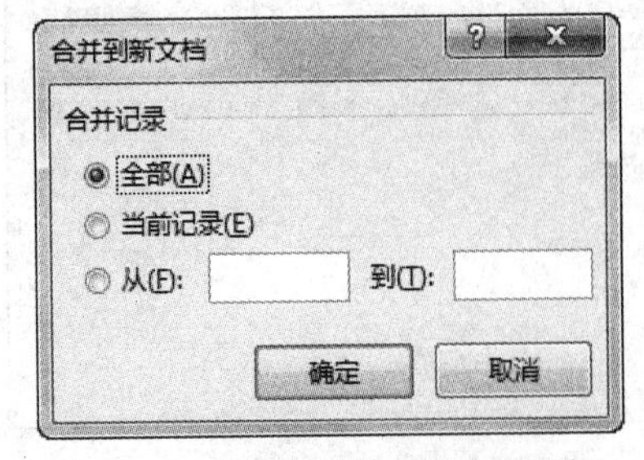

图 10-40 【合并到新文档】对话框

10.3　制作中文信封

Word 2013 提供了制作中文信封的功能，用户可以利用该功能制作符合国家标准、含有邮政编码、地址和收信人的信封。

【例 10-8】使用 Word 2013 中文信封功能制作“信封”文档。

(1) 启动 Word 2013，创建一个空白文档。

(2) 打开【邮件】选项卡，在【创建】组中单击【中文信封】按钮，打开【信封制作向导】对话框，单击【下一步】按钮，如图 10-41 所示。

(3) 打开【选择信封样式】对话框，在【信封样式】下拉列表中选择符合国家标准的信封型号，并选中所有的复选框，单击【下一步】按钮，如图 10-42 所示。

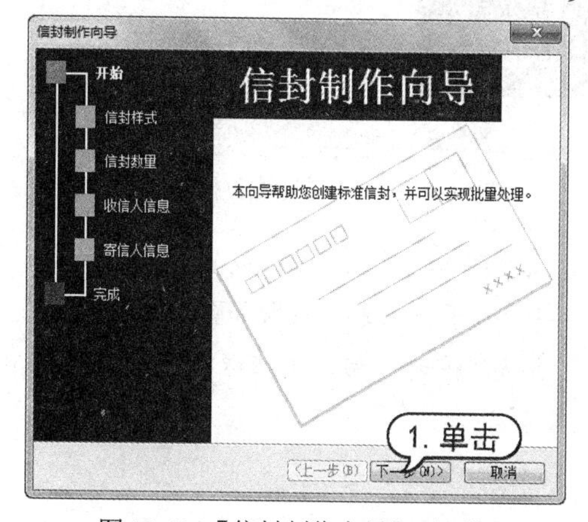

图 10-41 【信封制作向导】对话框

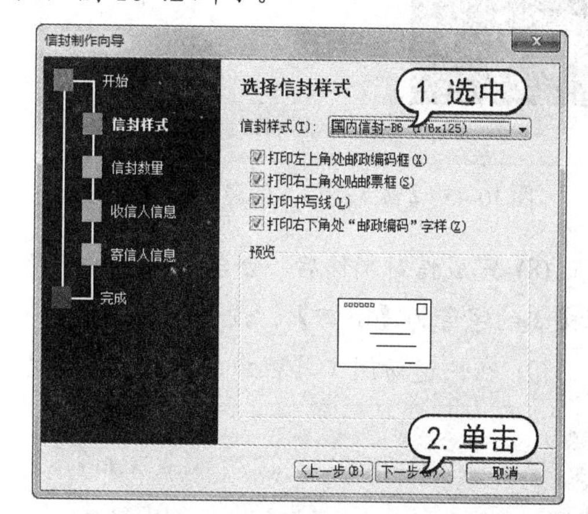

图 10-42 【选择信封样式】对话框

(4) 打开【选择生成信封的方式和数量】对话框，保持默认设置后，单击【下一步】按钮，如图 10-43 所示。

(5) 打开【输入收信人信息】对话框，输入收件人信息，单击【下一步】按钮，如图 10-44 所示。

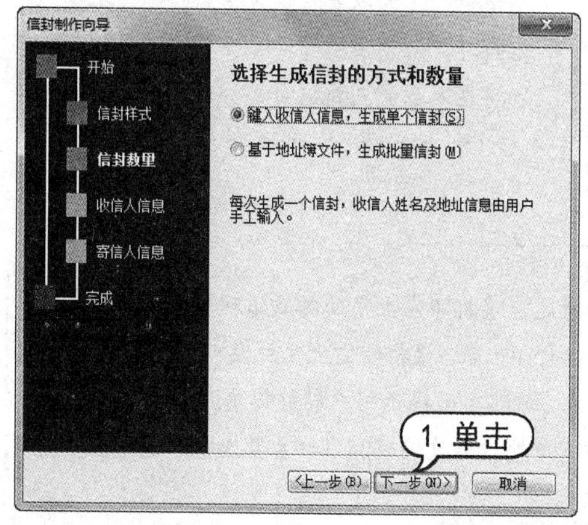

图 10-43 【选择生成信封的方式和数量】对话框

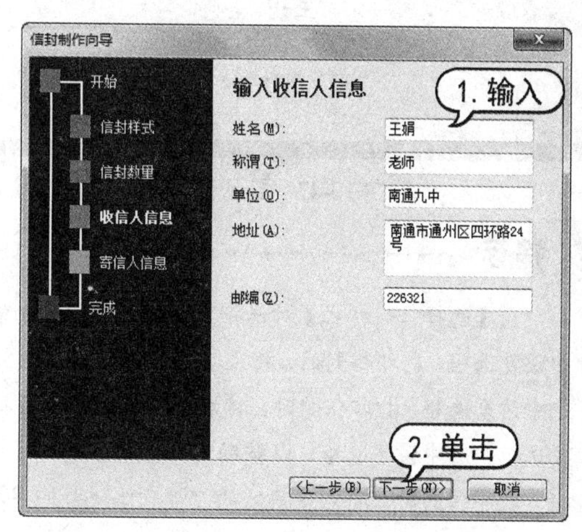

图 10-44 【输入收信人信息】对话框

(6) 打开【输入寄信人信息】对话框，输入寄信人的信息，单击【下一步】按钮，如图 10-45 所示。

(7) 打开信封制作完成对话框，单击【完成】按钮，如图 10-46 所示。

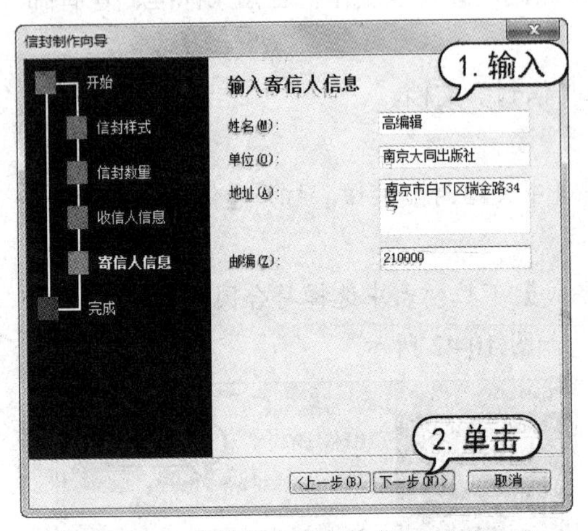

图 10-45 【输入寄信人信息】对话框

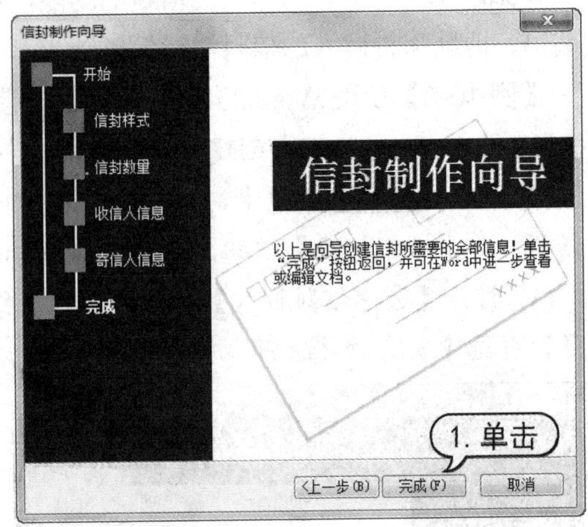

图 10-46 单击【完成】按钮

(8) 完成信封制作后，会自动打开信封 Word 文档，设置字体为【楷体】，设置第 1 行和第 4 行文本的字号为【小四】，设置第 2 行和第 3 行文本的字号为【一号】，效果如图 10-47 所示。

(9) 在快速访问工具栏中单击【保存】按钮，将文档以“信封”为名进行保存。

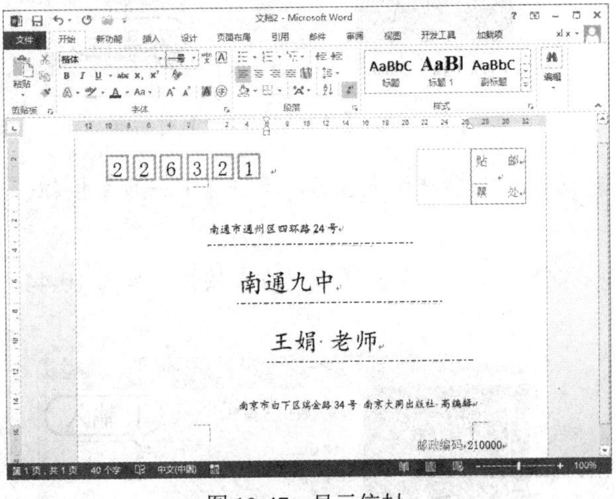

图 10-47 显示信封

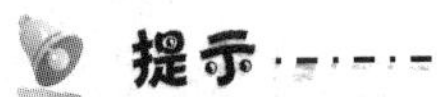

提示

使用中文信封功能不仅可以制作单个信封，还可以制作批量信封。制作批量信封时，必须使用邮件合并功能，具体方法将在本章的上机练习部分详细介绍。

提示

在【选择信封样式】对话框中，各复选框的功能如下所述。【打印左上角处邮政编码框】复选框：选中该复选框，打印信封时，将左上角邮政编码处的红色方框打印出来。【打印右上角处贴邮票框】复选框：选中该复选框，打印信封时，将右上角处的邮票框打印出来，该邮票框提示用户粘贴邮票。【打印书写线】复选框：选中该复选框，以辅助用户书写信息。【打印右下角处“邮政编码”字样】复选框：选中该复选框，打印信封时，将右下角处的“邮政编码”四字打印出来。

10.4　Word 文档的保护

为防止他人盗用文档或任意修改排版过的文档，这时可以对文档进行保护操作，如为文档加密、以只读方式保护文档、保护文档的部分正文内容等。

10.4.1　加密文档

就像平时写日记一样，一些有关个人隐私杂记、公司重要资料等文档并不希望别人打开和查看，这时就需要对这些文档进行加密。下面将以实例来介绍为文档加密的方法。

【例 10-9】加密保护“新浪网简介”文档。

(1) 启动 Word 2013，打开“新浪网简介”文档。

(2) 单击【文件】按钮，从弹出的菜单中选择【信息】命令，在右侧的窗格中单击【保护文档】下拉按钮，从弹出的下拉菜单中选择【用密码进行加密】命令，如图 10-48 所示。

(3) 打开【加密文档】对话框，在【密码】文本框中输入密码 123，单击【确定】按钮，如图 10-49 所示。

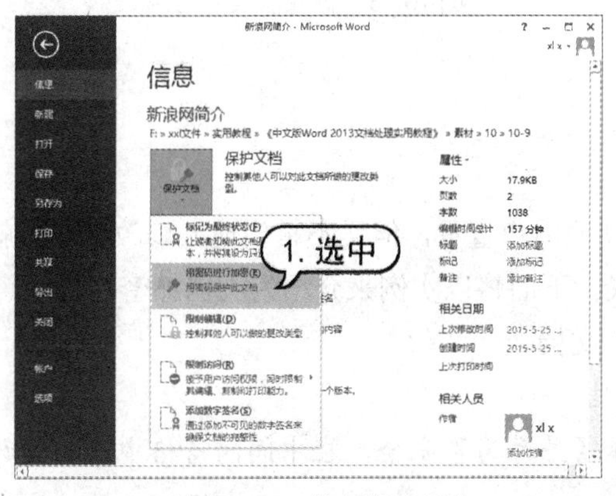

图 10-48　执行加密操作

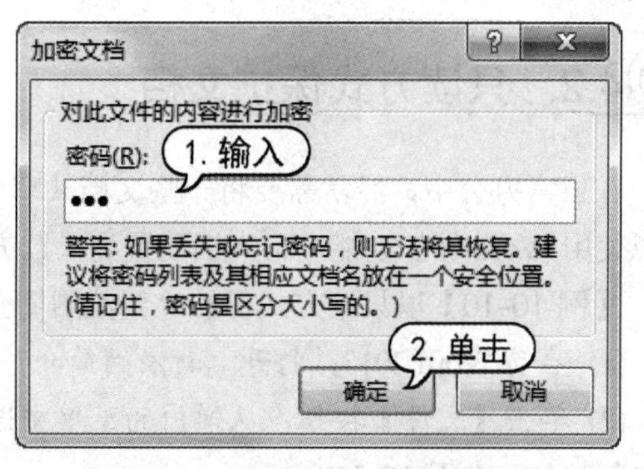

图 10-49　【加密文档】对话框

(4) 打开【确认密码】对话框，在【重新输入密码】文本框中再次输入 123，单击【确定】按钮，如图 10-50 所示。

(5) 返回至 Word 窗口，显示如图 10-51 所示的权限信息。

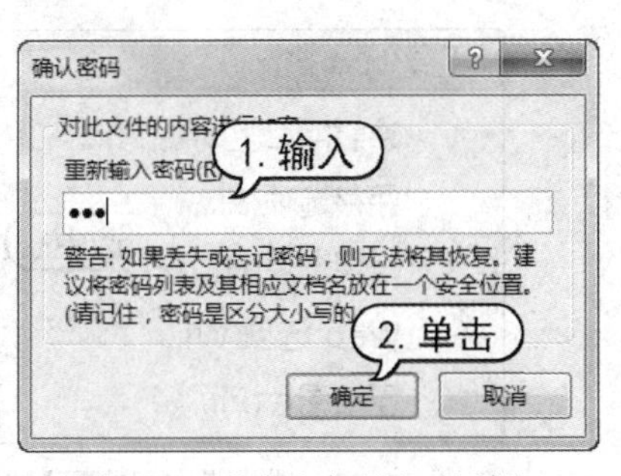

图 10-50　【确认密码】对话框

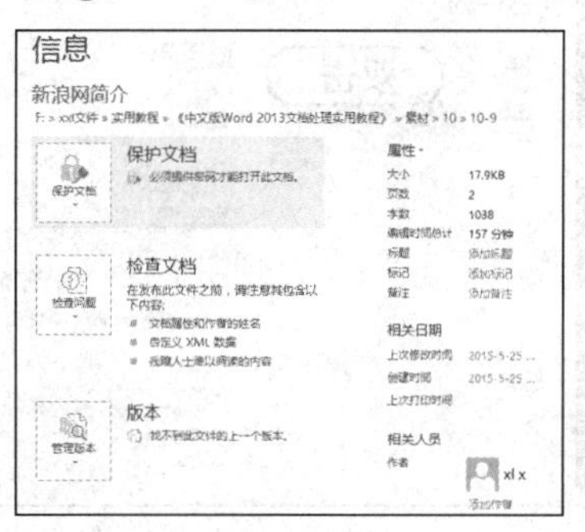

图 10-51　显示权限信息

为文档设置修改密码，单击【文件】按钮，从弹出的菜单中选择【另存为】命令，打开【另存为】对话框，单击【工具】按钮，从弹出的快捷菜单中选择【常规选项】命令，如图 10-52 所示。打开【常规选项】对话框，在【修改文件时的密码】文本框中输入密码，单击【确定】按钮即可，如图 10-53 所示。当文档设置修改密码后，在打开文档后如果不输入修改密码，只能以只读方式打开文档，而无法修改文档。

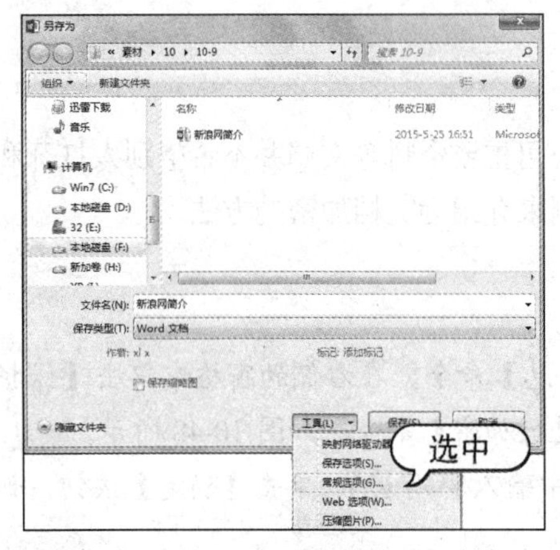

图 10-52　选择【常规选项】命令

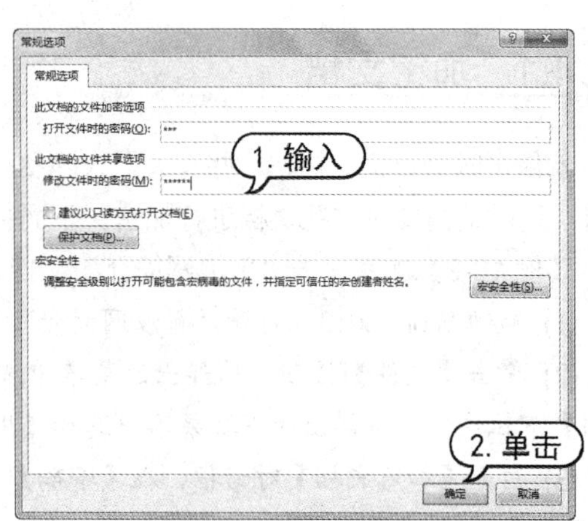

图 10-53　输入修改密码

10.4.2　只读方式保护文档

在日常办公中，经常需要将一些文档共享供其他用户查看，但又不希望他人修改，这时就可以使用 Word 保护功能，将文档设置为只读方式。下面将以实例来介绍为文档加密的方法。

【例 10-10】以只读方式保护“新浪网简介”文档。

(1) 启动 Word 2013，打开“新浪网简介”文档。

(2) 单击【文件】按钮，从弹出的菜单中选择【另存为】命令，在中间的窗格中双击【计算机】按钮，如图 10-54 所示。

(3) 打开【另存为】对话框，单击【工具】按钮，从弹出的快捷菜单中选择【常规选项】命令，如图 10-55 所示。

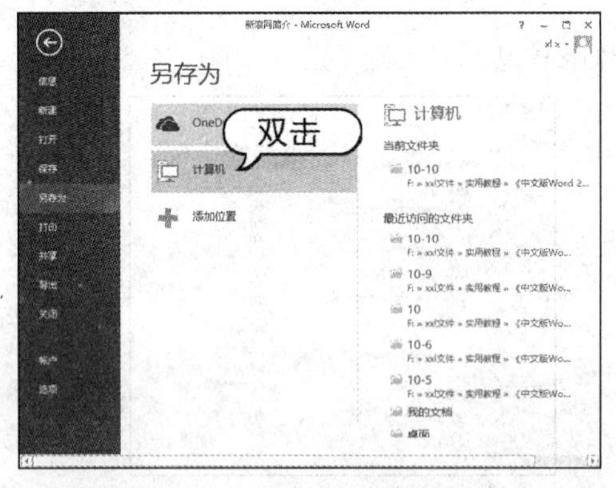

图 10-54　双击【计算机】按钮

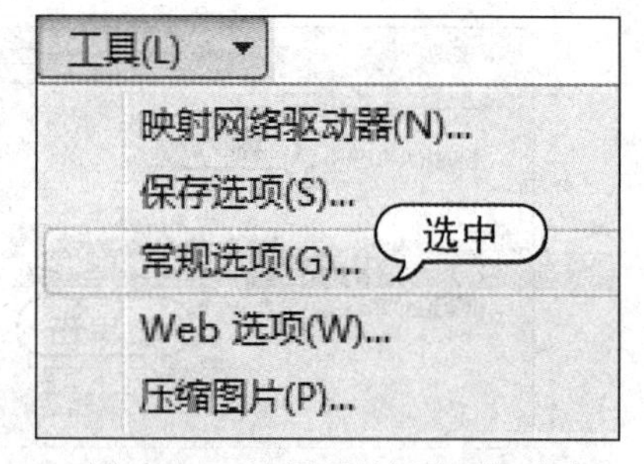

图 10-55　选择【常规选项】命令

(4) 打开【常规选项】对话框，选中【建议以只读方式打开文档】复选框，单击【确定】按钮，如图 10-56 所示。

(5) 保护文档后，当再次打开该文档时，将弹出如图 10-57 所示的信息提示框，单击【是】按钮，文档将以只读方式打开，并在标题栏上显示文字【只读】。

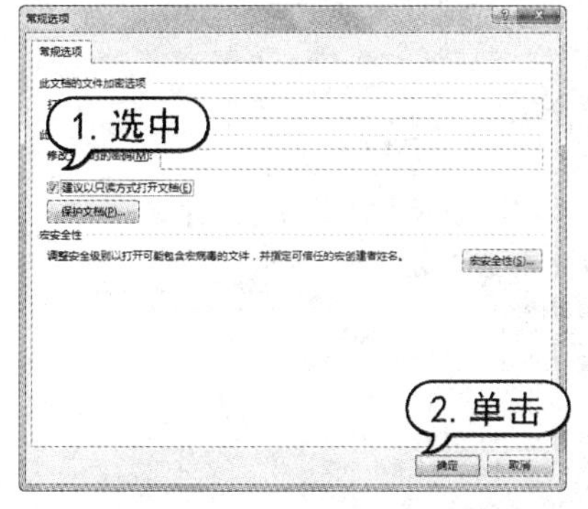

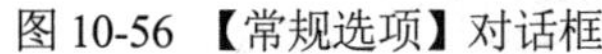

图 10-56 【常规选项】对话框

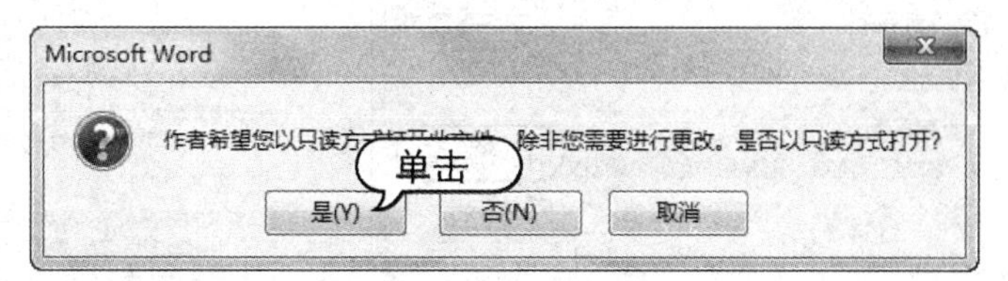

图 10-57　单击【是】按钮

10.4.3　保护正文部分

在一些固定格式的文档中，希望用户在多个指定区域填写或者选择部分列表项目时，这些可编辑区域可以通过内容控件来限制用户在一个或者多个范围内进行有限编辑，从而达到保护文档的效果。

【例 10-11】在“新浪网简介”文档中保护正文。

(1) 启动 Word 2013，打开“新浪网简介”文档。

(2) 打开【开发工具】选项卡，在【控件】组中单击【纯文本内容控件】按钮 Aa，在控件中输入内容“保护”，如图 10-58 所示。

(3) 打开【审阅】选项卡，在【保护】组中单击【限制编辑】按钮，打开【限制编辑】任务窗格。选中【仅允许在文档中进行此类型的编辑】复选框，在其下的下拉列表框中选择【填写窗体】选项，单击【是，启动强制保护】按钮，如图 10-59 所示。

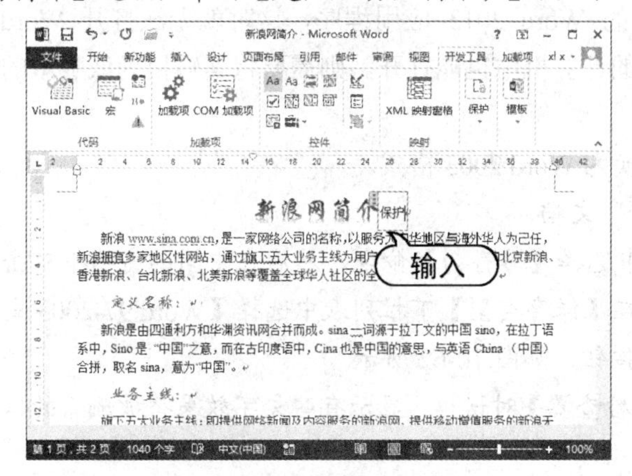

图 10-58　插入控件

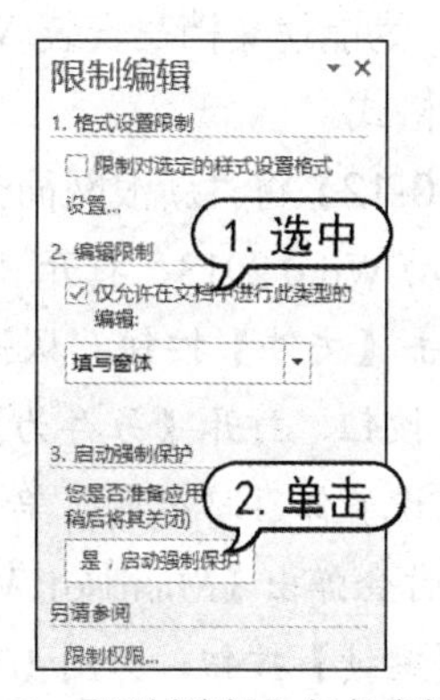

图 10-59 【限制编辑】任务窗格

(4) 打开【启动强制保护】对话框，选中【密码】单选按钮，在文本框中输入密码 123，单击【确定】按钮，如图 10-60 所示。

(5) 文档被强制保护后，在【限制编辑】任务窗格中显示如图 10-61 所示的权限信息，此时在文档中只能编辑控件区域，其他内容处于不可编辑状态。

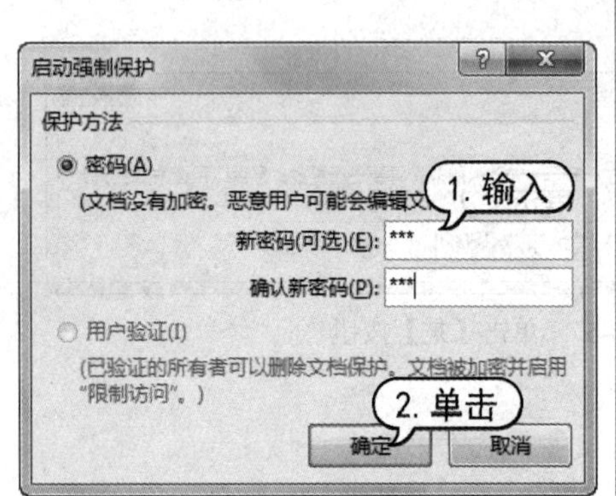

图 10-60 【启动强制保护】对话框

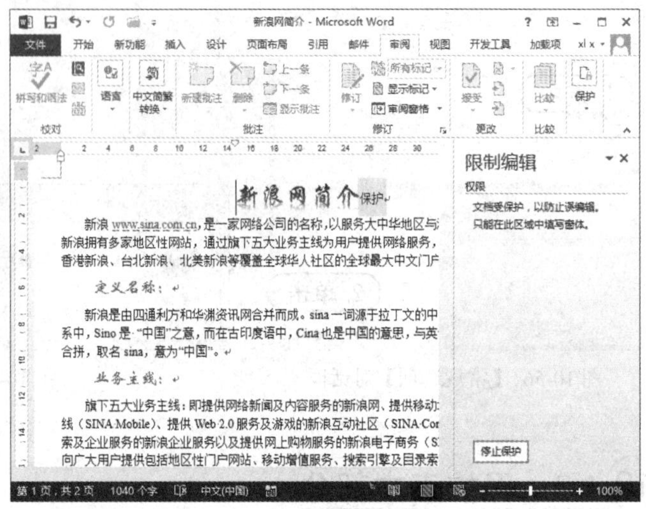

图 10-61 显示限制编辑信息

10.5 Word 文档的转换

文档在分发过程中，由于 Word 版本的不同，或者系统所安装字体、打印机的不同等原因，往往会丢失一些格式。这时如果希望完整地保留 Word 文档原有的版式，可以直接将文档转换为其他格式，如 Word 2003 格式、网页格式或 PDF 格式等。

10.5.1 转换 Word 2013 文档为 Word 2003 格式

如果其他用户的电脑中没有安装高版本的 Word 2013 应用程序，这时就无法打开 Word 2013 文档。为能使文档在安装 Word 2003 的计算机中也能打开，则需要将其转换为低版本的 Word 2003 格式。

【例 10-12】将“新浪网简介”文档转换为 Word 2003 格式。

(1) 启动 Word 2013，打开“新浪网简介”文档。

(2) 单击【文件】按钮，从弹出的菜单中选择【另存为】命令，然后在中间的窗格中双击【计算机】按钮，打开【另存为】对话框，在【保存类型】下拉列表中选择【Word 97-2003 文档】选项，设置保存路径后，单击【保存】按钮，如图 10-62 所示。

(3) 此时会弹出【Microsoft Word 兼容性检查器】对话框，显示有些文字效果将被删除的信息，单击【继续】按钮，如图 10-63 所示。

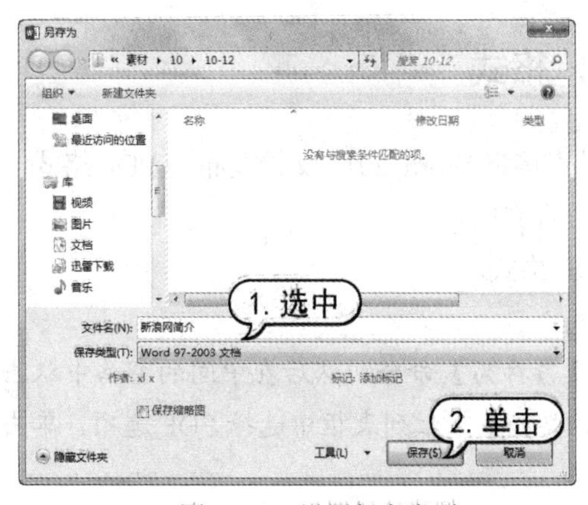

图 10-62　设置保存类型

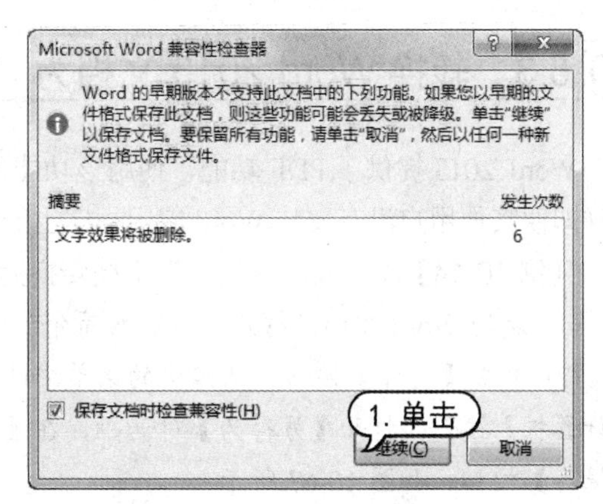

图 10-63　显示删除文字效果信息

(4) 此时在 Word 2013 窗口的标题栏中显示【兼容模式】，如图 10-64 所示，说明文档已经被转换成 Word 2003 格式(文档后缀为.doc)。

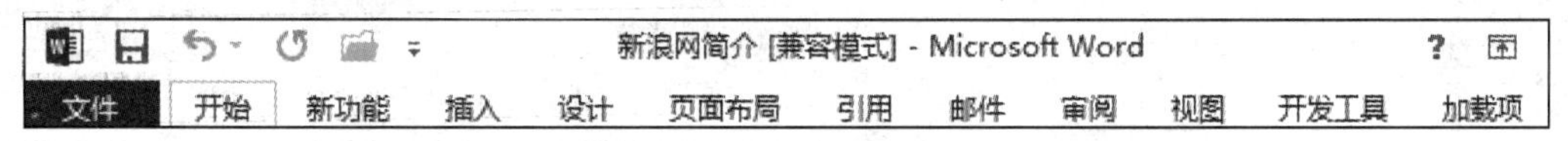

图 10-64　显示【兼容模式】

10.5.2　转换 Word 2013 文档为网页格式

当 Word 文档创建完成后，为便于内容的共享和分发，可以将其转换为网页格式。

【例 10-13】将"新浪网简介"文档转换为网页格式。

(1) 启动 Word 2013，打开"新浪网简介"文档。

(2) 单击【文件】按钮，从弹出的菜单中选择【另存为】命令，然后在中间的窗格中双击【计算机】按钮，打开【另存为】对话框，在【保存类型】下拉列表框中选择【网页】选项，单击【保存】按钮，如图 10-65 所示。

(3) 此时即可将文档转换为网页形式，在保存路径中双击网页文件，自动启动网络浏览器打开转换后的网页文件，如图 10-66 所示。

图 10-65　设置另存为网页选项

图 10-66　打开网页文件

10.5.3 转换 Word 2013 文档为 PDF 格式

Word 2013 提供了 PDF 功能，使用该功能可以直接将 Word 2013 文档发布为 PDF 格式，这样即便其他用户没有安装 Word 应用程序也能够查看文档。

【例 10-14】将“新浪网简介”文档转换为 PDF 格式。

(1) 启动 Word 2013，打开“新浪网简介”文档。

(2) 单击【文件】按钮，从弹出的菜单中选择【另存为】命令，然后在中间的窗格中双击【计算机】按钮，打开【另存为】对话框，在【保存类型】下拉列表框中选择 PDF 选项，单击【保存】按钮，如图 10-67 所示。

(3) 此时，即可将文档转换为 PDF 格式，自动启动 PDF 阅读器打开创建好的 PDF 文档，如图 10-68 所示。

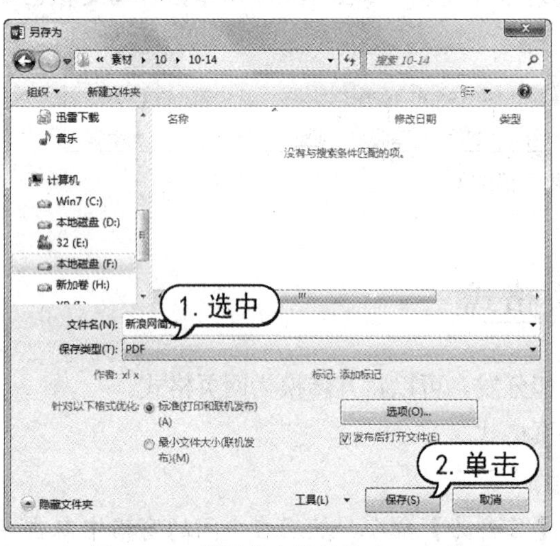

图 10-67 设置将文档转换为 PDF 格式

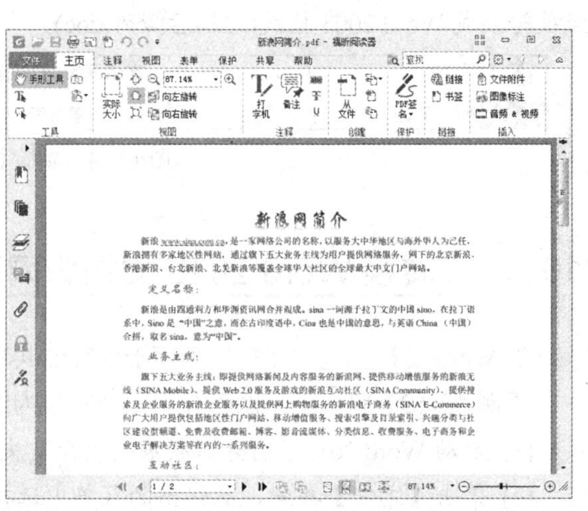

图 10-68 打开 PDF 文档

10.6 上机练习

本章上机练习主要通过创建批量信封和邮件标签，练习邮件合并功能的使用方法。

10.6.1 创建批量信封

在 Word 2013 中，使用邮件合并功能创建批量信封。

(1) 启动 Word 2013，新建一个空白文档，并且命名为“批量信封”。打开【邮件】选项卡，在【开始邮件合并】组中单击【开始邮件合并】按钮，在打开的菜单中选择【邮件合并分步向导】命令，打开【邮件合并】任务窗格，选中【信封】单选按钮，单击【下一步：开始文档】链接，如图 10-69 所示。

(2) 打开【邮件合并】任务窗格，选中【更改文档版式】单选按钮，单击【信封选项】链接，如图 10-70 所示。

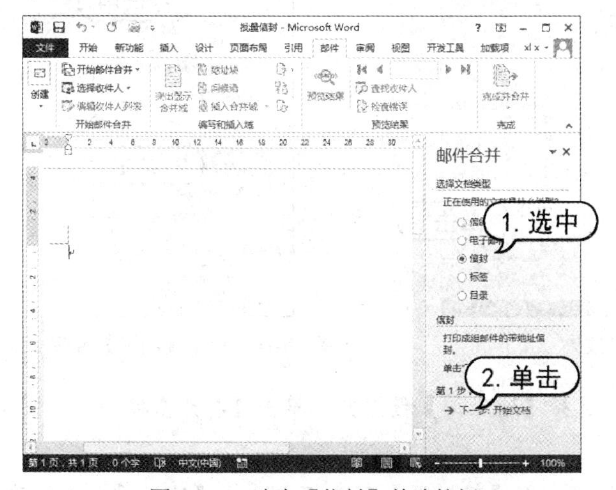

图 10-69　选中【信封】单选按钮

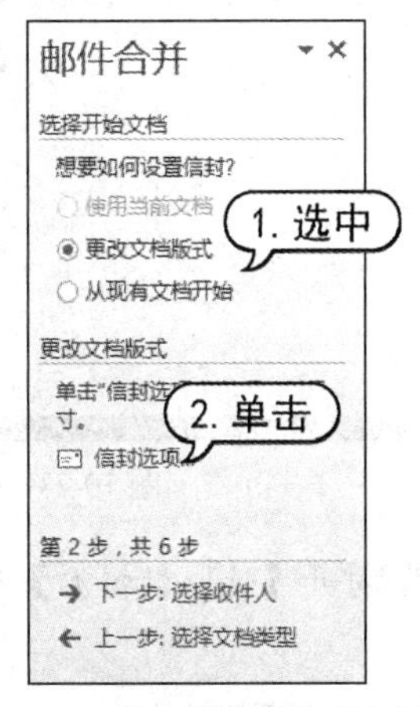

图 10-70　单击【信封选项】链接

(3) 打开【信封选项】对话框，切换至【信封选项】选项卡，在【信封尺寸】下拉列表中选择【航空 2】选项，在【收信人地址】选项区域中，单击【字体】按钮，如图 10-71 所示。

(4) 打开【收信人地址】对话框，将字体设为【楷体】，字号设为【四号】，单击【确定】按钮，如图 10-72 所示。

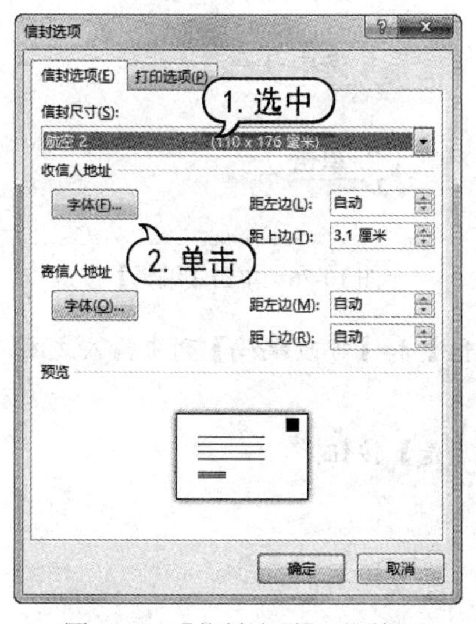

图 10-71　【信封选项】对话框

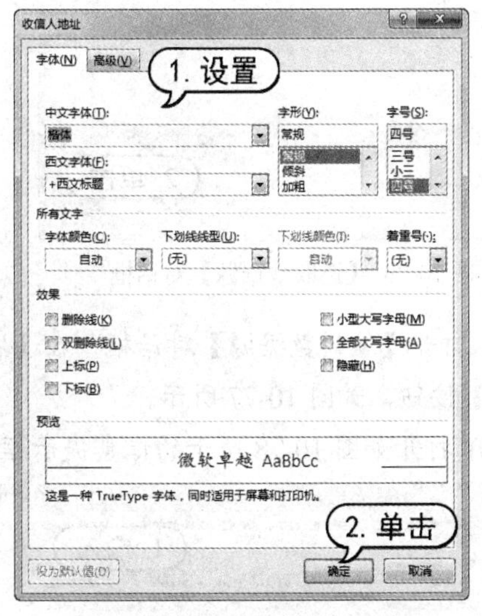

图 10-72　【收信人地址】对话框

(5) 返回至【信封选项】对话框，使用同样的方法，设置【寄信人地址】的字体为【楷体】，字号为【四号】。完成设置后，单击【确定】按钮，关闭所有对话框，此时文档的页面效果如图 10-73 所示，然后单击【下一步：选择收件人】链接。

(6) 打开如图 10-74 所示的【邮件合并】任务窗格，将插入点定位在收信人地址的文本中，选中【使用现有列表】单选按钮，单击【浏览】链接。

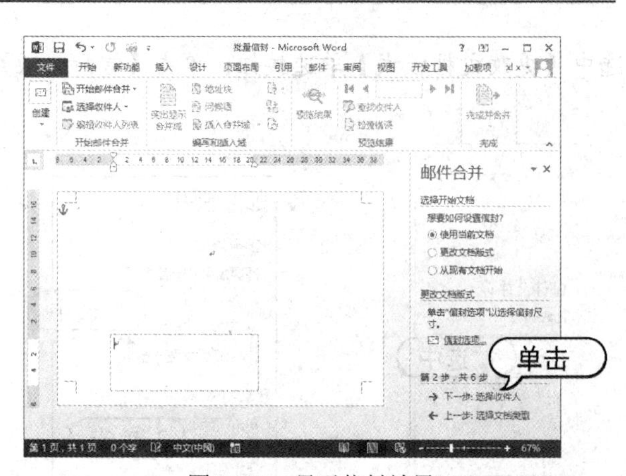

图 10-73　显示信封效果

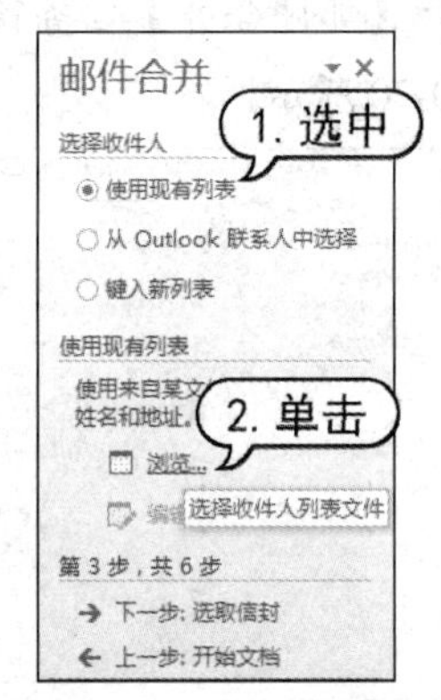

图 10-74　单击【浏览】链接

(7) 打开【选取数据源】对话框，选择【地址簿】数据源，单击【打开】按钮，如图 10-75 所示。

(8) 打开【邮件合并收件人】对话框，在【数据源】列表框中选择【地址簿】数据库，单击【编辑】按钮，如图 10-76 所示。

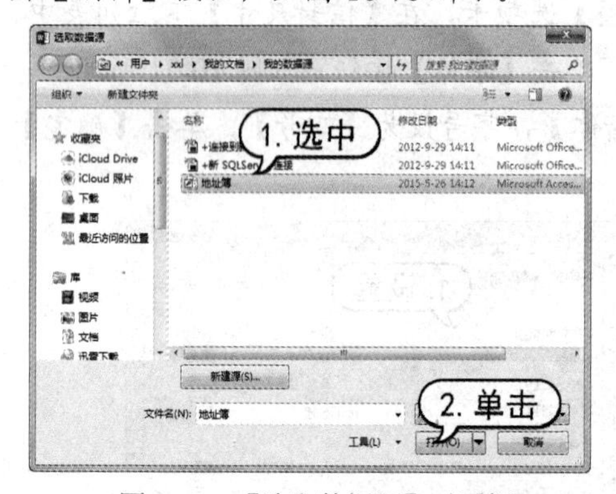

图 10-75 【选取数据源】对话框

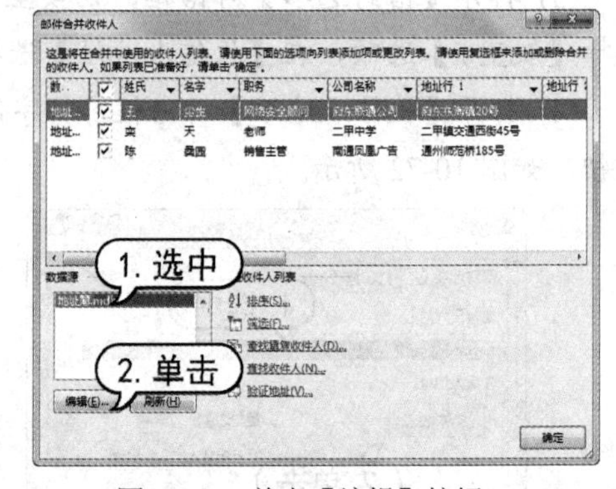

图 10-76　单击【编辑】按钮

(9) 打开【编辑数据源】对话框，在【省/市/自治区】和【邮政编码】列中输入文本，单击【确定】按钮，如图 10-77 所示。

(10) 打开如图 10-78 所示的信息提示框，并单击【是】按钮。

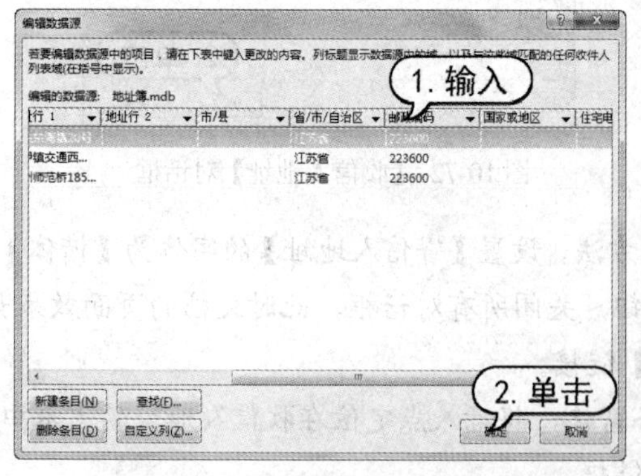

图 10-77 【编辑数据源】对话框

图 10-78　单击【是】按钮

(11) 返回至【邮件合并收件人】对话框，显示修改后的地址簿，从中选择需要的收件人，单击【确定】按钮，如图 10-79 所示。

(12) 返回至【邮件合并】任务窗格，单击【下一步：选取信封】链接，打开如图 10-80 所示的任务窗格，单击【其他项目】链接。

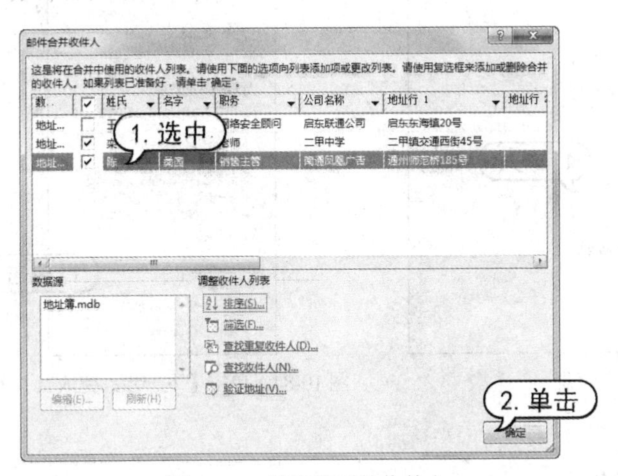

图 10-79　选取所需的收件人

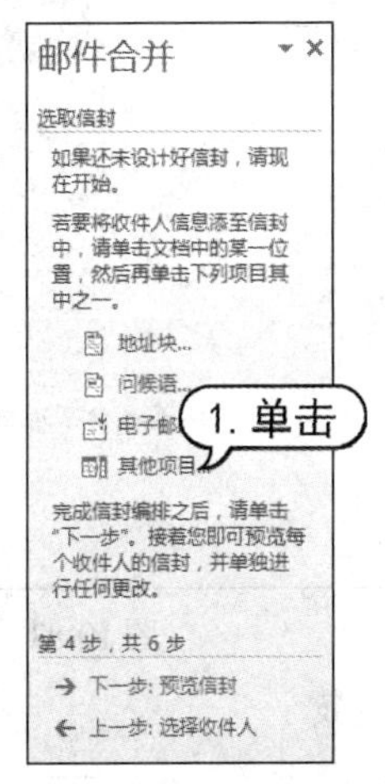

图 10-80　单击【其他项目】链接

(13) 打开【插入合并域】对话框，插入邮政编码、省、市、公司名称和姓名等，如图 10-81 所示。

(14) 单击【关闭】按钮，关闭对话框。此时，信封的页面如图 10-82 所示。

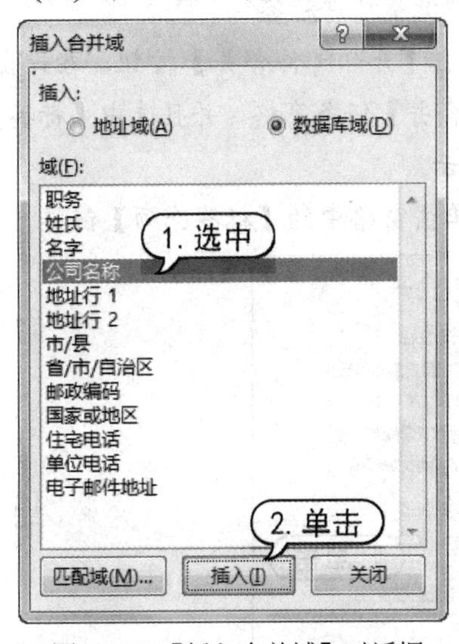

图 10-81 【插入合并域】对话框

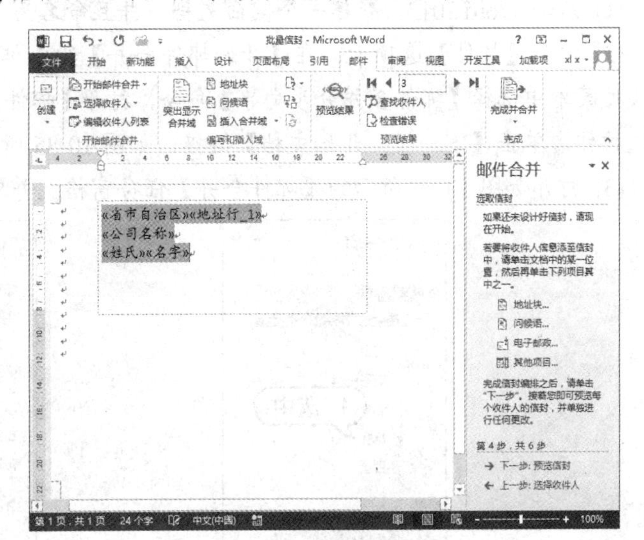

图 10-82　显示信封页面

(15) 将插入点定位在寄信人文本中，输入寄信人信息，如图 10-83 所示。

(16) 在【选取信封】窗格中单击【下一步：预览信封】链接，系统将数据源中的信息插入到信封中，可以通过单击【收件人】旁的左右按钮，选取不同的收件人进行查看，单击【下一步：完成合并】链接，生成合并文档，如图 10-84 所示。

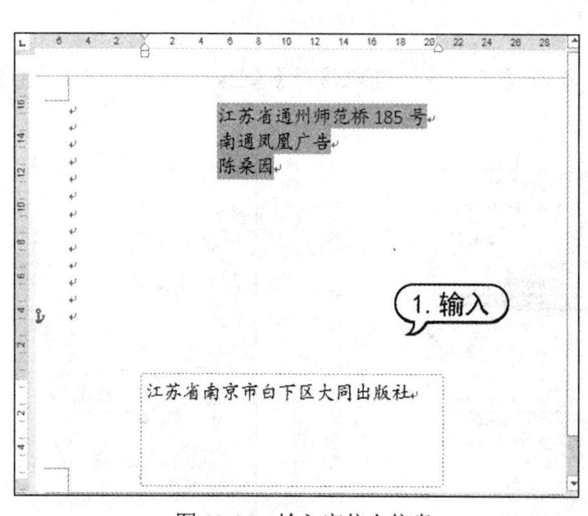

图 10-83　输入寄信人信息

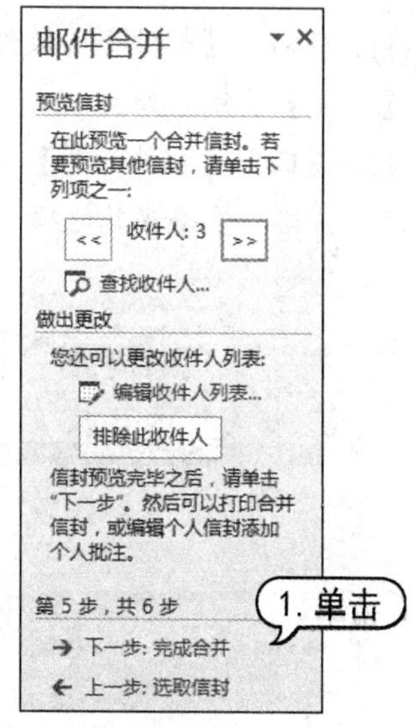

图 10-84　单击【下一步：完成合并】链接

10.6.2　创建批量邮件标签

在 Word 2013 中，使用邮件合并功能将地址簿中的部分收信人的地址行 1、姓氏和名字插入到型号为 3380 的标签中。

(1) 启动 Word 2013，新建一个空白文档，并且命名为“批量邮件标签”。

(2) 打开【邮件】选项卡，在【开始邮件合并】组中单击【开始邮件合并】按钮，在弹出的快捷菜单中选择【邮件合并分步向导】命令，打开【邮件合并】任务窗格，并且选中【标签】单选按钮，单击【下一步：开始文档】链接，如图 10-85 所示。

(3) 打开如图 10-86 所示的【邮件合并】任务窗格，并单击窗格中的【标签选项】链接。

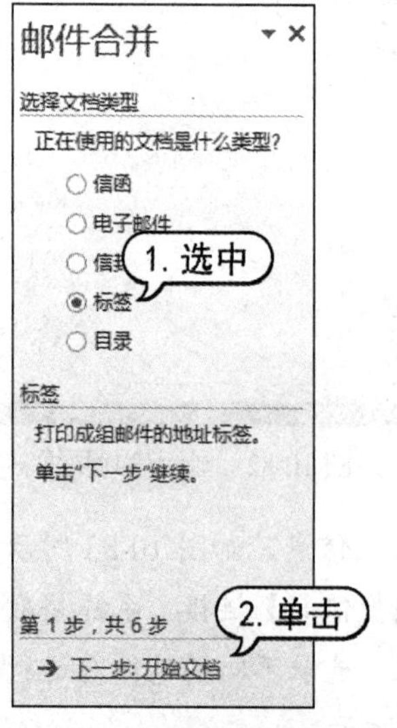

图 10-85　选择标签类型

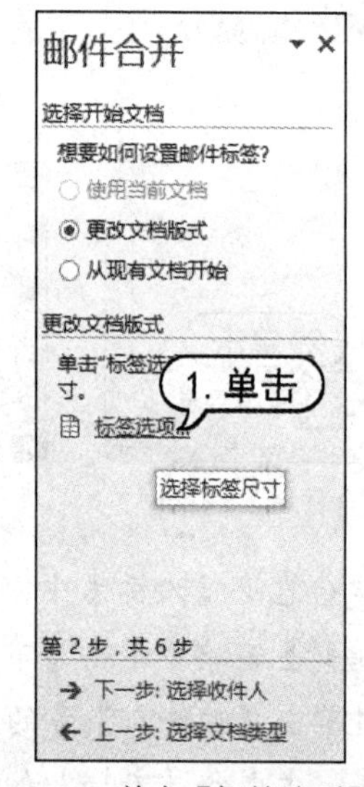

图 10-86　单击【标签选项】链接

(4) 打开【标签选项】对话框，在【纸盒】下拉列表框中选择默认纸盒，在【标签供应商】下拉列表框中选择 Avery US Letter 选项，在【产品编号】列表框中选择 3380 Textured Postcards 选项，单击【确定】按钮，如图 10-87 所示。

(5) 返回至【邮件合并】任务窗格中，单击【下一步：选取收件人】链接，打开如图 10-88 所示的任务窗格，单击【浏览】链接。

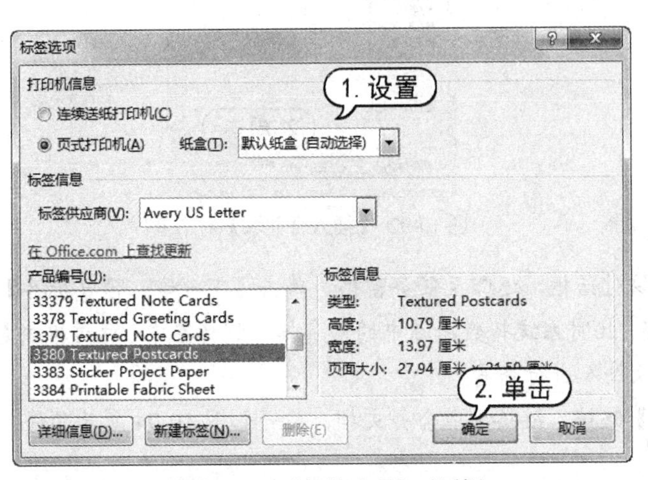

图 10-87 【标签选项】对话框

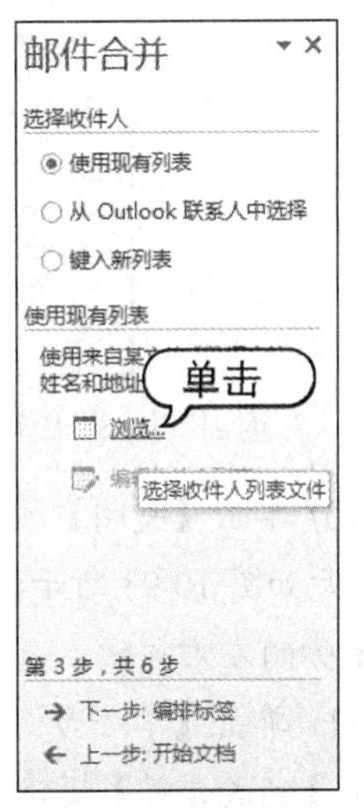

图 10-88 单击【浏览】链接

(6) 打开【选取数据源】对话框，选择【地址簿】文件，单击【打开】按钮，如图 10-89 所示。

(7) 打开【邮件合并收件人】对话框，从中选择收件人，单击【确定】按钮，如图 10-90 所示。

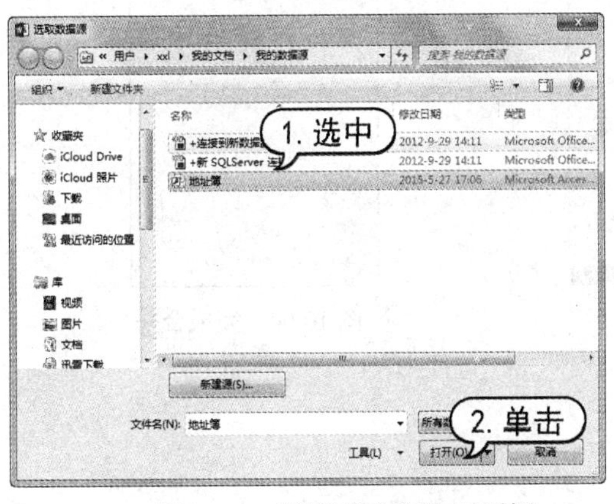

图 10-89 【选取数据源】对话框

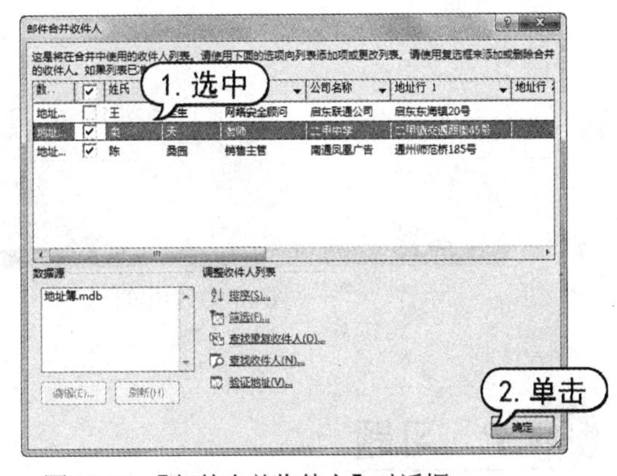

图 10-90 【邮件合并收件人】对话框

(8) 返回任务窗格，继续单击【下一步：编排标签】链接，打开如图 10-91 所示的任务窗格，单击【其他项目】链接。

(9) 打开【插入合并域】对话框，插入地址行 1、姓氏和名字，单击【插入】按钮，如图 10-92 所示。

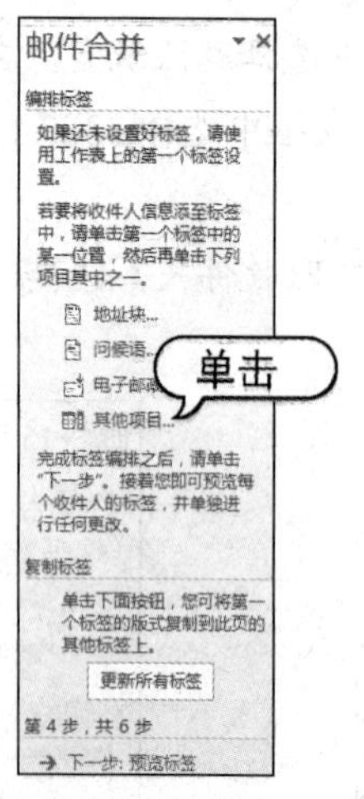

图 10-91　单击【其他项目】链接

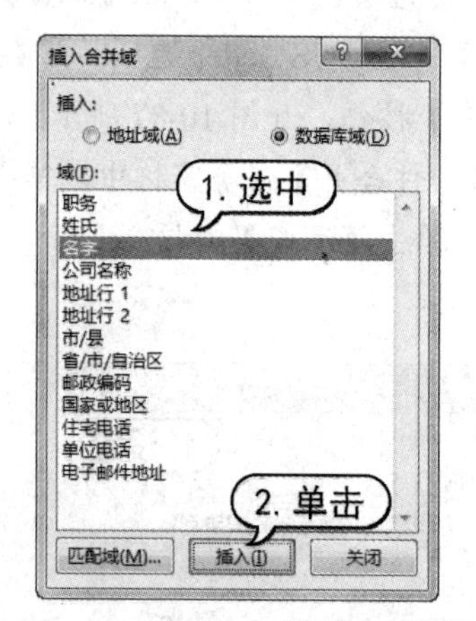

图 10-92 【插入合并域】对话框

(10) 单击【关闭】按钮，关闭该对话框，返回至任务窗格，单击【下一步：预览标签】链接，打开如图 10-93 所示的任务窗格，此时系统将数据源中的信息插入到标签中，通过单击【收件人】旁的左右按钮，选取不同的收件人进行查看。

(11) 单击【下一步：完成合并】链接，链接生成合并文档，打开如图 10-94 所示的任务窗格显示【完成合并】提示信息。

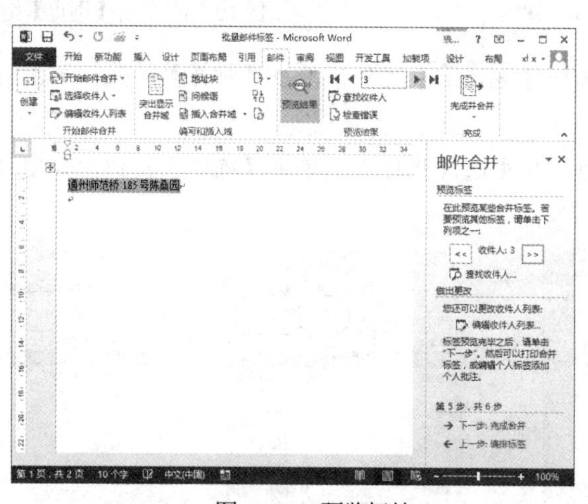

图 10-93　预览标签

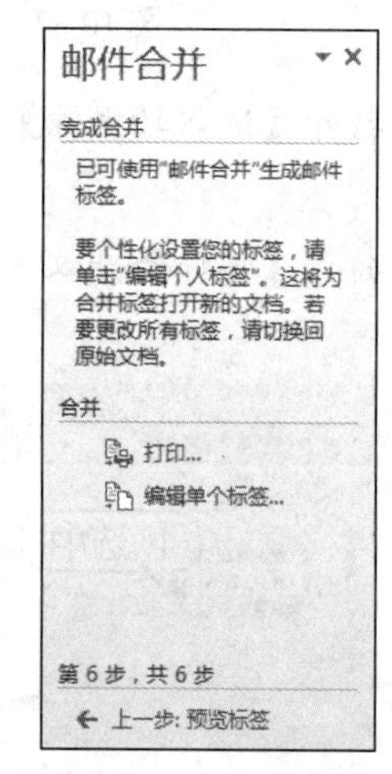

图 10-94　完成合并

10.7　习题

1. 新建一个 Word 2013 文档，并在文档中创建若干处超链接，然后将该文档作为电子邮件发送出去。

2. 使用邮件合并功能，给多个人发送信函。

第11章 Word 2013 综合实例应用

学习目标

本章将通过多个实用实例来串联各知识点，帮助用户加深与巩固所学知识，灵活运用 Word 2013 的各种功能，提高综合应用的能力。

本章重点

- 制作旅游小报
- 输入公式
- 制作工资表
- 制作公式简介
- 编排长文档
- 制作宣传单

11.1 制作旅游小报

通过 Word 2013 制作“旅游小报”，巩固使用格式化文本、添加边框和底纹、页面设置、插入图片和表格等知识。

(1) 启动 Word 2013 并新建一个空白文档，将该文档以文件名“旅游小报”保存，如图 11-1 所示。

(2) 选择【页面布局】选项卡，然后单击【页面设置】组中的【页面设置】按钮，如图 11-2 所示。

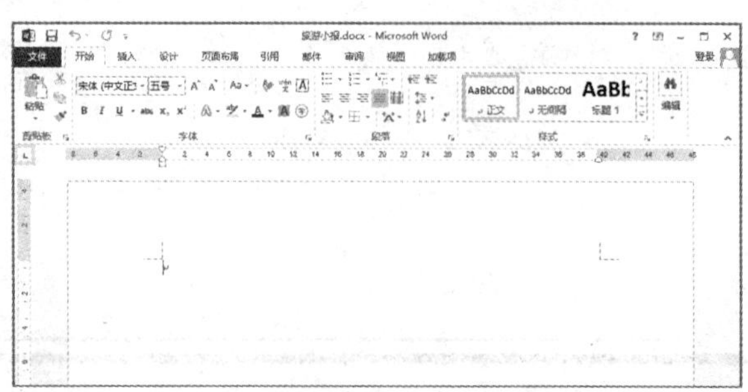

图 11-1　新建文档

图 11-2　单击【页面设置】按钮

(3) 打开【页面设置】对话框，选中【页边距】选项卡，然后在【页边距】选项区域的【上】、【下】、【左】和【右】微调框中均输入 3，并且在【方向】选项区域中选择【横向】选项，如图 11-3 所示。

(4) 选择【纸张】选项卡，然后在【纸张大小】下拉列表框中选择【自定义大小】选项，在【宽度】和【高度】微调框中分别输入 50 厘米和 40 厘米，单击【确定】按钮，如图 11-4 所示。

图 11-3 【页边距】选项卡

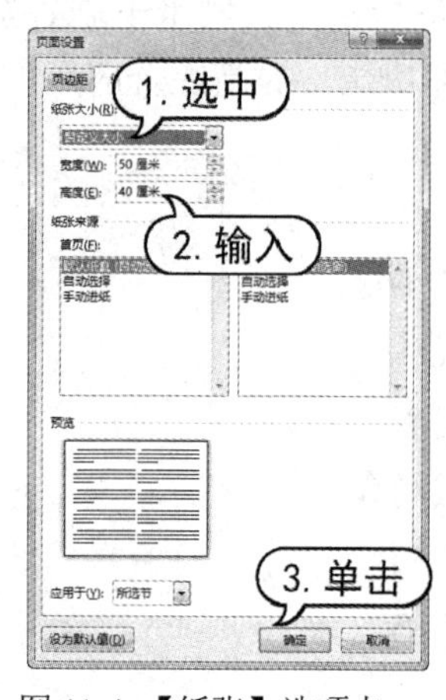

图 11-4 【纸张】选项卡

(5) 将鼠标插入点定位在页面的首行，输入小报标题“杭州西湖”，选择【开始】选项卡，在【字体】选项组中设置文字的字体为【方正黑体简体】，字号为【小二】，如图 11-5 所示。

(6) 在【段落】组中单击【居中】按钮，设置文字对齐方式为“居中”，如图 11-6 所示。

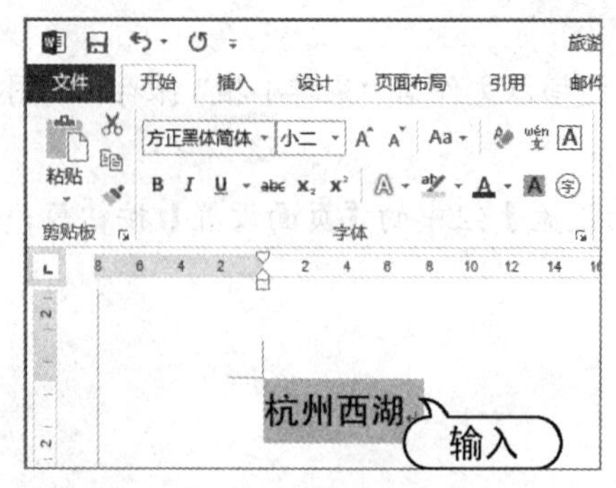

图 11-5　输入文本

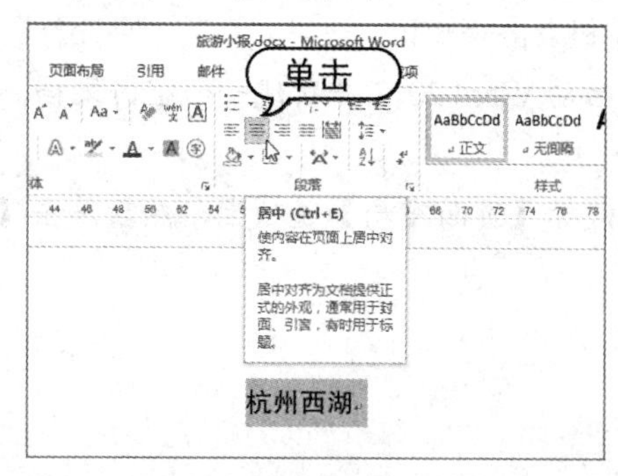

图 11-6　单击【居中】按钮

(7) 将插入点定位在文本开始处，选择【插入】选项卡，然后单击【符号】组中的【符号】下拉列表按钮，在弹出的下拉列表中选中【其他符号】选项，如图 11-7 所示。

(8) 在打开的【符号】对话框中选中一种符号后，单击【插入】按钮将符号插入文档，如图 11-8 所示。

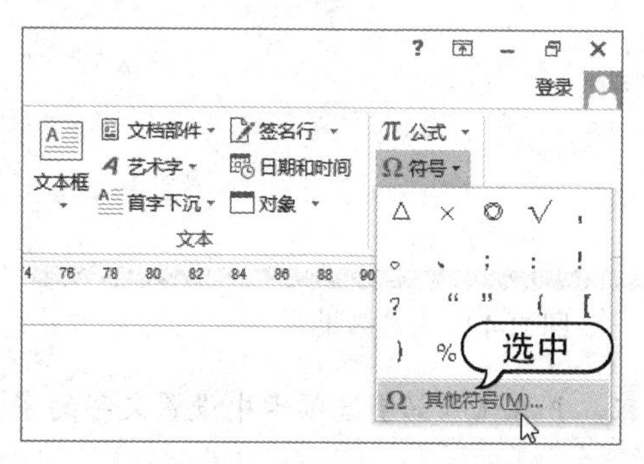

图 11-7　选中【其他符号】选项

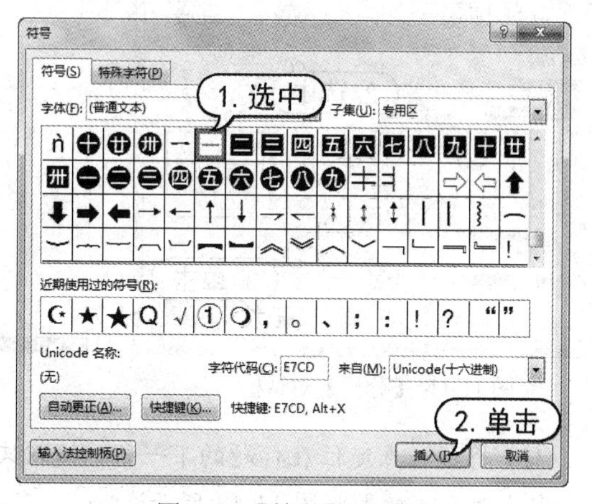

图 11-8　【符号】对话框

(9) 将鼠标指针至于文字的后方，选择【页面布局】选项卡，然后在【页面设置】组中单击【分隔符】下拉列表按钮，在弹出的下拉列表中选中【连续】选项，在文档中插入分节符并自动换行，如图 11-9 所示。

(10) 在【页面设置】组中单击【分栏】下拉列表按钮，在弹出的下拉列表中选中【更多分栏】选项，如图 11-10 所示。

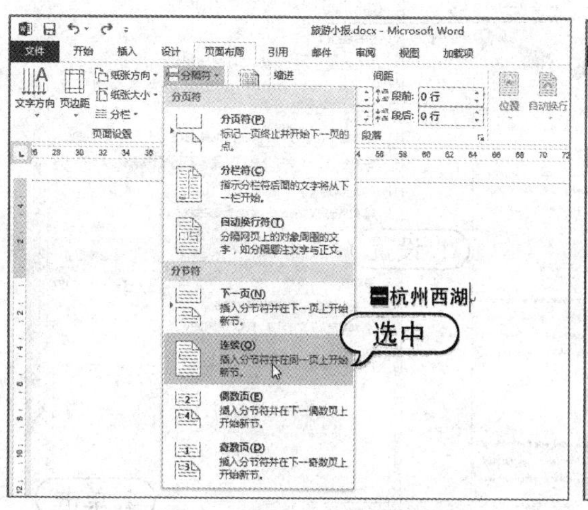

图 11-9　选中【连续】选项

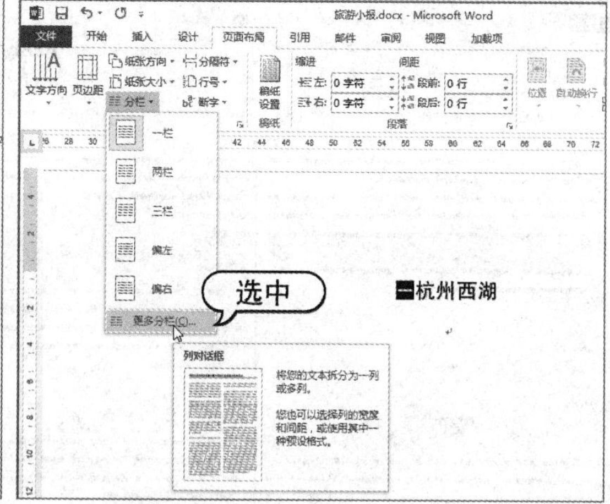

图 11-10　选中【更多分栏】选项

(11) 打开【分栏】对话框，选中【两栏】选项和【分隔线】复选框后，单击【确定】按钮，如图 11-11 所示。

(12) 此时在文档中插入分隔线，文档的分栏效果如图 11-12 所示。

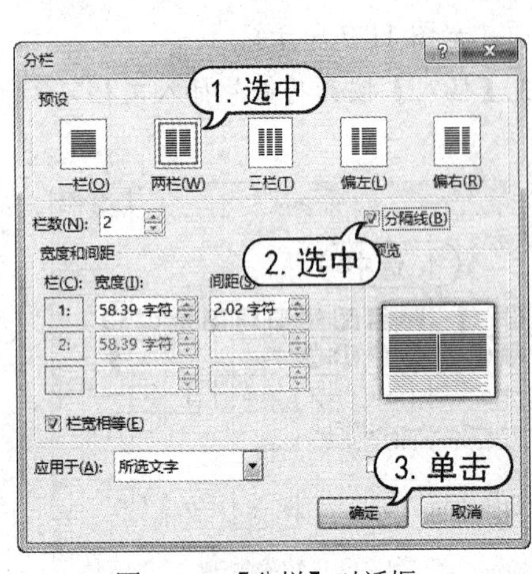

图 11-11 【分栏】对话框

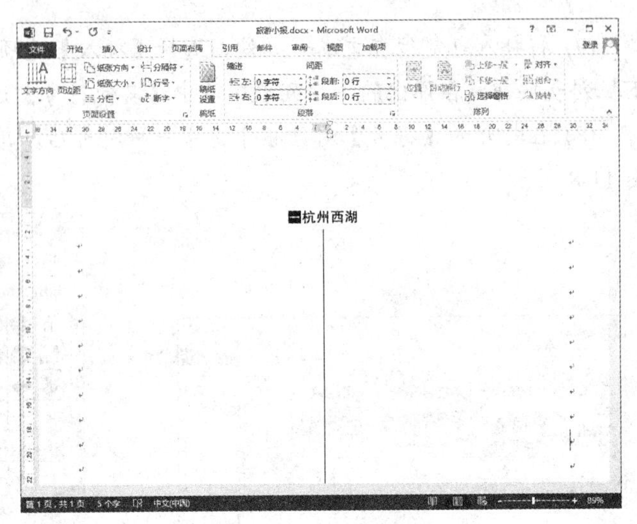

图 11-12 分栏效果

(13) 将插入点定位在标题的下一行，输入文本内容，并在【开始】选项卡中设置文字的字体和字体大小，效果如图 11-13 所示。

(14) 选中正文第 1 段文字，然后单击【段落】组中的【段落设置】按钮，打开【段落设置】对话框，选中【缩进和间距】选项卡，然后单击【特殊格式】下拉列表按钮，在弹出的下拉列表中选择【首行缩进】选项，并在【缩进值】文本框中输入参数“2 字符”，单击【确定】按钮，如图 11-14 所示。

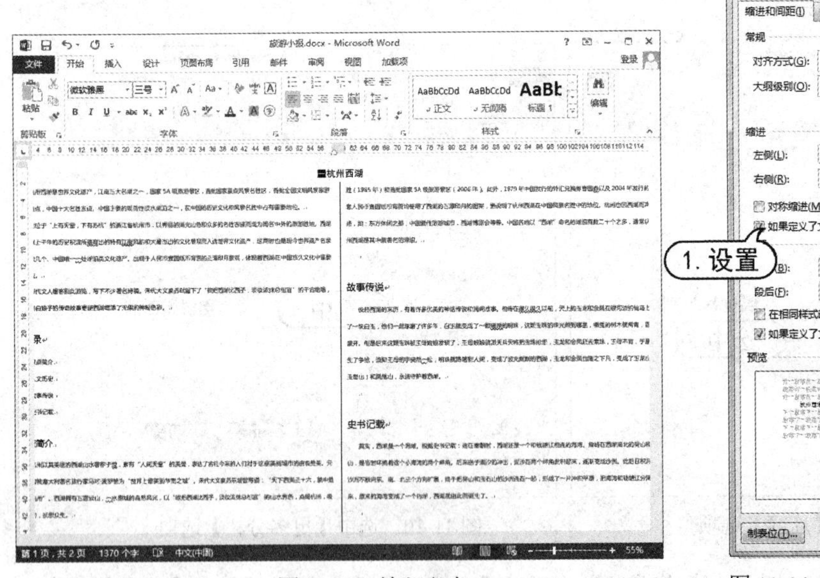

图 11-13 输入文本

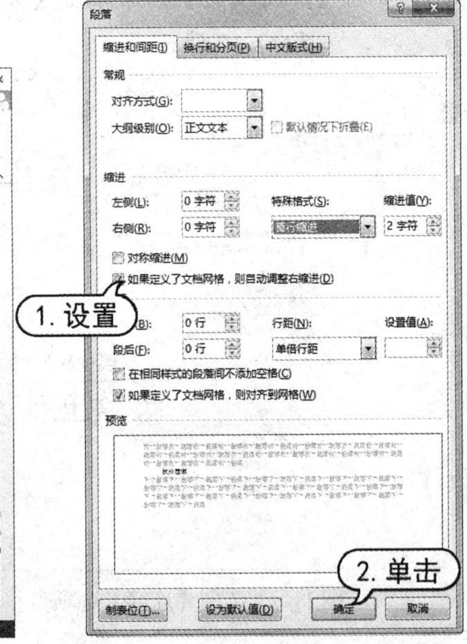

图 11-14 【缩进和间距】选项卡

(15) 完成正文第一段文字的段落设置，其效果如图 11-15 所示。

(16) 使用同样的方法，设置正文中的其他段落。然后在【开始】选项卡的【字体】组中设置被选中的文字字体为【华文仿宋】，字号为 11，颜色为【深蓝】，效果如图 11-16 所示。

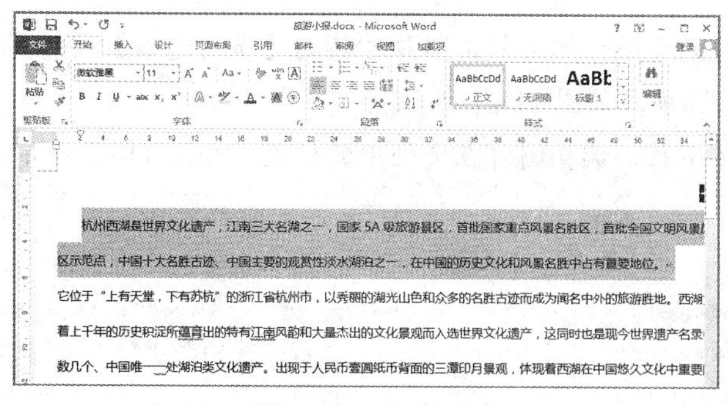
图 11-15 段落设置

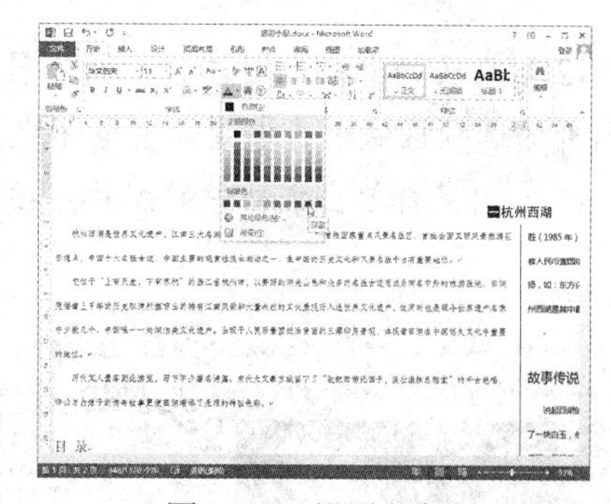
图 11-16 设置文本

(17) 选中正文中的目录文字，然后单击【段落】组中的【编号】下拉按钮，在弹出的下拉列表中选中【定义新编号格式】命令，如图 11-17 所示。

(18) 打开【定义新编号格式】对话框，定义一个新的编号格式后，单击【确定】按钮，如图 11-18 所示。

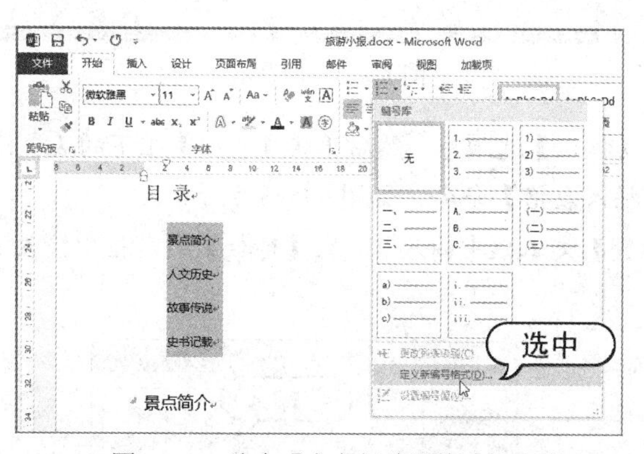

图 11-17 选中【定义新编号格式】命令

图 11-18 【定义新编号格式】对话框

(19) 再次单击【段落】组中的【编号】下拉列表按钮，在弹出的下拉列表中选择创建的编号格式，文本中目录的效果如图 11-19 所示。

(20) 将插入点定位在第一段文本末尾处，选择【插入】选项卡，然后单击【插图】组中的【图片】按钮，打开【插入图片】对话框，选中一张图片后，单击【插入】按钮，如图 11-20 所示。

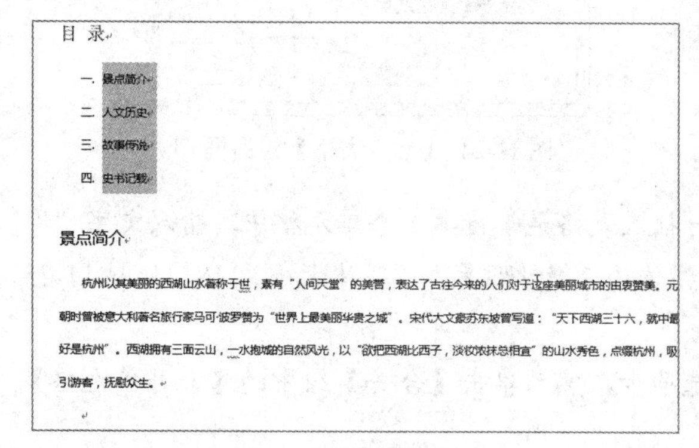
图 11-19 设置编号

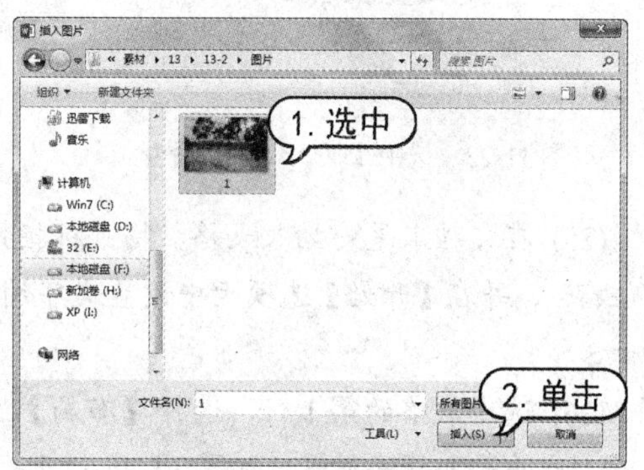

图 11-20 【插入图片】对话框

(21) 在文档中插入图片后，调整图片的大小，然后单击图片右侧的【布局选项】按钮，在打开的选项区域中选中【紧密型环绕】选项，如图 11-21 所示。

(22) 用鼠标单击文档中的图片，按住不放，调整图片在文档中的位置，如图 11-22 所示。

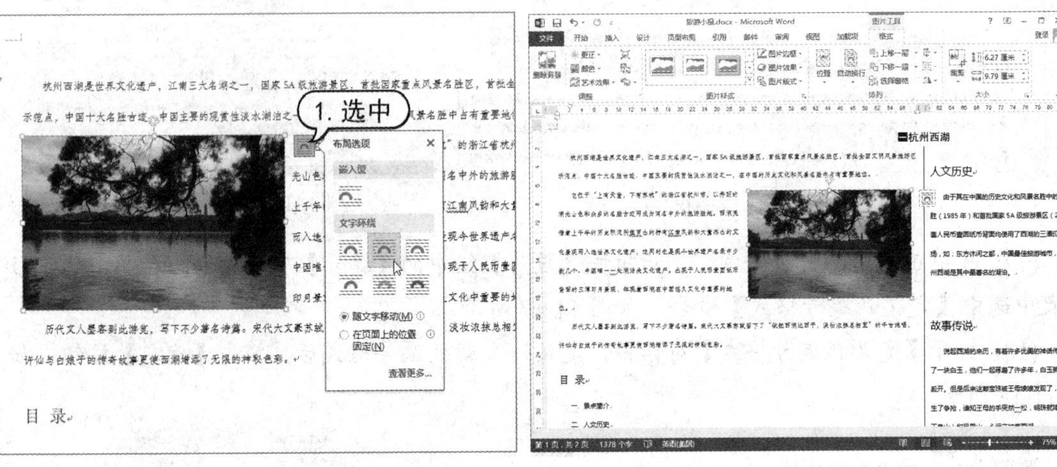

图 11-21 选中【紧密型环绕】选项　　　　图 11-22 调整图片位置

(23) 将鼠标指针插入文档的末尾，选择【插入】选项卡，然后单击【表格】组下的【表格】下拉列表按钮，在弹出的下拉列表中选中【插入表格】命令，如图 11-23 所示。

(24) 打开【插入表格】对话框，在【列数】文本框中输入 3，在【行数】文本框中输入 6，单击【确定】按钮，如图 11-24 所示。

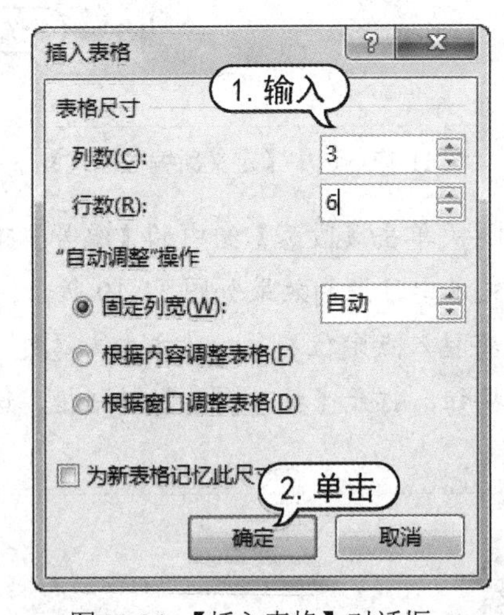

图 11-23 选中【插入表格】命令　　　　图 11-24 【插入表格】对话框

(25) 在文档末尾处插入表格，将鼠标指针插入表格第 1 行第 1 个单元格中，输入文字“周边住宿”，并在【开始】选项卡中设置文字的字体为“微软雅黑”，字体大小为 18，如图 11-25 所示。

(26) 选中表格的第 1 行，选择【布局】选项卡，然后单击【合并】组中的【合并单元格】选项，合并第 1 行单元格，如图 11-26 所示。

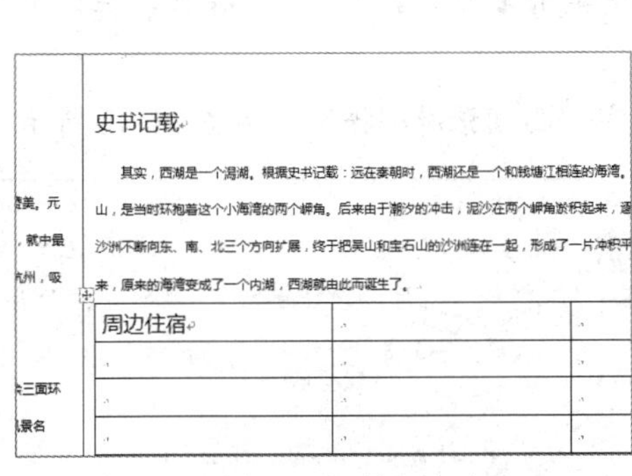

图 11-25　输入文本

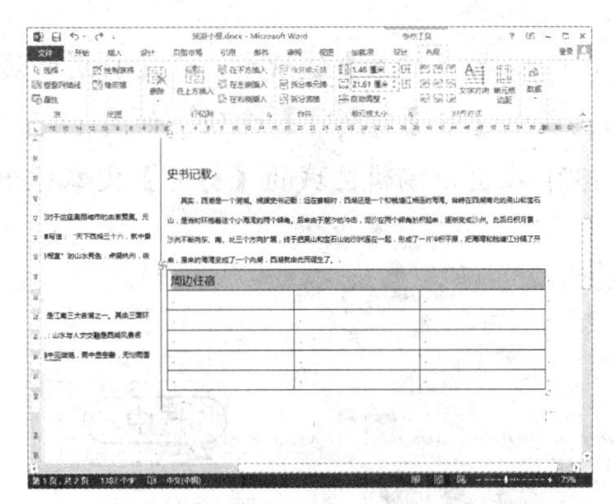

图 11-26　合并单元格

(27) 将鼠标指针插入表格其他单元格，在表格中输入文本内容，如图 11-27 所示。

(28) 选中整个单元格，选择【设计】选项卡，在【表格样式】组中单击【其他】按钮，在打开的选项区域中选中【网格表 5 深色着色 1】选项，如图 11-28 所示。

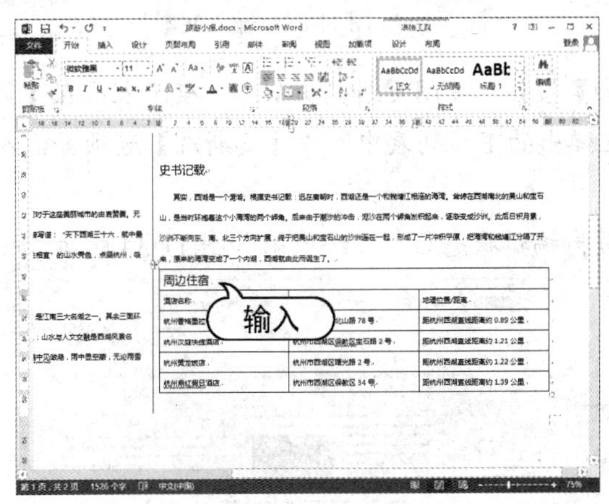

图 11-27　输入文本

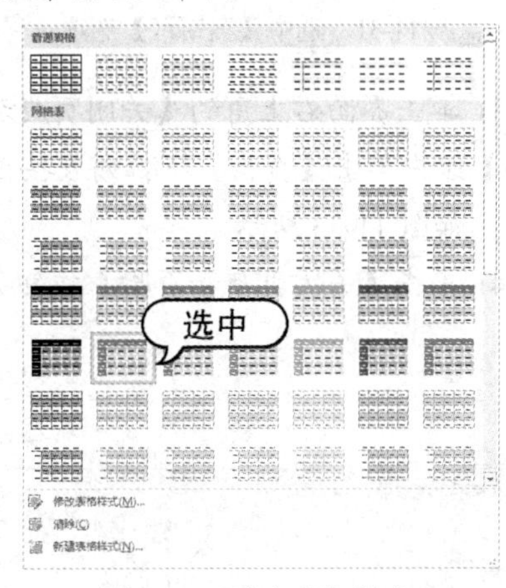

图 11-28　选中表格样式

(29) 此时，表格套用设置的表格样式，效果如图 11-29 所示。

(30) 保持表格的选中状态，单击【边框】组下的【边框】下拉列表按钮，在弹出的下拉列表中选中【所有框线】选项，如图 11-30 所示。

图 11-29　表格效果

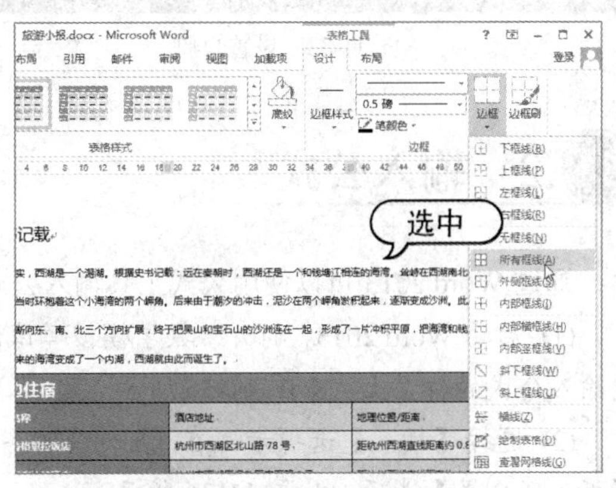

图 11-30　选中【所有框线】选项

(31) 选择【插入】选项卡，在【页眉和页脚】组中单击【页眉】下拉列表按钮，在弹出的下拉列表中选中【奥斯汀】选项，如图 11-31 所示。

(32) 在页眉编辑区域的【标题】文本框中输入文字“西湖旅游小报”，如图 11-32 所示。

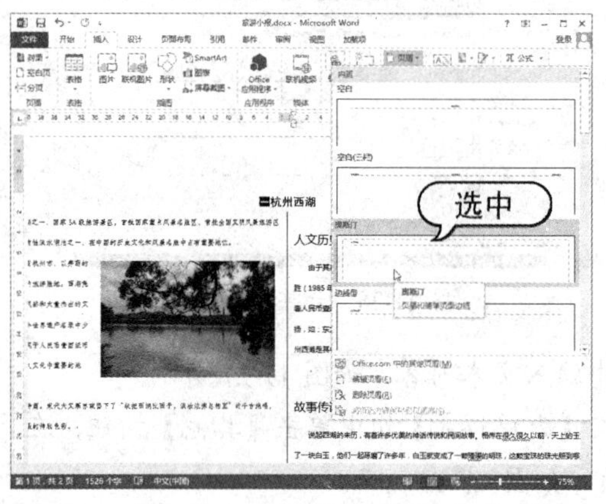

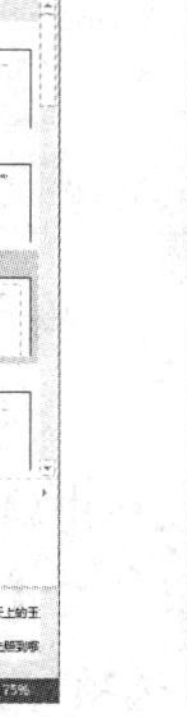

图 11-31　选中【奥斯汀】选项

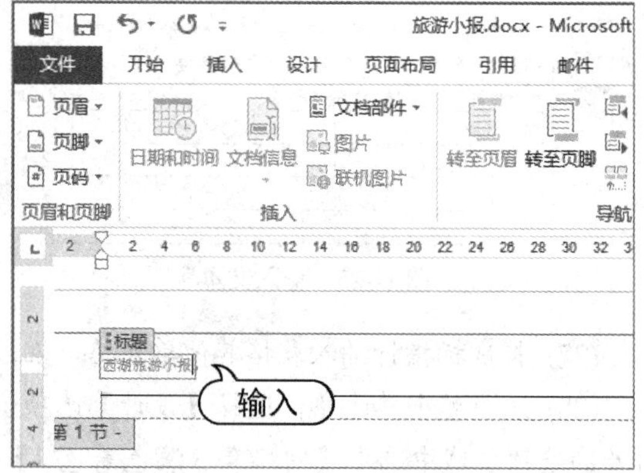

图 11-32　输入文本

(33) 单击界面右上角的【关闭页眉和页脚】按钮，关闭页眉编辑状态。接下来，在【页眉和页脚】组中单击【页脚】下拉列表按钮，在弹出的下拉列表中选中【奥斯汀】选项并输入页脚文本，如图 11-33 所示。

(34) 单击【关闭页眉和页脚】按钮关闭页脚编辑状态后，最终效果如图 11-34 所示。

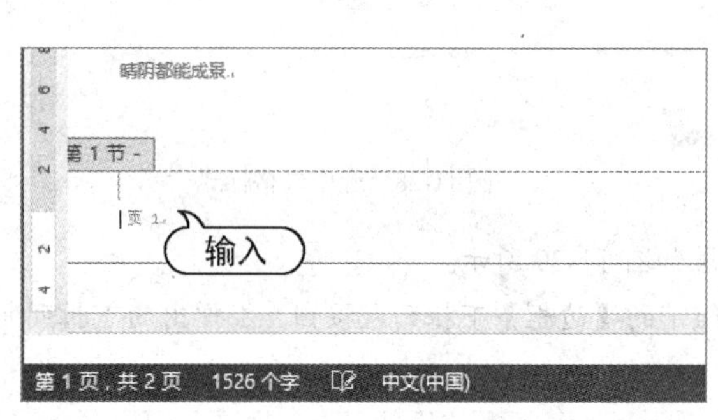

图 11-33　设置页脚

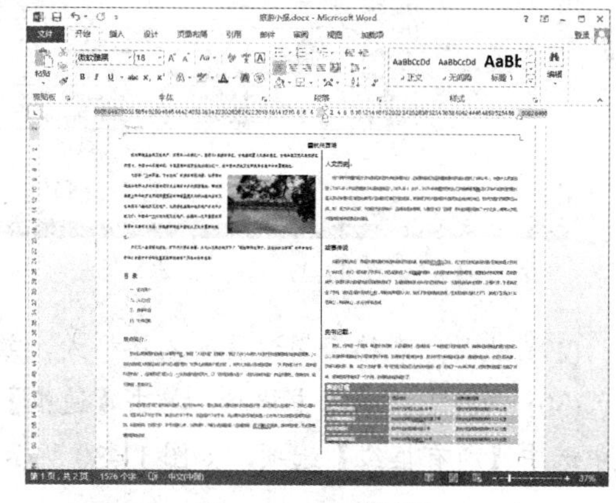

图 11-34　文档效果

11.2　输入公式

通过 Word 2013 可以使用公式工具输入公式，让用户熟悉公式的插入和应用。

(1) 启动 Word 2013，打开“数学模拟考试试卷 A”文档后，将文本插入点定位在文档中需要输入公式的位置上，如图 11-35 所示。

(2) 选择【插入】选项卡，在【符号】组中单击【公式】按钮，在弹出的下拉列表中选中【插入新公式】选项，如图 11-36 所示。

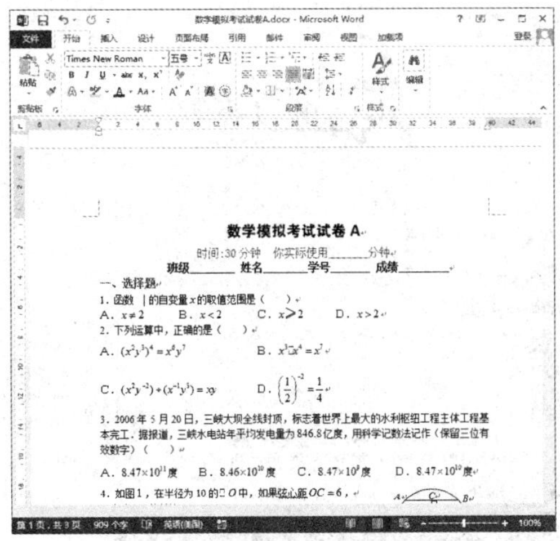

图 11-35　定位插入点

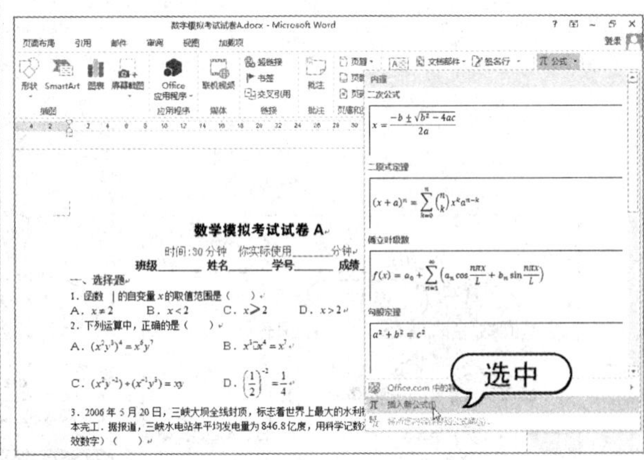

图 11-36　选中【插入新公式】选项

(3) 此时，将进入公式工具的设计界面，并在文本插入点后插入一个公式框，如图 11-37 所示。

(4) 选择【设计】选项卡，在【结果】组中单击【分数】下拉列表按钮，在弹出的下拉列表中选中【分数(竖式)】选项，如图 11-38 所示。

图 11-37　插入公式框

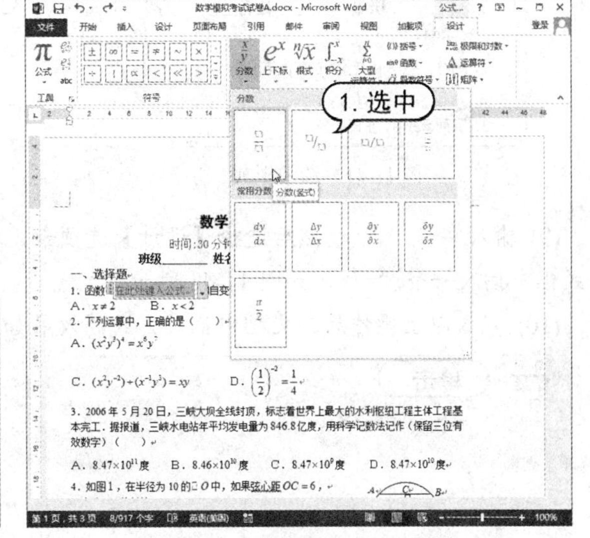

图 11-38　选中【分数(竖式)】选项

(5) 在公式框中插入结构后，选中竖式下方的输入框，如图 11-39 所示。

(6) 在结构组中单击【根式】下拉列表按钮，在弹出的下拉列表中选中【平方根】选项，如图 11-40 所示。

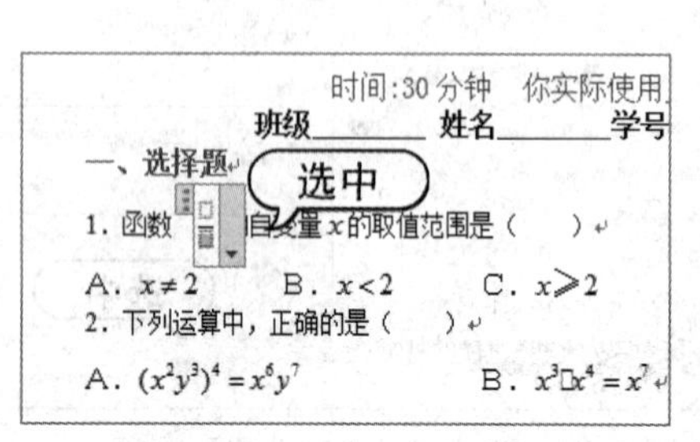

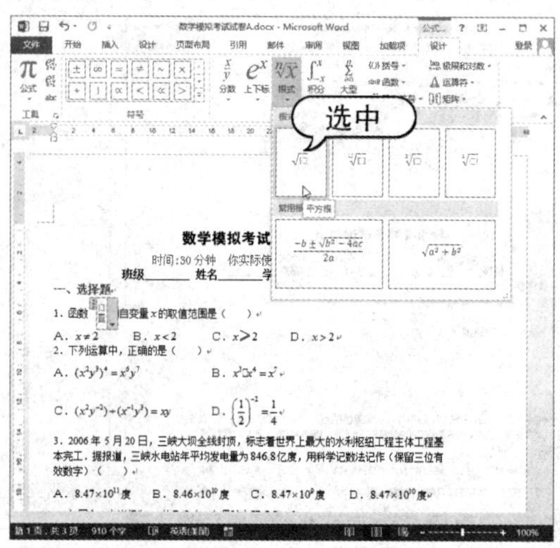

图 11-39　插入公式框　　　　图 11-40　选中【平方根】选项

(7) 此时，将在选中的公式输入框中插入所选根式，如图 11-41 所示。

(8) 在公式输入公式值后，将文本插入点定位在公式之前，如图 11-42 所示。

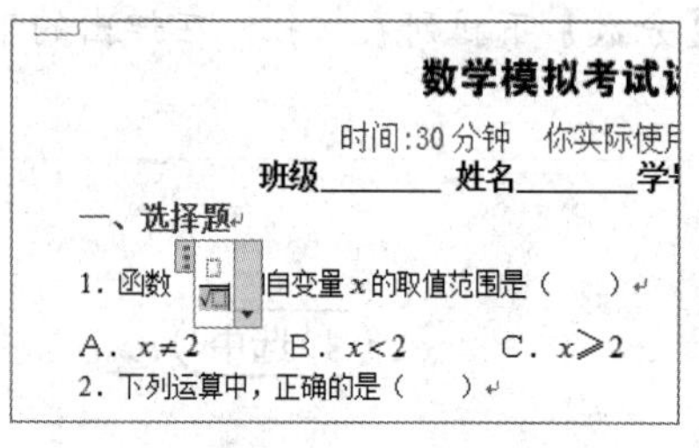

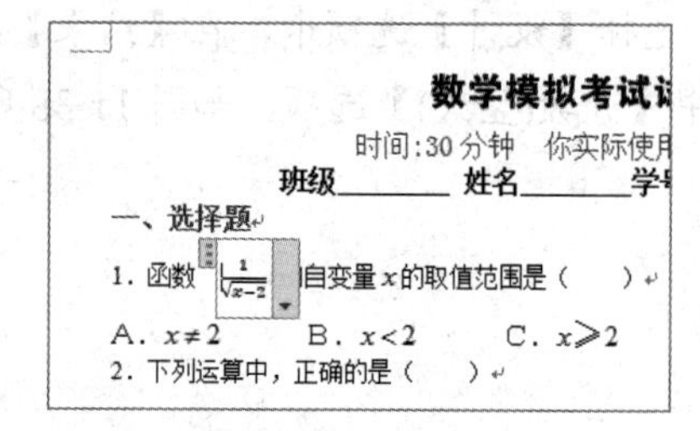

图 11-41　选中根式　　　　图 11-42　定位插入点

(9) 输入字母“y”，然后选择【设计】选项卡，在【符号】组中单击【等于号】按钮，在公式框中插入一个“=”，如图 11-43 所示。

(10) 完成以上操作后，文档中插入公式的效果如图 11-44 所示。

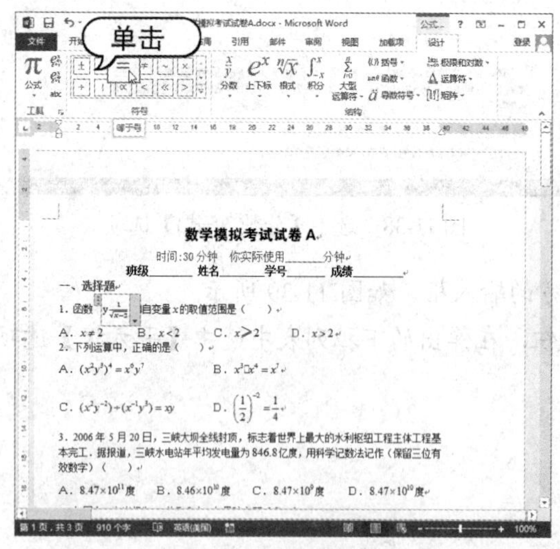

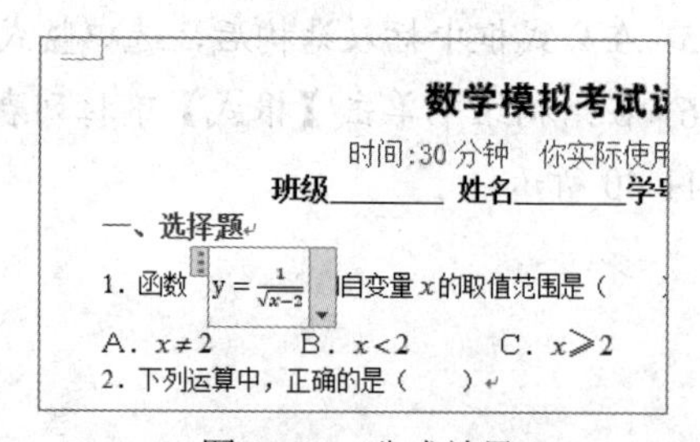

图 11-43　输入符号　　　　图 11-44　公式效果

11.3 制作工资表

新建“员工工资表”文档，在其中插入表格，并输入表格文本并设计表格外观。

(1) 启动 Word 2013，新建一个“员工工资表”文档，输入表格标题“5 月份员工工资表”，设置字体为“微软雅黑”，字号为“二号”，字体颜色为“蓝色”，对齐方式为“居中”，如图 11-45 所示。

(2) 将插入点定位到标题下一行，打开【插入】选项卡，在【表格】组中单击【表格】按钮，在弹出的菜单中选择【插入表格】命令，如图 11-46 所示。

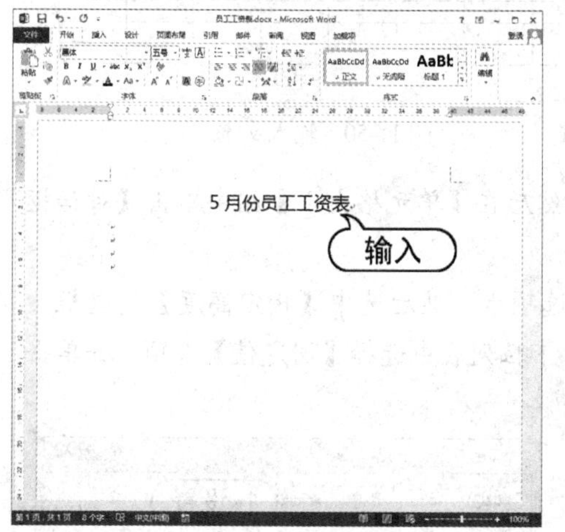

图 11-45 输入标题文本

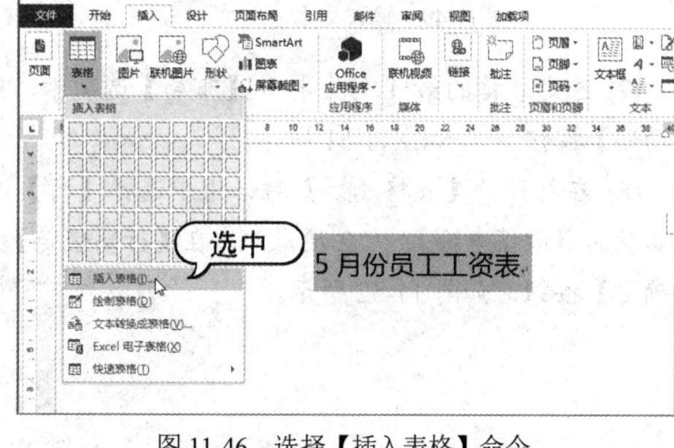

图 11-46 选择【插入表格】命令

(3) 在打开的【插入表格】对话框的【列数】和【行数】文本框中分别输入数值 8 和 12，选中【固定列宽】单选按钮，并在其后的文本框中选择【自动】选项，如图 11-47 所示。

(4) 在【插入表格】对话框中单击【确定】按钮，关闭对话框。在文档中将插入一个 8 × 12 的规则表格，如图 11-48 所示。

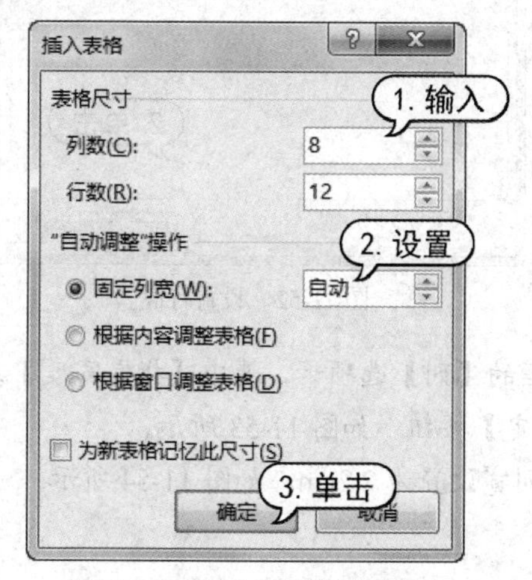

图 11-47 【插入表格】对话框

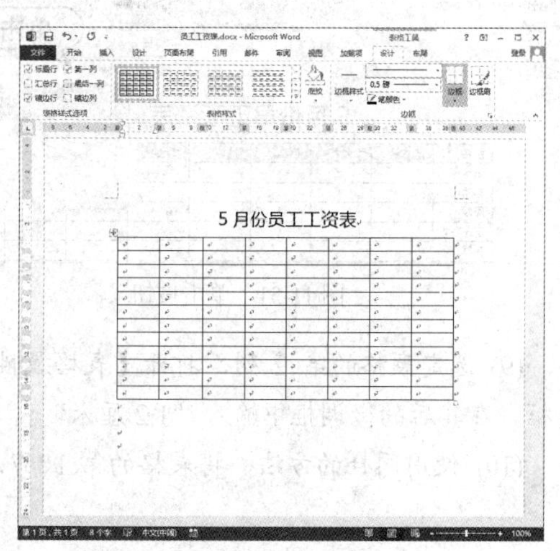

图 11-48 显示表格

(5) 将插入点定位到第 1 行第 1 个单元格中，输入文本“姓名”，如图 11-49 所示。

(6) 按下 Tab 键，定位到下一个单元格，使用同样的方法，依次在单元格中输入文本内容，如图 11-50 所示。

5 月份员工工资表

姓名							

图 11-49　输入文本

5 月份员工工资表

姓名	基本	绩效	考勤	补贴	奖惩	总计	备注
张华							
李明							
周瑞							
王志丹							
孔祥辉							
莫淑云							
梅白							
李大明							
刘宝利							
徐明							
马力							

图 11-50　输入文本

(7) 选定表格的第 1 行，打开【布局】选项卡，然后在【单元格大小】组中单击【对话框启动器】按钮，如图 11-51 所示。

(8) 在打开的【表格属性】对话框中选择【行】选项卡，然后选中【指定高度】复选框，在其后的微调框中输入“1.2 厘米”，在【行高值是】下拉列表中选择【固定值】选项，并单击【确定】按钮，如图 11-52 所示。

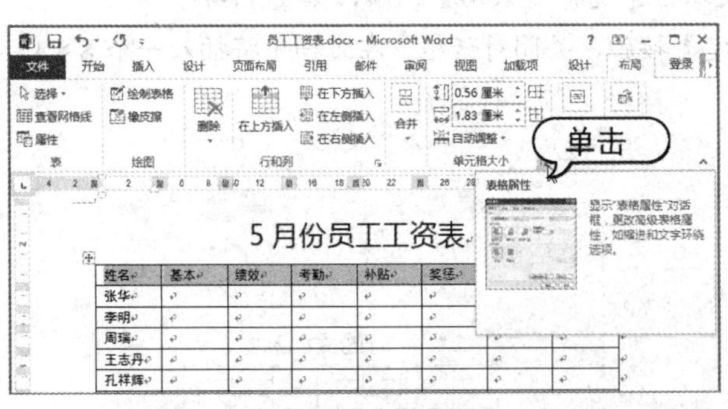

图 11-51　单击按钮

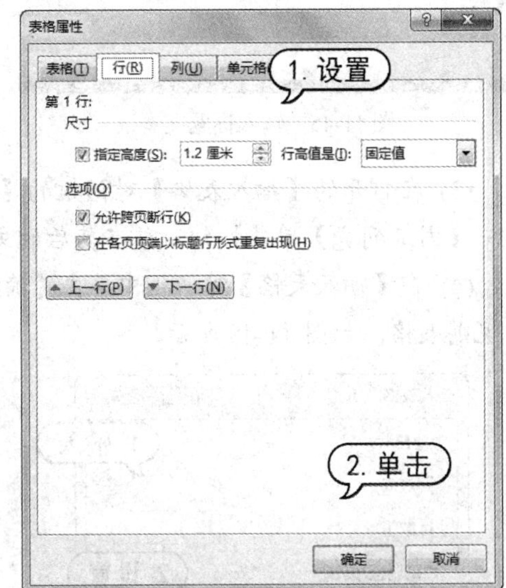

图 11-52　设置行高

(9) 选定表格的第 2 列，打开【表格属性】对话框的【列】选项卡，选中【指定宽度】复选框，在其后的微调框中输入“1.2 厘米”，单击【确定】按钮，如图 11-53 所示。

(10) 使用同样的方法，将表格的第 1、7、8 列的列宽设置为 2.2cm，如图 11-54 所示。

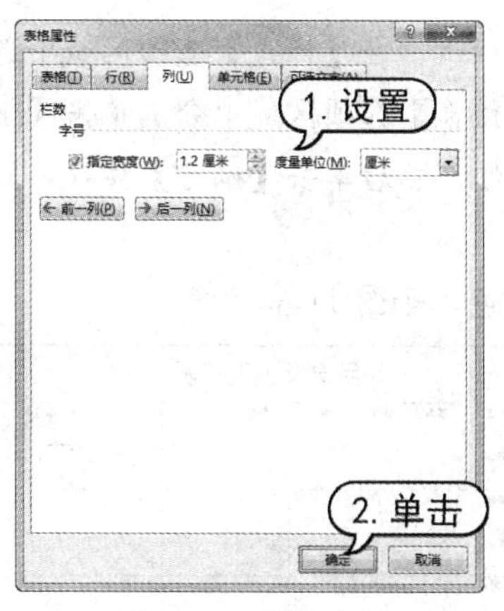

图 11-53　设置列宽

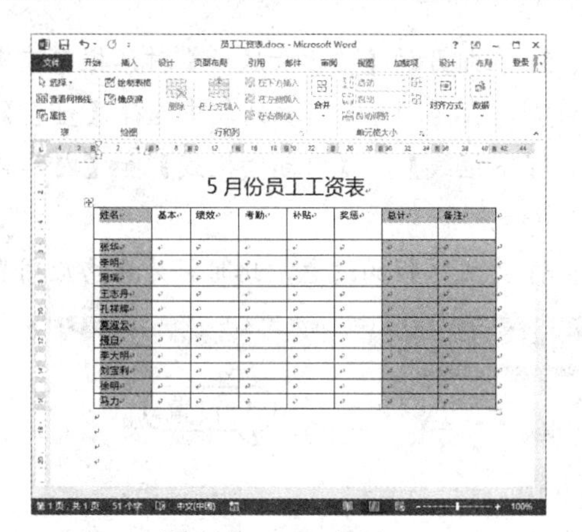

图 11-54　显示效果

(11) 单击表格左上方的⊞按钮，选定整个表格，如图 11-55 所示。

(12) 选择【布局】选项卡，在【对齐方式】组中单击【水平居中】按钮，设置表格文本水平居中对齐，如图 11-56 所示。

图 11-55　选定整个表格

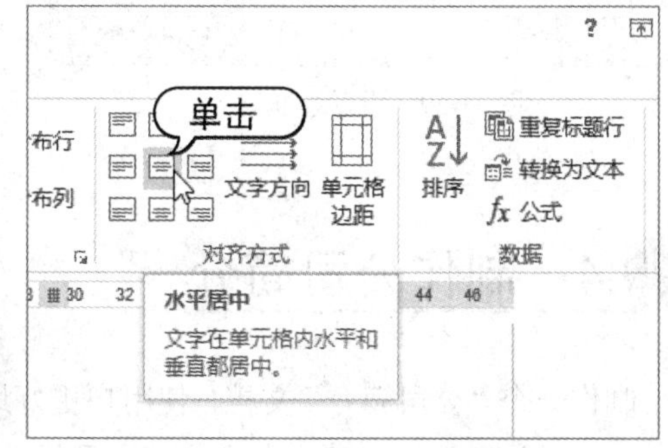

图 11-56　单击【水平居中】按钮

(13) 选中整个表格，打开【设计】选项卡，然后在【表格样式】组中单击【其他】按钮，在弹出的列表框中选择【网格表 1，浅色，着色 1】选项，为表格快速应用该底纹样式，如图 11-57 所示。

(14) 选中整个表格，在【设计】选项卡的【表格样式】组中，单击【边框】按钮，在弹出的菜单中选择【边框和底纹】选项，如图 11-58 所示。

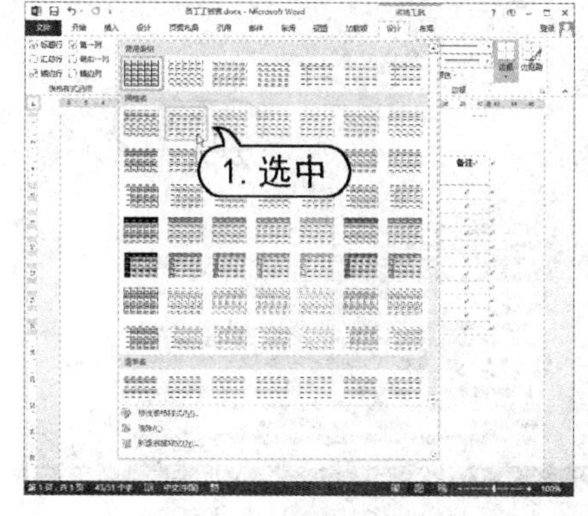

图 11-57　应用底纹样式

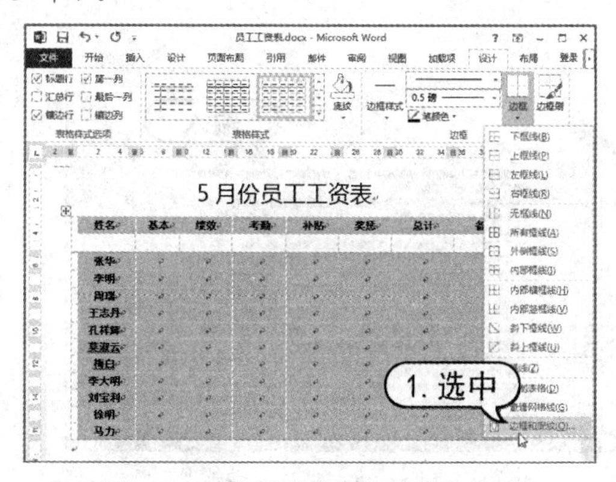

图 11-58　选择【边框和底纹】选项

(15) 在打开的【边框和底纹】对话框中选中【边框】选项卡，在【样式】选项区域中选择一种线型，在【颜色】下拉列表中选择【蓝色】色块，在【预览】选项区域中分别单击【上框线】、【下框线】、【内部横框线】和【内部竖框线】等按钮，然后单击【确定】按钮，如图 11-59 所示。

(16) 完成边框的设置，此时将为表格应用自定义边框颜色，如图 11-60 所示。

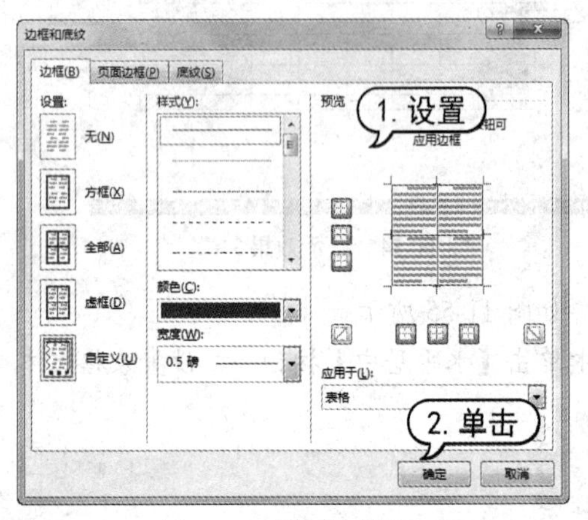

图 11-59　设置边框

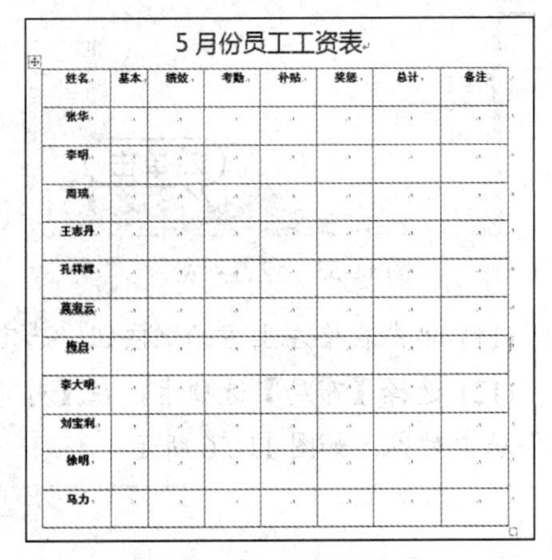

5 月份员工工资表

姓名	基本	绩效	考勤	补贴	奖惩	总计	备注
张华							
李明							
周瑞							
王志丹							
孔祥辉							
葛淑云							
梅启							
李大明							
刘宝利							
徐明							
马力							

图 11-60　显示边框

11.4　制作公司简介

制作一个“公司简介”文档，使用户更好地学习在 Word 文档中添加修饰对象等操作技巧。

(1) 启动 Word，新建一个名为“公司简介”文档，并将鼠标指针插入文档中，在文档中输入文本，如图 11-61 所示。

(2) 选择【插入】选项卡，在【文本】组中单击【插入艺术字】按钮，然后在弹出的列表中选中一种艺术字样式，插入文档中的艺术字输入框，输入文本“公司简介”，如图 11-62 所示。

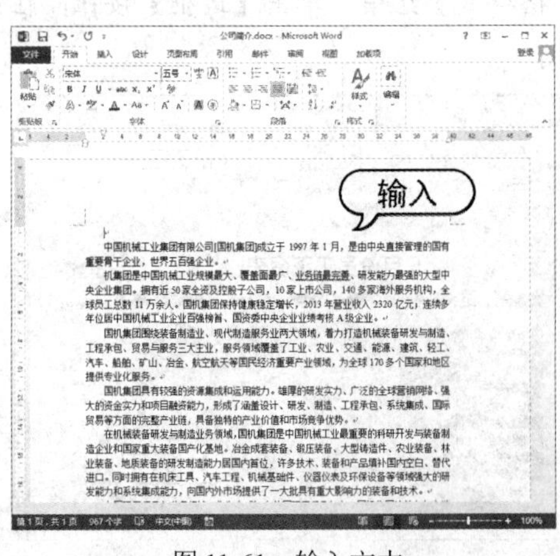

图 11-61　输入文本

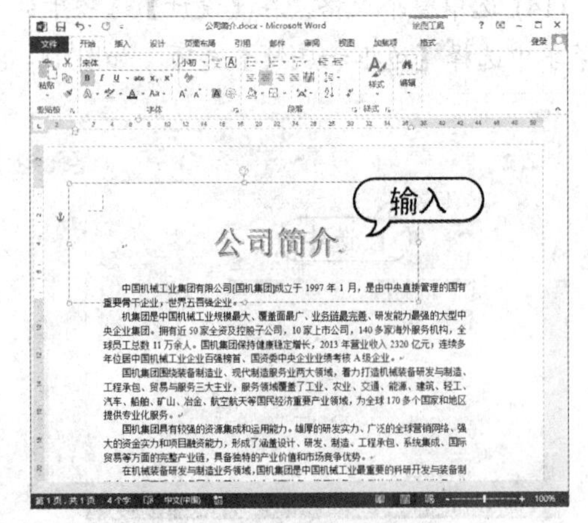

图 11-62　输入艺术字

(3) 选中第 1 段文本，然后在【文本】组中单击【添加首字下沉】按钮，选中【下沉】选项，为文档第 1 段文本添加首字下沉效果，如图 11-63 所示。

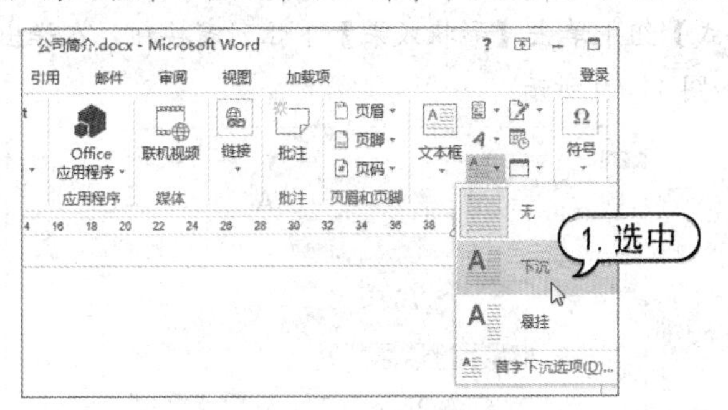

图 11-63　添加首字下沉效果

(4) 将鼠标插入第 1 段文本末尾，然后按下回车键另起一行，如图 11-64 所示。

(5) 在【插入】选项卡的【插图】组中单击 SmartArt 按钮，打开【选择 SmartArt 图形】对话框，在【选择 SmartArt 图形】对话框中选中【流程】选项，然后在对话框右侧的列表框中选择一种图形样式，并单击【确定】按钮，如图 11-65 所示。

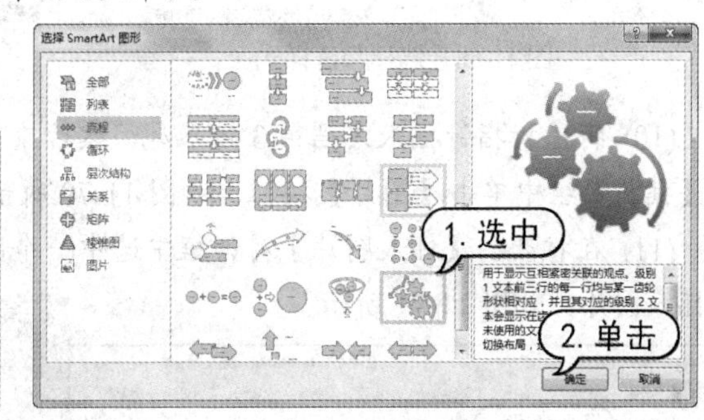

图 11-64　另起一行　　图 11-65 【选择 SmartArt 图形】对话框

(6) 在文档中插入 SmartArt 图形，然后将鼠标指针置于图形中的文本框内容，并输入文本，如图 11-66 所示。

(7) 按住并拖动 SmartArt 图形四周的控制点，调整图形的大小，然后单击图形右侧的【布局选项】按钮，并在弹出的列表框中选中【四周型环绕】选项，如 11-67 所示。

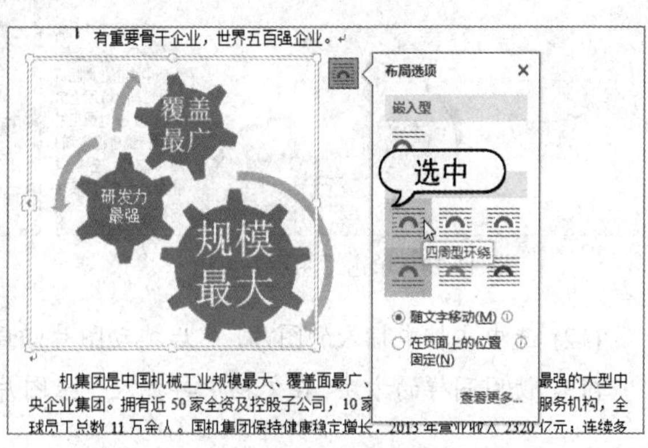

图 11-66　输入文本　　图 11-67　选中【四周型环绕】选项

(8) 选中页面中的 SmartArt 图形，打开【设计】选项卡，然后在【SmartArt 样式】组中单击【更改颜色】下拉列表按钮，并在弹出的列表中选中一种颜色样式，如图 11-68 所示。

(9) 选择【格式】选项卡，在【形状样式】组中单击【形状效果】下拉列表按钮，在弹出的列表中选中【棱台】|【硬边缘】选项，如图 11-69 所示。

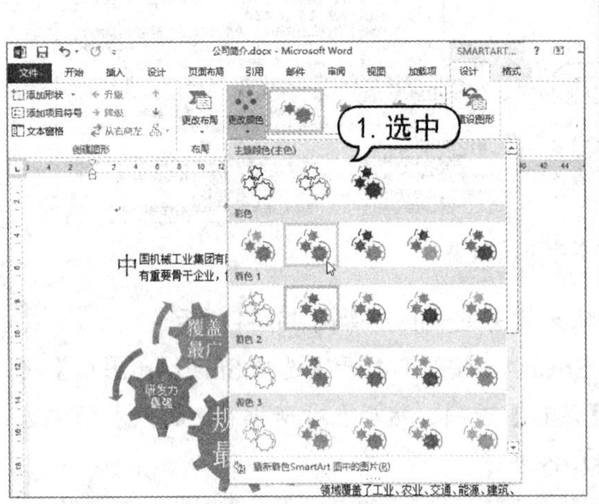

图 11-68　选择颜色样式

图 11-69　选择形状效果

(10) 将鼠标指针插入文档第 3 行末尾，然后按下 Enter 键另起一行，选择【插入】选项卡，在【插图】组中单击【图片】按钮，如图 11-70 所示。

(11) 在打开的【插入图片】对话框中选中一个图片文件，然后单击【插入】按钮，在文档中插入图片，如图 11-71 所示。

图 11-70　单击【图片】按钮

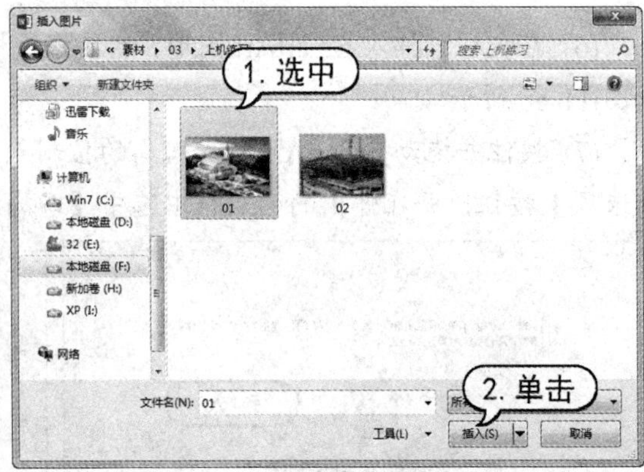

图 11-71　【插入图片】对话框

(12) 选中文档中插入的图片，然后拖动图片四周的控制栏，调整图片大小，如图 11-72 所示。

(13) 使用同样的方法，在文档中再插入一张图片并设置图片的大小和位置，如图 11-73 所示。

图 11-72　调整图片大小

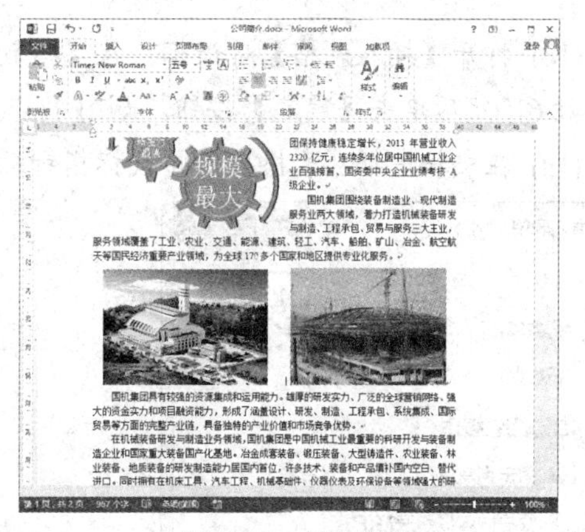

图 11-73　添加图片

(14) 选中第 4~6 行文本，然后选择【页面布局】选项卡，在【页面设置】组中单击【分栏】下拉列表按钮，并在弹出的列表中选中【更多分栏】选项，如图 11-74 所示。

(15) 在打开的【分栏】对话框中选中【两栏】选项和【分割线】复选框，然后单击【确定】按钮，如图 11-75 所示。

图 11-74　选中【更多分栏】选项

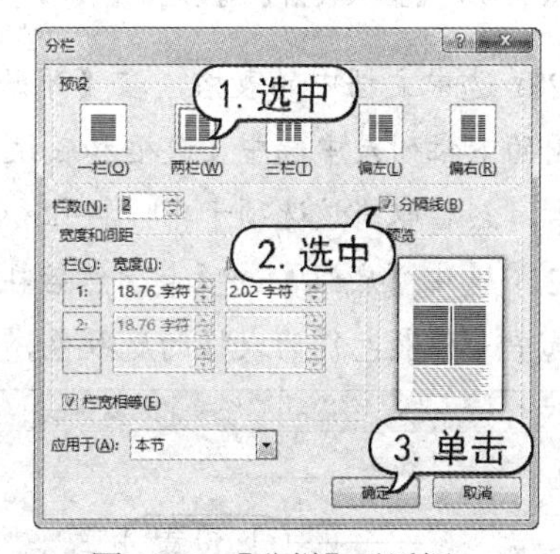

图 11-75　【分栏】对话框

(16) 此时，第 4~6 段文本将被自动分栏排版，效果如图 11-76 所示。

(17) 将鼠标指针插入第 7 行结尾处，然后按下 Enter 键另起一行，选择【插入】选项卡，在【表格】组中单击【表格】下拉列表按钮，在弹出的列表中选中【插入表格】选项，如图 11-77 所示。

图 11-76　显示分栏效果

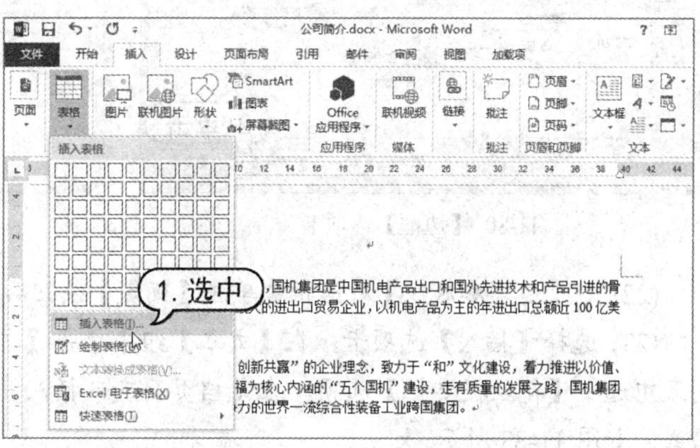

图 11-77　选中【插入表格】选项

(18) 打开【插入表格】对话框，在【列数】文本框中输入参数 2，在【行数】文本框中输入参数 6，然后单击【确定】按钮，如图 11-78 所示。

(19) 在文档中插入表格后，将鼠标指针插入表格中，输入文本，如图 11-79 所示。

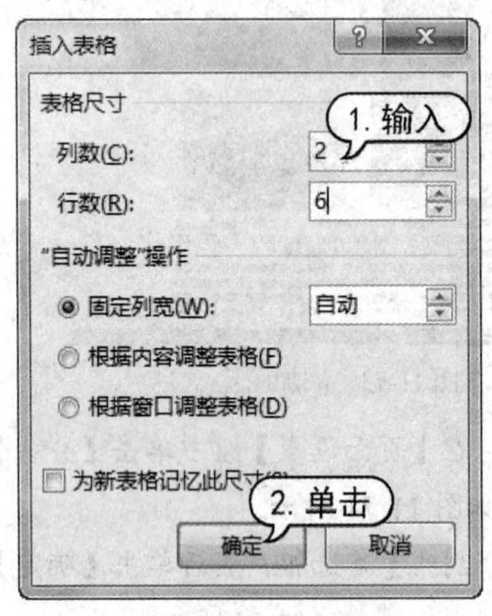

图 11-78 【插入表格】对话框

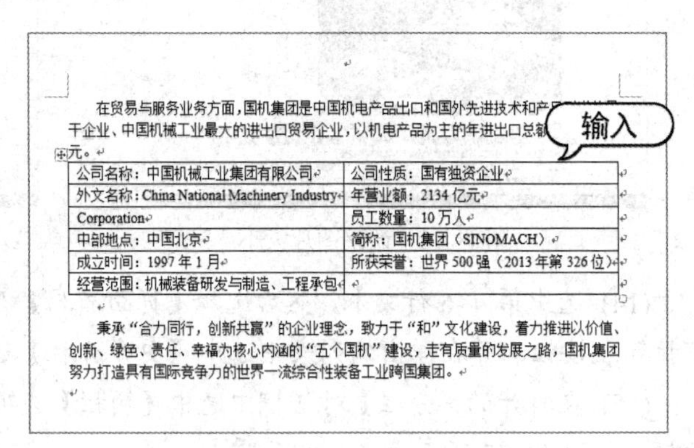

图 11-79 输入表格文本

(20) 选中文档中的表格，在【开始】选项卡的【段落】组中单击【边框】下拉列表按钮，在弹出的下拉列表中选中【边框和底纹】选项，在打开的【边框和底纹】对话框中选中【边框】选项卡，然后取消该选项卡中按钮和按钮的选中状态，如图 11-80 所示。

(21) 选中【底纹】选项卡，然后在该选项卡中单击【填充】下拉列表按钮，在弹出的列表框中选中一种颜色作为表格的底纹色，如图 11-81 所示。

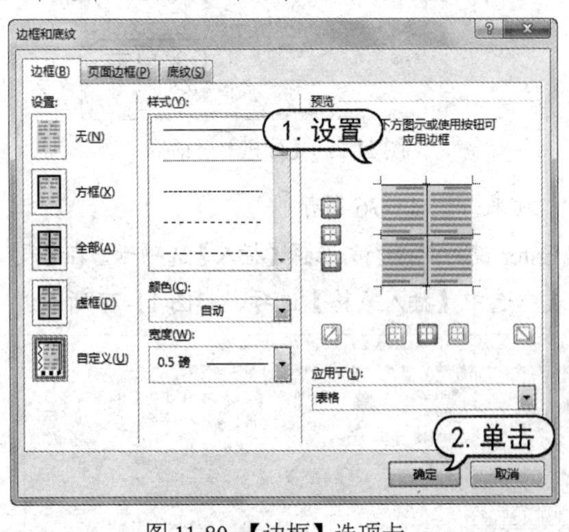

图 11-80 【边框】选项卡

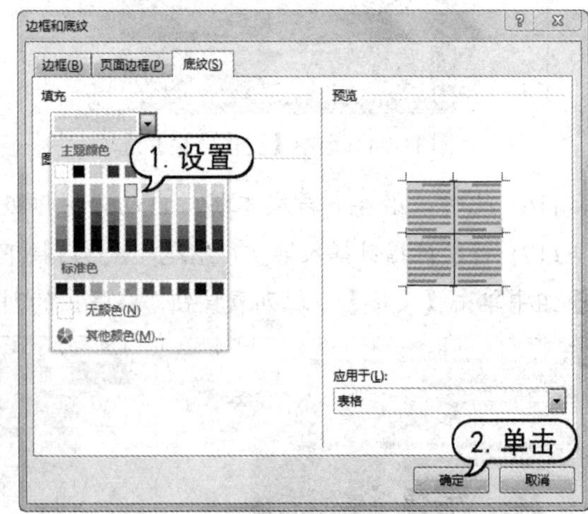

图 11-81 【底纹】选项卡

(22) 在【边框和底纹】对话框中单击【确定】按钮后，文档中表格的效果如图 11-82 所示。

(23) 选择【插入】选项卡，在【文本】组中单击【文本框】下拉列表按钮，在弹出的下拉列表中选中【花丝提要栏】选项，在文档页面底部插入一个文本框。输入相应的文字并设置其格式，如图 11-83 所示。

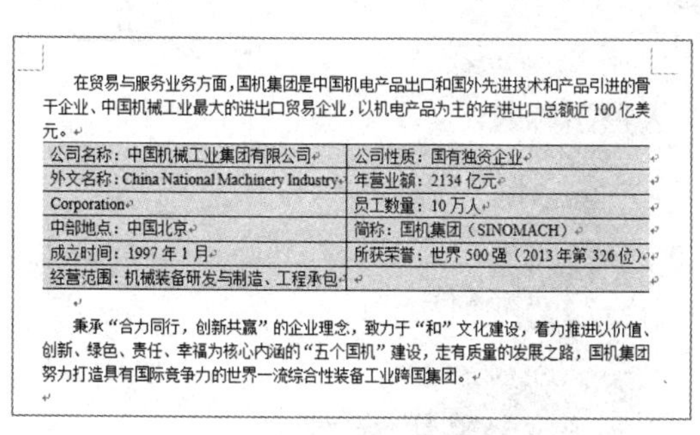

在贸易与服务业务方面，国机集团是中国机电产品出口和国外先进技术和产品引进的骨干企业、中国机械工业最大的进出口贸易企业，以机电产品为主的年进出口总额近 100 亿美元。

公司名称：中国机械工业集团有限公司	公司性质：国有独资企业
外文名称：China National Machinery Industry	年营业额：2134 亿元
Corporation	员工数量：10 万人
中部地点：中国北京	简称：国机集团（SINOMACH）
成立时间：1997 年 1 月	所获荣誉：世界 500 强（2013 年第 326 位）
经营范围：机械装备研发与制造、工程承包	

秉承“合力同行，创新共赢”的企业理念，致力于“和”文化建设，着力推进以价值、创新、绿色、责任、幸福为核心内涵的“五个国机”建设，走有质量的发展之路，国机集团努力打造具有国际竞争力的世界一流综合性装备工业跨国集团。

图 11-82　显示表格效果

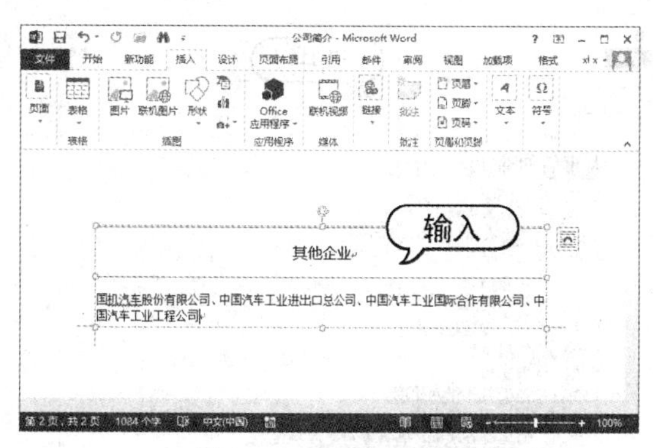

图 11-83　插入文本框

11.5　编排长文档

在 Word 2013 中编排“人事管理制度”文档，使用户更好地练习查看大纲、插入目录、插入批注等操作技巧。

(1) 启动 Word 2013，打开“人事管理制度”文档。

(2) 打开【视图】选项卡，在【文档视图】组中单击【大纲视图】按钮，切换至大纲视图模式中查看文档的结构层次，如图 11-84 所示。

(3) 双击标题“人事管理制度”前的⊕按钮，将折叠所有的文本内容，如图 11-85 所示。

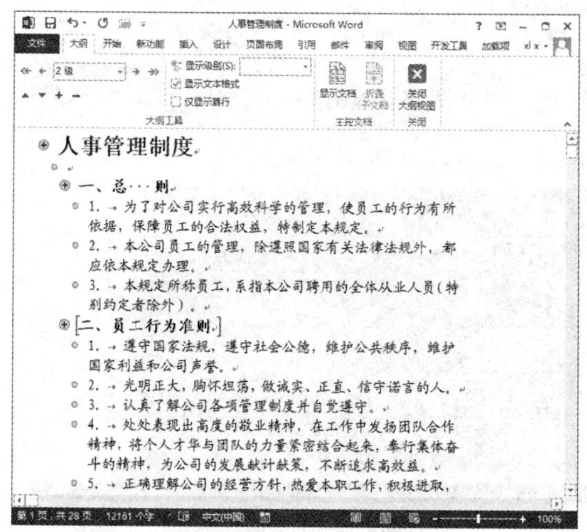

图 11-84　大纲视图

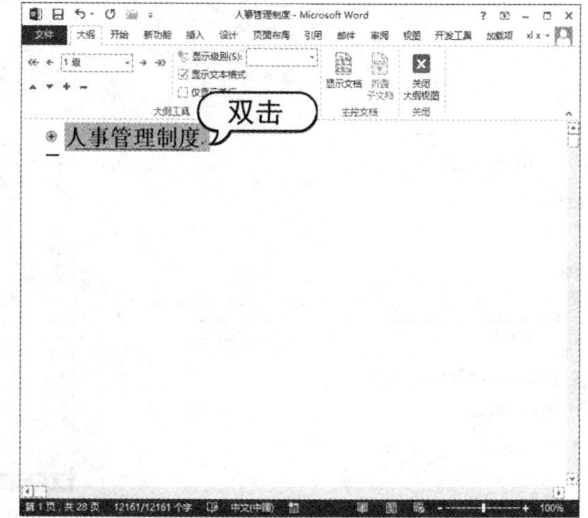

图 11-85　双击该按钮

(4) 在【大纲】选项卡【大纲工具】组中单击【显示级别】下拉按钮，从弹出的下拉菜单中选择【2 级】选项，此时文档的二级标题将显示出来，方便用户查看文档的整体结构，如图 11-86 所示。

(5) 在【关闭】组中单击【关闭大纲视图】按钮，关闭大纲视图。系统返回页面视图中，如图 11-87 所示。

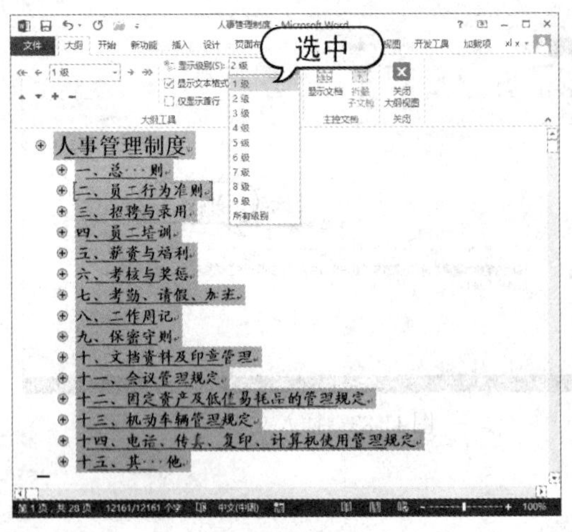

图 11-86 选择【2 级】选项

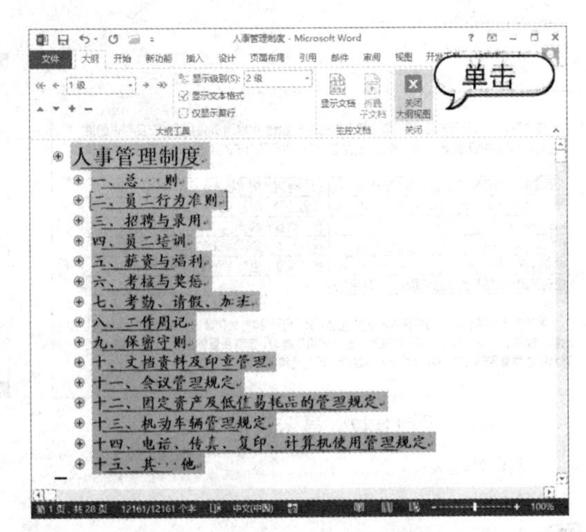

图 11-87 单击【关闭大纲视图】按钮

(6) 将插入点定位在“人事管理制度”的下一行，打开【引用】选项卡，在【目录】组单击【目录】下拉按钮，从弹出的目录样式列表框中选择【自动目录 1】选项，如图 11-88 所示。

(7) 此时即可在文档中套用该目录格式，并自动产生目录，如图 11-89 所示。

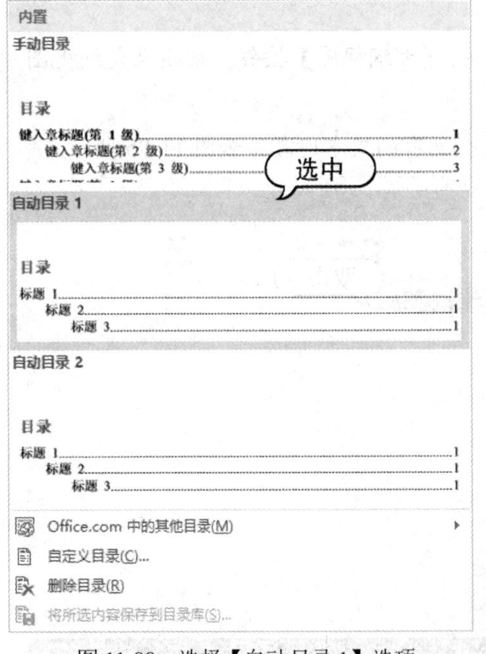

图 11-88 选择【自动目录 1】选项

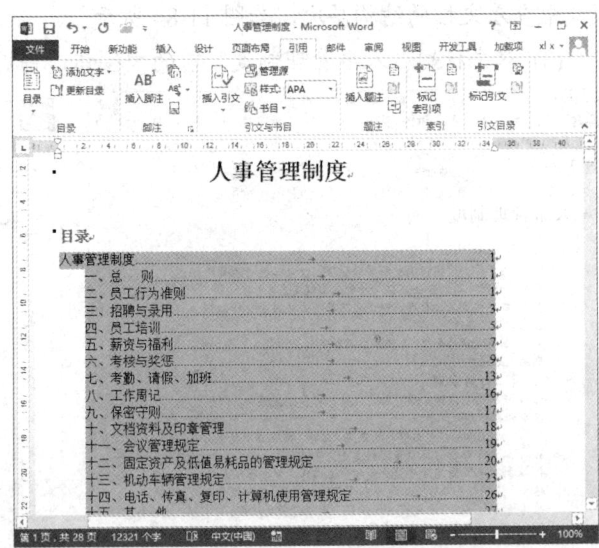

图 11-89 插入目录

(8) 选取标题“三、招聘与录用”下面的文本“人员增补申请表”，打开【审阅】选项卡，在【批注】组中单击【新建批注】按钮，Word 会自动添加批注框，如图 11-90 所示。

(9) 在批注框中输入批注文本，效果如图 11-91 所示。

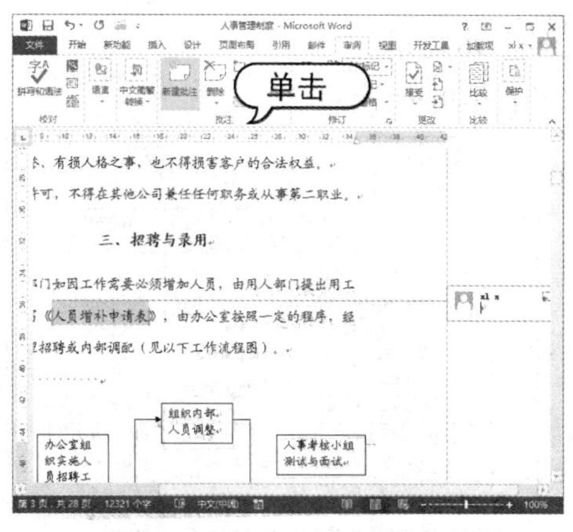

图 11-90　单击【新建批注】按钮

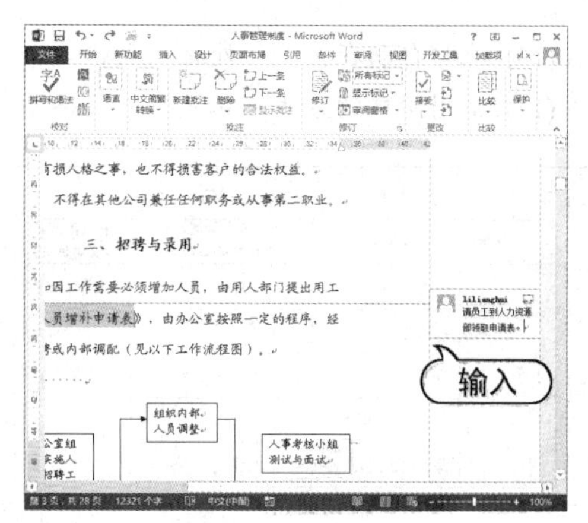

图 11-91　输入批注文本

(10) 选取标题“五、薪资与福利”下的第 8 小节的文本“职工各项福利”，打开【引用】选项卡，在【脚注】组中单击【插入脚注】按钮，如图 11-92 所示。

(11) 此时将在该页面末尾处添加一个【脚注】标记，然后在编辑区域中输入文本内容，效果如图 11-93 所示。

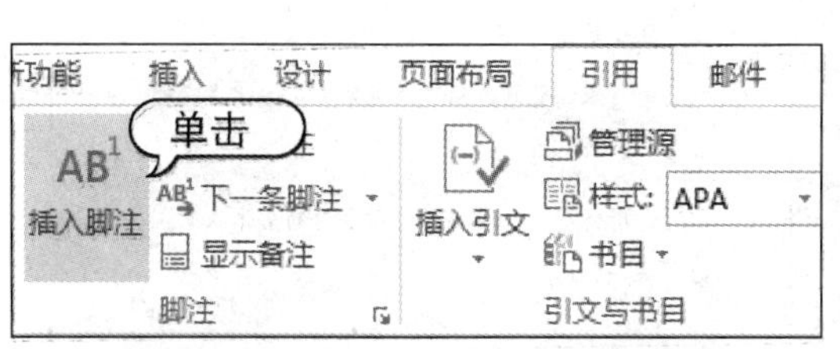

图 11-92　单击【插入脚注】按钮

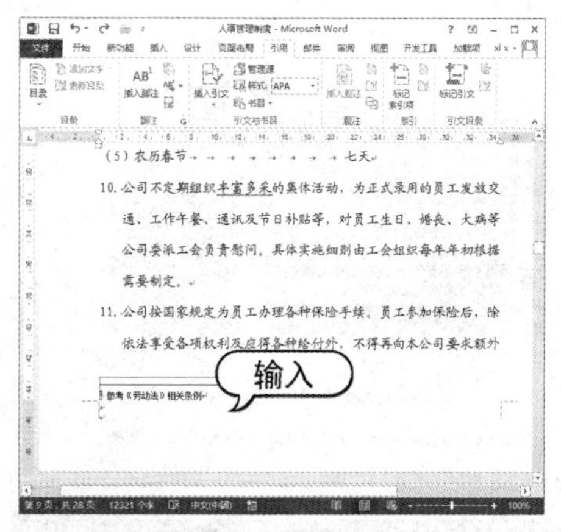

图 11-93　输入脚注文本

(12) 将插入点定位在文档的第一个表格上一行，在【题注】组中单击【插入题注】按钮，如图 11-94 所示。

(13) 打开【题注】对话框，在【选项】选项区域的【标签】下拉列表框中选择【表格】选项，单击【确定】按钮，如图 11-95 所示。

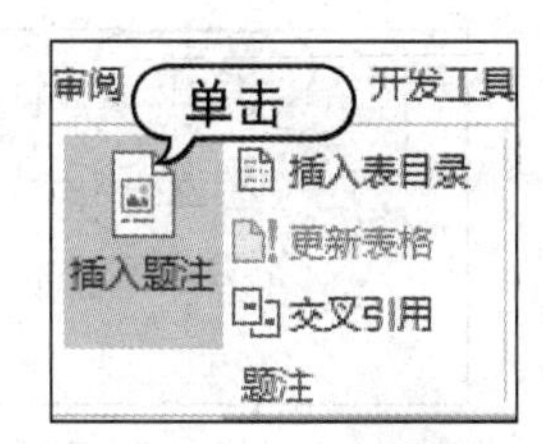

图 11-94　单击【插入题注】按钮

图 11-95　【题注】对话框

(14) 此时自动在插入点处插入表格题注，效果如图 11-96 所示。

(15) 使用同样的方法，插入其他表格题注，效果如图 11-97 所示。

痊愈不能胜任工作者，公司可按规定解除劳动合同：表格 1

工作年限	病假时间	工资待遇（按本人计）	有效医疗期（按职位定）
1 年以下	每月 1 天	工资 100%	3 个月
	每月 2～3 天	工资 80%	
	每月 4～7 天	工资 70%	
	每月 8～10 天	工资 60%	
	每月 10 天以上	50% 工资的救济金	

图 11-96　插入表格题注 1

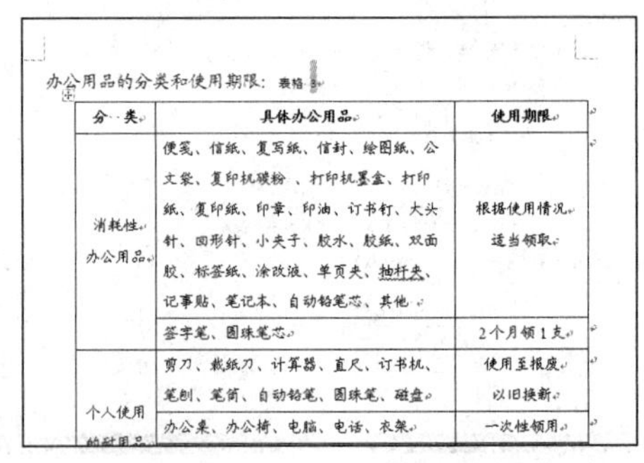

办公用品的分类和使用期限：表格 3

分　类	具体办公用品	使用期限
消耗性办公用品	便笺、信纸、复写纸、信封、绘图纸、公文袋、复印机碳粉、打印机墨盒、打印纸、复印纸、印章、印油、订书钉、大头针、回形针、小夹子、胶水、胶纸、双面胶、标签纸、涂改液、单页夹、抽杆夹、记事贴、笔记本、自动铅笔芯、其他	根据使用情况适当领取
	签字笔、圆珠笔芯	2 个月领 1 支
个人使用	剪刀、裁纸刀、计算器、直尺、订书机、笔刨、笔筒、自动铅笔、圆珠笔、磁盘	使用至报废以旧换新
	办公桌、办公椅、电脑、电话、衣架	一次性领用

图 11-97　插入表格题注 2

(16) 打开【审阅】选项卡，在【修订】组中，单击【修订】按钮，如图 11-98 所示。

(17) 定位到第一条需要修改的文本的位置，输入所需的字符，添加的文本下方将显示下划线，此时添加的文本也以紫色显示，效果如图 11-99 所示。

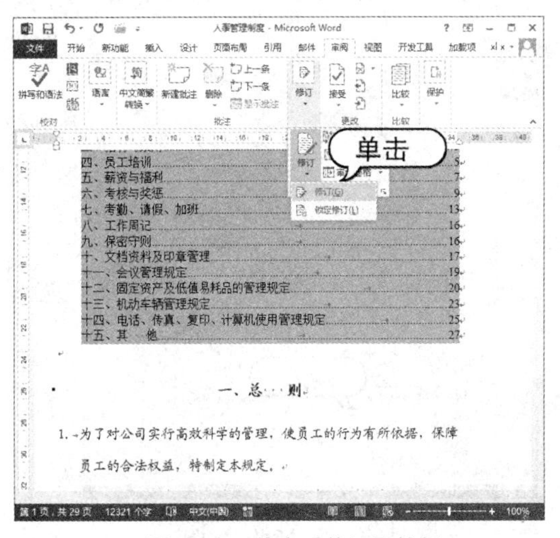

图 11-98　单击【修订】按钮

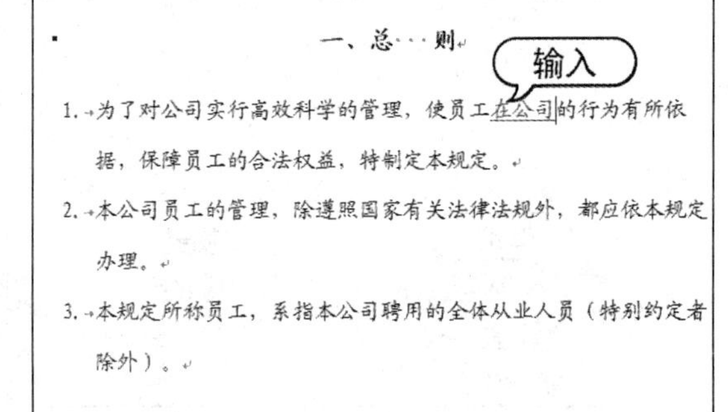

一、总　则

1. 为了对公司实行高效科学的管理，使员工在公司的行为有所依据，保障员工的合法权益，特制定本规定。

2. 本公司员工的管理，除遵照国家有关法律法规外，都应依本规定办理。

3. 本规定所称员工，系指本公司聘用的全体从业人员（特别约定者除外）。

图 11-99　输入修订文本

(18) 选中文本“（特别约定者除外）”，按 Delete 键，将其删除，此时，删除的文本将以紫色显示，并在文本中添加紫色删除线，效果如图 11-100 所示。

(19) 当所有的修订工作完成后，再次单击【修订】组中的【修订】按钮，即可退出修订状态，效果如图 11-101 所示。

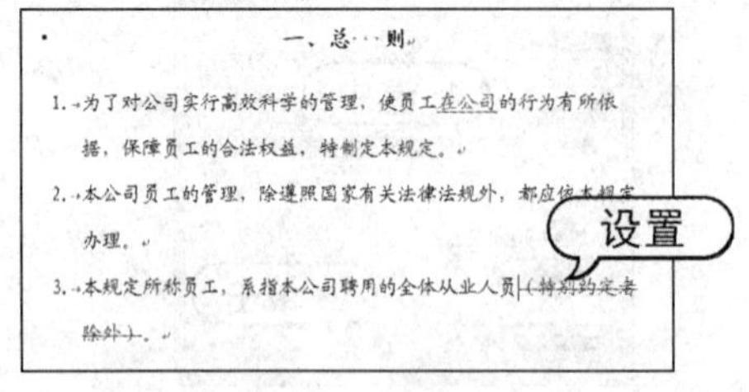

一、总　则

1. 为了对公司实行高效科学的管理，使员工在公司的行为有所依据，保障员工的合法权益，特制定本规定。

2. 本公司员工的管理，除遵照国家有关法律法规外，都应依本规定办理。

3. 本规定所称员工，系指本公司聘用的全体从业人员（特别约定者除外）。

图 11-100　删除文本

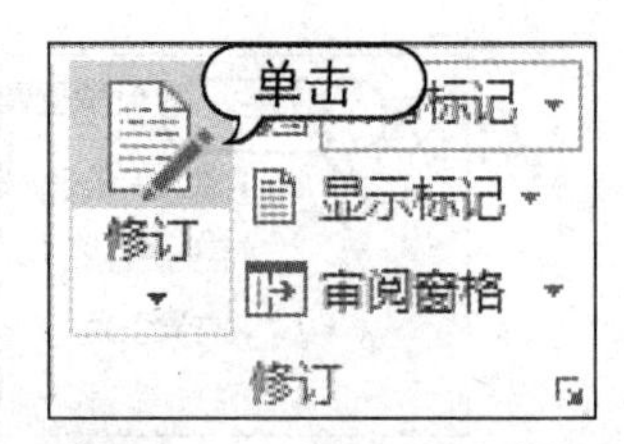

图 11-101　单击【修订】按钮

(20) 单击【更改】组中的【接受】按钮，在下拉菜单中选择【接受此修订】命令，如图 11-102 所示。

(21) 此时删除的文本紫线效果将和文本一起消失，效果如图 11-103 所示。

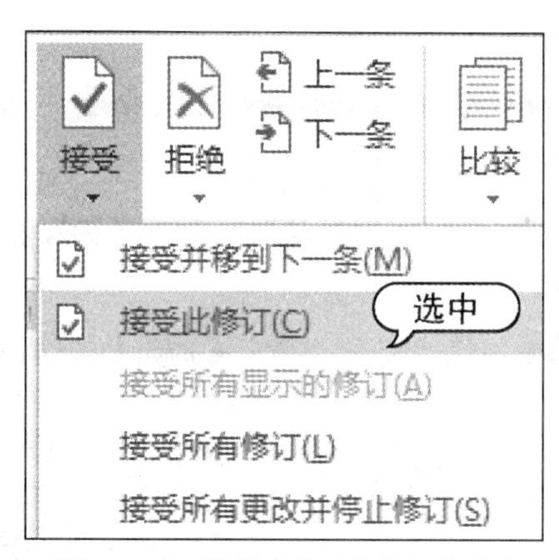

图 11-102　选择【接受此修订】命令

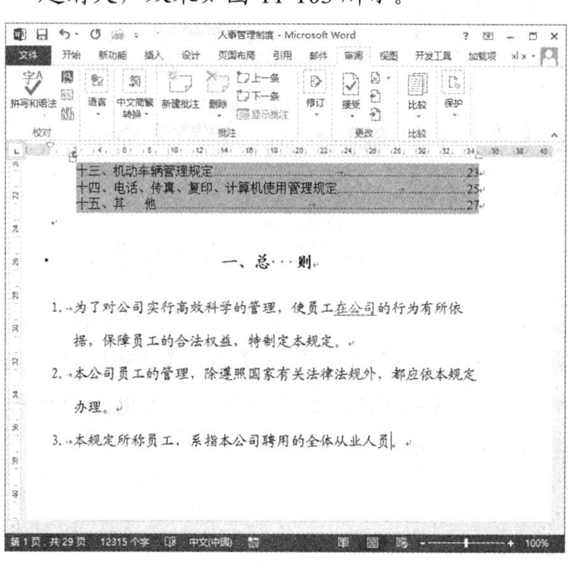

图 11-103　接受删除修订

11.6　制作宣传单

新建“悠米时光宣传单”文档，在其中插入文本、联机图片、图片、文本框、艺术字等修饰元素，并对其格式进行设置。

(1) 启动 Word 2013，新建一个“悠米时光宣传单”文档，打开【插入】选项卡，在【插图】组中单击【联机图片】按钮，如图 11-104 所示。

(2) 打开【插入图片】对话框，在搜索框中输入“果汁”，单击【搜索】按钮，如图 11-105 所示。

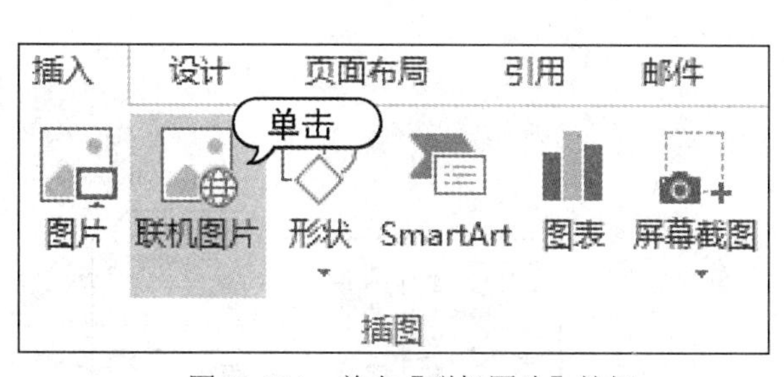

图 11-104　单击【联机图片】按钮

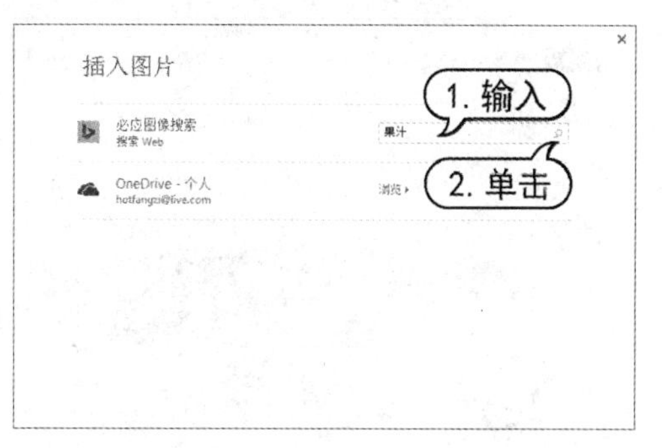

图 11-105　输入“果汁”

(3) 显示搜索出来的联机图片，选择一张图片，单击【插入】按钮，如图 11-106 所示。

(4) 此时，在文档中插入该图片。拖动图片四周控制点可以调整图片的大小，如图 11-107 所示。

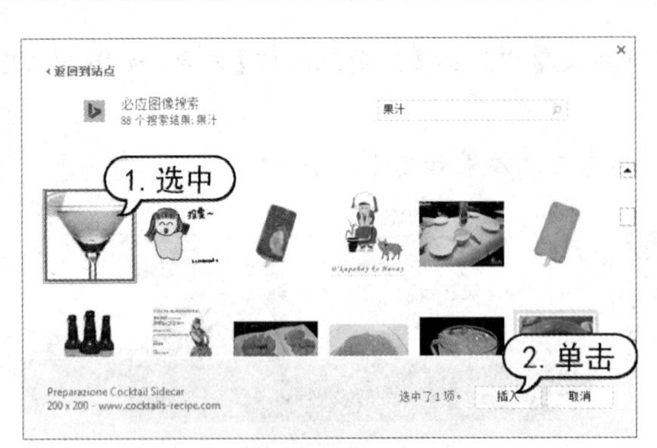

图 11-106　选择联机图片

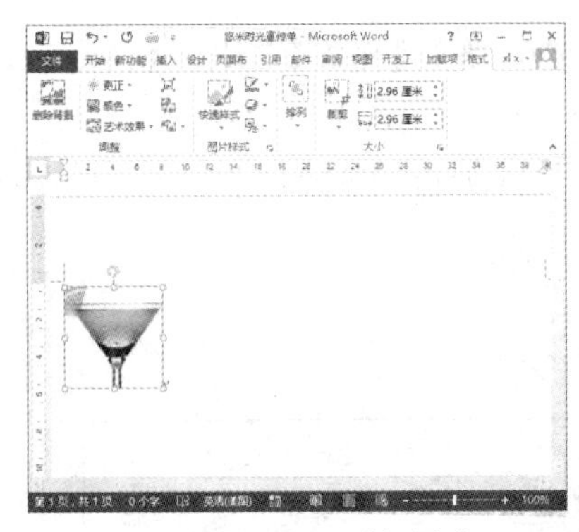

图 11-107　插入联机图片

(5) 将插入点定位到插入的联机图片右侧的段落标记位置，按 Enter 键换行，打开【插入】选项卡，在【插图】组中单击【图片】按钮，如图 11-108 所示。

(6) 打开【插入图片】对话框，打开电脑中的图片的位置，选中图片，单击【插入】按钮，如图 11-109 所示。

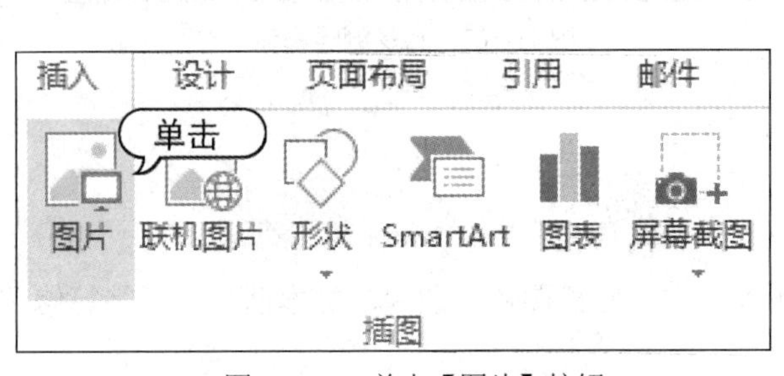

图 11-108　单击【图片】按钮

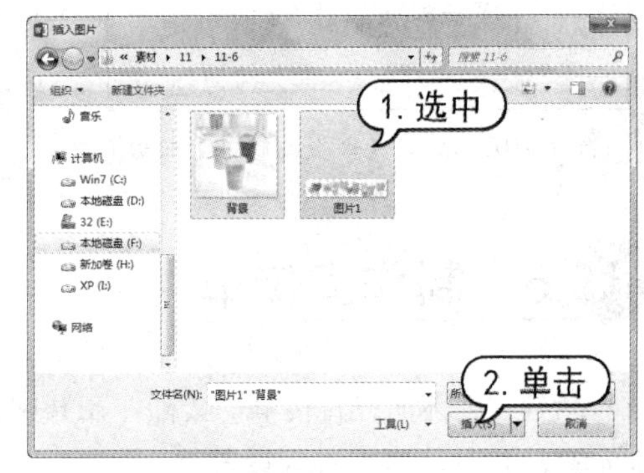

图 11-109　【插入图片】对话框

(7) 选中图片，调整图片的顺序，如图 11-110 所示。

(8) 选中插入的联机图片，打开【图片工具】的【格式】选项卡，在【大小】组中的【高度】微调框中输入“2.5 厘米”，如图 11-111 所示。

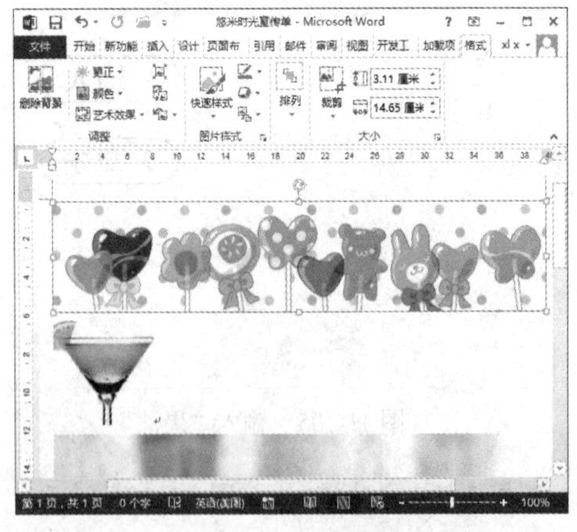

图 11-110　调整图片顺序

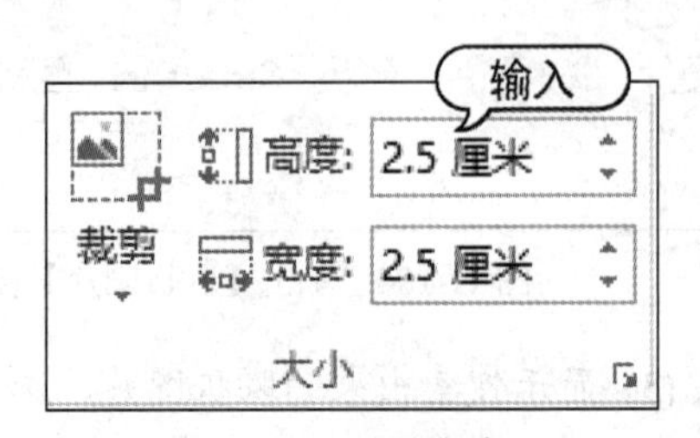

图 11-111　输入高度

(9) 在【排列】组中，单击【自动换行】按钮，从弹出的菜单中选择【浮于文字上方】命令，此时联机图片将浮动在下行的图片上，如图 11-112 所示。

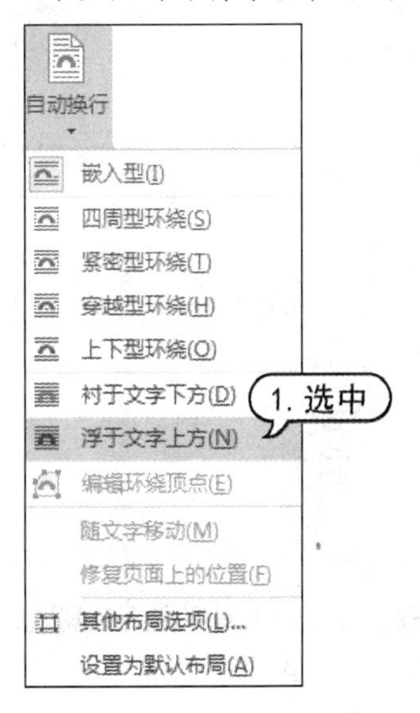

图 11-112　图片浮于文字上方

(10) 将鼠标指针移至联机图片上，待鼠标指针变为形状时，按住鼠标左键不放，向文档最右侧进行拖动，使用同样的方法，设置其他图片的环绕方式为【衬于文字下方】，然后复制一张联机图片，并使用鼠标拖动法调节各个图片到合适位置，如图 11-113 所示。

(11) 选中下方的图片，打开【图片工具】的【格式】选项卡，在【调整】组中单击【颜色】下拉按钮，从弹出的列表中选择一种颜色饱和度以及色调效果，即可快速为图片重新设置色调，如图 11-114 所示。

图 11-113　调整图片

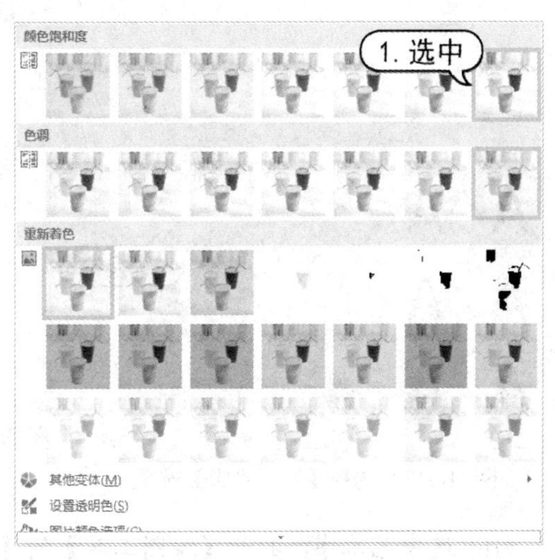

图 11-114　设置图片颜色

(12) 在【图片样式】组中单击【快速样式】下拉按钮，从弹出的样式列表框中选择【矩形投影】选项，如图 11-115 所示。

(13) 此时即可快速为图片应用该样式，效果如图 11-116 所示。

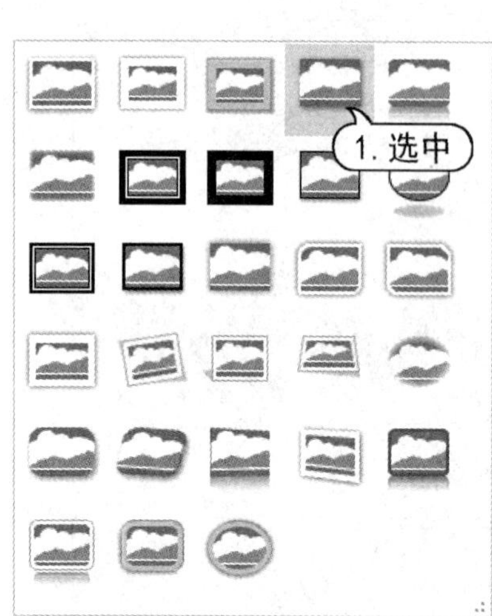

图 11-115　选择【矩形投影】选项

图 11-116　应用样式

(14) 将插入点定位在第 1 行，打开【插入】选项卡，在【文本】组中单击【艺术字】按钮，在艺术字列表框中选择【填充-金色，着色，暖棱台】样式，如图 11-117 所示。

(15) 在提示文本“请在此放置您的文字”处输入文本，设置字体为【汉仪太极体简】，字号为【初号】，然后拖动鼠标调节艺术字至合适的位置，如图 11-118 所示。

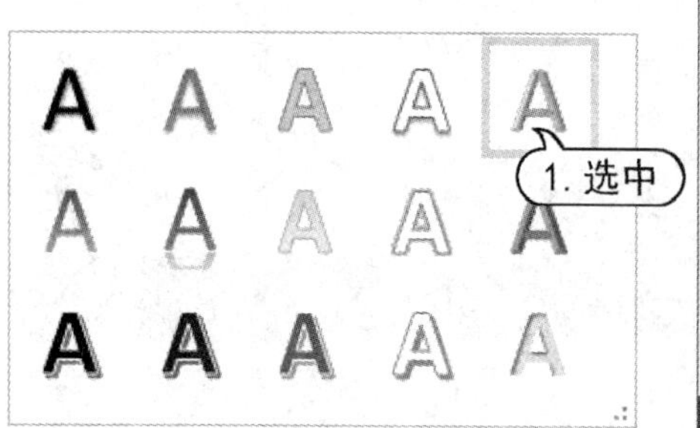

图 11-117　选择【矩形投影】选项

图 11-118　输入文本

(16) 选中艺术字，打开【绘图工具】的【格式】选项卡，在【艺术字样式】组中单击【文字效果】按钮，从弹出的菜单中选择【发光】命令，然后在【发光变体】选项区域中选择【绿色，11pt 发光，着色 2】选项，为艺术字应用该发光效果，如图 11-119 所示。

(17) 在【大小】组的【高度】和【宽度】微调框中分别输入“4 厘米”和“12 厘米”，按 Enter 键，完成艺术字大小的设置，效果如图 11-120 所示。

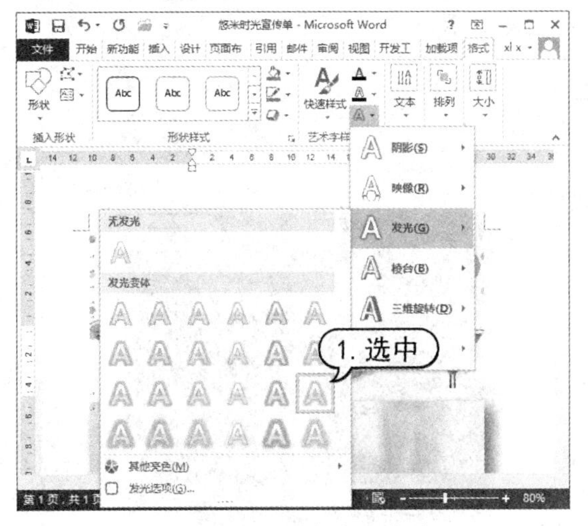

图 11-119　选择发光选项

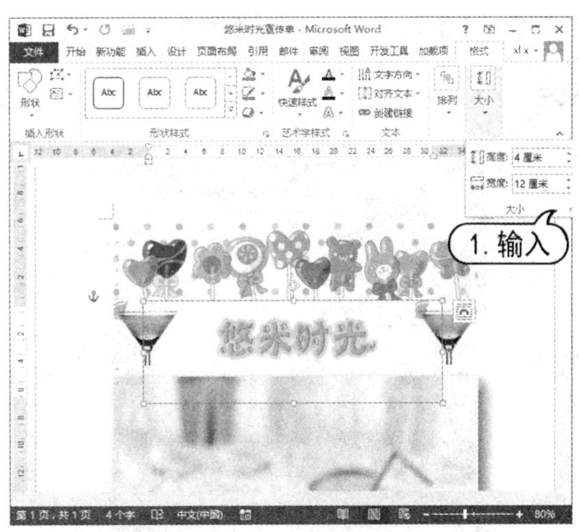

图 11-120　设置艺术字大小

(18) 打开【插入】选项卡，在【插图】组中单击【形状】下拉按钮，从弹出的列表框的【基本形状】区域中选择【折角形】选项，如图 11-121 所示。

(19) 将鼠标指针移至文档中，待其变成“+”形状时，按住左键不放并拖动绘制折角形，覆盖一张图片，如图 11-122 所示。

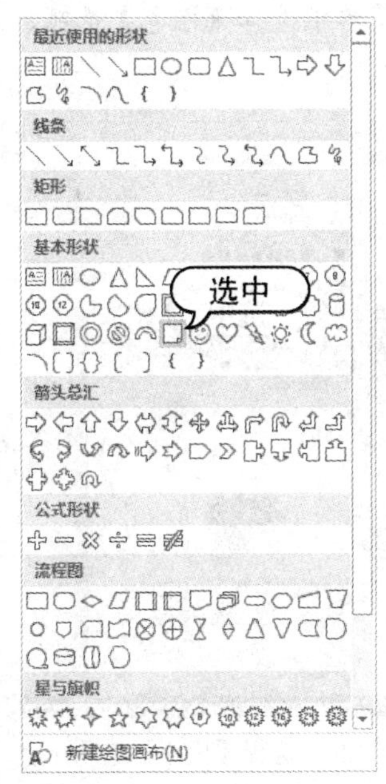

图 11-121　选择【折角形】选项

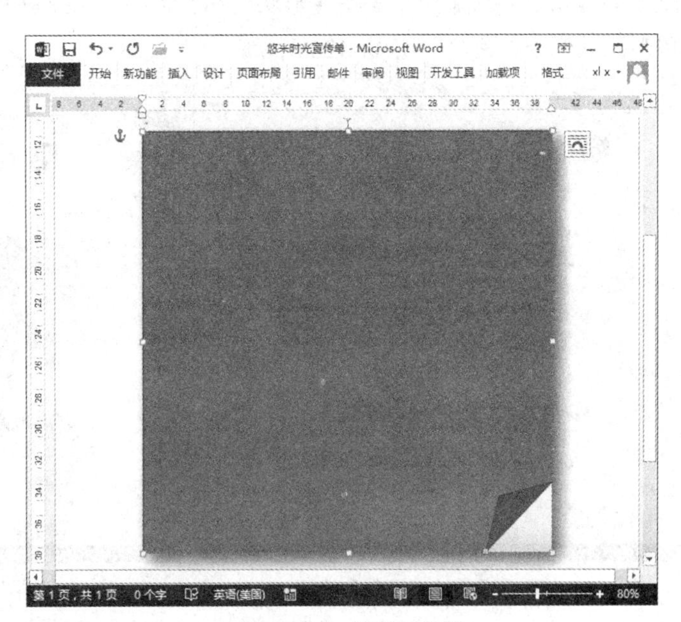

图 11-122　绘制折角形

(20) 选中自选图形，右击，从弹出的快捷菜单中选择【添加文字】命令，如图 11-123 所示。

(21) 此时在图形中显示闪烁的光标，在光标处输入文本，然后设置标题字体为【华文琥珀】，字号为【二号】，字体颜色为【黄色】；设置类目和正文文本字体为【方正粗圆_GBK】，字号为【四号】，字体颜色为【橙色】，效果如图 11-124 所示。

图 11-123 选择【添加文字】命令

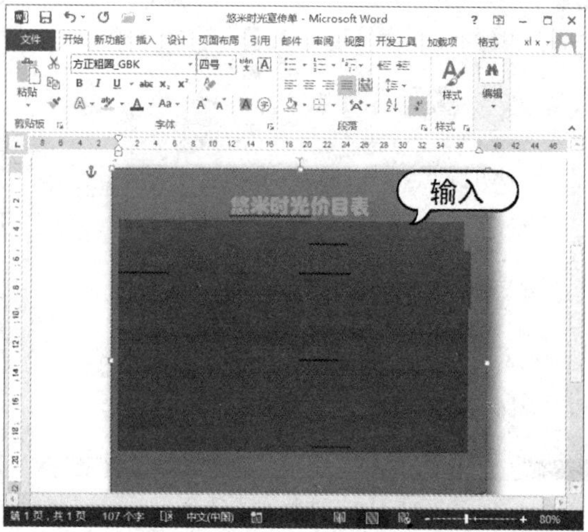

图 11-124 输入文本

(22) 选中【折角形】图形，打开【绘图工具】的【格式】选项卡，在【形状样式】组中单击【形状填充】按钮，从弹出的菜单中选择【无填充颜色】选项，设置自选图形无填充色，如图 11-125 所示。

(23) 在【形状样式】组中单击【形状轮廓】按钮，从弹出的菜单中选择【橙色】选项，为自选图形设置线条颜色，如图 11-126 所示。

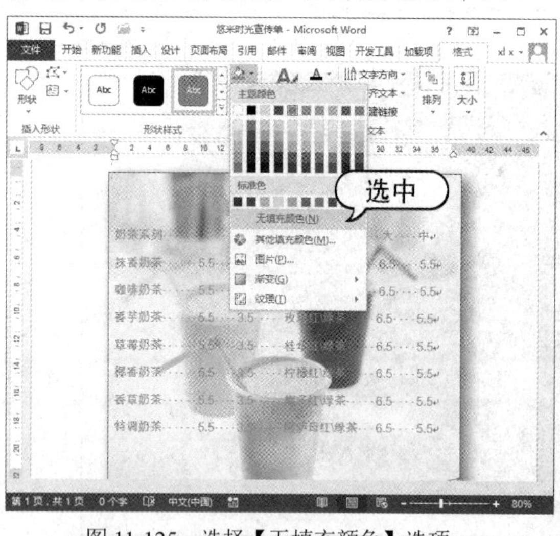

图 11-125 选择【无填充颜色】选项

图 11-126 选择【橙色】选项

(24) 在【形状样式】组中单击【形状效果】按钮，从弹出的菜单中选择【发光】命令，然后在【发光变体】列表框中选择【绿色，11pt 发光，着色 6】选项，为自选图形应用该发光效果，如图 11-127 所示。

(25) 打开【插入】选项卡，在【插图】组中单击 SmartArt 按钮，如图 11-128 所示。

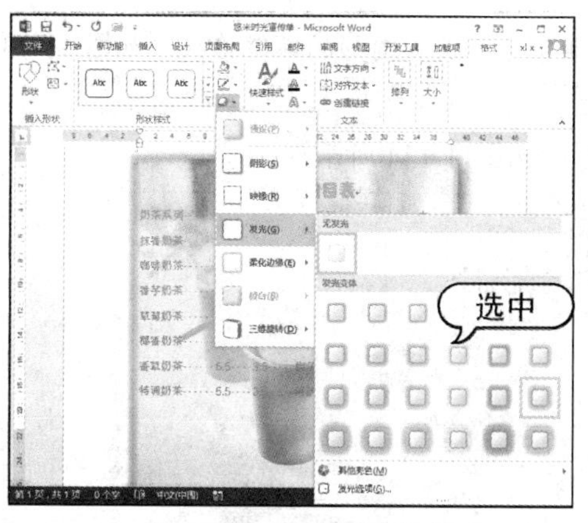

图 11-127 选择发光选项

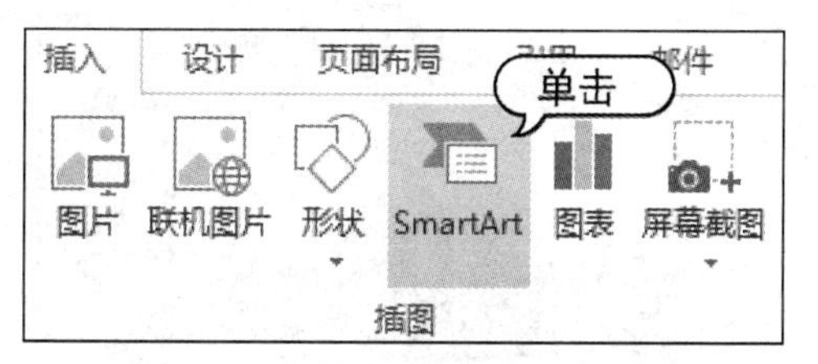

图 11-128 单击 SmartArt 按钮

(26) 打开【选择 SmartArt 图形】对话框，打开【流程】选项卡，在右侧的列表框中选择【重点流程】选项，然后单击【确定】按钮，如图 11-129 所示。

(27) 此时，即可在文档中插入【重点流程】样式的 SmartArt 图形，如图 11-130 所示。

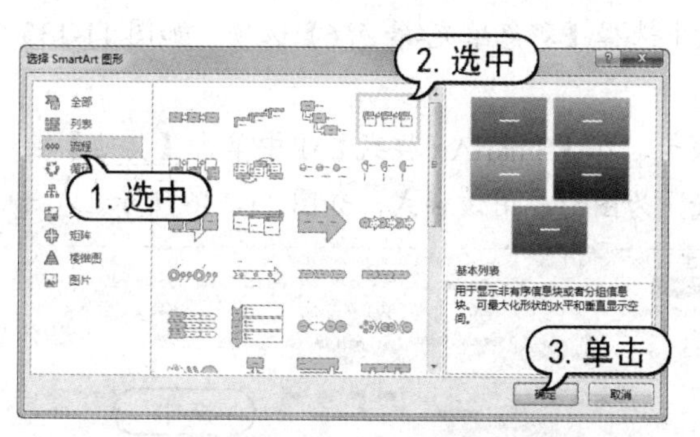

图 11-129 【选择 SmartArt 图形】对话框

图 11-130 显示 SmartArt 图形

(28) 右击最后一个【[文本] 】占位符，选择【添加形状】|【在后面添加形状】命令，在该占位符后面添加一个形状，如图 11-131 所示。

(29) 拖动鼠标调节 SmartArt 图形的大小，在【文本】处单击并输入文字，如图 11-132 所示。

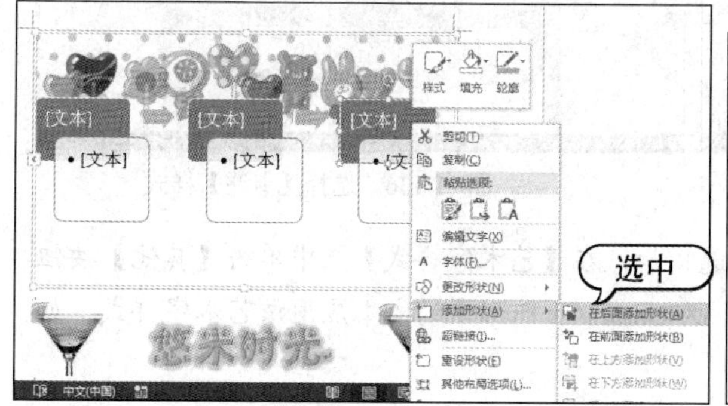

图 11-131 添加形状

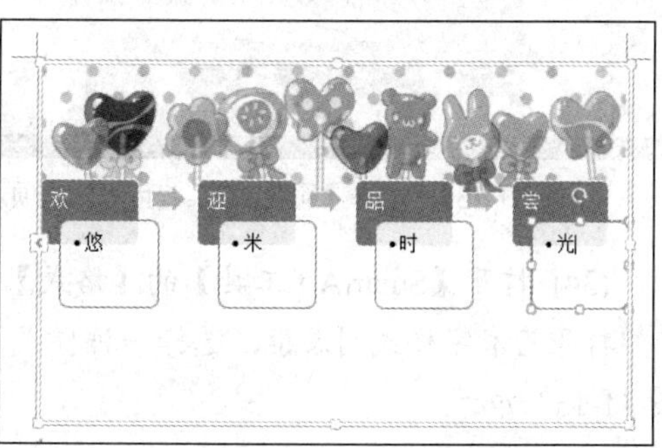

图 11-132 输入文本

(30) 右击 SmartArt 图形，选择【浮于文字上方】命令，设置图形的环绕格式，如图 11-133 所示。

(31) 拖动鼠标调整 SmartArt 图形到合适的位置，如图 11-134 所示。

图 11-133 选择【浮于文字上方】命令

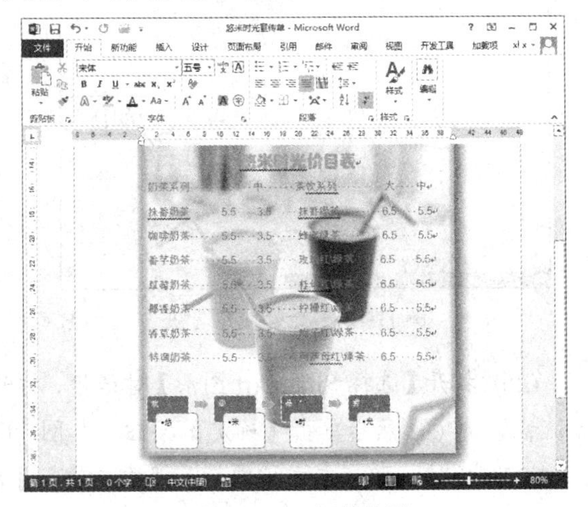

图 11-134 调整位置

(32) 选中 SmartArt 图形，打开【SmartArt 工具】的【设计】选项卡，在【SmartArt 样式】组中单击【更改颜色】按钮，在打开的颜色列表中选择【彩色填充-着色 6】选项，如图 11-135 所示。

(33) 打开【SmartArt 工具】的【设计】选项卡，在【SmartArt 样式】组中单击【其他】按钮，在打开的【三维】列表中选择【优雅】样式，为图形应用该样式，如图 11-136 所示。

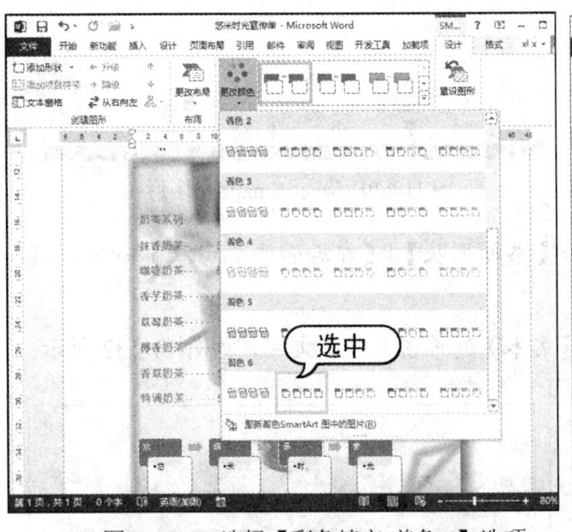

图 11-135 选择【彩色填充-着色 6】选项

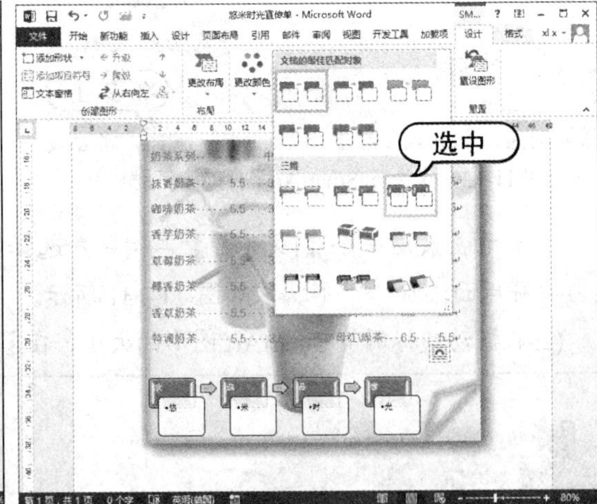

图 11-136 选择【卡通】样式

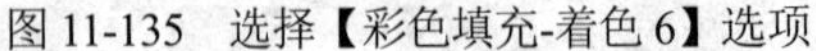

(34) 打开【SmartArt 工具】的【格式】选项卡，在【艺术字样式】组中单击【其他】按钮 ，打开艺术字样式列表框，选择一种样式，为 SmartArt 图形中的文本应用该艺术字样式，如图 11-137 所示。

(35) 在【艺术字样式】组中单击【文字效果】按钮，选择【发光】|【蓝色，8pt 发光，着色 5】选项，为 SmartArt 图形文字应用该效果，如图 11-138 所示。

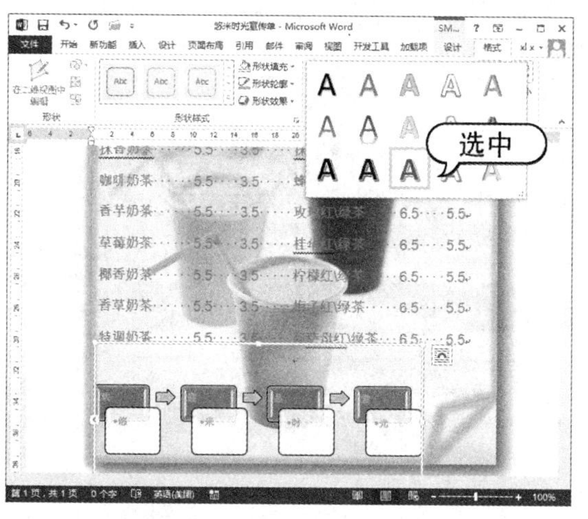

图 11-137 选择艺术字样式

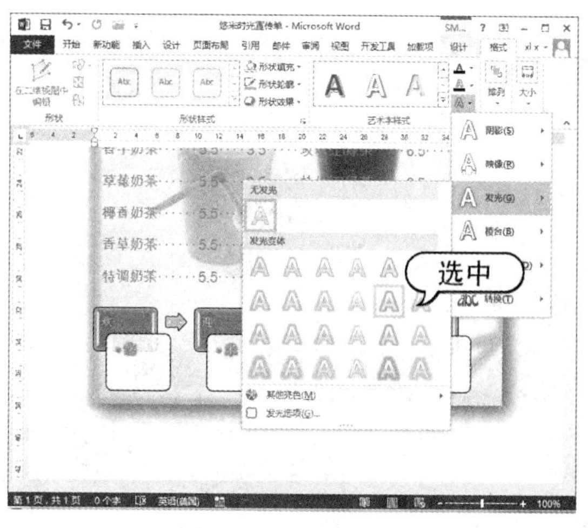

图 11-138 选择文字效果

(36) 打开【插入】选项卡，在【文本】组中单击【文本框】按钮，从弹出的菜单中选择【绘制文本框】命令，如图 11-139 所示。

(37) 将鼠标指针移动到合适的位置，待其变成“十”字形时，拖动鼠标指针绘制横排文本框，释放鼠标，完成横排文本框的绘制操作，如图 11-140 所示。

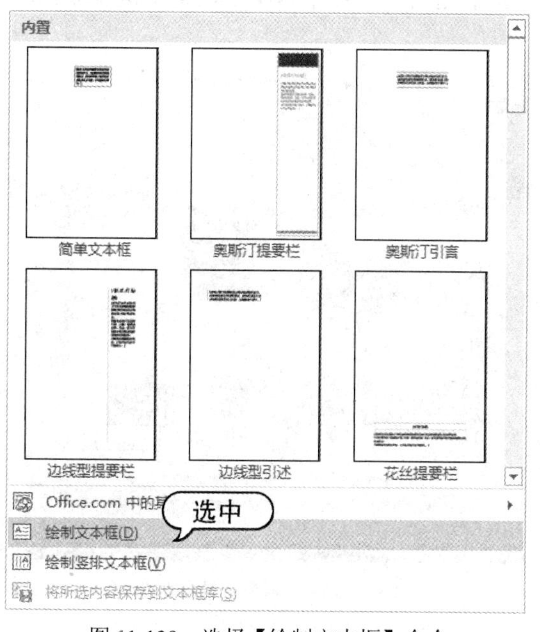

图 11-139 选择【绘制文本框】命令

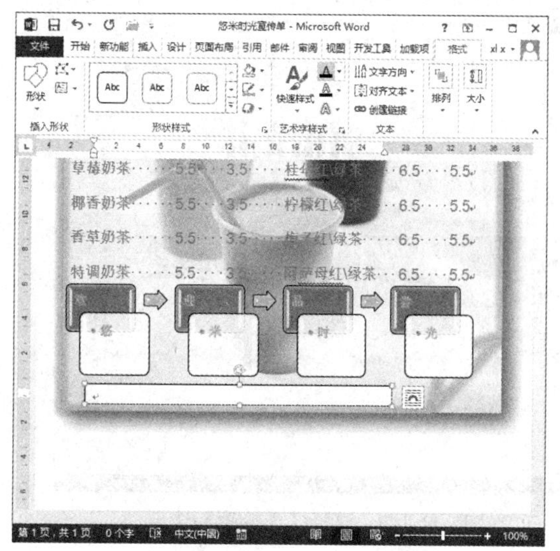

图 11-140 绘制文本框

(38) 在文本框的插入点处输入文本，并设置字体为【汉仪中圆简】，字号为【小四】，字体颜色为【深蓝】，然后调整 SmartArt 图形和文本框的大小和位置，如图 11-141 所示。

(39) 选中文本框，打开【绘图工具】的【格式】选项卡，在【形状样式】组中单击【形状填充】按钮，从弹出的菜单中选择【无填充颜色】选项，如图 11-142 所示。

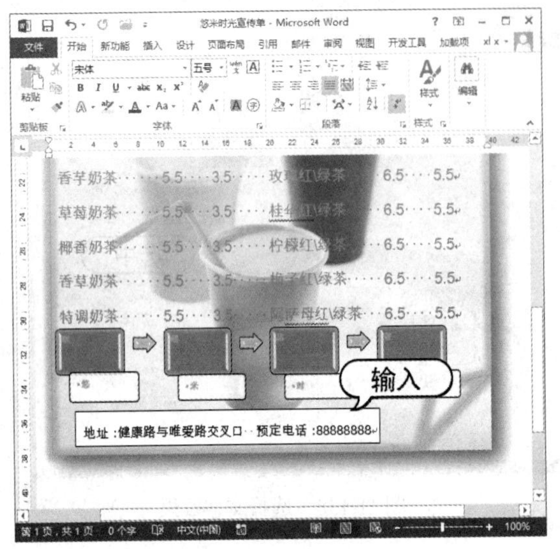

图 11-141　输入文本

图 11-142　选择【无填充颜色】选项

(40) 在【形状样式】组中单击【形状轮廓】按钮，从弹出的菜单中选择【无轮廓】选项，为文本框设置无轮廓效果，如图 11-143 所示。

(41) 选中 SmartArt 图形的各个形状，打开【开始】选项卡，在字体组中调整字体和形状，如图 11-144 所示。

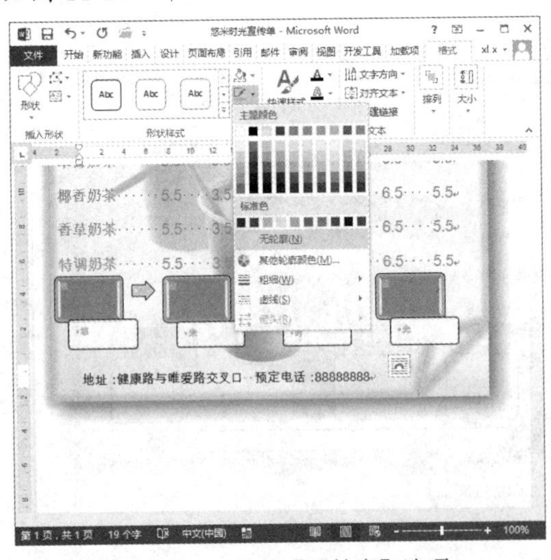

图 11-143　选择【无轮廓】选项

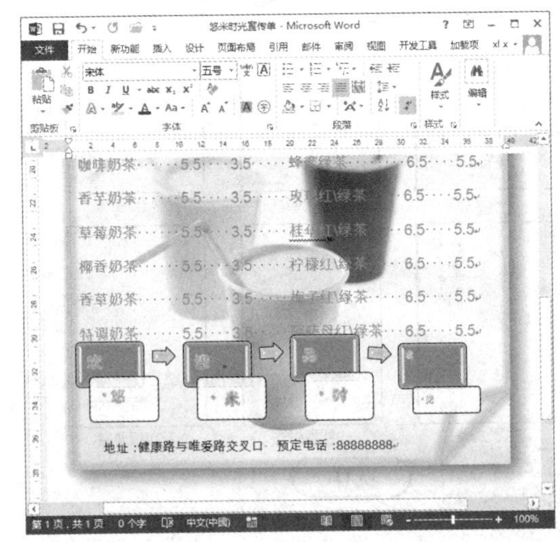

图 11-144　调整字体和形状

(42) 选中文本框，打开【开始】选项卡，在【段落】组中单击【下框线】下拉按钮，在弹出的菜单中选择【边框和底纹】命令，如图 11-145 所示。

(43) 打开【边框和底纹】的【边框】选项卡，在【设置】选项区域中选择【方框】选项，在【样式】列表框中选择一种线型样式，在【颜色】下拉列表框中选择【绿色】色块，在【宽

度】下拉列表框中选择【3.0 磅】选项，在【应用于】下拉列表框中选择【文字】选项，然后单击【确定】按钮，如图 11-146 所示。

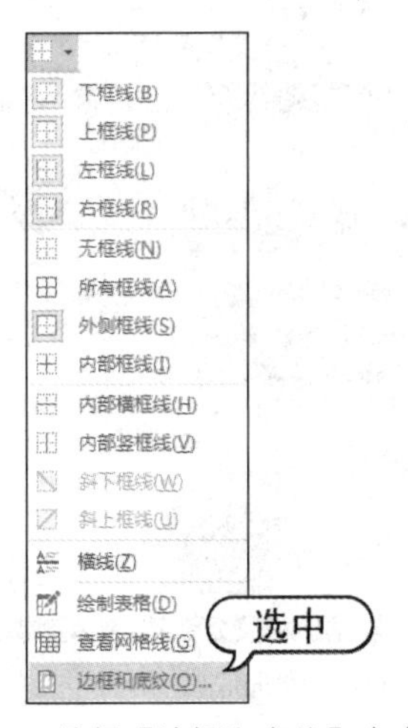

图 11-145　选择【边框和底纹】命令

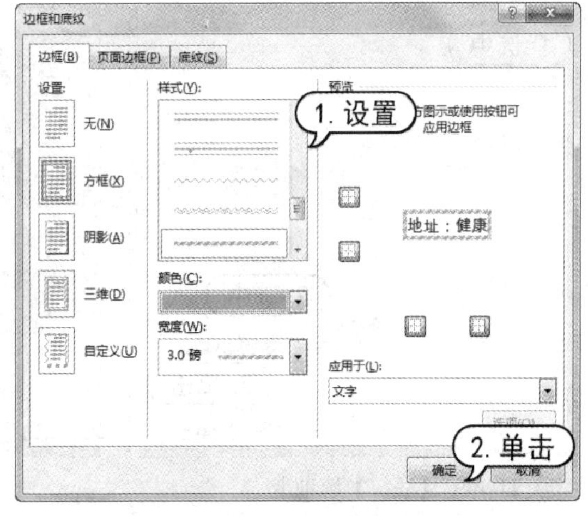

图 11-146　【边框】选项卡

(44) 此时，即可为该文本框中文字添加一个设定的边框，如图 11-147 所示。

(45) 打开【开始】选项卡，在【段落】组中单击【下框线】下拉按钮，在弹出的菜单中选择【边框和底纹】命令，打开【边框和底纹】的【页面边框】选项卡，在【艺术型】下拉列表中选择一种选项，单击【确定】按钮，如图 11-148 所示。

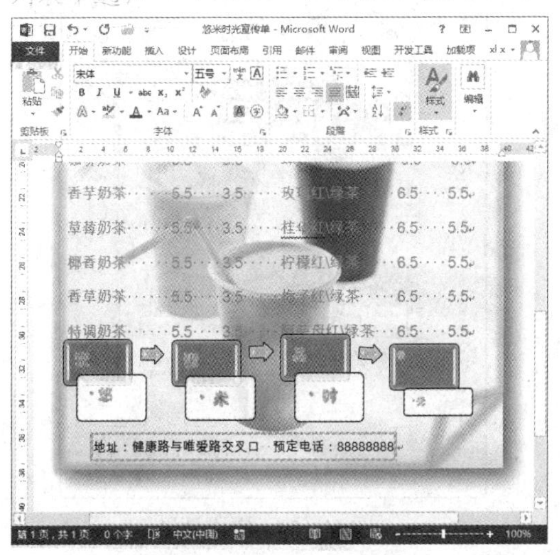

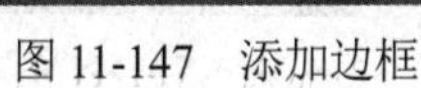

图 11-147　添加边框

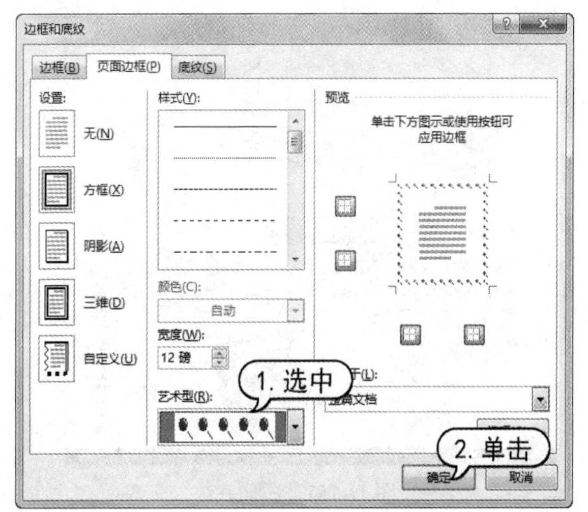

图 11-148　【页面边框】选项卡

(46) 选中图片中的“悠米时光价目表”文本，打开【开始】选项卡，在【段落】组中单击【下框线】下拉按钮，在下拉菜单中选择【边框和底纹】命令，打开【边框和底纹】对话框，打开【底纹】选项卡，单击【填充】下拉按钮，选择浅蓝色块，在【应用于】下拉列表中选择【正文】选项，单击【确定】按钮，如图 11-149 所示。

(47) 此时，将为该文本添加了一种浅蓝色的底纹，如图 11-150 所示。

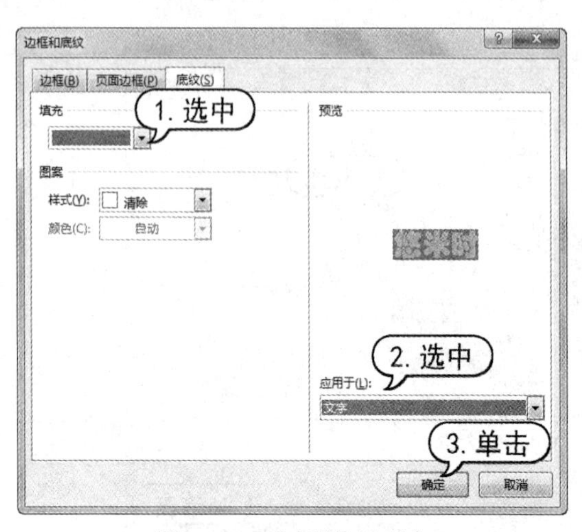

图 11-149 【底纹】选项卡

图 11-150 添加底纹

(48) 使用同样的方法，为下面一行文本添加绿色底纹，如图 11-151 所示。

(49) 设置完毕后，宣传单的最终效果如图 11-152 所示。

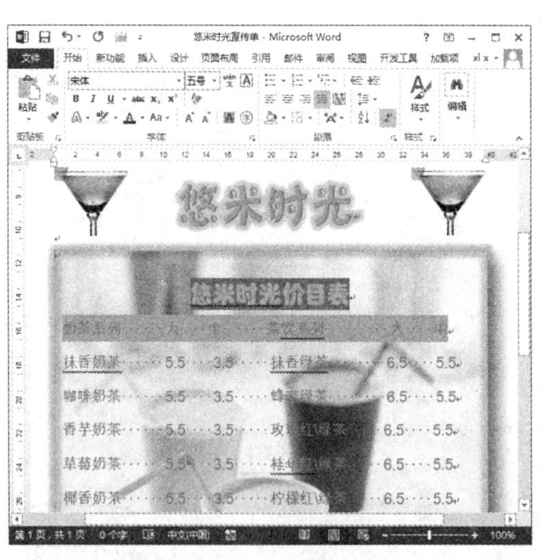

图 11-151 添加底纹

图 11-152 完成效果